普通高等教育"十一五"国家级规划教材

U0268601

化学反应工程

第五版

陈建峰　陈甘棠　主编

陈丰秋　副主编

化学工业出版社

·北京·

内 容 简 介

化学反应工程是化工等专业的核心课程。近年来，化学反应工程学科取得了长足进展，深入到了微纳尺度层面的反应过程强化即分子反应工程的研究范畴，学科服务对象也由传统经典化工拓展到了新能源、新材料等领域。为此，《化学反应工程》（第五版）在前四版基础上，新增了第9章对新型反应器的介绍，有机融入了课程思政元素，包括七位著名化工科学家的小传，并依据反应动力学和反应器技术两大主要内容的衔接性调整了个别章节的顺序。按照通用性和实践性的原则对各章节进行了系统的修订，修改了部分例题与习题，配置了程序代码，部分案例融入了近年国家三大科技奖等原创成果，使其与化工生产实践的背景结合更紧密。在优化第四版补充的三十余个概念的动画链接基础上，结合内容修订又增加部分动画链接，进一步增强读者的感性认识，读者可通过扫描书中二维码观看。本书共分为十一章，包括绪论、均相反应动力学基础、非均相催化反应动力学基础、理想反应器、非理想流动、固定床反应器、流化床反应器、多相流反应过程及其反应器、新型反应器、生化反应工程基础、聚合反应工程基础。

《化学反应工程》（第五版）可作为高等学校化工及相关专业的教材，也可供化工及相关专业科研人员参考。

图书在版编目（CIP）数据

化学反应工程/陈建峰，陈甘棠主编；陈丰秋副主编 . —5 版 . —北京：化学工业出版社，2023.9（2025.2 重印）

普通高等教育"十一五"国家级规划教材
ISBN 978-7-122-43851-5

Ⅰ.①化⋯　Ⅱ.①陈⋯②陈⋯③陈⋯　Ⅲ.①化学反应工程-高等学校-教材　Ⅳ.①TQ03

中国国家版本馆 CIP 数据核字（2023）第 136950 号

责任编辑：杜进祥　吕　尤　任睿婷　徐雅妮	装帧设计：韩　飞
责任校对：王鹏飞	

出版发行：化学工业出版社（北京市东城区青年湖南街 13 号　邮政编码 100011）
印　　装：河北鑫兆源印刷有限公司
787mm×1092mm　1/16　印张 27½　字数 680 千字　2025 年 2 月北京第 5 版第 2 次印刷

购书咨询：010-64518888　　　　　　　　售后服务：010-64518899
网　　址：http://www.cip.com.cn
凡购买本书，如有缺损质量问题，本社销售中心负责调换。

定　　价：69.00 元

《化学反应工程》（第五版）编委会

前　言

化学反应工程与化工传递过程相伴，一直是化工类专业的核心课程，也是新工科建设的主干课程，泛化工类专业的重点选修课程，更是 21 世纪来以"功能需求-产品结构设计-绿色低碳合成"为主题发展的化工学科的重要支撑课程，使得近年来国内外关于化学反应工程学科的专著与教材层出不穷，经典反应工程教材亦是普遍修订再版。

陈甘棠先生结合国外经典专著与毕生教学科研经验，于 1981 年编写出版了本书，是当时国内第一本高等学校反应工程教材，1987 年获得化工部高校优秀教材奖。第二版由全国化学工程课程教学指导委员会组织编写，1990 年 11 月出版。2007 年出版的第三版被评为普通高等教育"十一五"国家级规划教材，成为反应工程教科书中的标杆之作。2021 年出版的第四版，则是由陈甘棠先生的弟子陈建峰和陈纪忠负责修订，融合了第三版后十余年来化学反应工程学科中工业实践和理论研究的长足进展，加入了对化学反应工程最新进展的介绍，修改了部分例题与习题，并对文中三十余个概念增加了动画二维码链接。但随着国家新工科建设的进一步推进，党中央对教材工作的高度重视和对"尺寸课本、国之大者"的殷切期望，有必要对本教材再次修订，期待本教材能发挥"培根铸魂、启智增慧"的作用。

第五版在充分尊重前四版的基础上，以"理论＋实践＋创新"为修订原则，守正创新，注重能力培养；突出家国情怀，强化创新意识和社会责任感；体现大国担当，弘扬科学家精神，展现化工，特别是化学反应工程在"碳达峰、碳中和"和构建人类命运共同体背景下的作用。具体为新增了第 9 章对新型反应器的介绍；依据反应动力学和反应器技术两大主要内容的衔接性，调整了个别章节的顺序；按照通用性和实践性的原则对各章节进行了系统的修订，修改了部分例题与习题，其中部分案例融入了近年国家三大科技奖等原创成果，使其与化工生产实践的背景结合更紧密；在优化第四版补充的三十余个概念的动画链接基础上，结合内容修订又增加部分动画链接，进一步增强读者的感性认识，读者可通过扫描书中二维码观看。本次修订得到了全国从事化学反应工程教学和科研的许多老师与科技专家的大力支持，各章修订的负责人分别是：第 1 章为陈建峰、罗勇，第 2 章为文利雄、王安杰，第 3 章为崔咪芬、刘会娥、杨为民，第 4 章为朱建华、辛峰，第 5 章为陈丰秋、尹红，第 6 章为周兴贵、段学志、许志美，第 7 章为程易、卢春喜，第 8 章为杨超、陈纪忠，第 9 章为陈建峰、罗勇、王洁欣、曾晓飞，第 10 章为应汉杰、庄英萍，第 11 章为罗正鸿、阳永荣，全书统稿为陈建峰、陈丰秋，感谢各位专家的辛勤付出。感谢北京东方仿真软件技术有限公司与北京欧倍尔软件技术开发有限公司提供设备及原理素材动画资源和技术支持，特别感谢王金福、白丁荣、毛在砂、徐春明、高金森、修志龙、李伯耿、朱世平等参与审定。

在第五版新书即将出版之际，追思恩师精湛的学术造诣、严谨的治学态度、坚毅的创新精神、诲人不倦的高尚品格，谨以此书深切缅怀永远的导师和心中的丰碑陈甘棠先生！

因编者水平所限，书中难免存有疏漏之处，恳请读者批评指正。

陈建峰
2023 年 6 月

第一版前言

本书是在化工热力学及化工传递过程的基础上,并与化工系统工程互相衔接配合的一门化学工程专业课。

本书是根据化学工程专业化学反应工程学教材的大纲编写的。主要叙述化学反应工程的基本概念、原理和方法以及反应器的设计、强化和过程的研究、开发、放大工作。

本书的体系按决定反应本质的反应动力学特性进行大的区分(如均相、两流体相、气固相等),而按决定传递特性的反应器型式进行进一步区分(如固定床、流化床等)。在全书以及各章节中尽量按简单到复杂的次序叙述,以适应循序渐进的规律,本书中打有 * 标记的章节是供基本教学以外进一步学习用的参考内容。

本书由浙江大学陈甘棠(主编,撰写第 1,5~7,9 章)、华东化工学院顾其威(撰写第 3 章第 6、7 节及第 8 章)、翁元垣(撰写第 2、4 章和第 3 章 1~5 节及第 8 章第 2 节)三人合写。

本书为高等学校化学工程专业的教材,也可供有关研究、设计和生产单位工程技术人员参考。

陈甘棠

本书配套数字化资源

3D 动画（建议在 wifi 环境下下载）

计算程序

高清图片

科学家故事

目 录

● 第11章　聚合反应工程基础　　　　　　　　　　　　371

第 1 章

绪　论

1.1　化学反应工程学的发展及其范畴和任务

1.1.1　化学反应工程发展简述

自然界物质的运动或变化过程有物理的和化学的两类，其中物理过程不牵涉化学反应，但化学过程却总是与物理因素（如温度、压力、浓度等）有着紧密的联系，所以化学反应过程是物理与化学两类因素的综合体。

远溯古代，如陶瓷器的制作、酒与醋的酿造、金属的冶炼以及炼丹、造纸等，都是一些众所周知的化学反应过程。然而，直到 20 世纪 50 年代还一直未形成一门独立的学科，其原因是人类还没有能够从众多的、看起来风马牛不相及而又变化多端的反应过程中认清它们的共同规律。因此，长期以来只能主要依靠经验，成为一门技艺，而达不到工程科学的水平。在第二次世界大战以后，一方面由于生产技术及设备的更新和生产规模的大型化，特别是石油化工的发展，对经常成为核心问题的化学反应过程的开发以及反应器的设计提出了越来越急迫的要求；而另一方面也正是由于化学动力学、化工单元操作（特别是流体流动、传热和传质）方面的理论和实验的长足进展，使得这类问题的系统解决有了可能。

1937 年 G. Damköhler 在 Der Chemie Ingenieur 的第三卷中阐述了扩散、流动与传热对化学反应收率的影响，堪称此方面的先驱。1947 年，O. A. Hougen 与 K. M. Watson 所著的 Chemical Process Principles 的第三卷，专门讲述动力学与催化过程，算是第一本可供学校教学用的参考书。该书的出版，对形成化学反应工程这一学科起到了历史性的推动作用。1957 年 5 月在荷兰阿姆斯特丹举办的第一届欧洲化学反应工程会议（European Symposium on Chemical Reaction Engineering，简称 ESCRE）上确立了这一学科的名称。1970 年，欧洲化学反应工程会议升级为国际化学反应工程会议（International Symposium on Chemical Reaction Engineering，简称 ISCRE），并于当年 6 月在美国华盛顿召开了第一届国际化学反应工程会议。这次会议是在要求提高反应过程经济性的背景下召开的，围绕反应动力学、反应器模型化、反应器优化三个主题，标志着反应工程发展新时代的到来。近年来，化学反应工程学科发展迅速，无论是反应动力学的研究手段，还是微纳尺度的传递与反应的理论都取得了长足的进展。

我国在化学反应工程领域的发展起步较晚。1953 年新中国开始了第一个五年计划（1953—1957），重工业部化工局提出的第一个五年计划的主要任务是发展氮素工业，以及酸、碱、染料等，以配合国防工业和农业发展需求，保障基本化工原料的生产。期间主要以苏联援建和技术引进为主，引进的化学反应器等装置为反应工程学科的建立和发展提供了实物参考。1956 年 5 月我国设立化学工业部，在中国化工历史上具有重要意义，也为反应工程的研究和实践提供了发展机遇。20 世纪 60 年代，虽然我国化工科技水平有所提高，但其工艺和装备技术与世界水平仍存在差距，反应器的设计和技术水平也落后于欧美国家。1972 年，我国决定从欧美引入一批先进的化肥和石化生产装置，为化学工业跨入现代化搭起了最初的框架。20 世纪 70 年代末，化学反应工程的理论和科学研究成果开始大量介绍到国内，国内高校陆续成立了反应工程教研室；在科学研究层面，涌现了一大批反应工程专家，在流态化及流化床、固定床、搅拌釜、磁稳定床、超重力反应器、微反应器等方面取得了重大成果。重要科研项目，如"九五"重大基础研究项目"环境友好石油化工催化化学与化学反应工程"（1997 年）、国家自然科学基金重大项目"典型有机化工过程的传递与反应协同机制及强化"（2010—2013 年）、国家自然科学基金重大研究计划"多相反应过程中的介尺度机制及调控"（2013—2021 年）等，其研究成果有力推动了我国化学反应工程学科的快速发展。

1.1.2　化学反应工程学的范畴和任务

化学反应工程是化学工程学科的一个分支，以工业反应过程为主要研究对象，以化学动力学和传递过程的基本原理对反应器进行设计、放大和操作分析，主要任务是实现工业规模的化学反应生产过程。化学反应工程的研究方法是应用理论推演以及实验研究工业反应过程的规律，通过建立数学模型以指导反应器设计、放大及分析和工业反应器实际操作。反应工程的成果广泛应用于石油化工、精细化工、生物化工、环境及材料化工等，在现今的基础制造业和新兴产品（如电子化学品等）制造过程中无处不在，为过程工业发展做出了突出贡献。

化学反应工程学既以化学反应作为对象，就必然要掌握这些反应的特性；它又以工程问题为其对象，那就必须熟悉装置的本征特性，并把这两者结合起来形成学科体系。图 1-1 是表示化学反应工程学范畴以及它与其他学科关系的示意图，下面对它作简要解释。

化学热力学　反应工程对这方面的要求不多，主要是确定物系的各种物性常数和反应热，分析反应的可能性和可能达到的程度等，如计算反应的平衡常数和平衡转化率等。

反应动力学　反应动力学是专门阐明化学反应速率（包括主反应及副反应）与各项物理因素（如浓度、温度、压力及催化剂等）之间的定量关系。有些在热力学上认为可行的，如常压、低温合成氨，由于反应速率太慢而实际上不可行，只有研究出好的催化剂才能在适当的温度和压力下以显著的速率进行反应，这就是动力学的问题。也有一些情况，从热力学分析认为是不当的，如甲烷裂解制乙炔，在 1500℃ 左右的高温下，乙炔极不稳定，最终似乎只能得到碳和氢，但如果使它在极短时间（如 0.001s）内反应并立刻淬冷到低温，就能获得乙炔，而工业上也是这样来实施的。所以，在实际应用上起决定性的往往是动力学因素。为了实现某一反应，要选定合适的条件及反应器结构型式，确定反应器的规格和它的处理能力等，这些都要紧紧依赖于对反应动力学特性的认识。因此，反应动力学是反应工程的一个重要基础，不了解动力学而从事反应过程的开发和进行反应器设计，总不免要带有或多或少的盲目性，甚至多走弯路而不能达到预期的目标。

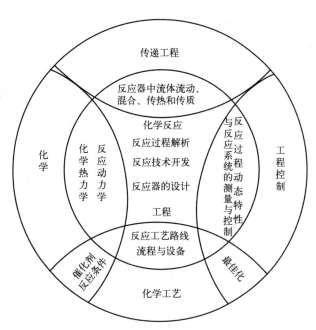

图 1-1　化学反应工程学范畴示意图

催化剂　催化剂的问题一般属于化学或工艺的范畴，但也涉及许多工程上的问题。如催化剂颗粒内的传热、介孔和微孔中的扩散，催化剂扩大制备时各阶段操作条件对催化剂活性和微观结构的影响，催化剂的活化和再生等。这些问题的阐明，不仅对过程的掌握有帮助，而且也会对催化剂的研制和改进起到指导作用。目前已独立形成"催化剂工程"学科加以专门探讨。

化学工艺　工业装置上采用的反应条件不一定与小试或中试的一致。譬如在实验室的小装置内，反应器的直径很小，床层也薄，一般又常以气体通过床层的空间速度 $\{m^3(气)/[m^3(催化剂)\cdot h]\}$ 作为反应条件的一个标志。但在放大后，床层的高径比往往就不能一样了。如要保持相同的空间速度，线速度就要发生改变，而线速度的大小又影响到压降、流体的混合和传质传热等情况，从而导致反应的结果不再能与小试时的相同。又如在小装置中进行某些放热反应时，温度容易控制，甚至为了补偿器壁的散热还要外加热源，但在大型工业装置中，传热和控温往往成为头等难题，甚至根本不可能达到与小装置相同的温度场条件。利用小型设备进行化工过程实验得出的研究结果，在相同的操作条件下与大型工业装置得出的结果往往有很大差别，有关这些差别的影响称为"放大效应"，其原因是小型设备中的温度、浓度、物料停留时间分布等与大型工业装置中的不同。因此工业装置的反应条件必须结合工程因素的考虑才能最合理地确定。

反应器的型式包括管式、釜式、塔式、固定床、流化床、旋转填充床（又名超重力反应器）等，操作方式包括分批（或称间歇）式、连续式或半连续式。反应不同，规模不同，合适的反应器型式和操作方式也会不同，导致结果也不相同。譬如对液相一级反应，在实验室中用分批法操作时，达到规定转化率和生产能力所需要的时间，比用连续流动的搅拌釜进行大规模生产时所需的停留时间要小得多，转化率越高，差别亦越大，如果有副反应存在，还将对产品的质量产生重大差异。又如对气固相催化反应，由于设想未来的大装置将是高径比很大，并且内加许多水平挡板的流化床，因而在小试或中试时也使用这样的反应器，但在放大时，因不可能用同样的结构尺寸（如床高、挡板的尺寸、板间距等），因此床内的流体流动、混合和传热等情况都发生了变化，不得不重新调整各种参数。诸如此类的问题都说明反应器型式和操作方式的选择以及工业生产的操作条件都需要结合工艺和工程两方面因素的考虑才能确定。

至于工艺流程问题更是工艺与工程密切结合、综合考虑的结果。譬如为了实现某反应，可以有多种技术方案，包括热量传递、温度控制、物料是否循环等，确定了何种方案最为经济合理，流程也就据此拟定。

传递工程　装置中流体流动与物料混合的情况如何，温度与浓度的分布如何都直接影响到反应的进程，而最终离开装置的物料组成和物质结构，完全由构成这一物料的诸质点在装置中的停留时间和所经历的温度及浓度变化所决定。而装置中的这种动量传递、热量传递和质量传递（简称"三传"）过程往往是极复杂的。当规模放大时，"三传"的情况也改变了，因此就出现了所谓的"放大效应"。其实放大效应并不具有科学的必然性，它只不过是由于在大装置中未能创造出与小装置中相同的传递条件及反应环境而出现的差异。如果能够做到这两方面相同（而且事实上也有这种例子），那么就不一定有放大效应。总的看来，传递过程与反应动力学是构成化学反应工程最基本的两方面，所谓"三传一反"乃是反应工程的基础也正是这个意思。

工程控制　一项反应技术的实施有赖于适当的操作控制。为此需要了解关于反应过程的动态特性和有关的最优化问题，而应当注意的是对于反应装置而言是最优化的条件，未必与整个生产系统最优化所要求的条件相一致，在这种情况下，装置就只能服从系统的安排了。由于这方面的问题另有化工系统工程的专门课程讲授，本书中不再叙述。

反应过程解析、反应技术开发和反应器的设计　反应工程的范畴是对各种反应过程进行工程分析，进行新技术开发所需的各项研究，制定出最合理的技术方案和操作条件并进行反应器或反应系统的设计。为了达到这些目标，需综合运用图 1-1 中所示的各种知识，要进行实验和理论工作，要进行放大和模拟的工作等。本书的目的也正是为这些提供基本的理论、概念和方法。

综上所述，化学反应工程学的任务应包括以下几个方面：

① 研究和深化"三传一反"理论；

② 指导和解决反应过程开发中的放大问题；

③ 改进和强化现有的反应技术和设备或开发新的技术和设备；

④ 实现反应过程的最优化；

⑤ 不断发展反应工程学的理论和方法。

在以上这些任务中，主要目的是促进反应过程的提质降耗、节能减碳、减少"三废"（废气、废水、废固）等。尽管有些问题只需依靠定性的概念即能获得一定程度的解决，但要"心中有数"，做到"知其然，知其所以然"，还需提高到定量的高度。从定性到定量是一个质的飞跃，没有这一飞跃，就不能真正解决设计和放大问题，也谈不上实现最优化。

此外，对于那些牵涉多相体系、多组分物料和同时并存着多个反应的复杂化学反应过程，由于情况特别复杂，许多问题目前还不很清楚。因此，发展新的实验技术和测试方法，逐渐深入到介尺度甚至分子尺度的程度来阐明现象的本质，建立新的理论、概念和方法，即分子反应工程学，乃是今后需要继续努力的方向。

1.2　化学反应工程内容的分类和编排

1.2.1　化学反应的操作方式

（1）分批式（或间歇）操作　是指一批反应物料投入反应器内后，让它经过一定时间的反应，然后再取出的操作方法。本法便于用一个反应器来生产多个品种或牌号的产品。由于分批操作时，物料浓度及反应速率都是在不断改变的，因此它是一种非定态的过程，在过程分析上复杂一些。但分批操作也有其特色，即在反应器的生产能力、反应选择性以及像合成高分子化合物中的分子量分布等重要问题的分析方面都有一定的优点，这在以后各章中将详细阐明。

（2）连续式操作　即反应物料连续地通过反应器的操作方式，一般用于产品品种比较单一而产量较大的场合。连续操作也有其特性，会反映到转化率和选择性等问题上，这些也是以后要详加分析的。

（3）半分批（或称半连续）式操作　是指反应器中的物料有一部分是分批地加入或取出的，而另一部分则是连续地通过。譬如某一液相氧化反应，液体原料及生成物在反应釜中是分批地加入和取出的，但氧化用的空气则是连续地通过的。又如两种液体反应时，一种液体先放入反应器内，而另一种液体则连续滴加，这也是半分批式操作。再如液相反应物是分批加入的，但反应生成物却是气体，它从系统中连续地排出，这也属于半分批式操作，尽管这种半分批式操作的反应转化过程比较复杂，但它同样有自己的特点而在一定情况中得到应用。

1.2.2　反应装置的型式

反应装置的主体结构型式大致可分为管式、釜式、塔式、固定床、流化床、旋转填充床等类型，每一类型之中又有不同的具体结构。表 1-1 中列举了一般反应器的型式与特性，还有它们的优缺点和若干生产实例。应当指出，反应器型式的正确选择并不是一件容易的事，不能仅以此表来解决，因为不同的反应体系都有它自身的特点，只有对反应及装置两方面的特性都充分了解，并能把它们统一起来进行分析，才能作出最合理的选择。但是要达到这一点，就得先掌握反应过程的基本原理，因此当学习完本书以后，再来看此表时，相信一定会有更深一层的体会。

表 1-1　反应器的型式与特性

型式	适用的反应		
	类型	特点	举例
搅拌槽，一级或多级串联	液相，液液相，液固相，气液相	温度、浓度容易控制，产品质量可调	苯的硝化，氯乙烯聚合，釜式法高压聚乙烯，顺丁橡胶聚合等
管式	气相，液相，液液相	返混小，所需反应器容积较小，比传热面大，但对慢速反应，管要很长，压降大	石脑油裂解，甲基丁炔醇合成，管式法高压聚乙烯
空塔或搅拌塔	液相，液液相，气液相	结构简单，返混程度与高径比以及搅拌有关，轴向温差大	苯乙烯的本体聚合，己内酰胺缩合，醋酸乙烯溶液聚合等
鼓泡塔或挡板鼓泡塔	气液相，气液固（催化剂）相	气相返混小，但液相返混大，温度较易调节，气体压降大，流速有限制，有挡板可减少返混	苯的烷基化，乙烯基乙炔的合成，二甲苯氧化等

型式	适用的反应		
	类型	特点	举例
填料塔	液相，气液相	结构简单，返混小，压降小，有温差，填料装卸麻烦	化学吸收，丙烯连续聚合
板式塔	液相，气液相	逆流接触，气液返混均小，流速有限制，如需传热，常在板间另加传热面	苯连续磺化，异丙苯氧化
喷雾塔	气液相快速反应	结构简单，液体表面积大，停留时间受塔高限制，气流速度有限制	氯乙醇制丙烯腈，高级醇的连续硝化
湿壁塔	气液相	结构简单，液体返混小，温度及停留时间易调节	苯的氯化
固定床	气固（催化或非催化）相	返混小，高转化率时催化剂用量少，催化剂不易磨损，传热控温不易，催化剂装卸麻烦	乙苯脱氢，乙炔法制氯乙烯，合成氨，乙烯法制醋酸乙烯等
流化床	气固（催化或非催化）相，催化剂失活很快的反应	传热好，温度均匀，易控制，催化剂有效系数大，粒子输送容易，但磨耗大，床内返混大，对高转化率不利，操作条件限制较大	萘氧化制苯酐，石油催化裂化，乙烯氧化制二氯乙烷，丙烯氨氧化制丙烯腈等
滴流床	气液固（催化剂）相	催化剂带出少，分离易，气液分布要求均匀，温度调节较困难	焦油加氢精制和加氢裂解，丁炔二醇加氢等
蓄热床	气相，以固相为热载体	结构简单，材质容易解决，调节范围较广，但切换频繁，温度波动大，收率较低	石油裂解，天然气裂解
回转筒式	气固相，固固相，高黏度液相，液固相	颗粒返混小，相接触界面小，传热效能低，设备容积较大	苯酐转位成对苯二甲酸，十二烷基苯的磺化
螺旋挤压式	高黏度液相	停留时间均一，传热较困难，能连续处理高黏度物料	聚乙烯醇的醇解，聚甲醛及氯化聚醚的生产
旋转填充床	气液相，液液相，气液固相	微观混合和传质快，停留时间短，反应效率高	MDI生产过程中苯胺和甲醛的缩合反应，贝克曼重排，脱 SO_2、H_2S 等

1.2.3　化学反应工程学的课程体系

对于化学反应工程学课程的体系安排，可以按装置的型式来分（如表1-1所示），也可以按相态来分（见表1-2）。考虑到化学反应本身是反应过程的主体，而装置则是实现化学反应的客观环境。反应本身的特性是第一性的，而反应动力学就是描述这种特性的，因此动力学是代表过程的本质性的因素，而装置的结构、型式和尺寸则在物料的流动、混合、传热和传质等方面的条件上发挥其影响。反应如在不同条件下进行，将有不同的表现，因此反应装置中上述这些传递特性也是左右反应结果的一个重要方面。物料从进入反应器到离开的全过程就是具有一定动力学特性的反应物系在具有一定传递特性的装置中进行演变的过程。如果要把各种反应在各种装置中的变化规律系统化，形成一个完整的体系，那么就需把这两方面的内容综合编排。对于作为反应工程基础的本课程，较合适的方案是先按化学反应的不同特性作大的区分，再按装置的不同特性来进一步区分。譬如对于均相反应来说，它有着一整套共同的动力学规律；对于气固相催化反应来说，气相组分都必须扩散到固相表面上去，然后在那里进行反应，这种动力学规律性也是具有普遍性的。因此，按相态来分，实质上体现了按最基本的化学特性的类别来区分的用意。不仅如此，它同时也反映了传递过程上的基本差别。譬如气-液相反应都有一个相界面和相间传递的基本问题，至于相界面的大小和相间传质速度等则根据不同的装置型式(如填料塔、板式塔、鼓泡塔等）及操作条件而有种种的不同。同一反应物系在管式和釜式的不同反应器中，由于流动、传热等条件变了，结果就有了差异。所以，本书中以相态作为第一级的区分，首先阐明其动力学的共同规律，然后再以不同的装置型式作为第二级的区分，阐明其不同的传递特性，最后把它与动力学的规律结合起来以解决各种各样的问题。

表 1-2　反应器的相态与特性

相态	举例	特性	主要的装置形式
气相、液相(均相)	燃烧、裂解等，中和、酯化、水解等	无相界面,反应速率只与温度或浓度有关	管式,槽(釜)式,塔式
气液相	氧化,氯化,加氢,化学吸收等槽(釜)式,塔式	有相界面,实际反应速率与相界面的大小及相间扩散速率有关	槽(釜)式,塔式,旋转填充床
液液相	磺化,硝化,烷基化等		槽(釜)式,塔式
气固相	燃烧,还原,各种固相催化		固定床,流化床,移动床
液固相	还原,离子交换等		槽(釜)式,塔式
固固相	电石,水泥制造等		槽(釜)式,塔式
气液固相	加氢裂解,加氢脱硫等		滴流床,槽(釜)式

1.3　化学反应工程的基本研究方法

无论是设计、放大或控制，都需要对研究对象作出定量的描述，这就是要用数学式来表达各参数间的关系，简称数学模型。根据问题复杂程度的不同和对所描述的范围以及要求精度的不同，人们按已有的认识程度所能写出的数学模型的型式的繁简程度也是不同的。

在化学反应工程中，数学模型主要包括下列一些内容：①动力学方程式；②物料衡算式；③热量衡算式；④动量衡算式；⑤参数计算式。它们之间的关系大致如图 1-2 所示。

对于一项新过程的开发，需要对于这些模型的大概轮廓和要求有所了解，才能准确地确定实验研究的目标和步骤，规划中间试验的范围、任务和方案，归纳整理各种试验结果，并对出现的各种情况进行分析解释，最后通过必要的修正而得出最适合的数学模型。

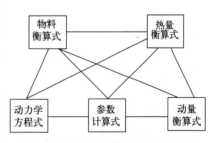

图 1-2　不同数学模型之间的关系

在建立这些方程时，有些是需要经过实验才能解决的，特别是动力学方程的建立和装置中传递现象规律的阐明（包括有关参数的测定和关联），它们往往是决定性的，是建立数学模型的关键。在目前计算机已能解决各种复杂方程的数值计算时，建立数学模型已成为整个过程开发中的控制步骤。

动力学的研究一般在实验室的小装置上完成，由于提供的是最基础性的资料，所以要尽量做得准确。至于如何进行这些试验，以及如何从试验结果得出动力学方程等，后面章节会有介绍。这里只是先提一下，反应工程中对动力学的认识和要求与经典的化学动力学是有所不同的。因为要处理的是具有生产实际意义的对象，因而也是比较复杂的系统，通常只能用数学模型学的方法，通过一定的简化或近似来求得可供实用的动力学模型。

装置中的传递过程模型一般也需要依靠实验求取，特别是大型冷模装置能够提供比较可靠的数据。如果有生产装置的数据可用，那当然更好。

如何进行这些实验和如何处理这些数据，往往由于装置结构和操作条件的多种多样而成为十分复杂的问题，是目前在建立数学模型的工作中常遇到的重大困难。

如果有了上述的这些基础资料，就不难写出物料衡算、热量衡算和动量衡算方程了。其写法在原则上是一致的，即取反应器中一个代表的单元体积，列出单位时间内物料或热量、动量的输入量、输出量及累积量，其形式如下：

$$累积量＝输入量－输出量$$

这是一个总的表示式，看似简单，实际上却变化无穷，它是分析和解决问题的基础，这个方法将贯穿在全书之中。

在设计反应器时，当流体通过反应器前后的压差不太大时，动量衡算方程可以不列。对于等温过程，则只凭物料衡算就可算出反应器的大小。不过对于许多化学反应过程，热效常是不可忽略的，是非等温的，这时就需要物料衡算方程与热量衡算方程联立求解，结果就给出了反应装置的温度分布和浓度分布，从而回答了反应器设计中的基本问题。

在模型中所用的许多参数不一定都需要实测，如某些物性数据及传递属性（如热导率、扩散系数等）可从文献资料中查取或用关联式加以计算。但也有一些重要参数，如相界面积及相间传递系数等，则常常由于缺乏可靠的计算方法而不得不通过实验来获得。

综上所述，目前化学反应工程处理问题的方法是实验研究和理论分析并举。在解决新过程开发的问题时，可先建立动力学和传递过程模型，然后再综合成整个过程的初步的数学模型，根据数学模型所作的估计来制定试验，特别是中间试验方案，然后用试验结果来修正和验证模型。利用数学模型可以在计算机上对过程进行模拟研究，以代替作更多的实验。通过模拟计算，可进一步明确各因素的影响程度，并进行生产装置的设计。图 1-3 所示为数学模拟放大法的示意图。

图 1-3　数学模拟放大法示意图

实行数学模拟放大的关键在于数学模型，而建立数学模型的要诀，并不在于无所不包地把各种因素都考虑和罗列进去，这不仅使问题复杂而得不到解决，而且也是不必要的。恰恰相反，应当努力作出尽可能合理的简化，使之易于求解而又符合实际。当然要能正确作出这种简化，需要对过程实质有深切的认识。

由于新过程的开发，往往是技术问题比较集中和比较复杂的工作，而放大技术又是整个开发工作中的重要环节，所以化学反应工程在这方面的应用是一个重要的方面。根据经验进行放大，只能知其然而不能知其所以然。而相似放大的方法，则只对物理过程有效，对于同时兼有物理作用和化学作用的反应过程来说，要既保持物理相似，又保持化学相似一般是做不到的。因此数学模拟放大的方法是目前认为最科学的方法，它可以免除许多由于认识上的盲目性而造成的差错和浪费，能够节约人力、物力和时间，并把生产技术建立在较高的科学技术水平之上。但是这样的境界，目前还不是轻易可以达到的，甚至有许多基础的特性数据、动力学数据和传递属性数据都无处可查，无法可算，这主要是由于人们的认识还有不足，还不能够那么理想地作出过程的模型来。对于有分子结构变化及分子变异的高分子化合物来说尤其如此。在这种情况下，只能做局部的或较粗的模型，并辅之以比较适当的经验成分来解决问题。这也就是所谓半经验、半理论的部分解析法，它虽不及完全的数学模拟那样引人入胜，但比起一般的经验方法终究要好得多，因此也是现实中解决许多问题的有效方法。

1.4　化学反应工程的发展趋势

综上所述，化学工程至今经历了如下几个阶段：①20 世纪初期，美国学者 Arthur D. Little 提出"单元操作"概念，将各种化学品的工业生产工艺分解为若干独立的操作单元，并阐明了不同工艺相同操作单元所遵循的相同原理，实现了化学工程学科发展的第一次质的飞跃；②20 世纪中期，欧洲第一届化学反应工程会议界定了化学反应工程的学科范畴和研究方法，完成了化学工程学科由第一阶段的"单元操作"向第二阶段"三传一反"的转变；③20 世纪后期，化学工业规模的迅速扩大以及计算机技术的出现，使得多变量、强耦合的大系统分析在化工中大量使用，郭慕孙先生等提出"三传一反＋X"的范式（其中 X 是待定的、可变的和形成中的要素），继承和丰富了第一阶段、第二阶段的范式概念；④21 世纪后，基于分子尺度上的混合和传递过程对反应过程影响的研究基础，陈建峰教授等提出了"分子化学工程"，将化学工程的研究从宏观尺度延伸至纳微尺度直至分子尺度，进一步深化和完善了化学工程学从宏观到微观、从现象到本质的科学研究方法和理念。

伴随着分子化学工程的发展，化学反应工程学也将向"分子化学反应工程学"前进，"三传"不再仅限于宏观尺度的动量、热量和质量传递，而是深入到纳微尺度，推进纳微尺度的"三传一反"的研究，不仅为分子化学反应工程奠定理论基础，还将不断丰富和扩展化学反应工程学科内涵。

化学反应工程发展到当前阶段，虽然在理论体系方面尚没有显著的新突破，但是在新型反应器的研究方面可谓是层出不穷，尤其是在反应过程强化装置方面，研究者提出并开发了众多的新型反应装置来更高效地完成反应过程，以适应当前化学工业等对节能、降耗减碳与环保方面的迫切需求。化工过程强化技术是指"在实现既定生产目标前提下，通过物理和化学手段，显著提升瓶颈过程速率，大幅度减小生产设备尺寸、简化工艺流程、减少装置数目，使工厂布局更加紧凑合理，单位能耗、废料、副产品显著减少"的技术，其中的一个重要内容即为开发具有反应强化特点的新型反应器装置。这些新型反应器或者是通过新颖的内部结构设计，或者是通过外部场或介质的作用，亦或者是通过反应与分离耦合集成的方法来实现对反应过程的强化。简要举例如下：

- 旋转填充床反应器；
- 微通道反应器；
- 膜反应器；
- 整体式催化剂反应器；
- 磁稳定床反应器；
- 超声波反应器；
- 微波反应器；
- 等离子体反应器；
- 超临界反应器；
- 催化精馏反应器；
- 化学气相沉积反应器；
- ……

上述新型反应器在强化反应过程的同时，也对传统化学工程中的"三传一反"理论提出了新的挑战，原因在于这些反应器具有不同于传统反应器的复杂结构或微尺度通道，使得反应器内反应介质的流动、混合、扩散以及传热等行为具有和传统反应器不同的特征；此外，有些外场作用（如磁场、超声、微波、等离子体）对反应介质的上述行为以及反应动力学的影响机制尚不清楚，这些都对化学反应工程理论的进一步发展提出了新问题与新要求。本书本次修订增补了第9章，简要介绍几种典型新型反应器的原理、特点及其工业应用。

科学家故事
中国重工业的
开拓者——
侯德榜院士

习　　题

1. 化学反应工程的研究对象与目的是什么？
2. 简述反应动力学与化学热力学的区别与联系。
3. 简述从实验室小装置到工业装置开发过程中经常出现的"放大效应"的形成原因。
4. 化学反应工程中的基本研究方法有哪些？
5. 试说明过程强化反应器的基本涵义与手段。
6. 通过查阅资料和文献，思考基于宏观尺度的"三传一反"理论在纳微尺度是否适用？
7. 简述我国化学反应工程学科的发展历史，并阐述个人的感悟。

参 考 文 献

[1] G-Damköhler，DerChemie-Ingenfeur（A. Eueken，M. Jakob），Band I/I，Akad. Verlagsges. Leipzig. 1937.

[2] Hougen O A，Watson K M. Chemical Process Principles. Vol 3. Kinetics and Catalysis. Wiley，1947.

[3] 大竹雲雄. 反応装置の設計. 2 版. 東京：科学技術出版社，1957.

[4] G F 弗罗门特，K B 比肖夫. 反应器分析与设计. 邹仁鉴，等译. 北京：化学工业出版社，1985.

[5] Smith J M. Chemical Engineering Kinetics. 2 版. New York：McGraw-Hill，1970.

[6] Walas S M. Reaction Kinetics for Chemical Engineers. New York：McGraw-Hill，1959.

[7] 渡会正三. 工業反応装置. 東京：日刊工業新聞社，1960.

[8] Levenspiel O. 化学反应工程. 3 版（影印版）. 北京：化学工业出版社，2005.

[9] 陈敏恒，翁元恒. 化学反应工程基本原理. 北京：化学工业出版社，1988.

[10] 李绍芬. 化学反应工程. 3 版. 北京：化学工业出版社，2013.

[11] 陈仁学. 化学反应工程与反应器. 北京：国防工业出版社，1988.

[12] 陈甘棠，梁玉衡. 化学反应技术基础. 北京：科学出版社，1981.

[13] 朱炳辰. 化学反应工程. 5 版. 北京：化学工业出版社，2012.

[14] 毛在砂，陈家镛. 化学反应工程基本原理. 北京：科学出版社，2004.

[15] 王建华. 化学反应工程. 成都：成都科技大学出版社，1988.

[16] 清华大学. 化学反应工程基础. 北京：清华大学出版社，1988.

[17] 列文斯比尔. 化学反应工程习题解. 施百先，张国泰，译. 上海：上海科技文献出版社，1982.

[18] 丁富新，袁乃驹. 化学反应工程例题与练习. 北京：清华大学出版社，1991.

[19] 李启兴，等. 化学反应工程学基础. 数学模拟法. 北京：人民教育出版社，1983.

[20] 孙宏伟，段雪. 化学工程学科前沿与展望. 北京：科学出版社，2012.

[21] 陈建峰，初广文，邹海魁. 超重力反应工程. 北京：化学工业出版社，2020.

第 2 章

均相反应动力学基础

2.1　概述

均相反应是指在均一的液相或气相中进行的化学反应，即所有反应物在反应开始前就达到了分子水平上的混合均匀，反应无需考虑传质过程的影响。这一类反应的范围很广泛，如烃类的高温裂解反应为气相均相反应，而酸碱中和、酯化、皂化等反应，则为典型的液相均相反应。

研究均相反应过程，首先要掌握均相反应的动力学。它不计过程物理因素的影响，仅仅研究化学反应本身的反应速率规律，也就是研究物料的浓度、温度以及催化剂等因素对化学反应速率的影响。而工业反应器内进行的化学反应，是化学过程和物理过程的结合。因此，均相反应动力学是解决工业均相反应器的选型、操作与设计计算所需要的重要理论基础。

2.1.1　化学反应速率及其表达式

化学反应速率用来描述在单位空间（体积）、单位时间内物料（反应物或产物）数量的变化。若用反应物 A 描述反应速率，可用式(2-1)表示

$$(-r_A) = -\frac{1}{V} \times \frac{dn_A}{dt} = \frac{\text{因反应而消耗的反应物 A 的量}}{\text{单位体积} \times \text{单位时间}} \tag{2-1}$$

式中，$(-r_A)$ 中的负号是表示反应物消失的速率。若用产物 P 描述反应速率，则可表示为

$$r_P = \frac{1}{V} \times \frac{dn_P}{dt}$$

当物料体积的变化较小，则 V 可视作定值，称为恒容过程。此时，$n/V = c_A$，式(2-1)可写成

$$(-r_A) = -\frac{dc_A}{dt} \tag{2-2}$$

对于反应：$a\text{A} + b\text{B} \longrightarrow p\text{P} + s\text{S}$，反应物与产物的浓度变化符合化学反应式的计量系数关系，故可写出

$$-\frac{1}{a}\times\frac{dc_A}{dt} = -\frac{1}{b}\times\frac{dc_B}{dt} = \frac{1}{p}\times\frac{dc_P}{dt} = \frac{1}{s}\times\frac{dc_S}{dt} \tag{2-3}$$

或

$$(-r_A) = \frac{a}{b}(-r_B) = \frac{a}{p}r_P = \frac{a}{s}r_S$$

例 2-1 长征系列运载火箭是中国自行研制的航天运载工具。长征运载火箭从 1965 年开始研制，1970 年 4 月 24 日"长征一号"运载火箭首次发射"东方红一号"卫星成功。2016 年 11 月 3 日在中国文昌航天发射场，长征五号运载火箭首飞成功，成为当时中国运载能力最强的火箭。长征五号芯一级用的液氧液氢发动机，采用液氧和液氢混合燃料。液氧和液氢总共 158t，工作 480s。假设燃烧腔室的体积为 $0.65m^3$，燃烧完全。求液氢和液氧的反应速率。

解 由于液氢和液氧完全燃烧，因此存储的液氢和液氧摩尔比为 2:1，折合质量比为 4:32＝1:8，则每秒消耗的液氢物质的量为

$$n_{H_2} = \frac{\frac{1}{9}\times\frac{158}{480}\times10^6 g/s}{2g/mol} = 1.829\times10^4 mol/s$$

每秒消耗的液氧物质的量为

$$n_{O_2} = \frac{\frac{8}{9}\times\frac{158}{480}\times10^6 g/s}{32g/mol} = 0.914\times10^4 mol/s$$

液氢的反应速率为

$$(-r_{H_2}) = -\frac{1}{V}\times\frac{dn_{H_2}}{dt} = -\frac{1}{0.65m^3}\times\left(-1.829\times10^4\frac{mol}{s}\right) = 2.814\times10^4 mol/(m^3\cdot s)$$

液氧的反应速率为

$$(-r_{O_2}) = -\frac{1}{V}\times\frac{dn_{O_2}}{dt} = -\frac{1}{0.65m^3}\times\left(-0.914\times10^4\frac{mol}{s}\right) = 1.406\times10^4 mol/(m^3\cdot s)$$

均相反应的速率取决于物料的浓度和温度，这种关系的定量表达式就是动力学方程，一般可用下述方程表示

$$(-r_A) = kc_A^\alpha c_B^\beta \tag{2-4}$$

式中，k 称作反应速率常数；α 和 β 分别是组分 A 和组分 B 的反应级数。对于气相反应，由于分压与浓度成正比，也常常使用分压来表示

$$(-r_A) = k_p p_A^\alpha p_B^\beta \tag{2-5}$$

一般说来，可以用任一与浓度相当的参数来表达反应速率，但动力学方程中各参数的量纲必须一致。如当 $\alpha=\beta=1$ 时，式(2-4) 中反应速率的单位为 $mol/(m^3\cdot s)$，浓度的单位是 mol/m^3，则反应速率常数 k 的单位为 $m^3/(mol\cdot s)$；而在式(2-5) 中，若反应速率的单位仍为 $mol/(m^3\cdot s)$，分压的单位为 Pa，则 k_p 的单位为 $mol/(m^3\cdot s\cdot Pa^2)$。

上述的动力学方程形式称为幂数型。另一种常用动力学方程形式是双曲线型，如合成溴化氢的反应是一个链反应，其动力学方程可表示为

$$r_{HBr} = \frac{k_1 c_{H_2} c_{Br_2}^{\frac{1}{2}}}{k_2 + \frac{c_{HBr}}{c_{Br_2}}} \tag{2-6}$$

表 2-1 列举了一些具有代表性的动力学方程。由表可见，动力学方程中浓度项的幂次与化学反应式中的计量系数有的一致，有的则不一致。为此，有必要先区分单一反应和复合反应、基元反应和非基元反应。

表 2-1　动力学方程举例

反　应	化 学 反 应 式	动 力 学 方 程
气相反应		
乙醛分解	$CH_3CHO \longrightarrow CH_4 + CO$	$(-r_A) = kc_A^2$
丙烷裂解	$C_3H_8 \underset{C_3H_6 + H_2}{\overset{C_2H_4 + CH_4}{\big\langle}}$	$(-r_A) = kc_A$
合成碘化氢	$H_2 + I_2 \longrightarrow 2HI$	$(-r_A) = kc_A c_B$
合成二氧化氮	$2NO + O_2 \longrightarrow 2NO_2$	$(-r_A) = kc_A^2 c_B$
合成溴化氢	$H_2 + Br_2 \longrightarrow 2HBr$	式(2-6)
液相反应		
酯化反应	$CH_3COOH + C_4H_9OH \longrightarrow CH_3COOC_4H_9 + H_2O$	$(-r_A) = kc_A^2$（等摩尔比时）
蔗糖水解反应	$\underset{(蔗糖)}{C_{12}H_{22}O_{11}} + H_2O \longrightarrow \underset{(葡萄糖)}{C_6H_{12}O_6} + \underset{(果糖)}{C_6H_{12}O_6}$	$(-r_A) = kc_A$（H_2O 大大过量时）
甲苯硝化	$CH_3 \cdot C_6H_5 + HNO_3 \underset{对 CH_3 \cdot C_6H_4 \cdot NO_2}{\overset{邻 CH_3 \cdot C_6H_4 \cdot NO_2}{\big\langle}} + H_2O$	$(-r_A) = kc_A c_B$

所谓单一反应，指的是只用一个化学反应式和一个动力学方程描述的反应；而复合反应则是需要两个或两个以上化学反应式和动力学方程描述的反应。常见的复合反应有：连串反应（$A \longrightarrow P \longrightarrow S$）、平行反应（$A \longrightarrow P$、$A \longrightarrow S$）和平行-连串反应 $\left(\begin{array}{l} A+B \longrightarrow P \\ A+P \longrightarrow S \end{array} \right)$，其中 P 为主产物，S 为副产物。

设某单一反应的化学反应式为

$$A + B \longrightarrow P + S$$

假定控制此反应速率的机理是单分子 A 和单分子 B 的相互作用或碰撞，而分子 A 与分子 B 的碰撞次数决定反应的速率。在给定的温度下，由于碰撞次数正比于混合物中反应物的浓度，所以分子 A 的反应速率为

$$(-r_A) = kc_A c_B$$

如果反应物分子在碰撞中一步直接转化为产物分子，则称该反应为基元反应。此时，根据化学反应式的计量系数可以直接写出反应速率式中各浓度项的幂数。若反应物分子要经过若干步，即经由几个基元反应才能转化成产物的反应，则称为非基元反应，比如 H_2 和 Br_2 之间的反应。

$$H_2 + Br_2 \longrightarrow 2HBr$$

实验研究得知，此反应由以下的几个基元反应组成：

$$Br_2 \longrightarrow 2Br \cdot$$
$$Br \cdot + H_2 \longrightarrow HBr + H \cdot$$
$$H \cdot + Br_2 \longrightarrow HBr + Br \cdot$$
$$H \cdot + HBr \longrightarrow H_2 + Br \cdot$$
$$2Br \cdot \longrightarrow Br_2$$

其动力学方程为

$$r_{HBr} = \frac{k_1 c_{H_2} c_{Br_2}^{\frac{1}{2}}}{k_2 + \dfrac{c_{HBr}}{c_{Br_2}}}$$

该反应包括五个基元反应，其中每一个都真实地反映了直接碰撞接触的情况。第一个是 Br_2 的离解，实际上参加反应的分子数是一个，称为单分子反应；第二个反应是由两个分子碰撞接触，称为双分子反应。所以，所谓单分子、双分子、三分子反应（最多不超过三分子），是专对基元反应而言的，非基元过程因为并不反映直接碰撞的情况，故不能称为单分子或双分子反应。

反应的级数，是指动力学方程中浓度项的幂数，如式（2-4）中的 α 和 β，它们通常是由实验确定的常数。对基元反应，级数 α、β 即等于化学反应式的计量系数值，$\alpha = a$，$\beta = b$。而对非基元反应，都应通过实验来确定。总反应级数 n 等于各组分反应级数的和，即 $n = \alpha + \beta$。一般情况下，级数在一定温度范围内保持不变，总反应级数的绝对值一般不会超过 3，但可以是分数，也可以是负数。级数的大小反映了该物料浓度对反应速率影响的程度，级数愈高，则该物料浓度的变化对反应速率的影响愈显著。如果级数等于零，在动力学方程中该物料的浓度项不出现，说明该物料浓度的变化对反应速率没有影响。如果级数是负值，说明该物料浓度的增加反而抑制了反应，使反应速率下降。

2.1.2 反应速率常数 k

由式（2-4）可知，当 c_A 和 c_B 等于 1 时，$(-r_A)$ 等于 k，说明 k 就是当反应物浓度为 1 时的反应速率，又称为反应的比速率，它的量纲因反应级数而异。对一级反应，k 的量纲是 $[时间]^{-1}$，而对 n 级反应，k 的量纲是 $[时间]^{-1}[浓度]^{1-n}$。反应速率常数值的大小直接决定了反应速率的大小和反应进行的难易程度。不同的反应有不同的速率常数，对于同一个反应，反应速率常数随温度和催化剂的变化而变化。

温度是影响反应速率的主要因素之一，大多数反应的速率都随着温度的升高而增大，但对不同的反应，反应速率增加的快慢是不一样的，k 即代表温度对反应速率的影响项。在所有情况下，k 随温度的变化规律符合阿伦尼乌斯关系式

$$k = k_0 e^{-E/RT} \tag{2-7}$$

故

$$\ln k = \ln k_0 - \frac{E}{RT}$$

式中，k_0 是常数，也称频率因子；E 是活化能，J/mol；T 为温度，K；R 为气体常数，其值为 8.314J/(mol·K)。其中，k 与 E 的值一般由实验测定。

活化能是一个极重要的参数，它的大小不仅可以衡量反应的难易程度，也能够反映反应速率对温度的敏感程度。表 2-2 中的数据直观地比较了不同活化能时温度对反应的影响程度。如，反应温度为 400℃，活化能 $E = 41868$J/mol 时，为使反应速率加倍所需的温升为 70℃；而当 $E = 167500$J/mol 时，所需温升就降为 17℃ 了。

由表 2-2、表 2-3 和图 2-1 可知，反应速率对温度的敏感性取决于活化能的大小和温度的高低，可以得出如下结论：

表 2-2　反应温度和活化能值一定时使反应速率加倍所需的温升

反应温度/℃	活化能/(J/mol)			反应温度/℃	活化能/(J/mol)		
	41868	167500	293100		41868	167500	293100
0	11	3	2	1000	273	62	37
400	70	17	9	2000	1037	197	107

表 2-3　反应温度、活化能与反应速率的对应关系

反应温度/℃	活化能/(J/mol)			反应温度/℃	活化能/(J/mol)		
	41868	167500	293100		41868	167500	293100
0	10^{48}	10^{24}	1	1000	2×10^{54}	10^{49}	10^{44}
400	2×10^{52}	10^{43}	2×10^{35}	2000	10^{56}	10^{52}	2×10^{49}

① 根据阿伦尼乌斯关系式，以 $\ln k$ 对 $1/T$ 作图，可得一直线，直线的斜率即为 $-E/R$，因此，若活化能 E 值大，则斜率绝对值大；E 值小，斜率绝对值亦小。

② 活化能越大，则该反应对温度越敏感。

③ 对于给定反应，反应速率与温度的关系在低温时比高温更加敏感。如图 2-1，在温度 $T=462\text{K}$ 时，为使反应速率增加一倍，温升为 $\Delta T=153℃$；而在温度 $T=1000\text{K}$ 时，同样使反应速率增加一倍，所需温升则为 $1000℃$。

研究温度对反应速率影响的规律，对于选择适宜的操作条件是很重要的。在实际生产中，温度的控制往往是十分突出的问题，尤其是对由两个以上的反应组成的复合反应系统，温度的影响错综复杂。此外，对于强放热反应，由于反应中放出热量很大，若大量热量来不及排出时，将会使系统内的温度过高，反应速率激增，以致出现温度无法控制而引起爆炸等热不稳定现象，因而温度的控制更要小心谨慎。

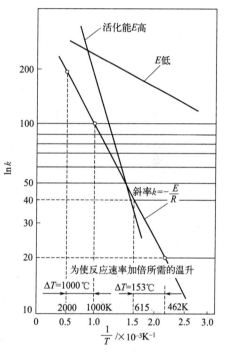

图 2-1　反应速率与温度的函数关系

2.2　等温恒容过程

2.2.1　单一反应动力学方程的建立

测定动力学数据的实验室反应器，可以是间歇操作的，也可以是连续操作的。对于均相液相反应，大多采用间歇操作的反应器，在维持等温的条件下进行化学反应。然后利用仪器分析的方法，得到不同反应时间的各物料浓度的数据，对这些数据进行适当的数学处理就可以得到动力学方程式。也可以利用物理化学的分析方法测定反应物系的各种物理性质（如压力、密度、折射率、旋光度、电导率等），然后根据这些物理性质与浓度的关系，换算为各物料的浓度，再加以数据处理。间歇式反应器实验数据的处理方法有积分法与微分法等。

2.2.1.1 积分法

积分法是根据对一个反应的初步认识，先推测一个动力学方程的形式，经过积分和数学运算后，在某一特定坐标图上标绘，得到表征该动力学方程的浓度（c）与时间（t）关系的直线。如果将实验所得的数据标绘出来，也能得到上述结果的拟合直线，则表明所推测的动力学方程是可取的；否则，应该另提出新的动力学方程再加以检验。下面仅以幂数型的动力学方程为例，讨论几种单一反应在等温恒容时动力学方程的建立。

（1）不可逆反应 设有如下不可逆反应

$$a\,A + b\,B \longrightarrow 产物$$

假定其动力学方程的形式为

$$(-r_A) = -\frac{dc_A}{dt} = kc_A^{\alpha}c_B^{\beta} \tag{2-8}$$

移项并积分得

$$\int_{c_{A0}}^{c_A} \frac{dc_A}{c_A^{\alpha}c_B^{\beta}} = -kt \tag{2-9}$$

若先估取 $\alpha=a$，$\beta=b$，以时间 t 为横坐标，以积分项 $\int_{c_{A0}}^{c_A} \frac{dc_A}{c_A^{a}c_B^{b}}$ 为纵坐标，当以具体数据代入时，作图可得斜率为 k 的直线。因此，如将实验数据按以上关系标绘在同一坐标图上，亦能得到与上述直线拟合很好的直线，则表明此动力学方程是适合于所研究的反应的。若得到的不是一条直线，则可排除此动力学方程，重新假设 α 和 β 的值并加以检验。下面先以不可逆反应 $A \longrightarrow P$ 的情况为例加以说明。

在一个恒容系统中，反应物 A 的消失速率为

$$(-r_A) = -\frac{dc_A}{dt} = kc_A^{\alpha} \tag{2-10}$$

设 $\alpha=1$，即为一级反应，对等温系统，k 为常数。将式（2-10）分离变量积分，然后代入初始条件 $t=0$，$c_A=c_{A0}$ 可得

$$-\ln\frac{c_A}{c_{A0}} = \ln\frac{c_{A0}}{c_A} = kt \tag{2-11}$$

若考虑物料 A 为关键组分并定义其转化率为 x_A

$$x_A = \frac{已转化物料 A 的量}{反应开始时物料 A 的量} = \frac{n_{A0} - n_A}{n_{A0}} \tag{2-12}$$

对于恒容系统，x_A 可写成：

$$x_A = \frac{n_{A0}/V - n_A/V}{n_{A0}/V} = \frac{c_{A0} - c_A}{c_{A0}} = 1 - \frac{c_A}{c_{A0}}$$

所以

$$c_A = c_{A0}(1 - x_A)$$

代入式（2-11）也可写为

$$\ln\left(\frac{1}{1 - x_A}\right) = kt$$

故以 $\ln\frac{1}{1-x_A}$ 或 $\ln\frac{c_{A0}}{c_A}$ 对 t 作图，可得一条通过原点、斜率为 k 的直线，如图 2-2 所

示。若将同一反应温度下的实验数据加以标绘，也得到同一直线，则说明所研究的为一级不可逆反应。若得到的为一条曲线，则需要重新假设反应级数。

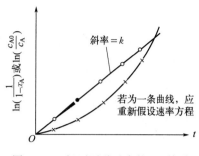

图 2-2　一级不可逆反应的 c-t 关系

为了求取活化能 E，可再另选一个反应温度作同样的实验，得到另一组等温、恒容均相反应的实验数据，并据此求出相应的 k 值。由于

$$k_1 = k_0 e^{-E/RT_1}$$

$$k_2 = k_0 e^{-E/RT_2}$$

两式取对数并相减，得

$$\ln k_2 - \ln k_1 = \ln \frac{k_2}{k_1} = -\frac{E}{R}\left(\frac{1}{T_2} - \frac{1}{T_1}\right) \tag{2-13}$$

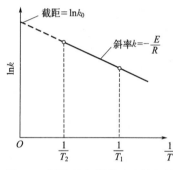

图 2-3　阿伦尼乌斯关系式的标绘

故以 $\ln k$ 对 $\frac{1}{T}$ 作图，得到如图 2-3 所示的一条直线，其斜率等于 $-E/R$，这样就求得 E。至于频率因子 k_0，由式 (2-7) 可知图上直线在纵轴上的截距为 $\ln k_0$ 而求得。由于实验中难免有误差，可将在不同温度下实验所得的 $\ln k$ 对 $\frac{1}{T}$ 拟合所得 E、k_0 作为最终结果。这样，在借助于少数几个温度下的实验数据将 E 和 k_0 求出之后，整个温度范围内的反应速率均可求出。

对二级不可逆反应的情况，亦可作同样的处理。如有

$$A + B \longrightarrow 产物$$

动力学方程为

$$(-r_A) = -\frac{dc_A}{dt} = k c_A c_B \tag{2-14}$$

若反应物 A 和 B 的初始浓度相等，即 $c_{A0} = c_{B0}$，式 (2-14) 可写为

$$(-r_A) = -\frac{dc_A}{dt} = k c_A^2 = k c_{A0}^2 (1 - x_A)^2 \tag{2-15}$$

式 (2-15) 的积分结果为

$$\frac{1}{c_A} - \frac{1}{c_{A0}} = \frac{1}{c_{A0}}\left(\frac{x_A}{1 - x_A}\right) = kt \tag{2-16}$$

若 $c_{A0} \neq c_{B0}$，设 $\beta = c_{B0}/c_{A0}$，则有如下关系

$$(-r_A) = -\frac{dc_A}{dt} = c_{A0}\frac{dx_A}{dt} = k(c_{A0} - c_{A0}x_A)(c_{B0} - c_{A0}x_A)$$
$$= k c_{A0}^2 (1 - x_A)(\beta - x_A)$$

分离变量并写成积分的形式

$$\int_0^{x_A} \frac{dx_A}{(1 - x_A)(\beta - x_A)} = c_{A0} k \int_0^t dt \tag{2-17}$$

解之得

$$\ln \frac{\beta - x_A}{\beta(1 - x_A)} = c_{A0}(\beta - 1)kt = (c_{B0} - c_{A0})kt \qquad \beta \neq 1 \tag{2-18}$$

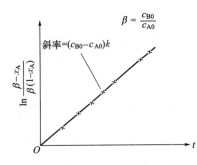

图 2-4　二级不可逆反应的 c-t 关系

其中　$\ln\dfrac{\beta-x_A}{\beta(1-x_A)}=\ln\dfrac{1-\dfrac{x_A}{\beta}}{1-x_A}=\ln\dfrac{1-x_B}{1-x_A}=\ln\dfrac{c_B c_{A0}}{c_A c_{B0}}$

图 2-4 为式(2-18) 的标绘，若实验数据标绘亦符合这一直线，则动力学方程适合于所研究的反应。若 $c_{B0}\gg c_{A0}$，c_B 在全部反应时间内近似于不变，则式(2-18) 可简化为式(2-11)，这时，二级反应就变成拟一级反应了。

利用积分法求取动力学方程式的过程，实际上是一个试差的过程，它一般在反应级数是简单整数时使用。当级数是分数时，试差困难，最好还是用微分法。其他不可逆反应动力学方程式的积分式，见表 2-4。

表 2-4　等温恒容不可逆反应的动力学方程及其积分式

反　应	速率方程	速率方程的积分式
A $\longrightarrow$ 产物（零级）	$-\dfrac{dc_A}{dt}=k$	$kt=c_{A0}-c_A$
A $\longrightarrow$ 产物（一级）	$-\dfrac{dc_A}{dt}=kc_A$	$kt=\ln\dfrac{c_{A0}}{c_A}=\ln\dfrac{1}{1-x_A}$
2A $\longrightarrow$ 产物（二级） A+B $\longrightarrow$ 产物 $(c_{A0}=c_{B0})$	$-\dfrac{dc_A}{dt}=kc_A^2$	$kt=\dfrac{1}{c_A}-\dfrac{1}{c_{A0}}=\dfrac{1}{c_{A0}}\left(\dfrac{x_A}{1-x_A}\right)$
A+B $\longrightarrow$ 产物 $(c_{A0}\neq c_{B0})$	$-\dfrac{dc_A}{dt}=kc_A c_B$	$kt=\dfrac{1}{c_{B0}-c_{A0}}\ln\dfrac{c_B c_{A0}}{c_A c_{B0}}=\dfrac{1}{c_{B0}-c_{A0}}\ln\left(\dfrac{1-x_B}{1-x_A}\right)$
2A+B $\longrightarrow$ 产物（三级）	$-\dfrac{dc_A}{dt}=kc_A^2 c_B$	$kt=\dfrac{2}{c_{A0}-2c_{B0}}\left(\dfrac{1}{c_{A0}}-\dfrac{1}{c_A}\right)+\dfrac{2}{(c_{A0}-2c_{B0})^2}\ln\dfrac{c_{B0}c_A}{c_{A0}c_B}$
A+B+D $\longrightarrow$ 产物（三级）	$-\dfrac{dc_A}{dt}=kc_A c_B c_D$	$kt=\dfrac{1}{(c_{A0}-c_{B0})(c_{A0}-c_{D0})}\ln\dfrac{c_{A0}}{c_A}+\dfrac{1}{(c_{B0}-c_{D0})(c_{B0}-c_{A0})}\ln\dfrac{c_{B0}}{c_B}+$ $\dfrac{1}{(c_{D0}-c_{A0})(c_{D0}-c_{B0})}\ln\dfrac{c_{D0}}{c_D}$

（2）可逆反应　为简明起见，我们通过正、逆两方向都是一级反应的例子来讨论可逆反应的一般规律，化学反应式为

$$A\underset{k_2}{\overset{k_1}{\rightleftharpoons}}P$$

在反应过程中任一时刻，正反应速率 $r_1=k_1 c_A$，逆反应速率 $r_2=k_2 c_P$，而净反应速率为正、逆反应速率之差，若 $c_{P0}=0$，则

$$(-r_A)=-\dfrac{dc_A}{dt}=k_1 c_A-k_2 c_P=k_1 c_A-k_2(c_{A0}-c_A)\tag{2-19}$$

若令 $K=k_1/k_2=$ 平衡常数，则式(2-19) 积分的结果为

$$\ln\dfrac{c_{A0}\left(\dfrac{K}{1+K}\right)}{c_A-c_{A0}\left(\dfrac{1}{1+K}\right)}=k_1\left(1+\dfrac{1}{K}\right)t\tag{2-20}$$

当反应达到平衡时，反应物与产物浓度不再随时间而变，反应的净速率为零，相应于此

时的浓度称为平衡浓度，以 c_{Ae}、c_{Pe} 表示，根据反应的计量关系

$$c_{Pe} = c_{A0} - c_{Ae}$$

故有

$$-\frac{dc_A}{dt} = k_1 c_{Ae} - k_2(c_{A0} - c_{Ae}) = 0 \tag{2-21}$$

即

$$\frac{k_1}{k_2} = K = \frac{c_{A0} - c_{Ae}}{c_{Ae}} \tag{2-22}$$

把此结果代入式(2-20) 得

$$\ln \frac{c_{A0} - c_{Ae}}{c_A - c_{Ae}} = k_1\left(1 + \frac{1}{K}\right)t = \left(k_1 + \frac{k_1}{K}\right)t = (k_1 + k_2)t \tag{2-23}$$

将实验测定的 c_A-t 数据，按 $\ln \dfrac{c_{A0} - c_{Ae}}{c_A - c_{Ae}}$ 对 t 作图，可得一直线，其斜率即为 $(k_1 + k_2)$，如图 2-5 所示，求得 $(k_1 + k_2)$ 后再结合式(2-22) 便可分别求得 k_1 和 k_2。

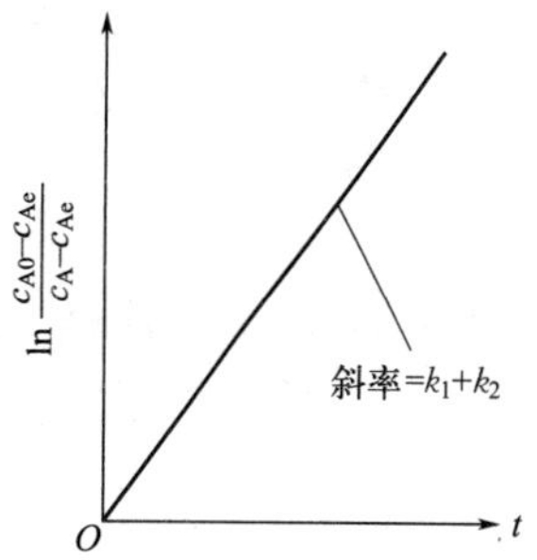

再举一个可逆反应的例子

$$A \Longleftrightarrow P + S$$

其动力学方程的型式可能为

$$-\frac{dc_A}{dt} = k_1 c_A^\alpha - k_2 c_P^\beta c_S^\gamma \tag{2-24}$$

图 2-5　可逆反应的 c_A-t 关系

为了测定正、逆反应的级数，可以采用初速率测定法。即在无产物生成的情况下，也就是 $c_{P0} = c_{S0} = 0$，测出反应的初速率，因为此时产物浓度对反应速率的影响可以忽略不计。故改变 c_{A0}，测出初速率，便可根据 $(-r_A)_0 = k_1 c_{A0}^\alpha$，先定出正反应的级数 α，然后定出 k_1 值，再去测定逆反应的级数。这时，应使 $c_{A0} = 0$，并保持 c_{S0} 在反应过程中过量而近于恒定不变，改变 c_{P0}，可以定出 β 值。最后，保持 c_{P0} 过量而改变 c_{S0}，求出产物 S 的反应级数 γ，并最后确定 k_2，从而便能获得反应的完整速率方程。

对其他常见可逆反应，结果列于表 2-5。

表 2-5　等温、恒容可逆反应的速率方程及其积分式（产物起始浓度为零）

反　应	速　率　方　程	速率方程的积分式
一级 $A \underset{k_2}{\overset{k_1}{\rightleftharpoons}} P$	$-\dfrac{dc_A}{dt} = k_1 c_A - k_2 c_P = (k_1 + k_2)c_A - k_2 c_{A0}$	$(k_1 + k_2)t = \ln \dfrac{c_{A0} - c_{Ae}}{c_A - c_{Ae}}$
一、二级 $A \underset{k_2}{\overset{k_1}{\rightleftharpoons}} P + S$	$-\dfrac{dc_A}{dt} = k_1 c_A - k_2 c_P c_S = k_1\left[c_A - \dfrac{1}{K}(c_{A0} - c_A)^2\right]$	$k_1 t = \left(\dfrac{c_{A0} c_{Ae}}{c_{A0} + c_{Ae}}\right) \ln \dfrac{c_{A0}^2 - c_{Ae} c_A}{c_{A0}(c_A - c_{Ae})}$
二、一级 $A + B \underset{k_2}{\overset{k_1}{\rightleftharpoons}} P$ $(c_{A0} = c_{B0})$	$-\dfrac{dc_A}{dt} = k_1 c_A c_B - k_2 c_P = k_1\left[c_A^2 - \dfrac{1}{K}(c_{A0} - c_A)\right]$	$k_1 t = \dfrac{c_{A0} - c_{Ae}}{c_{Ae}(2c_{A0} - c_{Ae})} \times$ $\ln \dfrac{c_{A0} c_{Ae}(c_{A0} - c_{Ae}) + c_A(c_{A0} - c_{Ae})^2}{c_{A0}^2(c_A - c_{Ae})}$
二级 $A + B \underset{k_2}{\overset{k_1}{\rightleftharpoons}} P + S$ $(c_{A0} = c_{B0})$	$-\dfrac{dc_A}{dt} = k_1 c_A c_B - k_2 c_P c_S = k_1\left[c_A^2 - \dfrac{1}{K}(c_{A0} - c_A)^2\right]$	$k_1 t = \dfrac{\sqrt{K}}{mc_0} \ln\left[\dfrac{x_{Ae} - 2(x_{Ae} - 1)x_A}{x_{Ae} - x_A}\right] (m = 2)$
二级 $2A \underset{k_2}{\overset{k_1}{\rightleftharpoons}} 2P$	$-\dfrac{dc_A}{dt} = k_1 c_A^2 - k_2 c_P^2 = k_1\left[c_A^2 - \dfrac{1}{K}(c_{A0} - c_A)^2\right]$	同上式，$m = 2$

续表

反　　应	速　率　方　程	速率方程的积分式
二级 $2A \underset{k_2}{\overset{k_1}{\rightleftharpoons}} P+S$	$-\dfrac{dc_A}{dt}=k_1c_A^2-k_2c_Pc_S=k_1\left[c_A^2-\dfrac{1}{4K}(c_{A0}-c_A)^2\right]$	同上式，$m=1$
二级 $A+B \underset{k_2}{\overset{k_1}{\rightleftharpoons}} 2P$	$-\dfrac{dc_A}{dt}=k_1c_Ac_B-k_2c_P^2=k_1\left[c_A^2-\dfrac{4}{K}(c_{A0}-c_A)^2\right]$	同上式，$m=4$

2.2.1.2　微分法

微分法是直接利用动力学方程微分式进行标绘，检验得到的实验数据是否与此动力学方程相符合，一般程序如下：

（1）先假定一个反应机理，并列出动力学方程，对恒容过程，其型式为

$$(-r_A)=-\frac{dc_A}{dt}=kf(c_A) \tag{2-25}$$

（2）将实验所得的浓度-时间数据加以标绘，绘出光滑曲线，在相应浓度值位置求取曲线的斜率，此斜率 dc_A/dt 代表在该组成下的反应速率，如图 2-6 所示。

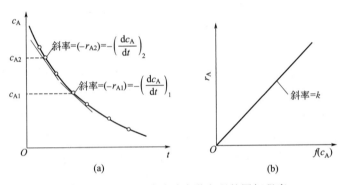

图 2-6　用微分法检验动力学方程的图解程序

（3）将步骤（2）所得到的各 dc_A/dt 对 $f(c_A)$ 作图，若得到一条通过原点的直线，说明假定的机理与实验数据相符合。否则，需重新假定动力学方程并加以检验，此步骤如图 2-6（b）所示。在这个方法中的关键是步骤（2）的精确性，因为在标绘曲线时的微小误差，将导致在估计斜率时的较大偏差，采用镜面法作图求取斜率可使误差减小。所谓镜面法，就是在需要确定斜率的一点上用一平面镜与曲线相交，在镜面前观看，就可以看到曲线在镜中的映象。如果镜面正好与曲线的法线重合，则曲线与映象应该是连续的，否则就会看到转折。所以，当镜前曲线与镜中映象形成光滑连续的曲线时，即可作出法线，再作该法线的垂直线就是该点的切线，从而求得斜率。

在处理实验数据时，最小二乘法特别适用于如下形式的方程

$$(-r_A)=-\frac{dc_A}{dt}=kc_A^a c_B^b \tag{2-26}$$

此处 k、a、b 是待测定的，为此，可对式(2-26)取对数

$$\lg\left(-\frac{dc_A}{dt}\right)=\lg k+a\lg c_A+b\lg c_B \tag{2-27}$$

或写成如下形式

$$y = a_0 + a_1 x_1 + a_2 x_2$$

根据最小二乘法法则，应满足

$$\Delta = \sum (a_0 + a_1 x_1 + a_2 x_2 - y_{\text{实测}})^2 = 最小 \tag{2-28}$$

将式（2-28）分别对 a_0、a_1、a_2 偏微分并令其等于零，即可解出 $a_0 = \lg k$，$a_1 = a$，$a_2 = b$ 等。

例 2-2 氯化胆碱（氯化 2-羟乙基三甲铵）是一种植物光合作用促进剂，对增加产量有明显的效果。小麦、水稻在孕穗期喷施可促进幼穗分化、多结穗粒，灌浆期喷施可加快灌浆速度，使穗粒饱满。此外，氯化胆碱还可以用于治疗脂肪肝和肝硬化等疾病。其制备可通过无水氯乙醇与三甲胺在 50℃ 下进行反应，反应式如下

$$ClCH_2CH_2OH + N(CH_3)_3 \longrightarrow HOCH_2CH_2N(CH_3)_3Cl$$

假设上述反应为恒容下的液相反应，简化为 $A + B \longrightarrow P$，实验测得如下的数据，试用微分法和积分法建立动力学方程。

t/s	$c_A/(mol/L)$			t/s	$c_A/(mol/L)$		
	$\frac{c_{A0}}{c_{B0}}=1.30$	$\frac{c_{A0}}{c_{B0}}=1.00$	$\frac{c_{A0}}{c_{B0}}=0.75$		$\frac{c_{A0}}{c_{B0}}=1.30$	$\frac{c_{A0}}{c_{B0}}=1.00$	$\frac{c_{A0}}{c_{B0}}=0.75$
0	1.500	1.200	0.800	8400	0.378	0.140	0.043
1200	0.791	0.572	0.383	14400	0.358	0.085	0.001
3600	0.469	0.279	0.152				

解 （1）设动力学方程为 $r = kc_A c_B$，将 t-c_A 数据作图（如下图所示）。

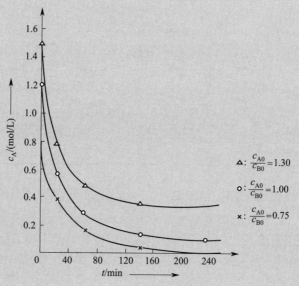

用图解微分法求得

c_{A0}/c_{B0}	$c_A/(mol/L)$											
	1.2		1.0		0.8		0.6		0.4		0.2	
	c_B	$r \times 10^2$	c_B	$r \times 10^2$	c_B	$r \times 10^2$	c_B	$r \times 10^2$	c_B	$r \times 10^2$	c_B	$r \times 10^2$
1.30	0.853	4.6	0.645	2.7	0.454	1.16	0.254	0.38	0.1054	0.065	—	—
1.00	1.20	7.6	1.00	4.2	0.80	2.5	0.60	1.3	0.40	0.46	0.20	0.117
0.75	—	—	—	—	1.067	3.8	0.867	2.3	0.667	1.06	0.467	0.40

由各直线的斜率取平均值，求得 $k = 4.4 \times 10^{-2} L/(mol \cdot min)$。

（2）用积分法求 k

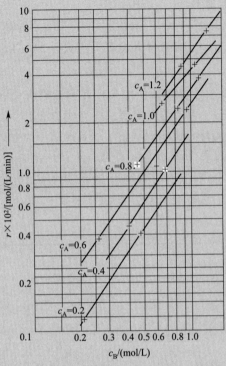

$$\frac{c_{B0}}{c_{A0}} \neq 1, k = \frac{\ln \dfrac{c_{B0} c_A}{c_B c_{A0}}}{t c_{A0}\left(1 - \dfrac{c_{B0}}{c_{A0}}\right)}$$

$$\frac{c_{B0}}{c_{A0}} = 1, k = \frac{1}{t}\left(\frac{1}{c_A} - \frac{1}{c_{A0}}\right)$$

计算结果汇总如下表，可得 k 的平均值为 4.56×10^{-2} L/(mol·min)，与图解微分法求取的值相近。

t/min	$\dfrac{c_{A0}}{c_{B0}} = 1.30$			$\dfrac{c_{A0}}{c_{B0}} = 1.00$			$\dfrac{c_{A0}}{c_{B0}} = 0.75$		
	$c_A/$ (mol/L)	$c_B/$ (mol/L)	$k \times 10^2$ L/ (mol·min)	$c_A/$ (mol/L)	$c_B/$ (mol/L)	$k \times 10^2$ L/ (mol·min)	$c_A/$ (mol/L)	$c_B/$ (mol/L)	$k \times 10^2$ L/ (mol·min)
0	1.500	1.154	—	1.200	1.200	—	0.800	1.067	—
20	0.791	0.444	4.56	0.572	0.572	4.57	0.383	0.650	4.55
60	0.469	0.123	4.69	0.279	0.279	4.59	0.152	0.419	4.54
140	0.378	0.033	4.53	0.140	0.140	4.55	0.043	0.309	4.49
240	0.358	0.0063	4.55	0.085	0.085	4.54	0.011	0.278	4.57

2.2.2　复合反应

2.2.2.1　平行反应

反应物能同时分别进行两个或两个以上的反应称为平行反应。许多取代反应、加成反应和分解反应都是平行反应。甲苯硝化生成邻位、间位、对位硝基苯就是典型的例子。

（1）平行反应动力学方程的建立 现将一个反应物 A 在两个竞争方向的分解反应作为例子，讨论平行反应的动力学方程式是如何建立的。此反应可表示为

$$A \overset{k_1}{\underset{k_2}{\Big\langle}} \begin{array}{c} P \\ S \end{array}$$

若两个反应均为一级反应，则三个组分的变化速率分别为

$$(-r_A) = -\frac{dc_A}{dt} = k_1 c_A + k_2 c_A = (k_1 + k_2) c_A \tag{2-29}$$

$$r_P = \frac{dc_P}{dt} = k_1 c_A \tag{2-30}$$

$$r_S = \frac{dc_S}{dt} = k_2 c_A \tag{2-31}$$

式（2-29）是一个简单的一级反应的动力学方程形式，故可积分得

$$-\ln \frac{c_A}{c_{A0}} = (k_1 + k_2) t \tag{2-32}$$

式（2-30）与式（2-31）相除得

$$\frac{r_P}{r_S} = \frac{dc_P}{dc_S} = \frac{k_1}{k_2}$$

积分得

$$\frac{c_P - c_{P0}}{c_S - c_{S0}} = \frac{k_1}{k_2} \tag{2-33}$$

式（2-32）和式（2-33）可标绘成图 2-7 所示的直线。

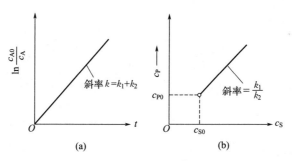

图 2-7　两个竞争的一级反应 $A \overset{P}{\underset{S}{\Big\langle}}$ 的速度常数的求取

其中图 2-7(a) 是式（2-32）的标绘，得到斜率为 $(k_1 + k_2)$ 的直线；图 2-7(b) 是式（2-33）的标绘，得到斜率为 k_1/k_2 的直线。在求得 $(k_1 + k_2)$ 和 (k_1/k_2) 值后，可以分别求 k_1 和 k_2。

将式（2-32）改写，即

$$c_A = c_{A0} e^{-(k_1 + k_2) t}$$

把上式代入式（2-30）和式（2-31），可得

$$c_P = \frac{k_1}{k_1 + k_2} c_{A0} [1 - e^{-(k_1 + k_2) t}] \tag{2-34}$$

$$c_S = \frac{k_2}{k_1 + k_2} c_{A0} \left[1 - e^{-(k_1+k_2)t} \right] \tag{2-35}$$

根据式（2-34）和式（2-35）以浓度对时间作图，可得如图 2-8 所示的浓度分布曲线。

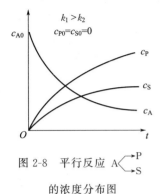

图 2-8 平行反应 $A \underset{S}{\overset{P}{<}}$ 的浓度分布图

由此可见，要判别所考察的反应是否属于一级平行反应，可根据这一类反应的如下特征判别。

① 在一定 c_{A0} 值下测定不同时间 t 时的 c_A、c_P、c_S 值，如图 2-8 所示，若各处的 c_P/c_S 值均等于比值 k_1/k_2，说明所考察的反应为一级平行反应。

② 若改变 c_{A0}，根据式（2-34）和式（2-35）的关系可知，生成 P 和 S 的初速率 $(dc_P/dt)_{t=0}$ 应与 c_{A0} 成正比。

初步判定反应属于一级平行反应后，再将实验数据按图 2-7 方法作图，可以求出 k_1、k_2 值，从而建立动力学方程式。

（2）平行反应的产物分布　一般情况下，在平行反应同时生成的几个产物中，一个是所需要的目标产物，而其他的为不希望产生的副产物。在工业生产上，总是希望在一定反应器和工艺条件下，能够获得所期望的最大目标产物量，而副产物的量为最小，这就是所谓的产物分布问题。如上所考虑的反应 $A \underset{k_2}{\overset{k_1}{<}} \begin{matrix} P \\ S \end{matrix}$，其中 P 为目标产物，S 为副产物，设两个反应的动力学方程为

$$r_P = \frac{dc_P}{dt} = k_1 c_A^{a_1} \tag{2-36}$$

$$r_S = \frac{dc_S}{dt} = k_2 c_A^{a_2} \tag{2-37}$$

用式（2-37）除以式（2-36）则得

$$\frac{r_S}{r_P} = \frac{dc_S}{dc_P} = \frac{k_2}{k_1} c_A^{a_2-a_1} \tag{2-38}$$

式（2-38）表达了副反应与主反应速率之比。显然，此比值越小，表明主反应占的比例越大，也就是目标产物 P 的产量越大。式中 k_1、k_2、a_1、a_2 在一定温度下对给定系统都是常数，唯一的变量是 c_A。若 $a_1 > a_2$，即主反应级数大于副反应级数，$(a_2 - a_1)$ 是负值。为了获得较小的 r_S/r_P 比值，在整个反应过程中应使 c_A 维持在较高水平。

若 $a_1 < a_2$，即主反应级数小于副反应级数，$(a_2 - a_1)$ 是正值，为了有利于目标产物 P 的生成，c_A 应维持在低的浓度范围。

若 $a_1 = a_2$，主副反应的反应级数相同，$\dfrac{r_S}{r_P} = \dfrac{dc_S}{dc_P} = \dfrac{k_2}{k_1}$ 为常数。因此，产物分布唯一取决于 k_2/k_1 值，这时只有通过改变 k_2/k_1 的比值来控制产物分布。如改变操作温度，若两个反应的活化能不同，由于增加温度有利于活化能高的反应，降低温度有利于活化能低的反应，因此温度的改变将导致 k_2/k_1 的比值发生变化，从而改变产物分布。另外，采用催化剂也可调控产物分布。

（3）收率与选择性　在复合反应中，为了定量描述产物的分布，特定义两个术语：收率 Y 与选择性 S。

产物 P 的收率的定义为

$$收率\ Y_P = \frac{转化为产物\ P\ 所消耗的反应物\ A\ 的物质的量(mol)}{反应开始时反应物\ A\ 的物质的量(mol)} \tag{2-39}$$

由此可见,收率是针对产物而言的,而转化率则是针对反应物而言的,二者之间存在以下关系:单一反应的转化率与收率在数值上相等,而复合反应的转化率则大于任一产物的收率。

所谓选择性是指生成目标产物所消耗关键组分的量与该关键组分总消耗量的比值,可分为瞬时选择性与总选择性,其定义为

$$瞬时选择性\ S_P = \frac{某时刻单位时间内生成产物\ P\ 所消耗的反应物\ A\ 的物质的量(mol)}{某时刻单位时间内反应消耗的全部反应物\ A\ 的物质的量(mol)} \tag{2-40}$$

而总选择性为

$$S_P = \frac{生成产物\ P\ 所消耗的反应物\ A\ 的物质的量(mol)}{反应消耗的全部反应物\ A\ 的物质的量(mol)} \tag{2-41}$$

对两个都是一级、不可逆的平行反应,其瞬时选择性与总选择性是相同的。但对比较复杂的反应,两者通常是不同的。

由转化率、选择性和收率的定义可知它们之间存在以下关系

$$Y_P = x_A S_P \tag{2-42}$$

另外,在工业生产中,还常用单程转化率、单程收率等术语。单程转化率和单程收率表示反应物通过反应器一次所得的转化率和收率。

2.2.2.2　连串反应

连串反应指的是第一步反应的产物又能进一步转化的反应,许多水解反应、卤化反应、氧化反应都是连串反应。最简单的连串反应如下

$$A \xrightarrow{k_1} P \xrightarrow{k_2} S$$

假定两步反应均为一级反应,则三个组分的反应速率方程分别为

$$(-r_A) = -\frac{dc_A}{dt} = k_1 c_A \tag{2-43}$$

$$r_P = \frac{dc_P}{dt} = k_1 c_A - k_2 c_P \tag{2-44}$$

$$r_S = \frac{dc_S}{dt} = k_2 c_P \tag{2-45}$$

设开始时 A 的浓度为 c_{A0},且 $c_{P0} = c_{S0} = 0$,则组分 A 的浓度随时间的变化关系可从式(2-43)的积分而得

$$c_A = c_{A0} e^{-k_1 t} \tag{2-46}$$

将式(2-46)代入式(2-44)得

$$\frac{dc_P}{dt} + k_2 c_P = k_1 c_{A0} e^{-k_1 t} \tag{2-47}$$

式(2-47)是一阶线性常微分方程,其解为

$$c_P = \left(\frac{k_1}{k_1 - k_2}\right) c_{A0} (e^{-k_2 t} - e^{-k_1 t}) \tag{2-48}$$

由于总物质的量（mol）没有变化，反应组分在反应前后的浓度关系有 $c_{A0}=c_A+c_P+c_S$，所以

$$c_S=c_{A0}-c_A-c_P=c_{A0}\left[1+\frac{1}{k_1-k_2}(k_2 e^{-k_1 t}-k_1 e^{-k_2 t})\right] \tag{2-49}$$

若 $k_2 \gg k_1$，则式(2-49)简化为

$$c_S=c_{A0}(1-e^{-k_1 t}) \tag{2-50}$$

若 $k_1 \gg k_2$，则简化为

$$c_S=c_{A0}(1-e^{-k_2 t}) \tag{2-51}$$

由此可见，在连串反应中，最慢一步的反应对过程总速率的影响最大。如果对浓度-时间作图，可得如图 2-9 所示的浓度-时间变化关系图。图中 A 的浓度呈指数降低，P 的浓度随时间上升至一个最大值后再下降，而 S 的浓度随反应时间呈连续上升趋势。对中间物 P 而言，其浓度在某一瞬间有一最大值，此最大值及其位置也受 k_1 和 k_2 的大小所支配，将式 (2-48) 对 t 微分并令 $dc_P/dt=0$，即可求得 P 的浓度最大值出现在

$$t_{opt}=\frac{\ln(k_2/k_1)}{k_2-k_1} \tag{2-52}$$

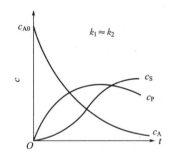 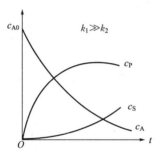 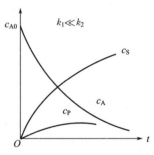

图 2-9　连串反应 A ⟶ P ⟶ S 的浓度-时间变化

将式(2-52)代入式(2-48)后得

$$c_{Pmax}=c_{A0}\left(\frac{k_1}{k_2}\right)^{k_2/(k_2-k_1)} \tag{2-53}$$

如果 P 是目标产物，就可根据这样的动力学分析进行反应时间的最优设计。

为了判别所研究的反应是否属于连串反应，可运用以下原则，尤其对于各步的反应级数为未知的情况。

① 首先判断所考察的反应是否为可逆反应。判断的方法是使反应进行足够长的时间，检验在反应体系中是否还存在反应物或中间产物。

② 若反应为不可逆反应，则根据测定的反应物浓度随时间变化的数据求得第一步反应的反应级数和反应速率常数。

③ 测定中间物的最大浓度 c_{Pmax} 与 c_{A0} 的函数关系，如第一步为一级反应，且（c_{Pmax}/c_{A0}）与 c_{A0} 无关，则连串反应的第二步也是一级反应。如果（c_{Pmax}/c_{A0}）随 c_{A0} 的升高而降低，表明 P 的转化速率大于其生成速率，这就意味着第二步的反应速率（也就是 P 的转化速率）对浓度的影响更为敏感，因而通常是比第一步的反应级数更高的反应。同理，若（c_{Pmax}/c_{A0}）随 c_{A0} 的升高而升高，则第二步的反应级数必然小于第一步的反应级数。

④ 最后，若两步反应均为一级反应，根据式（2-46）、式（2-52）、式（2-53）可以求出 k_1、k_2 值。对其他反应级数，可作类似推导求解。

其他常见平行及连串反应的动力学方程列于表 2-6 中。

表 2-6　等温、恒容的平行与连串反应的动力学方程及其积分式（产物初始浓度为 0）

反　应	动 力 学 方 程	动 力 学 方 程 积 分 式
$A \overset{k_1}{\underset{k_2}{<}} \begin{array}{c} P \\ S \end{array}$	$-\dfrac{dc_A}{dt} = (k_1 + k_2)c_A$	$c_A = c_{A0}e^{-(k_1+k_2)t}$
	$\dfrac{dc_P}{dt} = k_1 c_A$	$c_P = \dfrac{k_1}{k_1+k_2}c_{A0}\left[1 - e^{-(k_1+k_2)t}\right]$
	$\dfrac{dc_S}{dt} = k_2 c_A$	$c_S = \dfrac{k_2}{k_1+k_2}c_{A0}\left[1 - e^{-(k_1+k_2)t}\right]$
$A \xrightarrow{k_1} P \xrightarrow{k_2} S$	$-\dfrac{dc_A}{dt} = k_1 c_A$	$c_A = c_{A0}e^{-k_1 t}$
	$\dfrac{dc_P}{dt} = k_1 c_A - k_2 c_P$	$c_P = \dfrac{k_1}{k_1-k_2}c_{A0}(e^{-k_2 t} - e^{-k_1 t})$
	$\dfrac{dc_S}{dt} = k_2 c_P$	$c_S = c_{A0}\left[1 + \dfrac{k_2}{k_1-k_2}e^{-k_1 t} - \dfrac{k_1}{k_1-k_2}e^{-k_2 t}\right]$
		$c_{Pmax} = c_{A0}\left(\dfrac{k_1}{k_2}\right)^{\frac{k_2}{k_2-k_1}}$
		$t_{opt} = \dfrac{\ln\left(\dfrac{k_2}{k_1}\right)}{k_2 - k_1}$
$A \xrightarrow{k_1} P \xrightarrow{k_2} R \xrightarrow{k_3} S$	$-\dfrac{dc_A}{dt} = k_1 c_A$	$c_A = c_{A0}e^{-k_1 t}$
	$\dfrac{dc_P}{dt} = k_1 c_A - k_2 c_P$	$c_P = \dfrac{k_1}{k_1-k_2}c_{A0}(e^{-k_2 t} - e^{-k_1 t})$
	$\dfrac{dc_R}{dt} = k_2 c_P - k_3 c_R$	$c_R = c_{A0}\left[\dfrac{k_1 k_3}{(k_1-k_2)(k_1-k_3)}e^{-k_1 t} + \dfrac{k_1 k_2}{(k_2-k_1)(k_2-k_3)}e^{-k_2 t} + \dfrac{k_2 k_3}{(k_3-k_1)(k_3-k_2)}e^{-k_3 t}\right]$
	$\dfrac{dc_S}{dt} = k_3 c_R$	$c_S = c_{A0}\left[1 + \dfrac{k_2 k_3}{(k_3-k_1)(k_1-k_2)}e^{-k_1 t} + \dfrac{k_3 k_1}{(k_1-k_2)(k_2-k_3)}e^{-k_2 t} + \dfrac{k_1 k_2}{(k_2-k_3)(k_3-k_1)}e^{-k_3 t}\right]$
$\begin{array}{c} M \xrightarrow{k_3} N \\ {\scriptstyle k_1}\uparrow \\ A \\ {\scriptstyle k_2}\downarrow \\ P \xrightarrow{k_4} S \end{array}$	$-\dfrac{dc_A}{dt} = (k_1 + k_2)c_A$	$c_A = c_{A0}e^{-(k_1+k_2)t}$
	$\dfrac{dc_M}{dt} = k_1 c_A - k_3 c_M$	$c_M = c_{A0}\left[\dfrac{k_1}{k_3-k_2-k_1}e^{-(k_1+k_2)t} + \dfrac{k_1}{k_1+k_2-k_3}e^{-k_3 t}\right]$
	$\dfrac{dc_N}{dt} = k_3 c_M$	$c_N = c_{A0}\left[\dfrac{k_1 k_3}{(k_1+k_2-k_3)(k_1+k_2)}e^{-(k_1+k_2)t} + \dfrac{k_1 k_3}{(k_3-k_1-k_2)k_3}e^{-k_3 t} + \dfrac{k_1 k_3}{k_3(k_1+k_2)}\right]$
	$\dfrac{dc_P}{dt} = k_2 c_A - k_4 c_P$	
	$\dfrac{dc_S}{dt} = k_4 c_P$	c_P 及 c_S 可仿 c_M 及 c_N 而写出

对于连串反应，其瞬时选择性随时间而变化，因此反应的总选择性和产物的收率均随反应的结束时间而变化。为获得最大量的目标产物 P，存在一个最优的反应结束时间，这是与平行反应的不同之处。

例 2-3　乙苯是重要的化工原料，主要用来生产苯乙烯，而后者是生产聚苯乙烯塑料的原料。在 HZSM-5 的催化作用下，苯（A）与乙烯（B）发生烷基化反应生成乙苯（P），而目标产物乙苯会继续与乙烯反应生成副产物二乙苯（S），其反应式如下：

即

$$A+B \xrightarrow{k_1} P \quad P+B \xrightarrow{k_2} S$$

生成乙苯的反应速率常数为 k_1，对 A 和 B 均为一级反应；乙苯转化为二乙苯的反应速率常数为 k_2，对 P 和 B 均为一级反应。在恒容体系中某反应温度下，$k_1/k_2=10$，试计算乙苯的最大收率及其对应的转化率。

解　按照题意，串联的两步反应的速率方程分别为：

$$r_1=k_1 c_A c_B$$

$$r_2=k_2 c_P c_B$$

苯的转化速率和乙苯的生成速率可分别表示为：

$$(-r_A)=r_1=-\frac{dc_A}{dt}=k_1 c_A c_B \tag{1}$$

$$r_P=r_1-r_2=\frac{dc_P}{dt}=k_1 c_A c_B-k_2 c_P c_B \tag{2}$$

式(2) 除以式(1) 得

$$-\frac{dc_P}{dc_A}=1-\frac{k_2 c_P}{k_1 c_A} \tag{3}$$

在恒容体系，$c_A=c_{A0}(1-x_A)$，因苯与乙苯的化学计量比为 1∶1，故 $c_P=c_{A0}Y_P$，将此二式代入式(3) 得

$$\frac{dY_P}{dx_A}=1-\frac{k_2 Y_P}{k_1(1-x_A)} \tag{4}$$

积分式(4)，并代入初值：$x_{A0}=0$ 和 $Y_{P0}=0$，可求得乙苯收率随苯转化率的变化关系式：

$$Y_P=\frac{1}{1-k_2/k_1}\left[(1-x_A)^{k_2/k_1}-(1-x_A)\right] \tag{5}$$

式(5) 对 x_A 求导：

$$\frac{dY_P}{dx_A}=\frac{1}{1-k_2/k_1}\left[\frac{-k_2}{k_1}(1-x_A)^{\frac{k_2}{k_1}-1}+1\right] \tag{6}$$

令 $dY_P/dx_A=0$，可得乙苯收率最大的条件式：

$$\frac{k_2}{k_1}(1-x_A)^{\frac{k_2}{k_1}-1}=1$$

整理可得对应的苯转化率：

$$x_A=1-\left(\frac{k_1}{k_2}\right)^{\frac{1}{k_2/k_1-1}} \tag{7}$$

将 $k_1/k_2 = 10$ 代入式 (7) 得

$$x_A = 1 - 10^{\frac{1}{0.1-1}} = 0.923$$

代入式 (5)，可求得乙苯的最大收率：

$$Y_{Pmax} = \frac{1}{1-0.1}\left[(1-0.922)^{0.1} - (1-0.922)\right] = 0.774$$

2.3　等温变容过程

工业生产上的液液均相反应，若反应过程中物料的密度变化不大，一般均可以作为恒容过程处理。但对气相反应，当系统压力保持不变而反应前后物料的总物质的量（mol）发生变化时，就意味着反应过程的体积有变化，因而不能作为恒容过程处理。为此，必须寻找反应前后物系物料数量变化的规律。

2.3.1　膨胀因子

为了介绍表征变容程度的膨胀因子 δ，先分析几个简单反应过程物质的量（mol）变化的情况。

（1）$CH_3COOH + C_4H_9OH \longrightarrow CH_3COOC_4H_9 + H_2O$

$$A + B \longrightarrow P + S$$

反应开始时各物料的物质的量（mol）n_{A0}、n_{B0}、n_{P0}、n_{S0}

开始时系统的总物质的量（mol）$n_{t0} = n_{A0} + n_{B0} + n_{P0} + n_{S0}$

反应经过 t 时间后，此时 A 的转化率为 x_A，各物料的物质的量（mol）为 n_A、n_B、n_P、n_S

此时系统的总物质的量（mol）$n_t = n_A + n_B + n_P + n_S$

由于 $n_A = n_{A0} - n_{A0}x_A$

$n_B = n_{B0} - n_{A0}x_A$

$n_P = n_{P0} + n_{A0}x_A$

$n_S = n_{S0} + n_{A0}x_A$

所以 $n_t = n_{t0}$，也就是反应前后物质的量（mol）不发生变化。

（2）对反应 $C_2H_6 \longrightarrow C_2H_4 + H_2$

$$A \longrightarrow P + S$$

参照（1）作物料衡算

$$n_{t0} = n_{A0} + n_{P0} + n_{S0}$$

$$n_t = n_A + n_P + n_S$$

$$= (n_{A0} - n_{A0}x_A) + (n_{P0} + nn_{A0}x_A) + (n_{S0} + n_{A0}x_A) = n_{t0} + n_{A0}x_A$$

当反应转化率为 x_A 时，反应系统的物质的量（mol）增加了 $n_{A0}x_A$。

（3）对反应 $N_2 + 3H_2 \longrightarrow 2NH_3$

$$A + 3B \longrightarrow 2P$$

$$n_{t0} = n_{A0} + n_{B0} + n_{P0}$$

$$n_t = n_A + n_B + n_P$$
$$= (n_{A0} - n_{A0} x_A) + (n_{B0} - 3n_{A0} x_A) + (n_{P0} + 2n_{A0} x_A)$$
$$= n_{t0} - 2n_{A0} x_A$$

当 A 的转化率为 x_A 时，系统的物质的量（mol）减少了 $2n_{A0} x_A$。

从以上三个例子，可以归纳出反应前后物系物质的量（mol）变化的一般关系式

$$n_t = n_{t0} + \delta_i n_{i0} x_i \tag{2-54}$$

式中，δ_i 称为组分 i 的膨胀因子，它的物理意义是：当反应物 A（或产物 P）每消耗（或生成）1mol 时，所引起的整个物系总物质的量（mol）的增加或减少值。如对上述三个例子，组分 A 的膨胀因子分别为：$\delta_A = 0$，$\delta_A = 1$，$\delta_A = -2$。

故对反应 $aA + bB \longrightarrow pP + sS$，可定义组分 A 的膨胀因子为：

$$\delta_A = \frac{(p+s) - (a+b)}{a} \tag{2-55}$$

引进了膨胀因子 δ 后，在今后讨论中，可以不必专门指明过程是否为等容过程。因为变容过程大多发生在气相反应中，而工业上气相反应几乎都在连续流动反应器中进行，在反应动力学方程式中一般都用分压表示。这是由于在总压一定的情况下，一定的组成，分压也是定值，不会像浓度那样因温度不同引起体积胀缩而发生变化，如 n 级反应

$$(-r_A) = -\frac{1}{V} \frac{dn_A}{dt} = k_p p_A^n \tag{2-56}$$

此处速率常数 k_p 与以浓度表示的速率常数 k_c 的单位和绝对值均不相同。

对理想气体，某一组分的分压 p_A 等于系统的总压 p 乘以该组分的摩尔分率 y_A，即

$$p_A = \frac{n_A}{n_t} p = y_A p \tag{2-57}$$

$$y_A = \frac{n_A}{n_t} = \frac{n_{A0}(1-x_A)}{n_{t0} + \delta_A n_{A0} x_A} = \frac{y_{A0}(1-x_A)}{1 + \delta_A y_{A0} x_A} \tag{2-58}$$

式中，$y_{A0} = n_{A0}/n_{t0}$，为组分 A 的初始摩尔分率。

同理，$y_B = \dfrac{n_B}{n_t} = \dfrac{n_{B0} - \dfrac{b}{a} n_{A0} x_A}{n_{t0} + \delta_A x_A n_{A0}} = \dfrac{y_{B0} - \dfrac{b}{a} y_{A0} x_A}{1 + \delta_A y_{A0} x_A}$（对反应 $aA + bB \longrightarrow$ 产物）

故有 $\quad p_A = \dfrac{p_{A0}(1-x_A)}{1 + \delta_A y_{A0} x_A}$

$$p_B = \frac{p_{B0} - \dfrac{b}{a} p_{A0} x_A}{1 + \delta_A y_{A0} x_A} \tag{2-59}$$

又由于 $\quad V = \dfrac{RT}{p} n_t = V_0(1 + \delta_A y_{A0} x_A)$

则 $\quad c_A = \dfrac{n_A}{V} = \dfrac{n_{A0}(1-x_A)}{V_0(1 + \delta_A y_{A0} x_A)} = \dfrac{c_{A0}(1-x_A)}{1 + \delta_A y_{A0} x_A} \tag{2-60}$

$$(-r_A) = -\frac{1}{V} \frac{dn_A}{dt} = -\frac{d[n_{A0}(1-x_A)]}{V_0(1 + \delta_A y_{A0} x_A)dt} = \frac{c_{A0}}{1 + \delta_A y_{A0} x_A} \frac{dx_A}{dt} \tag{2-61}$$

上面诸式中，若 $\delta_A = 0$，即与恒容过程相同。其他各种动力学方程的积分式，亦可同样导得，如表 2-7 所示。

表 2-7　等温定压变容过程的动力学方程

反应	动力学方程	动力学方程的积分式	反应	动力学方程	动力学方程的积分式
零级	$(-r_A)=k$	$kt=\dfrac{c_{A0}}{\delta_A y_{A0}}\ln(1+\delta_A y_{A0}x_A)$	二级	$(-r_A)=kc_A^2$	$c_{A0}kt=\dfrac{(1+\delta_A y_{A0})x_A}{1-x_A}+\delta_A y_{A0}\ln(1-x_A)$
一级	$(-r_A)=kc_A$	$kt=-\ln(1-x_A)$	n 级	$(-r_A)=kc_A^n$	$c_{A0}^{n-1}kt=\displaystyle\int_0^{x_A}\dfrac{(1+\delta_A y_{A0}x_A)^{n-1}}{(1-x_A)^n}dx_A$

2.3.2　膨胀率

表征变容程度的另一参数称为膨胀率 ε，它仅适用于物系体积随转化率变化呈线性关系的情况，即

$$V=V_0(1+\varepsilon_A x_A) \tag{2-62}$$

此处 ε_A 即为以组分 A 为基准的膨胀率，它的物理意义为当反应物 A 全部转化后系统体积的变化分率。

$$\varepsilon_A=\frac{V_{x_A=1}-V_{x_A=0}}{V_{x_A=0}} \tag{2-63}$$

以等温气相反应 $A\longrightarrow 2P$ 为例说明 ε_A 的计算。设反应开始时只有反应物 A，因反应 1mol A 能生成 2mol 的 P，当 A 全部转化后

$$\varepsilon_A=\frac{2-1}{1}=1$$

若开始时的反应体系除 A 外还有 50% 的惰性物质，初始反应混合物的体积为 2，完全转化后，生成产物的混合物体积为 3，因为在恒压条件下不发生反应的惰性物质其体积也不发生变化，故

$$\varepsilon_A=\frac{3-2}{2}=0.5$$

此例说明以膨胀率表征变容程度时，不但应考虑反应的计量关系，而且还应考虑系统内是否含有惰性物料。而以膨胀因子 δ 表达时，与惰性物料是否存在无关。膨胀率与膨胀因子虽然不同，但两者都是表达体积变化的参数，它们之间的关系为

$$\delta_A=\left(\frac{n_{t0}}{n_{A0}}\right)\varepsilon_A=\frac{\varepsilon_A}{y_{A0}} \tag{2-64}$$

膨胀率法适用的前提是式(2-62)，对于不符合这一线性关系的系统，其应用是近似的。和膨胀因子一样，考虑膨胀率后，由于 $n_A=n_{A0}(1-x_0)$，可得如下关系

$$c_A=\frac{n_A}{V}=\frac{n_{A0}(1-x_A)}{V_0(1+\varepsilon_A x_A)}=c_{A0}\frac{1-x_A}{1+\varepsilon_A x_A}$$

或

$$\left.\begin{array}{l}\dfrac{c_A}{c_{A0}}=\dfrac{1-x_A}{1+\varepsilon_A x_A}\\[3mm]x_A=\dfrac{1-\dfrac{c_A}{c_{A0}}}{1+\varepsilon_A\dfrac{c_A}{c_{A0}}}\end{array}\right\} \tag{2-65}$$

$$(-r_A) = -\frac{1}{V}\frac{\mathrm{d}n_A}{\mathrm{d}t} = -\frac{1}{V_0(1+\varepsilon_A x_A)}\frac{n_{A0}\,\mathrm{d}(1-x_A)}{\mathrm{d}t}$$

$$= \frac{c_{A0}}{(1+\varepsilon_A x_A)}\frac{\mathrm{d}x_A}{\mathrm{d}t} \tag{2-66}$$

当 $\varepsilon_A = 0$ 时，就成了等温恒容过程，其动力学方程的建立与恒容情况相同。如采用微分法，只要用 $\dfrac{c_{A0}}{1+\varepsilon_A x_A}\dfrac{\mathrm{d}x_A}{\mathrm{d}t}$ 取代恒容过程的 $\dfrac{\mathrm{d}c_A}{\mathrm{d}t}$，就可将实验数据按恒容过程的方法进行处理。如采用积分法处理，可将式(2-66)积分得

$$t = c_{A0}\int_0^{x_A}\frac{\mathrm{d}x_A}{(1+\varepsilon_A x_A)(-r_A)} \tag{2-67}$$

式(2-67)表达了转化率与时间的关系。一些简单反应的积分结果列于表 2-8，有些无法通过解析求解的可用图解积分求解。

表 2-8 等温变容过程的速率方程及其积分式

反应	动力学方程	动力学方程的积分式	反应	动力学方程	动力学方程的积分式
零级	$(-r_A)=k$	$kt=\left(\dfrac{c_{A0}}{\varepsilon_A}\right)\ln(1+\varepsilon_A x_A)$	二级	$(-r_A)=kc_A^2$	$c_{A0}kt=\dfrac{(1+\varepsilon_A)x_A}{1-x_A}+\varepsilon_A\ln(1-x_A)$
一级	$(-r_A)=kc_A$	$kt=-\ln(1-x_A)$	n 级	$(-r_A)=kc_A^n$	$c_{A0}^{n-1}kt=\displaystyle\int_0^{x_A}\dfrac{(1+\varepsilon_A x_A)^{n-1}}{(1-x_A)^n}\mathrm{d}x_A$

例 2-4 氨的分解反应是在常压、高温和催化剂的作用下进行的，反应计量式为

$$2NH_3 \longrightarrow N_2 + 3H_2$$

今有含 95% 氨和 5% 惰性气体的原料气进入反应器进行分解反应，在反应器出口处测得未分解的氨气为 3%，求氨的转化率及反应器出口处各组分的摩尔分数。

解 根据式(2-55)求得

$$\delta_A = \frac{1+3-2}{2} = 1$$

代入式(2-58)中，可求得

$$x_A = \frac{y_{A0}-y_A}{y_{A0}(1+\delta_A y_A)} = \frac{0.95-0.03}{0.95\times(1+0.03)} = 94.0\%$$

故氨的转化率为 94.0%。

同样，根据式(2-58)可求得各组分的摩尔分数。

$$y_{N_2} = y_B = \frac{y_{B0}+\dfrac{b}{a}y_{A0}x_A}{1+\delta_A y_{A0}x_A} = \frac{0+\dfrac{1}{2}\times0.95\times0.94}{1+1\times0.95\times0.94} = \frac{0.446}{1.893} = 0.236$$

$$y_{H_2} = y_C = \frac{y_{C0}+\dfrac{c}{a}y_{A0}x_A}{1+\delta_A y_{A0}x_A} = \frac{\dfrac{3}{2}\times0.95\times0.94}{1.893} = 0.708$$

惰性组分

$$y_I = \frac{y_{I0}}{1.893} = \frac{0.05}{1.893} = 0.026$$

习 题

科学家故事
中国化工教育
的奠基人——
张洪沅教授

1. 简述均相反应及其动力学的研究内容。

2. 简述如何通过实验的方法测某反应的活化能的数值。

3. 有一反应在间歇反应器中进行，经过 16min 后，反应物转化率为 80%，经过 23min 后转化率为 90%，求表达此反应的动力学方程。

4. 反应 $2H_2 + 2NO \longrightarrow N_2 + 2H_2O$，在恒容下用等物质的量（mol）的 H_2 和 NO 进行实验，测得以下数据：

总压/MPa	0.0272	0.0326	0.0381	0.0435	0.0443
半衰期/s	265	186	115	104	67

求此反应的级数。

5. 可逆一级液相反应 $A \Longleftrightarrow P$，已知 $c_{A0} = 0.5\text{mol/L}$，$c_{P0} = 0$。当此反应在间歇反应器中进行时，经过 8min 后，A 的转化率是 33.3%，而平衡转化率是 66.7%，求此反应的动力学方程。

6. 三级气相反应 $2NO + O_2 \longrightarrow 2NO_2$，在 30℃ 及 0.1MPa 下进行，已知反应速率常数 $k_c = 2.65 \times 10^4 \text{L}^2/(\text{mol}^2 \cdot \text{s})$，今若以 $(-r_A) = k_p p_A p_B$ 表示，反应速率常数 k_p 应为何值？

7. 氧化亚氮的分解反应可按二级速率方程进行

$$2N_2O \longrightarrow 2N_2 + O_2$$

在 895℃ 时正反应速率常数 k 为 0.977L/(mol·s)，逆反应速率可以忽略。初始压力为 0.1MPa，反应开始时反应器中全为 N_2O。试计算在间歇反应器中时间为 10min 时 N_2O 的转化率。

8. 某反应 $A \longrightarrow 3P$，其动力学方程为 $(-r_A) = -\dfrac{1}{V}\dfrac{dn_A}{dt} = k\dfrac{n_A}{V}$。试推导：在恒容下以总压 p 表示的动力学方程。

9. 在 700℃ 及 0.3MPa 恒压下发生下列反应

$$C_4H_{10} \longrightarrow 2C_2H_4 + H_2$$

反应开始时，系统中含 116kg C_4H_{10}，当反应完成 50% 时，丁烷分压以 0.24MPa/s 的速率发生变化，试求下列各项的变化速率：（1）乙烯分压（MPa）；（2）H_2 的物质的量（mol）；（3）丁烷的摩尔分数。

10. 可逆反应 $CH_3COOH(A) + C_2H_5OH(B) \underset{k_2}{\overset{k_1}{\Longleftrightarrow}} CH_3COOC_2H_5(P) + H_2O(S)$ 在盐酸水溶液催化作用下进行，100℃ 时测得的反应速率常数为：

$(-r_A) = k_1 c_A c_B - k_2 c_P c_S$，$k_1 = 4.76 \times 10^{-4} [\text{L}/(\text{min} \cdot \text{mol})]$，$k_2 = 1.63 \times 10^{-4} [\text{L}/(\text{min} \cdot \text{mol})]$

今有一反应器，充满 378L 水溶液，其中含 90kg CH_3COOH 和 180kg C_2H_5OH，所用盐酸浓度相同，假定在反应器中的水分没有被蒸发，物料密度不发生变化，且等于 1044kg/m^3，求：（1）反应 120min 后，CH_3COOH 的转化率是多少？（2）若忽略逆反应，120min 后，CH_3COOH 的转化率为多少？（3）求平衡转化率，并说明在实际实验中如何判定反应已达平衡？

11. 0℃ 时纯气相组分 A 在恒容间歇反应器中依照如下计量关系进行反应：$A \longrightarrow \dfrac{5}{2}P$，实验获得如下数据：

时间/min	0	2	4	6	8	10	12	14	∞
压力 p_A/MPa	0.1	0.08	0.0625	0.051	0.042	0.036	0.032	0.028	0.020

求此反应的动力学方程。

12. 石油和煤炭等资源是不可再生资源，由于其日益短缺，世界各国都在积极寻求合适的替代能源。生物柴油（biodiesel）是一种绿色清洁燃料。在其生产过程中，有大量的副产物甘油生成。每生产 9kg 生物柴油约产生 1kg 甘油副产物。在生产生物柴油的同时，有必要对副产物甘油进行进一步的精制加工来联产高附加值的大宗化工产品和精细化学品。从技术角度看，甘油可通过不同化学加工过程转变为很多高附加值的化工用品，如二羟基丙酮、羟基丙醛、甘油酸、甘油醛等。其中一条重要的路线为：甘油先氧化为甘油醛（GLYD），进一步氧化为甘油酸（GLYA）。简化其反应过程，可写为如下连串反应

$$A \xrightarrow{k_1} P \xrightarrow{k_2} S$$

假设有 $(-r_1)=k_1 c_A$，$(-r_2)=k_2 c_P$。已知 $c_A=c_{A0}$，$c_{P0}=c_{S0}=0$，$k_1/k_2=0.2$。反应在等温、间歇反应器中进行，过程为恒容过程，求反应产物 P 的选择性与收率。

13. 丙酮在氢氰酸水溶液中合成丙酮氰醇的反应如下

$$CH_3COCH_3(B) + HCN(A) \longrightarrow C_4H_7NO(P)$$

在分批式搅拌釜中进行此反应，已知在反应温度下的反应平衡常数 $K_r=13.37 L/mol$，氢氰酸和丙酮的起始浓度分别为 $c_{A0}=0.0758 mol/L$，$c_{B0}=0.1164 mol/L$。实验测得 c_A 随时间 t 的变化如下。

时间 t/min	4.37	73.2	172.5	265.4	346.7	434.4
c_A/(mol/L)	0.0748	0.0710	0.0655	0.0610	0.0584	0.0557

根据表列数据确定该反应的速率方程。

14. 有一级气相反应 $2A \longrightarrow P$，若反应开始时 A 组分的体积占总体积的 50%（其余为惰性组分），恒压条件下反应 5min 后总体积减小了 15%，求该反应的速率常数 k。

参 考 文 献

[1] Levenspiel O. 化学反应工程. 3 版（影印版）. 北京：化学工业出版社，2002.

[2] Smith J M. Chemical Engineering Kinetics. 2nd ed. New York：McGraw-Hill，1970.

[3] 陈甘棠，梁玉衡. 化学反应技术开发的理论和应用. 北京：科学出版社，1981.

[4] Walas S M. Reaction Kinetics for Chemical Engineers. New York：McGraw-Hill，1959.

[5] 崔玉民，杨高文. 氯化胆碱合成工艺的研究. 化学反应工程与工艺，2003，19（2）：155-159.

[6] 李明燕，周春晖，Jorge N B，等. 甘油的催化选择氧化. 化学进展，2008，20（10）：1474-1486.

[7] 孙宏伟，段雪. 化学工程学科前沿与展望. 北京：科学出版社，2012.

[8] 李绍芬. 反应工程. 3 版. 北京：化学工业出版社，2013.

第 3 章

非均相催化反应动力学基础

反应动力学分为均相反应动力学（气相、液相反应等）和非均相（也称多相）反应动力学（气固相反应、气-液反应等）。气固相反应中最重要的是气固相催化反应，因此本章主要介绍气-固非均相催化反应动力学，而气-固非均相催化反应动力学则是气-液反应、气-液-固非均相催化反应动力学的基础。

要使化学反应在工业上得以实现，大多数均要通过催化作用。气固相催化即是用固体催化剂来加速化学反应的进行。

3.1 催化剂

3.1.1 概述

化学工业之所以能够发展到今天这样庞大的规模，生产出许许多多种类的产品，在国民经济中占有如此重要的地位，是与催化剂的发明和发展分不开的。从合成氨等基本无机产品到三大合成材料，大量的化工产品是从煤、石油和天然气这些基本原料出发，中间经过各式各样的催化加工而得到的。因此，催化剂的研制往往成为过程开发中首先遇到的关键问题，而催化反应器的设计则是工程技术中的一项重大任务。虽然催化作用的理论和实验研究都有了很多进展，摆脱了过去那种完全只靠试探的状况，但要最后确定出一种最好的催化剂，仍然需要做大量的筛选工作。在催化剂的制备过程中，如在浸渍、洗涤、焙烧、活化等阶段，都要严格遵守操作规程，以求制得的每批催化剂都具有相同的性能。当然，在这些制备过程中，也包含了许多化学工程方面的问题，形成了所谓催化剂工程，以专门阐述在催化剂制备中的各种工程问题。

催化剂是能改变化学反应速率，却不改变化学反应热力学平衡，本身在反应中不被明显消耗的化学物质。很多催化剂可以降低化学反应的活化能，使反应进行得比无催化时更快，但是它并不影响该化学反应的平衡。对于平衡反应系统，催化剂既促进了正反应，同时也加速了逆反应。事实上，还有少数使反应速率减慢的负催化剂，例如均相连锁反应中，那些能与游离基很快结合从而抑制链的传播的物质。但一般来讲，人们对催化剂的理解常是指能促进反应的物质，而把那些减缓反应的物质称作抑制剂。

由于不同催化剂对不同反应的促进情况大不相同，因此，除了代表反应速率大小的活性这一基本因素外，还有选择性这一极其重要的性质需要考虑。在不少情况下，它甚至比活性更为重要，因为它对原料消耗以及整个生产过程的成本常具有决定性的影响。催化剂之所以有如此重要的价值，还在于它所需要的用量是极少的，反应物在它上面反应以后就离去了，所以少量的催化剂能够周而复始地连续作用，从而生产出大量的产品来。

在固相催化剂中，许多是多组分的。除主要组分外，还少量添加一种或几种组分，使其组成或结构改变，以加速主反应、减少某些副反应，或者改善催化剂的力学性能（如强度、热稳定性等）。这些组分通常称作助催化剂。例如在乙苯脱氢的催化剂中，Fe_2O_3 是主要组分，约占 90%，其余的 Cr_2O_3、CuO、K_2O 是助催化剂，Cr_2O_3 能提高催化剂的热稳定性，而 K_2O 能促进水煤气反应，从而消除高温反应时催化剂表面上的结炭，延长催化剂的使用时间。

在表 3-1 中简要地列举了若干元素及其化合物的重要催化作用。详细的资料可查阅各种催化剂手册。表 3-2 为若干重要催化反应及所用的催化剂示例。可以看出，催化剂一般包括金属（导体）、金属氧化物和硫化物（半导体）以及盐类或酸性催化剂（其中绝缘体较多）等几种类型，它们分别对不同种类的反应起到催化作用。

表 3-1　若干元素及其化合物的重要催化作用

ⅠA	ⅠB	ⅤA	ⅤB
Li 聚合	Cu 加氢，脱氢，氧化	H_3PO_4 脱水，烷基化，异构化，水合，聚合	V_2O_3，V_2O_4，V_2O_5 氧化
Na 聚合	CuO 加氢，脱氢，脱卤，氧化		
Na_2CO_3 热分解，缩合，脱 CO_2	CuCl，$CuCl_2$ 氧化，聚合，缩合	$SbCl_6$ 卤化	$VOCl_3$ 聚合
NaOH 缩合，水解		ⅥA	ⅥB
K 聚合	Ag 氧化，还原，分解	O_2，O_3 氧化，聚合	Cr_2O_3 脱氢，环化，还原
KOH 缩合	Ag_2O 氧化	H_2O_2 聚合	MoO_2，MoO_3 氧化，异构化
ⅡA	ⅡB	H_2SO_4 脱水，酯化，异构化，缩合，水合，水解	MoS_2，MoS_3 加氢
MgO 脱水，还原	ZnO 脱水，加氢，脱氢		
CaO 脱卤，水解，脱 CO_2	$ZnCl_2$ 卤化，缩合，烷基化	SeO_2 氧化	WO_2，WO_3 水合，脱水，加氢
$CaCO_3$ 脱 CO_2，水解	ZnS 脱氢	ⅦA	ⅦB
BaO 脱 CO_2，水解	$HgSO_4$ 水合	HCl 水解，异构化，脱水	MnO_2 氧化，脱氢
$BaCl_2$ 脱卤，加卤	$HgCl_2$ 氢氯化	HBr 氧化，溴化	Mn 的有机酸盐，氧化
ⅢA	ⅢB		
BF_3 烷基化，聚合	CeO_2 脱水	ⅧB	
Al_2O_3 脱水，水合，热分解，环化	ThO_2 脱水，脱氢	Fe 加氢，卤化	Ni 加氢，还原，氧化
$AlCl_3$ 烷基化，异构化，卤化烷基铝，聚合		FeO 加氢，还原	Pd 加氢，还原，氧化
ⅣA	ⅣB	$FeCl_2$，$FeCl_3$ 氧化，卤化	Pt 加氢，还原，氧化
SiO_2（硅胶，陶土，白土，天然砂）热分解，脱水，异构化	TiO_2 脱水，缩合	Co 加氢，还原	Pt 重整
	$TiCl_3$，$TiCl_4$ 聚合	Co 羰基合成	
	ZrO_2 脱水		

表 3-2　若干重要催化反应及所用的催化剂示例

反应	反应式	催化剂举例	大致反应条件	催化毒物
合成氨	$N_2 + 3H_2 \Longrightarrow 2NH_3$	95% 氧化铁（FeO 及 Fe_2O_3）助催化剂：Al_2O_3，K_2O，CaO	400～500℃，约 30MPa	S，P 及 As 化合物，卤素，CO，CO_2，O_2，H_2O
水煤气变换	$CO + H_2O \Longrightarrow CO_2 + H_2$	Fe_2O_3(80%)-Cr_2O_3(约 9%)	约 500℃	S，P 化合物

续表

反　应	反应式	催化剂举例	大致反应条件	催化毒物
甲烷转化	$CH_4 + H_2O \Longrightarrow CO + 3H_2$	NiO-耐火 Al_2O_3	$600 \sim 800℃$ $3 \sim 4MPa$	S,As 及 Pb 化合物,卤素
氨的氧化	$4NH_3 + 5O_2 \Longrightarrow 4NO + 6H_2O$	Pt-Rh($1\% \sim 10\%$)丝网	约 $1025℃$	氯及砷化合物
二氧化硫氧化	$2SO_2 + O_2 \Longrightarrow 2SO_3$	$V_2O_5(8\%)$-$K_2O(13.5\%)$ 在硅藻土上	$400 \sim 600℃$	氟化物,氯化物,Te,As
合成甲醇	$CO + 2H_2 \Longrightarrow CH_3OH$	$74\%ZnO$ 及 $23\%Cr_2O_3$	$300 \sim 400℃$ $20 \sim 40MPa$	H_2S,COS,CS_2,铁,镍
合成乙醇	$C_2H_4 + H_2O \Longrightarrow C_2H_5OH$	$65\% \sim 75\%$ 磷酸-硅藻土	$250 \sim 300℃$ 约 $7MPa$	$O_2[720ppm(1ppm=1 \times 10^{-6})]$;$NH_3$,有机碱,二烯烃等
丁烯氧化脱氢	$C_4H_8 \Longrightarrow C_4H_6 + H_2$	磷钼酸铋	$470 \sim 490℃$	S 化合物,O_2,P,卤化物
乙苯脱氢	$\text{◯-CH}_2\text{CH}_3 \Longrightarrow$ $\text{◯-CH}=\text{CH}_2 + H_2$	Fe_2O_3 及 $10\% \sim 20\%$ K_2O,3% Cr_2O_3	$560 \sim 600℃$	
丙烯氨氧化	$C_3H_6 + NH_3 + \dfrac{3}{2}O_2 \Longrightarrow$ $CH_2=CHCN + 3H_2O$	磷钼铋铈	约 $470℃$	
乙炔氢氯化	$C_2H_2 + HCl \Longrightarrow C_2H_3Cl$	$HgCl_2$-活性炭	$150 \sim 180℃$	P,S 化合物
乙炔法合成醋酸乙烯	$C_2H_2 + CH_3COOH \Longrightarrow$ $CH_3COOCH=CH_2$	$(CH_3COO)_2Zn$-活性炭	约 $180℃$	
乙烯法合成醋酸乙烯	$C_2H_4 + CH_3COOH + \dfrac{1}{2}O_2 \Longrightarrow CH_3COOCH + H_2O$ $\quad\quad\quad\quad\quad\quad\parallel$ $\quad\quad\quad\quad\quad\quad CH_2$	Pd($0.2\% \sim 2.0\%$)在氧化铝或硅胶上	$150 \sim 200℃$ $0.5 \sim 1MPa$	重金属,CO,氰化合物
乙烯氧氯化	$C_2H_4 + 2HCl + \dfrac{1}{2}O_2 \Longrightarrow$ $C_2H_4Cl_2 + H_2O$	CuCl,在活性氧化铝上	$200 \sim 250℃$	
乙烯直接氧化	$C_2H_4 + \dfrac{1}{2}O_2 \Longrightarrow C_2H_4O$	AgO 在耐火球上	$250 \sim 280℃$	S 化合物,二烯烃,乙炔
萘氧化	$\text{◯◯} + \dfrac{9}{2}O_2 \Longrightarrow$ $\text{◯◯}\begin{smallmatrix}CO\\ \\CO\end{smallmatrix}O + 2CO_2 + 2H_2O$	10% V_2O_5 在氧化铝上	$360 \sim 370℃$	
催化裂化	油品裂解成较小分子的产品	硅酸铝,交换型的合成分子筛	$450 \sim 500℃$ $0.1 \sim 0.2MPa$	有机碱,有机金属化合物
催化重整	脱氢,异构化,环化及加氢裂解等反应	$0.5\% \sim 1.0\%$Pt 在氯化物处理过的 Al_2O_3 或分子筛上	$400 \sim 500℃$ $1.5 \sim 3.0MPa$	As,Cu 及 Pb 的化合物,S 化合物,CO,过量水
加氢精制	脱 S,N 及 O 的化合物及加氢饱和	CoO($3\% \sim 4\%$)-MoO_3($13\% \sim 19\%$)在 Al_2O_3 上等	$345 \sim 430℃$ $3.5 \sim 10.5MPa$	重质烃,SiO_2,CO,CO_2,H_2S,Pb,As,V,Ni,Na 等化合物

由于反应是在催化剂的表面上进行的，所以除少数活性极高、反应速率极快、只需要少

量催化剂表面的情况（如 NO 氧化成 NO_2 时用铂丝作为催化剂）外，一般都需要将催化剂组分分布在载体（或担体）的表面上。载体一般是多孔性物质，其孔径的大小和孔内表面积的多少，视不同的载体种类而异。表 3-3 即为一些常用载体的代表性数据。不同来源的同一载体，它们的参数也可能有许多差异。

表 3-3　一些常用载体的代表性数据

种类	比表面积/(m^2/g)	种类	比表面积/(m^2/g)
MCM-41 介孔分子筛	>1000	硅藻土	4～20
活性炭	500～1500	V_2O_5-Al_2O_3	30～160
硅胶	200～600	Fe（合成氨用）	4～11
SiO_2-Al_2O_3（裂化用）	200～500	骨架 Ni	25～60
活性白土	150～225	ZnO	1.6
活性 Al_2O_3	150～350	CuO,熔融 Al_2O_3	0.0026～0.30

从表中的数据可以看出，有些是低比表面积的，有些是高比表面积的（如活性炭和硅胶等）。根据不同的要求，可以选用不同的载体，而催化剂组分分布在这些载体的内外表面之上。当然，对于多孔性的物质来说，粒子外表面积与粒内微孔中的内表面积相比通常小到可以忽略不计。由于使用了载体，所以只需很少量的催化剂即能获得极大的反应表面积。应当指出，载体不一定在化学上是绝对惰性的，有时也对反应有一定的催化作用。此外，它常是一些热容量较大和具有相当机械强度的物质，因此能对床层温度的变化起到一定的缓冲作用，并避免催化剂在使用中途轻易地粉碎而造成堵塞。

3.1.2　催化剂的制备和成型

3.1.2.1　催化剂的制备

催化剂种类繁多、性质有别、制备方法各异，本节仅对其进行简要叙述。

（1）混合法　即将催化剂的各个组分以粉状粒子的形态置于球磨机或碾压机内，经过充分地混合后成型干燥而得。如上述的乙苯脱氢催化剂就是用这种方法制造的。混合法分为湿法混合和干法混合。此法制备的催化剂各组分间的混合很难均匀，催化剂活性和热稳定性也常常不理想，但具有方法简单、生产量大、成本低的优点，适合于大批量生产催化剂。

（2）浸渍法　即将高比表面积的载体在催化剂的水溶液中浸渍，使有效组分吸附在载体上。浸渍法常用的多孔载体有氧化铝、氧化硅、活性炭、硅藻土、分子筛等，如乙炔法制氯乙烯的催化剂就是活性炭浸渍氯化汞的水溶液而制得的。有时一次浸渍还达不到规定的吸附量，需要在干燥后再浸。此外，要将几种组分按一定比例浸渍到载体上去也常采用多次浸渍的办法。浸渍法具有活性组分利用率高、用量少、工艺相对简单、步骤较少等优点。

（3）沉淀法或共沉淀法　即在充分搅拌的条件下，向催化剂的盐类溶液中加入沉淀剂（有时还加入载体），即生成催化剂的沉淀。本法的影响因素有温度、溶液及沉淀剂的浓度、pH 值、沉淀剂的种类以及加入速度、搅拌速度和沉淀生成后的放置时间（老化）等，这些条件都能影响生成沉淀粒子的均匀性。例如低压合成甲醇的催化剂，其活性组分为 Cu-ZnO-Cr_2O_3，它就是在硝酸铜、硝酸锌和硝酸铬的水溶液中加入沉淀剂 Na_2CO_3 制成的。催化剂沉淀形成后，再经过过滤及水洗除去有害离子。有些催化剂制备中，为了便于除尽有害离子，也常用 $NH_3 \cdot H_2O$ 及铵盐作为沉淀剂，然后煅烧成所需的催化剂。

有时催化剂的组分要有两种以上。当沉淀剂加入这些盐类的混合水溶液中时，常常是一种组分先沉淀出来而导致沉淀物的组成不够均匀。为此可采取相反的做法，即向一定 pH 值的沉淀剂溶液中加入盐类的混合水溶液，这样可以提高沉淀的均匀性。不过在添加盐类溶液时，pH 值要发生变化，可能使前期和后期生成的沉淀有所差异。所以更好的办法是将盐类的混合液与沉淀剂水溶液均按一定的速度送入 pH 一定的缓冲溶液中去，同时保持充分的搅拌和恒温，这样所得的催化剂就比较均一了。

沉淀法能使活性组分、载体均匀混合，可提高催化剂的活性和选择性，但生产流程较长、消耗较大、操作影响因素较复杂、制备重复性欠佳。

（4）共凝胶法　此法与沉淀法类似，它是把两种溶液混合生成凝胶。如合成分子筛就是将水玻璃（硅酸钠）和铝酸钠的水溶液与浓氢氧化钠溶液混合，在一定的温度和强烈搅拌下生成凝胶，再静置一段时间使之晶化，然后过滤、水洗、干燥而得。根据不同的配料比和制备条件，可得出不同型号的分子筛，以供不同用途之需。此外，由于这些分子筛的表面含有大量正（Na^+）离子，有些是易于解离的，故可与过渡金属离子（如 Mg^{2+}、Cu^{2+}、Ni^{2+} 等）进行交换，使之连接在硅酸盐的表面上成为各种交换型的分子筛。它们具有高的活性和选择性，并有良好的抗毒性和耐热性，在炼油工业中应用很多。

（5）喷涂法及滚涂法　这是将催化剂溶液用喷枪或其他手段喷射于载体上而制成，或者将活性组分放在可摇动的容器中，再将载体加入，经过滚动，使活性组分黏附其上而制得。这类方法的目的在于利用载体的外表面，避免催化的活性组分进入微孔内部造成反应的选择性降低（如乙烯氧化制环氧乙烷时需避免深度氧化成二氧化碳）。其之所以不用低比表面积的载体，主要是为了传热上的考虑。有关微孔对反应的影响，将在以后谈到。

（6）溶蚀法　加氢、脱氢用的著名催化剂骨架镍即用此法制成。先将 Ni 与 Al 按比例混合熔炼，制成合金，粉碎以后再用 NaOH 溶液溶去合金中的 Al，即形成骨架镍，其中镍原子由于价键未饱和而十分活泼，能在空气中自燃，故须保存在酒精等溶液中，按理还可以有另一些金属，也能用同法制备成催化剂，但工业上只有骨架镍催化剂具有比较重要的意义。

（7）热熔融法　即将主催化剂及助催化剂组分放在电炉内熔融后，再把它冷却和粉碎到需要的尺寸，如合成氨用的熔铁催化剂。此法制得的催化剂常有高的强度、活性、热稳定性和较长的寿命，但制备过程能耗高，对电熔设备要求高。

此外还有热解法（如将草酸镍加热分解成高活性的镍催化剂）等催化剂的制备方法。制成的催化剂有的还需要经过一定的焙烧（如 $\alpha\text{-}Al_2O_3 \cdot 3H_2O$ 在 600℃ 煅烧成活性的 $\gamma\text{-}Al_2O_3$ 等）才能使用。还有一些催化剂，如加氢用的金属催化剂，焙烧后得到的氧化物，需要在使用前在反应器中通氢气进行活化，因为只有达到相当的还原程度后才有适当的催化性能。总之，催化剂的制备方法虽有多种，但其目的都是要获得最合适的反应效果。一种催化剂之所以能对某一个化学反应起特定的催化作用，主要是因为这两者之间有结构上与能量上的适应性，因此，催化剂的实际化学组成、结构形式和分散的均匀性等都对其性能有重要影响，催化剂制备中必须严格遵守各个步骤的操作规程的原因即在于此。

3.1.2.2　催化剂的成型

固体催化剂制备出来之后，需要以一定的形状和颗粒尺寸在反应器中使用，因此，催化剂的成型是催化剂生产过程中的重要工序，会影响到催化剂的活性、机械强度和寿命。工业催化剂的形状有片状、环状、球状、圆柱状、三叶形、微球状、粉末状等。成型过程中常需要添加少量成型助剂，分为黏结剂、润滑剂、孔结构改性剂等。催化剂的成型方法有压缩成型、挤出成型、喷雾干燥成型、转动成型、油中成型等。

（1）压缩成型 压缩成型是将载体或催化剂粉体放在一定形状、封闭的模具中，通过外部施加压力，使粉体团聚、压缩成型的方法。压缩成型的设备有压片机、压环机等。用此方法可制得圆柱状、拉西环状催化剂，也可制得齿轮状等异形片剂催化剂。此方法制得的催化剂具有颗粒形状规则、致密度高、大小均匀、机械强度高、表面光滑等优点。这类催化剂可用于高压、高流速的固定床反应器。这种方法的缺点是催化剂生产能力较低，模具磨损大。

（2）挤出成型 挤出成型的方法是将催化剂粉体和适量助剂进行充分捏合后，把湿物料送入挤条机，在外部挤压力的作用下，以与模具孔板开孔相同的截面形状从另一端排出，再经切粒整形，获得等长、等径的条形（圆柱体、环柱体、蜂窝体、三叶形、四叶形等）催化剂。这种方法要求原料粉体能与黏结剂充分混合成较好的塑性体，与压缩成型相比，挤出成型的催化剂强度较低，适合于在低压、低流速的条件下使用。此种方法制得的颗粒截面规则均一，生产能力大，但致密度较压缩成型低，助剂用量大，水分高，模具磨损严重。

（3）喷雾干燥成型 它是利用喷雾干燥的原理，将悬浮液或膏状物料制成微球状催化剂的方法。一般先用雾化器将溶液分散为雾状液滴，然后在冷风中快速干燥。这种催化剂适用于流化床反应器，例如流化催化裂化催化剂、丙烯腈生产用催化剂常用这种方法生产。

（4）转动成型 这种方法是将粉体、适量水（或黏结剂）送入低速转动的容器中，粉体微粒在液桥和毛细管力作用下团聚一起，形成微核，在容器转动所产生的摩擦力和滚动冲击作用下，不断地在粉体层回转、长大，最后成为一定大小的球形颗粒，离开容器。这种方法处理量大，设备投资少，但颗粒密度高，难以制备粒径较小的颗粒，操作时粉尘较大。

此外还有油中成型、喷动造粒、冷却造粒等不同的催化剂成型方法。催化剂成型之后还需要经过干燥和焙烧等步骤，以除去其中的水分，提升催化剂的强度或活性。

3.1.3 催化剂的性能

工业催化剂必备的三个主要条件是活性好、选择性高、寿命长。活性好，则催化剂的用量少、能够转化的物料量大，这当然是很期望的；但也应注意，对于强放热反应，过高的活性有时反而是不受欢迎的，因为在小试或中试时，设备小而散热大，即使对放热反应，也往往还要外加供热，才能维持反应的温度。一旦放大到生产规模，如何移除热量和控制温度往往成为棘手的问题。所以应当考虑反应器的实际传热能力而不宜过高地追求活性。因为如果床层的传热能力跟不上，就会造成"飞温"，控制不住温度的上升而使催化剂被烧坏，甚至还可能发生意外。

选择性的优劣往往比活性的高低更为重要，因为副产物一多，不仅使原料损耗增大，而且要增加分离或处理这些副产物的装备和费用，使整个过程的经济指标大大恶化。一般来说，制备选择性高的催化剂比制备活性高的更困难一些。许多催化剂之所以未能工业化的原因常在于此。

至于寿命问题，也很重要，如要更换固定床反应器中的催化剂就得停产，所以使用催化剂的寿命至少要有一年半以上。催化剂的失活原因可能是多种多样的，如因局部过热而使有效组分挥发、结晶变化、微孔熔合和比表面积减小等，而最重要的是中毒。如果原料气纯度不够，带入了像含硫、磷或砷等的化合物时，它们往往能牢牢地吸附在催化剂的活性中心上，造成该部分的永久失活。如果由于催化剂表面结炭使活性中心被暂时掩盖而失活，那么可以采用隔一定时间通入空气或水蒸气以烧去结炭的办法使催化剂再生。如石油的催化裂化，在几分钟内，催化剂就因结炭而迅速失活，必须送去再生，因此采用双器流化床的方法，让催化剂在反应器和再生器之间不断循环流动，才实现了工业化。不过不论是什么催化剂，在长期使用或再生过程中，终不免要逐步发生一些物理和化学上的变化，活性会有所降低。这时往往用逐渐提高反应温度的办法来进行补偿，最后，当温度已提高到所能允许的上限时，就只好更换催化剂了。

最后，还应注意机械强度的问题。固定床用的催化剂应能承受得住床层的载荷和振动而不致破碎和造成床层的阻塞；流化床用的催化剂则更应能经受得住长期的摩擦而不至于很快变成细粉而被吹走，因此催化剂的强度问题也是工业应用必须考虑的。

3.1.4　催化剂的物化性质分析

3.1.4.1　催化剂的宏观物理性质测定

催化剂的比表面积、孔结构、颗粒大小及分布、机械强度等都会影响催化剂的活性、选择性和稳定性，所以，催化剂的宏观物理性质测定具有重要意义，以下对催化剂各种宏观物理性质的测定方法做简单介绍。

（1）比表面积的测定

比表面积（S_g，m^2/g）一般指单位质量催化剂内、外表面积的总和。测定比表面积常用 BET 法和色谱法。

BET 法是根据 Brunauer、Emmett 和 Teller 提出的多层吸附理论及相应的 BET 方程[式(3-1)]进行测定和计算的。

$$\frac{p}{V(p_0-p)} = \frac{1}{CV_m} + \frac{C-1}{CV_m}\frac{p}{p_0} \tag{3-1}$$

式中，p 为吸附温度下吸附平衡时的压力，Pa；p_0 为被吸附气体在该温度下的饱和蒸气压，Pa；V 为平衡压力 p 时吸附气体的总体积，m^3；V_m 为催化剂表面覆盖单吸附层时所需气体体积，m^3；C 为与被吸附气体有关的常数。

实验中，改变压力 p，可测定一系列对应的 V，以 $\dfrac{p}{V(p_0-p)}$ 对 p/p_0 作图，可得一条直线，截距即 $\dfrac{1}{CV_m}$，斜率即 $\dfrac{C-1}{CV_m}$，进而可由式(3-2)求得 V_m。

$$V_m = \frac{1}{斜率+截距} \tag{3-2}$$

根据定义，则可计算出比表面积

$$S_g = \frac{V_m}{WV'}N_A A_m \tag{3-3}$$

式中，V' 为被吸附气体的摩尔体积，标准状况下为 $22.4 \times 10^{-3}\,m^3/mol$；$N_A$ 为阿伏伽德罗常数，$6.02 \times 10^{23}\,mol^{-1}$；$A_m$ 为每个被吸附气体分子的截面积，N_2 分子为 $0.162 \times 10^{-18}\,m^2$，Ar 分子为 $0.185 \times 10^{-18}\,m^2$；$W$ 为被测样品的质量，g。

气体吸附量常用容量法、重量法测定，但设备的安装和操作较复杂，需高真空度操作，耗时较长。

色谱法与 BET 法相比，优点是不需要高真空设备，方法简单、迅速。测定时色谱柱的固定相即为被测样品，载气可选 He、H_2、N_2 等，吸附质可选易挥发且不与被测样品发生反应的物质，如 CCl_4、CH_3OH 等。吸附质的浓度可用色谱曲线峰面积求出，对应的相对压力 p/p_0 下可得出平衡吸附量，通过改变操作条件，可得到系列 p/p_0 与吸附量数据，继而根据 BET 公式得出样品的比表面积。

（2）孔径及孔径分布的测定

按照国际理论与应用化学联合会（IUPAC）的分类，孔可分为三类，孔径小于 2nm 的为微孔，2～50nm 的为介孔（或中孔），大于 50nm 的为大孔。常用的测定孔径的方法有气体吸附法和压汞法。

气体吸附法常用于测定微孔和中孔，其基础是毛细管凝聚理论，可以把半径很小的孔视为毛细管，气体在小于蒸气压的压力下，凝聚于毛细管中，气体在不同半径的毛细管中凝聚的压力不同，不同凝聚压力下吸附量不同，进而可由 Kelvin 方程求得孔径分布。

压汞法是通过使汞进入孔道中进行孔分布测定的。因为汞对大多数固体不能浸润，接触角大于 90°，必须外加压力克服毛细管阻力，才能进入毛细孔，测定微孔需要极大的压力，所以压汞法一般用于测定大孔和中孔。依据平衡时孔截面上受的压力与表面张力产生的反向张力相等，通过压力测定，可计算出孔径。

（3）颗粒尺寸的测定

催化剂颗粒大小会影响到反应物和产物的扩散，进而影响反应的速率。催化剂颗粒尺寸的测定方法有很多种，例如筛分法、显像法、沉降法、Fraunhofer 衍射法等，每种方法都有各自的适用范围或局限性。

筛分法是最传统的颗粒尺寸测定方法。测定时，使颗粒通过不同尺寸的筛孔来测试粒度，可以通过将多个不同筛孔大小的筛子按网孔大小叠起来，从上向下网孔逐级减小，同时测多个粒径颗粒的通过率，计算出各个筛子上方颗粒的占比，获得颗粒的尺寸分布，并可以计算颗粒的平均尺寸。筛分法一般可以检测几十微米到毫米范围内的颗粒尺寸。有手工筛、振动筛、负压筛、全自动筛等多种方式。

显像法分成光学显微镜法和电子显微镜（包括扫描电子显微镜和投射电子显微镜）法，显微镜放大后的颗粒图像通过电荷耦合器件（charge coupled device，CCD）摄像头和图形采集卡传输到计算机进行处理，计算出每个颗粒的投影面积，根据等效投影面积原理得出每个颗粒的尺寸，再统计出所设定的尺寸区间的颗粒数量，从而得到颗粒尺寸分布。因这种方法单次观测的颗粒个数较少，同一样品可通过更换视场进行多次测量来提高测试结果的准确性。光学显微镜法可以测试微米到毫米范围内的颗粒尺寸，电子显微镜可以测试的最小尺度可以低到纳米范围。

沉降法是根据不同粒径颗粒在流体中沉降速度不同来测量颗粒尺寸的方法，如重力沉降法，颗粒在流体介质中下落时，当重力等于流体介质的黏滞力时，物体呈匀速运动，速度和颗粒直径之间的关系为

$$u = \frac{d_s^2 g (\rho_s - \rho_f)}{18\mu} \tag{3-4}$$

式中，u 为颗粒速度，m/s；d_s 为颗粒粒径，m；ρ_f 是流体的密度，kg/m^3；μ 是流体黏度，$Pa \cdot s$；ρ_s 是颗粒密度，kg/m^3；g 是重力加速度，m^2/s。

Fraunhofer 衍射法又称激光衍射法，是激光粒度仪进行颗粒尺寸测试的基本依据，测

试中让一束光照射到样品池中的颗粒，使光发生衍射。衍射光的强度分布与测量区中被照射颗粒存在如下关系

$$I(\theta) = \frac{1}{\theta} \int_0^\infty R^2 n(R) J_1^{\ 2}(\theta, K, R) \mathrm{d}R \qquad (3\text{-}5)$$

式中，$I(\theta)$ 为以 θ 为角度的衍射光强度；R 为颗粒半径；$n(R)$ 为颗粒的粒径分布函数；J_1 是第一类贝塞尔函数；$K = 2\pi/\lambda$。激光粒度仪测定颗粒尺寸分布的方法测量范围很宽、所需样品量少、快速方便、重复性好，有取代其他粒度测量方法的趋势。

（4）机械强度的测定

催化剂的机械强度测试有三类：单颗粒强度、整体堆积压碎强度和磨损强度。

单颗粒强度要求测试大小均匀、数量足够的催化剂颗粒，可分为单颗粒压碎强度和刀刃切断强度，后者较少采用。这里主要介绍单颗粒压碎强度的测试：将代表性的单颗粒催化剂以正（轴向）、侧（径向）或任意方向（球形颗粒）放置在两平台间，均匀对其施加负载直至颗粒破坏，记录颗粒压碎时的外加负载。

对于固定床，需要寻求一种接近固定床真实情况的强度测试方法表征催化剂的整体强度性能，该法即为整体堆积压碎强度。对于许多不规则形状的催化剂强度测试也只能采用这种方法。测试中将一定体积的颗粒堆积到样品池中，通过柱塞施加不同的负荷，测定每次施加负荷时产生的小于 $420\mu m$ 细粉量，计算细粉累计质量，产生 0.5%（质量分数）细粉所需施加的压强（MPa）定义为整体堆积压碎强度。

测试催化剂磨损强度的方法很多，但最为常用的主要有旋转碰撞法和高速空气喷射法两种。固定床催化剂一般采用前一种方法，而流化床催化剂多采用后一种方法。测试中须保证催化剂在强度测试中是由于磨损失效而不是破碎失效。旋转碰撞法是将催化剂装入旋转容器内，催化剂在容器旋转过程中上下滚动而被磨损。经过一段时间，取出样品，筛出细粉以单位质量催化剂样品所产生的细粉量，即磨损率来表示磨损强度。高速空气喷射法的基本原理是在高速空气流的喷射作用下使催化剂呈流化态，颗粒间摩擦产生细粉，规定取单位质量催化剂样品在单位时间内所产生的细粉量（即磨损指数）作为评价催化剂磨损强度指标。

3.1.4.2　催化剂微观性质的测定和表征

催化剂的微观性质如表面活性组分的物相、晶胞参数、晶粒大小及分布、化合价态及电子状态等对催化剂性能有着更为复杂的影响，这些性质的测定需要更多的仪器和方法进行表征。

（1）电子显微镜法

电子显微镜以高速电子流为光源，放大倍数可到达数百万倍，可研究纳米尺度物质的形貌和微结构。电子显微镜可分为扫描电镜（SEM）和透射电镜（TEM）。扫描电镜分辨率相对透射电镜要低一点，但它有较大的景深，有很强的立体感（例如图 3-1 所示的 ZSM-5 分子筛的 SEM 图像）。进行扫描电镜观察前，需要对其表面进行处理，使其具有良好的导电性，样品无需切成薄片，能够直接观察较大尺寸固体

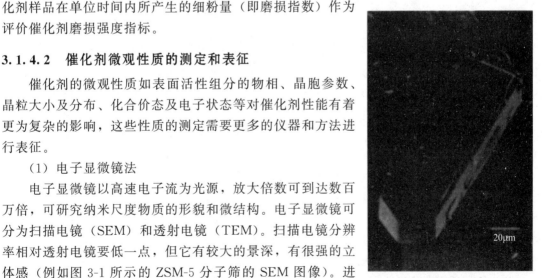

图 3-1　ZSM-5 分子筛的 SEM 图像

样品的表面结构。透射电镜分辨率极高，常用于观测催化剂粉末的形态、尺寸、粒径大小和分布等（如图 3-2 所示的 ZSM-5 分子筛的 TEM 图像）。其中高分辨电镜（HRTEM）分辨能力可达 0.1nm 左右，可在原子尺度上观察材料的微观结构和结构缺陷，还可进行电子衍射分析，测定晶胞参数、晶体取向关系等（如图 3-2 所示的 ZSM-5 分子筛的 HRTEM 图像）。在扫描电镜上配置透射附件，应用透射模式（STEM）可得到物质的内部结构信息，使其既有扫描电镜的功能，又具备透射电镜的功能，与透射电镜相比，由于其加速电压低，所以可显著减少电子束对样品的损伤，而且可大大提高图像的衬度，特别适合于有机高分子、生物等软材料样品的透射分析。STEM 虽然获得了快速的发展，但是在实际应用中存在两个明显的瓶颈，即轻重元素原子的同时成像问题和对电子束敏感材料的成像问题，制约了STEM 技术在材料研究中的应用。iDPC 这一全新的 STEM 成像模式（见图 3-3），借助多分区探头采集数据和优化算法实现了对材料中轻重元素原子的同时成像，并大幅度改善了对电子束敏感材料的成像质量，在原子尺度实现了对关键细节的分辨。

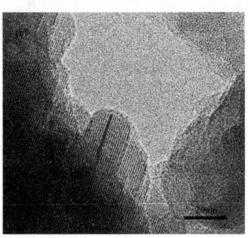

图 3-2　ZSM-5 分子筛的 TEM（a）和 HRTEM（b）图像

（2）红外光谱法

红外光谱法的基本原理如下，当红外光照射分子时，若分子中某个基团的振动频率与红外光的频率一致，红外光就会被吸收，分子由基态跃迁到较高的振动能级，样品对不同频率的红外光吸收不同，就会得到该样品的特征红外吸收光谱图。红外吸收峰的强度与分子振动时偶极矩变化、能级的跃迁概率有关，基团的振动频率则主要取决于基团中原子的质量及化学键的力常数，还与诱导效应、共轭效应、氢键、试样状态、测定条件等有关，因而可通过红外特征吸收峰的变化测定分子结构方面的信息。

（3）X 射线衍射（XRD，X-ray Diffraction）法

X 射线波长介于紫外线和 λ 射线之间，波长与原子半径在同一数量级。X 射线射到晶态物质上时，可产生衍射，某些方向上出现衍射强度极大值，根据衍射线在空间的方向、强度和宽度，可进行物相组成、晶胞常数和微晶大小的测定。

（4）X 射线光电子能谱（XPS）法

XPS 是一种表面分析技术，采用一定能量的 X 射线照射到某一固体样品上时，可激发出某原子或分子中某个轨道上的电子，激发出的电子获得一定的动能，根据能量守恒可得出该轨道运动电子的结合能，由此可进行元素定性分析。根据 XPS 谱图中光电子峰的化学位

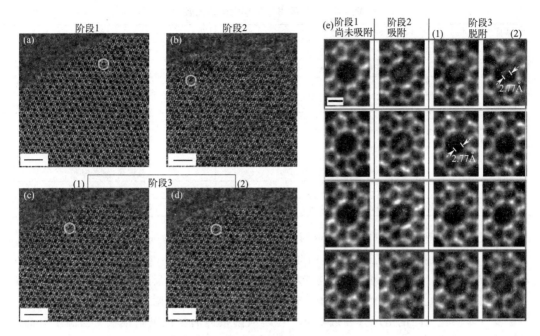

图 3-3　ZSM-5 分子筛上吡啶分子吸附和脱附过程的原位 iDPC-STEM 图像

阶段 1—尚未吸附的 ZSM-5 分子筛；阶段 2—吡啶分子吸附饱和后的 ZSM-5 分子筛；

阶段 3—吡啶从 ZSM-5 分子筛孔道中脱附

移、震激伴峰峰位和峰形、峰面积等还可进行化学价态的鉴定、不同组分的相对浓度确定，并可通过离子刻蚀得到元素的深度分布情况。

　　此外，还可以采用拉曼光谱研究分子结构，利用核磁共振了解原子周围的化学环境，获得分子的精细结构信息，通过热重、差热分析、差示扫描量热等热分析法，研究物质在加热过程中的性质和状态变化情况。

3.2　气固相催化作用

3.2.1　物理吸附和化学吸附

　　固体催化剂之所以能起催化作用，乃是由于它与各个反应组分的气体分子或者是其中的一类分子能发生一定的作用，而吸附就是最基本的现象。实验研究表明，气体在固体表面上的吸附有两种不同的类型，即物理吸附与化学吸附。两者是很不相同的（表 3-4），物理吸附在低温下才较显著，类似于冷凝过程。气体分子与固体表面间的吸力很弱，吸附热约为 $8\sim25\text{kJ/mol}$，与冷凝热相当，吸附的活化能很小，常在 4kJ/mol 以下。由于所需能量小，达到平衡快，且吸附力很弱，所以除一些只需要很小活化能的原子或游离基反应外，物理吸附不能解释与一般固体催化的活化能相差很多的现象。

　　升高温度可使物理吸附的能力迅速降低，在物质临界点以上，一般物理吸附已极微，因而也就说明它不是催化中的重要因素，但是它在研究催化剂的表面积、微孔大小及其分布方面却是极有用的方法。

表 3-4　物理吸附与化学吸附的比较

项目	物理吸附	化学吸附
键力（引力）	分子引力	化学引力
吸附质	所有气体	某些反应气体
吸附剂	所有固体气体	某些反应物质
吸附层	多层	单层
吸附热	小：8～25kJ/mol	大：40～200kJ/mol
吸附活化能	<4kJ/mol	>40kJ/mol
吸附速率	温度低，吸附很快 温度高，吸附减慢	温度低，吸附很慢 温度高，显著增大
可逆性	高度可逆	常不可逆
作用	在催化过程中不起多大作用；可测定表面积、微孔尺寸	测定活性表面积、解释反应动力学规律

　　化学吸附与物理吸附不同，它的吸附热大，常在 40～200kJ/mol 之间，有的甚至超过 400kJ/mol，与一般化学反应热相当。因此可以设想化学吸附时有类似于价键力的存在，对于这种已被吸附的分子，它的反应活化能就比它以分子状态进行反应时所需要的活化能小得多，所以它是一种处于活化状态的分子。这种吸附也称作活化吸附。除此以外，也有少数活化能极低的非活化吸附的情况。在低温下，化学吸附很慢而物理吸附很快，当温度升高时，物理吸附迅速减弱，而化学吸附逐渐变得显著起来，直至完全是化学吸附。实际进行反应的温度也正是在化学吸附的温度范围之内。化学吸附还是有选择性的，只有那些能够起到催化作用的表面才能与反应气体起化学吸附。因此研究固体表面的吸附是研究气固相催化反应动力学的一项重要基础。

3.2.2　吸附等温线方程

　　吸附等温线方程是指在一定温度下，气体在固体催化剂表面的吸附量与其平衡压力之间的关系。对吸附作定量处理时，需要建立适当的吸附模型。著名的有：①朗缪尔（Langmuir）型；②焦姆金（ТеМКИН）型；③弗罗因德利希（Freundlich）型；④BET 型。下面分别介绍。

3.2.2.1　朗缪尔型——理想吸附模型

　　模型假设：

　　① 催化剂表面均为理想表面，吸附能力处处相等，吸附热不随吸附程度而变，多吸附位具有相同的能量；

　　② 单分子层吸附；

　　③ 被吸附的分子间没有相互作用；

　　④ 吸附的机理均相同；

　　⑤ 吸附和脱附可达到动态平衡。

　　由于化学吸附只能发生于固体表面那些能与气体分子起反应的位置上，通常把这位置称为活性位（活性中心，活性点），用"σ"表示。

　　（1）单组分吸附

　　例如，气体 A 在活性位上的吸附可表示成

$$A + \sigma \rightleftharpoons A\sigma$$

式中，Aσ 为吸附态的 A。

则吸附速率为

$$r_a = k_a p_A \theta_V \tag{3-6}$$

式中，k_a 为吸附速率常数，$k_a = k_{a0} e^{-E_a/RT}$；E_a 为吸附活化能；θ_V 为气体 A 在固体表面上的未覆盖率，$\theta_V = \dfrac{未被 A 覆盖的活性点数}{固体表面总的活性点数}$。

而脱附速率为

$$r_d = k_d \theta_A \tag{3-7}$$

式中，k_d 为脱附速率常数；θ_A 为 A 的表面覆盖率，$\theta_A = \dfrac{被 A 覆盖的活性点数}{固体表面总的活性点数}$。

所以吸附的净速率为

$$r = r_a - r_d = k_a p_A \theta_V - k_d \theta_A \tag{3-8}$$

当吸附达到平衡时

$$r = 0, \quad r_a = r_d \tag{3-9}$$

所以

$$k_a p_A \theta_V = k_d \theta_A$$

$$\theta_A = K_A p_A \theta_V \tag{3-10}$$

式中，$K_A = \dfrac{k_a}{k_d}$ 为 A 的吸附平衡常数，而

$$K_A = K_{A0} \exp(-\Delta H_a / RT) \tag{3-11}$$

ΔH_a 为吸附热，吸附是一个放热过程，$\Delta H_a < 0$，随着 T 上升，K_A 下降。

因为

$$\theta_A + \theta_V = 1 \tag{3-12}$$

所以

$$\theta_A = \frac{K_A p_A}{1 + K_A p_A} \tag{3-13}$$

此为朗缪尔吸附等温式，是一双曲线型方程。

当 p_A 较低时：$1 + K_A p_A \approx 1$，所以 $\theta_A = K_A p_A$；当 p_A 较高时：$1 + K_A p_A \approx K_A p_A$，所以 $\theta_A \approx 1$。

（2）多分子吸附

例如 A、B 两种组分同时在同一种活性位上进行吸附

$$A + \sigma \rightleftharpoons A\sigma$$

$$B + \sigma \rightleftharpoons B\sigma$$

则

$$k_{aA} p_A \theta_V = k_{dA} \theta_A \tag{3-14}$$

$$k_{aB} p_B \theta_V = k_{dB} \theta_B \tag{3-15}$$

由（3-14）得

$$\theta_A = K_A p_A \theta_V \tag{3-16}$$

由（3-15）得

$$\theta_B = K_B p_B \theta_V \tag{3-17}$$

因为

$$\theta_A + \theta_B + \theta_V = 1 \tag{3-18}$$

所以

$$(K_A p_A + K_B p_B + 1)\theta_V = 1 \tag{3-19}$$

$$\theta_V = \frac{1}{1 + K_A p_A + K_B p_B} \tag{3-20}$$

$$\theta_A = \frac{K_A p_A}{1 + K_A p_A + K_B p_B} \tag{3-21}$$

$$\theta_B = \frac{K_B p_B}{1 + K_A p_A + K_B p_B} \tag{3-22}$$

所以，对 m 种不同分子同时被吸附在同一类活性位时，则

任一种组分的覆盖率

$$\theta_i = \frac{K_i p_i}{1 + \sum\limits_{i=1}^{m} K_i p_i} \tag{3-23}$$

未覆盖率

$$\theta_V = \frac{1}{1 + \sum\limits_{i=1}^{m} K_i p_i} \tag{3-24}$$

$$\sum\limits_{i=1}^{m} \theta_i + \theta_V = 1 \tag{3-25}$$

从朗缪尔型吸附等温线可以看出吸附量（或覆盖率）与压力的关系是双曲线型。辛雪乌（Hinshelwood）利用本模型成功地描述了许多气固相催化反应，所以又被称作朗-辛（L-H）机理。其后又得到豪根（Hougen）-沃森（Watson）等的发展，成为应用很广的一类方法。

（3）解离吸附

被吸附的分子解离成原子或原子团，各自占据一个活性位，称为解离吸附（如 $O_2 \rightleftharpoons 2O$）。

例如

$$A_2 + 2\sigma \rightleftharpoons 2A\sigma$$

$$r_a = k_a p_A \theta_V^2 \tag{3-26}$$

$$r_d = k_d \theta_A^2 \tag{3-27}$$

当吸附达到平衡时

$$r_a = r_d \tag{3-28}$$

$$\theta_A = \sqrt{K_A p_A}\, \theta_V \tag{3-29}$$

由 $\theta_A + \theta_V = 1$ 及 $(\sqrt{K_A p_A} + 1)\theta_V = 1$，得

$$\theta_V = \frac{1}{1 + \sqrt{K_A p_A}} \tag{3-30}$$

所以

$$\theta_A = \frac{\sqrt{K_A p_A}}{1 + \sqrt{K_A p_A}} \tag{3-31}$$

3.2.2.2　焦姆金型——描述真实吸附

实践证明：①催化剂的表面是不均匀的，吸附能量也有强有弱。刚吸附时，气体被吸附到表面活性能最高的部位，强吸附放出的吸附热大，随着吸附越来越弱，放出的吸附热越来越小。②被吸附的分子间是有相互作用的。

由于上述原因，吸附活化能 E_a、脱附活化能 E_d 及吸附量 q 会随 θ_A 的增加而变化。

焦姆金模型假设吸附活化能 E_a、脱附活化能 E_d 与 θ_A 成线性关系：

$$E_a = E_a^0 + \alpha \theta_A$$

随着 θ_A 上升，E_a 上升，吸附越来越难。

$$E_d = E_d^0 - \beta \theta_A$$

随着 θ_A 上升，E_d 下降，脱附越来越容易。

式中，E_a^0，E_d^0 分别为覆盖率等于零时的吸附活化能和脱附活化能；α，β 为正常数。

焦姆金吸附模型适用于中等覆盖率的情况，具体说明见 3.3.3 小节。

3.2.2.3　弗罗因德利希型——描述真实吸附

弗罗因德利希吸附模型假定吸附速率随表面覆盖率的增加而按幂数关系减少，脱附速率随表面覆盖率的增加而按幂数关系增加。于是吸附速率和脱附速率分别写为

$$r_a = k_a p_A \theta_A^{-\alpha} \tag{3-32}$$

$$r_d = k_d \theta_A^{\beta} \tag{3-33}$$

由此可以得出

$$\theta_A = b p_A^{1/n} \tag{3-34}$$

式中，α、β、b、n 均为常数，而且

$$\left.\begin{array}{l} \alpha + \beta = n, n > 1 \\ b = (k_a/k_d)^{1/n} \end{array}\right\} \tag{3-35}$$

式(3-34) 适用于低覆盖率的情况，它的形式比较简单，因此应用亦较广。但当 p_A 极大时，计算得到 $\theta_A > 1$，而实际情况 $\theta_A \leqslant 1$。

3.2.2.4　BET 型

对于物理吸附的情况，最成功的式子是 BET 型。它们以朗缪尔型为基础，把它推广到多分子层吸附的情况。例如式(3-1) 可以改写成

$$\frac{p}{V} = \frac{1}{KV_m} + \frac{p}{V_m} \tag{3-36}$$

而 BET 式则为

$$\frac{p}{V(p_0 - p)} = \frac{1}{V_m C} + \frac{(C-1)p}{V_m C p_0} \tag{3-37}$$

式中，C 为常数；p_0 为在该温度下吸附组分的饱和蒸气压。

图 3-4 所示为吸附等温线的几种主要型式。可以看出，朗缪尔型、弗罗因德利希型以及焦姆金型所代表的等温线在形式上是相近的；另外，滞后型的曲线在一段范围内也可以用这些式子来表示。应当指出，BET 型只适用于物理吸附，焦姆金型只适用于化学吸附，而朗缪尔型及弗罗因德利希型对两者都可应用，但一般不能在整个压力范围内都做到吻合。

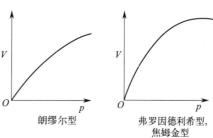
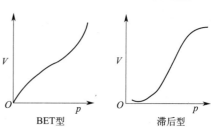

图 3-4　吸附等温线的几种主要型式

3.3　气固相催化反应动力学

气固相催化反应是一个多步骤的过程，可以设想是由下列各个步骤组成的（图 3-5）：

① 反应物从气流主体扩散到催化剂的外表面（外扩散过程）；
② 反应物进一步向催化剂的微孔内扩散进去（内扩散过程）；
③ 反应物在催化剂的表面上被吸附（吸附过程）；
④ 吸附的反应物转化成反应的生成物（表面反应过程）；
⑤ 反应生成物从催化剂表面上脱附下来（脱附过程）；

催化反应过程

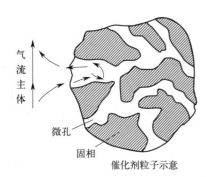

图 3-5　催化反应过程示意图

⑥ 脱附下来的生成物分子从微孔内向外扩散到催化剂外表面处（内扩散过程）；

⑦ 生成物分子从催化剂外表面处扩散到气流主体中被带走（外扩散过程）。

步骤①⑦属于外扩散。步骤②⑥属于内扩散（孔扩散），步骤③～⑤属表面反应过程。在这些步骤中，内扩散和表面反应发生于催化剂颗粒内部，且两者是同时进行的，属于并联过程；而组成表面反应过程的③～⑤三步则是串联的。

吸附和脱附的速率上一节已做介绍，表面反应步骤属于基元反应，其速率可应用质量作用定律写出，如何从三个步骤的速率中导出总反应速率就是本节的中心内容。

要从各个步骤的速率方程导出总的速率方程，需要做出一些简化假设，最常用的是定态近似和速率控制步骤这两个假设。

3.3.1　定态近似和速率控制步骤

3.3.1.1　定态近似

定态近似假设当反应过程达到定态时，中间化合物的浓度就不随时间而变化。即：$dc_I/dt=0$，I 为中间化合物，$I=1$，2，$\cdots$，N。

定态近似的另一个提法是：当反应达到定态时，串联进行的各反应步骤的速率相等。下面举个简单的例子来说明这两种提法是一致的。

设反应：$\qquad\qquad\qquad\qquad$ A $\Longleftrightarrow$ R

由下面两步骤构成

$$A \underset{k_2}{\overset{k_1}{\Longleftrightarrow}} A^*，\quad r_1=k_1 c_A - k_2 c_{A^*} \tag{3-38}$$

$$A^* \underset{k_4}{\overset{k_3}{\Longleftrightarrow}} R，\quad r_2=k_3 c_{A^*} - k_4 c_R \tag{3-39}$$

中间化合物 A^* 浓度变化速率为

$$\frac{dc_A^*}{dt}=(k_1 c_A - k_2 c_A^*)-(k_3 c_A - k_4 c_R^*)=r_1-r_2 \tag{3-40}$$

当 $\dfrac{dc_A^*}{dt}=0$ 时，则有 $\qquad\qquad\qquad r_1=r_2 \tag{3-41}$

所以，定态近似的两种提法是一致的。

3.3.1.2　速率控制步骤

下面再以上述反应 A $\Longleftrightarrow$ R 来说明速率控制步骤。

$$A \Longleftrightarrow A^*，\quad r_1=r_1'-r_1'' \tag{3-42}$$

$$A^* \Longleftrightarrow R，\quad r_2=r_2'-r_2'' \tag{3-43}$$

各反应步骤正、逆反应速率相对大小可用图 3-6 来表示。

根据定态近似假设，串联进行的两步速率应相等：$r_1=r_2$。从图上可看出，各反应的

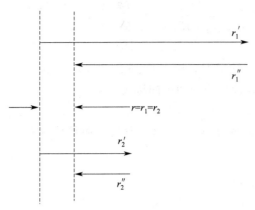

图 3-6　各反应步骤正、逆反应速率的相对大小

正、逆反应速率是不相同的，但其净速率是相同的。虽然这两个可逆反应其净速率相等，但这两个反应接近平衡的程度是不相同的，第一个反应步骤接近平衡的程度，远比第二个反应步骤大，此时第二个反应步骤可被视为速率控制步骤，其速率也就表示为由该反应步骤所构成的化学反应的反应速率，除速率控制步骤外的其余反应步骤则近似地按达到平衡处理，所以速率控制步骤就是反应步骤中最慢的一步。

这种提法似乎与定态近似假设相矛盾，定态近似假设认为达到定态时，各串联步骤的速率没有快慢问题。那么如何理解最慢的一步呢？未达到定态前，各反应步骤的速率不一定相等，有快有慢，最慢的一步就是速率控制步骤。

应注意：

① 不存在速率控制步骤的反应是可能的。这表明各反应步骤的速率差不多，或接近平衡的程度差不多；

② 同时存在两个速率控制步骤的情况也是有的；

③ 速率控制步骤并不一定是一成不变的，有时因条件改变而发生变化。

3.3.2　双曲线型的反应速率式

在气固相催化反应中，反应速率一般是以单位催化剂的质量为基准的。如反应 A ⟶ R，组分 A 的反应速率的定义为

$$(-r_A) = \frac{-1}{W} \times \frac{dn_A}{dt} \tag{3-44}$$

对于不同的控制步骤，根据朗-辛机理，可以推导出不同的反应速率方程式。

3.3.2.1　表面反应控制

以反应 A+B ⟶ R+S 为例，可设想其机理步骤如下：

A 的吸附　　　　　　　　　A+σ ⇌ Aσ

B 的吸附　　　　　　　　　B+σ ⇌ Bσ

表面反应　　　　　　　　　Aσ+Bσ $\xrightarrow{k_r}$ Rσ+Sσ

R 的脱附　　　　　　　　　Rσ ⇌ R+σ

S 的脱附　　　　　　　　　Sσ ⇌ S+σ

式中，σ 为吸附活性点；$\xrightarrow{k_r}$ 表示控制步骤，其他各步则都被认为是达到了平衡。因表面反应速率是与吸附的 A 与 B 的量成正比的，即

$$r = (-r_A) = k_r \theta_A \theta_B \tag{3-45}$$

式中，k_r 是表面反应速率常数。将式（3-23）代入即得

$$r = \frac{k_r K_A p_A K_B p_B}{(1 + K_A p_A + K_B p_B + K_R p_R + K_S p_S)^2}$$

$$= \frac{k p_A p_B}{(1 + K_A p_A + K_B p_B + K_R p_R + K_S p_S)^2} \tag{3-46}$$

式中，$k = k_r K_A K_B$。

对于表面覆盖率极低（各组分的吸附极弱）的情况，则 $(K_A p_A + K_B p_B + K_R p_R + K_S p_S) \ll 1$，于是式(3-46) 便简化成与一般均相反应速率式相同的形式

$$r = k p_A p_B \tag{3-47}$$

如可逆反应 $A + B \Longrightarrow R + S$，并且还有可能被吸附的惰性分子 I 存在，而且反应控制步骤为

$$A\sigma + B\sigma \underset{k_2}{\overset{k_1}{\rightleftharpoons}} R\sigma + S\sigma$$

可写出反应速率式为

$$r = (-r_A) = k_1 \theta_A \theta_B - k_2 \theta_R \theta_S = k_1 \left(\theta_A \theta_B - \frac{\theta_S \theta_R}{K_r} \right)$$

$$= \frac{k(p_A p_B - p_R p_S / K)}{(1 + K_A p_A + K_B p_B + K_R p_R + K_S p_S + K_I p_I)^2} \tag{3-48}$$

式中，$K_r = k_1 / k_2$，为化学平衡常数。

$k = k_1 K_A K_B$，$K = \dfrac{k_1 K_A K_B}{k_2 K_R K_S}$，从分子中的这两项可推知是可逆反应，从分母的各项可推知 A、B、R、S、I 五种物质都是被吸附的，而从括号上的平方就可以知道控制步骤是牵涉两个活性点之间的反应的。

如 A 在吸附时解离，则有

$$A_2 + 2\sigma \Longrightarrow 2A\sigma$$

及

$$2A\sigma + B\sigma \underset{k_2}{\overset{k_1}{\rightleftharpoons}} R\sigma + S\sigma + \sigma$$

因此反应速率式为

$$r = (-r_A) = k_1 \theta_A^2 \theta_B - k_2 \theta_S \theta_R \theta_V$$

$$= \frac{k(p_A p_B - p_R p_S / K)}{(1 + \sqrt{K_A p_A} + K_B p_B + K_R p_R + K_S p_S)^3} \tag{3-49}$$

从分母中含 $\sqrt{K_A p_A}$ 项就可知道 A 是解离吸附的，而 3 次方则表示有 3 个活性点参加此控制步骤的反应。

如果有反应 $A + B \longrightarrow R + S$，B 在气相，它与吸附的 A 之间的反应速率是控制步骤，则机理可设想为

$$A + \sigma \Longrightarrow A\sigma$$

$$A\sigma + B \overset{k_r}{\longrightarrow} R + S + \sigma$$

则反应速率式为

$$r = (-r_A) = k_r \theta_A p_B = \frac{k_r K_A p_A p_B}{1 + K_A p_A} \tag{3-50}$$

如 $K_A p_A \gg 1$，则 $r = k_r p_B$，即反应对 A 为零级，对 B 为一级；如 $K_A p_A \ll 1$，则 $r =$

$k_r K_A p_A p_B$，反应对 A、B 均为一级。

3.3.2.2 吸附控制

仍以反应 $A + B \Longrightarrow R + S$ 为例，如 A 的吸附是控制步骤，其机理可设想为

$$A + \sigma \underset{k_2}{\overset{k_1}{\Longleftrightarrow}} A\sigma$$

$$B + \sigma \Longleftrightarrow B\sigma$$

$$A\sigma + B\sigma \Longleftrightarrow R\sigma + S\sigma$$

$$R\sigma \Longleftrightarrow R + \sigma$$

$$S\sigma \Longleftrightarrow S + \sigma$$

反应速率即等于 A 的净吸附速率，而 A 的吸附速率是与 A 的分压及裸露的活性点数成正比例的，脱附速率则与 A 的覆盖率成正比，故净吸附速率为

$$r = r_a - r_d = k_1 p_A \theta_V - k_2 \theta_A \tag{3-51}$$

由于其余各步都达到了平衡状态，故有

$$\frac{\theta_B}{p_B \theta_V} = K_B \tag{3-52}$$

$$\frac{\theta_R \theta_S}{\theta_A \theta_B} = K \tag{3-53}$$

$$\frac{\theta_R}{p_R \theta_V} = K_R \tag{3-54}$$

$$\frac{\theta_S}{p_S \theta_V} = K_S \tag{3-55}$$

另外
$$\theta_V + \theta_A + \theta_B + \theta_R + \theta_S = 1 \tag{3-56}$$

由这五个方程式即可解出各组分的 θ。即

由式(3-52)
$$\theta_B = K_B p_B \theta_V \tag{3-57}$$

由式(3-54)
$$\theta_R = K_R p_R \theta_V \tag{3-58}$$

由式(3-55)
$$\theta_S = K_S p_S \theta_V \tag{3-59}$$

代入式(3-53) 得
$$\theta_A = \frac{\theta_R \theta_S}{K_r \theta_B} = \frac{K_R K_S}{K_B K_r} \times \frac{p_R p_S}{p_B} \theta_V \tag{3-60}$$

代入式(3-56) 得

$$\left(1 + \frac{K_R K_S}{K_B K_r} \frac{p_R p_S}{p_B} + K_B p_B + K_R p_R + K_S p_S\right)\theta_V = 1$$

于是知

$$\theta_V = \frac{1}{1 + K_{RS} \dfrac{p_R p_S}{p_B} + K_B p_B + K_R p_R + K_S p_S} \tag{3-61}$$

式中，$K_{RS} = \dfrac{K_R K_S}{K_B K_r}$。

将式(3-60) 及式(3-61) 代入式(3-51) 即得

$$r = \frac{k_1 \left(p_A - \dfrac{p_R p_S}{p_B K} \right)}{1 + K_{RS} \dfrac{p_R p_S}{p_B} + K_B p_B + K_R p_R + K_S p_S} \tag{3-62}$$

式中，$K = \dfrac{k_1 K_r K_B}{k_2 K_R K_S}$。

再以 A 的解离吸附为控制步骤的 $A \Longrightarrow R$ 反应为例，其机理步骤为

$$A + 2\sigma \underset{k_2}{\overset{k_1}{\rightleftharpoons}} 2A_{1/2}\sigma \tag{1}$$

$$2A_{1/2}\sigma \Longrightarrow R\sigma + \sigma \tag{2}$$

$$R\sigma \Longrightarrow R + \sigma \tag{3}$$

反应速率式为

$$r = k_1 p_A \theta_V^2 - k_2 \theta_A^2 \tag{3-63}$$

由式（3）的关系，有

$$\frac{\theta_R}{p_R \theta_V} = K_R \tag{3-64}$$

故

$$\theta_R = K_R p_R \theta_V \tag{3-65}$$

而由式（2）的平衡关系，有

$$\frac{\theta_R \theta_V}{\theta_A^2} = K_r \tag{3-66}$$

故

$$\theta_A = \sqrt{\theta_R \theta_V / K_r} = \theta_V \sqrt{K_R p_R / K_r} \tag{3-67}$$

又因 $\theta_V + \theta_A + \theta_R = 1$，可得

$$\theta_V = \frac{1}{1 + \sqrt{\dfrac{K_R}{K_r} p_R} + K_R p_R} \tag{3-68}$$

$$\theta_A = \frac{\sqrt{\dfrac{K_R}{K_r} p_R}}{1 + \sqrt{\dfrac{K_R}{K_r} p_R} + K_R p_R} \tag{3-69}$$

将上两式代入式（3-63），得

$$r = \frac{k_1(p_A - p_R/K)}{(1 + \sqrt{K_R' p_R} + K_R p_R)^2} \tag{3-70}$$

式中，$K = \dfrac{k_1 K_r}{k_2 K_R}$；$K_R' = \dfrac{K_R}{K_r}$。

3.3.2.3　脱附控制

以 $A \Longrightarrow R$ 的反应为例，如机理为

$$A + \sigma \Longrightarrow A\sigma \tag{1}$$

$$A\sigma \rightleftharpoons R\sigma \tag{2}$$

$$R\sigma \underset{k_2}{\overset{k_1}{\rightleftharpoons}} R + \sigma \tag{3}$$

于是

$$r = k_1\theta_R - k_2 p_R\theta_V \tag{3-71}$$

令（1）、（2）步均达到平衡，故有

$$\frac{\theta_A}{p_A\theta_V} = K_A \tag{3-72}$$

与

$$\theta_R = K_r\theta_A \tag{3-73}$$

的关系，同前加以处理，最后便得

$$r = \frac{k(p_A - p_R/K)}{1 + K'_A p_A} \tag{3-74}$$

式中，$k = k_1 K_r K_A$；$K = k_1 K_r K_A / k_2$；$K'_A = K_A + K_r K_A$。

利用以上方法，不难写出不同的反应机理和控制步骤相应的反应速率式。表 3-5 所举的只是部分例子，其中每一反应速率都是以其对应的机理步骤式为控制步骤时所得的结果。对于本表未包括的情况，必要时读者可自行推导。譬如对反应 $A + B \longrightarrow R$，若催化剂表面上存在两类不同的活性中心 σ_1 及 σ_2 时，如其中 σ_1 吸附 A，而 σ_2 吸附 B 及 R，则必有

$$\theta_{A1} + \theta_{V1} = 1 \tag{3-75}$$

$$\theta_{B2} + \theta_{R2} + \theta_{V2} = 1 \tag{3-76}$$

表 3-5　气固相催化反应机理及其反应速率方程举例

化　学　式	机　　　理	以左方机理式为控制步骤时的相应反应速率方程
$A \rightleftharpoons R$	$A + \sigma \rightleftharpoons A\sigma$	$r = \dfrac{k\left(p_A - \dfrac{k_2 K_R}{k_1 K_r}p_R\right)}{1 + K_R p_R + \dfrac{K_R}{K_r}p_R}$
	$A\sigma \rightleftharpoons R\sigma$	$r = \dfrac{k(p_A - p_R/K)}{1 + K_A p_A + K_R p_R}$
	$R\sigma \rightleftharpoons R + \sigma$	$r = \dfrac{k(p_A - p_R/K)}{1 + K'_A p_A}$
$A \rightleftharpoons R$	$2A + \sigma \rightleftharpoons A_2\sigma$	$r = \dfrac{k(p_A^2 - p_R^2/K^2)}{1 + K_R p_R + K'_R p_R^2}$
	$A_2\sigma + \sigma \rightleftharpoons 2A\sigma$	$r = \dfrac{k(p_A^2 - p_R^2/K^2)}{(1 + K_R p_R + K_A p_A^2)^2}$
	$A\sigma \rightleftharpoons R\sigma$	$r = \dfrac{k(p_A - p_R/K)}{1 + K'_A p_A^2 + K_A p_A + K_R p_R}$
	$R\sigma \rightleftharpoons R + \sigma$	$r = \dfrac{k(p_A - p_R/K)}{1 + K'_A p_A^2 + K_A p_A}$
$A \rightleftharpoons R$	$A + 2\sigma \rightleftharpoons 2A_{1/2}\sigma$	$r = \dfrac{k(p_A - p_R/K)}{(1 + \sqrt{K'_R p_R} + K_R p_R)^2}$

化　学　式	机　　理	以左方机理式为控制步骤时的相应反应速率方程
$A \rightleftharpoons R$	$2A_{1/2}\sigma \rightleftharpoons R\sigma + \sigma$	$r = \dfrac{k(p_A - p_R/K)}{(1 + \sqrt{K_A p_A} + K_R p_R)^2}$
	$R\sigma \rightleftharpoons R + \sigma$	$r = \dfrac{k(p_A - p_R/K)}{1 + \sqrt{K_A p_A} + K'_A p_A}$
$A + B \rightleftharpoons R + S$	$A + \sigma \rightleftharpoons A\sigma$	$r = \dfrac{k[p_A - p_R p_S/(Kp_B)]}{1 + K_{RS} p_R p_S/p_B + K_B p_B + K_R p_R + K_S p_S}$
	$B + \sigma \rightleftharpoons B\sigma$	$r = \dfrac{k[p_B - p_R p_S/(Kp_A)]}{1 + K_{RS} p_R p_S/p_A + K_B p_A + K_R p_R + K_S p_S}$
	$A\sigma + B\sigma \rightleftharpoons R\sigma + S\sigma$	$r = \dfrac{k(p_A p_B - p_R p_S/K)}{(1 + K_A p_A + K_B p_B + K_R p_R + K_S p_S)^2}$
	$\left.\begin{array}{l} R\sigma \rightleftharpoons R + \sigma \\ S\sigma \rightleftharpoons S + \sigma \end{array}\right\}$	$r = \dfrac{k[(p_A p_B/p_S) - p_R/K]}{1 + K_A p_A + K_B p_B + K_R p_R + K_{AB} p_A p_B/p_S}$
$A + B \rightleftharpoons R + S$	$A + 2\sigma \rightleftharpoons 2A_{1/2}\sigma$	$r = \dfrac{k[p_A - p_R p_S/(Kp_B)]}{[1 + (K_{RS} p_R p_S/p_B)^{1/2} + K_B p_B + K_R p_R + K_S p_S]^2}$
	$B + \sigma \rightleftharpoons B\sigma$	$r = \dfrac{k[p_B - p_R p_S/(Kp_A)]}{1 + \sqrt{K_A p_A} + (K_{RS} p_R p_S/p_A) + K_R p_R + K_S p_S}$
$A + B \rightleftharpoons R + S$	$2A_{1/2}\sigma + B\sigma \rightleftharpoons R\sigma + S\sigma + \sigma$	$r = \dfrac{k(p_A p_B - p_R p_S/K)}{(1 + \sqrt{K_A p_A} + K_B p_B + K_R p_R + K_S p_S)^3}$
	$R\sigma \rightleftharpoons R + \sigma$	$r = \dfrac{k(p_A p_B/p_S - p_R/K)}{1 + \sqrt{K_A p_A} + K_B p_B + (K_{AB} p_A p_B/p_S) + K_S p_S}$
	$S\sigma \rightleftharpoons S + \sigma$	$r = \dfrac{k(p_A p_B/p_R - p_S/K)}{1 + \sqrt{K_A p_A} + K_B p_B + K_R p_R + K_{AB} p_A p_B/p_R}$

下标 1 及 2 分别表示两类不同的活性中心。如为表面反应控制，则利用上面讲过的方法，最后可得出如下形式的结果

$$r = k_1 \theta_{A1} \theta_{B2} = \frac{k p_A p_B}{(1 + K_A p_A)(1 + K_B p_B + K_R p_R)} \tag{3-77}$$

总之根据本法导出的动力学方程式其一般形式为

$$r = \frac{k(推动力项)}{(吸附项)^n} \tag{3-78}$$

从分子与分母所含的各项以及指数等可以明确看出所设想的机理，包括反应涉及的分子的种类、活性中心的种类、哪些吸附、哪些不吸附、是否解离、反应时只涉及一个活性吸附点还是多个吸附点、反应是否可逆、哪一步是控制步骤等，因此本法所得的动力学方程式是机理性的方程式，得到特别广泛的应用。

3.3.3　幂数型反应速率方程

描述非均匀表面的吸附与脱附速率的焦姆金型公式是

吸附 $\qquad\qquad\qquad\qquad r_a = k_a p_A e^{-g\theta_A} \tag{3-79}$

脱附
$$r_d = k_d e^{h\theta_A} \tag{3-80}$$

及
$$\theta = \frac{1}{g+h} \ln(K p_A) \tag{3-81}$$

焦姆金用它成功地得出了合成氨的动力学方程。假定铁催化剂上氨的合成反应

$$\frac{1}{2} N_2 + \frac{3}{2} H_2 \Longrightarrow NH_3$$

其控制步骤是 N_2 的解离吸附，其机理可简示为

$$N_2 + 2\sigma \underset{k_2}{\overset{k_1}{\rightleftharpoons}} 2N\sigma \tag{3-82}$$

$$N\sigma + \frac{3}{2} H_2 \Longrightarrow NH_3 + \sigma \tag{3-83}$$

按式(3-81) 可写出

$$\theta_{N_2} = \frac{1}{g+h} \ln(K_{N_2} p_{N_2}^*) \tag{3-84}$$

$p_{N_2}^*$ 即催化剂表面上 N_2 的分压。由于表面反应达到平衡，故

$$p_{N_2}^* = \frac{p_{NH_3}^2}{K_p^2 p_{H_2}^3} \tag{3-85}$$

因反应速率等于净吸附速率，故

$$\begin{aligned}
r = r_a - r_d &= k_a p_{N_2} e^{-g\theta_{N_2}} - k_d e^{h\theta_{N_2}} \\
&= k_a p_{N_2} (K_{N_2} p_{N_2}^*)^{-g/(g+h)} - k_d (K_{N_2} p_{N_2}^*)^{h/(g+h)} \\
&= k_1' p_{N_2} (p_{N_2}^*)^{-\alpha} - k_2' (p_{N_2}^*)^{\beta} \\
&= k_1' p_{N_2} \left(\frac{p_{NH_3}^2}{K_p^2 p_{H_2}^3}\right)^{-\alpha} - k_2' \left(\frac{p_{NH_3}^2}{K_p^2 p_{H_2}^3}\right)^{\beta} \\
&= k_1 p_{N_2} \left(\frac{p_{H_2}^3}{p_{NH_3}^2}\right)^{\alpha} - k_2 \left(\frac{p_{NH_3}^2}{p_{H_2}^3}\right)^{\beta}
\end{aligned} \tag{3-86}$$

式中，各 k 均代表不同常数，$\alpha = g/(g+h)$，$\beta = h/(g+h)$，显然，$\alpha + \beta = 1$。根据实验结果，定出 $\alpha = \beta = 0.5$，故得合成氨动力学的焦姆金方程式为

$$r = k_1 \frac{p_{N_2} p_{H_2}^{1.5}}{p_{NH_3}} - k_2 \frac{p_{NH_3}}{p_{H_2}^{1.5}} \tag{3-87}$$

式(3-87) 沿用至今，仍不失为一个最合适的方程。

类似地，还可以导出脱附控制或表面反应控制等不同情况下的相应反应速率式。此外，也可以用弗罗因德利希式(3-34) 来导出各种情况下的反应速率式。

譬如，对于控制步骤为

$$A\sigma + B \Longrightarrow R + S + \sigma$$

的反应，便可写出

$$r = k' p_B \theta_A = k' p_B \beta p_A^{1/n} = k p_A^a p_B \tag{3-88}$$

式中，$k = k'\beta$，$a = 1/n$。这就是一种幂数型的方程式。

一般人们常直接用

$$r = k p_A^a p_B^b p_C^c \cdots\cdots \tag{3-89}$$

形式的经验式来关联动力学研究的结果。不过这一类幂数型的动力学方程式不如 3.3.2 节双曲线型的机理性动力学方程那样能够较清晰地反映出机理的情况，而这一点对于科学技术人员来说，往往是很有指导意义的。但严格来讲，这种机理也不是绝对的。均匀表面的假设本来就与实际情况有所出入，许多参数的确定也都是从实验数据定出，这相当于已做了一定的修正。幂数型的方程式与实验数据的相符性不比双曲线型的差，且其形式简单，计算处理方便，在工程设计和智能控制方面比较合适。因此，有些研究者将同一套数据处理成这两种不同形式的动力学方程式，以供需要者任加选用。

表 3-6 中举出了若干重要催化反应的动力学方程式，可供参考。

表 3-6　若干重要催化反应的动力学方程式举例

反应	催化剂与操作条件	反应速率方程举例
丁烯脱氢制丁二烯 $C_4H_8 \rightleftharpoons C_4H_6 + H_2$	磷钼铋催化剂 410～470℃	$r = k p_{C_4H_8}$
乙苯脱氢制苯乙烯 $C_6H_5C_2H_5 \rightleftharpoons$ $C_6H_5CH = CH_2 + H_2$	氧化铁催化剂 600～640℃	$r = k(p_E - p_S p_H / K)$　　下标： E—乙苯 S—水蒸气 H—氢气
乙炔法合成氯乙烯 $C_2H_2 + HCl \longrightarrow C_2H_3Cl$	$HgCl_2$-活性炭 100～180℃	$r = \dfrac{k K_H p_A p_H}{1 + K_H p_H + K_{V_C} p_{V_C}}$　下标： H—HCl A—C_2H_2 V_C—C_2H_3Cl
苯加氢制环己烷 $C_6H_6 + 3H_2 \longrightarrow C_6H_{12}$	Ni 100～200℃	$r = \dfrac{k K_H^3 K_B p_H^3 p_B}{(1 + K_B p_B + K_H p_H + K_N p_N + K_C p_C)^4}$　下标： H—氢气 B—苯 N—惰性气 C—C_6H_{12}
合成光气 $CO + Cl_2 \longrightarrow COCl_2$	活性炭催化剂	$r = \dfrac{k K_{CO} K_{Cl_2} p_{CO} p_{Cl_2}}{(1 + K_{Cl_2} p_{Cl_2} + K_{COCl_2} p_{COCl_2})^2}$ 或　$r = k p_{CO} (p_{Cl_2})^{1/2}$
乙烯氧氯化制二氯乙烷 $C_2H_4 + 2HCl + \frac{1}{2}O_2 \longrightarrow$ $C_2H_4Cl_2 + H_2O$	$CuCl_2$-Al_2O_3 约 230℃	$r = \dfrac{k K_E K_O^{1/2} p_E p_O^{1/2}}{[1 + K_E p_E + (K_O p_O)^{1/2}]^2}$　下标： E—C_2H_4 O—O_2
乙烯气相合成醋酸乙烯酯 $C_2H_4 + CH_3COOH + \frac{1}{2}O_2 \longrightarrow$ $CH_3COOC_2H_3 + H_2O$	Pd 系催化剂 160～180℃ 6～8kgf/cm²[①]	$r = \dfrac{k p_A p_B^{1/2} p_C}{[1 + K_A p_A + (K_B p_B)^{1/2}]^2}$　下标： A—C_2H_4 B—O_2 C—醋酸
乙炔法合成醋酸乙烯酯 $C_2H_2 + CH_3COOH \longrightarrow$ $CH_3COOC_2H_3$	$(CH_3COO)_2Zn$-活性炭 约 200℃	$r = \dfrac{k p_A}{1 + K_C p_C}$　　下标： A—C_2H_2 C—醋酸乙烯酯
丙烯氨氧化制丙烯腈 $C_3H_6 + NH_3 + \frac{3}{2}O_2 \longrightarrow$ $C_2H_3CN + 3H_2O$	磷钼铋铈催化剂 约 470℃	$r = k p_{C_3H_6}$

续表

反　　应	催化剂与操作条件	反应速率方程举例
萘氧化制苯酐 （结构式）$+ O_2 \longrightarrow$ （结构式）$+2CO_2+2H_2O$	钒催化剂 $330 \sim 420℃$	β—常数，c—浓度 下标： $r = \dfrac{k_O c_O k_n c_n}{k_O c_O + \beta k_n p_n}$　　O—氧气 　　n—萘
合成氨 $\dfrac{1}{2}N_2 + \dfrac{3}{2}H_2 \Longrightarrow NH_3$	Fe 催化剂 $400 \sim 500℃,300kgf/cm^2$[①]	$r = k_1 p_{N_2}\left(\dfrac{p_{H_2}^3}{p_{NH_3}^2}\right)^{0.5} - k_2 \left(\dfrac{p_{NH_3}^2}{p_{H_2}^3}\right)^{0.5}$
水煤气反应 $CO + H_2O \Longrightarrow CO_2 + H_2$	Fe_2O_3 约 $540℃$	$r = k_1 p_{CO}\left(\dfrac{p_{H_2O}}{p_{H_2}}\right)^{0.5} - k_2 p_{CO_2}\left(\dfrac{p_{H_2}}{p_{H_2O}}\right)^{0.5}$
二氧化硫氧化 $2SO_2 + O_2 \longrightarrow 2SO_3$	钒催化剂 $400 \sim 600℃$	$r = k_1 p_{O_2}\left(\dfrac{p_{SO_2}}{p_{SO_3}}\right)^{0.5} - k_2 \left(\dfrac{p_{NO_3}}{p_{SO_2}}\right)^{0.2}$
合成甲醇 $CO + 2H_2 \longrightarrow CH_3OH$	$ZnO\text{-}Cr_2O_3$ $325 \sim 375℃$ $220 \sim 300kgf/cm^2$[①]	$r = k\dfrac{p_{H_2} p_{CO}^{0.35}}{p_{CH_3OH}^{0.25}}$

① $1kgf/cm^2 = 98.0665kPa$。

最后还应指出，对于同一反应，文献上报道的动力学式可能有很大的不同。这一方面是由于动力学实验比较困难，精确度有限；另一方面对于同一套数据，往往有多个方程式都能同样近似地表达；最后，还由于催化剂制备过程中的某些差异，即使配方完全相同，活性也有差别，所以数据也会不一样。因此，与均相反应的情况不同，固体催化剂的动力学方程式不能盲目搬用文献资料而应自己实测，制备上有了改变，便需再测，如果没有机理上的变化，那么只要修正方程中的参数就可以了。

3.3.4　外扩散对气固相催化反应的影响

本节开头提到的气固相催化反应步骤①及⑦就属于外扩散，外扩散的存在会造成流体主体反应物浓度 c_{AG} 与催化剂外表面反应物浓度 c_{AS} 不一样，且 $c_{AG} > c_{AS}$；对产物而言，则 $c_{BG} < c_{BS}$。因此，外扩散的存在对反应速率和反应选择性均会造成影响。

气固催化反应过程的第一步：反应物向催化剂颗粒外表面传递。这一步的速率可表示成：

传质速率

$$N_A = k_G a_m (c_{AG} - c_{AS}) \quad mol/(g \cdot s) \tag{3-90}$$

式中，k_G 为传质系数，m/s；a_m 为单位质量催化剂颗粒的外表面积，m^2/g。

对于定态过程，传质速率＝反应速率

$$N_A = (-r_A) \tag{3-91}$$

热量传递：流体与颗粒间的热量传递。对放热反应，热量从催化剂外表面传向流体主体；对吸热反应，热量从流体主体传向催化剂外表面。

传热速率

$$q = h_S a_m (T_S - T_G) \quad kJ/(g \cdot s) \tag{3-92}$$

式中，h_S 为流体与颗粒外表面间的传热系数，$kJ/(m^2 \cdot K \cdot s)$。

对于定态过程：传热速率＝反应放热（或吸热）的速率

$$q = (-r_A)(-\Delta H_r) \tag{3-93}$$

式(3-90)～式(3-93)为催化剂颗粒外表面与流体相之间传递的基本方程。

3.3.4.1　外扩散对单一反应的影响

因为外扩散的存在，使 $c_{AS} < c_{AG}$ 导到 $(-r_A)$ 下降，所以引入外扩散有效扩散系数 η_x。

外扩散有效扩散系数的定义

$$\eta_x = \frac{\text{外扩散有影响时颗粒外表面处的反应速率}}{\text{外扩散无影响时颗粒外表面处的反应速率}} \tag{3-94}$$

下面只讨论颗粒外表面与气相主体间不存在温度差，且粒内也不存在内扩散阻力时的情况，即只考虑相间传质，而不考虑相间传热和内扩散的影响。因为颗粒外表面上的反应物浓度 c_{AS} 总是低于气相主体的浓度 c_{AG}，故对 α 级不可逆反应

$$\eta_x = \frac{k_w c_{AS}^{\alpha}}{k_w c_{AG}^{\alpha}} = \left(\frac{c_{AS}}{c_{AG}}\right)^{\alpha} \tag{3-95}$$

因为 $c_{AS} \leqslant c_{AG}$，

所以 $\begin{cases} \alpha > 0 & \eta_x < 1 \\ \alpha < 0 & \eta_x \geqslant 1 \end{cases}$

对于一级反应（$\alpha = 1$）

$$\eta_x = \frac{c_{AS}}{c_{AG}} \tag{3-96}$$

对于定态过程，反应物向催化剂颗粒外表面的扩散速率应等于在外表面的反应速率（$N_A = r_A$）

$$k_G a_m (c_{AG} - c_{AS}) = k_w c_{AS} \tag{3-97}$$

所以

$$c_{AS} = \frac{k_G a_m}{k_G a_m + k_w} c_{AG} = \frac{1}{1 + \dfrac{k_w}{k_G a_m}} c_{AG} = \frac{1}{1 + Da} c_{AG} \tag{3-98}$$

式中，Da 称为丹克勒数。当 k_w 一定时，Da 越小，$k_G a_m$ 越大，即外扩散影响越小。

$$Da = \frac{k_w}{k_G a_m} = \frac{k_w c_{AG}}{k_G a_m (c_{AG} - 0)} = \frac{\text{最大反应速率}}{\text{最大外扩散速率}} \tag{3-99}$$

由此得到

$$\eta_x = \frac{1}{1 + Da} \tag{3-100}$$

若为 α 级不可逆反应，其丹克勒数 Da 的定义为

$$Da = \frac{k_w c_{AG}^{\alpha-1}}{k_G a_m} = \frac{k_w c_{AG}^{\alpha}}{k_G a_m (c_{AG} - 0)} = \frac{\text{最大反应速率}}{\text{最大外扩散速率}} \tag{3-101}$$

仿照一级反应的推导方法，可导出不同级数的 η_x 值为

$$\alpha = 2, \quad \eta_x = \frac{1}{4Da^2}(\sqrt{1 + 4Da} - 1)^2 \tag{3-102}$$

$$\alpha = \frac{1}{2}, \quad \eta_x = \left[\frac{2 + Da^2}{2}\left(1 - \sqrt{1 - \frac{4}{(2 + Da^2)^2}}\right)\right]^{\frac{1}{2}} \tag{3-103}$$

$$\alpha = -1, \quad \eta_x = \frac{2}{1 + \sqrt{1 - 4Da}} \tag{3-104}$$

以 η_x-Da 作图，α 作为参数，作成图 3-7。

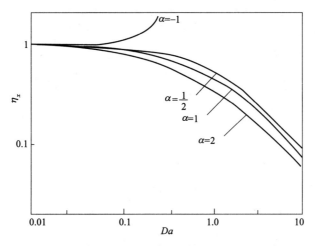

图 3-7　外扩散有效因子与丹克勒数及反应级数图

由图 3-7 可看出：

① 随着 Da 下降，η_x 不断增大（除 $\alpha=-1$ 外）；

② 不管 α 为何值，Da 趋近于 0 时，η_x 趋近于 1；

③ 在相同 Da 值下，随着 α 上升，η_x 不断降低，即级数越高，η_x 降低越严重，越有必要消除外扩散阻力。

3.3.4.2　外扩散对复合反应的影响

（1）平行反应

A $\longrightarrow$ P　$r_P = k_1 c_{AS}^{\alpha}$

A $\longrightarrow$ D　$r_D = k_2 c_{AS}^{\beta}$

$$S_P = \frac{r_P}{(-r_A)} = \frac{1}{1 + \dfrac{k_2}{k_1} c_{AS}^{\beta-\alpha}} \tag{3-105}$$

无外扩散阻力影响时，$c_{AS} = c_{AG}$

$$S'_P = \frac{1}{1 + \dfrac{k_2}{k_1} c_{AG}^{\beta-\alpha}} \tag{3-106}$$

因为 c_{AS} 总是 $< c_{AG}$，比较上面两式可得

$\alpha > \beta$，$\beta - \alpha < 0$，$c_{AS}^{\beta-\alpha} > c_{AG}^{\beta-\alpha}$，$S_P < S'_P$，不利；

$\alpha < \beta$，$\beta - \alpha > 0$，$c_{AS}^{\beta-\alpha} < c_{AG}^{\beta-\alpha}$，$S_P > S'_P$，有利；

$\alpha = \beta$，$\beta - \alpha = 0$，$S_P = S'_P$，无影响。

（2）连串反应

对一级不可逆连串反应：A $\xrightarrow{k_1}$ P $\xrightarrow{k_2}$ D，D 为目的产物，假设 A、P 和 D 的传质系数均相等，为 k_G。

当定态时

$$k_G a_m (c_{AG} - c_{AS}) = k_1 c_{AS} \tag{3-107}$$

$$k_G a_m (c_{PS} - c_{PG}) = k_1 c_{AS} - k_2 c_{PS} \tag{3-108}$$

$$k_G a_m (c_{DS} - c_{DG}) = k_2 c_{PS} \tag{3-109}$$

瞬间选择性
$$S_P = \frac{k_1 c_{AS} - k_2 c_{PS}}{k_1 c_{AS}} = 1 - \frac{k_2 c_{PS}}{k_1 c_{AS}} \tag{3-110}$$

无外扩散影响
$$S'_P = 1 - \frac{k_2 c_{PG}}{k_1 c_{AG}} \tag{3-111}$$

由式(3-108)得
$$c_{AS} = \frac{c_{AG}}{1 + Da_1} \tag{3-112}$$

代入式(3-109)得
$$c_{PS} = \frac{Da_1 c_{AG}}{(1 + Da_1)(1 + Da_2)} + \frac{c_{PG}}{1 + Da_2} \tag{3-113}$$

式中，$Da_1 = \dfrac{k_1}{k_G a_m}$，$Da_2 = \dfrac{k_2}{k_G a_m}$。

式(3-112)、式(3-113)代入式(3-110)中得

$$S_P = 1 - \frac{k_2 Da_1}{k_1 (1 + Da_2)} - \frac{k_2 c_{PG}(1 + Da_1)}{k_1 c_{AG}(1 + Da_2)} \tag{3-114}$$

因为 $Da_2 = \dfrac{k_2}{k_1} Da_1$，代入式(3-114)得

$$S_P = \frac{1}{1 + Da_2} - \frac{k_2 c_{PG}(1 + Da_1)}{k_1 c_{AG}(1 + Da_2)} \tag{3-115}$$

一般 $k_1 > k_2$，$Da_1 > Da_2$，比较式(3-115)与式(3-111)知：$S_P < S'_P$。

所以外扩散阻力对连串反应不利，对连串反应，应设法降低外扩散阻力，以提高目的产物的选择性。

例 3-1 $A \xrightarrow{k_1} P \xrightarrow{k_2} D$ 为一级不可逆放热连串反应，已知 $c_{BG}/c_{AG} = 0.5$，$(k_G a_m)_A = (k_G a_m)_P = 50 \text{cm}^3/(\text{g} \cdot \text{s})$，$k_1 = 4.5 \times 10^8 \exp[-E_1/(RT)]$ $\text{cm}^3/(\text{g} \cdot \text{s})$，$k_2 = 3.0 \times 10^6 \exp[-E_2/(RT)]$ $\text{cm}^3/(\text{g} \cdot \text{s})$，$E_1 = 75.0 \text{kJ/mol}$，$E_2 = 60.0 \text{kJ/mol}$。$T_G = 430 \text{K}$，试求下列各种情况下产物 P 的反应选择性：

(1) 只考虑浓度差，不考虑温度差，即 $T_S = T_G$；

(2) 同时考虑气相与颗粒外表面的浓度差和温度差，$(T_S - T_G) = 20 \text{K}$；

(3) 若只考虑颗粒表面温度差 $(T_S - T_G) = 20 \text{K}$，而不考虑浓度差。

解 (1) 先只考虑浓度差，不考虑温度差，$T_S = T_G = 430 \text{K}$，可算得 $k_1 = 0.348 \text{cm}^3/(\text{g} \cdot \text{s})$，$k_2 = 0.153 \text{cm}^3/(\text{g} \cdot \text{s})$。

由 $Da_1 = \dfrac{k_1}{k_G a_m}$，$Da_2 = \dfrac{k_2}{k_G a_m}$

得 $Da_1 = 0.348/50 = 6.96 \times 10^{-3}$，$Da_2 = 0.153/50 = 3.06 \times 10^{-3}$

代入式(3-115)得考虑外扩散影响时的选择性为

$$S_P = \frac{1}{1 + 3.06 \times 10^{-3}} - \frac{0.153 \times (1 + 6.96 \times 10^{-3}) \times 0.5}{0.348 \times (1 + 3.06 \times 10^{-3})} = 0.776$$

若不考虑外扩散的影响，则由式(3-111) 的选择性为

$$S'_P = 1 - 0.153 \times 0.5/0.348 = 0.780$$

（2）同时考虑气相与颗粒外表面的浓度差和温度差，则有 $T_S = 450K$，$k_1 = 0.885 \, mol/(g \cdot s)$，$k_2 = 0.325 \, mol/(g \cdot s)$，$Da_1 = 0.0177$，$Da_2 = 0.0065$。代入式(3-115) 得选择性为

$$S''_P = \frac{1}{1 + 0.0065} - \frac{0.325 \times 1.0177 \times 0.5}{0.885 \times 1.0065} = 0.808$$

（3）若只考虑颗粒表面温度差，而不考虑浓度差，则由式(3-111) 可得选择性为

$$S'''_P = 1 - 0.325 \times 0.5/0.885 = 0.816$$

比较以上结果可知：①即使不考虑温度差，但浓度差的存在（即外扩散阻力的存在），总是使连串反应的选择性降低；②对于放热反应，由于传热阻力使 $T_S > T_G$，对于主反应活化能比副反应活化能高的情况，其选择性 S'' 虽比 S''' 小，却比 S' 大。

3.3.5　催化剂的内扩散

本节开头所提到的气固相催化反应步骤②及⑥就属于催化剂的内扩散。内扩散的存在会造成催化剂外表面浓度 c_{AS} 与催化剂颗粒内部浓度 c_A 不一样，且 $c_{AS} > c_A$，对反应产物，其浓度高低顺序相反：$c_B > c_{BS}$。因此，对反应速率和反应选择性均会造成影响。

3.3.5.1　扩散系数

多孔物质催化剂粒内的扩散现象是很复杂的。除扩散路径的长短极不规则外，孔的大小不同时，气体分子的扩散机理亦会有所不同。孔径较大时，分子的扩散阻力是由于分子间的碰撞所致，这种扩散就是通常所谓的分子扩散或容积扩散；但当微孔的孔径小于分子的自由程（约 $0.1 \mu m$）时，分子与孔壁的碰撞机会超过了分子间的相互碰撞，从而前者成了扩散阻力的主要因素，这种扩散就称为努森（Knudson）扩散。

对于沿 z 方向的一维扩散，扩散通量 $N[(kg \cdot mol)/(s \cdot m^2)]$ 与浓度梯度成正比，而该比例常数就是扩散系数 D，今以 A、B 两组分气体混合物为例。

$$N_A = -D_{AB} \frac{dc_A}{dz} = -D_{AB} c_T \frac{dy_A}{dz}$$

$$= -\frac{p}{RT} D_{AB} \frac{dy_A}{dz} \tag{3-116}$$

式中，c_T 表示总浓度；p 为系统压力（大气压）；y_A 为 A 组分的摩尔分数。分子扩散系数 D_{AB} 可用查普曼-恩斯考（Chapman-Enskog）式计算

$$D_{AB} = 0.001858 T^{\frac{3}{2}} \frac{(1/M_A + 1/M_B)^{\frac{1}{2}}}{p \sigma_{AB}^2 \Omega_{AB}} \quad (cm^2/s) \tag{3-117}$$

式中，Ω_{AB} 称碰撞积分，它是 $k_B T/\varepsilon_{AB}$ 的函数（表 3-7）；k_B 是玻尔兹曼（Boltzmann）常数；ε_{AB} 和 σ_{AB} 称为伦纳德-琼斯（Lennard-Jones）势能函数的常数（表 3-8）。不同分子对的 σ_{AB} 和 ε_{AB} 可由式(3-118)算出

$$\sigma_{AB} = \frac{1}{2}(\sigma_A + \sigma_B) \tag{3-118}$$

$$\varepsilon_{AB} = (\varepsilon_A \varepsilon_B)^{\frac{1}{2}} \tag{3-119}$$

表 3-7　碰撞积分 Ω_{AB}

$k_B T/\varepsilon_{AB}$	Ω_{AB}	$k_B T/\varepsilon_{AB}$	Ω_{AB}	$k_B T/\varepsilon_{AB}$	Ω_{AB}	$k_B T/\varepsilon_{AB}$	Ω_{AB}
0.30	2.662	2.00	1.075	4.5	0.8610	20	0.6640
0.40	2.318	2.5	0.9996	5.0	0.8422	50	0.5756
0.50	2.066	3.0	0.9490	6	0.8124	100	0.5130
1.00	1.439	3.5	0.9120	8	0.7712	200	0.4644
1.50	1.198	4.0	0.8836	10	0.7424	400	0.4170

表 3-8　伦纳德-琼斯势能函数常数

化合物	$(\varepsilon/k_B)/K$	$\sigma/Å$	化合物	$(\varepsilon/k_B)/K$	$\sigma/Å$	化合物	$(\varepsilon/k_B)/K$	$\sigma/Å$	化合物	$(\varepsilon/k_B)/K$	$\sigma/Å$
空气	78.6	3.711	甲烷	148.6	3.758	氢	59.7	2.827	丙烯	298.9	4.678
氨	558.3	2.900	乙炔	231.8	4.033	氧	106.7	3.467	苯	412.3	5.349
一氧化碳	91.7	3.690	乙烷	215.7	4.443	氮	71.4	3.798	氯仿	340.2	5.389
二氧化碳	195.2	3.941	乙烯	224.7	4.163	水	809.1	2.641	乙醇	362.6	4.530
氯	316	4.217	丙烷	237.1	5.118	二氧化硫	335.4	4.112	氰化氢	569.1	3.630

注：$1Å = 10^{-10}$ m。

对于表中未列出的物质，读者如有需要，可参考文献 [3]。

对于极性气体，或压力在临界压力 0.5 倍以上的情况，上式的误差可能大于 10%。对于多组分气体，分子分率为 y_1 的组分其扩散系数 D_{1m} 可由下式计算

$$D_{1m} = (1 - y_1) / \sum_{i=1}^{m} (y_i/D_{1m}) \tag{3-120}$$

对于努森扩散系数 D_K 的计算可用下式

$$D_K = 9700 a (T/M)^{\frac{1}{2}} \quad (cm^2/s) \tag{3-121}$$

式中，a 为微孔半径，cm；T 为温度，K；M 为分子量。对于圆筒形微孔，容积/表面积的比值为 $a/2$，故可由粒子密度 ρ_p（g/cm³）、比表面积 S_g（cm²/g）及孔隙率 ε_p 来表示

$$a = \frac{2V_g}{S_g} = \frac{2\varepsilon_p}{S_g \rho_p} \tag{3-122}$$

代入式(3-121)，得

$$D_K = 19400 \frac{\varepsilon_p}{S_g \rho_p} (T/M)^{1/2} \quad (cm^2/s) \tag{3-123}$$

当分子扩散与努森扩散同时存在时，则式(3-116)中的扩散系数可用综合扩散系数 D 来代替

$$D = \frac{1}{(1 - a y_A)/D_{AB} + 1/(D_K)_A} \tag{3-124}$$

式中

$$a = 1 + \frac{N_B}{N_A} \tag{3-125}$$

对 A $\longrightarrow$ B 等类型的反应，在圆管内进行定常态的反应与扩散时，由于是等分子的逆向扩散，故 $N_B = -N_A$；于是 $a = 0$，综合扩散系数为

$$D = \frac{1}{1/D_{AB} + 1/(D_K)_A} \tag{3-126}$$

显然，当孔径颇大时，$D_K \to \infty$，而 $D = D_{AB}$；反之，如孔径甚小，则为努森扩散控制，$D = D_K$。由于式(3-124) 中 D 值与气体组成 y_A 有关，而微孔内又有浓度梯度存在。因此，D 也应当是个变量，这在计算时是十分不便的，好在通常 D 值对浓度的依赖性不大，所以一般就用与组成无关的公式，如式(3-126)来计算。

对于微孔结构和尺寸十分规整的固体催化剂，如 5A 分子筛，一般孔径为 5～10Å，与分子本身的尺寸为同一数量级，因此只有结构尺寸比孔径小的分子得以扩散通过而较大的则不能，这种选择性称为（构）形选（择）性。在图 3-8 中即表示了不同孔径下的扩散区及其扩散系数的数量级情况。

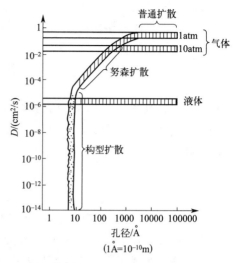

图 3-8　不同孔径下的扩散区及扩散系数的关系

例 3-2　在 200℃下，苯在 Ni 催化剂上加氢，如催化剂微孔的平均孔径为 50×10^{-10} m，求总压为 1atm 及 30atm 下氢的扩散系数。

解　由表 3-8，查得

$$H_2 : \varepsilon/k = 59.7K, \sigma = 2.827 Å = 2.827 \times 10^{-10} m$$

$$C_6H_6 : \varepsilon/k = 412.3K, \sigma = 5.349 Å = 5.349 \times 10^{-10} m$$

设本系统可由苯与氢的二组分体系代表，则由式(3-118) 及式(3-119)，得

$$\sigma_{AB} = \frac{1}{2} \times (2.827 + 5.349) = 4.088$$

$$\varepsilon_{AB} = k(59.7 \times 412.3)^{\frac{1}{2}} = 157.0k$$

故

$$kT/\varepsilon_{AB} = 473/157.0 = 3.01$$

由表 3-7，查得 $\Omega_{AB} = 0.9483$，代入式(3-117) 得

$$D_{H_2\text{-}C_6H_6} = 0.001858 \times 473^{\frac{3}{2}} \frac{\left(\frac{1}{2.016} + \frac{1}{78.11}\right)^{\frac{1}{2}}}{p \times 4.088^2 \times 0.9483} = \frac{0.860}{p} (cm^2/s)$$

当　$p = 1atm$, $D_{H_2\text{-}C_6H_6} = 0.860 cm^2/s$

$p = 30atm$, $D_{H_2\text{-}C_6H_6} = 0.0287 cm^2/s$

对于努森扩散系数则由式(3-121) 计算，它与总压是无关的。

$$D_K = 9700 \times (50 \times 10^{-8}) \times \left(\frac{473}{2.016}\right)^{\frac{1}{2}} = 0.0706 (cm^2/s)$$

可见在 1atm 时，分子扩散的影响可以忽略，微孔内由努森扩散控制，而当压力增高到 30atm 时，两者都是重要的，这时综合扩散系数可由式(3-124) 求取

$$D = 1 / \left(\frac{1}{0.0287} + \frac{1}{0.0706}\right) = 0.0202 (cm^2/s)$$

催化剂颗粒中气体的有效扩散系数 D_e 可以用实验按式(3-116)进行测定。方法是在一定的压力下，让气体从厚度为 Δl 的催化剂颗粒的一侧扩散到另一侧去，测得定常态时的扩散量及两侧的气相组成 $(y_A)_2$ 及 $(y_A)_1$，便可计算出 D_e。

$$D_e = -\frac{N_A RT}{p}\left[\frac{\Delta l}{(y_A)_2 - (y_A)_1}\right] \tag{3-127}$$

由于有效扩散系数是一个重要参数，但往往缺乏实验数据，因此需要有一些估算方法。通常是以单孔中的扩散式为基础，设想催化剂颗粒内的孔结构模型，然后加以近似的处理。譬如所谓的类似微孔模型是把催化剂粒内的微孔按式(3-122)算出其平均孔径 $\bar{a}$，按下式

$$\varepsilon_p = \frac{\text{颗粒的孔体积}}{\text{颗粒的总体积}} = \frac{m_p V_g}{m_p V_g + (m_p/\rho_s)}$$

计算出颗粒的孔隙率 ε_p，而所有的微孔都看成是类似的。至于代表真实扩散途径的粒内微孔，在各处的截面积和长度都是不尽相同的，而且相当复杂。为此，用与扩散方向的颗粒长度 l 成某种比例的长度 x_L 来加以表征，其比例因子称为微孔形状因子（或称迷宫因子或曲折因子）τ。

$$x_L = \tau l \tag{3-128}$$

于是式(3-116)可改写成为如下的形式

$$(N_A)_e = \frac{-p}{RT}\left(\frac{\varepsilon_p D}{\tau}\right)\frac{dy_A}{dl}$$

$$= \frac{-p}{RT}D_e\frac{dy_A}{dl} \tag{3-129}$$

$(N_A)_e$ 表示催化剂粒子中的扩散通量，以便与单孔内的扩散通量相区别。在这里

$$D_e = \frac{\varepsilon_p D}{\tau} \tag{3-130}$$

D 值由式(3-126)算出，τ 值则由实验求得，但其值相当分散，一般在 $1\sim6$ 之间，甚至更大一些，作为工程上的估算，在无表面扩散的情况下可取 $\tau = 2\sim4$。

3.3.5.2 等温催化剂的有效因子

为了减少床层流体阻力，工业固定床用的催化剂粒度都较大（如 $d_p = 2\sim8\text{mm}$），一般为球形或圆柱形。由于颗粒大，微孔中的扩散距离亦相应增加，因此有可能使粒内浓度不一，从而造成反应速率和温度的不一。根据反应体系和微孔结构情况的不同，这种不一的程度也就不同，今定义催化剂的有效因子（或有效系数）η 为

$$\eta = \frac{\text{有内扩散影响时的反应速率}}{\text{无内扩散影响时的反应速率}}$$

$$\eta = \frac{\text{催化剂颗粒的实际反应速率}}{\text{催化剂内部的浓度和温度与其外表面上的相等时的反应速率}} = \frac{r_p}{r_s} \tag{3-131}$$

式中，下标 s 是指外表面状态下的情况；r_s 即无内扩散阻力时的反应速率。下面从简单的例子出发来加以分析。

设有半径为 R 的球形催化剂颗粒，在粒内进行等温不可逆的 m 级反应，取任一半径 r 处厚度为 dr 的壳层做物料衡算（图3-9），则

$$4\pi(r+dr)^2 D_e \frac{d}{dr}\left(c+\frac{dc}{dr}dr\right)-4\pi r^2 D_e \frac{dc}{dr}=4\pi r^2 dr k_v c^m$$

$\underbrace{\qquad\qquad}_{(r+dr)\text{面进入量}}\quad \underbrace{\quad}_{r\text{ 面出去量}}\quad \underbrace{\quad}_{\text{反应掉的量}}$

或

$$\frac{d^2 c}{dr^2}+\left(\frac{2}{r}\right)\frac{dc}{dr}=\left(\frac{k_v}{D_e}\right)c^m \tag{3-132}$$

式中，k_v 是以颗粒体积作基准的反应速率常数。边界条件为

$$r=0 \qquad \frac{dc}{dr}=0 \tag{3-133}$$

$$r=R \qquad c=c_s \tag{3-133'}$$

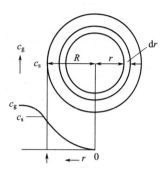

图 3-9　球形催化剂
颗粒内的浓度分布

今定义一无量纲的内扩散模数 ϕ_s〔或称西勒（Thiele）模数〕如下：

$$\phi_s=R\sqrt{\frac{k_v c_s^{m-1}}{D_e}} \tag{3-134}$$

是表征内扩散影响的重要参数。

对于一级反应，$m=1$，则

$$\phi_s=R\sqrt{k_v/D_e} \tag{3-135}$$

于是式(3-132) 成为

$$\frac{d^2 c}{dr^2}+\left(\frac{2}{r}\right)\frac{dc}{dr}=\left(\frac{k_v}{D_e}\right)c=\left(\frac{\phi_s}{R}\right)^2 c=b^2 c \tag{3-136}$$

式中，$b=\phi_s/R$。如令 $c=\zeta/r$，则上式为

$$d^2\zeta/dr^2=b^2\zeta \tag{3-137}$$

其解

$$\zeta=cr=A_1 e^{br}+A_2 e^{-br} \tag{3-138}$$

或

$$c=\frac{1}{r}(A_1 e^{br}+A_2 e^{-br}) \tag{3-139}$$

式中，A_1、A_2 为积分常数，根据边界条件式(3-133) 知

$$A_1=-A_2$$

故

$$c=\frac{A_1}{r}(e^{br}-e^{-br})=\frac{2A_1}{r}\sinh(br) \tag{3-140}$$

又根据边界条件式(3-133')，可知

$$c_s=\frac{2A_1}{R}\sinh(bR) \tag{3-141}$$

将上两式相除，消去 A_1，即得

$$\frac{c}{c_s}=\frac{\sinh\left(\phi_s \dfrac{r}{R}\right)}{(r/R)\sinh\phi_s} \tag{3-142}$$

即粒内的浓度分布式，完全由 r/R 及 ϕ_s 值决定。

由于整个颗粒内的反应速率应等于从颗粒外表面定常扩散进去的速率，故

$$r_p=4\pi R^2 D_e (dc/dr)_{r=R} \tag{3-143}$$

而由式(3-132)可得

$$\frac{dc}{dr} = \frac{c_s(\phi_s/R)\cosh(\phi_s r/R) - (c_s/r)\sinh(\phi_s r/R)}{(r/R)\sinh\phi_s} \qquad (3\text{-}144)$$

故

$$\left(\frac{dc}{dr}\right)_{r=R} = \frac{c_s(\phi_s\cosh\phi_s - \sinh\phi_s)}{R\sinh\phi_s}$$

$$= \frac{c_s\phi_s}{R}\left(\frac{1}{\tanh\phi_s} - \frac{1}{\phi_s}\right) \qquad (3\text{-}145)$$

代入式(3-143)，得

$$r_p = 4\phi_s\pi R D_e c_s\left(\frac{1}{\tanh\phi_s} - \frac{1}{\phi_s}\right) \qquad (3\text{-}146)$$

另外，如整个颗粒内浓度均与外表面上的浓度相等，则反应速率为

$$r_s = \frac{4}{3}\pi R^3 k_v c_s \qquad (3\text{-}147)$$

于是由式(3-131)的定义，可得

$$\eta = \frac{3}{\phi_s}\left(\frac{1}{\tanh\phi_s} - \frac{1}{\phi_s}\right) \quad \text{（球形颗粒，一级反应）} \qquad (3\text{-}148)$$

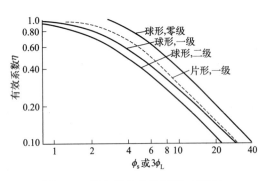

图 3-10　催化剂的有效系数（等温）

可见在这种情况下，η 之值完全由 ϕ_s 决定，图 3-10 中即绘出了这一曲线。

当 ϕ_s 大时，$\tanh\phi_s \to 1$［如 $\phi_s = 2.65$ 时，$\tanh\phi_s = 0.99$］，$\eta \to 3/\phi_s$。当 ϕ_s 小时，$\eta \to 1$。这从物理意义上讲，即球径（R）愈大、反应速率（k_v）愈快或扩散（D_e）愈慢，则 ϕ_s 愈大，此时粒内的浓度梯度就愈大。反之，当 ϕ_s 小时，内外浓度近于均一，故 η 趋近于 1。通常在 $\phi_s < 1$ 时，内扩散影响可忽略不计，从这里就可以看到 ϕ_s 值的物理含义了。

以上都是针对球形颗粒和一级反应而言的，0 级和 2 级反应的结果亦表示在图 3-10 中。

对于片状催化剂，如厚度为 L，一面与气体接触，或厚度为 $2L$，两面均与气体接触，一样可推算出 η 的关系（具体推导从略）。这时定义内扩散模数为

$$\phi_s = L\sqrt{k_v c_s^{m-1}/D_e} \qquad (3\text{-}149)$$

对一级不可逆反应，其结果为

$$\eta = \tanh\phi_R/\phi_L \quad \text{（片状，一级反应）} \qquad (3\text{-}150)$$

对于长圆柱形（半径 R）颗粒，也可用片形颗粒的曲线，但取 $L = R/2$；对于高、径相等的短圆柱形颗粒，则取 $L = R/3$ 即可。从图中这些曲线可以看出，决定性的影响因素是 ϕ，颗粒形状的影响则是比较小的。

在表 3-9 中举出若干催化剂的有效系数值，其中有的还不到 0.5，可见大颗粒催化剂的实际催化效果会大打折扣。对于这些催化剂，如强化设备的生产能力，就可在床层阻力降允许的条件下减少粒度。如径向合成氨塔就是在缩短流体路程的同时，采用小粒度催化剂来提高催化剂的利用率。又如流化床反应器由于用细粒催化剂，使其内表面充分得到利用从而使

某些反应得到强化。

表 3-9　催化剂有效系数举例

催化剂	反应	条件	粒径/mm	有效系数
硅铝催化剂	石油裂解	480℃	4.4	0.55
铬铝催化剂	环己烷脱氢	478℃	6.2	0.48
			3.7	0.65
铁催化剂	合成氨	450~480℃ 33~36MPa	1.2~2.3 10	0.89~0.98 0.15~0.40
ZnO-Cr$_2$O$_3$	合成甲醇	330~410℃ 28MPa	5×16	0.52~0.95
铬铝催化剂	丁烷脱氢	530℃	3.2	0.70
HgCl$_2$-活性炭	乙炔氢氯化	170℃	3×8	0.357(x=0.916) 0.766(x=0.739)
		150℃		0.166(x=0.989) 0.462(x=0.918)
				x 为乙炔转化率

要确定出某一种粒度催化剂的有效系数，可有下列三种方法。

① 用不同粒径的催化剂分别测定其反应速率，当粒径再小，而反应速率不变时，即表示已达到 $\eta=1$ 了。然后用大颗粒的实测反应速率与之比较，便得出 η 值。

② 如只用两种粒径（R_1，R_2）的颗粒，则在分别测定其反应速率（r_{p1}，r_{p2}）后，根据

$$R_1/R_2=\phi_1/\phi_2 \quad 和 \quad r_{p1}/r_{p2}=\eta_1/\eta_2 \tag{3-151}$$

的关系，便可利用图 3-10 上的相应曲线来找出（η_1/η_2）的关系。也可以先假定一个 η 值，利用图 3-10 及式（3-151）反复计算拟合。

③ 如果只使用一种粒度的测定值来测定 η，则可用下法：把包含有未能直接测定的数值 k_v 和 ϕ 改为一个包含有能够直接测定的反应速率 $\left(-\dfrac{1}{V_c}\times\dfrac{dn}{dt}\right)$ 数值的新的内扩散模数 Φ。

球形
$$\Phi_s=\frac{R^2}{D_e}\left(-\frac{1}{V_c}\frac{dn}{dt}\right)\frac{1}{c_s} \tag{3-152}$$

片形
$$\Phi_L=\frac{L^2}{D_e}\left(-\frac{1}{V_c}\frac{dn}{dt}\right)\frac{1}{c_s} \tag{3-153}$$

当反应级数 m 是整数时，则

$$\Phi_s=\phi_s^2\eta \quad 及 \quad \Phi_L=\phi_L^2\eta \tag{3-154}$$

将 ϕ 的定义式（3-134）代入

$$-\frac{1}{V_c}\frac{dn}{dt}=k_v c_s^m \eta=\frac{c_s D_e}{R^2}\phi_s^2\eta \tag{3-155}$$

如 m 已知为整数，则当 $\eta<0.1$ 时，$\eta=1/\Phi_L$（对于球形颗粒，$\eta=3/\phi_s=9/\Phi_s$）；当 η 值较大时，则可用图 3-10 及式（3-155）逐次近似而定出 η 值。或者更方便一些可从相关的图上直接查出。对等温的情况，只要用 $\beta=0$ 的曲线就可以了（因为这相当于 $\lambda_e=\infty$）。至于 c_s，可认为等于气流中的浓度，因为一般都是在排除了外扩散的条件下进行反应的。

例 3-3 某催化反应在 500℃的催化剂颗粒中进行，已知反应速率式为

$$(-r_A) = 7.5 \times 10^{-3} p_A^2 \quad [\text{mol/(s·g 催化剂)}]$$

A 为主要成分，p 的单位是 atm，如颗粒为圆柱形，高度与直径为 0.5cm，颗粒密度 $\rho_p = 0.8\text{g/cm}^3$，颗粒外表面上 A 的分压 $p_{A,s} = 0.1\text{atm}$，粒内 A 组分的扩散系数为 $D_e = 0.025\text{cm}^2/\text{s}$，求催化剂有效系数。

解 用浓度表示时

$$(-r_A) = 7.5 \times 10^{-3} \rho_p (RT)^2 c_A^2 = k_v c_A^2 \quad [\text{mol/(s·cm}^3 \text{ 催化剂)}]$$

故 $k_v = 7.5 \times 10^{-3} \times 0.8 \times (82.05 \times 773.2)^2 = 2.416 \times 10^7$

由于图 3-10 中有球形颗粒的二级反应曲线，故可近似地应用，而将代表的直径用当量圆球的直径加以表示，故

$$R = \frac{d_p}{2} = \frac{1}{2}\left(\frac{6V_p}{A_p}\right) = \frac{1}{2}\left[\frac{6 \times (\pi/4) \times 0.5^2 \times 0.5}{\pi \times 0.5 \times 0.5 + 2 \times (\pi/4) \times 0.5^2}\right] = 0.25\text{cm}$$

代入式（3-134），得

例 3-3 Matlab 程序

$$\phi_s = R\sqrt{\frac{k_v c_{AS}}{D_e}} = R\sqrt{\frac{k_v p_{AS}}{RTD_e}}$$

$$= 0.25\sqrt{\frac{(2.416 \times 10^7) \times 0.1}{82.05 \times 773.2 \times 0.025}} = 9.76$$

于是从图 3-10 中查得：$\eta = 0.21$。

例 3-4 分子量为 120 的某组分在 360℃的催化剂上进行一级反应，表面上的平均浓度为 $1.0 \times 10^{-5}\text{mol/mL}$，实际测得反应速率为 $1.20 \times 10^{-5}\text{mol/(mL·g 催化剂)}$；已知颗粒为球形，$d_p = 2\text{mm}$，$\varepsilon_p = 0.50$，$\rho_p = 1.0\text{g/cm}^3$，$S_g = 450\text{m}^2/\text{g}$，微孔孔径 $30 \times 10^{-10}\text{m}$，迷宫因子 $\tau = 3.0$。试估算催化剂的有效系数。

解 由于孔径很细，可以设想为努森扩散控制，故由式（3-123）及式（3-130）可知

$$D_e = D_K = 19400 \times \frac{0.50^2}{3.0 \times 450 \times 10^4 \times 1.0}\sqrt{\frac{273 + 360}{120}}$$

$$= 8.25 \times 10^{-4}\text{cm}^2/\text{s}$$

由式（3-152）

$$\Phi_s = \frac{0.1^2}{8.25 \times 10^{-4}} \times (1.20 \times 10^{-5}) \times \frac{1}{1.0 \times 10^{-5}} = 14.53$$

因 $\Phi_s = \phi_s^2 \eta$

故由 $\phi_s^2 \eta = 14.53$ 及图 3-10 的相应曲线，可以通过试算法求得

$$\phi_s = 5.85, \eta = 0.42$$

前面所讲的是反应速率式可用幂数形式表示的某些情况。对于动力学方程为双曲线型的情况，目前也有一些研究，可参考文献 [5]。

3.3.5.3　非等温催化剂的有效系数

对于放（吸）热反应，粒内可能会有一定的温差。如对粒内某一壳层做定常态下的热量衡算，则该层内的净扩散量应等于其反应量，而放出的热量必在层内以一定的温差传出，故可写出

$$D_e(\mathrm{d}c/\mathrm{d}r)(-\Delta H)=-\lambda_p(\mathrm{d}T/\mathrm{d}r) \tag{3-156}$$

式中，λ_p 是由实验测定的颗粒有效热导率；ΔH 为反应热。对于非金属载体的催化剂，λ_p 的数量级在 $10^{-1}\,\mathrm{J/(s \cdot m \cdot K)}$，互相差别不大。将上式积分后，得

$$\Delta T=T-T_s=\frac{(-\Delta H)D_e}{\lambda_p}(c_s-c) \tag{3-157}$$

此式表示粒内温度和浓度的依赖关系。如 $c=0$，即将物料在粒内全部反应完毕时可能达到的最大温差 ΔT_{max}，故

$$\Delta T_{max}=\frac{(-\Delta H)D_e}{\lambda_p}c_s \tag{3-158}$$

据此便可对粒内温度情况做出估计。对于一般反应，实际上粒内温差常可忽略，但对于强放（吸）热反应，温差有时可高达几十甚至 $100℃$ 以上。

要求催化剂的有效系数，需把物料衡算式与热量衡算式联立求解。以球形颗粒为例，前者即式(3-143)，而后者亦不难类似地导出为

$$\mathrm{d}^2T/\mathrm{d}r^2+(2/r)\mathrm{d}T/\mathrm{d}r=(\Delta H/\lambda_p)k_v c^m \tag{3-159}$$

边界条件为

$$\left.\begin{array}{l} r=0,\ \mathrm{d}T/\mathrm{d}r=0 \\ r=R,\ T=T_s \end{array}\right\} \tag{3-160}$$

通过数值解，求得浓度分布和温度分布后，便可进一步算出有效系数。其结果可通过无量纲参数 ϕ_s、β 及 γ 表达成如图 3-11 的形状（$\gamma=20$），其中有

热效参数　$\beta=\dfrac{(-\Delta H)D_e c_s}{\lambda_p T_s}$　(3-161)

阿伦尼乌斯数　$\gamma=E/RT$　(3-162)

对于等温反应，$\beta=0$；吸热反应，$\beta<0$；放热反应，$\beta>0$。因吸热反应时颗粒内部温度只能比表面温度低，故 $\eta<1$。β 愈负、ϕ 愈大时，η 愈小。但对放热反应，η 可大于 1，因为粒内温度增高的影响可能超过浓度降低的影响。此外对强放热和 ϕ 小的区域，同一 ϕ 处可有三个 η 值，即有三个热量平衡的形态存在。但中间一点是不稳定的，遇有扰动，就可能使放热剧增，温度猛升，直到成为扩散控制为止；或者放热剧减，温度下降，直到成为表面反应控制。不过在实际的催化过程中，落在这个区间

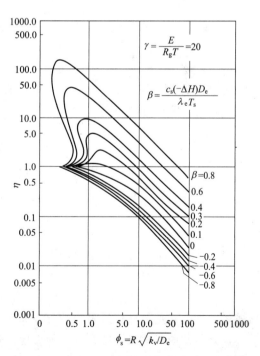

图 3-11　非等温催化剂的有效系数（一级反应）

的状况是罕见的。

例 3-5 同例 3-4 的情况，颗粒的热导率 $\lambda_e = 3.59 \times 10^{-3} J/(cm \cdot K \cdot s)$，反应热 $\Delta H = -170000 J/mol$，问作为等温颗粒处理是否适当？

解 由式(3-161)，热效应系数为

$$\beta = \frac{(-\Delta H)D_e c_s}{\lambda_p T_s} - \frac{170000 \times 8.24 \times 10^{-4} \times 1.0 \times 10^{-5}}{3.59 \times 10^{-3} \times 633}$$

$$= 6.16 \times 10^{-4}$$

因此粒内可能的最大温差 $\Delta T_{max} = \beta T_s = 6.16 \times 10^{-4} \times 633 = 0.390K$，即在这种中等放热程度的反应中，粒内温差是可以忽略的。

由于 β 值接近于 0，故在图 3-11 中所得 η 值亦与等温时没有差别，因此在这种情况下，当作等温颗粒处理是完全适当的。

3.3.6 内扩散对反应选择性的影响

催化反应难免都有一些副反应同时发生，而反应的选择性如何，又对该催化过程的经济性影响很大，因此了解内扩散对反应选择性的影响，不仅对于反应器的设计是必要的，而且对进一步改进催化剂，使之具有更优秀的性能是极其重要的。下面对几种不同的情况做一些分析。

（1）两个独立并存的反应

$$A \xrightarrow{k_1} B+C \text{（主反应）}$$

$$R \xrightarrow{k_2} S+W$$

如含丙烷的正丁烷的脱氢就是一例。在一定温度下达到定温态时，粒外扩散速率应与粒内扩散速率相等，即

$$r = k_s a(c_0 - c_s) = \eta k_1 c_s \tag{3-163}$$

式中，k_s 为传质系数；a 为单位体积催化剂的外表面积；c_0 为气流主体中的组分浓度。在上式中消去颗粒表面浓度 c_s 后，得

$$r = \frac{1}{1/k_s a + 1/\eta k_1} c_0 \tag{3-164}$$

式中分母的两项即分别代表了粒外和粒内传质阻力的影响。对两个反应，此式都是适用的。于是可写出反应的选择性 S 为

$$S = \frac{r_1}{r_2} = \frac{[1/(k_s)_R a + 1/\eta_2 k_2](c_A)_0}{[1/(k_s)_A a + 1/\eta_1 k_1](c_R)_0} \tag{3-165}$$

当内外扩散阻力都不存在时，则

$$S = k_1(c_A)_0 / k_2(c_R)_0 \tag{3-166}$$

由于 $(k_s)_A$ 与 $(k_s)_R$ 出入不大，一般 $k_1 > k_2$（因 k_1 代表主反应），故将以上两式进行比较，就可以知道粒外传质阻力的存在将使选择性降低。又因 k 大者 ϕ 大，因而 η 小，故 $\eta_1 < \eta_2$，因此内扩散阻力的存在亦使反应的选择性降低。由式(3-165)可以看出内、外扩散的影响是可以分开处理的。有关外扩散的影响已在前面做过介绍，下面就内扩散影响问题做一分析。

当内扩散阻力很大，譬如 $\eta \leqslant 0.2$ 时，η 趋近于 $3/\phi_s$，这时

$$r = \frac{3}{\phi_s} k_1 c_0 = \frac{3}{R} \sqrt{k_1 D_e} \, c_0 \tag{3-167}$$

$$S = \frac{r_1}{r_2} = \frac{\sqrt{k_1 (D_A)_e} \, (c_A)_0}{\sqrt{k_2 (D_R)_e} \, (c_R)_0} \tag{3-168}$$

忽略 A 与 R 在有效扩散系数上的差别，则

$$S = \sqrt{\left(\frac{k_1}{k_2}\right)} \frac{(c_A)_0}{(c_R)_0} \tag{3-169}$$

与式(3-167) 比较，可见对内扩散阻力大的体系，选择性减小为 $\sqrt{k_1/k_2}$。

（2）平行反应

$$A \begin{cases} \xrightarrow{k_1} B & \text{（主反应）} \\ \xrightarrow{k_2} C \end{cases}$$

如乙醇同时发生脱氢、脱水而生成乙醛与乙烯的反应即为一例。如两反应均为一级，则内扩散不影响其选择性，在粒内任意位置，反应速率之比均为 k_1/k_2；但如两个反应的级数不同，譬如生成 B 的反应为一级，而生成 C 的反应为二级，则内扩散的影响将使后者的反应速度降低得比前者更多，增加了反应的选择性。反之，如主反应的级数较高，则结果是使选择性降低。

（3）连串反应

$$A \xrightarrow{k_1} B\text{（目的产物）} \xrightarrow{k_2} D$$

如丁烯脱氢生成丁二烯又进一步变成聚合物即是一例。其次氧化、卤代、加氢等许多反应都属于这种类型。对于一级反应，这时选择性为

$$S = \frac{A \text{ 转化为 B 的净生成速率}}{A \text{ 的消失速率}} = \frac{dc_B}{-dc_A} = 1 - \frac{k_2 c_B}{k_1 c_A} \tag{3-170}$$

在粒内各处 c_B/c_A 的值不同，故各处 S 值也不一。由于内扩散阻力的影响，从颗粒外表面愈往粒内则 c_A 愈小，而生成物 B 的浓度则因扩散途径相反而愈往内愈大，因此愈往粒内，生成 B 的选择性就愈小。

如将粒内 A 及 B 组分的浓度分布求出，便可能求出全颗粒总括的选择性。譬如对内扩散阻力大（$\eta \leqslant 0.2$）而有效扩散系数相等的情况，可导出为

$$S = \frac{r_B}{(-r_A)} = \frac{(k_1/k_2)^{\frac{1}{2}}}{1 + (k_1/k_2)^{\frac{1}{2}}} - \left(\frac{k_2}{k_1}\right)^{\frac{1}{2}} \frac{(c_B)_0}{(c_A)_0} \tag{3-171}$$

比较式(3-170) 及式(3-171)，可见由于内扩散的影响，反应选择性显著降低。在进口处，$(c_B)_0/(c_A)_0$ 最小，如进料中不含 B 时，则该处 $c_B = 0$，故由式(3-171) 知 $S = 1$，但当有强的内扩散阻力时，则

$$S = \frac{(k_1/k_2)^{\frac{1}{2}}}{1 + (k_1/k_2)^{\frac{1}{2}}} \tag{3-172}$$

所以选择性降低，(k_1/k_2) 愈小者，降低得亦愈多。

针对这种内扩散阻力大而 B 的选择性又低的情况，改进的方法是制造孔径较大的催化

剂（或将细孔载体进行扩孔处理）和使用细颗粒的催化剂；但对内扩散阻力很大（如达到 $\eta \leqslant 0.2$）的情况，则因式(3-171)对所有 $\eta \leqslant 0.2$ 的情况都是适用的，所以就没有什么效果了。此外采用细颗粒，要考虑到固定床中的压降将大为增加，因此只有流化床反应器才使用很细的颗粒。

根据内扩散对反应选择性的影响，已研发了活性组分非均匀分布的催化剂。如有的集中在颗粒表面（蛋壳型），有的集中在中心（蛋黄型），有的则集中在离外表面某一适当距离处（蛋白型或夹心型）等。

3.3.7　内外扩散都有影响时的总有效扩散系数

总有效扩散系数 η_0 定义

$$\eta_0 = \frac{内外扩散都有影响时的反应速率}{无扩散影响时的反应速率} \tag{3-173}$$

对定态过程

$$N_A = (-r_A)$$

一级反应

$$k_G a_m (c_{AG} - c_{AS}) = \eta k_w c_{AS} = \eta_0 k_w c_{AG} \tag{3-174}$$

所以

$$c_{AS} = \frac{c_{AG}}{1 + \dfrac{k_w \eta}{k_G a_m}} = \frac{c_{AG}}{1 + Da\eta} \tag{3-175}$$

将式(3-175)代入式(3-174)，得

$$\frac{\eta k_w c_{AG}}{1 + Da\eta} = \eta_0 k_w c_{AG} \tag{3-176}$$

所以

$$\eta_0 = \frac{\eta}{1 + Da\eta} \tag{3-177}$$

当只有外扩散，内扩散阻力可忽略不计时，$\eta = 1$，$\eta_0 = \dfrac{1}{1 + Da} = \eta_x$；

当只有内扩散，外扩散阻力可忽略不计时，$\eta_X = 1$，$Da = 0$，$\eta_0 = \eta$。

3.3.8　反应速率的实验测定法

要测定真实的反应速率，必须首先排除内、外扩散的影响。为此可先做一些预备实验。譬如要确定外扩散影响是否存在，可如图 3-12 所示那样，在反应管内先后放不同质量（如 W_1 及 W_2）的催化剂，然后在同一温度下改变流量（F_{A0}）（进料组成不变），测其转化率（x_A）。如两者的数据按 x_A-W/F_{A0} 作图，实验点落在同一曲线上 [图 3-12(a)] 即表明在这两种情况下，尽管有线速度的差别，但不影响反应速率，因此可能不存在外扩散影响。如实验点分别落在不同曲线上 [图 3-12(b)]，则外扩散影响还未排除。如在高流速区域，两者才一致 [图 3-12(c)]，那么实验就应选择在这一流速区间内进行，才能保证不受外扩散的影响。另一个检验方法是同时改变催化剂装量和进料流量，但保持 W/F_{A0} 不变，如无外扩散影响存在，则以转化率对线速度作图将是一条水平线，否则就表示有外扩散影响存在。不过上述这些检验方法，在 $Re_p = d_p u \rho / \mu$ 小于 50 时，是不甚敏感的，这一点亦应引起注意。

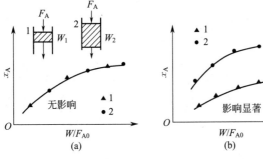
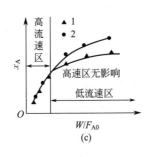

图 3-12　外扩散影响的检验

检验内扩散影响是否存在，可改变催化剂的粒度（直径 d_p），在恒定的 W/F_{A0} 下测转化率，以 x_A 对 d_p 作图（图 3-13）。如无内扩散影响，则 x_A 不因 d_p 而变，如图中 b 点左面的区域那样。在 b 点右侧，d_p 增大，x_A 降低，这就表示有内扩散的影响，因此，实验用的 d_p 应比 b 点时小才行。

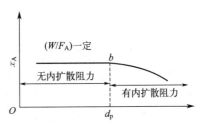

图 3-13　内扩散影响的检验

还应注意气体的流况，避免产生沟流或部分返混，故研究用的反应器需保证为全混流或者是平推流式，否则不是理想流动模型。对于固定床的反应管，管内径至少应为催化剂粒径的 8 倍以上，层高至少为粒径的 30 倍以上，并需充填均匀。

根据所研究的反应的特性，如热效应的大小、反应产物的种类、催化剂失活的快慢、转化率范围等以及根据研究的目标范围，应当选用专门设计的实验反应器。这主要是从取样和分析是否方便可靠、是否能够维持等温、物料停留时间能否测准、过程是否稳定、设备制作是否简便等角度来考虑的。目前常用的反应器有如下几类。

微反应器

（1）固定床积分反应器和微分反应器　通常是用玻璃管或不锈钢管制成，管的材质应保证不起催化作用。在催化剂床层之前，常有一段预热区，有的做成盘管的形式，有的是一层惰性的填料，务必使反应气在进入催化剂时已预热到反应温度。反应管要足够的细，但要保证管内径至少为催化剂粒径的 8 倍以上，管外的传热要足够的好，力求床层内径向和纵向的温度等温。对于强放热反应，有时还用等粒度的惰性物质来稀释催化剂以减轻管壁的传热负担，甚至在不同的部位用不同的稀释比，以求床层尽量接近等温，因为温度上的差异往往就是实验误差的主要来源。

为了强化管外传热，可根据反应温度的范围选用不同的传热方式。如有的是液体（如水、油、石蜡等）的恒温浴，有的是固体颗粒的流化床，有的则在管外包铜（铝）块。总之，如何维持恒定的反应温度，是实验装置上要下功夫的问题。

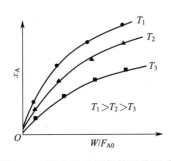

图 3-14　积分反应器的等温线形式

积分反应器是指一次通过后转化率较大（如 $x_A > 25\%$）的情况。实验时通过改变流量，测定转化率，按 x_A-W/F_{A0} 作图（图 3-14）即得代表反应速率的等温线。取一床层微层做

反应组分 A 的物料衡算，有

$$(-r_A)dW = F_{A0}dx_A$$

或

$$(-r_A) = dx_A/d(W/F_{A0}) \qquad (3\text{-}178)$$

可见这些等温线上的斜率就代表该点的反应速率。

积分反应器结果简单，实验方便，由于转化率高，不仅对取样和分析要求不高，而且对于产物有阻抑作用和存在反应的情况，也易于全面考察，对于过程开发，这也是颇为重要的。但另一方面，对于热效应很大的反应，管径即使很小，仍难以消除温度梯度而使数据的精确性受到严重影响。此外，数据处理比较繁复，也是一个缺点。

微分反应器与积分反应器在构造上并无原则区别，只是转化率低（一般在 10％以下，特殊情况也可稍高），催化剂用量也相应地减少（甚至小于 1g），因此可假定在该转化率范围（从进口的 x_{A1} 到出口的 x_{A2}）内，反应速率可当作常数，于是

$$(-r_A) = \frac{F_{A0}}{W}(x_{A2} - x_{A1}) \qquad (3\text{-}179)$$

此处（$-r_A$）便是相当于组成等于平均转化率 $(x_{A1} + x_{A2})/2$ 时的反应速率。如要求得整个实验转化率范围内的反应速率值，就得用配料的方法。即将进料气配得与各种转化率下的组成相当；另一种方法是在微分反应器前加预反应器，让部分物料先经过预转化，再与其余物料混合而进入微分反应器中，调节两股流体的流量，便可获得各种进料组成。

微分反应器的优点是可以直接求出反应速率，催化剂用量少，转化率又低，所以容易做到等温。但分析精度相应地要高得多，这一点往往成为主要困难。另外配料较费事，如有副反应物生成，其量更微，难以考察。此外，由于床层较薄，一旦有沟流，其影响甚大，所以装料时要力求均匀。

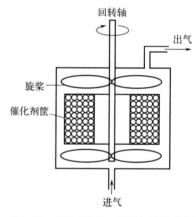

图 3-15 催化剂回转式反应器示意图

（2）催化剂回转式反应器 如图 3-15 所示，把催化剂夹在框架中快速回转，从而排除外扩散影响和达到气相完全混合及反应器等温的目的。反应可以是分批的，也可以是连续的。催化剂用量可以很少，理论上甚至 1 粒也可以。气固相的接触时间也能测准。由于是全混式，数据的计算和处理也很方便。但是要把催化剂夹持起来和保持密封，装置结构自然要复杂一些，而且所有催化剂与气流的接触程度应保持相同。此外，如何使装置迅速达到反应规定的条件而消除过渡阶段带来的误差，也是不容易的。

（3）流动循环（无梯度）式反应器 为了既能消除温度梯度和浓度梯度，使实验的准确性提高，又能克服由于转化率低而造成的分析困难，采用把反应后的部分气体循环回去的方法。循环比愈大，床层进出口的转化率相差就愈小，以致终于达到与无梯度相接近的程度，但是新鲜进料和最终出料间的浓度差别还是很大，因此分析也不困难。其反应速率可直接由下式算出

$$(-r_A) = \frac{F_{A0}(x_{A2} - x_{A0})}{W} \qquad (3\text{-}180)$$

近来采用的内部循环的反应器，如图 3-16 所示即为其中的一种型式。这方面有各式各样的设计，但都是依靠回转的桨叶使气体在器内强制循环而通过催化剂层的。由于结构紧

凑，克服了外循环法中的一些缺点因而得到了发展。

这类全混流反应器与平推流式固定床反应器相比的一个优点是它不受 $\dfrac{管径}{粒径} > 8$ 的限制。工业固定床用的催化剂粒径较大，如把催化剂粉碎，则内扩散程度与大粒子不同，因此反应速率也会有差别，但在全混流式装置中却可直接用大粒子催化剂进行测定。全混流反应器中由于有相当大的空间，而且流体停留时间的分布很宽，所以对于在均相中也能因热而发生反应、有副反应，甚至副反应的产物还能使催化剂中毒的情况，全混流反应器就不合适了。

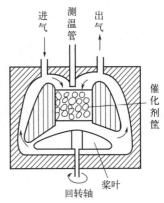

图 3-16　内循环式反应器示意图

（4）脉冲反应器　这是将反应器和色谱仪结合起来的做法，一种是将试料脉冲式地注入载流中，任其带入反应器中，而在反应器之后连一色谱柱，将产物直接检测和记录下来；有的则将催化剂放在色谱柱中，反应和分离在那里同时进行，称为催化色谱。采用这样的技术，试料用量很少，且测试迅速，对于评价催化剂的瞬时活性，考察吸附性能和机理以及副反应的情况是很方便的。但不是各种反应都能适用，尤其用于动力学研究时还有些困难，这不仅是由于热效应大的反应会出现温度差，还因为脉冲进料，反应组分的吸附不像正常流通状态时那样处于定态，而是一个交变过程。一粒尚如此，全床层也如此，吸附组分的种类也会变化，从而使反应的选择性改变。如产物有阻抑作用，脉冲法中就显现不出，因此测得的反应速率偏高。除非已经肯定不论吸附情况如何都不影响反应结果，或者对所有组分的影响都是同等程度的，否则结果就不能贸然应用。

除此之外，还要提一下用流化床反应器作动力学研究的问题。由于在流化床中，气、固两相的流况均难保证是理想流动的，因此所得到的反应结果包括了反应动力学与传递过程两方面的因素，难以把其中真正属于动力学的部分分离出来。所以要应用这种结果进行放大时，由于传递过程的状况不同，就必然会出现差异。因此，与其应用这种动力学与传递过程两不知的结果，还不如排除传递过程的干扰，确切抓住动力学这一端，而在实用和放大过程中，再专门考虑传递方面的因素。即使出现一些偏差，也易于从传递过程方面寻找原因，加以解决。特别是在数学模拟时，这两者都必须明确地掌握。因此，还是采用流动状况为平推流的固定床微型反应器进行动力学研究为宜，即使对于将来要应用于流化床中的催化剂也是如此。

综上所述，对于一般非失活的催化剂，回转催化剂式（分批或连续操作）及内循环的全混流反应器较好；如热效应不大，固定床管式反应器最简便；如反应不复杂，产物分析容易，中间产物的制备也不困难，那么用微分反应器是最方便的。

3.3.9　动力学方程的判定和参数的推定

根据动力学的实验结果，测得了不同温度和不同进料组成（或分压）下，原料组分的转化率以及产物组分的生成率与接触时间的关系。对于微分反应器，可以直接算出各实验点相应的反应速率值，但对于积分反应器，必须从积分反应的等温线（图 3-14）上求出各点的反应速率。如果图上微分法不能满足精度的要求时，还可以用其他方法，譬如可用多项式来代表该曲线。

$$x_A = a(W/F_{A0}) + b(W/F_{A0})^2 + c(W/F_{A0})^3 + \cdots \tag{3-181}$$

然后用最小二乘法定出 a，b，c，$\cdots$常数，将式(3-181) 微分后得

$$(-r_A) = dx_A/d(W/F_{A0}) = a + 2b(W/F_{A0}) + 3c(W/F_{A0})^2 + \cdots \tag{3-182}$$

据此即可算出曲线上任意位置处的反应速率。

有了相应于各组分（由此可算出各组分的分压）的反应速率值后，就要设法定出合适的动力学方程来。与此同时，还必须确定方程式中各参数的具体数值。下面对这两方面做一些说明。

3.3.9.1 动力学方程式的判定

豪根-沃森的方法是先设想所有可能的反应机理，推导出相应的方程式，然后用实验数据来检验这些方程式，要求方程式中各系数全为正值，对有负值的式子进行舍去，再在全为正系数的各式中选取误差最小的式子。当参加反应的分子数多于 1 个时，反应的可能机理很多，如果不用计算机，则计算的工作量很大。

3.3.9.2 动力学方程参数的推定

动力学方程参数的推定可有多种情况，对于积分的式子，可在积分后分别定出其参数。如方程

$$(-r_A) = \frac{kK_A p_A}{1 + K_A p_A} \tag{3-183}$$

对于积分反应器，由式(3-183) 可知

$$\frac{W}{F_{A0}} = \int_0^{x_A} \frac{dx_A}{(-r_A)} = \int_0^{x_A} \frac{dx_A}{kK_A p_A} + \int_0^{x_A} \frac{1}{k} dx_A = a f_1 + b f_2 \tag{3-184}$$

因式(3-183) 中的 p_A 也可改写成 x_A 的函数，故可以积分出来。式中 f_1 和 f_2 即为常数项 a 及 b 分别提出以后的积分结果。根据实验测得的各个 x_A 及 W/F_{A0} 的对应值，便可用最小二乘法来定出 a 和 b，从而算出 k 及 K_A。如式(3-184) 不能直接积分，也可用数值法或图解法求解。

对未能直接积分的情况，往往先把动力学式线性化，如对下式

$$(-r_A) = \frac{kK_A K_B p_A p_B}{(1 + K_A p_A + K_B p_B)^2} \tag{3-185}$$

可改写成

$$\sqrt{\frac{p_A p_B}{(-r_A)}} = \frac{1}{\sqrt{kK_A K_B}} + \frac{K_A}{\sqrt{kK_A K_B}} p_A + \frac{K_B}{\sqrt{kK_A K_B}} p_B$$
$$= a + b p_A + c p_B \tag{3-186}$$

即为线性方程，然后根据实测的各个 p 与 $(-r_A)$ 的对应值，用最小二乘法定出 a、b、c，从而算得 k、K_A 和 K_B。

对于 $r = k p_A^a p_B^b p_C^c$ 这一类经验式，可先写成

$$\ln r = \ln k + a \ln p_A + b \ln p_B + c \ln p_C \tag{3-187}$$

的线性化式，然后用最小二乘法定各参数。

例3-6 CO 与 Cl_2 在活性炭表面上催化合成光气的反应

$$CO + Cl_2 \longrightarrow COCl_2$$
$$(A) \quad (B) \qquad (C)$$

反应是不可逆反应，实验测定的反应速率数据如下：

p_A/atm	p_B/atm	p_C/atm	r/[mol/(h·g 催化剂)]	p_A/atm	p_B/atm	p_C/atm	r/[mol/(h·g 催化剂)]
0.406	0.352	0.226	0.00414	0.253	0.218	0.522	0.00157
0.396	0.363	0.231	0.00440	0.610	0.118	0.231	0.00390
0.310	0.320	0.356	0.00241	0.179	0.608	0.206	0.00200
0.287	0.333	0.367	0.00245				

设反应为表面反应控制，CO 在活性炭表面上的吸附与 Cl_2 及 $COCl_2$ 相比要弱得多，试确定出动力学的最优参数。

解 参照式(3-46)，可写出动力学的形式为

$$r = \frac{kK_A K_B p_A p_B}{(1 + K_A p_A + K_B p_B + K_C p_C + K_1 p_1)^2} \tag{1}$$

不考虑极少量惰性组分的影响，并忽略分母中的 $K_A p_A$ 项，则得

$$r = \frac{kK_A K_B p_A p_B}{(1 + K_B p_B + K_C p_C)^2} \tag{2}$$

或写成

$$1 + K_B p_B + K_C p_C = \sqrt{kK_A K_B}\sqrt{p_A p_B/r} \tag{3}$$

如令 $x = p_B$，$y = p_C$，$z = \sqrt{p_A p_B/r}$，$A = K_B$，$B = K_C$，$C = \sqrt{kK_A K_B}$，R 为实验误差，则式(3)便成为如下形式

$$1 + Ax + By - Cz = R \tag{4}$$

今将 N 组实验数据代入并求其平方和，则有

$$N + A^2\sum x^2 + B^2\sum y^2 + C^2\sum z^2 + 2A\sum x + 2B\sum y - $$
$$2C\sum z + 2AB\sum xy - 2AC\sum xz - 2BC\sum yz = \sum R^2 \tag{5}$$

将此式分别对 A、B、C 微分，并令其等于 0，即得下列三式

$$A\sum x^2 + \sum x + B\sum xy - C\sum xz = 0 \tag{6}$$

$$B\sum y^2 + \sum y + A\sum xy - C\sum yz = 0 \tag{7}$$

$$-C\sum z^2 + \sum z + A\sum xz + B\sum yz = 0 \tag{8}$$

在下面的附表中，将各组实验数据的一些加和值分别算出，代入式(6)～式(8)，得

$$0.9008A + 0.6673B - 14.595C + 2.315 = 0$$

$$0.6673A + 0.7370B - 12.890C + 2.145 = 0$$

$$14.595A + 12.890B - 256.3C + 41.99 = 0$$

联解，得 $A = 2.61$，$B = 1.60$，$C = 0.393$

由此可得 $K_B = 2.61$，$K_C = 1.60$，$\sqrt{kK_A K_B} = 0.393$

故最后所得方程为

$$r = \frac{0.1545 p_A p_B}{(1 + 2.61 p_B + 1.60 p_C)^2} \tag{9}$$

例 3-6 Matlab 程序

按此式算得的结果列于附表中，与实验值的误差不大于 5%。

附　表

$r \times 10^3$	p_A	$x(=p_B)$	$y(=p_C)$	$Z=\sqrt{p_A p_B/r}$	x^2	y^2	z^2	xy	yz	xz	Z（计算值）
4.14	0.406	0.352	0.226	5.88	0.1239	0.0511	34.52	0.0796	1.329	2.070	5.80
4.40	0.396	0.363	0.231	5.72	0.1318	0.0534	32.67	0.838	1.321	2.076	5.89
2.41	0.310	0.320	0.356	6.42	0.1024	0.1267	41.16	0.1139	2.285	2.054	6.12
2.45	0.287	0.333	0.367	6.25	0.1109	0.1347	39.01	0.1222	2.294	2.081	6.25
1.57	0.253	0.218	0.522	5.93	0.0475	0.2725	35.13	0.1138	3.096	1.293	6.11
3.90	0.626	0.118	0.231	4.41	0.0146	0.0562	19.42	0.0287	1.045	0.534	4.31
2.0	0.179	0.608	0.206	7.38	0.3697	0.0424	54.42	0.1253	1.520	4.487	7.42
Σ		2.312	2.139	41.99	0.9008	0.7370	256.3	0.6673	12.890	14.595	

注：本例参考 Jenson V G and Jeffreys G V. Mathematical Methods in Chemical Engineering. 2nd ed. Academic Press, 1963：364-368.

例 3-7　反应 $\underset{(A)}{NO} + \underset{(B)}{H_2} \longrightarrow \frac{1}{2} N_2 + H_2O$ 在 400℃、1atm 和装有 $W=1.066g$ 的 CuO-ZnO-Cr$_2$O$_3$ 催化剂的微分反应器中进行，气体总流量（标准状况）为 2000mL/min，在不同入口分压 $p_{A,0}$ 及 $p_{B,0}$ 下测得转化率 x_A，如附表中的前三列所示。试求：（1）相应各点的反应速率。（2）以幂数形式表示的反应速率方程。（3）如设想反应为吸附的 NO 与气相中的 H$_2$ 的反应控制，或者是吸附的 NO 与吸附的 H$_2$ 的表面反应所控制，试比较哪个较合适。

解　（1）由式（3-179），知

$$(-r_A) = F_{A,0} \Delta x_A / W = (2.0 p_{A,0}/22.4) x_A / 1.066 = 0.08376 p_{A,0} x_A \tag{1}$$

按此即可将各点的 $(-r_A)$ 值算出，列于下表右侧第一列中。

附　表

$p_{A,0}$/atm	$p_{B,0}$/atm	x_A/%	$(-r_A \times 10^5)_{实测}$ /[mol/(min·g)]	式（4）	$(-r_A \times 10^5)_{计算}$ 式（9）
0.0500	0.00659	0.602	2.52	2.84	2.54
0.0500	0.0113	1.006	4.21	2.83	3.87
0.0500	0.0228	1.293	5.41	5.63	6.02
0.0500	0.0311	1.579	6.61	6.68	6.93
0.0500	0.0402	1.639	6.86	7.69	7.55
0.0500	0.0500	2.100	8.79	8.67	7.93
0.0100	0.0500	4.348	3.64	3.58	3.63
0.0153	0.0500	3.724	4.77	4.52	4.87
0.0270	0.0500	2.924	6.61	6.18	6.61
0.0361	0.0500	2.627	7.94	7.25	7.35
0.0482	0.0500	1.938	7.88	8.50	7.88
			标准误差	±0.44	±0.45

（2）以幂数形式表示

$$(-r_A) = k p_A^a p_B^b \tag{2}$$

取对数使之线性化，则为

$$\ln(-r_A) = \ln k + a \ln p_A + b \ln p_B \tag{3}$$

取 $p_{A,0}=0.05$ 的六点以 $\ln(-r_A)$ 对 $\ln p_{B,0}$ 作图，如图（a）所示，由此定出直线的斜率为

$$b = 0.556$$

截距为

$$\ln[k(0.05)^2] = 3.803$$

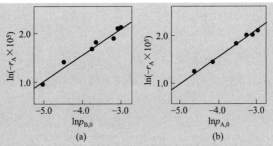

(a)　　　　　(b)

同样取 $p_{B,0}=0.05$ 的六点以 $\ln(-r_A)$ 对 $\ln p_{A,0}$ 作图，则如图（b）所示，由此可得

$$a=0.542, \ln[k(0.05)^b]=3.815$$

这样，可以分别求出两个 k 值，即 227×10^{-5} 及 240×10^{-5}，取其平均值 234×10^{-5}。另外，近似地可取 $a=b=0.55$，于是式（2）便为

$$(-r_A)=0.00234(p_A p_B)^{0.55}\quad[\text{mol}/(\text{min}\cdot\text{g 催化剂})]\tag{4}$$

按此算得之值列于附表右侧第二列中。由于有 11 组实验值，待定参数为 k、a、b 三个，故标准误差可如下计算

$$\left\{\sum\left[(-r_A)_{\text{实测}}-(-r_A)_{\text{计算}}\right]^2/(11-3)\right\}^{\frac{1}{2}}$$

结果标准误差为 ±0.44。

（3）如控制步骤为吸附的 A 与气相中的 B 反应，则在低转化率下，生成物的影响可以忽略时，不难立刻写出其速率式的形式为

$$(-r_A)=kp_B\theta_A=kK_A p_A p_B/(1+K_A p_A+K_B p_B)\tag{5}$$

当控制步骤为吸附的 A 与吸附的 B 的表面反应时，则为

$$(-r_A)=kK_A K_B p_A p_B/(1+K_A p_A+K_B p_B)^2\tag{6}$$

将（5）、（6）两式线性化，分别得

$$\frac{1}{(-r_A)}=\frac{1}{C}\times\frac{1}{p_A p_B}+\frac{K_A}{C}\times\frac{1}{p_B}+\frac{K_B}{C}\times\frac{1}{p_A}\tag{7}$$

及

$$\frac{1}{\sqrt{(-r_A)}}=\frac{1}{\sqrt{C'}}\sqrt{\frac{1}{p_A p_B}}+\frac{K_A}{\sqrt{C'}}\sqrt{\frac{p_A}{p_B}}+\frac{K_B}{\sqrt{C'}}\sqrt{\frac{p_B}{p_A}}\tag{8}$$

式中，$C=kK_A$，$C'=kK_A K_B$。

利用附表中的实验值，用最小二乘法确定参数，得出 C 值为负，不合理舍去；而由式（8）则得到

$$1/\sqrt{C'}=0.9116, K_A/\sqrt{C'}=47.63, K_B/\sqrt{C'}=46.44$$

由此得

$$K_A=52.2\text{atm}^{-1}, K_B=50.9\text{atm}^{-1}, k=4.52\times10^{-4}\text{mol}/(\text{min}\cdot\text{g})$$

故最后得

$$(-r_A)=1.201 p_A p_B/(1+5.22 p_A+50.9 p_B)^2\quad[\text{mol}/(\text{min}\cdot\text{g})]\tag{9}$$

用本式算得的结果列于附表的最后一列中，其标准误差为 ±0.45，与幂数法不相上下，但本法能对机理有所考虑，而前法处理比较简便。

例3-8　在总压 1atm 及 130～150℃ 范围内用积分反应器测定了乙炔与氯化氢在 $HgCl_2$-活性炭上合成氯乙烯的转化率与进料量的关系

$$C_2H_2 + HCl \longrightarrow C_2H_3Cl$$
$$\text{(A)} \qquad \text{(B)} \qquad \text{(C)}$$

表中只列出了 175℃ 下一组数据作为代表，$T = 175℃$。

已知在实验条件下，反应基本上为不可逆，HCl 及 C_2H_3Cl 的吸附均远比 C_2H_2 强，试写出其动力学方程。

附 表

分子比 $m = \dfrac{HCl}{C_2H_2}$	$p_{A,0}/atm$	x_A	$W/F_{A,0}$	分子比 $m = \dfrac{HCl}{C_2H_2}$	$p_{A,0}/atm$	x_A	$W/F_{A,0}$
1.25	0.401	0.934	18.0	1.14	0.463	0.955	23.7
1.23	0.405	0.955	21.3	1.24	0.463	0.909	15.5
1.23	0.405	0.898	14.3	1.24	0.463	0.875	13.1
1.14	0.463	0.995	47.0	1.24	0.463	0.834	10.8

解 假设吸附的氯化氢与气相中的乙炔反应是控制步骤

$$HCl + \sigma \Longrightarrow HCl\sigma$$
$$HCl\sigma + C_2H_2 \Longrightarrow C_2H_3Cl\sigma$$
$$C_2H_3Cl\sigma \Longrightarrow C_2H_3Cl + \sigma$$

其相应的动力学方程为

$$(-r_A) = \frac{kK_B p_A p_B}{1 + K_B p_B + K_C p_C} \quad [mol/(g \cdot h)] \tag{1}$$

将各分压改写成转化率的形式，取 1mol 的 C_2H_2 为基准，则

初始时 $\dfrac{C_2H_2}{1}$ $\dfrac{HCl}{m}$ $\dfrac{C_2H_3Cl}{0}$ 总计 $1+m$

转化或生成 $-x$ $-x$ $+x$

剩余 $1-x$ $m-x$ x 总计 $1+m-x$

因总压为 1atm，故 $p_{A,0} = 1/(1+m)$

$$p_A = (1-x_A)/(1+m-x_A) = p_{A,0}(1-x_A)/(1-p_{A,0}x_A)$$
$$p_B = (m-x_A)/(1+m-x_A) = p_{A,0}(m-x_A)/(1-p_{A,0}x_A)$$
$$p_C = x_A/(1+m-x_A) = p_{A,0}x_A/(1-p_{A,0}x_A)$$

将它们代入式(1)，即得

$$(-r_A) = \frac{p_{A,0}^2(1-x_A)(m-x_A)}{a(1-p_{A,0}x_A)^2 + bp_{A,0}(1-p_{A,0}x_A)(m-x_A) + cp_{A,0}(1-p_{A,0}x_A)x_A} \tag{2}$$

式中，$a = 1/(kK_B)$；$b = 1/k$；$c = K_C/(kK_B)$。 $\tag{3}$

对积分反应器，有

$$\frac{W}{F_{A,0}} = \int_0^{x_A} \frac{dx_A}{(-r_A)} \tag{4}$$

将式(2) 代入后可以积分而得到

$$W/F_{A,0} = af_1 + bf_2 + cf_3 \tag{5}$$

式中

$$f_1 = \int_0^{x_A} \frac{(1-p_{A,0}x_A)^2 dx_A}{p_{A,0}^2(1-x_A)(m-x_A)}$$

$$= x_A + \frac{(1-mp_{A,0})^2}{p_{A,0}^2(m-1)}\ln\left(\frac{m-x}{m}\right) - \frac{(1-p_{A,0})^2}{p_{A,0}^2(m-1)}\ln(1-x_A) \tag{6}$$

$$f_2 = \int_0^{x_A} \frac{(1-p_{A,0}x_A)}{p_{A,0}(1-x_A)}dx_A = x_A - (1-p_{A,0})\ln(1-x_A)/p_{A,0} \tag{7}$$

$$f_3 = \int_0^{x_A} \frac{(1-p_{A,0}x_A)x_A dx_A}{p_{A,0}(1-x_A)(m-x_A)}$$

$$= \frac{m(1-mp_{A,0})}{p_{A,0}(m-1)}\ln\left(\frac{m-x_A}{x_A}\right) - x_A - \frac{1-p_{A,0}}{p_{A,0}(m-1)}\ln(1-x_A) \tag{8}$$

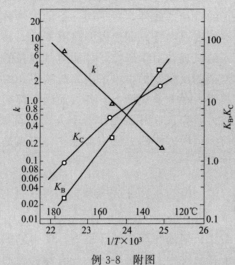

例 3-8　附图

这样从实验数据可以直接算出 f_1、f_2 及 f_3，然后用最小二乘法定出式(5)中的 a、b、c，从而可求得 k、K_B 及 K_C。

对于 130℃、150℃ 也可同样求得相应的值，然后对 $1/T$ 作图，如附图所示，最后定出各常数值的计算式如下

$$\left. \begin{array}{l} k = 1.714 \times 10^{14} \exp(-13860/T) \quad mol/(g \cdot h \cdot atm) \\ K_B = 1.108 \times 10^{-20} \exp(19920/T) \quad (atm^{-1}) \\ K_C = 1.783 \times 10^{-6} \exp(6500/T) - 2.53 \quad (atm^{-1}) \end{array} \right\} \tag{9}$$

附图中 K_C 亦可作为直线处理，但精确度要差一些。

　　以上将方程式线性化，并根据系数必须为正值的原则来确定方程式及其系数的方法是比较简单的，也可手算，因此较常采用。但也有一些令人非议之处，譬如测定的各个变数，其精确可靠程度是不一致的，或者说不是等权的。如将这一点考虑进去，将不同可靠程度的参数分别乘以相应的"权"，然后再按最小二乘法计算时，可能原来要出现负系数的情况变成了全是正系数的情况，另外多组分吸附时，各吸附组分之间并不是都像朗缪尔假设的那样是互不相干的，而可能有时互相加强，有时互相削弱。譬如 B 的吸附导致 A 的吸附加强时，A 的覆盖率可写成

$$\theta = \frac{kp_A}{1+K_A p_A - K_B p_B} \tag{3-188}$$

这时出现负值。最后还有一个重要问题，即经过线性化以后的误差情况与原来式子的误差情况是不一致的，譬如使式(3-186)左端的$\sqrt{p_A p_B/(-r_A)}$为最小而定出的各个常数，未必会使式(3-185)$(-r_A)$的误差为最小。所以最好是直接用式(3-185)这一非线性式子定出其中的各参数来，使$(-r_A)$的误差为最小。即所谓非线性最小二乘法，这类方法近年来发展很快。

除此之外，也有将反应速率用多项式来近似的，譬如对于双变数的速率方程，可写成

$$r=b_0+b_1 x_1+b_2 x_2+b_{12}x_1 x_2+b_{11}x_1^2+b_{22}x_2^2 \tag{3-189}$$

式中，x_1、x_2可为分压或温度等独立变量，而各个b值均由实验数据回归定出。

应当指出，经验式与机理式并不是绝对的。通过机理式能对过程的实质做深入的了解，但所表示的机理仍然只具有相对真理的性质，尤其是方程式中的各个参数，都是靠实验求定的，其中多少有一些经验修正的意味。此外，对于同一组动力学数据，也往往可以有不止一种机理的几个方程式能够同等精度地吻合，即使误差略有不同，其精度也在实验误差范围之内。除非对反应过程进行深入的微观动力学研究，才能对其内在的机理有更清晰的了解。但那样做，旷日废时；特别对复杂的反应，仍很难解决。故这里介绍的化学工程的动力学研究法还是比较切实可行的，尤其因为在工业规模上，各方面因素都起着错综复杂的作用，所以事先常要进行适当的模拟或放大研究，这时还要作若干方面的调整，包括动力学参数在内。因此对动力学结果的要求如何，运用怎样的方法来实现它，应当是与准备应用它来达到怎样的目的相配合的，不应过于拘泥。

3.3.10 催化剂的失活

催化剂的失活，可能是由于长期处在反应的环境下，使得它的表面或晶体结构发生了一定的物理变化；也可能是由于在活性中心上吸附了某些有毒物质而遭到了破坏所致。后者是在工程上更常遇到而且是难以完全避免的问题，也是我们这里讨论的对象。造成这种失活的原因可能是原料中夹带有某些有毒物质（如硫化物、磷化物或CO等），它们能牢牢地吸附在活性中心上，甚至发生了某种作用，以致无法把它们除去而造成催化剂的永久失活；也可能是由于原料组分在催化剂表面上发生了某种副反应而造成了失活。最常见的是烃类裂解而使催化剂结炭，炭遮住了活性中心，使催化剂效能降低。但如到一定时期，通入空气或水蒸气，使结炭烧去或转化成CO_2，则催化剂的活性还能得到恢复，故这种失活是非永久性的。

催化剂的失活通常是一个复杂的渐变过程，即中毒的部分可能从外向内或从内向外形成一个渐进性的浓度梯度。为了描述实际的有失活的催化反应速率，文献中曾提出过多种速率式，大体上有下列几种类型

$$r=r_0-\beta_1 t \tag{3-190}$$

$$r=r_0\exp(-\beta_2 t) \tag{3-191}$$

$$r=1/r_0+\beta_3 t \tag{3-192}$$

$$r=\beta_4\theta^{-t} \tag{3-193}$$

$$\frac{dx}{dt}=\beta_5\exp(\beta_6 x) \tag{3-194}$$

式中，r_0是新鲜催化剂的活性；$\beta_1\sim\beta_6$是实验定出的常数，不同的反应可能适用不同的方程式。此外，还有一种据称能概括多种失活机理的方法是通过失活因子

$$\psi=\frac{r}{r_0} \tag{3-195}$$

的关系式来表达的。如对 n 级反应 $A \longrightarrow R$，反应速率式为

$$-\frac{dc_A}{dt} = kc_A^n \psi \tag{3-196}$$

失活速率式为

$$-\frac{d\psi}{dt} = k_d c_i^m \psi^d \tag{3-197}$$

式中，k_d 为失活速率常数，与反应速率常数 k 均符合阿伦尼乌斯关系式；下标 i 是指与失活相联系的气相中的组分；m 与 n 一般当作与分子计量数相同。对下面四类失活情况，分别有

① 平行失活　　$A \longrightarrow R+S\downarrow$　　　$-\dfrac{d\psi}{dt} = k_d c_A^m \psi^d$

② 串联失活　　$A \longrightarrow R$，$R \longrightarrow S\downarrow$　　　$-\dfrac{d\psi}{dt} = k_d c_R^m \psi^d$

③ 分行失活　　$A \longrightarrow R$，$S \longrightarrow S\downarrow$　　　$-\dfrac{d\psi}{dt} = k_d c_P^m \psi^d$

④ 与浓度无关的失活　　$-\dfrac{d\psi}{dt} = k_d \psi^d$

当进料中的杂质吸附极牢以及对 S 无内扩散阻力时，$d \approx 0$；

当平行失活且对 A 无内扩散阻力时，$d = 1$；

当平行失活且对 A 有强内扩散阻力时，$d \to 3$；

当串联失活时，$d \approx 1$。

3.4　气固相非催化反应动力学

气固相非催化反应种类甚广，其中有的在反应时固体颗粒的体积基本不变，如硫化矿的焙烧、氧化铁的还原等。另一些则在反应时体积缩小，如煤炭的燃烧造气、从焦炭与硫黄蒸气制造二硫化碳等，描述这些气固相非催化反应的模型有两类：

① 整体连续转化模型　即整个固体颗粒内各处都连续进行反应的情况，这在没有内扩散阻力而反应相对缓慢时成立；

② 渐进模型　即反应从固体颗粒的外表面起逐层向中心推进的情况。

根据一般对实际固体反应情况的剖析，渐进模型较接近于真实的固体反应过程。虽然在反应壳层与反应核之间并不像模型所简化的那样具有一条清晰的分界线。

理论上渐进模型可以分为固体颗粒粒径不变的缩核模型和粒径逐渐缩小的缩粒模型。

3.4.1　粒径不变的缩核模型

设在一球形颗粒中进行如下气固相反应

$$A(气)+bB(固) \longrightarrow R$$

整个过程可设想为由下列一系列步骤串联组成（图 3-17）。

① A 经过气膜扩散到固体表面。

② A 经过反应完的所谓的灰层扩散到未反应核的表面。

③ A 与固体间反应。

④ 生成的气态产物扩散通过灰层到颗粒表面。

⑤ 生成物扩散通过气膜进入到流体的本体中。

实际情况不一定都包括五步，譬如无气态产物生成或为不可逆时，第④、⑤步就不用考虑了。此外各步的阻力往往相差很大，当某步阻力最大时，就可以认为是该步控制的了。下面我们分别加以讨论。先讨论颗粒体积不变的情况。

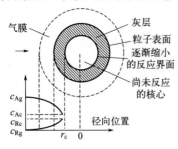

图 3-17　渐进模型示意图

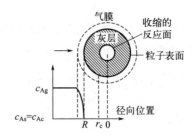

图 3-18　气膜扩散控制情况示意图

（1）气膜扩散控制　如图 3-18 所示。此时固体表面上气体反应组分的浓度可视为零，反应期间 c_{Ag} 是恒定的，按单个颗粒计的传质速率为

$$-\frac{1}{4\pi R^2}\times\frac{dn_B}{dt}=-\frac{b}{4\pi R^2}\times\frac{dn_A}{dt}=bk_G(c_{Ag}-c_{As})$$

$$=bk_Gc_{Ag} \tag{3-198}$$

如固体中 B 的密度为 ρ_m，颗粒体积为 V_p，则颗粒中 B 的量为 $\rho_m V_p$。由于固体物质 B 的减少表现为未反应核的缩小，故

$$-dn_B=-b\,dn_A=-\rho_m dV_p$$

$$=-4\pi\rho_m r_c^2 dr_c \tag{3-199}$$

将式（3-198）与式（3-199）联立，可得未反应核半径的变化式为

$$\frac{-\rho_m r_c^2 dr_c}{R^2 dt}=bk_Gc_{Ag} \tag{3-200}$$

利用边界条件：$t=0$，$r_c=R$，积分得

$$t=\frac{\rho_m R}{3bk_Gc_{Ag}}\left[1-\left(\frac{r_c}{R}\right)^3\right] \tag{3-201}$$

如颗粒全部反应完毕所需的时间为 τ，则只要在上式中令 $r_c=0$ 即可求出 τ，而转化率 x_B 又可以用 t/τ 来表示，因

$$1-x_B=\frac{4}{3}\pi r_c^3\bigg/\left(\frac{4}{3}\pi R^3\right)=\left(-\frac{r_c}{R}\right)^3 \tag{3-202}$$

$$\frac{t}{\tau}=1-\left(\frac{r_c}{R}\right)^3=x_B \tag{3-203}$$

式中，$(r_c/R)^3$ 即全颗粒中未反应核部分所占的体积分数。

（2）灰层扩散控制　如图 3-19 所示。反应过程中，反应组分 A 和未反应界面都在向球形颗粒的中心方向移动，但与组分 A 的传质速率相比，界面的移动速率要小得多，因此，可以把它相对地看成静止的。于是 A 的反应速率可以它在灰层内任意半径（r）处的扩散速率来表示，即在定常态下

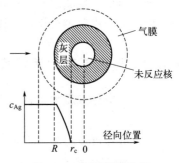

图 3-19　灰层扩散控制情况示意图

$$-\frac{dn_A}{dt}=4\pi r^2 D_A\frac{dc_A}{dr}=恒值 \tag{3-204}$$

式中，D_A 是 A 在灰层内的扩散系数。灰层从 R 积分到 r_c，得

$$-\frac{dn_A}{dt} - \left(\frac{1}{r_c} - \frac{1}{R}\right) = 4\pi D_A c_{As} \tag{3-205}$$

如将式(3-199)代入式(3-205)，积分得

$$-\rho_m \int_R^{r_c} \left(\frac{1}{r_c} - \frac{1}{R}\right) r_c^2 dr_c = b D_A c_{Ag} \int_0^t dt \tag{3-206}$$

故

$$t = \frac{\rho_m R^2}{6b D_A c_{Ag}} \left[1 - 3\left(\frac{r_c}{R}\right)^2 + 2\left(\frac{r_c}{R}\right)^3\right] \tag{3-207}$$

此即未反应核半径随时间而变化的关系。同样，以 τ 表示反应完毕的时间，则

$$\frac{t}{\tau} = 1 - 3\left(\frac{r_c}{R}\right)^2 + 2\left(\frac{r_c}{R}\right)^3 \tag{3-208}$$

或以 B 的转化率 x_B 表示，则为

$$\frac{t}{\tau} = 1 - 3(1-x_B)^{\frac{2}{3}} + 2(1-x_B) \tag{3-209}$$

（3）表面反应控制　如图 3-20 所示。由于是化学反应控制，故与灰层的存在与否无关而与未反应核的表面积成正比。取未反应核的单位面积为反应速率定义的基准，则

$$-\frac{1}{4\pi r_c^2}\frac{dn_B}{dt} = -\frac{b}{4\pi r_c^2}\frac{dn_A}{dt} = b k_s c_{Ag} \tag{3-210}$$

式中，k_s 是表面反应速率常数。将式(3-199)代入，得

$$-\frac{1}{4\pi r_c^2}\rho_m 4\pi r_c^2 \frac{dr_c}{dt} = -\rho_m \frac{dV_c}{dt} = b k_s c_{Ag} \tag{}$$

积分得

$$t = -\frac{\rho_m}{b k_s c_{Ag}}(R - r_c) \tag{3-211}$$

由此可得

$$\frac{t}{\tau} = 1 - \frac{r_c}{R} = 1 - (1-x_B)^{\frac{1}{3}} \tag{3-212}$$

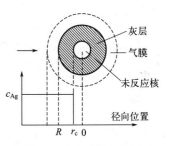

图 3-20　表面反应控制情况示意图

3.4.2　颗粒体积缩小的缩粒模型

由于反应时固体表面逐渐形成气体产物而离去，故体积缩小，并无灰层存在，这时不存在通过灰层的扩散问题。如果过程是化学反应控制，那么情况与前述颗粒不缩小时是一样的，如图 3-21 所示。如果气膜扩散控制，则气流中分子分率为 y 的组分对自由落下的颗粒的传质系数可用下式表示

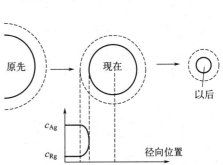

图 3-21　颗粒体积收缩的情况示意图

$$\frac{k_G d_p y}{D} = 2.0 + 0.6(Sc)^{\frac{1}{3}}(Re)^{\frac{1}{2}} = 2.0 + 0.6\left(\frac{\mu}{\rho D}\right)\left(\frac{d_p u \rho}{\mu}\right)^{\frac{1}{2}} \tag{3-213}$$

由于反应过程中粒径在变，所以 k_G 亦在变，要严格处理较困难。一般 k_G 随气速的增加和粒径的减小而增加，其关系为

小颗粒 $\qquad (Sc)^{\frac{1}{3}}(Re)^{\frac{1}{2}}\ll 3.3 \quad k_G\propto\dfrac{1}{d_p}$ $\hspace{2cm}$ (3-214)

大颗粒 $\qquad (Sc)^{\frac{1}{3}}(Re)^{\frac{1}{2}}\gg 3.3 \quad k_G\propto\dfrac{u^{\frac{1}{2}}}{d_p^{\frac{1}{2}}}$ $\hspace{2cm}$ (3-215)

由于 $\qquad\qquad\qquad -\mathrm{d}n_B=-\rho_m\mathrm{d}V_p=-4\pi\rho_m r^2\mathrm{d}r$

而 $\qquad\qquad -\dfrac{1}{4\pi r^2}\dfrac{\mathrm{d}n_B}{\mathrm{d}t}=\dfrac{-4\pi r^2\rho_m\mathrm{d}r}{4\pi r^2\mathrm{d}t}=-\rho_m\dfrac{\mathrm{d}r}{\mathrm{d}t}=bk_G c_{Ag}$ $\hspace{1.5cm}$ (3-216)

而在小颗粒的情况下，式(3-214) 中右侧最后一项可忽略，故

$$k_G=\frac{2D}{d_p y}=\frac{D}{ry} \hspace{2cm} (3\text{-}217)$$

代入上式积分得

$$\int_R^r r\,\mathrm{d}r=\frac{bc_{Ag}D}{\rho_m y}\int_0^t \mathrm{d}t \hspace{2cm} (3\text{-}218)$$

或

$$t=\frac{\rho_m yR^3}{2bc_{Ag}D}\left[1-\left(\frac{r}{R}\right)^2\right] \hspace{2cm} (3\text{-}219)$$

颗粒全部反应完毕的时间 τ 即为 $r=0$ 的情况，故可得

$$\frac{t}{\tau}=1-\left(\frac{r}{R}\right)^2=1-(1-x_B)^{\frac{2}{3}} \hspace{2cm} (3\text{-}220)$$

如为大颗粒，式(3-214) 右侧以末项为主，故

$$k_G=K(u/d_p)^{\frac{1}{2}} \hspace{2cm} (3\text{-}221)$$

式中，K 便是一个常数。按同样方法可以求出

$$t=\frac{K'R^{\frac{3}{2}}}{c_{Ag}}\left[1-\left(\frac{r}{R}\right)^{\frac{3}{2}}\right] \hspace{2cm} (3\text{-}222)$$

式中，K' 是另一个常数，最后得

$$\frac{t}{\tau}=1-(r/R)^{\frac{3}{2}}=1-(1-x_B)^{\frac{1}{2}} \hspace{2cm} (3\text{-}223)$$

图 3-22 及图 3-23 分别画出了以上各种情况的结果，将实验测得的结果与图中曲线相对照，便可以判断出反应的控制步骤。

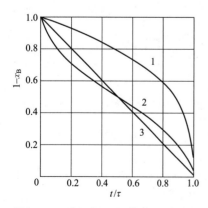
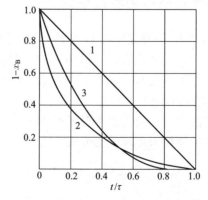

图 3-22　单粒子反应的反应面变化 　　　　图 3-23　单粒子反应的转化率变化

1—气膜控制；2—灰层控制；3—表面反应控制 　　1—气膜控制；2—灰层控制；3—表面反应控制

科学家故事
中国催化剂之父
——闵恩泽院士

习 题

1. 某催化剂在 $-195.8℃$ 下以 N_2 吸附法测得其吸附量如下：

压力 $p/mmHg$	吸附量 v/cm^3（标准状况）	压力 $p/mmHg$	吸附量 v/cm^3（标准状况）
6	67	285	215
25	127	320	230
140	170	430	277
230	197	505	335

已知 N_2 在该温度下的蒸气压为 1atm，求催化剂的比表面积。

2. 乙炔与氯化氢在 $HgCl_2$-活性炭催化剂上合成氯乙烯的反应如下

$$C_2H_2 + HCl \Longrightarrow C_2H_3Cl$$
$$\text{(A)} \qquad \text{(B)} \qquad \text{(C)}$$

其动力学方程可有如下 4 种形式：

① $r = k(p_A p_B - p_C/K)/(1 + K_A p_A + K_B p_B + K_C p_C)^2$

② $r = k K_A K_B p_A p_B /[(1 + K_B p_B + K_C p_C)(1 + K_A p_A)]$

③ $r = k K_A p_A p_B /(1 + K_A p_A + K_B p_B)$

④ $r = k K_B p_A p_B /(1 + K_B p_B + K_C p_C)$

试说明各式所代表的反应机理和控制步骤。

3. 在 $510℃$ 进行异丙苯的催化分解反应

$$C_6H_5CH(CH_3)_2 \Longrightarrow C_6H_6 + C_3H_6$$
$$\text{(A)} \qquad\qquad \text{(R)} \quad \text{(S)}$$

测得总压 p 与初反应速率 r_0 的关系如下：

$r_0/[mol/(h \cdot g \text{ 催化剂})]$	4.3	6.5	7.1	7.5	8.1
p/atm	0.98	2.62	4.27	6.92	14.18

如反应属于单活性点的机理，试写出反应机理式并判断其控制步骤。

4. 在 $Pd-Al_2O_3$ 催化剂上用乙烯和乙酸合成乙酸乙烯酯的反应为

$$C_2H_4 + CH_3COOH + \frac{1}{2}O_2 \Longrightarrow CH_3COOC_2H_3 + H_2O$$

实验测得的初反应速率数据如下：

$115℃$，$p_{AcOH} = 200mmHg$，$p_{O_2} = 92mmHg$

$p_{C_2H_4}/mmHg$	70	100	195	247	315	465
$r_0 \times 10^5/[mol/(h \cdot g \text{ 催化剂})]$	3.9	4.4	6.0	6.6	7.25	5.4

如反应机理设想为

$$AcOH + \sigma \Longrightarrow AcOH\sigma$$
$$C_2H_4 + \sigma \Longrightarrow C_2H_4\sigma$$
$$AcOH\sigma + C_2H_4\sigma \Longrightarrow HC_2H_4OAc\sigma + \sigma$$
$$O_2 + 2\sigma \Longrightarrow 2O\sigma$$
$$HC_2H_4OAc\sigma + O\sigma \longrightarrow C_2H_3OAc\sigma + H_2O\sigma$$
$$C_2H_3OAc\sigma \Longrightarrow C_2H_3OAc + \sigma$$
$$H_2O\sigma \Longrightarrow H_2O + \sigma$$

试写出反应速率式并检验上述部分数据是否与之符合。

5. 1-丁醇催化脱水反应据研究为表面反应控制，其初反应速率为

$$r_0 = k K_A f/(1 + K_A f)^2 \quad [mol/(h \cdot g \text{ 催化剂})]$$

式中，f 为逸度，求常数值 k 及 K_A。

部分实验数据如下：

r_0	p/atm	f/p	r_0	p/atm	f/p
0.27	15	1.00	0.76	3845	0.43
0.51	465	0.88	0.52	7315	0.46
0.76	915	0.74			

6. 在 30.6℃和常压下 6～8 目的活性炭催化剂上进行光气合成反应

$$CO + Cl_2 \longrightarrow COCl_2$$
$$(A) \quad (B) \qquad (C)$$

实测反应速率数据如下：

反应速率/ [mol/(h·g 催化剂)]	分压/atm		
	p_A	p_B	p_C
0.00414	0.406	0.352	0.226
0.00440	0.396	0.363	0.231
0.00241	0.310	0.320	0.356
0.00245	0.287	0.333	0.376
0.00157	0.253	0.218	0.522
0.00390	0.610	0.113	0.231
0.00200	0.179	0.608	0.206

设反应控制步骤是由吸附的 Cl_2 与 CO 间的表面反应，CO 在催化剂上的吸附很慢，以致与 Cl_2 及 $COCl_2$ 的吸附相比可以忽略。（1）导出以气流中的分压表示的速率方程；（2）写出速率方程的各常数值。

7. 异丙苯在催化剂上裂解而生成苯，如催化剂为微球状，$d_p = 0.40cm$，$\rho_p = 1.06g/cm^3$，$\varepsilon_p = 0.52$，$S_g = 350m^2/g$。求在 500℃、1atm 时，异丙苯的微孔中的有效扩散系数。已知微孔的迷宫因子 $\tau = 3$，异丙苯-苯的分子扩散系数为 $0.155cm^2/s$。

8. 现有直径为 0.2cm、高 0.2cm 及直径为 0.8cm、高 0.8cm 的两种催化剂颗粒分别在等温的管中进行测试，填充体积为 $150cm^3$，床层空隙率 0.40，所用反应气流量均为 $3cm^3/s$，颗粒空隙率均为 0.35，迷宫因子 0.20，反应为一级不可逆，直径为 0.2cm 催化剂达到的转化率为 66%，而直径为 0.8cm 的催化剂则为 30%，如气体密度不变，求：（1）这两种床层催化剂的有效系数是多少？（2）气体真实的扩散系数为多少？

9. 异丙苯在 SiO_2-Al_2O_3 催化剂上裂解的反应速率式如下

$$(-r_A) = \eta k p_A / (1 + K_A p_A + K_R p_R) \quad [mol/(s·g 催化剂)]$$

式中，下标 A 代表异丙苯，R 代表苯，p 的单位为大气压。今在 510℃，总压 1atm，$p_A = 0.563atm$，$p_R = 0.219atm$ 及 H_2 的存在下，改变催化剂粒径，测得反应速率后，得结果如下：

粒径 d_p/cm	0.045	0.133	0.43	0.54
$\eta k \times 10^4$	1.8	0.45	0.36	0.29

已知 $K_A = 1.07$，$K_R = 3.7$，颗粒密度 $\rho_p = 1.15g/cm^3$，如粒内等温，求粒内的扩散系数及各有效系数。

10. 一级气固催化反应 $A(g) \xrightarrow{\text{催化剂}} R(g)$，实验测得如下数据：

d_p/mm	$c_A/(mol/L)$	$(-r_A)/[mol/(s·g 催化剂)]$	$T/℃$
1	20	1	480
2	40	1	480
2	40	3	500

假设外扩散阻力可忽略不计，A 在颗粒内的有效扩散系数 $D_{e,A}$ 不随温度变化。求反应活化能。

11. 某一级不可逆气固催化反应，在反应温度 150℃ 下，测得 $k_P = 5s^{-1}$，有效扩散系数 $D_{e,A} = 0.2cm^2/s$。求：（1）当颗粒直径为 0.1mm 时，内扩散影响是否已消除？（2）欲保持催化剂内扩散有效因子为 0.8，则颗粒直径应不大于多少？

12. 在一固定床反应器中等温进行一级不可逆气固催化反应 A ——→ P，在消除外扩散阻力和 $c_{Ag} = 10mol/m^3$ 时测得某处宏观反应速度 $(-r_A) = 1mol/(m^3 \text{床层} \cdot s)$。以催化剂床层计的本征反应速率常数 k_V 为 $1.0s^{-1}$，床层空隙率为 0.3。催化剂有效扩散系数 $D_{e,A} = 10^{-8}m^2/s$。求：（1）该处催化剂的内扩散有效因子 η 值。（2）反应器中所装催化剂颗粒的半径。

13. 在 640℃、1atm 下，液化石油气在当量直径为 0.86mm 的裂解催化剂上以 $60h^{-1}$ 的液体时空速率通过时转化率为 50%，如液化石油气及分解气的平均分子量分别为 260g/mol 及 68g/mol，液化石油气的密度 $\rho = 0.870g/mL$，颗粒的 $\rho_p = 0.95g/cm^3$，$\rho_B = 0.70g/mL$，$S_g = 350m^2/g$，$\varepsilon_p = 0.46$，取微孔形状系数 $\tau = 30$，按平均反应速率及平均组成，求催化剂的有效系数。

14. 某一加氢催化反应，在 1atm 及 80℃ 下进行，如颗粒的 $\rho_p = 1.16g/cm^3$，$\lambda_e = 1.465 \times 10^{-1}W/(m \cdot K)$，$H_2$ 在粒内的扩散系数 $D_e = 3.0 \times 10^{-2}cm^2/s$，反应热 $\Delta H = -180kJ/mol$，反应的活化能为 62.8kJ/mol，如反应组分在进料气中占 20%，而用无内扩散影响的细粒子测得的反应速率为 $10 \times 10^{-7}mol/(s \cdot g \text{催化剂})$，试估算在粒度为 $d_p = 1.30cm$ 时的反应速率。

15.（1）对于壳层渐进模型，试导出同时考虑气膜扩散阻力、灰层扩散阻力及表面反应阻力时的反应时间与未反应核半径之间的关系式。

（2）利用（1）的结果计算在 600℃、1atm 下，用纯 H_2 对 $d_p = 2.0mm$ 及 6.0mm 的磁铁矿粉进行还原时

$$Fe_3O_4 + 4H_2 \Longrightarrow 3Fe + 4H_2O$$

反应完毕所需时间以及随着转化率的增大，灰层扩散阻力与表面反应阻力的比值的变化情况。

已知 $k_s = 0.160cm^3$ 流体/$(s \cdot cm^2 \text{固体})$，$D = 0.03cm^3$ 流体/$(s \cdot cm \text{固体})$，$\rho_p = 4.6g/cm^3$。

参 考 文 献

[1] Yang K H. *Houge Eng Prog*，1976，46：143.

[2] Seinfeld J H，Lapidus L. Mathmatical Methods in Chemical Engineering. Vol3. Chap7. Prentiee-Hall，1974.

[3] Smith J M. Chemical Engineering Kinetics. McGraw-Hill，1970：404-409.

[4] Satterfield C V. Mass Transfer in Heterogeneous Catalysis. MIT Press，1970：13-15.

[5] Levenspiel O. 化学反应工程. 3 版（影印版）. 北京：化学工业出版社，2002.

[6] 刘大壮，孙培勤. 催化工艺开发. 北京：气象出版社，2002.

[7] 王尚弟，孙俊全. 催化剂工程导论. 3 版. 北京：化学工业出版社，2015.

[8] 牛丛丛. 钴基催化剂费托合成本征动力学和工业单颗粒内传递强化研究 [D]. 太原：中国科学院山西煤炭化学研究所，2021.

[9] 黄华江. 实用化工计算机模拟：MATLAB 在化学工程中的应用. 北京：化学工业出版社，2004.

[10] 李绍芬. 反应工程. 3 版. 北京：化学工业出版社，2013.

[11] Von B R，Meier W M. Zoned aluminium distribution in synthetic zeolite ZSM-5 [J]. *Nature*，1981，289（5800）：782-783.

[12] Kadja G，Fabiani V A，Aziz M H，et al. The effect of structural properties of natural silica precursors in the mesoporogen-free synthesis of hierarchical ZSM-5 below 100℃ [J]. *Advanced Powder Technology*，2016，28（2）：443-452.

[13] Shen B，Wang H，Xiong H，et al. Atomic imaging of zeolite-confined single molecules by electron microscopy [J]. *Nature*，2022，607：703-707.

理想反应器

4.1 概述

讨论理想反应器的目的，在于介绍反应器设计计算中有关的基本原理及方法，需要解决的问题有：①如何通过实验建立反应动力学方程并加以应用；②如何根据反应的特点与反应器的性能特征选择反应器类型及操作方式；③如何计算等温与非等温过程的反应器大小及其生产能力。

根据反应器的操作模式，通常可将反应器分为间歇操作的反应器和连续操作的反应器两大类，但根据反应的特点及要求取得的理想反应产物的收率或选择性，反应器也可采取半间歇半连续的操作模式。对于理想反应器，亦存在上述三种操作模式。

从反应物料加入反应器后开始进行反应时算起，至反应到某一时刻所需的时间，被称为反应时间，通常用符号 t 表示。而停留时间则是指从反应物料进入反应器时算起至离开反应器时为止所经历的时间。

在间歇操作的反应器中，需完成加料、升温预热、反应、反应完成后卸料及清洗反应器这些步骤，所有物料的反应时间都是相同的。在连续操作的平推流管式反应器（简称平推流反应器，PFR）中，所有物料的停留时间也都是相同的，且其停留时间等于反应时间。但对不是平推流的连续操作反应器，由于同时进入反应器的物料在反应器中的停留时间有长有短，进而存在一个分布，被称为停留时间分布，通常用"平均停留时间"来表述，对于同时进入反应器的物料，不管其停留时间是否相同，其平均停留时间可根据反应物料的停留时间分布计算得到。

对于连续操作的工业反应器，有两个常用的术语，分别是空时与空速。

空时的定义为：在规定条件下，反应器容积与进料体积流量的比值，用符号 τ 表示，并可写成

$$\tau = \frac{\text{反应器容积}}{\text{进料的体积流量}} = \frac{V_R}{v_0} \tag{4-1}$$

空速的定义为：在规定条件下，单位时间内进入反应器的物料体积与反应器容积的比值，或单位时间内通过单位反应器容积的物料体积，用符号 SV 表示，可表述为

$$SV = \frac{v_0}{V} = \frac{1}{\tau} = \frac{F_{A_0}}{c_{A_0} V_R} \tag{4-2}$$

根据这一定义，若空速为 $4h^{-1}$，则每小时进入反应器的物料体积相当于 4 个反应器容积；而若空时为 2h，意指在规定条件下，每 2h 就有相当于一个反应器容积的物料通过反应器。

一般空时或空速是指标准状态下的数值，故不必注明温度和压力条件以便互相比较，但也可以换算为实际温度和压力条件下的空时或空速值。

物料在反应器中的流动与混合情况不尽相同。流体的流动，一般分为层流与湍流两种流型，这里将讨论按照流体流动方向与流速分布等情况区分不同的流体流动状况。比如在层流时，在圆形管道的横截面上流速呈抛物线形分布，即在圆形管道截面上流体的平均流速为圆形管道中心线上流体最大流速的一半。流速不同，说明物料在反应器中的停留时间不同，进而引起反应程度的差异，造成垂直于流动方向的反应器横截面上呈现一定的浓度分布，这将给反应器的设计计算带来困难。而具有不同停留时间流体颗粒之间的混合，通常被称为"返混"，又将导致反应器效率的降低，对反应产物的产量、质量均有影响。由于物料在反应器中的流动状况往往是一个比较复杂的因素，特别是在反应器的工程放大过程中，其影响将表现得更加突出。因此，在着手进行反应器设计计算前，必须先对物料在反应器中的流动状况进行分析。为了讨论方便，本章只就两种极端情况下的理想流动状况及其相应的理想反应器加以分析，而对偏离理想流动状况的非理想流动及其反应器的计算，留待第 5 章讨论。

平推流（又被称为活塞流或理想排挤流等）和全混流（也被称完全混合流或理想混合流）是两种极端的理想流动状况。所谓平推流，是指反应物料以一致的方向向前移动，在垂直于流动方向的整个反应器截面上各处的流速完全相等。这种平推流流动的特点是：所有物料颗粒在反应器中的停留时间是相同的，不存在返混。而所谓全混流，则是指刚进入反应器的新鲜物料与已存留在反应器中的物料能在瞬间达到完全混合，以至于整个反应器内不同位置处物料的浓度和温度完全相同，且等于反应器出口处物料的浓度和温度，在这种情况下，返混达到了最大限度。

真实反应器中的流动状况介于上述两种理想流动状况之间。但在进行工程计算时，常把许多接近于上述两种理想流动状况的过程当作理想流动状况处理。比如对管径较小、流速较大的管式反应器，可作为平推流处理；而对带有搅拌的釜式反应器可作为全混流处理，只有在必须考虑实际流动状况与理想流动状况的偏离时，才另作处理。

管式反应器

在连续操作的反应器中，对于恒容反应过程，物料的平均停留时间也可以看作是空时，两者在数值上是等同的，平均停留时间可用式（4-1）计算。而若为变容过程，情况就不同了，因为在变容过程中，在一定的反应器体积 V_R 下，按初始进料的体积流量 v_0 计算的平均停留时间，并不等于反应混合物体积发生变化时的真实平均停留时间，且真实平均停留时间与空时也有差异。为此，在应用时应予注意。应当说明，同样的空速或空时，

釜式反应器

对于不同直径的反应器，流体的线速度是不同的，而流速的大小直接影响反应器中的传热进而会影响化学反应的结果。因此它不是一个严格的指标，常在工艺方面使用，在反应工程中是不能含糊使用的。

4.2 简单理想反应器

前已述及，反应器设计计算所涉及的基本方程式，归根结底，就是反应的动力学方程式与物料衡算式、热量衡算式等的结合。对等温、恒容反应过程，一般仅需动力学方程式结合物料衡算式就够了。在第2章已经讨论了动力学方程式的建立。这里，结合物料衡算，讨论三种简单理想反应器［理想间歇搅拌釜式反应器（间歇全混釜），平推流及全混流反应器］的计算。

4.2.1 理想间歇搅拌釜式反应器

如图4-1所示的是一种常见的间歇搅拌釜式反应器，反应物料按一定配比一次性地加入反应器内，开动搅拌，使整个釜内物料的浓度和温度保持均匀。这种反应器通常配有夹套或蛇管，以控制反应温度在指定的范围之内。经过一定时间，反应达到所要求的转化率后，将物料排出反应器，完成一个生产周期。间歇反应器内的操作实际是非定态操作，釜内组分的组成随反应时间而改变，但由于剧烈搅拌，所以在任一瞬间，反应器中各处的组成都是均匀的。因此，可对整个反应器进行物料衡算，对于物料A，由于在反应期间没有物料加入反应器或自反应器中取出，故可以写出微元时间 $\mathrm{d}t$ 内的物料衡算式。

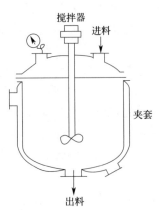

图 4-1 理想间歇搅拌釜式
反应器的示意图

$$\begin{pmatrix}单位时间进\\入反应器中\\物料 A 的量\end{pmatrix}=\begin{pmatrix}单位时间排\\出反应器的\\物料 A 的量\end{pmatrix}+\begin{pmatrix}单位时间内\\反应消耗的\\物料 A 的量\end{pmatrix}+\begin{pmatrix}单位时间内在\\反应器中物料\\A 的累积量\end{pmatrix}$$

$$0 \qquad\qquad 0 \qquad\qquad (r_A)V_R \qquad\qquad \frac{\mathrm{d}n_A}{\mathrm{d}t}$$

$$\frac{\mathrm{d}n_A}{\mathrm{d}t}=\frac{\mathrm{d}[n_{A0}(1-x_A)]}{\mathrm{d}t}=-n_{A0}\frac{\mathrm{d}x_A}{\mathrm{d}t}$$

$$(-r_A)V_R=n_{A0}\frac{\mathrm{d}x_A}{\mathrm{d}t} \tag{4-3}$$

整理并利用初始条件 $t=0$ 时 $x_A=0$ 积分式(4-3)可得

$$t=n_{A0}\int_0^{x_A}\frac{\mathrm{d}x_A}{(-r_A)V_R} \tag{4-4}$$

式(4-4)是理想间歇反应器计算的通式，表达了在一定操作条件下为达到所要求的转化率 x_A 所需的反应时间 t（见图4-2），且对恒容反应过程，式(4-4)可简化为

$$t=c_{A0}\int_0^{x_A}\frac{\mathrm{d}x_A}{(-r_A)}=-\int_{c_{A0}}^{c_A}\frac{\mathrm{d}c_A}{(-r_A)} \tag{4-5}$$

从式(4-5)可见，对于在间歇反应器内达到一定转化率所需反应时间的计算，实际上只是动力学方程倒数的直接积分。同式(4-4)一样，式(4-5)也可用图解积分求解，如图4-3所示。

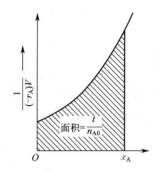

图 4-2 理想间歇反应器的图解计算

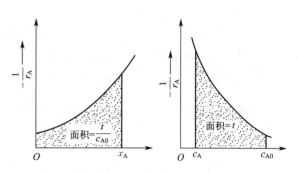

图 4-3 恒容情况下理想间歇反应器的图解计算

例 4-1 醇酸树脂是一种重要的涂料用树脂，其单体来源丰富、价格低、品种多、配方变化大、化学改性方便且综合性能好，是涂料用合成树脂中用量最大、用途最广的品种之一，在涂料工业中一直占有重要地位。某厂生产醇酸树脂是在70℃恒温条件下，将己二酸与己二醇以等摩尔比并以 H_2SO_4 作为催化剂在间歇釜中进行缩聚反应而生产的，实验测定的反应动力学方程为：

$$(-r_A) = kc_A^2 \quad [kmol/(L \cdot min)]$$

已知 $k = 1.97 L/(kmol \cdot min)$，$c_{A0} = 0.004 kmol/L$。

求：(1) 己二酸转化率分别达到 $x_A = 0.5$、$x_A = 0.6$、$x_A = 0.8$、$x_A = 0.9$ 所需的反应时间是多少？(2) 若每天处理2400kg己二酸，转化率为80%，每批操作的非反应时间为1h，计算反应器体积为多大？设反应釜的装料系数为0.75。

解 (1) 达到所要求的转化率所需的反应时间为

$x_A = 0.5$

$$t = \frac{1}{kc_{A0}} \times \frac{x_A}{(1-x_A)} = \frac{1}{1.97 \times 0.004} \times \frac{0.5}{(1-0.5)} \times \frac{1}{60} = 2.10(h)$$

$x_A = 0.6$

$$t = \frac{1}{1.97 \times 0.004} \times \frac{0.6}{(1-0.6)} \times \frac{1}{60} = 3.18(h)$$

$x_A = 0.8$

$$t = \frac{1}{1.97 \times 0.004} \times \frac{0.8}{(1-0.8)} \times \frac{1}{60} = 8.50(h)$$

$x_A = 0.9$

$$t = \frac{1}{1.97 \times 0.004} \times \frac{0.9}{(1-0.9)} \times \frac{1}{60} = 19.0(h)$$

由此可见随着转化率的增加，所需的反应时间急剧延长，因此，在确定最终转化率时应该考虑到这一因素。

(2) 最终转化率为0.80时，每批所需的反应时间为8.5h

$$己二酸的摩尔进料流率 = \frac{2400}{24 \times 146} = 0.685(kmol/h)$$

$$v_0 = \frac{F_{A0}}{c_{A0}} = \frac{0.685}{0.004} = 171(\text{L/h})$$

每批生产需要的总时间＝反应时间＋非反应时间＝9.5h

反应器容积　　　　$V_R = v_0 t_{总} = 171 \times 9.5 = 1625\text{L} = 1.625\text{m}^3$

考虑到装料系数，故所需反应器的实际体积为 $V_R' = \dfrac{1.625}{0.75} = 2.17(\text{m}^3)$

从上例计算可知，对于等温、间歇操作的理想反应器，达到一定转化率所需的反应时间，只取决于反应速率而与反应器的容积无关。反应器的大小由处理物料量的多少决定。

由于是间歇操作，每进行一批生产，都要进行清洗、装卸料、升降温等操作，这些辅助工序所需要的时间，有时也很长，甚至可能大于所需的反应时间。因此，间歇反应器一般适用于反应时间较长的慢反应。由于它灵活、简便，在小批量、多品种的染料、制药等精细化学品的生产过程中得到了广泛应用。

4.2.2 平推流反应器

平推流反应器是指其中物料的流动状况满足平推流假定，即通过反应器的物料沿同一方向以相同的速度沿轴线向前流动，在流动方向上没有物料返混，所有物料在反应器中的停留时间都是相同的。在定态条件下，垂直于流动方向的同一截面上物料组成不随时间变化。在实际生产中，对于管径较小、长度较长、流速较大的管式反应器、列管式固定床反应器等，常可近似按平推流反应器处理。

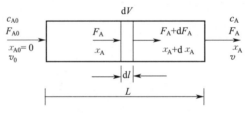

图 4-4　平推流反应器的物料衡算示意图

在进行等温反应的平推流反应器内，物料的组成沿反应器中物料的流动方向从一个截面到另一个截面而变化，现取体积为 dV 的任一微元管段对物料 A 作稳态物料衡算，如图 4-4 所示，这时可有

累积速率＝进入流率－排出流率＋反应生成流率

$$0 \qquad F_A \qquad (F_A + dF_A) \qquad r_A dV$$

故有　　　　　　　　$0 = F_A - (F_A + dF_A) + r_A \, dV$

$$dF_A = d[F_{A0}(1 - x_A)] = -F_{A0} dx_A$$

$$-F_{A0} dx_A = r_A dV$$

也即　　　　　　　　$F_{A0} dx_A = (-r_A)dV \qquad\qquad (4\text{-}6)$

对于整个反应器，应用 $V = 0$ 时，$x_A = 0$ 的边界条件，积分式(4-6)

$$\int_0^V \frac{dV}{F_{A0}} = \int_0^{x_A} \frac{dx_A}{(-r_A)}$$

$$
\left.
\begin{array}{l}
\dfrac{V}{F_{A0}} = \dfrac{\tau}{c_{A0}} = \displaystyle\int_0^{x_A} \dfrac{\mathrm{d}x_A}{(-r_A)} \\[3mm]
\tau = \dfrac{V}{v_0} = c_{A0} \displaystyle\int_0^{x_A} \dfrac{\mathrm{d}x_A}{(-r_A)}
\end{array}
\right\} \tag{4-7}
$$

或

若以下标 0 代表进料状态，x_{A1} 代表进入反应器时物料 A 的转化率，x_{A2} 代表离开反应器时物料 A 的转化率，可得表达平推流反应器的基础设计方程为

$$
\left.
\begin{array}{l}
\tau = \dfrac{V_R}{v_0} = c_{A0} \displaystyle\int_{x_{A1}}^{x_{A2}} \dfrac{\mathrm{d}x_A}{(-r_A)} \\[3mm]
\dfrac{V_R}{F_{A0}} = \dfrac{V_R}{c_{A0} v_0} = \displaystyle\int_{x_{A1}}^{x_{A2}} \dfrac{\mathrm{d}x_A}{(-r_A)}
\end{array}
\right\} \tag{4-8}
$$

或

对于恒容反应过程，有

$$
x_A = \frac{c_{A0} - c_A}{c_{A0}}
$$

故有，$\mathrm{d}x_A = -\dfrac{\mathrm{d}c_A}{c_{A0}}$；应用 $V_R = 0$ 时，$c_A = c_{A0}$，$x_A = 0$ 的边界条件，则有

$$
\left.
\begin{array}{l}
\tau = \dfrac{V_R}{v_0} = c_{A0} \displaystyle\int_0^{x_A} \dfrac{\mathrm{d}x_A}{(-r_A)} = -\displaystyle\int_{c_{A0}}^{c_A} \dfrac{\mathrm{d}c_A}{(-r_A)} \\[3mm]
\dfrac{V_R}{F_{A0}} = \dfrac{\tau}{c_{A0}} = -\dfrac{1}{c_{A0}} \displaystyle\int_{c_{A0}}^{c_A} \dfrac{\mathrm{d}c_A}{(-r_A)}
\end{array}
\right\} \tag{4-9}
$$

式(4-7)～式(4-9) 是平推流反应器的基础设计方程，它关联了反应速率、转化率、反应器容积和进料流率四个参数，可以根据给定的条件，从三个已知量求得另一个未知量。如给定反应器的容积和进料流率，动力学方程亦已知，则可求得反应器出口处所能达到的转化率。在做具体计算时，式中的 $(-r_A)$ 要用具体反应的动力学方程或其变化后的形式替换，如动力学方程较为简单，可直接积分上述基础设计方程，得到解析解；而对于较复杂的动力学方程，一般可采用如图 4-5 所示的图解积分法进行求解，也可采用如 Matlab、Polymath 等软件进行求解。各种情况下变容的平推流反应器设计方程见表 4-1 及表 4-2，恒容情况下的设计方程可套用间歇釜反应器的设计方程。

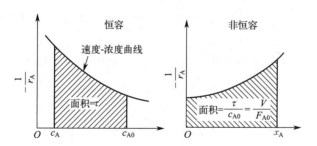

图 4-5 平推流反应器图解计算示意图

表 4-1 等温、变容平推流反应器的设计方程（用 δ_A 表示）

反 应	速率方程	设计方程
A $\longrightarrow$ mR	$(-r_A) = kp_A$	$\dfrac{V}{F_{A0}} = \dfrac{1}{kp} \left[(1 + \delta_A y_{A0}) \ln \dfrac{1}{1 - x_A} - \delta_A y_{A0} x_A \right]$; $(\delta_A = m - 1)$

续表

反　应	速率方程	设计方程
$2A \longrightarrow mR$	$(-r_A) = kp_A^2$	$\dfrac{V}{F_{A0}} = \dfrac{1}{kp^2}\left[\delta_A^2 y_{A0} x_A + (1+\delta_A y_{A0})^2 \dfrac{x_A}{y_{A0}(1-x_A)} - 2\delta_A(1+\delta_A y_{A0})\ln\dfrac{1}{1-x_A} \right]; \left(\delta_A = \dfrac{m}{2}-1\right)$
$A+B \longrightarrow mR$	$(-r_A) = kp_A p_B$	$\dfrac{V}{F_{A0}} = \dfrac{1}{kp^2}\left[\delta_A^2 y_{A0} x_A - \dfrac{(1+\delta_A y_{A0})^2}{y_{A0}-y_{B0}}\ln\left(\dfrac{1}{1-x_A}\right) + \dfrac{(1+\delta_A y_{B0})^2}{y_{A0}-y_{B0}}\ln\dfrac{1}{1-\left(\dfrac{y_{A0}}{y_{B0}}\right)x_A} \right]; (\delta_A = m-2)$
$A \rightleftharpoons R$	$(-r_A) = k\left(p_A - \dfrac{p_R}{K_p}\right)$	$\dfrac{V}{F_{A0}} = \dfrac{K_p}{(1+K_p)hp}\ln\dfrac{K_p y_{A0} - y_{R0}}{K_p y_{A0}(1-x_A) - y_{A0}x_A - y_{R0}}; (\delta_A = 0)$

注：$\delta_A = \sum \nu_i$ 表示 $\nu_A = -1$ 时参与反应的各组分化学计量系数之和，即反应膨胀因子。

表 4-2　等温、变容平推流反应器的设计方程（用 ε 表示）

反　应	动力学方程	设计方程
零级反应	$(-r_A) = k$	$\dfrac{V_R}{F_{A0}} = \dfrac{x_A}{k}$
一级不可逆反应 $A \longrightarrow P$	$(-r_A) = kc_A$	$\dfrac{V_R}{F_{A0}} = [-(1+\varepsilon_A)\ln(1-x_A) - \varepsilon_A x_A]/kc_{A0}$
一级可逆反应 $A \rightleftharpoons bB$ $\dfrac{c_{B0}}{c_{A0}} = \beta$	$(-r_A) = k_1 c_A - k_2 c_B$	$\dfrac{V_R}{F_{A0}} = \dfrac{\beta + bx_{Ae}}{k_1 c_{A0}(\beta + b)}\left[-(1+\varepsilon_A x_{Ae})\ln\left(1-\dfrac{x_A}{x_{Ae}}\right) - \varepsilon_A x_A \right]$
二级不可逆反应 $A+B \longrightarrow P$ $2A \longrightarrow P$ $c_{A0} = c_{B0}$	$(-r_A) = kc_A^2$	$\dfrac{V_R}{F_{A0}} = \dfrac{1}{kc_{A0}^2}\left[2\varepsilon_A(1+\varepsilon_A)\ln(1-x_A) + \varepsilon_A^2 x_A + (1+\varepsilon_A)^2\dfrac{x_A}{1-x_A} \right]$

注：$\varepsilon = y_{A0}\delta_A$。

　　例 4-2　某厂生产醇酸树脂是用等摩尔比的己二酸（A）与己二醇（B），并将 H_2SO_4 用作催化剂，在70℃等温条件下，在平推流反应器中进行缩聚反应而生产的，实验测定的反应动力学方程为

$$(-r_A) = 1.97 \times 10^{-3} c_A^2 \quad \text{kmol/(m}^3 \cdot \text{min)}$$

式中，$c_{A0} = 4\text{kmol/m}^3$。若每天处理2400kg的己二酸，求：转化率为80%时，所需反应器的体积为多少？

　　解　已知每天己二酸的处理量为2400kg，己二酸的分子量为146g/mol，则有己二酸进料的摩尔流率为 $F_{A0} = \dfrac{2400}{24 \times 146} = 0.685$（kmol/h）

原料的体积流率为 $v_0 = \dfrac{F_{A0}}{c_{A0}} = \dfrac{0.685}{4} = 0.171$（m³/h）

对于 PFR，有 $\tau = \dfrac{V_R}{v_0} = c_{A0}\displaystyle\int_0^{x_A}\dfrac{dx_A}{(-r_A)}$

$$\frac{V_R}{v_0} = c_{A0} \int_0^{x_A} \frac{\mathrm{d}x_A}{kc_{A0}^2(1-x_A)^2} = \frac{1}{kc_{A0}} \frac{x_A}{1-x_A}$$

当 $x_A = 0.8$ 时　$V_R = \dfrac{0.171}{1.97 \times 10^{-3} \times 4} \times \dfrac{0.8}{1-0.8} \times \dfrac{1}{60} = 1.45 (\mathrm{m}^3)$

例 4-3　均相气体反应在 185℃ 及 0.4MPa 条件下按照反应式 A $\longrightarrow$ 3P 在平推流反应器中进行，已知其在此条件下的动力学方程为

$$(-r_A) = 10^{-2} c_A^{\frac{1}{2}} \quad [\mathrm{mol}/(\mathrm{L} \cdot \mathrm{s})]$$

当进料含 50% 惰性气体时，求 A 转化率为 80% 时所需的停留时间。

解　根据式(4-7)

$$\tau = \frac{V_R}{v_0} = c_{A0} \int_0^{x_A} \frac{\mathrm{d}x_A}{(-r_A)}$$

其中
$$(-r_A) = 10^{-2} c_A^{\frac{1}{2}}$$

对于非恒容系统

$$c_A = c_{A0} \left(\frac{1-x_A}{1+\varepsilon_A x_A} \right)$$

根据 ε_A 的定义，可求得 $\varepsilon_A = 0.5 \times (3-1) = 1$

$$c_{A0} = \frac{n_{A0}}{V} = \frac{p_A}{RT} = \frac{0.5 \times 4}{0.082 \times (185 + 273)} = 0.0533 (\mathrm{mol/L})$$

$$\tau = c_{A0} \int_0^{x_A} \frac{\mathrm{d}x_A}{10^{-2} c_{A0}^{\frac{1}{2}} \left(\frac{1-x_A}{1+x_A} \right)^{\frac{1}{2}}} = c_{A0}^{\frac{1}{2}} \times 10^2 \int_0^{0.8} \left(\frac{1+x_A}{1-x_A} \right)^{\frac{1}{2}} \mathrm{d}x_A$$

此式可用图解积分或数值积分法进行求解。

（1）图解积分法　以 x_A 为横坐标，以 $\left(\dfrac{1+x_A}{1-x_A} \right)^{\frac{1}{2}}$ 为纵坐标描绘曲线，图中阴影部分的面积，即为积分值。由下表及下图可得

$$\tau = (0.0533)^{\frac{1}{2}} \times 10^2 \times 1.35 = 31.17 (\mathrm{s})$$

x_A	$\dfrac{1+x_A}{1-x_A}$	$\left(\dfrac{1+x_A}{1-x_A} \right)^{\frac{1}{2}}$
0	1.00	1.00
0.2	1.50	1.224
0.4	2.33	1.525
0.6	4.00	2.00
0.8	9.00	3.00

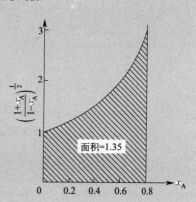

（2）数值积分法　利用辛普森法则

$$\int_{x_0}^{x_n} I \mathrm{d}x = \frac{\Delta x}{3}[I_0 + 4(I_1 + I_3 + I_5 + \cdots) + 2(I_2 + I_4 + \cdots) + I_n]$$

$$= \frac{0.2}{3} \times [1 + 4 \times (1.224 + 2) + 2 \times 1.525 + 3] = 1.33$$

故　　　　　　　　　　　　$\tau = 30.71(\mathrm{s})$

例 4-4　体积变化对平推流反应器尺寸的影响

气相裂解反应 $A \longrightarrow 2B + C$ 在平推流反应器中等温进行。反应为二级不可逆反应且参数值如下所示：

$$k = 5.0 \mathrm{dm^3/(mol \cdot s)} \qquad A_C = 1.0 \mathrm{dm^2}$$
$$c_{A0} = 0.2 \mathrm{mol/dm^3} \qquad v_0 = 1 \mathrm{dm^3/s}$$

若希望 A 达到 60% 的转化率，如果忽略体积变化将导致计算平推流反应器尺寸的误差有多少？

解　对于等温、变容的二级不可逆反应，由表 4-2 中等温、变容平推流反应器的设计方程可知

$$\frac{V_R}{F_{A0}} = \frac{1}{kc_{A0}^2}\left[2\varepsilon_A(1+\varepsilon_A)\ln(1-x_A) + \varepsilon_A^2 x_A + (1+\varepsilon_A)^2\frac{x_A}{1-x_A}\right]$$

故有　　　$$V_R = \frac{F_{A0}}{kc_{A0}^2}\left[2\varepsilon_A(1+\varepsilon_A)\ln(1-x_A) + \varepsilon_A^2 x_A + (1+\varepsilon_A)^2\frac{x_A}{1-x_A}\right]$$

$$L = \frac{v_0}{kc_{A0}A_C}\left[2\varepsilon_A(1+\varepsilon_A)\ln(1-x_A) + \varepsilon_A^2 x_A + (1+\varepsilon_A)^2\frac{x_A}{1-x_A}\right]$$

由下图可知，对于 $\varepsilon_A = 0$ 的情况，若希望达到 60% 的转化率时需要的平推流反应器长度为 1.5m；然而考虑体积变化并进行修正时，$\varepsilon_A = 1 \times (2 + 1 - 1) = 2$，若希望达到 60% 的转化率时需要的平推流反应器长度为 5.0m。如果使用一个长度为 1.5m 的平推流反应器，仅能取得 40% 的转化率，忽略体积变化导致计算平推流反应器尺寸出现的误差高达 70%！

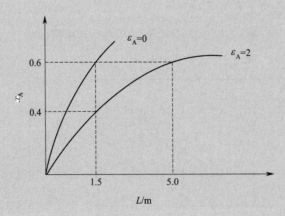

4.2.3　全混流反应器

全混流釜式反应器（简称全混流反应器、全混釜，CSTR），是指反应器中的流动状况满足全混流假定，即在此反应器内各处的物料组成和温度都是均匀的，且等于反应器出口处的组成和温度。实际生产使用的搅拌釜式反应器，一般可满足此假定。对如图 4-6 所示的全混流反应器，可以整个反应器对物料 A 进行物料衡算，当稳态操作时，有

$$进入量 \quad = \quad 排出量 + 反应消耗量 + 累积量$$

$$F_{A0} = v_0 c_{A0} \qquad F_A \qquad (-r_A)V \qquad 0$$

故

$$F_{A0} x_A = (-r_A)V$$

整理得

$$\frac{V}{F_{A0}} = \frac{\tau}{c_{A0}} = \frac{\Delta x_A}{(-r_A)} = \frac{x_A - x_{A0}}{(-r_A)} = \frac{x_A}{(-r_A)} \tag{4-10}$$

或

$$\tau = \frac{V}{v_0} = \frac{c_{A0} x_A}{(-r_A)} \tag{4-11}$$

此处 x_A、r_A 均指从反应器出口流出的流体状态下的数值。它同反应器内的状态是相同的。式中取 $x_{A0} = 0$。因为全混流反应器多用于液相恒容反应系统，故式(4-10)可简化为

$$\left. \begin{array}{l} \dfrac{V}{F_{A0}} = \dfrac{x_A}{(-r_A)} = \dfrac{c_{A0} - c_A}{c_{A0}(-r_A)} \\[3mm] \tau = \dfrac{V}{v} = \dfrac{c_{A0} x_A}{(-r_A)} = \dfrac{c_{A0} - c_A}{(-r_A)} \end{array} \right\} \tag{4-12}$$

或

式(4-10)和式(4-11)为全混流反应器的基础设计方程，它比管式反应器更简单地关联了 x_A、$(-r_A)$、V、F_{A0} 四个参数。因此，只要知道其中任意三个参数，就可求得第四个参数值，不必经过积分。由于全混流反应器的这种性能，使它在动力学研究中得到广泛应用。图 4-7 是全混流反应器图解计算示意图。表 4-3 汇集了一些全混流反应器应用于不同反应时的设计方程。

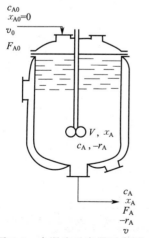

图 4-6　全混流反应器示意图

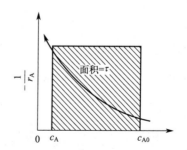

图 4-7　全混流反应器图解计算示意图

表 4-3　全混流反应器的设计方程（进料中不含产物）

反　　　应	动 力 学 方 程	设 计 方 程
1 级　 $A \longrightarrow P$	$(-r_A) = kc_A$	$c_A = c_{A0}/(1+k\tau)$
2 级　 $A \longrightarrow P$	$(-r_A) = kc_A^2$	$c_A = \dfrac{1}{2k\tau}\left[(1+4k+c_{A0})^{\frac{1}{2}} - 1\right]$
$\dfrac{1}{2}$ 级　 $A \longrightarrow P$	$(-r_A) = kc_A^{\frac{1}{2}}$	$c_A = c_{A0} + 1/2(k\tau)^2 - k\tau\left(c_{A0} - \dfrac{k^2\tau^2}{4}\right)^{\frac{1}{2}}$
n 级　 $A \longrightarrow P$	$(-r_A) = kc_A^n$	$\tau = (c_{A0} - c_A)/kc_A^n$
2 级　 $A + B \longrightarrow P$	$(-r_A) = kc_A c_B$	$c_{A0}k\tau = \dfrac{x_A}{(1-x_A)(\beta - x_A)} \cdot \beta = \dfrac{c_{B0}}{c_{A0}} \neq 1$
$A + B \longrightarrow P + S$		$c_{A0}k\tau = \dfrac{x_A}{(1-x_A)^2}, \beta = 1$
1 级 $A \underset{k_2}{\overset{k_1}{\longrightarrow}} \begin{matrix} P \\ S \end{matrix}$	$(-r_A) = (k_1 + k_2)c_A$	$c_A = \dfrac{c_{A0}}{1+(k_1+k_2)\tau}$
	$r_P = k_1 c_A$	$c_P = \dfrac{c_{A0}k_1\tau}{1+(k_1+k_2)\tau}$
	$r_S = k_2 c_A$	$c_S = \dfrac{c_{A0}k_2\tau}{1+(k_1+k_2)\tau}$
$A \xrightarrow{k_1} P \xrightarrow{k_2} S$	$(-r_A) = k_1 c_A$	$c_A = \dfrac{c_{A0}}{1+k_1\tau}, c_P = \dfrac{c_{A0}k_1\tau}{(1+k_1\tau)(1+k_2\tau)}$
	$r_P = k_1 c_A - k_2 c_P$	$c_S = \dfrac{c_{A0}k_1\tau^2}{(1+k_1\tau)(1+k_2\tau)}$
		$c_{Pmax} = \dfrac{c_{A0}}{\left[(k_2/k_1)^{\frac{1}{2}} + 1\right]^2}$
	$r_S = k_2 c_P$	$\tau_{opt} = \dfrac{1}{\sqrt{k_1 k_2}}$

　　例 4-5　反应条件同例 4-2，将平推流反应器换为全混流反应器，达到相同转化率时，试求全混流反应器的体积。

　　解　由例 4-2 可知，每小时进料量 $F_{A0} = 0.685\text{kmol/h} = 0.0114\text{kmol/min}$，体积流量 $v_0 = 0.171\text{m}^3/\text{h} = 0.00285\text{m}^3/\text{min}$

对于 CSTR

$$\tau = c_{A0}\frac{x_A - x_{A0}}{(-r_A)}$$

$$\frac{V_R}{v_0} = c_{A0}\frac{x_A - x_{A0}}{kc_{A0}^2(1-x_A)^2}$$

代入数据，$x_A = 0.8$ 时：$V_R = v_0\tau = \dfrac{0.00285 \times 0.8}{1.97 \times 10^{-3} \times 4 \times (1-0.8)^2} = 7.23(\text{m}^3)$

在处理量相同的条件下，三种反应器的体积对比如下表。

转化率	平推流反应器	间歇式反应器	全混流反应器
$x_A = 0.8$	1.45m³	2.17m³	7.23m³

例 4-6 液相反应 $A+B \underset{k_2}{\overset{k_1}{\rightleftharpoons}} P+R$，在120℃时正、逆反应速率常数分别为 $k_1=8$ L/(mol·min)、$k_2=1.7$ L/(mol·min)。若反应在全混流反应器中进行，其中物料容量为100L。两股进料同时等流量导入反应器，其中一股 A 的浓度为 3.0mol/L，另一股 B 的浓度为 2.0mol/L，求：当组分 B 的转化率为 80% 时，每股料液的进料流量应为多少？

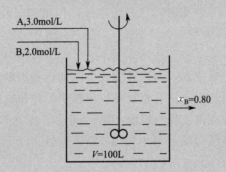

解 假定在反应过程中物料的密度恒定不变，在开始反应时各组分的浓度为：$c_{A0}=1.5$mol/L，$c_{B0}=1.0$mol/L，$c_{P0}=0$，$c_{R0}=0$

当 B 的转化率为 80% 时，在反应器中及反应器出口流中各组分的浓度应为：$c_B=c_{B0}(1-x_B)=1.0\times(1-80\%)=0.2$(mol/L)，$c_A=c_{A0}-c_{B0}x_B=1.5-1\times80\%=0.7$(mol/L)，故有：

$$c_P=c_R=0.8\text{mol/L}$$

对于可逆反应，有

$$
\begin{aligned}
(-r_A)=(-r_B) &= k_1 c_A c_B - k_2 c_P c_R \\
&= 8\times0.7\times0.2 - 1.7\times0.8\times0.8 \\
&= 1.12 - 1.088 = 0.032[\text{mol/(L·min)}]
\end{aligned}
$$

对于全混流反应器

$$\tau = \frac{V_R}{v} = \frac{c_{A0}-c_A}{(-r_A)} = \frac{c_{B0}-c_B}{(-r_B)}$$

所以，两股进料的总进料流量 v 为

$$v = \frac{V_R(-r_A)}{c_{A0}-c_A} = \frac{V_R(-r_B)}{c_{B0}-c_B} = \frac{100\times0.032}{0.8} = 4(\text{L/min})$$

根据开始反应时反应器中组分 A 和 B 的初始浓度，可计算得到含有 A 组分及 B 组分的两股物料的流量分别为：$v_{A0}=v_{B0}=v/2=2$(L/min)。

4.2.4 不同型式理想反应器的特性及相互联系

在上述各节中，已分别对三种不同类型的理想反应器进行了分析。由分析结果可知，三种不同类型的理想反应器分别具有以下特性。

对于间歇操作的理想搅拌釜式反应器，由于强烈的搅拌作用，致使反应器内的物料完全混合，在反应器内不同位置处物料的温度、浓度及反应速率均相同，仅随反应时间的延长而变化。对于指定的反应，自反应开始计时，达到一定转化率时所需的反应时间 t 可由式(4-4)计算得出

$$t = n_{A0} \int_0^{x_A} \frac{\mathrm{d}x_A}{(-r_A)V_R} \tag{4-4}$$

对于恒容反应过程，式(4-4) 可简化为

$$t = c_{A0} \int_0^{x_A} \frac{\mathrm{d}x_A}{(-r_A)} = -\int_{c_{A0}}^{c_A} \frac{\mathrm{d}c_A}{(-r_A)} \tag{4-5}$$

对于任何一个间歇操作反应器，一个操作循环的时间 t_T 可能大大超过其反应时间 t，因为必须考虑加料及预热升温所需的时间（t_f）和出料所需的时间（t_e）以及在不同批次之间清洗反应器所需的时间 t_c，这些时间之和通常被称作辅助时间 t_a。在某些情况下由式(4-5) 计算得到的反应时间 t 仅为整个循环时间 t_T 的一小部分，且有

$$t_T = t_f + t + t_e + t_c$$

对于连续操作的平推流反应器，由于通过反应器的物料沿轴线方向以相同的速度向前流动，在流动方向上没有物料返混，所有物料在反应器中的停留时间都是相同的；在定态条件下，垂直于流动方向的同一截面上物料组成不随时间及位置的不同变化。对于指定的反应，达到一定转化率时所需的停留时间 τ 可由式(4-7) 计算得到

$$\tau = c_{A0} \int_0^{x_A} \frac{\mathrm{d}x_A}{(-r_A)} \tag{4-7}$$

对于连续稳态操作的全混流反应器，由于强烈的搅拌作用，致使加入反应器的物料与反应器内的物料瞬间达到完全混合，反应器内各处的物料组成和温度都是均匀的，且等于反应器出口处物料的组成和温度。对于指定的反应，达到一定转化率时所需的平均停留时间 τ 可由式(4-12) 计算得到

$$\tau = \frac{V_R}{v_0} = \frac{c_{A0} x_A}{(-r_A)} \tag{4-12}$$

根据上述三种理想反应器的特点及设计方程，可以得知：对于指定的一个反应，当达到一定的转化率时，采用理想间歇搅拌釜式反应器所需的反应时间与采用连续操作的平推流反应器所需的停留时间是相同的，但由于理想间歇搅拌釜式反应器需要一定的辅助时间 t_a，故其处理能力低于平推流反应器，这也是将反应器的间歇操作改为连续操作的主要推动力。

比较理想间歇搅拌釜式反应器与连续操作的全混流反应器可知，由于强烈搅拌作用，致使这两种反应器中的反应器内各处的物料组成和温度都是均匀的，不随在反应器中位置的不同而变化。事实上，这两种反应器只是操作模式的不同而已。

对比连续操作的平推流反应器与全混流反应器可知，在垂直于流动方向的平推流反应器的某一截面上，反应物料的温度、浓度及流速均是相同的，不随其在截面上位置的不同而变化，因此垂直于流动方向的平推流反应器的每个截面可被视为一个微型全混流反应器，而平推流反应器是由入口到出口这些无穷多个横截面构成的，故可得出无限个微型全混流反应器的串联等同于一个推流反应器的结论，具体的推导过程可见 4.3.2 节。

4.3 理想流动反应器组合

工业生产上，为了适应不同反应的要求，有时常常采用相同或不同类型的理想流动反应器进行组合，比如 N 个全混流反应器的串联操作，可以减少返混对反应效果的影响，而循环反应器可以使平推流反应器具有全混流反应器的某种特征。理想流动反应器的组合不但适用于均相系统，在非均相系统也得到了广泛应用。

4.3.1　平推流反应器的组合

考虑 N 个平推流反应器的串联操作，设 x_1，x_2，$\cdots$，x_N 分别为反应物组分 A 离开反应器 1，2，$\cdots$，N 时的转化率。对于第一个平推流反应器，作反应物组分 A 的物料衡算，根据式(4-8)可得

$$\frac{V_1}{F_{A0}}=\frac{\tau_1}{c_{A0}}=\int_0^{x_1}\frac{\mathrm{d}x}{(-r_A)_1}$$

同理，对第 i 个平推流反应器，进行反应物组分 A 的物料衡算可得

$$\frac{V_i}{F_{A0}}=\int_{x_{i-1}}^{x_i}\frac{\mathrm{d}x}{(-r_A)_i}$$

因此对串联的 N 个平推流反应器而言

$$\frac{V}{F_A}=\sum_{i=1}^N\frac{V_i}{F_{A0}}=\frac{V_1}{F_{A0}}+\frac{V_2}{F_{A0}}+\cdots+\frac{V_N}{F_{A0}}$$

$$=\int_0^{x_1}\frac{\mathrm{d}x}{(-r_A)_1}+\int_{x_1}^{x_2}\frac{\mathrm{d}x}{(-r_A)_2}+\cdots+\int_{x_{N-1}}^{x_N}\frac{\mathrm{d}x}{(-r_A)_N}$$

若每个平推流反应器中的反应温度均相同，故（$-r_A$）相等，则有

$$\frac{V}{F_A}=\int_0^{x_N}\frac{\mathrm{d}x}{(-r_A)}\tag{4-13}$$

所以 N 个平推流反应器串联组合时，若其总体积为 V，则其最终转化率与一个具有体积为 V 的单个平推流反应器所能获得的转化率相同。

对于平推流反应器的并联或串并联组合，也能够根据上述原理简化为单一反应器的情况。若为并联，为使其效率最高，则应保证每个并行支线上的 $\frac{V}{F_A}$ 或 τ 均是相同的。

例 4-7　考虑如下图所示的平推流反应器的串并联组合，求进入支线 A 流量占进料总流量的分率。

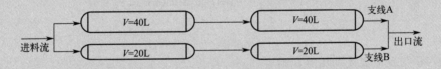

解　如上图所示，对于支线 A，两个串联的平推流反应器总体积为

$$V_A=40+40=80\text{L}$$

对于支线 B，两个串联的平推流反应器的总体积为

$$V_B=20+20=40\text{L}$$

为了使两个支线的出口转化率相同，则应有$(V/F)_A=(V/F)_B$

或　$F_A/F_B=V_A/V_B=80/40=2$

故进入支线 A 的进料流量占总进料流量的分率应为 2/3。

4.3.2　全混流反应器的组合

在工业生产上，常遇见的是 N 个全混流反应器，简称全混釜的串联操作。由于其中每

个釜均满足全混流假设，且认为釜与釜之间没有返混，这样，对如图 4-8 所示的第 i 个釜作组分 A 的稳态物料衡算，有：

$$
\begin{array}{cccc}
\text{进入量} & = \text{排出量} & + \quad \text{反应量} & + \quad \text{累积量} \\
v_0 c_{Ai-1}=F_{Ai-1} & v_0 c_{Ai}=F_{A0}(1-x_{Ai}) & (-r_A)_i V_i & 0
\end{array}
$$

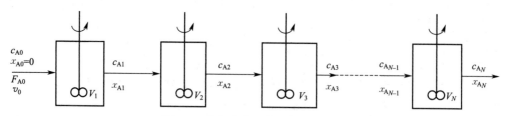

图 4-8 多釜串联组合操作的示意图

因该反应系统为定态操作，且对恒容反应系统，v_0 不变，$V_i/v_0=\tau_i$，故有

$$
\left.
\begin{array}{l}
v_0 c_{Ai-1}-v_0 c_{Ai}=(-r_A)_i V_i \\[4pt]
c_{Ai-1}-c_{Ai}=(-r_A)_i \tau_i \\[4pt]
\tau_i=\dfrac{V_i}{v_0}=\dfrac{c_{Ai-1}-c_{Ai}}{(-r_A)_i}
\end{array}
\right\}
\tag{4-14}
$$

式(4-14) 既可用于各釜容积与温度均相同的反应系统，也可用于计算各釜容积与温度各不相同的操作，此时，在计算某一釜时，相应地应采用该釜的容积 V_i 及该釜反应温度条件下的反应速率 $(-r_{Ai})$，如对一级不可逆反应 A $\longrightarrow$ P

$$
\tau_1=\frac{V_1}{v_0}=\frac{c_{A0}-c_{A1}}{(-r_A)_1}=\frac{c_{A0}-c_{A1}}{k_1 c_{A1}}
$$

$$
c_{A1}=\frac{c_{A0}}{1+k_1 \tau_1}
$$

同理

$$
c_{A2}=\frac{c_{A1}}{1+k_2 \tau_2}=\frac{c_{A0}}{(1+k_1 \tau_1)\times(1+k_2 \tau_2)}
$$

$$
c_{A3}=\frac{c_{A2}}{1+k_3 \tau_3}=\frac{c_{A0}}{(1+k_1 \tau_1)\times(1+k_2 \tau_2)\times(1+k_3 \tau_3)}
$$

如各釜的容积与反应温度均相等，则有

$$
c_{AN}=\frac{c_{A0}}{(1+k\tau)^N}
\tag{4-15}
$$

图 4-9 给出了多个全混釜串联时的图解算法，特别适用于给定了原料处理量和转化率后需选定全混釜数目及全混釜容积的情况，可以避免解代数方程时的试差。

由于等温操作，反应速率仅为反应物浓度的函数，$(-r_A)=f(c_A)$，故先作出 $(-r_A)$-c_A 的关系曲线，再根据

$$
(-r_A)_i=\frac{1}{\tau_i}(c_{Ai-1}-c_{Ai})=-\frac{1}{\tau_i}(c_{Ai}-c_{Ai-1})
$$

从横轴上 c_{Ai-1} 处出发，作斜率为 $-\dfrac{1}{\tau_i}$ 的直线，使之与

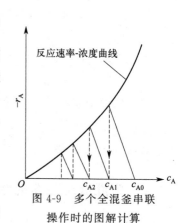

图 4-9 多个全混釜串联
操作时的图解计算

反应速率曲线相交，交点的横坐标即为 c_{Ai}，如此作图一直到所要求的出口浓度为止，有 n 个阶梯，即代表需要 n 个全混釜。若各个全混釜的容积不等，图中各操作线的斜率便各异；若各个全混釜的容积相等，则图中各操作线相互平行。对于非一级反应的情况，也可作类似处理，但应指出的是，图解计算法只适用于反应速率最后能以单一组分的浓度来表达的简单反应，对于平行反应、连串反应等复合反应则不适用。

例 4-8　反应条件同例 4-2，将平推流反应器换为 4 个容积相同的全混流反应器串联，当取得与平推流反应器相同的转化率时，试求 4 个串联的全混流反应器的总体积。

解　由例 4-2 可知，摩尔进料流率 $F_{A0} = 0.685 \text{kmol/h}$，原料的体积流率为 $V_0 = 0.171 \text{m}^3/\text{h}$。要求第四个全混流反应器出口转化率为 80%，即

$$c_{A4} = c_{A0}(1 - x_A) = 4 \times (1 - 0.8) = 0.8 (\text{kmol/m}^3)$$

以试差法确定每个全混流反应器的出口浓度

设 $\tau_i = 3\text{h}$，代入 $c_{Ai} = \dfrac{-1 + \sqrt{1 + 4k\tau_i c_{Ai-1}}}{2k\tau_i}$

由 c_{A0} 求出 c_{A1}，然后依次求 c_{A2}、c_{A3}、c_{A4}，看是否满足 $c_{A4} = 0.8 \text{kmol/m}^3$ 的要求。将以上数据代入，求得 $c_{A4} = 0.824 \text{kmol/m}^3$，结果稍大。

重新假设 $\tau_i = 3.14\text{h}$，求得

$$c_{A1} = 2.202 \text{kmol/m}^3 \qquad c_{A2} = 1.437 \text{kmol/m}^3$$

$$c_{A3} = 1.037 \text{kmol/m}^3 \qquad c_{A4} = 0.798 \text{kmol/m}^3$$

基本满足要求。

$$V_{Ri} = V_0 \tau_i = 0.171 \times 3.14 = 0.537 (\text{m}^3)$$

$$V_R = 4 \times 0.537 = 2.15 (\text{m}^3)$$

在相同原料处理量及转化率条件下，比较单个全混流反应器、单个平推流反应器和四个全混流反应器串联的反应器容积，结果如下表所示：

反应器	平推流反应器	四个全混流反应器串联	单个全混流反应器
反应器有效容积/m³	1.45	2.15	7.23

4.3.3　不同型式理想流动反应器的组合

如图 4-10 所示，若将不同型式的理想流动反应器进行串联组合，在第一个全混釜反应器后连接两个平推流反应器，然后再连接一个全混釜反应器，对四个理想流动反应器分别写出如下所示的关系式：

$$\frac{V_1}{F_{A0}} = \frac{x_{A1} - x_{A0}}{(-r_A)_1}$$

$$\frac{V_2}{F_{A0}} = \int_{x_{A1}}^{x_{A2}} \frac{\mathrm{d}x_A}{(-r_A)_2}$$

$$\frac{V_3}{F_{A0}} = \int_{x_{A2}}^{x_{A3}} \frac{\mathrm{d}x_A}{(-r_A)_3}$$

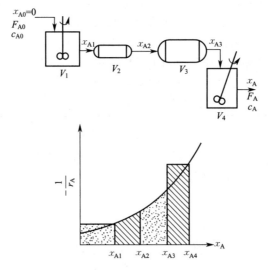

图 4-10 不同型式理想流动反应器串联的图解计算

$$\frac{V_4}{F_{A0}} = \frac{x_{A4} - x_{A3}}{(-r_A)_4}$$

其相互关系以图解形式表示在图 4-10 中，由该图可推算反应器组合系统的总转化率、中间阶段的转化率，或利用给定的各段转化率，求得各个理想流动反应器的容积。

4.3.4 循环反应器

在工业生产上有时为了控制反应物的合适浓度以便于控制温度、转化率和收率，同时又需使物料在反应器内有足够的停留时间并具有一定的线速度，常常采用将部分物料进行循环的操作方法。图 4-11 表示了循环操作的管式或塔式反应器的情况。

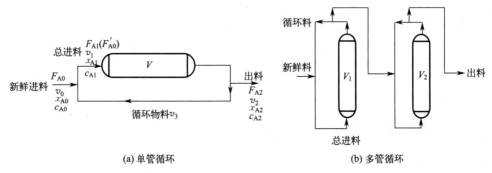

(a) 单管循环   (b) 多管循环

图 4-11 循环反应器示意图

如图 4-11 所示，新鲜进料的体积流量为 v_0；离开反应器的体积流量为 v_2；循环物料的体积流量为 v_3；进入反应器的总体积流量 $v_1 = v_0 + v_3$。

令

$$\left.\begin{array}{l} \alpha = \dfrac{v_0}{v_1} \\[3mm] \beta' = \dfrac{v_3}{v_1} = \dfrac{\text{循环物料的体积流量}}{\text{进入反应器的总体积流量}} = \dfrac{v_1 - v_0}{v_1} = 1 - \alpha \end{array}\right\} \qquad (4\text{-}16)$$

$$\tau = \frac{V}{v_0}$$

$$\tau' = \frac{V}{v_1} = \alpha\tau$$

对于该反应器中组分 A 作物料衡算，可得

$$v_1 c_{A1} = v_0 c_{A0} + v_3 c_{A3}$$

进入反应器的组分 A 浓度为：

$$c_{A1} = [v_0 c_{A0} + (v_1 - v_0) c_{A2}]/v_1 = \alpha c_{A0} + \beta' c_{A2} \tag{4-17}$$

对于平推流反应器，其停留时间为

$$\tau' = \int_{c_{A1}}^{c_{A2}} \frac{-dc_A}{(-r_A)} \tag{4-18}$$

或

$$\tau = -\frac{1}{\alpha} \int_{c_{A1}}^{c_{A2}} \frac{dc_A}{(-r_A)}$$

对一级不可逆反应，有

$$(-r_A) = kc_A$$

$$\tau' = \int_{c_{A2}}^{c_{A1}} \frac{dc_A}{kc_A} = \frac{1}{k} \ln \frac{c_{A1}}{c_{A2}}$$

$$c_{A2} = \frac{\alpha c_{A0}}{e^{\alpha k\tau} - \beta'} \tag{4-19}$$

或

$$x_{A2} = 1 - \frac{\alpha}{e^{\alpha k\tau} - \beta'} \tag{4-20}$$

其他不同级数反应的表达式见表 4-4。若对多管串联情况，不论各管的温度、体积或循环比是否相同，亦可进行逐管计算。例如对 A ⟶ P 的一级不可逆反应

$$(c_{A2})_1 = \frac{\alpha_1 c_{A0}}{e^{\alpha_1 k_1 \tau_1} - \beta'_1}$$

$$(c_{A2})_2 = \frac{\alpha_2 (c_{A2})_1}{e^{\alpha_2 k_2 \tau_2} - \beta'_2}$$

$$= \frac{\alpha_1 \alpha_2 c_{A0}}{(e^{\alpha_1 k_1 \tau_1} - \beta'_1) \times (e^{\alpha_2 k_2 \tau_2} - \beta'_2)}$$

上述 c_{A2} 小括号外的下标 1、2 分别表示第一个反应器和第二个反应器出口的组分 A 浓度，类推到第 N 个管式反应器，其出口的组分 A 浓度为

$$(c_{A2})_N = \frac{\alpha_1 \alpha_2 \cdots \alpha_N c_{A0}}{(e^{\alpha_1 k_1 \tau_1} - \beta'_1)(e^{\alpha_2 k_2 \tau_2} - \beta'_2) \cdots (e^{\alpha_N k_N \tau_N} - \beta'_N)} \tag{4-21}$$

如各个管式反应器的反应温度、容积及循环比均相等，则有

$$(c_{A2})_N = \frac{\alpha^N c_{A0}}{(e^{\alpha k\tau} - \beta')^N} \tag{4-22}$$

或

$$(x_{A2})_N = 1 - \frac{\alpha^N}{(e^{\alpha k\tau} - \beta')^N} \tag{4-23}$$

式中，τ 为在一个管式反应器内按新鲜进料体积流量计算的停留时间。

有了上述计算式，就可以根据原料处理量和转化率的要求，选择单个或多个管式反应器串联形成的循环反应器的容积。

表 4-4 等温循环反应器的计算（进料中不含产物组分）

反应	反应速率方程	计算公式
0 级，A $\longrightarrow$ P	$-\dfrac{dc_A}{d\tau'}=k$	$c_A=c_{A0}-k\tau$
1 级，A $\longrightarrow$ P	$-\dfrac{dc_A}{d\tau'}=kc_A$	$c_A=\alpha c_{A0}/(e^{ak\tau}-\beta')$
2 级，2A $\longrightarrow$ P 　A+B $\longrightarrow$ P 　($c_{A0}=c_{B0}$)	$-\dfrac{dc_A}{d\tau'}=kc_A^2$	$\tau=\dfrac{c_{A0}-c_A}{kc_A(\alpha c_{A0}-\beta'c_A)}$
2 级，A+B $\longrightarrow$ P 　($c_{A0}\neq c_{B0}$)	$-\dfrac{dc_A}{d\tau'}=kc_Ac_B$	$\tau=\dfrac{1}{k\alpha(c_{A0}-c_{B0})}\ln\dfrac{(\alpha c_{B0}-\beta'c_B)c_A}{(\alpha c_{A0}-\beta'c_A)c_B}$
1 级，A $\overset{k_1}{\underset{k_2}{<}}\begin{array}{c}P\\S\end{array}$	$-\dfrac{dc_A}{d\tau'}=(k_1+k_2)c_A$	$c_A=\dfrac{\alpha c_{A0}e^{-a(k_1+k_2)\tau}}{1-\beta'e^{-a(k_1+k_2)\tau}}$
	$\dfrac{dc_P}{d\tau'}=k_1c_A$	$c_P=\dfrac{k_1}{k_1+k_2}c_{A0}\dfrac{1-e^{-a(k_1+k_2)\tau}}{1-\beta'e^{-(k_1+k_2)\tau}}$
	$\dfrac{dc_S}{d\tau'}=k_2c_A$	$c_S=\dfrac{k_2}{k_1+k_2}c_{A0}\dfrac{1-e^{-a(k_1+k_2)\tau}}{1-\beta'e^{-a(k_1+k_2)\tau}}$
A $\overset{k_1}{\longrightarrow}$ P $\overset{k_2}{\longrightarrow}$ S	$-\dfrac{dc_A}{d\tau'}=k_1c_A$	$k_1\neq k_2：c_A=\dfrac{\alpha c_{A0}e^{-ak_1\tau}}{1-\beta'e^{-ak_1\tau}}$
	$\dfrac{dc_P}{d\tau'}=k_1c_A-k_2c_P$	$c_P=\dfrac{\alpha c_{A0}}{1-\beta'e^{-ak_2\tau}}\left(\dfrac{k_1}{k_1+k_2}\right)\left(\dfrac{e^{-ak_1\tau}-e^{-ak_2\tau}}{1-\beta'e^{-ak_1\tau}}\right)$
	$\dfrac{dc_S}{d\tau'}=k_2c_P$	$c_S=c_{A0}-c_A-c_P$
		$k_1=k_2：c_A=\dfrac{\alpha c_{A0}e^{-k_1\tau}}{1-\beta'e^{-ak_1\tau}}$
		$c_P=\dfrac{\alpha e^{-ak_1\tau}}{1-\beta'e^{-ak_1\tau}}\left(\dfrac{\alpha k_1c_{A0}\tau}{1-\beta'e^{-ak_1\tau}}\right)$
		$c_S=c_{A0}-c_A-c_P$

为了更形象地表示循环反应器的性能，定义

$$\beta=循环比=\frac{循环物料的体积流量}{离开反应器物料的体积流量}=\frac{v_3}{v_2} \tag{4-23'}$$

循环比 β 可自零变至无限大。当循环比 $\beta=0$ 时，即为平推流反应器的情况，而当 $\beta=\infty$ 时，就相当于全混釜的性能。图 4-12 简要地示意了这两种极端循环比下的循环反应器容积。由于循环反应器具有这种性能，因此，它可以使平推流反应器很容易调整为具有不同返混程度的混合流动反应器。

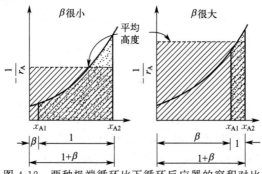

图 4-12 两种极端循环比下循环反应器的容积对比

对于定常态下的恒容反应过程，$v_2 = v_0$，所以，β 与 α、β' 的关系是

$$\beta = \frac{v_3}{v_2} = \frac{v_1 - v_0}{v_0} = \frac{1}{\alpha} - 1$$

$$\left. \begin{array}{c} \alpha = \dfrac{1}{1+\beta} \\[3mm] \beta' = \dfrac{\beta}{1+\beta} \end{array} \right\} \tag{4-24}$$

式（4-18）可变形为

$$\tau = \frac{V}{v_0} = -(1+\beta) \int_{c_{A1}}^{c_{A2}} \frac{\mathrm{d}c_A}{(-r_A)}$$

$$= -(1+\beta) \int_{\frac{c_{A0}+\beta c_{A2}}{1+\beta}}^{c_{A2}} \frac{\mathrm{d}c_A}{(-r_A)} \tag{4-25}$$

对于一级不可逆反应，积分得

$$\frac{k\tau}{1+\beta} = \ln \left[\frac{c_{A0} + \beta c_{A2}}{(1+\beta)c_{A2}} \right] \tag{4-26}$$

式（4-26）与式（4-19）结果相同。

对于非恒容反应过程

$$\frac{V}{F'_{A0}} = \int_{x_{A1}}^{x_{A2}} \frac{\mathrm{d}x_A}{(-r_A)} \tag{4-27}$$

式（4-27）中 F'_{A0} 是指刚进入反应器的流体 A 的摩尔流量。因为 F'_{A0} 和 x_{A1} 均不是直接已知的，故应予变换。

$$F'_{A0} = F_{A0} + \beta F_{A0} = (1+\beta)F_{A0} \tag{4-28}$$

此时的 x_1 可根据变容过程的式（2-65）得出

$$x_{A1} = \frac{1 - \dfrac{c_{A1}}{c_{A0}}}{1 + \varepsilon_A \dfrac{c_{A1}}{c_{A0}}} \tag{4-29}$$

因为系统压力视为恒定，故对新鲜物料与循环物料汇合后的流体直接加和，因此有

$$c_{A1} = \frac{F_{A1}}{v_1} = \frac{F_{A0} + F_{A3}}{v_0 + v_3} = \frac{F_{A0} + \beta F_{A0}(1 - x_{A2})}{v_0 + \beta v_2}$$

$$= \frac{F_{A0}(1 + \beta - \beta x_{A2})}{v_0 + \beta v_0(1 + \varepsilon_A x_{A2})} = c_{A0} \left(\frac{1 + \beta - \beta x_{A2}}{1 + \beta + \beta \varepsilon_A x_{A2}} \right) \tag{4-30}$$

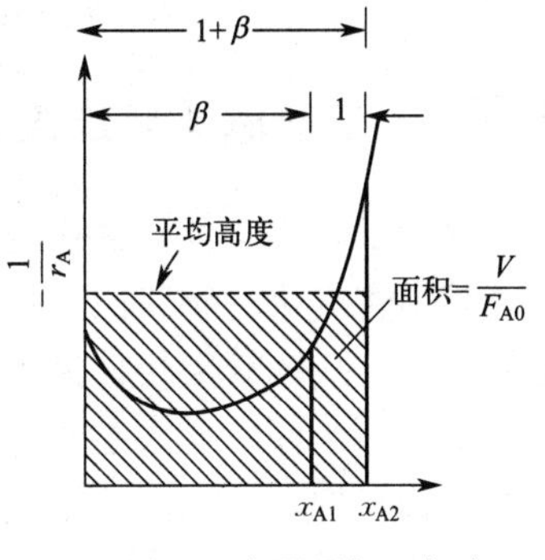

图 4-13　循环反应器图解（任意 ε_A）

将式（4-30）代入式（4-29）得

$$x_{A1} = \left(\frac{\beta}{1+\beta} \right) x_{A2} \tag{4-31}$$

将式（4-31）代入式（4-27）得

$$\frac{V}{F_{A0}} = (1+\beta) \int_{x_{A1}}^{x_{A2}} \frac{\mathrm{d}x_A}{(-r_A)} = (1+\beta) \int_{\left(\frac{\beta}{1+\beta}\right) x_{A2}}^{x_{A2}} \frac{\mathrm{d}x_A}{(-r_A)} \tag{4-32}$$

式（4-31）的图解标绘如图 4-13 所示，它适用于任意膨胀率 ε_A 值和任意级数的不可逆反应。

例 4-9 有如下自催化反应：$A + P \longrightarrow P + P$

已知 $c_{A0} = 1\,\text{mol/L}$，$c_{P0} = 0$，$k = 1\,\text{L/(mol·s)}$，$F_{A0} = 1\,\text{mol/s}$。欲在一循环反应器进行此反应，要求达到的转化率为 98%，求：当循环比分别为 $\beta = 0$、$\beta = 3$、$\beta = \infty$ 时，所需要的反应器体积为多少？

解 对于自催化反应，其反应动力学方程为

$$(-r_A) = kc_A(c_{A0} - c_A) = kc_{A0}^2 x_A(1 - x_A)$$

对任意循环比 β，反应器计算的基础设计方程式为

$$\frac{V}{F_{A0}} = (\beta + 1)\int_{\left(\frac{\beta}{\beta+1}\right)x_{A2}}^{x_{A2}} \frac{dx_A}{(-r_A)}$$

把动力学方程代入基础设计方程式，并积分可得

$$\frac{V}{F_{A0}} = (\beta + 1)\int_{x_{A1}}^{x_{A2}} \frac{dx_A}{kc_{A0}^2 x_A(1 - x_A)}$$

$$= \frac{(\beta + 1)}{kc_{A0}^2}\ln\left[\frac{1 + \beta(1 - x_{A2})}{\beta(1 - x_{A2})}\right]$$

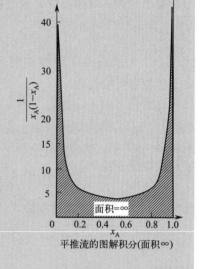

平推流的图解积分(面积∞)

（1）$\beta = 3$

$$V = 4\ln\frac{1.06}{0.06} = 11.4\,(\text{L})$$

（2）$\beta = 0$，即平推流反应器的情况

$$V = F_{A0}\int_0^{x_{A1}} \frac{dx_A}{kc_{A0}^2 x_A(1 - x_A)}$$

$$= \frac{F_{A0}}{kc_{A0}^2}\int_0^{0.98} \frac{dx_A}{x_A(1 - x_A)}$$

图解积分，可得 $V = \infty$。

（3）$\beta = \infty$，即全混釜的情况

$$V = F_{A0}\frac{x_{Af}}{kc_{A0}^2 x_{Af}(1 - x_{Af})} = 1 \times \left(\frac{0.98}{0.98 \times 0.02}\right) = 50\,(\text{L})$$

4.3.5 半间歇（半连续）操作反应器

半间歇（半连续）操作的反应器是将两种或多种反应物料中的一部分事先加入反应器中，然后将其余的物料连续加入或缓慢滴加，这可使加入组分的浓度在反应区中保持在较低范围，使反应不致太快，易于控制温度，或者能抑制某一副反应。

显然，半间歇操作是非定态过程，其基础设计方程一般均需采用数值法进行求解。

考虑反应

$$A + B \longrightarrow 产物$$

设在反应开始前，在反应器中先加入反应物料 B，其量为 n_{B0} mol；若其中还含有少量组分 A，其量为 n_{A0} mol；反应开始时将浓度为 c_{A0} 的反应物料 A 连续加入反应器，其体积流量为 v（若其中还含有少量 B，其浓度用 c_{B0} 表示）。如在反应过程中物料密度恒定，则在某一时刻 t 时，反应器中反应物料的体积为

$$V = V_0 + vt \tag{4-33}$$

在微元时间 dt 内对组分 A 进行物料衡算

进入量＝　排出量 ＋反应量 ＋　累积量

$$vc_{A0}dt \qquad 0 \qquad (-r_A)Vdt \qquad d(Vc_A)$$

故有

$$vc_{A0}dt - (-r_A)Vdt = d(Vc_A) \tag{4-34}$$

因

$$c_A = \frac{1}{V}(n_{A0} + vc_{A0}t)(1 - x_A) \tag{4-35}$$

故　　　　　转化率 $x_A = \dfrac{到时间\ t\ 为止转化掉的\ A\ 的物质的量（mol）}{到时间\ t\ 为止加入反应器的\ A\ 的物质的量（mol）}$

$$d(Vc_A) = [(1 - x_A)vc_{A0}]dt - (n_{A0} + vc_{A0}t)dx_A$$

代入式（4-34）得

$$(n_{A0} + vc_{A0}t)dx_A = [(-r_A)V - vc_{A0}x_A]dt \tag{4-36}$$

写成差分的形式为

$$(n_{A0} + vc_{A0}t)\Delta x_A = \{[(-r_A)V]_{av} - vc_{A0}x_A\}\Delta t \tag{4-37}$$

式（4-37）即为半间歇（半连续）反应器的基础设计方程。但仅用式（4-37）还不能计算，因为其中（$-r_A$）或以产物表示的 r_P 为未知值，若动力学方程式为

$$(-r_A) = r_P = kc_A c_B$$

对反应物 B 作物料衡算得

$$c_B = \frac{1}{V}[(n_{B0} + vc_{B0}t) - bx_A(n_{A0} + vc_{A0}t)] \tag{4-38}$$

$$(-r_A) = r_P = kc_A c_B = f(x_A, t) \tag{4-39}$$

联合式（4-33）、式（4-37）及式（4-38）、式（4-39），就可用数值法逐段求出时间 t 时的 x_A 了。其具体步骤简述如下：

① 选定一个时间增量值 Δt。计算在此时间区间内的 Δx_{A0}。因为在第一个时间区间 $t = \dfrac{\Delta t}{2}$，用初始的 x_A 及 V 值计算（$-r_A$）或 r_P，并以下标 0 表示，如 $(r_P V)_0$，将此 $(r_P V)_0$ 值代入式（4-37），算出 Δx_A，便得到第一段时间区间内的转化率 $x_{A1} = 0 + \Delta x_{A0}$。

② 由式（4-33）算出第一段时间间隔末的体积 V_1。

③ 由 V_1、x_{A1}、t_1（$t_1 = 0 + \Delta t$）算出本时间间隔末的 $(r_P)_1$ 及 $(r_P V)_1$，以 $(r_P V)_{均} = \dfrac{(r_P V)_0 + (r_P V)_1}{2}$ 值代入式（4-37），再算出 Δx_A。

④ 重复上述程序计算，直到算出的 $(r_P V)_{均}$ 不再改变为止。至此，从第一段时间间隔的计算得到 V_1、t_1、x_{A1}、$(r_P V)_1$ 等。

⑤ 按同样方法，计算第二段时间间隔的诸值（Δt 值不能改变），直到所规定的 t 为止，并得相应的 x_A 值。

下面的例题可说明半间歇（半连续）操作反应器的计算方法。

例 4-10 进行二级反应的等温半间歇反应器

甲基溴的生产为一个遵循基元反应速率方程的不可逆液相反应。反应

$$CNBr + CH_3NH_2 \longrightarrow CH_3Br + NCNH_2$$

在一个半间歇反应器中等温进行。将浓度为 $0.025 mol/dm^3$ 的甲胺（B）水溶液，以 $0.05 dm^3/s$ 的流率加入一个玻璃衬里的反应器中的溴化氰（A）水溶液里。反应器中流体的初始体积为 $5 dm^3$，该流体是浓度为 $0.05 mol/dm^3$ 的溴化氰，指定反应的速率常数为

$$k = 2.2 dm^3/(s \cdot mol)$$

求解溴化氰浓度、甲胺浓度和反应速率随时间的关系。

解 用符号将该反应表示为

$$A + B \longrightarrow C + D$$

由于该反应遵循基元反应规律，因此其反应速率方程为

$$-r_A = k c_A c_B$$

将速率方程代入式(4-36)和式(4-38)得到

$$\frac{dc_A}{dt} = -k c_A c_B - \frac{v_0}{V} c_A$$

$$\frac{dc_B}{dt} = -k c_A c_B + \frac{v_0}{V}(c_{B0} - c_B)$$

$$V = V_0 + v_0 t$$

类似地对于 C 和 D，有

$$\frac{dN_C}{dt} = r_C V = -r_A V$$

$$\frac{dN_C}{dt} = \frac{d(c_C V)}{dt} = V \frac{dc_C}{dt} + c_C \frac{dV}{dt} = V \frac{dc_C}{dt} + v_0 c_C$$

因此

$$\frac{dc_C}{dt} = k c_A c_B - \frac{v_0 c_C}{V}$$

及

$$\frac{dc_D}{dt} = k c_A c_B - \frac{v_0 c_D}{V}$$

计算组分 A 的转化率为

$$X = \frac{N_{A0} - N_A}{N_{A0}}$$

$$X = \frac{c_{A0} V_0 - c_A V}{c_{A0} V_0}$$

初始条件为：$t = 0$ 时，$c_A = 0.05$，$c_B = 0$，$c_C = c_D = 0$ 及 $V_0 = 5$。

用下表所示的 POLYMATH ODE 解法，即可容易地求解由上述方程组成的常微分方程组。

POLYMATH 程序

方程	初值
$d(ca)/d(t) = -k*ca*cb - v00*ca/v$	0.05
$d(cb)/d(t) = -k*ca*cb - v00*(cb0-cb)/v$	0
$d(cc)/d(t) = -k*ca*cb - v00*cc/v$	0
$d(cd)/d(t) = -k*ca*cb - v00*cd/v$	0
$k = 2.2$	
$v00 = 0.05$	
$cb0 = 0.025$	
$v0 = 5$	
$ca0 = 0.05$	
$rate = k*ca*cb$	
$v = v0 + v00*t$	
$x = (ca0*v0 - ca*v)/(ca0*v0)$	
$t0 = 0$，$tf = 500$	

截图如下。

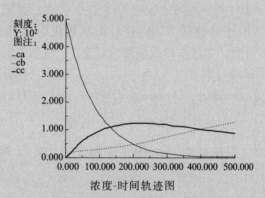

浓度-时间轨迹图

上图中溴化氰（A）和甲胺（B）的浓度被表示成时间的函数，反应速率随时间的变化情况如下图所示。在等温操作的半间歇反应器中，只有发生一级不可逆反应和零级反应时，才能得到解析解。

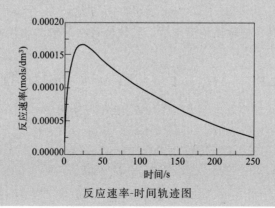

反应速率-时间轨迹图

4.4　非等温理想反应器

众所周知，温度是化学反应速率最敏感的影响因素，而化学反应又总是伴随一定的热效应，因此热效应的大小，将导致反应器中不同的温度分布。有时，由于某些反应的热效应特别大，以致反应器的传热和温度控制问题常常构成反应技术中的关键难题，反应器按其温度特性可分为等温和非等温两大类。所谓等温过程或等温操作的反应器，指的是反应所发生的热量全部由载热体带走或由系统向周围环境传出，从而维持反应温度恒定不变。一般说来，这种等温操作要求传热性能好，单位反应器体积具有很大的传热面积，从而使热交换能力足够适应反应的放热速率。或者是全混式反应装置，如强烈搅拌的反应釜、鼓泡塔或流化床反应器等。但在很多情况下，要做到完全等温是很难的，而且也不是一定必需的，等温操作的设备设计或过程放大都比较简单，而在一般情况下，大多数反应过程均属非等温反应过程，因此需专题讨论。

4.4.1　温度的影响

（1）反应热和温度　在等温条件下反应的焓变被称为热效应，用符号 ΔH_r 表示。对于放热反应，ΔH_r 为负值；对于吸热反应，ΔH_r 为正值。一些标准状态下的反应热可以直接从有关数据手册中查到。在许多情况下，它也可以从热化学数据表查得的物质的生成热 ΔH_r 或燃烧热 ΔH_c 计算得到。如已知的反应热为温度 T_1 时的数据，当反应温度为 T_2 时，可以根据能量守恒定律而求得，表示为

$$\Delta H_{r2} = -(H_2 - H_1)_{反应物} + \Delta H_{r1} + (H_2 - H_1)_{产物} \tag{4-40}$$

或

$$\Delta H_{r2} = \Delta H_{r1} + \int_{T_1}^{T_2} \Delta c_p \, \mathrm{d}T \tag{4-41}$$

式中，H 为物质的焓；下标 1 和 2 分别代表在温度 T_1 和 T_2 时的数值；Δc_p 为产物与反应物比热容之差。

$$\Delta c_p = p c_{pP} + s c_{pS} - a c_{pA}$$
$$= \sum^{i} (n_i c_{pi})_{产物} - \sum^{i} (n_i c_{pi})_{反应物} \tag{4-42}$$

式中，n_i 代表组分 i 的物质的量（mol）。通常比热容与温度的关系为

$$c_p = a' + b'T + c'T^2 \tag{4-43}$$

式中，a'、b'、c' 对一定物质均为常数，其数值可在一般的物性数据手册中查到，将此关系代入式(4-41)得

$$\Delta H_{r2} = \Delta H_{r1} + \int_{T_1}^{T_2} (\Delta a' + \Delta b'T + \Delta c'T^2)\mathrm{d}T$$

$$= \Delta H_{r1} + \Delta a'(T_2 - T_1) + \frac{\Delta b'}{2}(T_2^2 - T_1^2) + \frac{\Delta c'}{3}(T_2^3 - T_1^3) \tag{4-44}$$

式中

$$\begin{cases} \Delta a' = p a_P' + s a_S' - a a_A' \\ \Delta b' = p b_P' + s b_S' - a b_A' \\ \Delta c' = p c_P' + s c_S' - a c_A' \end{cases} \tag{4-45}$$

根据式(4-44)就可以从一已知温度的反应热数据求得另一温度下的反应热。如果温度

范围（$T_2 - T_1$）不大，在此范围内组分的比热容可取平均值$\overline{c_{pi}}$代表，则有

$$\Delta H_{r2} = \Delta H_{r1} + \Big[\sum^i (n_i \overline{c_{pi}})_{产物} - \sum^i (n_i \overline{c_{pi}})_{反应物} \Big](T_2 - T_1) \tag{4-46}$$

如果反应物与产物的总比热容相同，则反应热不变

$$\Delta H_{r2} = \Delta H_{r1}$$

（2）化学平衡　根据热力学关系，温度与反应平衡常数的关系为

$$\frac{d(\ln K)}{dT} = \Delta H_r / RT^2 \tag{4-47}$$

当反应热ΔH_r在所考虑的温度区间内可视为常数时，积分上式可得

$$\ln \frac{K_2}{K_1} = \frac{-\Delta H_r}{R}\Big(\frac{1}{T_2} - \frac{1}{T_1} \Big) \tag{4-48}$$

若反应热随温度而变化，应在积分中加以考虑，则为

$$\ln \frac{K_2}{K_1} = \frac{1}{R} \int_{T_1}^{T_2} \frac{\Delta H_r}{T^2} dT \tag{4-49}$$

取T_0为基准温度，则

$$\Delta H_r = \Delta H_0 + \int_{T_0}^{T} \Delta c_p dT$$

利用式(4-45)所示的T与c_p关系，连同上式代入并积分，可得

$$R\ln \frac{K_2}{K_1} = \Delta a' \ln \frac{T_2}{T_1} + \frac{\Delta b'}{2}(T_2 - T_1) + \frac{\Delta c'}{6}(T_2^2 - T_1^2) +$$
$$\Big(-\Delta H_{r0} + \Delta a' T_0 + \frac{\Delta b'}{2} T_0^2 + \frac{\Delta c'}{3} T_0^3 \Big)\Big(\frac{1}{T_2} - \frac{1}{T_1} \Big) \tag{4-50}$$

有了这些表达式，就可求得平衡常数或平衡转化率随温度的变化。根据热力学知识，有关化学平衡的几点结论如下。

① 平衡常数只与系统的温度有关，而与系统的压力以及是否存在惰性物质等因素无关。

② 虽然平衡常数不受压力及惰性物质的影响，但物料的平衡浓度和反应物的平衡转化率受这些变量的影响。

③ 若$K \gg 1$，表明反应物可以接近完全转化，故可将可逆反应视为不可逆反应；若$K \ll 1$，表明反应将不能进行。

④ 对吸热反应，随温度升高，平衡转化率x_{Ae}增大；对放热反应，随温度升高，平衡转化率x_{Ae}减小。

⑤ 对气相反应，随压力增加，对反应后分子数减少的反应，x_{Ae}增加；对反应后分子数增大的反应，x_{Ae}减小。

⑥ 对所有反应，惰性组成减少所产生的影响，与增加压力的影响相同。

（3）反应温度和最优温度　温度对反应速率的影响既重要又复杂。对于单一均相反应，温度、组成和反应速率之间是唯一关系，它们可以用一些不同图形予以表达。如图 4-14 和图 4-15 所示均为转化率-温度-反应速率的标绘，利用这些曲线图可以计算反应器的大小并用于比较设计方案。

从图 4-15 可以看出，对不可逆反应，无论系统的组成怎样，反应速率总是随温度的升高而增大的，因此，最大反应速率取决于系统可允许的最高操作温度，它往往受工艺条件的限制，比如过高的反应温度可能导致显著的副反应或破坏了系统物料的性质等，因此温度不

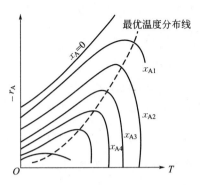

图 4-14 可逆放热反应的速率、组成与温度的关系

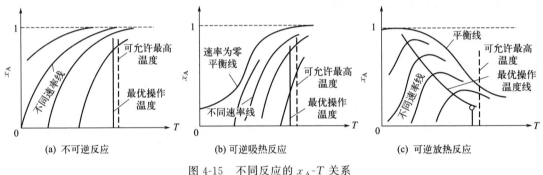

图 4-15 不同反应的 x_A-T 关系

能过高。对可逆吸热反应，升高温度，平衡转化率和反应速率皆增加，因此，它和不可逆反应的情况相同。对可逆放热反应，若把各种情况下出现最大反应速率的点连接起来（图 4-14 中虚线所示），所得的曲线被称为最大反应速率轨迹，若反应器的操作控制沿此线安排时，所需的反应器容积最小，此曲线被称为最优温度分布线。从最优温度分布线的变化趋势可知，随转化率增加，需逐渐降低系统的温度。

4.4.2 非等温操作的理想反应器

反应过程中使系统温度变化的操作被称为非等温操作或变温操作。因此，在反应器选型及设计时应该对加入或移除热量的方式作出分析判断。根据不同的反应特点及温度效应，采用不同的操作方式，如等温、绝热或非等温操作。其一般原则为：

① 如反应的热效应不大（反应热较小、活化能较低），而且在相当广的温度范围内，反应的选择性变化很小，则采用既不供热也不移除热量的绝热操作是最方便的。这时，反应放出（或吸收）的热量由系统中物料本身温度的升高（或降低）来平衡，显然，这种操作温度的变化范围不应超过工艺许可的范围。

② 对中等热效应的反应，一般可考虑先采用绝热操作，因为绝热反应器结构简单、经济；但应对收率、操作费用、反应器大小等因素全盘衡量，最后再确定采用绝热或变温的操作方式。若为液相反应，可采用具有夹套或盘管的釜式反应器，以便控制其在近似等温条件下操作。

③ 对热效应较大的反应，要求在整个反应过程中同时进行有效的热交换，例如采用列

管式反应器等。

④ 对极为快速的反应，一般考虑采用绝热操作，或者利用溶剂的蒸发来控制温度。

非等温过程计算的基本方法，就是把热量衡算、物料衡算和反应动力学方程式联立求解。

（1）间歇釜式反应器的计算　对定容操作的间歇釜式反应器，其能量衡算可依一般的方法写出

$$UA(T_m-T)\Delta t+(-\Delta H_r)(-r_A)\Delta t=c_v\rho\Delta T$$

式中，U 为总传热系数；T_m 为传热介质的平均温度；A 为与单位物料体积相当的传热表面积；c_v 为等容热容。

上式各项除以 Δt，并取极限 $\Delta t \rightarrow 0$，得

$$c_v\rho\frac{dT}{dt}=UA(T_m-T)+(-\Delta H_r)(-r_A) \tag{4-51}$$

若为绝热操作，则 $UA(T_m-T)=0$

$$c_v\rho\frac{dT}{dt}=(-r_A)(-\Delta H_r) \tag{4-52}$$

对 A $\longrightarrow$ P 的一级不可逆反应，对组分 A 作物料衡算

$$t=\int_{c_{A0}}^{c_A}-\frac{dc_A}{kc_A}=\int_0^{x_A}\frac{dx_A}{k(1-x_A)} \tag{4-53}$$

当 $t=0$ 时，$x_A=0$，$c_A=c_{A0}$，$T=T_0$，则式（4-52）的积分结果为

$$c_v\rho(T-T_0)=(-\Delta H_r)(c_{A0}-c_A)=c_{A0}x_A(-\Delta H_r)$$

$$T-T_0=\frac{c_{A0}x_A(-\Delta H_r)}{c_v\rho} \tag{4-54}$$

式（4-54）是绝热间歇式反应器中的温度-转化率关系，由此可见随转化率升高，温度呈线性变化，由于 T 是随着 x_A 而变，故式（4-53）中的 k 不再是常数，不能移到积分符号外，而必须借用数值法或图解法进行求解。

若非绝热操作，则应将式（4-51）与式（4-53）联立后求解。

例 4-11　等容液相反应 A+B $\longrightarrow$ P，在一间歇操作的反应釜内进行，已知 $\Delta H_r=11800kJ/kmol$，$n_{A0}=n_{B0}=2.5kmol$，$V=1m^3$，$U=1836kJ/(m^2 \cdot h \cdot K)$。在 70℃ 的恒温条件下进行，经过 1.5h 后，转化率达到 90%，若加热介质的最高温度为 $T_m=200℃$，为达到 75% 转化率，应如何配置传热表面积？

解　由式（4-51）：$c_v\rho\frac{dT}{dt}=UA(T_m-T)+(-\Delta H_r)(-r_A)$

由于反应器等温操作，故 $\frac{dT}{dt}=0$，$UA(T_m-T)=-(-\Delta H_r)(-r_A)$

对于二级反应　　　$(-r_A)=-\frac{1}{V}\frac{dn_A}{dt}=k\left(\frac{n_A}{V}\right)\left(\frac{n_B}{V}\right)$

$$=k\left(\frac{n_{A0}-n_{A0}x_A}{V}\right)\left(\frac{n_{B0}-n_{A0}x_A}{V}\right)$$

简化得　　　　　　　$\frac{dx_A}{dt}=\frac{k}{V}n_{A0}(1-x_A)^2$

移项并积分得
$$\left[\frac{1}{1-x_A}\right]_0^{0.9} = \frac{k}{V}n_{A0}t$$

$$k = \frac{9V}{n_{A0}t} = \frac{9}{2.5\times1.5} = 2.4\,\text{m}^3/(\text{kmol}\cdot\text{h})$$

所需的传热表面积 A 的计算

$$A = \frac{\Delta H_r(-r_A)}{U(T_m-T)} = \frac{\Delta H_r\dfrac{k}{V^2}n_{A0}^2(1-x_A)^2}{U(T_m-T)}$$

设 T_m 维持恒定在 200℃，则在反应开始，即 $x_A=0$ 时所需的换热表面积为

$$A = \frac{11800\times\dfrac{2.4}{1}\times2.5^2\times1}{1836\times(200-70)} = 0.742(\text{m}^2)$$

当 $x_A=0.75$ 时，所需的换热表面积为

$$A = 0.0185\,\text{m}^2$$

x_A	0	0.2	0.4	0.5	0.6	0.7	0.75
A/m^2	0.295	0.19	0.105	0.074	0.054	0.027	0.0185

随着反应的进行，所需传热表面不断减少，故传热面可以设计成内盘管加外夹套，外夹套的表面积为 $0.02\,\text{m}^2$ 左右，内盘管由几圈组成，总表面积为 $0.27\,\text{m}^2$ 左右。

（2）平推流反应器的计算　考虑如图 4-16 所示的平推流反应器的微元管段 $\text{d}l$，由于反应，在此管段内转化率变化为 $\text{d}x_A$，温度变化为 $\text{d}T$，热量衡算如下。

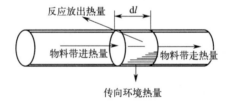

图 4-16　平推流反应器热量衡算示意图

进入微元段 $\text{d}l$ 的物料带入的热量为
$$\sum F_i c_{pi}T = F_t c_{pt}T$$

离开微元段 $\text{d}l$ 的物料带出的热量为 $\sum F_i c_{pi}(T+\text{d}T) = F_t c_{pt}(T+\text{d}T)$

在微元段 $\text{d}l$ 内反应放出的热量为
$$(-r_A)(-\Delta H_r)_{T0}S\text{d}l = F_{A0}\text{d}x_A(-\Delta H_r)_{T0}$$

从微元段 $\text{d}l$ 传入周围环境的热量为 $UA_1(T-T_m)\text{d}l$

汇总上述四项可得微元管段 $\text{d}l$ 的热量衡算为
$$F_t c_{pt}\text{d}T = F_{A0}\text{d}x_A(-\Delta H_r)_{T0} - UA_1(T-T_m)\text{d}l \tag{4-55}$$

式中，$A_1=\pi D$；D 为管径；S 为管截面积。由于平推流反应器的物料衡算方程为
$$F_{A0}\text{d}x_A = S\text{d}l(-r_A) \tag{4-56}$$

把式（4-56）代入式（4-55）整理可得

$$\frac{dT}{dx_A} = F_{A0} \left[(-\Delta H_r) - \frac{U(T-T_m)\pi D}{S(-r_A)} \right] / F_t c_{pt} \tag{4-57}$$

或

$$\frac{dT}{dl} = \frac{[S(-r_A)(-\Delta H_r) + \pi DU(T-T_m)]}{F_t c_{pt}} \tag{4-57'}$$

式(4-57′) 或 （4-57）是变温操作时平推流反应器内温度随管长或转化率变化的关系式。根据不同的操作情况，可做如下讨论。

① 若反应器绝热操作，即系统与外界没有热量交换，传向周围环境的热量为零，此时，上述热量衡算式可简化为

$$F_{A0} dx_A (-\Delta H_r)_{T0} = F_t c_{pt} dT \tag{4-58}$$

$$dT = \frac{F_{A0} dx_A (-\Delta H_r)_{T0}}{F_t c_{pt}}$$

对整个绝热反应过程，积分上式得

$$T - T_0 = \int_{x_{A1}}^{x_{A2}} \frac{F_{A0}}{F_t c_{pt}} (-\Delta H_r)_{T0} dx_A \tag{4-58'}$$

由于反应热$-\Delta H_r$是反应混合物温度的函数，比热容c_p也是反应混合物组成及温度的函数。对非恒容系统，物系在某一瞬间的总物质流率$F_t (mol/h)$也是转化率x_A的函数。所以，在计算x_A-T关系时，应计入x_A及T对$-\Delta H_r$、c_p及F_t的影响，这种计算是很繁琐的，在工业上可以加以简化处理。这是根据热焓是物系状态函数的概念进行的，即过程的热焓变化取决于过程的初始状态x_{A1}、T_0和最终状态x_{A2}、T，而与过程变化的途径无关。这样，可将绝热过程简化为在初始温度T_0（即进口温度）进行等温反应，反应转化率从$x_{A1} \rightarrow x_{A2}$，然后，组成为$x_{A2}$的反应混合物由温度$T_0$升至出口温度$T$，所以，式(4-58)中的反应热$-\Delta H_r$应取$T_0$时的数值。最后，根据出口状态的气体组成，来计算气体混合物的摩尔流量F_t及比热容c_{pt}。

如对反应 A＋B ⟶ P＋S，有

$$F_t c_{pt} = (F_{A0} - F_{A0} x_A) c_{pA} + (F_{B0} - F_{A0} x_A) c_{pB} + (F_{P0} + F_{A0} x_A) c_{pP} + (F_{S0} + F_{A0} x_A) c_{pS} \tag{4-59}$$

如果气体混合物的恒压比热容c_p与温度的关系接近于线性关系，可用T_0及T的算术平均值来计算平均比热容$\overline{c_p}$，这样，式(4-58′) 的积分结果为

$$T - T_0 = \frac{F_{A0} (-\Delta H_r)_{T0}}{F_t c_{pt}} (x_{A2} - x_{A1}) \tag{4-60}$$

对于恒容过程，$F_t = F_{t0}$，$F_{A0} = F_{t0} y_{A0}$。当反应物全部转化时，$x_{A2} - x_{A1} = 1$，则有

$$T - T_0 = \frac{y_{A0} (-\Delta H_r)_{T0}}{c_p} = \lambda \tag{4-61}$$

式(4-61) 中的λ被称为绝热温升，它的物理意义是：当系统总进料的摩尔流量为 1 时，反应物 A 全部转化后所能导致反应混合物温度升高的数值。若为吸热反应，则为降低的数值，也被称为绝热温降。λ是物系温度可能上升或下降的极限，故颇具参考价值。

② 对于非绝热操作，为了进行反应器的设计计算，应将式(4-57) 或式(4-57′)结合反应动力学方程式后联立求解，下面讨论两种不同传热情况时的计算方法。

a. 热交换速率恒定的情况　设反应器与周围环境进行热量交换的速率

$$R = \frac{\mathrm{d}Q}{\mathrm{d}t} = U\pi D\,\mathrm{d}l\,(T - T_{\mathrm{m}}) = 单位时间传递的热量$$

若此速率在整个反应过程中恒定不变，例如对于管式裂解炉，通常用烟道气或石油气加热炉管内的气体。此时，传热面积是固定不变的，传热系数 U 值主要取决于气体的给热系数 α，也可视为不变；当加热介质的温度 $T_{\mathrm{m}} \gg T$ 时，反应系统的温度相对于 $T_{\mathrm{m}} - T = \Delta T$ 亦变化不大，故可近似地将 R 视为一恒定值，不随时间而变化，也不随反应器的长度而变化。此时，可对式(4-57′) 中的各项逐项积分得

管式裂解炉

$$F_{A0}x_A(-\Delta H_r)_{T0} + U\pi Dl(T_{\mathrm{m}} - T) = F_t c_{pt}(T - T_0)$$

$$T = T_0 + \frac{F_{A0}x_A(-\Delta H_r)_{T0} + U\pi Dl(T_{\mathrm{m}} - T)}{F_t c_{pt}} \tag{4-62}$$

b. 传热系数 U 恒定的情况　有时，传热系数 U 可以视为近似恒定，但系统的温度 T 是变化的，因此，传热速率 R 也是变化的。此时，对式(4-57′) 可逐项积分得

$$F_{A0}x_A(-\Delta H_r)_{T0} + \frac{U\pi D}{S}\int_0^{x_A}(T_{\mathrm{m}} - T)\,\frac{F_{A0}\mathrm{d}x_A}{(-r_A)} = F_t c_{pt}(T - T_0) \tag{4-63}$$

或

$$F_t c_{pt}(T - T_0) - F_{A0}x_A(-\Delta H_r)_{T0} = \frac{U\pi DF_{A0}}{S}\int_0^{x_A}(T_{\mathrm{m}} - T)\,\frac{\mathrm{d}x_A}{(-r_A)}$$

此式的求解只能用试差法，求解步骤为：

Ⅰ　将整个转化率范围等分，如分别取 $x_A = 0$，0.05，0.10，…；

Ⅱ　相应于每一个 x_A 值，估计其相应的系统温度 T，如 $T = T_0$，T_1，T_2，…；

Ⅲ　根据所估计的温度值，按 $k = f(T)$ 求得相应的 k 值，$k = k_0$，k_1，k_2，…；

Ⅳ　计算 $\left(\dfrac{1}{-r_A}\right)$ 值；

Ⅴ　计算积分 $\displaystyle\int_0^{x_A}\frac{\mathrm{d}x_A}{(-r_A)}$ 值；

Ⅵ　将所得值代入式(4-63)，验算等号两边是否相等，若相等，说明相应于此 x_A 值的温度 T 正确。可进行下一个转化率值的计算。若不相等，则需重新估计一个温度值，重复上述计算。

（3）全混流反应器的计算　如图 4-17 所示，其热量衡算式为

$$V\rho c_p(T - T_0) + UA(T - T_{\mathrm{m}}) = (-r_A)V(-\Delta H_r) \tag{4-64}$$

其物料衡算式为

$$v(c_{A0} - c_A) = (-r_A)V \tag{4-65}$$

或

$$F_{A0}(x_A - x_{A0}) = (-r_A)V$$

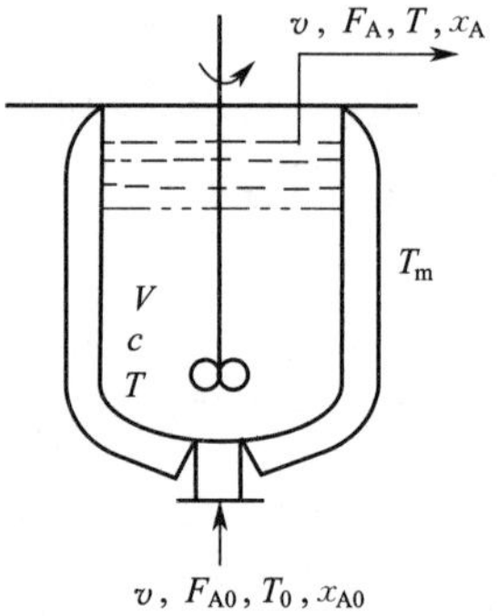

如果釜内物料体积一定，则将上述两式与反应动力学方程联立后即可求解出转化率与温度的数值；为了求得达到所规定的转化率时所需的容积 V，可将式(4-65) 代入式(4-64) 求出 T，再由 T 计算 k 及反应速率 $(-r_A)$，从而由式(4-65) 求得 V。

图 4-17　釜式反应器参数示意图

4.4.3　一般图解设计程序

如果已经做好如图 4-15 那样的反应速率曲线图，则对一给定生产任务和温度序列，其所需的反应器大小，可以通过以下步骤作图求得，计算颇为方便。

① 按 x_A 对 T 标绘，在该图上绘出反应操作路线；

② 沿该反应操作路线求得各 x_A 值时的反应速率（$-r_A$）；

③ 对该路线标绘 $\left(-\dfrac{1}{r_A}\right)$-$x_A$ 图；

④ 求曲线以下的面积，即为 V/F_{A0}。图 4-18 就是这个计算程序的标绘。

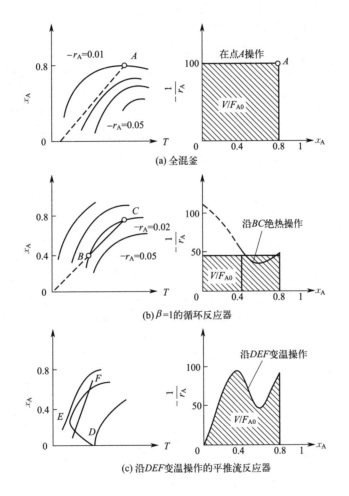

图 4-18　图解法求非等温操作反应器大小

图 4-18 为三种不同流动状况与温度序列的图解结果。其中路线 DEF 是在平推流反应器中具有任意温度序列的情况；路线 BC 代表具有 50% 循环的管式反应器中非等温操作；点 A 是全混流的情况，因为在全混流反应器中，整个反应器中的温度和浓度都是均匀的，故其操作状态在图上以一个点表示。

这个图解计算程序适用于任意级数动力学、任意温度序列、任意反应器型式或任意反应器组串联。如果操作线已知，反应器大小就可根据上述程序求得。下面分别对绝热操作与非绝热操作两种情况进行具体讨论。

（1）绝热操作　对任意型式的反应器（平推流或全混流），取组分 A 作为热量衡算的基准，反应物 A 的转化率是 x_A。

设：T_1、T_2 为进入和离开反应器的流体温度；

c'_p、c''_p 为以 1mol 进料反应物 A 表示的未反应的物料流和完全转化为产物的物料流的平均比热容；

H'、H'' 为以 1mol 进料反应物 A 表示的未反应物料流的焓和完全转化为产物后物料流的焓；

ΔH_r 为 1mol 进料反应物 A 的反应热。

取 T_1 作为计算的基准温度，进行热焓平衡：

进料 A 的焓：$H'_1 = c'_p(T_1 - T_1) = 0 \text{J/mol}$

出料 A 的焓：$H''_2 x_A + H'_2(1 - x_A) = c''_p(T_2 - T_1)x_A + c'_p(T_2 - T_1)(1 - x_A)(\text{J/mol})$

反应吸收的热量：$\Delta H_{r1} x_A(\text{J/mol})$

故
$$[c''_p(T_2 - T_1)x_A + c'_p(T_2 - T_1)(1 - x_A)] + \Delta H_{r1} x_A = 0 \tag{4-66}$$

式中，下标 1、2 分别代表进口流体温度和出口流体温度时的情况。

整理得

$$x_A = \frac{c'_p(T_2 - T_1)}{(-\Delta H_r)_1 - (c''_p - c'_p)(T_2 - T_1)} = \frac{c'_p \Delta T}{(-\Delta H_r)_1 - (c''_p - c'_p)\Delta T} \tag{4-67}$$

结合式（4-56）得

$$x_A = \frac{c'_p \Delta T}{(-\Delta H_r)_2} = \frac{\text{为了把进料流体升高到 } T_2 \text{ 所需的热量}}{\text{在 } T_2 \text{ 时反应放出的热量}} \tag{4-68}$$

若为完全转化，$x_A = 1$，则 $(-\Delta H_r)_2 = c'_p \Delta T \tag{4-69}$

这个简单表达式表示在绝热操作情况下，反应放出的热量正好等于物系温度从 T_1 上升到 T_2 所需要的热量。温度和转化率之间的关系，根据式（4-67）和式（4-68）可标绘成图 4-19 的形式。

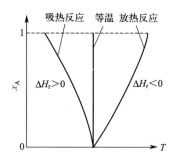

图 4-19　绝热操作时的能量平衡图

在一些特定情况下，即当 $c''_p - c'_p \approx 0$ 时，反应热与温度无关，此时，式（4-67）和式（4-68）简化为

$$x_A = \frac{c_p \Delta T}{(-\Delta H_r)_1} \tag{4-70}$$

于是，它在图 4-19 上表示的绝热操作线为一直线。为了求得完成一定生产任务所需的反应器大小，可按如下程序求得：先在 x_A-T 图上作出绝热操作线 AB（吸热反应）或 CD（放热反应），然后沿该绝热操作线求得不同 x_A 时的反应速率 $(-r_A)$，再以 $\left(-\frac{1}{r_A}\right)$ 对 x_A 作图并图解积分。曲线下的面积即为 V/F_{A0}，此即平推流的情况。对全混流，可以简单利用反应器内的浓度和温度条件下的速率求解，图 4-20 说明了这些程序。

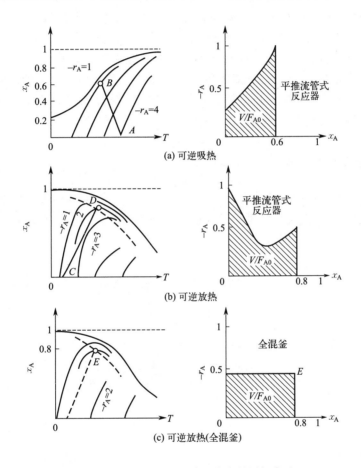

图 4-20　绝热操作时反应器大小的图解求法

（2）非绝热操作　对于非绝热操作，需要计及热损失、热交换及反应放出或吸收的热量。若以 Q 表示加于各种型式的反应器中 1mol 反应物 A 的总热量（包括热损失在内），则根据能量平衡可以写出

$$Q = c_p''(T_2 - T_1)x_A + c_p'(T_2 - T_1)(1 - x_A) + (-\Delta H_r)_1 x_A$$

$$x_A = \frac{c_p' \Delta T - Q}{(-\Delta H_r)_2} = \frac{\text{进料液温度升高到 } T_2 \text{ 时扣除 } Q \text{ 后仍需的净热量}}{\text{在 } T_2 \text{ 时由于反应而放出的热量}} \tag{4-71}$$

对于 $c_p'' = c_p' = c_p$，$x_A = \dfrac{c_p \Delta T - Q}{(-\Delta H_r)_2}$

4.5 反应器类型和操作方法的评选

工业上的化学反应可以在一个简单的间歇操作的等温搅拌釜式反应器内进行，也可以在变温的管式流动反应器内进行；可以采用分段加热或冷却的方法，也可以通过分离装置将产物送出，将部分未反应的原料返回反应器等。选择这些方案时必须考虑许多因素。例如，反应本身的动力学特征（是单一反应或是复合反应、反应时间长短以及主副反应的竞争性等），生产规模的大小，设备及操作费用，操作的安全、稳定和灵活性等。由于可供选择的方案很多并且选择时必须考虑许多因素，因此没有简单的公式能给出最优方案。经验、工程判断、对各种反应器性能特征的充分了解，在选择合理的设计时都是必须具备的。当然最后选择的依据将取决于过程的经济性，而过程的经济性，主要受两个因素影响，一是反应器的大小，二是产物分布（选择性、收率等）。对于单一反应来说，其产物是确定的，因此，在反应器设计方案评比中较重要的因素是反应器的大小；而对于复合反应，首先要考虑产物分布，为此，我们根据这两大类反应，分别予以讨论。

4.5.1 单一反应

（1）简单理想反应器的大小比较 一个单一反应，在三种不同型式的简单理想反应器（间歇釜式、平推流、全混流）中进行时，由于不同型式的反应器具有不同的性能特点，因而表现出不同的结果，若分别以 c_A-t，x_A-t，$(-r_A)$-t 作图，对 $A \longrightarrow P$ 反应，可有如下关系（图 4-21）。

① 间歇搅拌釜式反应器——剧烈搅拌，整个反应器内温度均匀、浓度均匀。

$$t = -\int_{c_{A0}}^{c_A} \frac{dc_A}{(-r_A)} = c_{A0} \int_0^{x_A} \frac{dx_A}{(-r_A)}$$

② 平推流反应器

$$V = F_{A0} \int_0^{x_A} \frac{dx_A}{(-r_A)}$$

或

$$\tau = \frac{V}{v_0} = c_{A0} \int_0^{x_A} \frac{dx_A}{(-r_A)}$$

③ 全混流反应器

$$V = F_{A0} \frac{\Delta x_A}{(-r_A)}$$

或

$$\tau = \frac{V}{v_0} = \frac{V c_{A0}}{F_{A0}} = \frac{c_{A0} x_A}{(-r_A)}$$

若为 n 级反应（此处 $n = 0 \sim 3$），其反应动力学方程为

$$(-r_A) = -\frac{1}{V} \frac{dn_A}{dt} = k c_A^n$$

对平推流反应器，由式(4-10) 给出

$$\tau_p = \left(\frac{c_{A0} V}{F_{A0}} \right)_p = c_{A0} \int_0^{x_A} \frac{dx_A}{(-r_A)}$$

$$= \frac{1}{kc_{A0}^{n-1}} \int_0^{x_A} \frac{(1+\varepsilon_A x_A)^n}{(1-x_A)^n} \mathrm{d}x_A \tag{4-72}$$

对全混流反应器，由式（4-11）给出

$$\tau_m = \left(\frac{c_{A0}V}{F_{A0}}\right)_m = \frac{c_{A0}x_A}{(-r_A)}$$

$$= \frac{1}{kc_{A0}^{n-1}} \frac{x_A(1+\varepsilon_A x_A)^n}{(1-x_A)^n} \tag{4-73}$$

下标 p、m 分别代表平推流和全混流的情况。以式（4-73）除以式（4-72），得

$$\frac{(\tau c_{A0}^{n-1})_m}{(\tau c_{A0}^{n-1})_p} = \frac{\left(c_{A0}^n \dfrac{V}{F_{A0}}\right)_m}{\left(c_{A0}^n \dfrac{V}{F_{A0}}\right)_p} = \frac{\left[x_A\left(\dfrac{1+\varepsilon_A x_A}{1-x_A}\right)^n\right]_m}{\left[\displaystyle\int_0^{x_A} \dfrac{(1+\varepsilon_A x_A)^n}{(1-x_A)^n} \mathrm{d}x_A\right]_p} \tag{4-74}$$

对恒容系统，$\varepsilon = 0$，上式简化为

$$\frac{(\tau c_{A0}^{n-1})_m}{(\tau c_{A0}^{n-1})_p} = \frac{\left[\dfrac{x_A}{(1-x_A)^n}\right]_m}{\left[\dfrac{(1-x_A)^{1-n}-1}{n-1}\right]_p} \quad n \neq 1 \tag{4-75}$$

$$\frac{(\tau c_{A0}^{n-1})_m}{(\tau c_{A0}^{n-1})_p} = \frac{\left(\dfrac{x_A}{1-x_A}\right)_m}{[-\ln(1-x_A)]_p} \quad n = 1$$

若初始进料与初始浓度相同，还可简化为

$$\frac{\tau_m}{\tau_p} = \frac{V_m}{V_p} = \frac{\left[\dfrac{x_A}{(1-x_A)^n}\right]_m}{\left[\dfrac{(1-x_A)^{1-n}-1}{n-1}\right]_p} \quad n \neq 1 \tag{4-76}$$

或

$$\frac{\tau_m}{\tau_p} = \frac{V_m}{V_p} = \frac{\left(\dfrac{x_A}{1-x_A}\right)_m}{[-\ln(1-x_A)]_p} \quad n = 1$$

式（4-75）、式（4-76）可以图解形式表示在图 4-22 上，它直接表示了为达到一定转化率时所需的平推流反应器与全混-流反应器的容积比。

从图 4-21 和图 4-22 可以清楚看出：

① 在图 4-21 上，对间歇反应釜与平推流反应器，若横坐标均采用对比时间与对比长度，则两个反应器的三个图形均可完全重叠，这就表示间歇反应釜与平推流反应器具有相同的特征，也就是它们都不存在返混。工艺条件一旦确定，过程的反应速率取决于$(1-x_A)$值的大小及其分布。从 x_A-τ 图中可见，由于在全混釜中返混达到最大，反应器内反应物的浓度即为出料中的浓度，因而整个反应过程处于低浓度范围操作，由此可得到这样的结论：对指定的一个简单的正级数反应，在相同的工艺条件下，为达到相同的转化率，平推流反应器所需的反应器体积为最小，而全混釜反应器所需的体积为最大。换句话说，若反应器体积相同，前者可达的转化率为最大，后者可达的转化率为最小。

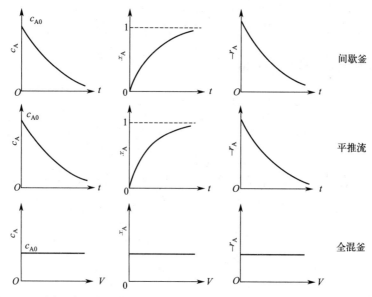

图 4-21 不同型式反应器中浓度(c_A)、转化率(x_A)、反应速率($-r_A$) 的变化

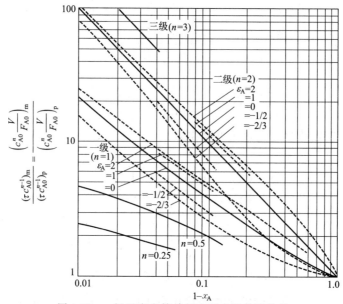

图 4-22 n 级反应在简单反应器中的性能比较

② 间歇釜式反应器虽然与平推流反应器具有相同的性能特征，但是由于两者的操作状况有很大差异，间歇操作的反应器，除了反应本身所需的反应时间外，还要在设计中考虑装料、卸料、清洗等所需的时间。一般说来，间歇操作具有较大的灵活性，操作弹性大，在相同的设备中能进行多品种的生产，故常用于生产量较小、品种较多的诸如染料、制药等产品的生产中，其缺点是劳动强度高，产品质量较难控制；而连续操作的生产过程是稳态的，产品质量易于均一稳定，它特别适用于大规模生产。

③ 从图 4-22 可以看出，当转化率很小时，反应器性能受流动状况的影响较小，当转化率趋于 0 时，平推流与全混流的体积比等于 1，而随着转化率的增加，两者体积比相差就愈来愈显著。由于反应而引起的密度变化的影响与不同流动状况对反应器大小的影响相比较小。由于

反应引起的密度降低（物料体积膨胀），增加了全混流与平推流的体积比，也就是说它进一步导致全混流反应器的效率下降，而由于反应引起的密度增加出现相反的结果。

由此可以得出这样的结论：过程要求进行的程度（转化率）越高，返混的影响也越大，因此，对高转化率的反应宜采用平推流反应器。

④ 若把图 4-21 的曲线改用 $\left(\dfrac{1}{-r_A}\right)$-$x_A$ 标绘，可得如图 4-23 所示的形状。

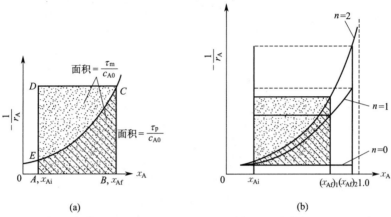

图 4-23　对任意反应级数反应动力学的两种理想流动反应器的性能比较

从图 4-23(a) 可见，面积 $ABCEA=\dfrac{\tau_p}{c_{A0}}$，面积 $ABCDA=\dfrac{\tau_m}{c_{A0}}$，显然，后者比前者大得多；而从图 4-23(b) 可见随着反应级数的增加，达到同样的转化率时，全混釜反应器比平推流反应器所需的体积要大得多，同样，转化率越趋近于 1，所需体积的增加也愈显著，对零级反应，流动状况对所需反应器的大小没有影响。

由此可以得出这样的结论：确定反应器型式，不仅需要考虑反应级数，而且还要考虑过程要求进行的程度，即转化率的高低。反应级数越高，且要求达到的转化率高时，宜采用平推流反应器。如果只能采用釜式反应器，则可采用多釜串联，使之尽可能地接近平推流反应器的性能。

图 4-24 和图 4-25 表示了恒容的一级反应和二级反应的反应器性能比较，图上还包括了

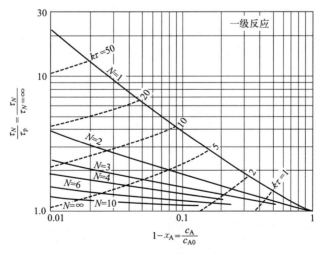

图 4-24　N 个相同尺寸的全混釜反应器串联与一个平推流反应器进行一级反应"A ——→产物"时的性能比较
（对相同进料、相同处理量直接给出反应器体积大小比率 V_N/V_p）

代表无量纲反应速率数群的曲线。无量纲反应速率数群定义为：

$$一级反应：k\tau$$

$$二级反应：kc_{A0}\tau$$

$$n 级反应：kc_{A0}^{n-1}\tau$$

有了这些线，就能对不同反应器的型式、反应器大小和转化率进行比较。

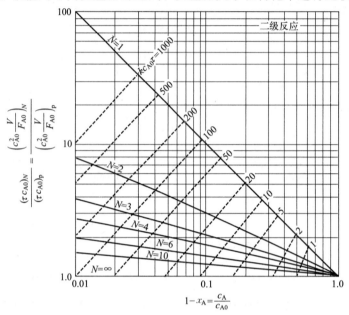

图 4-25　N 个相同尺寸全混釜反应器串联与一个平推流反应器进行二级反应"$2A \longrightarrow$ 产物"时的性能比较
（对相同进料、相同处理量时直接给出反应器体积大小比率 V_N/V_p）

例 4-12　对于反应 $A+B \longrightarrow P+S$。已知数据：$V=1L$，$v_0=0.5L/min$，$k=100L/(mol \cdot min)$，$c_{A0}=c_{B0}=0.05mol/L$，试求：(1) 若反应在平推流反应器中进行，其所能达到的转化率为多少？(2) 若反应在全混釜反应器中进行，达到与平推流反应器相同的转化率，所需的反应器体积为多大？(3) 若全混流反应器 $V=1L$，其所能达到的转化率为多少？

　　解　(1) 因为反应为二级不可逆反应，$(-r_A)=kc_A c_B=kc_A^2$，可以直接利用图 4-25 求解。

$$\tau=\frac{V}{v_0}=\frac{1}{0.5}=2(\min)$$

$$kc_{A0}\tau=100 \times 0.05 \times 2=10$$

故从图 4-25 的 $N=\infty$ 线上可直接求得 $1-x_A=0.09$

$$x_A=0.91$$

　　(2) 若反应在全混流反应器中进行，为了达到 $x_A=0.91$，所需的反应器大小为

$$\frac{V_m}{V_p}=11$$

故

$$V_m=11(L)$$

（3）若全混釜的大小也是 1L，此时 $kc_{A0}\tau=10$

从 $kc_{A0}\tau$ 线与 $N=1$ 线交点，可以求得

$$1-x_A=0.27$$

所以

$$x_A=0.73$$

（2）不同型式反应器的组合　在 4.3.3 节中已经讨论了几种不同型式理想流动反应器的串联，这里进一步讨论如何使这些组合达到最优状态，使组合反应器的体积最小。

① 不同体积大小的全混流反应器串联操作时，若转化率已经给定，要如何确定其最优组合。首先假定只有两个反应器串联操作的情况，为了达到一定的转化率，使其组合反应器的体积为最小。

设反应的动力学是已知的，对第一个反应器，可有

$$\tau_1=\frac{x_{A1}}{(-r_A)_1}c_{A0}$$

对第二个反应器，可有

$$\tau_2=\frac{x_{A2}-x_{A1}}{(-r_A)_2}c_{A0}$$

图 4-26 表示的关系是两个不同体积反应器的交替排列，两者均达到了相同的最终转化率。从图 4-26 可知，为了使组合反应器的总体积为最小，应设法选择一个最优的中间转化率 x_{A1}，也就是确定图中 B 点的位置，使长方形 $ABCD$ 的面积为最大。如图 4-27 所示，在 X-Y 轴之间作一长方形，并与任一曲线交于点 B，若把坐标轴旋转，如图 4-27 右图所示，可知长方形面积 $S=XY$。

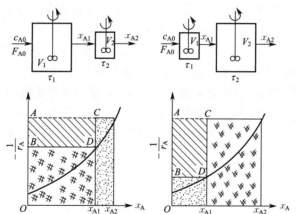

图 4-26　不同体积大小的两个全混流反应器的串联情况

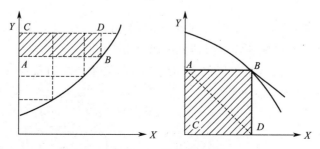

图 4-27　长方形面积为最大的图解求法

当 $\dfrac{\mathrm{d}S}{\mathrm{d}X}=0$，即 $X\dfrac{\mathrm{d}Y}{\mathrm{d}X}+Y\dfrac{\mathrm{d}X}{\mathrm{d}X}=0$ 时，显然长方形面积为最大。

所以

$$\frac{\mathrm{d}Y}{\mathrm{d}X}=-\frac{Y}{X} \tag{4-77}$$

这个条件意味着当曲线上 B 点的斜率等于长方形对角线 AD 的斜率时，长方形面积为最大，根据曲线形状，可能会多于一个交点或可能不存在此"最优点"，但一般说来，对 n 级不可逆反应，只要 $n>0$，总是正好有一个"最优点"。

两个不同体积的全混流反应器串联时，其体积大小的最优比率是在速率曲线斜率等于对角线 AD 的 B 点，最宜的 B 值表示在图 4-28 上，它决定了中间转化率 x_{A1} 和所需的两个全混流反应器体积的大小。

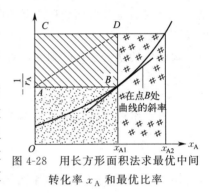

图 4-28　用长方形面积法求最优中间转化率 x_A 和最优比率

两个全混流反应器串联操作时，其最优比率一般需根据反应动力学及要求的转化率确定，对于一级不可逆反应，相同体积的全混流反应器是最优的；对于反应级数 $n>0$ 的不可逆反应，体积较小的全混流反应器应排在前面；而对于 $n<0$ 的反应，应将体积较大的全混流反应器排在前面。

② 不同型式简单流动反应器组合的最优排列

对不同型式简单流动反应器的给定组合，其最优排列一般应遵循如下原则。

a. 对于反应速率-浓度曲线单调上升的反应（任意 n 级，$n>0$），简单流动反应器应串联操作，若 $n>0$，反应速率-浓度曲线呈凹形时，简单流动反应器的排列次序应满足使反应物浓度尽可能地高；相反若 $n<0$，即反应速率-浓度曲线呈凸形时，简单流动反应器的排列次序应使反应物浓度尽可能地低。如为一个平推流反应器和两个不同体积大小的全混流反应器组合，对于 $n>0$ 时，其最优排列是先为平推流反应器、其次为体积较小的全混流反应器，最后是体积较大的全混流反应器；而当 $n<0$ 时，排列次序正好相反。

b. 对于反应速率-浓度曲线出现最大或最小值的反应，简单流动反应器的排列取决于实际的曲线形状、所希望达到的转化率和组合反应器的效率，没有简单的原则可以遵循。

c. 无论反应动力学级数是多少，研究 $\left(-\dfrac{1}{r_A}\right)$ 对 c_A 曲线的形状是确定理想流动反应器组合最优排列的最好方法。

4.5.2　复合反应

前面讨论了单一反应，证明了理想流动反应器的性能会受到流动状况的影响；而对于复合反应，流动状况不但会影响所需反应器的体积大小，而且还会影响反应产物的分布。由于复合反应的形式很多，因此这里仅以复合反应中最为简单的平行反应和连串反应为例进行讨论。

（1）平行反应

对于形如

$$a_1\mathrm{A}\longrightarrow p\mathrm{P}$$

$$a_2 A \longrightarrow u U$$

的平行反应，也被称作竞争反应，其中 P 为理想产物，而 U 为副产物，仅用反应物的转化率已不能有效地表征反应进行的状态和效率，因此需引入产物的选择性或收率等术语。当阅读有关复合反应的文献时，应仔细确定作者所指的产物选择性和收率定义。通过定义反应体系的选择性和收率，可对反应产物 U 和 P 的生成过程进行量化研究。

根据瞬时选择性的定义式(2-40)，可用式(4-78) 计算 P 的瞬时选择性 s_P，即

$$s_P = \frac{\dfrac{a_1}{p} \times r_P}{-r_A} = \frac{\text{生成 P 所消耗 A 的速率}}{\text{A 的消耗速率}} \tag{4-78}$$

s_P 的估算结果将指导反应器的设计，使这种选择性最大。

目前常用选择性的另一个定义由式(2-41) 给出，此时，产物 P 的总选择性 S_P 为用式 (4-79) 计算。

$$S_P = \frac{\left| \dfrac{a_1}{p}(F_{P0} - F_P) \right|}{F_{A0} - F_A} = \frac{\text{生成产物 P 所消耗反应物 A 的摩尔流率}}{\text{反应物 A 消耗的总摩尔流率}} \tag{4-79}$$

而收率则为转化率和选择性的乘积

$$Y_P = X_A S_P \tag{4-80}$$

对于间歇反应体系

$$S_P = \frac{\dfrac{a_1}{p} N_P}{N_{A0} - N_A} \tag{4-81}$$

对于恒容条件下的全混流反应器，由于反应器内 P 的浓度是

$$c_{Pf} = S_P(c_{A0} - c_A)\frac{p}{a_1} \tag{4-82}$$

由恒容条件下全混流反应器的设计方程为

$$\frac{c_P}{r_P} = \frac{c_{A0} - c_A}{-r_A} \tag{4-83}$$

用式(4-82) 除以式(4-83) 可得

$$\frac{\dfrac{a_1}{p} r_P}{-r_A} = S_P \tag{4-84}$$

比较式(4-84) 与式(4-78) 可知

$$s_P = S_P \tag{4-85}$$

平推流反应器中目的产物 P 的总选择性 S_P 与瞬时选择性 s_P 之间的关系为

$$S_P = \frac{1}{\Delta c_A} \int_{c_{A0}}^{c_{Af}} s_P \, dc_A \tag{4-86}$$

对于 N 个串联的全混流反应器，第 1 个反应器 A 组分入口的浓度为 c_{A0}，各个全混流反应器中的组分浓度分别为 c_{A1}，$\cdots$，c_{AN}，则有

$$S_{PN}(c_{A0} - c_{AN}) = s_{P1}(c_{A0} - c_{A1}) + s_{P2}(c_{A1} - c_{A2}) + \cdots + s_{PN}(c_{AN-1} - c_{AN}) \tag{4-87}$$

所以

$$S_{PN} = \frac{s_{P1}(c_{A0} - c_{A1}) + s_{P2}(c_{A1} - c_{A2}) + \cdots + s_{PN}(c_{AN-1} - c_{AN})}{c_{A0} - c_{AN}} \tag{4-88}$$

对任一型式的理想流动反应器，产物 D 的出口浓度直接从下式得到

$$c_{Df} = \frac{p}{a_1} S_P (c_{A0} - c_{Af}) \tag{4-89}$$

这样，利用式（4-89），可以用图 4-29 所示的图解方法求得不同型式理想流动反应器的 c_{Df}。

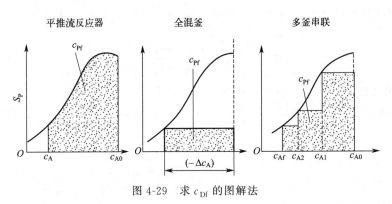

图 4-29　求 c_{Df} 的图解法

标绘的 S_P-c_A 曲线形状决定了能得到最优产物分布的流动模型，如图 4-30 所示的三种不同的 S_P-c_A 曲线，为获得最大的 c_P，应分别采用平推流、全混流以及全混流和平推流串联三种反应器型式。

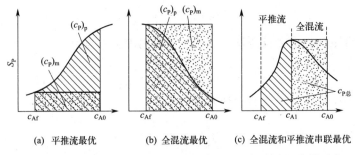

图 4-30　产物 P 为最大（阴影面积最大）的理想流动反应器型式

根据目的产物总收率的定义和流动状况对产物分布的影响，理想流动反应器型式和操作方法的评选大致遵循如下原则。

① 对反应

$$A \xrightarrow{k_1} P, \quad r_P = k_{01} e^{-E_1/RT} c_A^{a_1}$$

$$A \xrightarrow{k_2} S, \quad r_S = k_{02} e^{-E_2/RT} c_A^{a_2}$$

为提高 S_P，从工艺角度考虑，当 $E_1 > E_2$ 时，增加温度有利于 S_P 的提高；当 $E_1 < E_2$ 时，降低温度则有利于提高 S_P。

从工程角度考虑，可从改变反应物浓度着手。反应物浓度是控制平行反应目的产物收率的重要手段，一般说来，高的反应物浓度有利于反应级数高的反应；低的反应物浓度有利于反应级数低的反应；而对主副反应级数相同的平行反应，浓度的高低并不影响目的产物的分布。根据这个原则，可以选择理想流动反应器的型式。或者说，理想流动反应器的选型应根据 s_P-c_A 曲线的形状确定，如果随着反应物浓度的降低 s_P 不断增加，如图 4-30（b）所示，

则采用全混流反应器为宜。在全混流反应器中进行 $\begin{cases} A \longrightarrow P \\ A \longrightarrow S \end{cases}$ 反应时,对其中级数越高的反应越不利,而对级数越低的反应越有利。

② 若反应为 $\begin{cases} A+B \xrightarrow{\ k_1\ } P \\ A+B \xrightarrow{\ k_2\ } S \end{cases}$

$$r_P = k_1 c_A^{a_1} c_B^{b_1}$$

$$r_S = k_2 c_A^{a_2} c_B^{b_2}$$

$$\frac{r_S}{r_P} = \frac{k_2}{k_1} c_A^{a_2-a_1} c_B^{b_2-b_1}$$

为了得到最多的目的产物 P,应使 r_S/r_P 比值为最小,对各种所希望的反应物浓度高、低或一高一低的结合,完全取决于竞争反应的动力学。这些反应物浓度的控制,可以通过物料进料方式和适宜的反应器流动模型进行调整。表 4-5 及表 4-6 表示了存在两个反应物的平行反应在连续和间歇操作时保持反应物浓度使之适应竞争反应动力学要求的情况。

表 4-5　间歇操作时不同竞争反应动力学的接触模型

动力学特点	$a_1>a_2,b_1>b_2$	$a_1<a_2,b_1<b_2$	$a_1>a_2,b_1<b_2$
控制浓度要求	应使 c_A、c_B 都高	应使 c_A、c_B 都低	应使 c_A 高、c_B 低
操作示意图			
加料方法	瞬间加入所有的 A 和 B	缓慢加入 A 和 B	先加入全部 A,然后缓慢加入 B

表 4-6　连续操作时不同竞争反应动力学的接触模型及其浓度分布

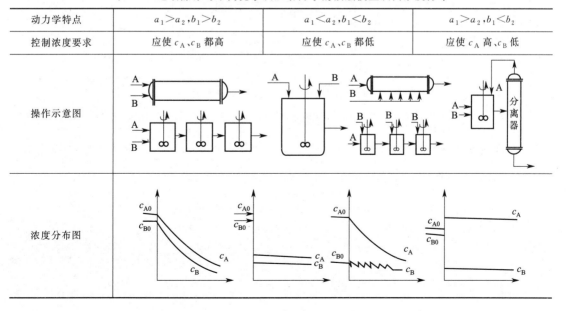

动力学特点	$a_1>a_2,b_1>b_2$	$a_1<a_2,b_1<b_2$	$a_1>a_2,b_1<b_2$
控制浓度要求	应使 c_A、c_B 都高	应使 c_A、c_B 都低	应使 c_A 高、c_B 低
操作示意图			
浓度分布图			

例 **4-13**   有分解反应

$$A \begin{cases} \xrightarrow{k_1} P & r_P = k_1 c_A \\ \xrightarrow{k_2} R & r_R = k_2 \\ \xrightarrow{k_3} S & r_S = k_3 c_A^2 \end{cases}$$

已知 $k_1 = 2\text{min}^{-1}$，$k_2 = 1\text{mol/(L·min)}$，$k_3 = 1\text{L/(mol·min)}$，$c_{A0} = 2\text{mol/L}$。若 P 为目的产物，而 R 和 S 均为副产物，试求：（1）在全混流反应器中；（2）在平推流反应器中；（3）在你所设想的最合适的反应器或反应器组合中所能获得的最高的 c_{Pf} 为多少？

解   对于指定的平行反应，反应物既能转化为目的产物，也能转化为副产物，所以，为了评价反应效果，除反应物的转化率外，还需引入目的产物的收率或选择性，目的产物的选择性被定义为：

$$S_P = \frac{dc_P}{-dc_A} = \frac{r_P}{(-r_A)} = \frac{2c_A}{2c_A + 1 + c_A^2} = \frac{2c_A}{(1+c_A)^2}$$

（1）若在全混流反应器中，能获得的最高 c_{Pf} 为：

$$c_{Pf} = S_P(c_{A0} - c_{Af}) = \frac{2c_A}{(1+c_A)^2}(2 - c_A)$$

当 $\dfrac{dc_{Pf}}{dc_A} = 0$ 时，c_{Pf} 为最大

所以

$$\frac{d}{dc_A}\left[\frac{2c_A}{(1+c_A)^2}(2-c_A)\right] = 0$$

可解得 $c_A = \dfrac{1}{2}$，$c_{Pf} = \dfrac{2}{3}$，$S_P = \dfrac{4}{9}$ ［如例 4-13 附图（a）所示］

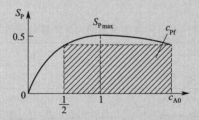

例 4-13   附图（a）   全混流反应器

（2）在平推流反应器中所能获得的最大的 c_P，可通过作如例 4-13 附图（b）所示的 S_P-c_A 图求得，可知曲线在 $c_A = 1$ 时，S_P 存在一最大值，$S_P = \dfrac{1}{2}$；对于平推流反应器，只有当反应物 A 全部反应时，曲线下的面积为最大，故有

$$c_{Pf} = \int_{c_{A0}}^{c_{Af}} -S_P dc_A = \int_0^2 \frac{2c_A}{(1+c_A)^2}dc_A$$

$$= 2\left[\ln(1+c_A)\right]_0^2 - 2\left[(-1)\frac{1}{(1+c_A)}\right]_0^2$$

$$= 0.867$$

（3）由于在 $c_{Af}=1$ 时，S_P 存在最大值，故设想将未反应的反应物 A 从产物中分离出来，然后循环返回反应器[见例 4-13 附图（c）]，并使 $c_{A0}=2$。选用一个全混釜，在 $c_A=1$ 处操作，这样，转化 1mol 的 A，就可获得 0.5mol 的 c_{Pf}，这是最优反应器。因为对平推流反应器，转化 1mol 的 A，只能获得 0.43mol 的 c_{Pf}，而对于全混釜，只能获得 0.33mol 的 c_{Pf}。

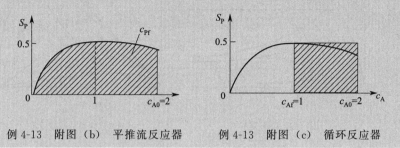

例 4-13　附图（b）　平推流反应器　　　例 4-13　附图（c）　循环反应器

（2）**连串反应**　在第 2 章 2.2.2 节中，讨论了不同组成物料间混合对连串反应的影响。在间歇操作的反应器中，没有这种问题；由于平推流反应器与理想间歇反应器具有相同的性能特征，所以，平推流反应器的产物分布也与理想间歇反应器中的产物分布完全相同。但在全混流反应器中，不同组成物料间的混合达到最大，所以，生成中间产物的量很少，甚至可能得不到中间产物，其浓度-时间关系的推导可用图 4-31 的参数对反应物 A 进行物料衡算而得。

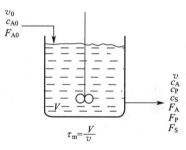

图 4-31　全混流反应器参数示意图

$$\frac{c_P}{c_{A0}}=\frac{k_1\tau_m}{(1+k_1\tau_m)\times(1+k_2\tau_m)} \tag{4-90}$$

$$\frac{c_S}{c_{A0}}=\frac{k_1k_2\tau_m^2}{(1+k_1\tau_m)\times(1+k_2\tau_m)} \tag{4-91}$$

取

$$\frac{dc_P}{d\tau_m}=0$$

可求得产物 P 浓度的最大值及相应位置。

$$\frac{dc_P}{d\tau_m}=0=\frac{c_{A0}k_1(1+k_1\tau_m)\times(1+k_2\tau_m)-c_{A0}k_1\tau_m[k_1(1+k_2\tau_m)+(1+k_1\tau_m)k_2]}{(1+k_1\tau_m)^2\times(1+k_2\tau_m)^2}$$

化简得

$$\tau_m=\frac{1}{\sqrt{k_1k_2}} \tag{4-92}$$

相应的最大目的产物 P 的浓度为

$$\frac{c_{Pmax}}{c_{A0}}=\frac{1}{\left[(k_2/k_1)^{\frac{1}{2}}+1\right]^2} \tag{4-93}$$

各种 k_2/k_1 比值的典型浓度-时间曲线示于图 4-32（a），图 4-32（b）为与时间无关的标绘，关联了反应物和产物的浓度。

将图 4-32 的 $\frac{c}{c_{A0}}$-$k_1\tau$ 曲线与图 4-21 的曲线相比较，可对连串反应的特点具有更深入的认识，比较这些图，可以得出如下结论：

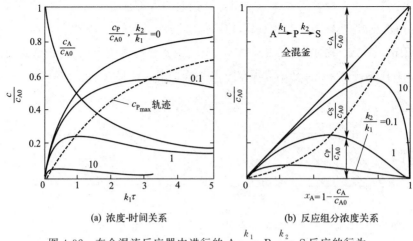

(a) 浓度-时间关系　　　(b) 反应组分浓度关系

图 4-32　在全混流反应器中进行的 A $\xrightarrow{k_1}$ P $\xrightarrow{k_2}$ S 反应的行为

① 除了 $k_1 = k_2$ 时平推流反应器与全混流反应器的 τ_{opt} 相同外，在其他情况下，全混流反应器的曲线总是向左偏移，也就是达到最优反应状态所需的时间，全混流反应器长于平推流反应器。

② 对于任意反应，可能得到的目的产物 P 的最大浓度，全混流反应器总低于平推流反应器。故对于连串反应，平推流反应器通常优于全混流反应器。

③ 当反应物的平均停留时间小于最优反应时间时，即 $\tau < \tau_{opt}$，此时副反应生成的 S 量是较小的；而当 $\tau > \tau_{opt}$，副反应生成的 S 量增加，尤其当 $\tau \gg \tau_{opt}$，副反应生成的 S 量大大增加，甚至 c_S 可能趋近于 1，所以，平均停留时间应取小于 τ_{opt} 的数值。

④ 图 4-33 代表中间产物 P 的选择性曲线，它是以转化率和速率常数比值作为参数标绘的。这些曲线清楚地表明：在任意转化率数值时，平推流反应器中 P 的选择性总是高于全混流反应器。据此，可以这样规划 A 的转化率范围：当 k_2/k_1 比值较大时，x_{Af} 越大，副反应越厉害，为此在 $k_2/k_1 \gg 1$ 时，为了避免以副产物 S 取代目的产物 P，应将反应过程设计为通过反应器的反应物 A 的转化率很小，离开反应器后，进入分离器，分离出目的产物 P，然后把未反应的反应物 A 再循环返回反应器入口。这样操作将最后取决于经济费用，假如工艺条件许可，可通过改变操作温度以使 k_2/k_1 比值减小。

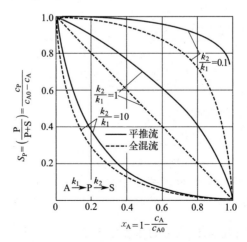

图 4-33　对反应 A ——→ P ——→ S 在两种简单理想流动反应器中 P 的选择性对比

例 4-14　对于连串反应 $A \xrightarrow{k_1} P \xrightarrow{k_2} S$,两步皆为一级不可逆反应。速率常数 k_1 和 k_2 分别为 0.5min^{-1} 和 0.1min^{-1}。该反应在连续操作的反应器中进行,进料 A 以恒速 $v_0 = 4\text{L/min}$ 进入平推流反应器。试求:(1) A 的转化率达到 90% 时所需的反应体积;(2) 此时 P 的总收率和总选择性;(3)P 的最大收率;(4) 对应 P 最大收率时的空时。

解　该反应在恒容条件下进行,平推流反应器中组分 A 和 P 的设计方程如下

$$\frac{\mathrm{d}c_A}{\mathrm{d}\tau} = -k_1 c_A \tag{a}$$

$$\frac{\mathrm{d}c_P}{\mathrm{d}\tau} = k_1 c_A - k_2 c_P \tag{b}$$

(1) 求解方程 (a),得到

$$\tau = \int_{c_{A0}}^{c_A} \frac{\mathrm{d}c_A}{-k_1 c_A} = \int_0^{0.9} \frac{\mathrm{d}x_A}{k_1(1-x_A)} = \left. \frac{-\ln(1-x_A)}{0.5} \right|_0^{0.9} = 4.61(\text{min})$$

$$反应体积 = \tau \times v_0 = 4.61 \times 4 = 18.42(\text{L})$$

(2) 式(b)/式(a)可得

$$\frac{\mathrm{d}c_P}{\mathrm{d}c_A} = \frac{k_2 c_P}{k_1 c_A} - 1 \tag{c}$$

采用变量替换的方法求解式 (c),即

令 $u = \dfrac{c_P}{c_A}$,则

$$\frac{\mathrm{d}c_P}{\mathrm{d}c_A} = \frac{\mathrm{d}(u c_A)}{\mathrm{d}c_A} = \frac{c_A \mathrm{d}u}{\mathrm{d}c_A} + u = \frac{k_2 u}{k_1} - 1 \tag{d}$$

将式 (d) 分离变量,可得

$$\frac{\mathrm{d}u}{\left(\dfrac{k_2}{k_1}-1\right)u - 1} = \frac{\mathrm{d}c_A}{c_A}$$

$$\frac{\dfrac{5}{4}\mathrm{d}\left(\dfrac{4}{5}u + 1\right)}{-\left(\dfrac{4}{5}u + 1\right)} = \frac{\mathrm{d}c_A}{c_A}$$

$$-\frac{5}{4}\left[\ln\left(\frac{4}{5}u + 1\right)\right]\Big|_0^u = \ln(1-x_A)\Big|_0^{x_{Af}}$$

$$\ln\left(\frac{4}{5}u + 1\right) = \ln(1-x_{Af})^{-\frac{4}{5}}$$

$$\frac{4}{5}u + 1 = (1-x_{Af})^{-\frac{4}{5}}$$

在反应器出口处

$$u = \frac{c_{Pf}}{c_{Af}} = \frac{c_{A0} Y_P}{c_{A0}(1-x_{Af})} = \frac{5}{4}\left[(1-x_{Af})^{-\frac{4}{5}} - 1\right]$$

$$Y_P = \frac{5}{4}\left[(1-x_{Af})^{-\frac{4}{5}} - 1\right](1-x_{Af}) \tag{e}$$

将 $x_{Af}=0.9$ 代入式（e），得到

$$Y_P = \frac{5}{4} \times [(0.1)^{-\frac{4}{5}} - 1] \times 0.1 = 0.66$$

由 $Y_P = x_A S_P$

$$S_P = \frac{Y_P}{x_A} = \frac{0.66}{0.9} = 0.73$$

（3）由公式（e），将 Y_P 对 x_{Af} 求导，并令其等于 0，则有

$$\frac{dY_P}{dx_{Af}} = \frac{5}{4} \times \left\{ -\frac{4}{5}(1-x_{Af})^{-\frac{9}{5}}(-1)(1-x_{Af}) + [(1-x_{Af})^{-\frac{4}{5}} - 1] \times (-1) \right\} = 0$$

$$\frac{1}{5}(1-x_{Af})^{-\frac{4}{5}} - 1 = 0$$

$x_{Af}=0.87$，将其代入式（e），得到 P 最大收率 $Y_P = \frac{5}{4} \times [(1-0.87)^{-\frac{4}{5}} - 1] \times (1-0.87) = 0.67$

（4）求解方程（a），得到对应 P 最大收率时的空时

$$\tau = \int_{c_{A0}}^{c_A} \frac{dc_A}{-k_1 c_A} = \int_0^{0.87} \frac{dx_A}{k_1(1-x_A)} = \frac{-\ln(1-x_A)}{0.5} \bigg|_0^{0.87} = 4.08(\text{min})$$

例 4-15 对于例 4-14 中的反应，改用全混流反应器，试比较两种理想流动反应器中反应结果的差异。

解 全混流反应器中 A 和 P 组分的设计方程分别为

$$\tau = \frac{c_{A0}-c_A}{k_1 c_A} = \frac{x_A}{k_1(1-x_A)} \tag{a'}$$

$$\tau = \frac{c_P}{k_1 c_A - k_2 c_P} = \frac{Y_P}{k_1(1-x_A) - k_2 Y_P} \tag{b'}$$

（1）将 90% 的转化率代入（a'）中，计算出所需空时为

$$\tau = \frac{0.9}{0.1 \times 0.5} = 18(\text{min})，反应体积 = \tau \times v_0 = 18 \times 4 = 72(\text{L})$$

（2）由式（b'）可得

$$Y_P = \frac{k_1 \tau (1-x_A)}{1 + k_2 \tau} \tag{c'}$$

将已知的数值代入式（c'），可得

$$Y_P = \frac{0.5 \times 18 \times (1-0.9)}{1 + 0.1 \times 18} = 0.32$$

$$S_P = \frac{Y_P}{x_A} = \frac{0.32}{0.9} = 0.36$$

（3）将由式（a'）得到的 τ 代入式（c'）

$$Y_P = \frac{\dfrac{k_1 x_A}{k_1(1-x_A)}(1-x_A)}{1+\dfrac{k_2 x_A}{k_1(1-x_A)}} = \frac{k_1 x_A(1-x_A)}{k_1-(k_1-k_2)x_A} \qquad (d')$$

将式（d'）的 Y_P 对 x_A 求导数，当其数值等于零时，即为最大收率。

$$\frac{dY_P}{dx_A} = \frac{[k_1(1-x_A)-k_1 x_A][k_1-(k_1-k_2)x_A]-k_1 x_A(1-x_A)[-(k_1-k_2)]}{[k_1-(k_1-k_2)x_A]^2} = 0$$

$$[k_1(1-x_A)-k_1 x_A][k_1-(k_1-k_2)x_A]-k_1 x_A(1-x_A)[-(k_1-k_2)] = 0$$

$$(2x_A-1)[k_1-(k_1-k_2)x_A] = (k_1-k_2)x_A(1-x_A)$$

$$0.4x_A^2 - x_A + 0.5 = 0$$

解得　　　　　　　　$x_{A1} = 0.69, x_{A2} = 1.81$

将合理解 x_{A1} 代入式（d'），得到 P 的最大收率

$$Y_P = \frac{0.5 \times 0.69 \times (1-0.69)}{0.5-(0.5-0.1)\times 0.69} = 0.48$$

（4）将 x_{A1} 代入式（a'），便知对应的空时为

$$\tau = \frac{0.69}{0.5 \times (1-0.69)} = 4.45(\min)$$

例 4-14 和例 4-15 的计算结果不仅验证了图 4-33 得出的结论，且当组分 A 转化率均为 90% 的条件下，平推流反应器的体积小于全混流反应器，中间产物 P 的收率则恰好相反。

4.6　全混流反应器的热稳定性及安全性

工业反应器的设计，不仅要确定反应器的型式和体积，而且要考虑如何控制反应温度及确定操作的条件。对于放热反应，在选择反应器型式及操作方法时，总要考虑到系统温度失去控制的可能性，这是由于反应速率与反应温度呈非线性指数关系变化，而换热速率与反应温度呈线性关系变化。因此，为了避免设计出不稳定甚至不能操作的反应器，对那些热效应较大、初始浓度较高、反应速率较快的热敏感反应，在设计反应器时必须充分注意这种强放热反应的定态热稳定性及安全性问题。

一般说来，对反应器系统的温度控制有以下几种方法。

① 采用全混流反应器便于控制温度，因为搅拌混合有利于消除温差。由于要求出口流具有较高的转化率，釜内反应物的浓度必然较低，因而反应速率就较低，放热速率较小，整个反应器内的温差也就较小。一些强放热的氯化或氧化等气相反应，也可以采用这类反应器；有的还采用切线喷射方式来强化混合以避免由于局部反应速率过高而引起爆炸。

② 采用多段床层，在段间注入冷料，或是沿反应路程加入一种反应物或冷回流，以强化换热速率，从而更有效地控制反应温度，因为这种冷热反应混合物的直接混合换热比通过器壁的间接换热更为有效。

③ 采用稀释剂以降低反应速率，也有利于控制反应温度，可以直接用惰性物料稀释反应物浓度。对于固定床反应器，可以在床层进口处用惰性固体物料稀释催化剂，以降低反应

速率。

④ 若产物之一或系统中的某一惰性溶剂能在反应过程中连续地汽化，带走反应热，亦可使反应系统的温度易于控制。

⑤ 采用自热操作，即将反应放出的热量直接用于预热进料以达到所需的反应温度，如全混流反应器内的情况就是一种自热操作。采用列管式换热器将反应器的进料与出料进行热交换也是自热操作的一种形式。

⑥ 对伴有较严重连串副反应的快速反应过程，通常应设计成"淬冷系统"，在反应达到某一较佳转化率后及时予以淬冷，以防止进一步发生副反应，从而提高目的产物的收率。

除了需对反应温度进行有效控制外，还应考虑反应器的热稳定性问题。关于反应器的热稳定性，指的是当操作条件出现扰动偏离定态时，会出现一些什么情况，能否恢复或保持原有定态规定的操作状态。因为连续流动的反应器一般是按定态进行设计的，即规定了进料的流量、组成和温度，反应器内的反应温度和浓度（也就是离开反应器的物料温度和浓度）以及冷却剂的温度和流量等。实际上，有关进料和冷却剂的操作参数不可能恒定不变。这些参数的扰动（即在偏离原规定值后又在短时间内恢复到原规定值）使反应器不可能保持严格的定态，对于温度敏感的反应更是如此。这种来自系统外部的干扰，可能导致反应系统过渡到其他操作状态，甚至会破坏反应器的正常运行。

一般认为会出现两种性质不同的情况。其一是外部扰动使反应器偏离了定态，但在扰动消除后能够较快复原，这种定态被称为稳定的定态；另一种情况是微小的外部干扰就足以使反应器的操作大大地偏离原先规定的定态操作，即使扰动消除后，系统也不能恢复到原有状态，这种定态被称为不稳定的定态。对于反应快速、温度敏感性强、热效应大且散热条件不良的系统，很容易出现这种不稳定的定态。因此对这种反应系统需要及时有效地移出大量反应热或设置控制反应速率的有效措施。当然，在设计反应器时，首先应力求避免出现这种状况。因为它将导致反应系统温度的剧烈波动、产品质量恶化、副反应加剧，出现催化剂烧结等严重的后果，甚至会出现反应器爆炸的恶性事故。

总之，反应器的热稳定性和安全性是十分重要的问题，必须给予足够的重视。

4.6.1　全混流反应器的定态基本方程式

在前面章节中，已经述及全混流反应器在定常态下的物料衡算与热量衡算。当确定全混流反应器的主要变量后，有时仍有必要检验其动态特性。此时，必须列出全混流反应器的动态方程式。对在全混流反应器中进行的一级不可逆反应 A ——→P，其动态物料和热量衡算方程式为

$$\frac{\mathrm{d}c_A}{\mathrm{d}\tau} = \frac{W}{V\rho}(c_{Ai} - c_A) - kc_A \tag{4-94}$$

$$\frac{\mathrm{d}T}{\mathrm{d}\tau} = \frac{W}{V\rho}(T_i - T) - \frac{AU}{V\rho c_p}(T - T_m) + \frac{(-\Delta H_f)kc_A}{\rho c_p} \tag{4-95}$$

式中，下标 i 代表进料状态；T_m 为冷却介质温度；W 和 ρ 分别为进料的质量流量和密度；U 为总传热系数。

将 $\dfrac{W}{\rho} = v$ 代入以上两式，则可改写为

$$V \frac{\mathrm{d}c_A}{\mathrm{d}\tau} = v(c_{Ai} - c_A) - V k_0 \mathrm{e}^{-E/RT} c_A \tag{4-96}$$

$$V \rho c_p \frac{\mathrm{d}T}{\mathrm{d}\tau} = V \rho c_p (T_i - T) - AU(T - T_m) + V(-\Delta H_r) k_0 \mathrm{e}^{-E/RT} c_A \tag{4-97}$$

当初始条件（$\tau = 0$ 时，$T = T_0$，$c_A = c_{A0}$）确定后，用龙格-库塔法可以求解上述二元二阶微分方程组，从而得到全混流反应器内反应物 A 的浓度 c_A 和温度 T 随平均停留时间 τ 的变化。式(4-96) 和式(4-97) 经变换后，亦可用转化率 $x_A(\tau)$、$T(\tau)$ 表示。

在定态条件下

$$\frac{\mathrm{d}c_A}{\mathrm{d}\tau} = 0 \quad \text{或} \quad \frac{\mathrm{d}x_A}{\mathrm{d}\tau} = 0 \tag{4-98}$$

$$\frac{\mathrm{d}T}{\mathrm{d}\tau} = 0 \tag{4-99}$$

这样，可将动态微分方程转换成定态代数方程，可表述为

$$v(c_{Ai} - c_A) = V k_0 \mathrm{e}^{-E/RT} c_A \tag{4-100}$$

$$v \rho c_p (T - T_i) + AU(T - T_m) = V(-\Delta H_r) k_0 \mathrm{e}^{-E/RT} c_A \tag{4-101}$$

若式(4-100) 和式(4-101) 中的一些操作变量如 v、c_{Ai}、T_i、T_m 已经确定，反应器体积 V 为已知，各种参数值 $(-\Delta H_r)$、k_0、E、U 亦为定值，则可求出定态时全混流反应器内和出口处的浓度 c_A 和温度 T。由于这两个方程均为非线性方程，对于同一反应物浓度或转化率，可能会存在几个定态操作的温度值。由式(4-101) 可以看出，等号左边实际上代表散失或移除热量的速率 Q_r，而等号右边代表反应放出热量的速率 Q_g，二者均为 T 的函数，即

$$Q_r = v \rho c_p (T - T_i) + AU(T - T_m) \tag{4-102}$$

$$Q_g = V(-\Delta H_r)(-r_A) = V(-\Delta H_r) k_0 \mathrm{e}^{-E/RT} c_A \tag{4-103}$$

当反应放热速率 Q_g 和热变换速率 Q_r 相等时，也就是 Q_g-T 曲线与 Q_r-T 曲线的交点为定常点。若 Q_g-T 曲线与 Q_r-T 曲线仅有一个交点，则表明该反应系统存在唯一的定态；否则，反应系统将会存在多个定态，表明反应系统具有多定态特性。

4.6.2　全混流反应器的热稳定性

在全混流反应器内，反应物浓度 c_A 和反应温度 T 均为定值，因此，反应器内的反应速率 $(-r_A)$ 也恒定不变。若以反应 1mol 的反应物 A 计算的反应热为 $-\Delta H_r$，则在单位时间内反应的放热速率 Q_g 值亦为定值，即

$$Q_g = (-\Delta H_r)(-r_A)V = (-\Delta H_r) F_{t0} y_{A0} x_A \tag{4-104}$$

可见，当反应器内转化率 x_A 一定时，Q_g 主要取决于反应器内反应混合物的温度。由于反应速率常数 k 与温度 T 的关系具有明显的非线性特征，因此，当反应温度较低时，反应速率或放热速率随温度的升高而缓慢增加；但当温度升高到一定数值后，反应速率或放热速率就会急剧上升；继续升高反应温度，反应速率的增长又趋缓，如图 4-34 所示。该温度范围的大小及反应速率上升的急剧程度取决于活化能 E 和热力学温度 T 的对比关系，即取决于阿伦尼乌斯参数 $\frac{E}{RT}$。例如对于一级不可逆反应，已知 x_A 与平均停留时间 τ 的关系为

$$x_A = \frac{k\tau}{1+k\tau}$$

代入式（4-104）得

$$
\begin{aligned}
Q_g &= \frac{(-\Delta H_r)F_{t0}y_{A0}k\tau}{1+k\tau} \\
&= \frac{(-\Delta H_r)F_{t0}y_{A0}\tau k_0 e^{-E/RT}}{1+\tau k_0 e^{-E/RT}} \\
&= \frac{(-\Delta H_r)F_{t0}y_{A0}V k_0 e^{-E/RT}}{v+V k_0 e^{-E/RT}}
\end{aligned}
\tag{4-105}
$$

由此可见，如果进料流量很小，反应为快速反应或物料在反应器内的停留时间 τ 较长时，则转化率 x_A 趋近于 1；而当 $k\tau \gg 1$ 时，Q_g 趋近于定值 $(-\Delta H_r)F_{t0}y_{A0}$。在高温时，$e^{-E/RT}$ 数值很大，亦会使 Q_g 趋于定值，这就是在图 4-34 中的高温部分，随温度升高 Q_g 曲线又趋于平缓的原因。

如果在全混流反应器内进行的是单一的可逆反应，且正反应为放热反应，逆反应为吸热反应，当反应温度达到一定数值后，虽然继续升高反应温度可以加速正反应的速率，但却降低了反应的平衡转化率，因而曲线存在一最高点，到达最高点后，再升高反应温度，放热速率反而降低，如图 4-35 所示。

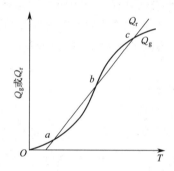

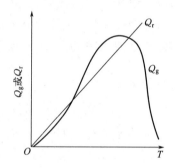

图 4-34　不可逆放热反应的 Q_g 和 Q_r 曲线　　　　图 4-35　可逆反应的 Q_g 和 Q_r 曲线

与反应的放热速率曲线不同，单位时间自系统散失的热量或由热交换移除的热量与温度呈线性关系，在绝热情况下为进料的焓变，可表示为

$$Q_r = F_{t0}c_{pm}(T-T_i) \tag{4-106}$$

当非绝热操作则需考虑热交换量

$$
\begin{aligned}
Q_r &= F_{t0}c_{pm}(T-T_i) + UA(T-T_m) \\
&= T(F_{t0}c_{pm}+UA) - (F_{t0}c_{pm}T_i + UAT_m) \\
&= -a' + bT
\end{aligned}
\tag{4-107}
$$

式中，c_{pm} 为进料的平均比热容；$-a'$ 为图 4-34 上在 $T=0$ 轴上的截距。改变进料温度或冷却介质温度，可以得到相互平行的 Q_r 线。

（1）稳定和不稳定的定态点　　在图 4-34 上，反应的放热曲线与散热曲线有 a、b、c 三个交点，表明反应系统可能存在三个定常状态。但其中只有 a、c 两点能够经受反应温度的微小波动，故称之为稳定的定态点；在 b 点处，只要反应温度稍有波动，就将导致反应系统转移到另一定态而不能恢复到 b 点，故将 b 点称之为不稳定的定态点，这是因为如果反应温

度比 b 点略高一些，此时 $Q_g > Q_r$，反应物料将被加热，温度一直升高到上部的定态点 c 为止，当反应温度超过 c 点的温度值时，由于 $Q_r > Q_g$，故能反应系统的温度降低而稳定在 c 点；而若温度比 b 点略低一些，系统将被冷却下来，温度将下降至下稳定点 a 为止。

（2）进料温度的影响　如果其他参变量保持恒定而只改变进料温度 T_i，则 Q_g 线的斜率保持不变，而 Q_r 线发生平行位移，如图 4-36 所示。图中相互平行的 Q_r 线，表示 5 个不同的进料温度。最左边的 Ⓐ 线，表示进料温度较低，它与 Q_g 线仅有一个交点 1，表明反应系统仅有一个定态。Ⓑ 线与 Q_g 曲线交于点 2 和点 6，表明反应系统具有两个定态，而当 Q_r 为 Ⓒ 线时，则存在三个定态（即点 3、5、7）。当逐渐提高进料温度而使 Q_r 为 Ⓓ 线时，它与 Q_g 曲线交于 4、8 两点，此时，只要进料温度再稍微升高超过 Ⓓ 线一点，反应器内的温度就将骤增至点 8，这时只有一个定态点。根据这一特点，若反应所要求的温度为点 8 处的温度值，我们可以使反应器的开车操作沿 Ⓓ 线迅速达到反应所要求的温度，故在 Ⓓ 线时的

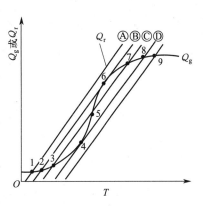

图 4-36　改变进料温度得到的不同操作状态

进料温度一般称为点火温度或起燃温度，相应地称点 4 为点着火点或起燃点。

相反，在反应器停车操作时，可逐渐降低进料温度 T_i，Q_r 线将沿 Ⓓ、Ⓒ、Ⓑ、Ⓐ 向左平行位移，如果没有较大的反应温度扰动，反应器内的定态点将沿 9、8、7、6 变化。与上述的 Ⓓ 线情况相反，在降温过程中的 Ⓑ 线，存在着从点 6 骤降至点 2 的现象，一般称 Ⓑ 线的进料温度为熄火温度，点 6 被称为熄火点。在点 4 和点 6，反应器内出现一种非连续性的温度突变，故在点 4 和点 6 之间，不可能获得稳定的定态点。

采用改变冷却介质温度 T_m 的方法，可取得与改变进料温度相似的效果，同学们可以参考其他相关的教材和文献，并自行进行分析与讨论。

（3）进料流量的影响　为了研究进料流量变化对反应器内操作状态的影响，可对式(4-105) 及式(4-107) 进行如下变形

$$Q_g' = \frac{Q_g}{F_{t0} c_{pm}} = \frac{(-\Delta H_r / c_p) y_{A0} V k_0 e^{-E/RT}}{v + V k_0 e^{-E/RT}} \tag{4-108}$$

$$Q_r' = \frac{Q_r}{F_{t0} c_{pm}} = \left(1 + \frac{UA}{F_{t0} c_p}\right) T - \left(T_i + \frac{UA}{F_{t0} c_p} T_m\right) \tag{4-109}$$

如果保持其他参变量恒定，仅改变进料流量 v，即改变 F_{t0}，从式(4-108)，亦可得出如图 4-37 所示的不同 S 形曲线，v 值愈大，曲线的倾斜率愈小。而由式(4-99) 可知，增大 F_{t0}，可得到斜率较小的直线，且它们在横轴上的截距也不同。今以符号 A、B、C、D、E 分别代表进料流量逐渐增大时的 Q_g' 线和相应的 Q_r' 线，用 1、2、3 表明两条线可能存在的交点数目，即可能存在的定态点数目。当进料流量逐渐增加时，可依次得到点 9、8、7、6，当流量 v 稍微超过 D 线时的 v 值时，则定态反应温度骤降到点 2 的温度，它表明进料流量太大，以致反应放出的热量不足以维持反应系统在所需的反应温度条件下操作，也即反应"熄火"了；同样，当进料流量自高降至低时，依次得到 1、2、3、4、8、9 各定态点，而在点 4 处出现点火现象。所以在 Q_g 线斜率大于 Q_r 线的斜率时，中间不稳定的定态点 5 是能够避免的。

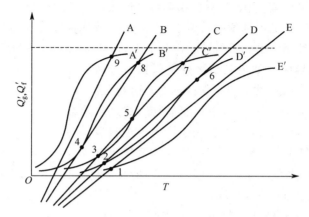

图 4-37　进料流量对全回流反应器操作状态的影响

　　对于在全混流反应器中进行吸热反应的情况，如图 4-38 所示其操作状态比较简单。因为加热介质温度高于全混流反应器内反应混合物的温度，所以反应吸热速率曲线与供热速率曲线仅有一个交点，故不存在热稳定性问题。

　　对于可逆放热反应，由于反应放热曲线出现一最高点，故在选择操作方案时，最好安排在最高点附近的定态点，如图 4-39 上的 b 点处操作。图中 Q_{r1} 线和 Q_{r3} 线，虽然与 Q_g 线分别相交于 a、c 两点，但前者的反应温度过低，因而反应速率过小，而后者虽然反应温度较高，但平衡转化率较低，故不宜选作稳定的操作点。

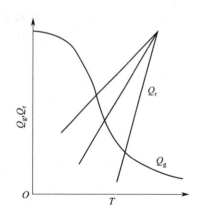

图 4-38　在全回流反应器内进行吸热
反应时的操作状态

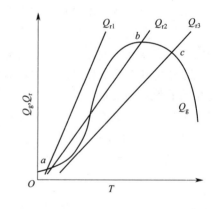

图 4-39　全混流反应器中发生可逆放热
反应的适宜操作点

　　（4）自热反应　在自热操作情况下，通常认为全混流反应器处于绝热状态，反应放出的热量仅用于加热反应混合物料，使之从进料温度升至反应器内反应混合物所需的反应温度。以单位摩尔 A 组分进料计算的放热速率为

$$Q_g'' = (-\Delta H_r)(-r_A)V/F_{A0} \tag{4-110}$$

而以单位摩尔 A 组分进料计算的焓变为

$$Q_r'' = c_{pA}(T - T_0) \tag{4-111}$$

式中，T_0 为进料温度，为了简化，假定 c_{pA} 不随温度变化。

　　图 4-40 为全混流反应器中进行自热反应的 Q_g'' 与 Q_r'' 线，这种绝热操作反应器的散热线

与 T 轴的截距即为进料温度。如果 Q_r'' 与 Q_g'' 线亦存在三个交点，则中间定态点 I 为不稳定的定态点，反应器无法在此状态下稳定参考；上部定态点 S 是稳定的操作定态点，且在该定态点处操作，可取得需要的高转化率。

如果反应热很小或反应速率常数太低，Q_g'' 线总在以虚线表示的 Q_r'' 线之下，这时，在全混流反应器中是不可能发生自热反应的。

如果增大进料流量，致使反应的转化率降低、放热速率减小，Q_g'' 曲线从 a 移至 a'，而此时 Q_r'' 线保持不变，如图 4-41 所示，可见增大流量有一个极限，超过此极限，自热反应将会停止。

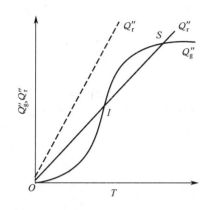

图 4-40　全混流反应器内进行自热反应的定态情况　　图 4-41　进料流量对自热反应的影响

减小进料流量，对自热反应的进行是有利的，但此时反应器向周围环境的散热就不能被忽略。

$$Q_r'' = c_{pA}(T - T_0) + UA\frac{T - T_m}{F_{A0}} \tag{4-112}$$

由于摩尔进料流率 F_{A0} 减小，相对地将增大 Q_r'' 线的斜率，有可能使 b 线移至 b'，超过了 Q_g'' 线反应也不能进行，故减小流量也会存在一个限制。

4.6.3　定态热稳定性的判据

所谓定态稳定，即上面讨论的图 4-34 上的 a、c 两点，它是在外部扰动波及整个反应器后，系统温度具有自行恢复到 a、c 点的能力。比如在 a 点，当外部扰动使系统的反应温度升高时，即 $\mathrm{d}T > 0$，此时 $(\mathrm{d}Q_r - \mathrm{d}Q_g) > 0$，故有

$$\frac{\mathrm{d}Q_r - \mathrm{d}Q_g}{\mathrm{d}T} > 0$$

或者

$$\frac{\mathrm{d}Q_r}{\mathrm{d}T} > \frac{\mathrm{d}Q_g}{\mathrm{d}T}$$

这样，又将使反应器中反应混合物的温度自行恢复到 a 点。

同样，若外部扰动使反应器中反应混合物的温度从 a 点降低，此时，$\mathrm{d}T < 0$，$(\mathrm{d}Q_r - \mathrm{d}Q_g) < 0$，亦有

$$\frac{dQ_r}{dT} > \frac{dQ_g}{dT}$$

反应器中反应混合物的温度又将自行恢复到 a 点。故定态稳定应具有如下两个条件

$$Q_r = Q_g \tag{4-113}$$

$$\frac{dQ_r}{dT} > \frac{dQ_g}{dT} \tag{4-114}$$

式(4-113)和式(4-114)仅是定态稳定性的必要条件而非充分条件，这是因为 Q_r 线与 Q_g 线的交点，是将反应器的动态方程按定态处理，并在 c_A（或 x_A）数值一定的特定条件下导出的，因而沿 Q_g 线只能有特定的扰动而不能有任意的扰动。反之，$\frac{dQ_g}{dT} > \frac{dQ_r}{dT}$，则为定态不稳定的充分条件，因为任何离开原有定态的倾向，本身就是其不稳定性的证明。

在如图 4-42 所示的全混流反应器中进行的放热反应，若在 a 点操作，反应温度低，反应速率小，转化率低，故并非反应器操作的适宜定态点；而定态点 b 是一个不稳定的定态点，反应器不可能在 b 点处稳定操作，所以 b 点只是在全混流反应器中进行放热反应时稳态衡算方程的一个数学解，其仅有数学意义而并无物理意义；而稳定定态点 c 的反应温度高、反应速率大，取得的转化率高，为全混流反应器中进行放热反应时的理想操作状态，但由于其反应温度较高，故并不适用于热敏性物料反应的情况。

对于发生放热反应的全混流反应器，如何从常温状态开车达到理想的操作状态点 c，读者可以参考相关的其他教材和文献。

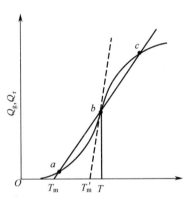

图 4-42 进行放热反应的全混流反应器操作状态

以上是对全混流反应器热稳定性的简单讨论，读者若想深入了解全混流反应器热稳定性及安全性，可以参考相关的其他教材和文献。

例 4-16 一级不可逆液相反应 $A \longrightarrow P$ 在容积为 $10 m^3$ 的全混流反应器中进行。进料反应物浓度 $c_{A0} = 5 kmol/m^3$，进料流量 $v = 10^{-2} m^3/s$，反应热 $\Delta H_r = -2 \times 10^7 J/(K \cdot mol)$，反应速率常数 $k = 10^{13} e^{-12000/T}$，反应混合物的密度 $\rho = 850 kg/m^3$、比热容 $c_p = 2200 J/(kg \cdot ℃)$（假定 ρ 与 c_p 在整个反应过程可视为恒定不变），试计算在绝热情况下当系统处于定常态操作时，不同进料温度（290K、300K、310K）所能达到的反应温度和转化率。

解 由式(4-105)可知 $Q_g = \dfrac{(-\Delta H_r) F_{t0} y_{A0} V k}{v + V k}$

由式(4-106)可知 $Q_r = F_{t0} c_{pm}(T - T_i) = v\rho c_p(T - T_i)$

$$F_{t0} = c_{A0} v = 5 \times 10^{-2} \text{(kmol/s)}$$

$$Q_g = \frac{2 \times 10^7 \times 5 \times 10^{-2} \times 1 \times 10 \times 10^{13} e^{-12000/T}}{10^{-2} + 10^{14} e^{-12000/T}}$$

$$Q_r = 10^{-2} \times 850 \times 2200(T - T_i) = 18700(T - T_i)$$

当进料温度为 290K 时

$$Q_r = 18700(T-290) = 18700T - 5423000$$

根据上述两式作 $Q_g(Q_r)$-T 图，其中 Q_r'、Q_r''、Q_r''' 分别为进料温度为 290K、300K、310K 时的散热线。由图可知：当 $T_i = 290K$ 时，定态点只有一个点 a，且该定态点是稳定的，在此点处，反应温度 $T = 290.5K$

$$x_A = \frac{k\tau}{1+k\tau} = \frac{10^{13} e^{-12000/290.5} \left(\frac{10}{10^{-2}}\right)}{1 + 10^{13} e^{-12000/290.5} \left(\frac{10}{10^{-2}}\right)} = 0.011 = 1.1\%$$

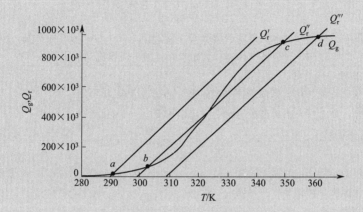

当 $T_i = 300K$ 时，稳定的定态点为 b、c，相应的反应温度分别为 304K 及 350K，同样可求得相应的转化率分别为 6.7% 与 92.7%；

当 $T_i = 310K$ 时，定态点为 d，且该定态点是稳定的，相应的反应温度为 362K，转化率为 97.5%。

习　题

1. 在一等温操作的间歇反应器中进行某一级液相反应，13min 后反应物转化掉 70%。今若把此反应移至平推流反应器或全混流反应器中进行，为达到相同的转化率，所需的空时和空速各是多少？

2. 在一个等温管式平推流反应器中，发生不可逆气相基元反应 $2A \longrightarrow B$。反应物 A 和稀释剂 C 以等摩尔比加入，并且 A 的转化率为 80%。如果 A 的摩尔进料流率减少一半，假设 C 的进料流率保持不变，那么 A 的转化率为多少？假设气体的理想性及反应温度保持不变。

3. 化工厂尾气中有毒化学物质的净化已成为当今环境治理的重要课题。PH_3 是一种高毒、易燃的气体，即使少量排放于大气中，也会带来明显的安全隐患。净化 PH_3 的技术之一就是将其催化分解为磷和氢气。众所周知，高纯磷和氢气具有很高的工业价值，因此，催化分解法处理磷化氢不仅具有极高的环保价值，同时也具有良好的经济意义。650℃下磷化氢（A）气体分解反应及动力学方程如下

$$4PH_3 \longrightarrow P_4(g) + 6H_2, (-r_A) = (10h^{-1})c_A$$

试求：在 649℃、11.4atm 下，进口物流包含 2/3 的磷化氢和 1/3 的惰性气体，磷化氢流量为 10 mol/h，达到 75% 转化率时，所需平推流反应器体积为多少？

4. 由于除草剂的广泛使用，在一些河水中发现了除草剂的主要成分莠去津，但其在沼泽中可以被降

科学家故事
中国流态化
奠基人——
郭慕孙院士

解，如下图所示：

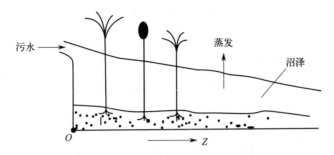

莠去津，即组分 A 的降解反应被假设为不可逆反应并遵循一级均相反应动力学。

$$A \xrightarrow{k_1} 产物$$

当废水流入沼泽并且反应时，水以恒定的速率 $Q=10\text{kmol}/(\text{m}^2 \cdot \text{h})$ 从表面蒸发，但有毒组分不能通过蒸发进入空气中。你可以假设反应器（沼泽）为矩形，且向下缓慢流动的水可被模拟为平推流。

（1）推导作为 X 和 z 函数的 c_A 表达式。

（2）对转化率 X，推导其作为沿沼泽而下的距离 z 的函数方程。

（3）对下列情况，画出作为距离函数的反应转化率和反应速率的曲线图。

① 没有蒸发或冷凝；

② 蒸发但不冷凝；

③ 水以 $0.5\text{kmol}/(\text{m}^2 \cdot \text{h})$ 的速率冷凝。

比较上述三种情况中每种情况你所得到的结果。

附加说明：

$W=$ 宽 $=100\text{m}$；$v_0=$ 入口体积流率 $=2\text{m}^3/\text{h}$；

$L=$ 长 $=1000\text{m}$；$c_{A0}=$ 毒物入口浓度 $=10^{-5}\text{mol}/\text{dm}^3$；

$D=$ 平均深度 $=0.25\text{m}$；$\rho_m=$ 水的摩尔密度 $=55.5\text{kmol}/\text{m}^3$；

$Q=$ 蒸发速率 $=1.11 \times 10^{-3}\text{kmol}/(\text{h} \cdot \text{m}^2)$；

$k_1=$ 反应速率常数 $=16 \times 10^{-5}\text{h}^{-1}$。

5. 对一级气相分解反应：$A \xrightarrow{k} B$，当纯 A 以 $5\text{m}^3/\text{h}$ 的流率进料时要使 63.2% 的 A 转化为 B，需设计一个等温恒压的平推流反应器。在选定的温度条件下，一级反应速率常数 $k=5.0\text{h}^{-1}$。然而，当反应器被安装并投入运行后，发现仅能达到期望转化率的 92.7%，这个差异被认为是由于反应器中流体的扰动产生了一个强烈返混的区域。假设这个区域像一个被串联在两个平推流反应器之间的一个全混流反应器，该区域占有的体积占整个反应器体积的比例是多少？

6. 乙二醇为重要的化工原料之一，全球每年的乙二醇产量可达几千万吨。生产的乙二醇产品约一半用于制造防冻剂，另一半则用于制造聚酯。其中生产的聚酯产品 88% 用于涤纶纤维制造，其余 12% 用于制造瓶子和胶片。

若采用 CSTR 生产乙二醇，将浓度为 $700\text{kg}/\text{m}^3$ 的环氧乙烷水溶液和等体积流率的浓度为 $1000\text{kg}/\text{m}^3$ 的 H_2SO_4 水溶液加入反应器中，在等温条件下操作，产量要求达到 9 万吨/年。反应速率常数是 0.311min^{-1}。

反应按下述方程式进行，求转化率达到 80% 时，所需的 CSTR 体积。

$$\underset{H_2C-CH_2}{\overset{O}{\triangle}} + H_2O \xrightarrow{H_2SO_4} \begin{matrix} H_2C-OH \\ | \\ H_2C-OH \end{matrix}$$

7. 气相反应 A —→3P，服从二级反应动力学。在 0.5MPa、350℃和 $V_0 = 4m^3/h$ 下，采用一个 2.5cm 内径、2m 长的实验反应器，能获得 60%转化率。为了设计工业规模反应器，当处理量为 320m^3/h，进料中含 50%A，50%惰性物料时，在 25kgf/cm^2 和 350℃下反应，为了获得 80%转化率，试求：（1）需用 2.5cm 内径、2m 长的管子多少根？（2）这些管子应以平行还是串联方式连接？

假设流动状况为平推流，忽略压降，反应气体符合理想气体行为。

8. 在一个等温平推流反应器中，发生不可逆气相基元反应 2A —→B。反应物 A 和稀释剂 C 以等摩尔比加入，并且 A 的转化率为 80%。如果 A 的摩尔进料流率减少一半，假设 C 的进料流率保持不变，那么 A 的转化率为多少？假设气体的理想性和反应器的温度保持不变。

9. 理想气体分解反应 A —→P+S，在初始温度为 348K 的间歇恒容反应器中进行，压力为 0.5MPa，反应器容积为 0.25m^3，反应的热效率在 348K 时为 $-5815J/mol$，假定各物料的比热容在反应过程中恒定不变，且分别为 $c_{pA} = 126J/(mol \cdot K)$，$c_{pP} = 105J/(mol \cdot K)$，反应速率常数如下表所示。

T/K	345	350	355	360	365
k/h^{-1}	2.33	3.28	4.61	7.20	9.41

试计算在绝热情况下达到 90%转化率所需的时间。

10. 气相反应 A+B⇌P，反应的动力学方程为

$$(-r_A) = k\left(p_A p_B - \frac{p_P}{K}\right) \quad [mol/(h \cdot m^3)]$$

式中 $k = k_0 e^{-E/RT}$，$k_0 = 1.26 \times 10^{-4}$，$E = 21.8 \times 10^3$，$K = 7.18 \times 10^{-7} e^{29.6 \times 10^3/RT}$。已知 $p_{A0} = 50kPa$，$p_{B0} = 50kPa$，$p_{P0} = 0$，$p = 100kPa$。求最优温度与转化率的关系。

11. 一级反应 A —→P，在一体积为 V_p 的平推反应器中进行，已知进料温度为 150℃，活化能为 84kJ/mol，如改用全混流反应器，其所需体积设为 V_m，则 V_m/V_p 应有何关系？若转化率分别为 0.6 和 0.9，如要使 $V_m = V_p$，反应温度应如何变化？如反应级数分别为 $n = 2, 1/2, -1$ 时，全混流反应器的体积将怎样改变？

12. 某一反应，在间歇釜中进行实验测定，得到下列数据：

时间/h	0	1	2	3	4	5	6	7
转化率 x_A	0	0.27	0.50	0.68	0.82	0.90	0.95	0.97

试预测：（1）三个全混流反应器串联，每个反应器停留时间为 2h，其所能达到的转化率。（2）一个全混流反应器，停留时间为 6h，其所能达到的转化率为多少？

13. 某一分解反应

$$A \begin{cases} \longrightarrow P & r_P = 2c_A \\ \longrightarrow S_1 & r_{S_1} = 1 \\ \longrightarrow S_2 & r_{S_2} = c_A^2 \end{cases}$$

已知 $c_{A0} = 1mol/L$，且 S_1 为目的产品，求：（1）全混釜；（2）平推流；（3）你所设想的最合适的反应器或流程所能获得的最高 S_1 浓度 c_{S_1} 为多少？

14. 如果例 4-14 的反应中进料流量增加一倍，温度为 300K 时，就不能得到高的转化率。如果进料流量为 $2 \times 10^{-2} m^3/s$，进料温度升至 310K，证明此时可得到大于 90%的转化率，而在开车时不需要加热。

15. 在全混流反应器中发生一级不可能放热反应时，可能会出现点火或熄火现象，请利用定态稳定性的必要条件，判断点火点及熄火点的稳定性。

16. 对一可逆放热反应，从热稳定观点，如何考虑散热方案，请用 Q-T 图表示。

参 考 文 献

[1] Levenspiel O. 化学反应工程. 3 版（影印版）. 北京：化学工业出版社，2002.

［2］　Smith J M. Chemical Engineering Kinetics. 2nd ed. New York：McGraw Hill，1970.

［3］　Kramers H，Westerterp K R. Elements of Chemical Reactor Design and Operation. Netherland University Press，1963.

［4］　渡会正三．工业反应装置．东京：日刊工业新闻社，1960.

［5］　Walas S M. Reaction Kinetics for Chemical Engineers. New York：McGraw Hill，1959.

［6］　Rase H F. Chemical Reactor Design for Process Plants. Vol 1. New York：John Wiley，1977.

［7］　《化学工程手册》编辑委员会．化学工程手册：搅拌与混合．3版．北京：化学工业出版社，2019.

［8］　Fogler H. Elements of Chemical Reaction Engineering. 6th ed. London：Pearson，2021.

［9］　李绍芬．化学与催化反应工程．北京：化学工业出版社，1986.

［10］　刘世超，侯言超，刘宏超，等．水合法制丙二醇的 CSTR 开车模拟及反应器稳定性分析．化学反应工程与工艺，2012，28（05）：469-474.

［11］　张斌，侯言超，司马蒙，等．CSTR 反应器抗扰动能力的稳态模拟与动态模拟．化工高等教育，2014，31（02）：79-84.

［12］　刘宏超，侯言超，刘世超，等．配备不同类型控制器 CSTR 反应器的动态模拟．化工高等教育，2014，31（03）：72-76.

第5章

非理想流动

5.1 流体的流动、混合与停留时间分布

物料在反应器中的流动与混合情况可以是各不相同的，这是众所周知的事实。如果按照理想流动来考虑，当反应的动力学方程已经确定，则反应器的设计计算就可以比较方便地按照第4章所讨论的方法进行处理。理想流动的主要特点，对于平推流，即所有物料颗粒在反应器内的停留时间是相同的；对于全混流，则是反应器内各处浓度相同且等于出口物料的浓度，各物料颗粒在反应器内具有一定的停留时间分布。由于化学反应与停留时间和物料的浓度关系十分密切，因此，如果流动状况发生了偏离理想流动的变化，反应的结果也将随之发生变化。实际的反应装置，特别是大型装置，其中物料的流动状况将会出现哪些改变？为什么会引起这些变化？与上述两种理想流动相比，将会导致多大的偏差？如何测定与描述这些现象？这是本章所要讨论的内容。

从第4章的讨论中我们已经知道，在间歇操作的反应釜以及平推流反应器中，反应器内物料粒子的停留时间都是相同的，反应物浓度随着物料停留时间的增长而减小，产物浓度则随之增大。而在连续操作的全混釜中，物料浓度在整个反应釜中是均匀的，而且等于排出料液的浓度，即处在一个最低的反应物浓度下操作，因此反应速率低于间歇釜或平推流反应器中的反应速率，这种连续操作的搅拌釜特征，就是典型的返混现象，加入反应釜中新鲜且具有高浓度的反应物料，一进入反应釜后，就与存留在那里的已反应的物料发生瞬时混合而使浓度降低。其中有的物料粒子在激烈搅拌作用下，可能迅速到达出口位置而被排出反应釜；而另一些物料，则可能要停留较长的时间才被排出，即有所谓的停留时间分布。在全混釜中，这种停留时间的分布是一定的。而这种具有不同停留时间物料间的混合，通常被称为返混。全混釜是能达到瞬间全部混匀的一种极限状态，故其返混程度为最大；平推流是前后物料毫无返混的另一种极限状况，其返混程度为零；许多实际反应器中的返混程度是介于这两者之间的。

应当着重指出的是，凡是流动状况偏离平推流和全混流这两种理想情况的流动，统称为非理想流动，均存在停留时间分布问题，但不一定都是由返混引起的。比如层流就是具有停留时间分布的非理想流动，但并无返混，其他如短路、死角等都能引起停留时间上的差异，因此非理想流动比返混具有更广泛的意义。为了进一步了解连续操作反应器的性能，必须了解反应器内的非理想流动问题。

5.1.1　流体的非理想流动与停留时间分布

虽然不少工业反应器可以按照第 4 章介绍的平推流与全混流反应器处理，但是仍有许多因素会使反应器中的流动偏离理想流动，这些因素大致如图 5-1 所示。设备中的死角，必然引起具有不同停留时间物料间的混合；物料流经反应器时出现的短路、旁路或沟流等，都是导致物料颗粒在反应器中停留时间不同的因素。

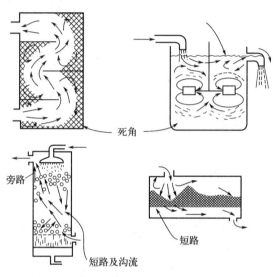

图 5-1　反应器中存在的几种非理想流动形式

一般说来，非理想流动的起因无非是两方面：一是由于反应器中物料颗粒的运动（如逆流、搅拌、分子扩散等）导致与出现了主体流动方向相反的运动；二是由于反应器内各处速度的不均匀性。非理想流动使物料在反应器中的停留时间有长有短，形成停留时间分布，引起反应器内各个物料微元的反应进程不均一，对反应速率和产物的产量、质量产生一定的影响。对于间歇操作的反应器，所有物料的停留时间完全相同，而对连续操作的反应器，总是伴有停留时间分布的。这个概念相当重要，在生产实践中，曾有这样的例子，当某反应过程从间歇操作改为连续操作后，原料的转化率不仅没有升高，反而降低了；产品质量不仅得不到改善，反而恶化了。所以，连续化主要是避免了非操作时间，提升了装置的处理能力，而是否能够强化反应过程，则需要结合反应的动力学速率方程和反应器内流体的流动与混合特性进行具体的分析。因此，对于连续存在的流动系统，必须考虑物料在反应器中的流动状况及停留时间分布问题。

5.1.2　停留时间分布函数及其数学特征

5.1.2.1　停留时间分布函数

由于物料在反应器中的停留时间分布完全是一个随机过程，因此可以借用两种概率分布定量地描绘物料颗粒在流动系统中的停留时间分布，这两种概率分布就是停留时间分布密度函数 $E(t)$ 和停留时间分布函数 $F(t)$。

在一个稳定的连续流动系统中，在某一瞬间同时进入系统一定量的流体，其中各流体粒子将经历不同的停留时间后依次流出系统，而 $E(t)$ 的定义就是：在同时进入的 N 个流体颗粒中，其中停留时间介于 t 和 $t+\mathrm{d}t$ 间的流体颗粒所占的分率 $\mathrm{d}N/N$ 为 $E(t)\mathrm{d}t$。如果用曲线表示函数 $E(t)$，则图 5-2(a) 中所示阴影部分的面积值就是停留时间介于 t 和 $t+\mathrm{d}t$ 之间的流体所占的分率。

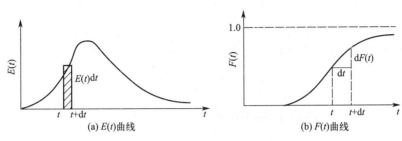

图 5-2　常见的 E 曲线和 F 曲线

由于讨论的是稳定的流动系统，因此在不同瞬间同时进入系统的各批 N 个流体颗粒均具有相同的停留时间分布密度。所以流过系统的全部流体中或在任一瞬间的系统出口流中，物料停留时间的分布密度显然是为同一个 $E(t)$ 所确定，根据 $E(t)$ 的定义，它必然具有归一化的性质

$$\int_0^\infty E(t)\mathrm{d}t = 1$$

即

$$\sum \frac{\Delta N}{N} = 1 \tag{5-1}$$

另一种停留时间分布函数为 $F(t)$，其定义是

$$F(t) = \int_0^t E(t)\mathrm{d}t \tag{5-2}$$

即流过系统的物料中停留时间小于 t 的（或者说成停留时间介于 $0\sim t$ 之间的）物料的百分比等于函数值 $F(t)$。根据这一定义，可得

$$F(0) = 0 \qquad F(\infty) = 1.0$$

同时，$E(t)$ 与 $F(t)$ 之间的关系，如图 5-2 所示，可有

$$\frac{\mathrm{d}F(t)}{\mathrm{d}t} = E(t) \tag{5-3}$$

式(5-3) 表明 E 函数在任何停留时间 t 的数值，实际上也就是 F 曲线上对应点的斜率。

5.1.2.2　停留时间分布函数的数字特征

为了对不同流动状况下的停留时间函数进行定量比较，可采用随机函数的特征值予以表达，随机函数有两个最重要的特征值，即"数学期望"和"方差"。

（1）数学期望 $\hat{t}$　对 E 曲线，数学期望就是对于原点的一次矩，即平均停留时间 τ。

$$\hat{t} = \frac{\displaystyle\int_0^\infty tE(t)\mathrm{d}t}{\displaystyle\int_0^\infty E(t)\mathrm{d}t} = \int_0^\infty tE(t)\mathrm{d}t \tag{5-4}$$

数学期望 $\hat{t}$ 为随机变量的分布中心，在几何图形上，也就是 E 曲线上这块面积的重心在横轴上的投影。根据 E 函数和 F 函数的相互关系，可将上式写成

$$\hat{t}=\int_0^\infty t\,\frac{\mathrm{d}F(t)}{\mathrm{d}t}\mathrm{d}t=\int_{F(t)=0}^{F(t)=1}t\,\mathrm{d}F(t) \tag{5-5}$$

（2）方差　所谓方差是指对于数学期望的二次矩，也被称为散度，以 σ_t^2 表示

$$\sigma_t^2=\frac{\displaystyle\int_0^\infty (t-\hat{t})^2 E(t)\mathrm{d}t}{\displaystyle\int_0^\infty E(t)\mathrm{d}t}=\int_0^\infty (t-\hat{t})^2 E(t)\mathrm{d}t=\int_0^\infty t^2 E(t)\mathrm{d}t-\hat{t}^2 \tag{5-6}$$

方差是停留时间分布分散程度的量度，σ_t^2 愈小，则流动状况愈接近平推流。对于平推流，物料在系统中的停留时间相等且等于 V/v，$t=\hat{t}$，故 $\sigma_t^2=0$。

5.1.3　停留时间分布函数的无量纲化

若将停留时间 t 用平均停留时间 τ 进行无量纲化，即令 $\theta=\dfrac{t}{\tau}=\dfrac{vt}{V}$ 来表示无量纲时间（称为对比时间），这一时标的改变产生了下列影响。

① 无量纲平均停留时间 $\bar{\theta}=\dfrac{\bar{t}}{\tau}=\dfrac{\tau}{\tau}=1$。

② 在对应的时标处，即 θ 和 $\theta\tau=t$，停留时间分布函数值应该相等，$F(\theta)=F(t)$，此处 $F(\theta)$ 表示以对比时间 θ 为自变量的停留时间分布函数。

③ $E(\theta)$ 表示以 θ 为自变量的停留时间分布密度，则有

$$E(\theta)=\frac{\mathrm{d}F(\theta)}{\mathrm{d}\theta}=\frac{\mathrm{d}F(t)}{\mathrm{d}(t/\tau)}=\tau\,\frac{\mathrm{d}F(t)}{\mathrm{d}t}=\tau E(t) \tag{5-7}$$

此即表明以 θ 为自变量的停留时间分布密度比以 t 为自变量的值大 V/v 倍，而其归一化性质依然存在。

$$\int_0^\infty E(\theta)\mathrm{d}\theta=1$$

④ 设 σ^2 为随机变量 θ 的方差，即为无量纲方差，则 σ^2 和 σ_t^2 的换算关系为

$$\sigma^2=\int_0^\infty (\theta-1)^2 E(\theta)\mathrm{d}\theta=\int_0^\infty (\theta-1)^2 E(t)\tau\mathrm{d}\theta$$

$$=\frac{1}{\tau^2}\int_0^\infty (t-\hat{t})^2 E(t)\mathrm{d}t=\frac{\sigma_t^2}{\tau^2} \tag{5-8}$$

有了以上关系，可以推得

对于全混流　　　　　　　　　　　　　$\sigma^2=1$

对于平推流　　　　　　　　　　　　　$\sigma^2=\sigma_t^2=0$

对一般的实际流动　　　　　　　　　　$0\leqslant\sigma^2\leqslant 1$

所以，用 σ^2 评价停留时间分布的分散程度比较方便。

5.1.4　停留时间分布的实验测定

反应器物料颗粒的停留时间分布通常采用物理示踪实验来测定。所谓物理示踪是指采用一种易检测且与物料无化学反应活性的物质按一定的输入方式加入稳定的流动系统中，然后通过观测该示踪物质在系统出口的浓度随时间的变化来确定系统物料颗粒的停留时间分布，

实验流程示意图见图 5-3(a)。根据示踪物质注入方式的不同，大致可分为四种：脉冲示踪法、阶跃示踪法、周期示踪法和随机输入示踪法。由于前两种方法操作简便且易于进行数据处理，故最为常用。本节也只介绍这两种方法。

(1) 脉冲示踪法　当被测定的系统达到稳定后，在系统的入口处，于 $t=0$ 时刻瞬间注入一定量 Q 的示踪流体（注入的时间需远小于平均停留时间值，且注入量少到可以忽略），同时开始在出口流体中检测示踪物料浓度的变化。

根据 $E(t)$ 的定义，可知在 $t=0$ 时注入的示踪物，其停留时间分布密度必按 E 函数分配，因此，可以预计停留时间介于 t 和 $t+dt$ 间那部分示踪物料量 $QE(t)dt$，必将在 t 和 $t+dt$ 间自系统的出口处流出，其量为 $vc(t)dt$，故

$$QE(t)dt = vc(t)dt$$

$$E(t) = \frac{v}{Q}c(t) \tag{5-9}$$

典型的 E 曲线如图 5-3(b) 所示。

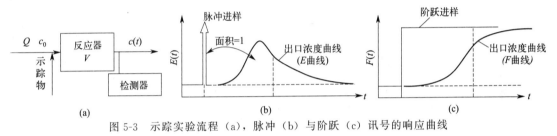

图 5-3　示踪实验流程 (a)，脉冲 (b) 与阶跃 (c) 讯号的响应曲线

为了验证实验数据的可靠性，必须依据三个已知量 Q、v 和 V 进行一致性检验，即实验所获得的数据应满足以下关系

$$Q = \int_0^\infty vc(t)dt = v\int_0^\infty c(t)dt \tag{5-10}$$

或

$$\tau = \frac{V}{v} = \int_0^\infty tE(t)dt \tag{5-11}$$

若不满足上述式子，则需要检查原因，或是示踪物选择不当（如示踪物与反应器壁、内部构件或物料有作用），或是输入方式不满足脉冲要求，或是示踪物输入后未能保持系统的定常态操作（如 v 发生了变化）等。

在进行实验测定时，如每隔一段时间取一次样，所得的 E 函数一般为离散型的，即各个等时间间隔下的 E，此时，式(5-4) 应改写为

$$\hat{t} = \frac{\sum tE(t)\Delta t}{\sum E(t)\Delta t} = \frac{\sum tE(t)}{\sum E(t)} \tag{5-12}$$

从上面讨论可以看出，确定物系在系统中的平均停留时间，可以根据实验测定的 E 函数，从式(5-11) 或式(5-12) 求得。

对于等时间间隔取样的实验数据，方差的计算式(5-6) 同样可改写为

$$\sigma_t^2 = \frac{\sum t^2 E(t)}{\sum E(t)} - \hat{t}^2 \tag{5-13}$$

(2) 阶跃示踪法　当系统内的流体达到稳定流动后，在 $t=0$ 时刻将原来流入反应器的流体切换为另一种在某些性质上有所不同而流动不发生变化的含示踪物的流体（如第一种流体为水，以 A 表示，含示踪物的流体可用有色的高锰酸钾水溶液，以 B 表示），从 A 切换为

B 的同一瞬间，开始在出口处检测出口物料中示踪剂浓度的变化（出口的响应值）。如以出口流中 B 所占的分率对 t 作图，可得如图 5-3(c) 所示的 F 曲线。

由于在切换成 B 物料后的 t 时刻，反应器出口物料中示踪物在反应器内的停留时间均小于 t，其所占的分率应为 $F(t)$。所以，如果在 t 时刻测得的出口物料中示踪物浓度为 $c(t)$，则依据物料平衡可得

$$vc(t) = vc_0 F(t)$$

或

$$F(t) = \frac{c(t)}{c_0} \tag{5-14}$$

通过 $E(t)$ 和 $F(t)$ 关系和式(5-4)、式(5-6) 可得平均停留时间和方差的计算式

$$\hat{t} = \int_0^\infty tE(t)\,dt = \int_0^1 t\,dF(t) = \frac{1}{c_0}\int_0^{c_0} t\,dc(t) \tag{5-15}$$

$$\sigma_t^2 = \int_0^\infty t^2 E(t)\,dt - \hat{t}^2 = \int_0^1 t^2\,dF(t) - \hat{t}^2$$

$$= \frac{1}{c_0}\int_0^{c_0} t^2\,dc(t) - \hat{t}^2 \tag{5-16}$$

需要指出的是在实验过程中，示踪物的进料点和流出物料的检测点应尽量分别靠近反应器入口和出口，且所选择的示踪物料，应具有如下性质：①对流动状况没有影响；②示踪物料在测定过程中应该守恒，即不参与反应、不挥发、不沉淀或吸附于器壁；③易于检测。

例 5-1　今有一反应器，用脉冲示踪法测定其停留时间分布，其中进入反应器的流体流速为 0.5L/min，脉冲输入示踪物 A 的量为 50g，实验测得的反应器出口流出物中示踪物 A 的浓度随时间变化的数据如下：

时间 t/min	0	5	10	15	20	25	30	35
出口示踪物浓度/(g/L)	0	3	5	5	4	2	1	0

试依据表中的数据确定反应器的 $E(t)$ 和 $F(t)$ 曲线，并求出 σ_t^2 和 σ^2。

解　首先要对实验数据进行一致性检验。由实验数据计算的加入示踪剂总量 Q 为

$$Q = \sum vc\,\Delta t = 0.5 \times (3+5+5+4+2+1) \times 5 = 50\,(g)$$

和实际加入的示踪物量一致，故实验数据满足一致性检验，即数据是可靠的。然后应用 $E(t)$ 和 $F(t)$ 计算式可分别得到其数值，如下表所示。

$$\begin{cases} E(t) = \dfrac{vc(t)}{Q} = \dfrac{c(t)}{100} \\ F(t) = \sum E(t)\Delta t \end{cases}$$

t/min	0	5	10	15	20	25	30	35
$c(t)$	0	3	5	5	4	2	1	0
$E(t)$	0	0.03	0.05	0.05	0.04	0.02	0.01	0
$F(t)$[①]	0	0.15	0.40	0.65	0.85	0.95	1.00	1.00

① 若采用辛普森数值积分法，则 $F(t)$ 的值略有区别，详见本教材的第二版例 4-1-1。

据上表的数据可作 $E(t)$ 和 $F(t)$ 曲线图，分别如下所示：

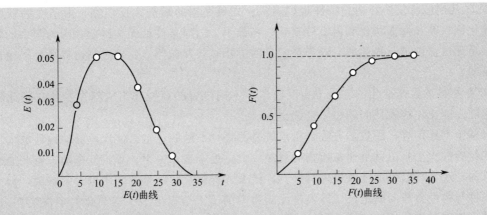

$E(t)$曲线 $F(t)$曲线

同时可计算得到平均停留时间

$$\hat{t} = \frac{\sum t E(t) \Delta t}{\sum E(t) \Delta t} = 15 \text{min}$$

可计算得到随机变量 t 的方差 σ_t^2

$$\sigma_t^2 = \frac{\sum t^2 E(t)}{\sum E(t)} - \hat{t}^2 = \frac{54.5}{0.2} - 15^2 = 47.5 (\text{min})^2$$

随机变量 θ 的方差 σ^2 为

$$\sigma^2 = \frac{\sigma_t^2}{\hat{t}^2} = \frac{47.5}{15^2} = 0.211$$

小的 σ^2 值表明该反应器内的返混程度较小。

5.2 流体的流动模型及反应器计算

工业生产用的反应器总是存在一定程度的返混从而具有不同的停留时间分布,影响反应的转化率。那么,在反应器的设计中,就需要考虑非理想流动的影响。

返混程度的大小,一般是很难直接测定的,总是设法用停留时间分布进行描述。但是,由于停留时间与返混之间不一定存在对应的关系,也就是说,一定的返混必然会造成确定的停留时间分布;但是,同样的停留时间分布可以是由不同的返混造成的。因此,不能直接把测定的停留时间分布用于描述返混的程度,而要借助于模型化方法。

为了在反应器计算中考虑非理想流动的影响,一般程序是基于对一个反应过程的初步认识。首先分析其实际流动状况,从而选择较为合理的简化流动模型,并用数学方法关联返混与停留时间分布间的定量关系。然后通过实验测定其停留时间分布,来检验所假设模型的正确程度,确定在假设模型时所引入的模型参数。最后结合反应动力学数据估计反应的效果。

所谓模型法,就是通过对复杂的实际过程分析,进行合理的简化,然后用一定的数学方法予以描述,使其符合实际过程的规律性,此即所谓的数学模型,然后加以求解。但是,由于化工生产过程的复杂性,尤其是涉及多因素、强交联(如温度、浓度、反应速率等的相互影响)以及边界条件难以确定等因素,如果严格考虑,仍存在有不少的困难。

① 方程组十分庞大。如裂解反应可能有 100 多个反应同时发生,因此,所建立的方程组极其庞大。

② 几何形状复杂，边界条件难以确定。如最简单的填充床反应器，由于在圆管中装填了催化剂，其几何形状就变得十分复杂，在数学上边界条件就无法确定，因为其中的气体通道，是无法详细进行描述的。对于最常见的搅拌釜式反应器，要确定其边界条件，也是十分困难的。

③ 物性参数是变化的。由于在反应器中不同位置的温度和组成都在变化，因此物性数据也随之变化，这就使问题趋于复杂化。

基于上述困难，用数学方程分析求解显然是行不通的，这就使反应器的设计放大一度停留在经验放大上，也就是通常所指的逐级放大。近年来，由于计算机的推动，有些原来难以计算的，现在可以借助计算机进行计算，庞大方程组求解困难的问题也得到解决，但是，边界条件与物性参数的确定，计算机是无能为力的。于是提出了一些简化的定性模型，比如，对填充管内的流体流动，提出了毛细管模型，它设想气体通过床层的通道，相当于通过当量直径为 d_e 的毛细管；又如研究填充管内的返混，设想为平推流叠加轴向混合，并用有效轴向扩散系数 E_z 表示轴向混合的大小。经过这样的一些简化，边界条件就可以确定了。当然，在简化模型时所引入的参数，是需靠实验测定的。有了定性模型，然后再结合有关的数学方程，从而使复杂的过程得以简化，并能予以定量计算。在模型化中，最重要的是合理的"简化"，把复杂的实际过程简化为比较简单清晰的物理图形，即具有可用数学方式表达的物理模型，然后再变为数学模型。但简化必须是合理的，并要符合实际过程的规律性。建立数学模型就是在准确性与简单性之间，寻求妥善的解决方案。而要提出合理的简化，必须对过程有深入的认识。

5.2.1　常见的几种流动模型

（1）平推流与全混流模型　如第 4 章所述，这是两种极端的理想流动模型。这里再进一步讨论这两种模型的停留时间分布。

① 平推流模型　平推流的 E 线与 F 线如图 5-4 所示。

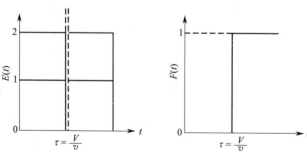

图 5-4　平推流的 E 线与 F 线

由于 $\tau = \dfrac{V}{v}$，曲线下的面积为 1。

$$t < \tau, F(t) = 0, E(t) = 0;$$
$$t = \tau, \theta = 1, F(t) = 1, E(t) = \infty$$

以及
$$\sigma_t^2 = \int_0^\infty (t - \hat{t})^2 E(t) \mathrm{d}t = (\hat{t} - \hat{t})^2 = 0 \tag{5-17}$$
$$\sigma^2 = 0 \tag{5-18}$$

② 全混流模型　一般连续釜式反应器可以选用本模型。如图 5-5 所示，在某一瞬间，即 $t=0$ 时，采用阶跃示踪实验，用示踪物料 B 切换原来的物料 A，并同时测定出口流中示踪物料的浓度 $c(t)$。若假定入口 $c_0=1$，则由式(5-14) 可得 $c(t)=F(t)$。

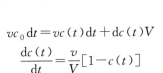

图 5-5　全混流的示踪试验

同时在 t 至 $t+dt$ 时间间隔内进行示踪物料 B 的物料衡算，可有：

加入量　$vc_0\mathrm{d}t$

流出量　$vc(t)\mathrm{d}t$

存留在反应器中的量　$V\mathrm{d}c(t)$

在定常态流动中

$$vc_0\mathrm{d}t=vc(t)\mathrm{d}t+\mathrm{d}c(t)V$$

$$\frac{\mathrm{d}c(t)}{\mathrm{d}t}=\frac{v}{V}[1-c(t)]$$

应用边界条件：$t=0$，$c(t)=0$

对上式积分得

$$-\ln[1-c(t)]=\frac{v}{V}t$$

所以

$$1-c(t)=\mathrm{e}^{-t/\tau}$$

$$c(t)=F(t)=1-\mathrm{e}^{-t/\tau} \qquad (5\text{-}19)$$

$$E(t)=\frac{\mathrm{d}F(t)}{\mathrm{d}t}=\frac{1}{\tau}\mathrm{e}^{-t/\tau} \qquad (5\text{-}20)$$

或

$$E(\theta)=\mathrm{e}^{-\theta} \qquad (5\text{-}20')$$

式(5-19) 和式(5-20) 可标绘成图 5-6 的形状。

当 $t=\tau$ 时，$F(t)=0.632$，即 63.2% 的物料停留时间小于 τ。

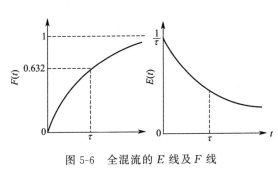

图 5-6　全混流的 E 线及 F 线

同样根据

$$\sigma_{\mathrm{t}}^2=\int_0^\infty (t-\hat{t})^2 E(t)\mathrm{d}t$$

可求得

$$\sigma_{\mathrm{t}}^2=\tau^2 \qquad (5\text{-}21)$$

$$\sigma^2=\frac{\sigma_{\mathrm{t}}^2}{\tau^2}=1 \qquad (5\text{-}22)$$

(2) 层流模型　对于高黏流体或圆管内的层流流动，流体颗粒在轴向和径向均不发生混合，亦无轴向返混的现象，但在垂直于流动方向截面上的流速呈抛物线型，如图 5-7(a) 所示。如在径向位置 r 处的流速 u_r 与管中心流速 u_0 的关系为

$$u_\mathrm{r}=u_0[1-(r/R)^2]$$

式中，R 为管径。而在管壁处 ($r=R$)，$u_\mathrm{R}=0$；管内的平均流速则为中心流速的 $\frac{1}{2}$，即

$$\bar{u}=\frac{1}{2}u_0 \qquad (5\text{-}23)$$

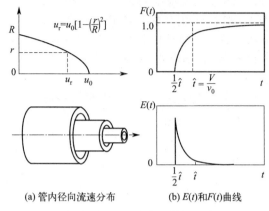

(a) 管内径向流速分布　　(b) $E(t)$ 和 $F(t)$ 曲线

图 5-7　层流的径向流速分布和停留时间分布曲线

管出口物料颗粒的停留时间完全取决于其在管内的流速，即物料颗粒的流速不同导致了其停留时间的分布，其数学表达如下

$$t = \frac{L}{u} = \frac{L}{u_0} \frac{1}{\left[1 - \left(\frac{r}{R}\right)^2\right]} \tag{5-24}$$

式中，L 为管长。而平均停留时间为

$$\tau = \frac{L}{\bar{u}} = \frac{2L}{u_0} \tag{5-25}$$

同时由于在轴心上的流速最大，所以其在管内的停留时间最小，以 $t_{\min}$ 记之，有

$$t_{\min} = \frac{L}{u_0} = \frac{L}{2\bar{u}} = \frac{\tau}{2} \tag{5-26}$$

这表明，对于在 $t = 0$ 瞬时流入管内的示踪物，在 $t < \dfrac{\tau}{2}$ 的如何时刻，管出口处的流出物料中都不会出现示踪物。换言之，当 $t < \dfrac{\tau}{2}$ 时，$F(t) = 0$；只有在 $t \geqslant \dfrac{\tau}{2}$ 时，管的流出物料中才会含有示踪物。根据 $F(t)$ 的定义，应有

$$F(t) = \frac{0 \sim r \text{ 截面积内的容积流量（出口处）}}{\text{整个管截面积在出口处的容积流量}} \quad \text{（在}[0, r]\text{区间外无示踪物）}$$

即

$$F(t) = \frac{\int_0^r u_r c_0 2\pi r \, dr}{\int_0^R u_r c_0 2\pi r \, dr} = \frac{\int_0^r u_0 \left[1 - \left(\frac{r}{R}\right)^2\right] c_0 2\pi r \, dr}{\int_0^R u_0 \left[1 - \left(\frac{r}{R}\right)^2\right] c_0 2\pi r \, dr}$$

积分整理可得

$$F(t) = \left(\frac{r}{R}\right)^2 \left[2 - \left(\frac{r}{R}\right)^2\right] \qquad t \geqslant \frac{\tau}{2} \tag{5-27}$$

由式(5-24) 和式(5-25) 可得

$$\left(\frac{r}{R}\right)^2 = 1 - \frac{\tau}{2t}$$

$$F(t) = \left(1 - \frac{\tau}{2t}\right)\left(1 + \frac{\tau}{2t}\right) = 1 - \left(\frac{\tau}{2t}\right)^2 \qquad t \geqslant \frac{\tau}{2}$$

$$F(t) = 0 \qquad\qquad\qquad\qquad t < \frac{\tau}{2} \tag{5-28}$$

$$E(t) = \frac{\tau^2}{2t^3} \qquad\qquad\qquad t \geqslant \frac{\tau}{2}$$

$$E(t) = 0 \qquad\qquad\qquad\qquad t < \frac{\tau}{2} \tag{5-29}$$

应用式(5-28) 和式(5-29) 可得层流流动的 $F(t)$ 和 $E(t)$ 曲线，如图 5-7(b) 所示。

（3）多级混合模型　图 5-8 所示为多级混合模型，它是以每级内为全混流、级间无返混、各级存料量 V 相同的假定为前提的，其 F 曲线可通过物料衡算而导得。

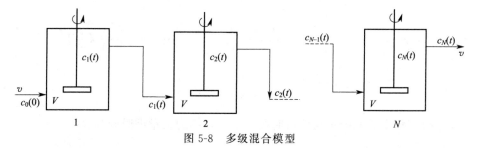

图 5-8　多级混合模型

先考虑较简单的二级串联情况。从物料 A 切换为示踪物料 B 的瞬间算起，在某一 $\mathrm{d}t$ 时间间隔内，进入第二级的量为 $vc_1(t)\mathrm{d}t$，离开第二级的量为 $vc_2(t)\mathrm{d}t$，在第二级中累积量为 $V\mathrm{d}c_2(t)$，对示踪物 B 进行物料衡算得

$$c_1(t) - c_2(t) = \frac{V}{v}\frac{\mathrm{d}c_2(t)}{\mathrm{d}t}$$

初始条件为：$t=0$，第一级进口处所占分率为 $c_0(0)=1$；第二级出口处所占分率为 $c_2(t)=0$。

$$\frac{\mathrm{d}c_2(t)}{\mathrm{d}t} + \frac{v}{V}c_2(t) = \frac{v}{V}c_1(t)$$

因为 $c_1(t) = F(t) = (1 - \mathrm{e}^{-t/\tau_s})$，此处 τ_s 是对单个釜而言的平均停留时间。故有

$$\frac{\mathrm{d}c_2(t)}{\mathrm{d}t} + \frac{1}{\tau_s}c_2(t) = \frac{1}{\tau_s}(1 - \mathrm{e}^{-t/\tau_s}) \tag{5-30}$$

式(5-30) 为一阶线性常微分方程，应用上述初始条件求解可得

$$c_2(t) = F_2(t) = 1 - \mathrm{e}^{-t/\tau_s}(1 + t/\tau_s) \tag{5-31}$$

同理推广到 N 釜，对各釜中的示踪物料 B 进行物料衡算，可得

$$\left.\begin{aligned}
c_0 &= c_1 + \tau_s\frac{\mathrm{d}c_1}{\mathrm{d}t} \\[2mm]
c_1 &= c_2 + \tau_s\frac{\mathrm{d}c_2}{\mathrm{d}t} \\[2mm]
c_2 &= c_3 + \tau_s\frac{\mathrm{d}c_3}{\mathrm{d}t} \\[2mm]
c_{N-1} &= c_N + \tau_s\frac{\mathrm{d}c_N}{\mathrm{d}t}
\end{aligned}\right\} \tag{5-32}$$

一阶常微分方程组（5-32）的初始条件为

$$t=0 \text{ 时}, c_0(0)=1; c_1(0)=c_2(0)=\cdots=c_N(0)=0$$

解上述一阶常微分方程组可得

$$c_1(t)=\frac{c_1}{c_0}=1-e^{-t/\tau_s}$$

$$c_2(t)=\frac{c_2}{c_0}=1-e^{-t/\tau_s}(1+t/\tau_s)$$

$$c_3(t)=\frac{c_3}{c_0}=1-e^{-t/\tau_s}\left[1+\frac{t}{\tau_s}+\frac{1}{2}\left(\frac{t}{\tau_s}\right)^2\right]$$

$$\cdots$$

所以

$$F(t)=\frac{c_N}{c_0}=1-e^{-t/\tau_s}\left[1+\frac{t}{\tau_s}+\frac{1}{2!}\left(\frac{t}{\tau_s}\right)^2+\frac{1}{3!}\left(\frac{t}{\tau_s}\right)^3+\cdots+\frac{1}{(N-1)!}\left(\frac{t}{\tau_s}\right)^{N-1}\right] \tag{5-33}$$

$$E(t)=\frac{dF(t)}{dt}=\frac{N^N}{(N-1)!\ \tau}\left(\frac{t}{\tau}\right)^{N-1}e^{-Nt/\tau} \tag{5-34}$$

其中 $\tau=N\tau_s$ 代表整个系统的平均停留时间。上式换算为无量纲时则为

$$E(\theta)=\frac{N^N}{(N-1)!}\theta^{N-1}e^{-N\theta} \tag{5-35}$$

将 $E(\theta)$ 对 θ 作图，可得如图 5-9 所示形状，可见 N 愈大，峰形愈窄，当釜数 N 趋于无限大时，则等同于平推流的情况。

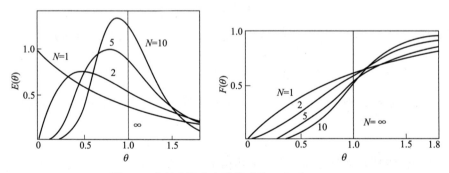

图 5-9 多级全混釜串联模型的 $E(\theta)$ 和 $F(\theta)$

随机变量 θ 的方差 σ^2 可由式(5-36)求得

$$\sigma^2=\frac{\int_0^\infty (\theta-1)^2 E(\theta)d\theta}{\int_0^\infty E(\theta)d\theta}=\int_0^\infty [\theta^2 E(\theta)d\theta]-1$$

$$=\int_0^\infty \frac{\theta^2 N^N \theta^{N-1}}{(N-1)!}e^{-N\theta}d\theta-1=\frac{1}{N} \tag{5-36}$$

从式(5-36)可以看出，随机变量分布和平均值的离散程度与级数的关系，当 $N\to\infty$ 时，$\sigma^2\to0$。多釜串联的停留时间分布曲线见图 5-10。

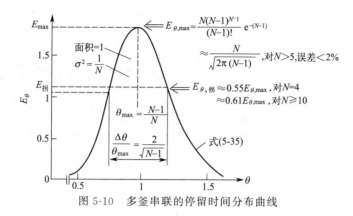

图 5-10 　多釜串联的停留时间分布曲线

实际上结构分级的设备，其结构上所分的级数 N' 不一定与测定的 N 相等。此处 N 为模型参数，它仅代表相当于 N 个全混釜内返混的程度。求得 N 值后，即可按第 4 章介绍的方法求得转化率了。

例 5-2 　今有一水解反应的多层挡板鼓泡塔反应器，用脉冲示踪测定液相停留时间分布，其中进入反应器的液体流速为 $0.5\mathrm{m^3/min}$，脉冲输入示踪物 A 的量为 50kg，实验测定反应器出口液体示踪物的浓度数据如下：

时间 t/min	0	2	4	6	8	10	12	14	16
出口示踪物浓度/(kg/m³)	0	5.0	15.0	15.0	8.0	4.0	2.0	1.0	0

（1）根据表列的数据求该反应器内持液量 V_L、平均停留时间 $\hat{t}$ 和方差 σ_t^2。

（2）若此反应器内液相流动能按多级混合釜模型处理，试求模型参数 N。

解 　首先对实验数据进行一致性检验。即加入示踪剂的总量 Q 为

$$Q=\sum vc\Delta t=0.5\times(5.0+15.0+15.0+8.0+4.0+2.0+1)\times 2=50(\mathrm{kg})$$

故检测得到的示踪物量与加入量一致，表明实验数据是合理的。进而可应用下式计算得

$$E(t)=\frac{vc(t)}{Q}=\frac{c(t)}{100}$$

t	0	2	4	6	8	10	12	14	16
$c(t)$	0	5.0	15.0	15.0	8.0	4.0	2.0	1.0	0
$E(t)$	0	0.05	0.15	0.15	0.08	0.04	0.02	0.010	0
$tE(t)$	0	0.10	0.60	0.90	0.64	0.40	0.24	0.14	0
$t^2E(t)$	0	0.20	2.40	5.40	5.12	4.00	2.88	1.96	0

（1）计算 V_L、$\hat{t}$ 和 σ_t^2

$$\hat{t}=\frac{\sum tE(t)\Delta t}{\sum E(t)\Delta t}=\frac{\sum tE(t)}{\sum E(t)}=\frac{3.02}{0.5}=6.04(\mathrm{min})$$

$$V_\mathrm{L}=v_\mathrm{L}\hat{t}=0.5\times 6.04=3.02(\mathrm{m^3})$$

$$\sigma_\mathrm{t}^2=\frac{\sum t^2E(t)}{\sum E(t)}-\hat{t}^2=\frac{21.96}{0.5}-6.04^2=7.44(\mathrm{min^2})$$

（2）计算 N

$$\sigma^2 = \frac{\sigma_t^2}{\bar{t}^2} = \frac{7.44}{6.04^2} = 0.204$$

$$N = \frac{1}{\sigma^2} = \frac{1}{0.204} = 4.90 \approx 5.0$$

（4）轴向分散模型　所谓分散模型，即是仿照一般的分子扩散中用分子扩散系数 D 来表征那样，用一个轴向有效扩散系数 E_z 来表征一维的返混，也就是在平推流流动中叠加一个涡流扩散项并假定：

a. 与流体流动方向垂直的每一个截面上，具有均匀的径向浓度；

b. 在垂直于流体流动方向的每一个截面上，流体速度及扩散系数均为恒定值；

c. 物料浓度为流体流动距离的连续函数。

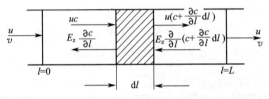

图 5-11　轴向扩散模型示意图

轴向扩散模型是描述非理想流动的主要模型之一，特别适用于返混程度不大的系统，如管式、塔式及其他非均相体系。

① 模型的建立　如图 5-11 所示，考虑一流体以速度 u 通过无限长管子中的一段，流体进入管子的截面位置 $l=0$，离开管子的位置 $l=L$，管子的直径为 D，从 $l=0$ 到 $l=L$ 这一段的管段体积为 V，在无反应的情况下，对长度为 $\mathrm{d}l$ 的管段微元作物料衡算，有

进入量　　　　$\left[uc + E_z \dfrac{\partial}{\partial l}\left(c + \dfrac{\partial c}{\partial l}\mathrm{d}l \right) \right]\dfrac{\pi D^2}{4}$

离开量　　　　$\left[u\left(c + \dfrac{\partial c}{\partial l}\mathrm{d}l \right) + E_z \dfrac{\partial c}{\partial l} \right]\dfrac{\pi D^2}{4}$

积累量　　　　$\dfrac{\partial c}{\partial t}\left(\dfrac{\pi D^2}{4} \right)\mathrm{d}l$

进入量＝出去量＋积累量

整理得

$$\frac{\partial c}{\partial t} = E_z \frac{\partial^2 c}{\partial l^2} - u \frac{\partial c}{\partial l} \tag{5-37}$$

利用

$$c = \frac{c}{c_0} ,\ \theta = \frac{t}{\tau} ,\ Z = \frac{l}{L}$$

写成无量纲的形式，则有

$$\frac{\partial c}{\partial \theta} = \left(\frac{E_z}{uL} \right)\frac{\partial^2 c}{\partial Z^2} - \frac{\partial c}{\partial Z} = \left(\frac{1}{Pe} \right)\frac{\partial^2 c}{\partial Z^2} - \frac{\partial c}{\partial Z} \tag{5-38}$$

式中，$Pe = \dfrac{uL}{E_z}$，称为佩克莱（Peclet）数。它的倒数 $\dfrac{E_z}{uL}$ 是表征返混大小的无量纲特征数。

Pe 数值愈大，则返混愈小。

② 轴向分散系数的求取　具体的边界条件取决于示踪物加入方法、检测位置以及进出口处物料的流动状况等，参见图 5-13。式(5-38) 一般难以得到解析解，但是，在各种进料情况下的数学期望和方差与 Pe 的关系，可求解如下：

a. 返混程度很小的情况（如 $\dfrac{E_z}{uL}<0.01$）　如果对设备中流动的流体进行阶跃示踪实验，则式(5-37) 可能有解析解。

初始条件为
$$c=\begin{cases} 0 & \text{在 } l>0 \text{ , } t=0 \\ c_0 & \text{在 } l<0 \text{ , } t=0 \end{cases} \tag{5-39}$$

边界条件为
$$c=\begin{cases} c_0 & \text{在 } l=-\infty \text{ , } t\geqslant 0 \\ 0 & \text{在 } l=\infty \text{ , } t\geqslant 0 \end{cases} \tag{5-40}$$

此时，可用式(5-41) 取代偏微分方程(5-37)

$$\alpha=\frac{l-ut}{\sqrt{4E_z t}} \tag{5-41}$$

取代后为

$$\frac{\mathrm{d}^2 c}{\mathrm{d}\alpha^2}+2\alpha\,\frac{\mathrm{d}c}{\mathrm{d}\alpha}=0 \tag{5-42}$$

此处 c 为无量纲浓度 $\dfrac{c}{c_0}$，相应的边界条件为

$$c=\begin{cases} 1 & \alpha=-\infty \\ 0 & \alpha=\infty \end{cases} \tag{5-43}$$

由式(5-42) 和式(5-43) 很容易解得 c 为 α 的函数，或通过式(5-41) 取代为 l 和 t 的函数，若在 t 时 $l=L$，则其解为

$$c_{l=L}=\frac{c}{c_0}=\frac{1}{2}\left\{1-\mathrm{erf}\left[\frac{1}{2}\sqrt{\frac{uL}{E_z}}\frac{1-\dfrac{t}{(L/u)}}{\sqrt{t/\left(\dfrac{L}{u}\right)}}\right]\right\} \tag{5-44}$$

平均停留时间 $\tau=\dfrac{L}{u}$，$\theta=\dfrac{t}{\tau}$，代入式(5-44) 则得

$$\frac{c}{c_0}=\frac{1}{2}\left[1-\mathrm{erf}\left(\frac{1}{2}\sqrt{\frac{uL}{E_z}}\frac{1-\theta}{\sqrt{\theta}}\right)\right] \tag{5-45}$$

式中，erf 为误差函数，其定义为

$$\mathrm{erf}(y)=\frac{2}{\sqrt{\pi}}\int_0^y \mathrm{e}^{-x^2}\,\mathrm{d}x$$

$$\mathrm{erf}(\pm\infty)=\pm 1$$
$$\mathrm{erf}(0)=0$$

其值可从一般数学表中查得　　　　$\mathrm{erf}(-y)=-\mathrm{erf}(y)$

当返混程度较小时，其数学期望和方差分别为

$$\hat{t}=\frac{V}{v}=\frac{L}{u}\text{ 或}\bar{\theta}=1 \tag{5-46}$$

$$\sigma^2=\frac{\sigma_t^2}{\tau^2}=2\left(\frac{E_z}{uL}\right)=\frac{2}{Pe} \tag{5-47}$$

$\dfrac{E_z}{uL}$ 是曲线的一个参数，图 5-12 表示了几种从实验曲线估计该参数的方法；从曲线的最高点 $E_{\theta,\max}$ 的位置，或从拐点 $E_{\theta,拐}$ 的位置求出 $\dfrac{E_z}{uL}$；也可从拐点之间的宽度以及曲线的方差定出 $\dfrac{E_z}{uL}$。

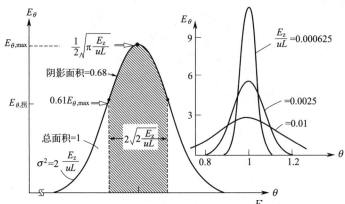

图 5-12　返混程度较小时无量纲 E 曲线与 $\dfrac{E_z}{uL}$ 的关系

此外，对于返混程度较小的情况，E 曲线的形状受边界条件的影响很小，无论系统是"开"式操作或"闭"式操作（如图 5-13 所示），方差具有加成性，即有

$$\tau_{总} = \tau_a + \tau_b + \tau_c + \cdots + \tau_N$$

$$(\sigma_t^2)_{总} = (\sigma_t^2)_a + (\sigma_t^2)_b + (\sigma_t^2)_c + \cdots + (\sigma_t^2)_N \tag{5-48}$$

$$\Delta\sigma_t^2 = (\sigma_t^2)_{出} - (\sigma_t^2)_{进} \tag{5-49}$$

$$\frac{\Delta\sigma_t^2}{\tau^2} = \Delta\sigma^2 = 2\left(\frac{E_z}{uL}\right) = \frac{2}{Pe} \tag{5-50}$$

b. 返混程度较大的情况（如 $\dfrac{E_z}{uL} > 0.01$）　返混程度愈大，c 曲线就愈不对称，通常在后部拖有一条"尾巴"。当示踪物注入处与检测处的流动状态不同时，c 曲线的形状也发生很大差异，图 5-13 表示示踪测定的几种不同边界状况。

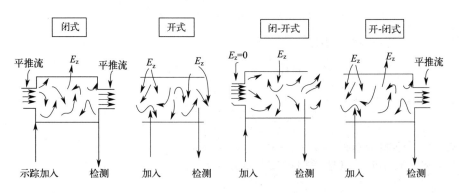

图 5-13　示踪测定的几种不同边界状况

今用脉冲示踪法在出口处连续检测示踪物的浓度，对于"闭式"容器，可有

$$\overline{\theta}=1$$

$$\sigma^2=\frac{\sigma_t^2}{\tau^2}=2\left(\frac{E_z}{uL}\right)-2\left(\frac{E_z}{uL}\right)^2(1-\mathrm{e}^{-uL/E_z})=\frac{2}{Pe}-2\left(\frac{1}{Pe}\right)^2(1-\mathrm{e}^{-Pe}) \tag{5-51}$$

图 5-14 为"闭式"容器的 $\dfrac{c}{c_0}$ 曲线。

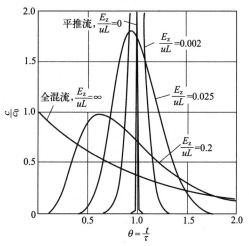

图 5-14　"闭式"容器的 $\dfrac{c}{c_0}$ 曲线

对于"开式"容器，其解析解为

$$c=\frac{1}{2\sqrt{\pi\theta\left(\dfrac{E_z}{uL}\right)}}\exp\left[-\frac{(1-\theta)^2}{4\theta\left(\dfrac{E_z}{uL}\right)}\right] \tag{5-52}$$

$$\overline{\theta}=1-2\left(\frac{E_z}{uL}\right)=1+\frac{1}{Pe} \tag{5-53}$$

$$\sigma^2=\frac{\sigma_t^2}{\tau^2}=2\left(\frac{E_z}{uL}\right)+8\left(\frac{E_z}{uL}\right)^2=\frac{2}{Pe}+8\left(\frac{1}{Pe}\right)^2 \tag{5-54}$$

对于"闭-开式"或"开-闭式"容器，有

$$\overline{\theta}=1+\frac{E_z}{uL}=1+\frac{1}{Pe} \tag{5-55}$$

$$\sigma^2=\frac{\sigma_t^2}{\tau^2}=2\left(\frac{E_z}{uL}\right)+3\left(\frac{E_z}{uL}\right)^2=\frac{2}{Pe}+3\left(\frac{1}{Pe}\right)^2 \tag{5-56}$$

这样，只要通过实验测定了 E 曲线，便可由它计算出 σ_t^2，然后按上述不同边界条件的公式求出 Pe 数值。

　　例 5-3　如例 5-2 数据，今用分散模型进行关联，求边界条件为"闭式"时和"开式"时的 Pe 数。

　　解　由例 5-2 可得

$$\sigma^2=0.204$$

边界条件为"闭式"时，代入式(5-51) 得

$$\frac{2}{Pe}-2\left(\frac{1}{Pe}\right)^2(1-\mathrm{e}^{-Pe})=0.204$$

通过试差法求得 $\qquad Pe=8.67$

若边界条件为"开式"，则代入式（5-54）得

$$\frac{2}{Pe}+8\left(\frac{1}{Pe}\right)^2=0.204$$

解上述方程得 $\qquad Pe=12.85$

不同的边界条件所得的 Pe 数相差较大，表明了边界条件的重要性。

③ 化学反应的计算　定态情况下平推流反应器的物料衡算式为

$$u\mathrm{d}c_\mathrm{A}-(-r_\mathrm{A})\mathrm{d}l=0$$

对于定态系统的非理想流动，同样可作微元段的物料衡算

$$E_z\frac{\mathrm{d}^2c_\mathrm{A}}{\mathrm{d}l^2}-u\frac{\mathrm{d}c_\mathrm{A}}{\mathrm{d}l}-kc_\mathrm{A}^n=0 \tag{5-57}$$

若用无量纲参数表示

$$c_\mathrm{A}=c_{\mathrm{A}0}(1-x_\mathrm{A})$$

$$z=\frac{l}{L}=\frac{l}{u\tau}$$

这样式（5-38）可改写为

$$\frac{1}{Pe}\frac{\mathrm{d}^2x_\mathrm{A}}{\mathrm{d}z^2}-\frac{\mathrm{d}x_\mathrm{A}}{\mathrm{d}z}-k\tau c_{\mathrm{A}0}^{n-1}(1-x_\mathrm{A})^n=0 \tag{5-58}$$

式（5-57）或式（5-58）在图 5-15 所示的边界条件下，有

$$l=0,z=0,uc_{\mathrm{A}0}=u(c_\mathrm{A})_{+0}-E_z\left(\frac{\mathrm{d}c_\mathrm{A}}{\mathrm{d}l}\right)_{+0}$$

$$l=L,z=1,\left(\frac{\mathrm{d}c_\mathrm{A}}{\mathrm{d}l}\right)_L=0$$

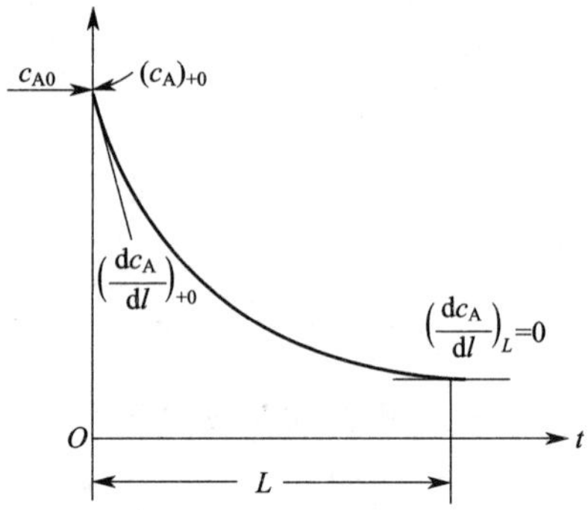

对于一级不可逆反应，可得解析解

$$\frac{c_\mathrm{A}}{c_{\mathrm{A}0}}=1-x_\mathrm{A}=\frac{4\alpha\exp\left(\dfrac{Pe}{2}\right)}{(1+\alpha)^2\exp\left(\dfrac{\alpha}{2}Pe\right)-(1-\alpha)^2\exp\left(-\dfrac{\alpha}{2}Pe\right)}$$

图 5-15　分散模型的边界条件

$$\tag{5-59}$$

式中，$\alpha=\sqrt{1+4k\tau\left(\dfrac{1}{Pe}\right)}$。

图 5-16 即为式（5-59）的标绘，根据不同的 Pe 数值，可以方便地找出转化率。图 5-16 中 $Pe=0$ 及 $Pe=\infty$ 的两条曲线分别代表全混流和平推流两种理想流动的情况。

图 5-17 是结合平推流的结果而绘制成的另一种型式的图，它表示了具有一定返混的反应器与平推流反应器为达到一定转化率所需的体积比。

对于二级反应，用数值法求得的结果，表示在图 5-18 和图 5-19 中。

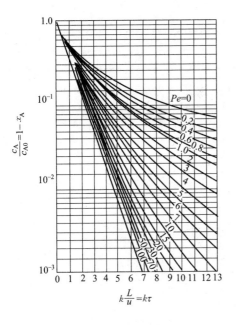

图 5-16 分散模型的一级不可逆反应的未转化率

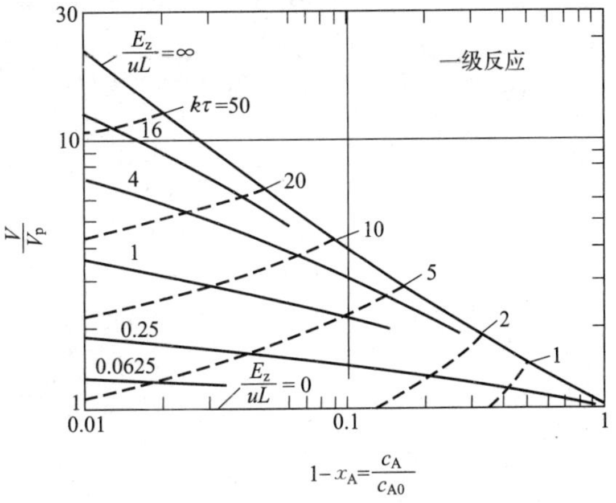

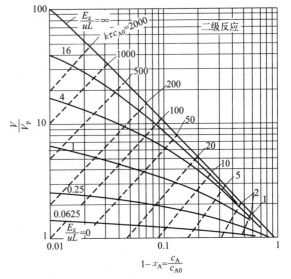

图 5-17 分散模型的一级不可逆反应的结果

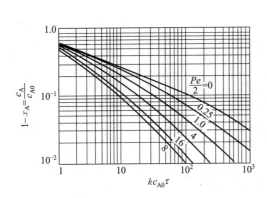

图 5-18 分散模型的二级不可逆反应的未转化率

图 5-19 分散模型的二级不可逆反应的结果

例 5-4 溶剂热分解法是制备尺寸可控、分散良好的纳米材料的有效方法，如纳米 ZnO 即可通过热分解 $Zn(Ac)_2 \cdot 2H_2O$ 制得，而制备过程中的反应时间对最终获得的颗粒形貌具有显著影响。今用一管式反应器进行某液相分解反应以制备纳米材料，其反应动力学方程为

$$(-r_A) = kc_A$$

$$k = 0.307 \text{min}^{-1}$$

用脉冲示踪法测得出口流体中示踪剂浓度的变化如下表所示：

t/min	0	5	10	15	20	25	30	35
$c(t)$/(g/L)	0	3	5	5	4	2	1	0

其平均停留时间为15min，如用轴向扩散模型，求其转化率为多少？若用多级混合模型，其转化率又为多少？

解 若用轴向扩散模型，有

$$\sigma_t^2 = \frac{\sum t^2 E(t)\Delta t}{\sum E(t)\Delta t} - \tau^2$$

$$= [5^2 \times 0.03 + 10^2 \times 0.05 + \cdots + 30^2 \times 0.01] \times 5 - 15^2 = 47.5$$

$$\sigma^2 = \frac{\sigma_t^2}{\tau^2} = \frac{47.5}{15^2} = 0.211$$

$$\sigma^2 = 0.211 = \frac{2}{Pe} - 2\left(\frac{1}{Pe}\right)^2 (1 - e^{-Pe})$$

用试差法可算得 $Pe = 8.33$

$$k\tau = 0.307 \times 15 = 4.6$$

故由图 5-16 或图 5-17 可求得 $\dfrac{c_A}{c_{A0}} = 0.035$

$$x_A = 1 - 0.035 = 0.965 = 96.5\%$$

若用多级混合模型，可得

$$N = \frac{1}{\sigma^2} = \frac{1}{0.211} = 4.76 \approx 5.0$$

即相当于 5 个等容积的全混釜，故有

$$\frac{c_A}{c_{A0}} = \frac{1}{(1+k\tau)^N} = \frac{1}{\left(1 + 0.307 \times \dfrac{15}{5}\right)^5} = 0.038$$

$$x_A = 1 - 0.038 = 0.962 = 96.2\%$$

（5）组合模型 对于许多实际反应器，上述模型有时不能令人满意地表达流动状况。为此，出现了多参数的多种组合模型，它是把真实反应器内的流动状况设想为几种简单模型的组合。比如由平推流、全混流、死区、短路、循环流等组合而成，有的甚至还加上错流、时间滞后等因素，构成多种模型，图 5-20 列举了其中的几种。

由于组合模型中各单独部分的 E 函数前面已有所介绍，因此，原则上各组合模型的 E 函数也可被推导出来。现将图 5-20 中的模型做些说明。

图 5-20(a) 表示在以平推流为主的同时有死区存在，若死区体积为 V_d，故实际流通的体积为 $V_p = V - V_d$，它与一般平推流的差别仅是相应减少了停留时间。

图 5-20(b) 表示平推流与全混流的组合，其 E、F 曲线为两者的加和，即为全混流 E、F 曲线分别相应延后平推流反应器的平均停留时间。

图 5-20(c) 表示两个平推流的并联，亦可推导其 E、F 关系。

图 5-20(d) 表示循环流的情况，设循环比为 β，则在流出器外的流体中循环回流的流体

占 $\dfrac{\beta}{1+\beta}=a$，流出的部分为 $1-a=\dfrac{1}{\beta+1}=b$，故一次通过的停留时间为 $\dfrac{V}{(1+\beta)v}$

$$\theta=\frac{V/[(1+\beta)v]}{\tau}=\frac{1}{1+\beta}=b$$

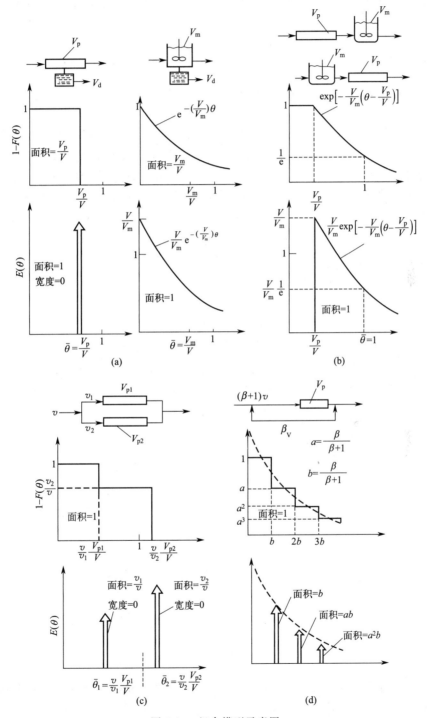

图 5-20　组合模型示意图

第一次循环流 $\dfrac{\beta}{1+\beta}$ 中被循环到反应器入口的流体

$$\frac{\beta}{1+\beta} \times \frac{1}{1+\beta} = \frac{\beta}{(1+\beta)^2} = ab$$

当其第二次通过反应器后，其停留时间为 $2b$，第三次循环到反应器入口的量为

$$\frac{\beta}{1+\beta} \times \frac{\beta}{1+\beta} = a^2$$

如此继续下去，即如图 5-20(d) 所示的那种情况。

5.2.2　停留时间分布曲线的应用

反应器内的流动状况，无非是平推流、全混流以及介于上述两者之间的非理想流动。从反应器设计和放大的角度来看，总是希望反应器内的流动状况属于或接近理想流动状况（即平推流或全混流），这样，在反应器设计和放大上都比较简便，而且把握较大。虽然上一节中介绍了描述各种非理想流动的模型，但在实际应用上，往往不是如何寻找一个复杂的模型去描述流体的非理想流动，而是如何设法避免流体的非理想流动，在反应器结构等方面予以改进以期接近于理想流动状况。所以，根据测定的停留时间分布曲线形状定性地判断反应器内的流体流动状况，具有实际意义。对于图 5-21 所示的几种接近于平推流的停留时间分布曲线形状，可做如下分析：

① 曲线的峰形、位置与预期相符；

② 出峰太早，说明反应器内可能存在短路或沟流现象；

③ 出现几个递降的峰形，表明反应器内可能存在循环流动；

④ 出峰太晚，可能是计量误差，或示踪物被吸附在反应器内器壁上减少所致；

⑤ 反应器内存在两股平行的流速不同的流体。

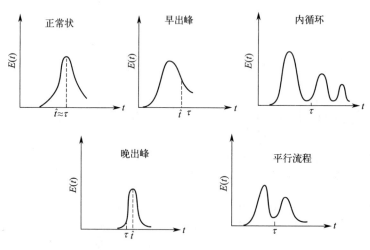

图 5-21　接近平推流的几种 E 曲线形状

图 5-22 是接近于全混流的 E 曲线形状，同样有正常形状、出峰太早、内循环、出峰太晚、由于仪表滞后而造成时间推迟等现象。

对停留时间分布曲线形状进行分析后，就可以针对存在的问题，设法克服或加以改进。

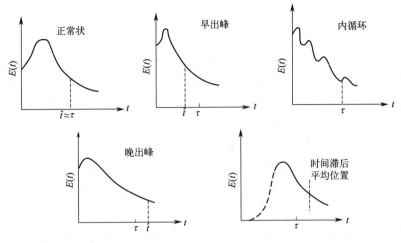

图 5-22　接近全混流的几种 E 曲线形状

比如采用增加反应管的长径比、加入横向挡板或将一釜改为多釜串联等手段，使反应器内流体的流动状况更接近于平推流。反之，应设法强化返混，使流体的流动状况接近于全混流。

　　总之，测定停留时间分布曲线的目的，在于可以对反应器内的流体流动状况作出定性判断，以确定是否符合工艺要求或提出相应的改进方案。此外，通过求取数学期望和方差，作为返混程度的量度，进而求取模型参数。对于某些反应，则可直接运用 $E(t)$ 函数进行定量计算，这将在下节中讨论。

5.3　流体的混合态及其对反应过程的影响

5.3.1　流体的混合态

　　混合在化学工业乃至过程工业中是极为常见的工序，例如在反应器中进行某化学反应，如果是单一反应物的分解或聚合，需要将进入反应器的物料状态迅速提升到特定的工况（如温度、光照、超声场等），并通过搅拌等强化混合措施使所有物料的状态或受到的作用均匀；如果是两种或更多的物料，在同一容器中通过搅拌等措施，使之达到均匀。比如在一个容器中加入等量的物料 A 和物料 B，然后取样分析，来评价混合的程度。从理论上分析，由于 A 与 B 相互混合，故物料 A 的浓度应为 $c_{A0}=\dfrac{1}{1+1}=0.5$，若分析所得的 c_A 值为 0.4，则令其比值 $S=\dfrac{c_A}{c_{A0}}=\dfrac{0.4}{0.5}=0.8$，称为调匀度，总平均调匀度应为各次取样结果的平均值

$$\bar{S}=\frac{S_1+S_2+\cdots+S_n}{n} \tag{5-60}$$

　　调匀度 S 不是评价混合程度的唯一指标。尤其对于非均相系统，比如两种固体颗粒之间的混合，当取样规模较大时，可以认为混合已达均匀，调匀度为 1，而当取样规模较小时，比如只取几颗颗粒，调匀度可能为零，可见单用调匀度来衡量混合程度是不够的。混合的均匀程度，应以达到分子尺度的完全混合为极限，也就是无论怎样取样以及取样的规模如何，总是 A 中有 B，B 中有 A，达到难以区分的分子均匀程度。迄今为止，所进行的分析和

计算，都是建立在这种物料颗粒呈分子尺度均匀分散和混合的概念上的，对大多数均相系统来讲，都可以这样处理。但如果把两种黏度相差很大的液体混合在一起，在没有达到充分的均匀之前，一部分流体常是成块、成团地存在于系统之中，即使采用搅拌等措施，也可能无法达到分子尺度的均匀分散。进一步讲，即使是外表均一的一种流体，其中不同的分子也可能是部分离析（segregation）成微小的集团而存在，至于极限情况，比如油滴悬浮在水中，两者互不混溶，这就是完全离析的流体，这种离析流体的流动，称为离析式流动。如果流体中所有分子都以分子状态均匀分散，即达到了分子尺度上的混合，也称微观混合，这种流体则被称为微观流体[图 5-23(a)]；反之，如果流体以离析态存在，即存在宏观混合，又称为宏观流体[图 5-23(b)]。在微观流体与宏观流体中均存在前面所讨论的返混，它是指具有不同停留时间流体间的混合问题，与表征流体中分散均匀尺度的混合态，是两个不同的概念，千万不能混淆。

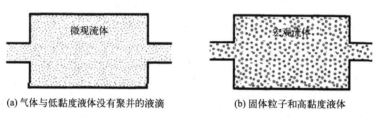

(a) 气体与低黏度液体没有聚并的液滴　　　(b) 固体粒子和高黏度液体

图 5-23　流体混合的两种极限情况

5.3.2　流体的混合态对反应过程的影响

研究不同混合态对反应过程的影响，需要先考察一级不可逆和二级不可逆简单反应在宏观混合和达到完全的微观混合情况下反应结果的区别。

对一级不可逆反应来讲，反应动力学方程为 $(-r_A)=kc_A$，若为宏观流体，即有宏观混合，其中的一部分物料浓度为 c_{A1}，另一部分物料为 c_{A2}，由于只存在宏观混合，浓度为 c_{A1} 的物料和浓度为 c_{A2} 的物料之间不混合、凝并和扩散，故它们在反应器中以各自的停留时间进行反应，而出口的总反应速率，显然为这两部分流体反应速率的平均值，即

$$(-r_{总})=\frac{(-r_1)+(-r_2)}{2}=\frac{kc_{A1}+kc_{A2}}{2}$$

若为微观流体，即达到完全的微观混合，浓度为 c_{A1} 的物料与浓度为 c_{A2} 的物料完全混合均匀，它们的浓度变为 $(c_{A1}+c_{A2})/2$，经历一定反应时间后，出口的总反应速率为

$$(-r_{总})=k\left(\frac{c_{A1}+c_{A2}}{2}\right)=(kc_{A1}+kc_{A2})/2$$

可见对一级不可逆反应来讲，两者情况完全相同，宏观混合或微观混合的差别对反应过程没有影响。

对二级不可逆反应来讲，反应动力学方程为 $(-r_A)=kc_A^2$，若为宏观流体，则有

$$(-r_{总})=\frac{(-r_1)+(-r_2)}{2}=\frac{kc_{A1}^2+kc_{A2}^2}{2}=\frac{k}{2}(c_{A1}^2+c_{A2}^2) \tag{5-61}$$

若为微观流体，则有

$$(-r_{\text{总}}) = k\left(\frac{c_{A1} + c_{A2}}{2}\right)^2 = \frac{k}{4}(c_{A1}^2 + 2c_{A1}c_{A2} + c_{A2}^2) \tag{5-62}$$

比较式(5-61)和式(5-62)可知，两者的结果是不同的。不同的混合状态对具有不同级数的反应会有不同的影响，这与系统的线性或非线性性质有关。

在进行示踪测定实验时，如果进入的为一个脉冲讯号，则在出口处必然会检测到示踪物浓度随时间的变化曲线，其形状如 E 曲线，当进入的脉冲讯号增加一倍时，出口示踪物浓度变化曲线也将增加一倍（曲线的峰形），如图 5-24 所示。

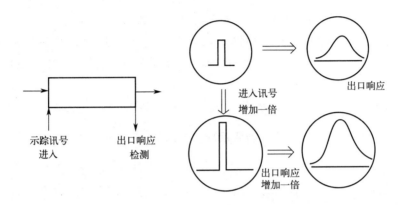

图 5-24　示踪物浓度的线性变化

假如过程符合上述的关系，也即

$$\frac{\Delta \text{ 响应}}{\Delta \text{ 讯号}} = \frac{\mathrm{d}(\text{响应})}{\mathrm{d}(\text{讯号})} = \text{常数} \tag{5-63}$$

则这样的过程为线性性质的，反之则不是线性性质。对于流动过程，一般均符合线性关系；而对反应过程则不一定。若反应为一级不可逆反应时

$$\frac{c_A}{c_{A0}} = e^{-k\tau}$$

当 τ 相同时，c_{A0} 增加一倍，c_A 也增加一倍，故符合线性关系。若反应为二级不可逆反应时

$$\frac{c_A}{c_{A0}} = \frac{1}{1 + kc_{A0}\tau}$$

当 c_{A0} 增加一倍时，c_A 增加并不是一倍，故不符合线性关系。

工业上的实际反应器，总是包括流动过程与反应过程的。若两者皆符合线性关系，则整个系统亦为线性系统。若有一个过程为非线性的，则整个系统也是非线性的。

凡线性系统皆具有两个线性性质：①在一个系统中，如果有一些相互独立的线性过程在同时进行，则其总结果仍然表现为线性；②对于线性系统，它们的总结果可以分别研究个别过程的结果，通过某种叠加而获得。

由于线性系统具有叠加性质，而非线性系统不具有叠加性质，故对一级反应，可将其流动特征（E 函数）与在间歇反应器中获得的动力学数据（表示反应特征）加以叠加，获得流动反应器的总反应结果，即

$$\frac{\overline{c}_A}{c_{A0}} = \int_0^\infty \frac{c_A(t)}{c_{A0}} E(t)\,dt \tag{5-64}$$

或写成

$$\overline{x}_A = \int_0^\infty x_A(t) E(t)\,dt \tag{5-65}$$

这是因为寿命在 t 和 $t+dt$ 之间的物料分率为 $E(t)dt$，而它的转化率为 $x_A(t)$，它们的乘积总和即在全部停留时间内的积分值，也就是平均转化率。

对于宏观流体，如果已经求得 $E(t)$-t 的函数关系，则出口的平均浓度或平均转化率可如式（5-64）或式（5-65）所示，这是因为在反应釜内，各独立运动的单元是彼此不相干的，它们的停留时间也是各不相同的，各分子微团对反应过程做出的贡献等于它们各自的停留时间与反应动力学关联的加和。式中具有不同反应级数反应的 $X_A(t)$ 表达如下

$$n=1（一级不可逆反应）\quad X_A(t)=1-e^{-kt}$$

$$n=2（二不可逆级反应）\quad X_A(t)=\frac{kc_{A0}t}{1+kc_{A0}t}$$

$$n=n（n 级不可逆反应）\quad X_A(t)=1-\left[1+(n-1)c_{A0}^{n-1}kt\right]^{1/(1-n)}$$

如果在一反应釜内，返混程度为无限大，微观混合也达到无限大（微观流体），即分子规模的均匀全混流，故可根据全混釜反应器的设计方程进行反应器计算。若微观混合为无限大，而返混程度介于平推流与全混流之间，则应选择的流体流动模型求取模型参数，进而计算非理想流动对反应过程的影响。

由于微观混合导致反应物浓度的变化，因此，它将影响反应的速率。对级数大于1的不可逆反应，微观混合将会降低反应的转化率；对级数小于1的不可逆反应，微观混合将提高反应的转化率。微观混合程度对反应的影响，只能有一个定性的认识，而在两个极端情况下，即不存在微观混合与微观混合达到无限大时，才能得到定量的结果。

通过以上讨论，可以明确以下几点。

① 线性反应过程，即一级不可逆反应，反应结果为反应动力学与停留时间分布的函数，它与微观混合程度及混合迟早无关，可直接应用式（5-65）计算反应的转化率。

② 非线性反应过程，对反应级数 $n \neq 1$ 的反应，反应结果不但与动力学特征及停留时间分布函数有关，而且也与微观混合的程度有关，一般不能直接应用式（5-65）计算反应的转化率。且由于微观混合无法定量表达，只能作定性分析。但对完全离析式流体，即宏观流体，如固体颗粒反应，由于不存在微观混合，故可直接利用式（5-65）进行计算。

③ 当微观混合有利于反应过程时，如快反应及 $n<1$ 的反应等，一般可考虑使反应物在进入反应器之前先进行预混合，以求达到分子规模的均匀，特别当反应装置是管式反应器时，增加预混合装置可使反应过程一直保持在有利条件下进行。

④ 对于平推流，微观混合对反应也没有影响。因为这时即使存在微观混合，在平推流情况下，这种微观混合只能是停留时间相同物料间的混合，故不影响反应的总结果。而随着返混程度增大，即偏离平推流越远，微观混合对反应的影响也越大。

⑤ 若整个反应过程转化率很低，则微观混合对反应的影响也较小，转化率越高，微观混合对反应过程的影响也越突出。

例 5-5 按例 5-1 的数据，试直接从停留时间分布实验数据求平均停留时间为 15min 时的反应转化率，并与平推流反应器进行比较。

解 对于一级不可逆反应

$$-\frac{\mathrm{d}c_A}{\mathrm{d}t}=kc_A$$

$$\frac{c_A}{c_{A0}}=\mathrm{e}^{-kt}$$

应用式(5-64) 得

$$\frac{\bar{c}_A}{c_{A0}}=\int_0^\infty \frac{c_A(t)}{c_{A0}}E(t)\mathrm{d}t=\sum \mathrm{e}^{-kt}E(t)\Delta t$$

计算结果如下

t	$E(t)$	kt	e^{-kt}	$\mathrm{e}^{-kt}E(t)\Delta t$	t	$E(t)$	kt	e^{-kt}	$\mathrm{e}^{-kt}E(t)\Delta t$
5	0.03	1.53	0.2154	0.0323	20	0.04	6.14	0.0021	0.0004
10	0.05	3.07	0.0464	0.0116	25	0.02	7.68	0.0005	0.0001
15	0.05	4.60	0.0100	0.0025	30	0.01	9.21	0.0001	0 $\sum 0.0469$

$$\frac{\bar{c}_A}{c_{A0}}=4.69\%$$

转化率

$$x_A=1-\frac{\bar{c}_A}{c_{A0}}=95.3\%$$

若反应器为平推流反应器，则转化率为

$$x_A=1-\frac{c_A}{c_{A0}}=1-\mathrm{e}^{-kt}=1-\mathrm{e}^{-0.307\times15}=99\%$$

例 5-6 假设分散的液滴 ($c_{A0}=2\mathrm{mol/L}$) 在流经反应器时相互间不会产生聚并，且液滴内发生如下反应 $[A\longrightarrow R,(-r_A)=kc_A^2,k=0.5\mathrm{L/(mol\cdot min)}]$。脉冲示踪法测得的液滴通过反应器的停留时间分布如下图所示，求离开反应器时液滴中剩余 A 的平均浓度。

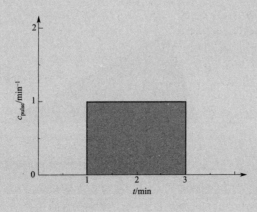

解 因每个液滴都可视为一个单独的间歇反应器，即可视为宏观流体，故剩余浓度可由式(5-64)求得。该反应为二级不可逆反应，相关的方程为

$$\frac{c_A}{c_{A0}} = \frac{1}{1+kc_{A0}t} = \frac{1}{1+0.5\times 2t} = \frac{1}{1+t}$$

当 $1 < t < 3$ 时，$E = 0.5$；其余时间对应的 $E = 0$。

由式(5-64)可得

$$\frac{\bar{c}_A}{c_{A0}} = \int_0^\infty \left(\frac{c_A}{c_{A0}}\right)_{batch} E\,dt = \int_1^3 \frac{1}{1+t}\times 0.5\,dt = 0.5\ln 2 = 0.347$$

$$\bar{c}_A = 0.347 c_{A0} = 0.674 \text{mol/L}$$

习 题

1. 根据全混釜的 E 曲线形状，$E(t)$ 的最大值在 $t=0$ 处出现，而其他设备都不是这样，试解释其原因并说明其物理意义，是否有其他反应器的 E 曲线形状与全混釜的 E 线形状相近？

科学家故事
中国化工教育
的先驱者——
李寿恒教授

2. 对一反应器进行阶跃示踪实验，反应器出口处示踪剂浓度随时间变化如下图所示，已知进入反应器的物料体积流率是 4L/min，示踪剂进入反应器物料的速率是 4mol/min，试对阶跃示踪实验结果进行物料衡算检验判断结果是否一致，如果结果一致，请确定其平均停留时间、反应器体积并画出 F 曲线和 E 曲线。

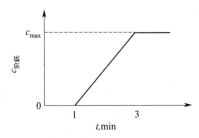

3. 因事故，一桶有毒放射性物质 α（其半衰期大于 10 年）在某河流的上游 A 地点被倒入河中。为监测该河流被污染的情况，环保部门立即在距离 A 地点 200km 的下游 B 地点开始监测 α 的浓度。假设监测期间水流速度恒定为 3000m³/s，在 B 地点监测到物质 α 的浓度随时间的关系如下图所示，求：（1）在 A 地点倒入河中物质 α 的质量？（2）地点 A 和 B 之间的河水总体积？

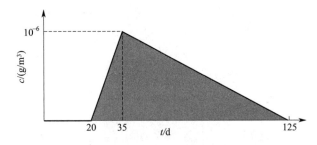

4. 从 E 曲线估计 τ 是否必要？实际反应器中的平均停留时间是否均可根据 $\tau = \dfrac{V}{v}$ 进行计算？

5. 有一全混流反应器，已知反应器体积为 100L，反应物流量为 10L/min，试估计离开反应器的物料中，停留时间分别为 0～1min、2～10min 和大于 30min 的物料所占的分率。

6. 黏性物料在一管式反应器内进行反应，反应器内流动和混合状况可用层流模型进行描述。如果该反

应在等体积平推流反应器出口处的转化率为 80%，请确定下列两种情况下在这个管式反应器出口处的反应转化率。(1) 反应为零级反应。(2) 反应为二级不可逆反应。

7. 一个封闭容器，已知流动时测得 $E_z/uL = 0.2$，若用串联的全混流反应器表示此系统，则串联釜的数目应为多少？

8. 在反应器入口处（反应器体积为 $1m^3$，流经反应器流体的体积流量为 $1m^3/min$）一次性注入示踪剂 NaCl 浓溶液，反应器出口处测得示踪剂的浓度随时间的变化分别如图 (1) 和图 (2) 所示，请根据图中的信息建立一个相应的流动模型。

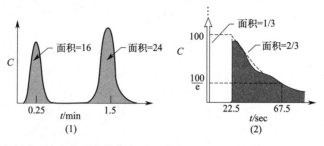

(1)　　　(2)

9. 有一反应器，用阶跃示踪实验测定其停留时间分布，获得如下数据：

θ	0	0.50	0.70	0.875	1.00	1.50	2.0	2.5	3.0
$F(\theta)$	0	0.10	0.22	0.40	0.57	0.84	0.94	0.98	0.99

(1) 若用扩散模型描述此反应器内的流体流动时，试求 E_z/uL。

(2) 若反应器内的流体为离析流，反应为一级不可逆反应，已知 $k = 0.1s^{-1}$，$\tau = 10s$，求其转化率为多少？

(3) 若用轴向扩散模型描述此反应器内的流体流动时，其转化率为多少？

10. 一级不可逆反应 $A \longrightarrow R$ 在体积为 $6m^3$ 的釜式反应器中进行，出口处的反应转化率为 75%，猜测反应器内流动混合状况因搅拌功率较低而不够充分。经脉冲示踪实验发现器内流动混合可用下图的模型描述。请给出增大搅拌功率后、反应器内流体混合充分条件下反应器出口处的反应转化率。

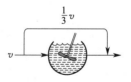

11. 液液均相反应是制备无机和有机材料的一种重要方法，如氢氧化钠与硝酸发生中和反应 $(NaOH + HNO_3 \Longrightarrow NaNO_3 + H_2O)$ 生成硝酸钠。现有初始浓度相同的氢氧化钠与硝酸在某反应器中进行反应并假设其为不可逆基元反应，已知脉冲示踪法测定该反应器内的停留时间分布数据如下表所示：

t/s	1	2	3	4	5	6	8	10	15	20	30	41	52	67
$c(t)$	9	57	81	90	90	86	77	67	47	32	15	7	3	1

另外，如果该反应在一体积相同的平推流反应器中进行，可得转化率为 99%，求：(1) 用轴向扩散模型时，转化率为多少？(2) 假定采用多级混合釜模型时，求釜的数目及所能达到的转化率。

12. 反应 $A \longrightarrow R$ 以宏观流体形式在反应器内进行，反应动力学方程及其相关信息如下：
$-r_A = k$，$k = 0.03mol/(L \cdot min)$，$C_{A0} = 0.1mol/L$

反应器内物料的停留时间分布分别如图 (1) 和图 (2) 所示，请确定两种情况下反应器出口处的反应转化率。

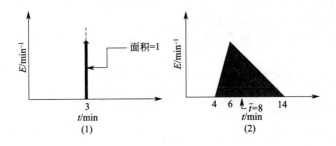

参 考 文 献

［1］　陈甘棠，梁玉衡．化学反应技术基础．北京：科学出版社，1981．

［2］　Levenspiel O．化学反应工程．3 版（影印版）．北京：化学工业出版社，2002．

［3］　毛在砂，杨超．化学反应器中的宏观与微观混合．北京：化学工业出版社，2020．

第6章

固定床反应器

6.1 概述

固定床反应器是固体催化剂在反应过程中固定不动的反应装置，在炼油工业、石油化工和基本化学工业中被广泛使用。炼油工业中的裂解、重整、异构化、加氢精制，石油化工中的乙烯氧化制环氧乙烷、乙烯水合制酒精、乙苯脱氢制苯乙烯、苯加氢制环己烷，基本化学工业中的合成氨、硫酸生产、天然气转化等过程中都使用固定床反应器。对萘氧化制苯酐、丙烯氨氧化制丙烯腈和乙烯氧氯化制二氯乙烷等强放热催化反应，固定床和流化床在工业生产中都有使用，但以固定床居多。

对很多非催化气固相反应，如焦炭与水蒸气反应制水煤气，氮与电石反应生成石灰氮（$CaCN_2$），矿物的焙烧、还原，高炉炼铁等，固体物料床层会发生收缩，但变化较慢；还有一类气固催化反应，催化床层虽然会移动，但移动较慢，这些反应装置也可作为固定床反应器进行设计和优化。

固定床反应器的一大优点是催化剂不易磨损；如果催化剂不易失活、寿命长，从操作的便利性角度来说，固定床反应器更是首选。固定床反应器的另一大优点是返混小，对绝大多数反应，可用少量的催化剂和较小的反应器来获得较大的生产能力。此外，固定床反应器的停留时间可以严格控制，床层温度分布可以适当调节，特别有利于提高反应转化率和选择性。

固定床中的催化剂往往导热性较差，一方面是催化材料本身导热性较差，另一方面是催化剂颗粒有一定的形状和大小，与管壁的接触面积较小，因此对于强放热反应，传热和反应温度控制是反应器设计和操作的技术关键和难点，形形色色的技术方案几乎都是对这一问题深思熟虑的结果。固定床反应器的另一个薄弱点是催化剂更换必须停产进行，因此用于固定床反应器的催化剂必须有足够长的寿命。

下面对各种型式的固定床反应器做一些简单的介绍和讨论。

图6-1为一绝热固定床反应器，筒体内无传热构件，只装填催化剂，因此是结构最简单的固定床反应器。对热效应不大、反应温度允许变化范围又较宽的情况，绝热式反应器是首选。此外，如果能保证流体线速度和停留时间相同，避免沟流和偏流，绝热反应器就能在小试的基础上进行放大。

典型的绝热固定床反应器是乙苯脱氢制苯乙烯反应器。乙苯脱氢是强吸热反应。为提供反应所需热量，将乙苯与 2.6 倍质量的水蒸气混合。作为储热介质，水蒸气热容大，与其他介质相比，在乙苯转化量相同的情况下能够维持较高的反应温度，有利于获得较高的平均反应速率。水蒸气在高温下稳定不分解，在低温下能通过冷凝与产物分离；水蒸气还有抑制催化剂积碳的作用——这是水蒸气作为储热介质的其他优点。

绝热反应器经常用于快速放热反应。图 6-2 是甲醇空气氧化制甲醛反应器示意图，床层中填充银或铜催化剂。该反应速率快，可在高空速下生产，为降低流动阻力，采用薄层绝热床。为了控制温升，在原料甲醇中加 10%～20% 的水（这里也利用到水蒸气热容大的特点），进一步为了防止甲醛分解，对催化床层出口气体进行急冷。另一个更极端的例子是氨氧化反应器，其中的催化床层只是少数几层铂-铑合金丝网。

图 6-1　乙苯脱氢的绝热固定床反应器

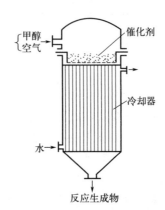

图 6-2　甲醇氧化的薄层反应器

单段绝热式固定床反应器

多段绝热式固定床反应器

除单层绝热床外，工业上还常用多段绝热床，主要目的是为了控制床层温度。图 6-3 即为多段绝热床的几种形式，其中（a）是在两个单层绝热反应器之间加换热器。炼油工业中的重整、石化工业中的丙烷脱氢为吸热反应，为了达到较高转化率，需要使用多台（一般4～5 台）反应器，每两台之间有一加热炉使反应气体重新升温。图 6-3(b) 的情况与（a）相仿，水煤气转化及二氧化硫的氧化就常用（b）或（a）的方式。图 6-3(c) 是在层间加入换热盘管。由于这种换热装置效率不高，而且层间容积不能太大，因此只适用于换热量要求不太大的情况，如环己醇脱氢制环己酮及丁二醇脱水制丁二烯等。图 6-3(d) 是将惰性或反应气体与催化床层出口气体混合以维持反应温度的设计，如对乙炔加氢，为控制反应温度，在催化床层之间喷水，利用水的汽化来吸收反应热。与此同时，还需要将大量气体循环以降低床层入口乙炔与氢的浓度。图 6-3(e) 是用原料气冷激的控温方式，如焦油高压气相加氢，有 12 层催化剂，层间都要通入冷氢以使反应温度维持在 400～450℃ 之间；近代的大型合成氨反应器也采用中间冷激控温。

总之，不论是吸热还是放热反应，绝热床的应用是相当广泛的，特别对大型的、高温的或高压的反应器，希望结构简单，同样大小的装置内能装填尽可能多的催化剂，而绝热床正好符合这种要求。不过绝热床进出口温度变化较大，而温度对反应结果的影响举足轻重，因此采用何种控温方式，或是否要采用换热式反应器，要根据实际情况进行综合分析后才能决定。

为了降低流动阻力，绝热床的高径比不宜过大。对大直径的反应器，需要对气体进行预分布，填充催化剂时也要尽可能均匀，以保证流动在径向方向上的均匀性。

比绝热床应用更多更广的是换热式反应器，其中尤以列管式反应器居多。催化剂常固定

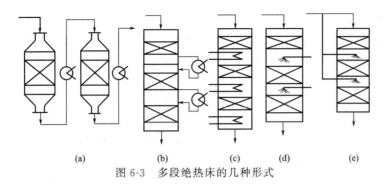

图 6-3　多段绝热床的几种形式

于管内，用于换热的热载体在管间流动。管径的大小由反应放热速率和允许的温度变化幅度决定，一般直径为 25~50mm，但不宜小于 25mm。催化剂的粒径应小于管径的 1/8，以防近管壁处出现沟流；但粒径愈小，流体流动时的压降愈大。工业反应器中催化剂粒径一般为 2~6mm，不小于 1.5mm。

用于换热的热载体需要满足反应温度要求。水是最常用的热载体，可用于 100~260℃ 的温度范围。工业上一般都使水处于沸腾状态以提高换热效果，通过调节压力控制沸腾水温度，进一步控制反应温度。联苯与联苯醚的混合物以及从石油中提炼出来的以烷基萘为主的一些石油馏分能用于 200~350℃ 的范围。无机熔盐（硝酸钾、硝酸钠及亚硝酸钠的混合物）可用于 300~400℃ 的情况。熔融金属（如铅、锂、钠）及沸腾金属（如汞）等有很大的传热系数，也可作为热载体，但对设备的密封性要求非常高。对于 600~700℃ 的高温反应，需要用烟道气作为热载体。

图 6-4 列举了几种换热式反应器示意图。图 6-4(a) 为乙炔与氯化氢合成氯乙烯反应器，管内反应温度为 100~120℃，管外用沸腾水撤热。水的循环靠位能或外加循环泵来实现，水温则靠控制蒸汽出口调节阀的压力来保持。实际操作中水的压力控制非常重要，如果控制不当，水会很快汽化，出现干管，急剧降低床层传热速率。图 6-4(b) 是萘氧化制苯酐反应器，反应温度为 360~370℃，靠熔盐强制循环撤热。除图中所示的这种形式外，也有把冷却熔盐的换热器置于反应器之外的。图 6-4(c) 是早期的乙苯脱氢固定床反应器，反应温度在 600℃ 左右。它与绝热式不同，是靠燃料气在各个喷嘴中燃烧所得的烟道气来供热的。

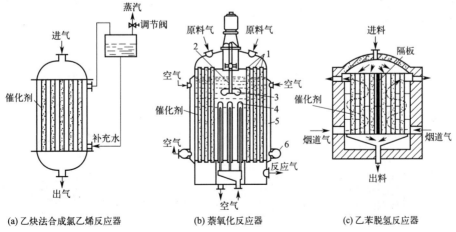

图 6-4　换热式反应器举例

1—催化剂管；2—熔盐；3—旋桨；4—空气冷管；5—空气冷却夹套；6—空气总管

列管式反应器由于传热性能较好，管内温度较易控制，对提高选择性更有利，这对原料成本高、副产物价值低、产物不易分离的反应就特别有价值。此外，为提高反应器生产能力，只要增加列管数即可。因此尽管其造价较高，人们还是乐意采用。

列管式反应器

大型固定床反应器中有几千根甚至几万根反应管。为控制热点（反应床内温度最高点）温度，需要采用管径较小的反应管，小的只有 25mm。如我国的 8 万吨丙烯酸反应器筒体直径 8.1m，列管数 35000 根，列管直径 32.9mm；4 万吨顺酐反应器筒体直径 7.3m，列管数 36000 根，列管直径 25mm。

对于热效应很大的放热反应，还可用同样粒度的惰性物料来稀释催化剂；可根据床层中反应气浓度的变化分段稀释，也可改变催化剂的粒径和导热性以改善传热。除此以外，还可以考虑用复合床的办法：在反应前期，转化率不高，但反应速率快、放热量大，此时可使用流化床反应器，利用返混保持整个床层温度分布均匀。由于转化率不高，返混对反应速率的影响不大。流化床层与内浸换热表面传热速率大，有利于降低反应器中的温度；在反应后期，此时反应速率已较小，对传热速率的要求不高，提高转化率成为矛盾的主要方面。此时采用接近平推流管式反应器对提高反应转化率和选择性都十分有利。催化反应器组合在原理上与均相反应器组合一样，但要防止固定床被来自流化床的细颗粒堵塞。

除上述的对外换热式反应器外，还有在反应器进出口的物料之间进行热交换，或在反应器中不同反应程度的物料之间进行热交换实现温度控制的自热式反应器，如合成氨及合成甲醇反应器。根据床层内外流体流向的不同，有顺流与逆流之别；根据套管数目的多少，又有单管、双套管和三套管之分，图 6-5 为它们的示意图。通过自热，可达到绝热固定床采用的冷激式及中间间接换热式的效果。单管逆流式结构较简单，原料气体在管中上升时，吸收床层中的反应热量使温度一直上升，进入催化床层后向下流动，温度先升后降，中间出现一热点。这是因为在初进床层这一段，反应速率快、放热多，但管内外温差较小，移热速率低。但之后管内外温差变大，反应速率又降低，故温度逐渐下降。采用这种换热方式，床层下部过冷，偏离最佳温度线较远。如为单管并流式，原料气自上而下经过换热管，再从另一通道至床顶空间，然后向下流经催化床层，这样床层下部管内外温差变小，床层温度也更接近最佳温度线。但在床层上部，管内外温差变大，床层温度不能迅速上升至最优温度。此外，单管并流式结构比较复杂。

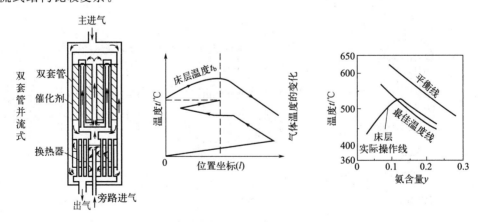

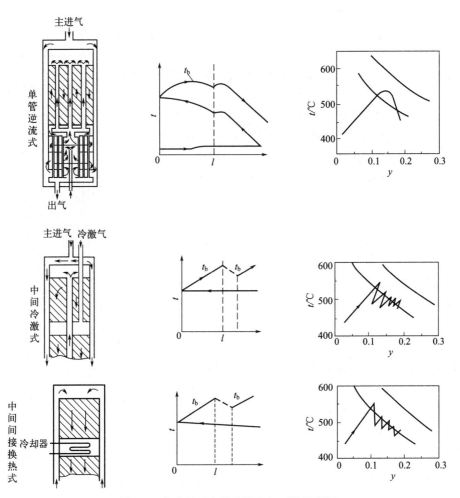

图 6-5　合成氨反应器的结构与工况示意图

　　双套管并流式综合了以上两者的优点，既能维持下部床层较高温度，又能使上部床层迅速升温。如在内冷管上部再设置一绝热层，升温就更快。此外，还有三套管式结构，即在两层预热管之间，再加一封闭的隔热套管，以调整反应层内外的温差。上述反应器都是以床层中的温度分布接近于理想温度分布为目标，都曾在合成氨反应器上采用。

　　需要指出的是，气体热容较小，反应热效应不大时才能实现自热平衡。

　　对高压反应，在反应器之外另加一个换热器，设备造价会显著提高。如在催化剂层内安上许多内冷管，又会减少催化剂的装填量，降低单位反应器体积的生产能力（这对高压反应器十分重要）。因此，近来的大型装置采用中间冷激的多段绝热床。气体每从上一床层出口到下一床层入口，其温度与氨含量就发生一次突变，如图 6-5 所示。如果床层段数增加，温度变化趋势会更接近最佳速率线，但会增加操作控制的复杂性。段数的选择最终取决于工业生产的便利性、稳定性和整体经济性。

单套管
合成氨反应器

双套管
合成氨反应器

　　此外，很多固定床反应器在大空速下操作，由于压降的限制，催化剂粒度不能太小，但增加粒径又可能降低催化剂的利用率。为了降低流动阻力，可采用如图 6-6 所示的径向流反应器，气体通过内外多孔分布筒作径向流动，由于通气面积大，流动距离短，可以使用较细的粒子，提高催化剂的内扩散效率因子。但由于气体流动阻力小，如何实现气体在轴向上的均布就成为设计要点。径向流反应器属于绝热反应器，需要采用多段操作、段间换热或冷激控制床层温度。

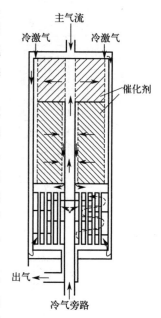

图 6-6　径向流反应器示意图

以上从传热角度简单分析了固定床反应器的几种形式。对其中使用的催化剂，除粒度要求外，还有强度要求。催化剂受上部催化剂压力或受高速气体冲刷会破碎或粉化，降低床层孔隙率，甚至堵塞床层，增加流动阻力，最终使不同列管的气体流速相差很大，使某些反应管大幅度超温，严重影响反应结果。在装填催化剂时，要尽可能使各列管间阻力一致，这需要保证每根反应管中催化剂的装填量严格控制在一定范围内。对列管数多、管径小的反应器，这样做很费事，但却十分必要。

固定床用的催化剂必须有较长的寿命，有时为了延长反应器的运转周期，需要额外增加催化剂装填量，以求在反应后期仍能达到规定的生产能力。这种措施虽然不够积极，但在尚未找到进一步延长催化剂寿命的方案时，工业上还会采用。这种方式会增加床层阻力，也会增加产物在反应器中的停留时间，因此适合单程转化率要求高、目标产物深度转化不显著的情况。

图 6-7 为气固相固定床反应器的分类。

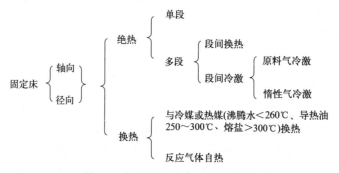

图 6-7　气固相固定床反应器分类

除气固相固定床反应器，还有气-液-固三相固定床反应器，如炼油工业中的加氢裂解和加氢精制反应器等。加氢催化剂填充于反应器中形成固定床，原料油和氢气同时流过催化剂层，氢气首先需溶解在液相中，再与液相组分一起扩散到催化剂表面进行反应。通常液体是从上往下流，而气体则与之并流或逆流（见图 6-8）。三相固定床反应器直径较大，与管外换热量较小，甚至绝热，床层温度控制需要通过段间换热或冷激实现。气体或液体可以是连续相，也可以是分散相。对液体是分散相的情况，液体沿床层在径向上的均布十分重要；如果液体流量较小，还会出现催化剂颗粒只有部分能接触液体的部分润湿问题。由于这些原因，气-液-固三相固定床反应器的设计远比气固相固定床反应器设计复杂，开发时更需依赖实验。

图 6-9 为丙烷脱氢移动床反应器，采用多个反应器串联。由于反应强吸热，又要在高温下进行，气体在进每个反应器前都要加热。为了降低流动阻力，气体在反应器中沿径向流

动。催化剂因结焦很快失活，需要通过烧焦再生。为了保证操作的连续性，固体催化剂在反应器中沿轴向流动进入下一个反应器，最后通过再生返回第一个反应器。由于催化剂移动较慢，可当作固定床反应器进行设计计算，但要考虑催化剂在轴向上的活性分布。

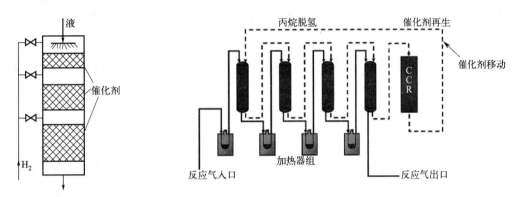

图 6-8　滴流床焦油加氢裂解装置示意图　　　　图 6-9　丙烷脱氢移动床反应器示意图

6.2　固定床中的传递过程

6.2.1　催化剂直径和床层空隙率

对气-固催化反应，固定床反应器中存在催化剂外部与内部热-质传递、管内与管外的热量传递和流体流经床层的动量传递。对气-液-固三相反应器，还存在气-液相间传递。这些传递都与固体催化剂颗粒的粒径和形状有关。由于颗粒粒径和形状差异很多，一般都将其统一为具有当量直径的球形催化剂。当量直径包括等体积当量直径（d_v）、等外表面积当量直径（d_s）和等比表面积当量直径（d_a）。不同的传递参数计算关联式采用了不同的当量直径，在使用这些关联式时需要特别注意。以下为不同当量直径的计算方法

$$\frac{1}{6}\pi d_v^3 = V_p \tag{6-1}$$

$$\pi d_a^2 = a_p \tag{6-2}$$

$$S_p = a_p / V_p \tag{6-3}$$

$$\frac{1}{6}d_s = \frac{V_p}{a_p} \tag{6-4}$$

式中，V_p、a_p 和 S_p 为催化剂颗粒的体积、外表面积和比表面积。

非球形粒子的外表面积必然大于同体积球形粒子的外表面积，二者之比的倒数就是颗粒的形状系数（或称球形系数）

$$\varphi_s = a_s / a_p \tag{6-5}$$

其中

$$a_s = \pi d_v^2 \tag{6-6}$$

因此

$$\varphi_s = \left(36\pi \frac{V_p^2}{a_p^3}\right)^{1/3} \tag{6-7}$$

对于大小不等的混合粒子，其平均直径可用筛分分析数据按式(6-8) 求出

$$d_d = 1 / \left(\sum_{i=1}^{n} \frac{x_i}{d_i} \right) \tag{6-8}$$

其中 x_i 为直径等于 d_i 的颗粒所占的质量分数。表 6-1 是国际上通用的泰勒筛的部分规格。各筛分颗粒的平均直径是以其上、下筛目的两个尺寸的几何平均值来代表的。

表 6-1　泰勒（Tyler）筛的部分规格

目数	孔径/mm	目数	孔径/mm	目数	孔径/mm
2.5	8.0	6	3.36	12	1.41
3	6.73	7	2.83	14	1.19
3.5	5.66	8	2.38	16	1.00
4	4.76	9	2.0	20	0.841
5	4.0	10	1.68	24	0.707

床层空隙率是固定床反应器的重要几何参数，它随粒子的形状、大小而异，而且在径向上不均匀。图 6-10 为反应器填充球形颗粒在径向上的空隙率分布。这种空隙率的非均匀性是壁效应的根源之一，但如果管径与粒径之比大于 8，空隙率的非均匀性和由此产生的壁效应可以忽略。与球形颗粒相比，拉西环和三叶草型催化剂的空隙率分布更均匀。

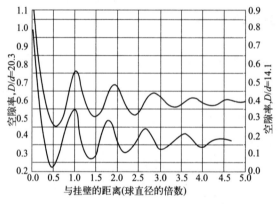

图 6-10　$D/d = 20.3$ 和 $D/d = 14.1$ 的均匀球填充床的空隙率分布

工业上对床层空隙率特别关心的主要原因是其影响床层压降。提高空隙率能降低压降，但会降低催化剂填充密度，由此降低反应器的生产能力。空隙率受颗粒粒径大小和形状的影响，会影响其中的气体流动速率，因此与催化剂的内外扩散联系在一起。目前的考虑床层堆积结构的计算流体力学模型能够综合考虑这些因素的影响，确定合适的催化剂粒径大小、形状和空隙率。

在进行反应器设计时，需要计算单位反应器体积的反应速率，此时需要利用床层的填充密度 ρ_B，其定义为单位反应器体积装填的催化剂重量。如催化剂的反应速率 r_A 是以单位催化剂重量定义的，单位反应器体积的反应速率就是 $\rho_B \times r_A$。

在相同的表观线速度下，固定床反应器中的返混虽然比空管要低，但在低气速和床层较短时仍然要考虑。

6.2.2　床层压降

固体催化剂床层的压降可用欧根方程计算

$$\frac{\Delta p}{L} = f'\left(\frac{\rho u_{\mathrm{m}}^2}{d_{\mathrm{s}}}\right)\left(\frac{1-\varepsilon_{\mathrm{B}}}{\varepsilon_{\mathrm{B}}^3}\right) \tag{6-9}$$

式中，摩擦系数 f' 与修正的颗粒雷诺数 Re_{M} 的关系由试验求得

$$f' = (A/Re_{\mathrm{M}}) + B \tag{6-10}$$

其中 $A = 150$，$B = 1.75$；
或

$$f' = (160/Re_{\mathrm{M}}) + 2.81/Re_{\mathrm{M}}^{0.0096} \tag{6-11}$$

式中，$Re_{\mathrm{M}} = d_{\mathrm{s}}\rho u_{\mathrm{m}}/[\mu(1-\varepsilon_{\mathrm{B}})]$，为修正雷诺数；$u_{\mathrm{m}}$ 为空床平均流速。

当 $Re_{\mathrm{M}} < 10$ 时，式(6-11) 等号右侧的第二项可以略去；而在 $Re_{\mathrm{M}} > 1000$ 的充分湍流区，右侧第一项可以略去。

上述关联式适用于球形颗粒，对非球形颗粒床层压降的计算结果偏低。对实心圆柱形颗粒，摩擦系数关联式修正为

$$f' = \frac{150}{\varphi_{\mathrm{s}}^{3/2} Re_{\mathrm{M}}} + \frac{1.75}{\varphi_{\mathrm{s}}^{4/3}} \tag{6-12}$$

式中，$\varphi_{\mathrm{s}} = (36\pi V_{\mathrm{p}}^2/S_{\mathrm{p}}^2)^{1/3}$，为颗粒球形度。
对三叶草、四叶草型催化剂

$$f' = \frac{150}{\varphi_{\mathrm{s}}^{6/5} Re_{\mathrm{M}}} + \frac{1.75}{\varphi_{\mathrm{s}}^2} \tag{6-13}$$

对工业上广泛适用的中空圆柱体（包括拉西环），欧根方程系数 A 和 B 修正为

$$A = 150\left\{\frac{\varepsilon^3}{[1-(1-\varepsilon)(V_{\mathrm{fc}}-mV_{\mathrm{i}})/V_{\mathrm{p}}]^3}\right\} \times \left[\frac{(S_{\mathrm{fc}}+mS_{\mathrm{i}})}{V_{\mathrm{p}}}\frac{d_{\mathrm{e}}}{6}\right] \tag{6-14}$$

$$B = 1.75\left\{\frac{\varepsilon^3}{[1-(1-\varepsilon)(V_{\mathrm{fc}}-mV_{\mathrm{i}})/V_{\mathrm{p}}]^3}\right\} \times \left[\frac{(S_{\mathrm{fc}}+mS_{\mathrm{i}})}{V_{\mathrm{p}}}\frac{d_{\mathrm{e}}}{6}\right]^2 \tag{6-15}$$

式中，V_{fc} 和 S_{fc} 为对应的实心圆柱体体积和外表面积；V_{i} 和 S_{i} 为空腔的体积和外表面积；m 为空腔内可供流体流动的体积分率，一般取 0.2。

在计算床层压降时选用合适的关联式是一方面，另一方面是要有准确的空隙率。事实上床层压降对空隙率变化十分敏感。在进行工业反应器设计时，应尽可能通过实验测量空隙率。对一些相对规整的催化剂，可通过以下关联式估计床层空隙率。

对于球体有

$$\varepsilon = \begin{cases} 0.4 + 0.05(d_{\mathrm{p}}/d_{\mathrm{t}}) + 0.412(d_{\mathrm{p}}/d_{\mathrm{t}})^2 & d_{\mathrm{p}}/d_{\mathrm{t}} \leqslant 0.5 \\ 0.528 + 2.464(d_{\mathrm{p}}/d_{\mathrm{t}} - 0.5) & 0.5 \leqslant d_{\mathrm{p}}/d_{\mathrm{t}} \leqslant 0.536 \\ 1 - 0.667(d_{\mathrm{p}}/d_{\mathrm{t}})^3(2d_{\mathrm{p}}/d_{\mathrm{t}} - 1)^{-0.5} & d_{\mathrm{p}}/d_{\mathrm{t}} \geqslant 0.536 \end{cases} \tag{6-16}$$

对于实心圆柱体有

$$\varepsilon = \begin{cases} 0.36 + 0.10(d_{\mathrm{pv}}/d_{\mathrm{t}}) + 0.7(d_{\mathrm{pv}}/d_{\mathrm{t}})^2 & d_{\mathrm{p}}/d_{\mathrm{t}} \leqslant 0.6 \\ 0.677 - 9(d_{\mathrm{pv}}/d_{\mathrm{t}} - 0.625)^2 & 0.6 \leqslant d_{\mathrm{p}}/d_{\mathrm{t}} \leqslant 0.7 \\ 1 - 0.763(d_{\mathrm{pv}}/d_{\mathrm{t}})^2 & d_{\mathrm{p}}/d_{\mathrm{t}} \geqslant 0.7 \end{cases} \tag{6-17}$$

对于空心圆柱体有

$$(1-\varepsilon_{\mathrm{hc}}) = [1 + 2(a/b - 0.5)^2(1.145 - d_{\mathrm{pv}}/d_{\mathrm{t}})](1 - a^2/b^2)(1 - \varepsilon_{\mathrm{sc}}) \quad a/b \geqslant 0.5 \tag{6-18}$$

式中，下角 hc 和 sc 分别表示空心圆柱体和实心圆柱体；a 为空心圆柱体内径，m；b 为空心圆柱体外径，m；d_p 为球形颗粒直径，m；d_{pv} 为等体积球当量直径，m；ε 为床层空隙率；ε_{hc} 为空心圆柱床的床层空隙率；ε_{sc} 为以实心圆柱为基础修正的空心圆柱床的空隙率。

对一些大型反应器，如甲醇合成、乙烯氧化，由于反应转化率不高，气体循环量很大，床层阻力在过程能耗中占不小的比例，因此需要选择合理粒径和形状的催化剂，床层高度也要控制，一般要求进出口压降变化不超过 15%。

例 6-1　在内径为 50mm 的列管内装填有 4m 高的熔铁催化剂层，其粒度情况见下表，形状系数 $\varphi_s = 0.65$。在反应条件下气体的物性：$\rho = 2.46 \times 10^{-3} \text{g/cm}^3$，$\mu = 2.3 \times 10^{-4} \text{g/}$ $(\text{cm} \cdot \text{s})$，$\varepsilon_B = 0.44$。若气体以 $G = 6.20 \text{kg/(m}^2 \cdot \text{s})$ 的质量速率通过，求床层压降。

例 6-1　附表

粒径/mm	3.40	4.60	6.90
质量分数 x	0.60	0.25	0.15

解　平均粒径

$$\bar{d}_v = \frac{1}{\sum_i \dfrac{x_i}{d_i}} = \frac{1}{\dfrac{0.60}{3.40} + \dfrac{0.25}{4.60} + \dfrac{0.15}{6.90}} = 3.968 \text{(mm)}$$

$$\bar{d}_s = \varphi_s \bar{d}_v = 0.65 \times 3.968 = 2.579 \text{(mm)} = 0.2579 \text{(cm)}$$

$$\bar{d}_s / \bar{d}_t = 0.2579 / 5.0 = 0.0516$$

令　　$Re_M = d_s G / [\mu(1 - \varepsilon_B)] = 0.2579 \times 6.20 \times 10^{-1} / [(2.3 \times 10^{-4}) \times (1 - 0.44)]$

$$= 1.242 \times 10^3 \ (>1000)$$

故代入式(6-10) 时等号右侧第一项可以略去

因　　　　$u_m = G / \rho = 6.20 \times 10^{-1} / (2.46 \times 10^{-3}) = 252 \text{(cm/s)}$

故 $\Delta p = \dfrac{\rho u_m^2 L (1 - \varepsilon_B)}{d_s \varepsilon_B^3} \times 1.75 = \dfrac{(2.46 \times 10^{-3}) \times 252^2 \times 400 \times (1 - 0.44) \times 1.75}{0.257 \times 0.44^3}$

$$= 2.797 \times 10^6 [\text{g/(cm} \cdot \text{s}^2)] = 2.797 \times 10^5 \text{(Pa)}$$

6.2.3　固定床反应器中的传质与传热

气-固两相之间的传递和催化剂颗粒内部传递在第 3 章的催化反应动力学部分已有阐述，这里只介绍反应管内与管外的传热，和管内轴向与径向的质量扩散和热量传导。为了方便阐述，分径向和轴向传递进行介绍。

固定床反应器内的传热十分复杂，包括传导、对流以及辐射。Kunii-Smith 认为床层导热由静态和动态两部分组成，静态源于热传导和热辐射，动态源于对流流动。

6.2.3.1　径向传热

径向传热包括反应器壁处的对流给热和床层内的有效热传导。有效热传导又称等效热传导，是含有气体和固体的床层在宏观上表现出的热传导。

床层内的热传导速率用傅里叶定律描述：

$$Q_b = -\lambda_{er} \frac{dT}{dr} \quad kJ/(m^2 \cdot s) \tag{6-19}$$

式中，λ_{er} 为径向有效导热系数。

对反应器壁处的对流给热，传热速率为

$$Q_w = a_w(T_R - T_w) \quad kJ/(m^2 \cdot s) \tag{6-20}$$

式中，a_w 为壁给热系数；T_R 为气体在壁面处的温度；T_w 为管壁温度。

可以想象，对放热反应，由于床层和管壁处热阻的存在，管内中心温度最高，管壁处气相温度高于管壁温度。

壁给热系数和有效径向导热系数都由静态和动态（模型如图 6-11 所示）两方面贡献构成

$$\lambda_{er} = \lambda_{er}^0 + \lambda_{er}^t \tag{6-21}$$

$$a_w = a_w^0 + a_w^t \tag{6-22}$$

静态贡献源于分子传导，在 $Re < 40$ 时不可忽略。

λ_{er} 可由式(6-23) 计算

$$\lambda_{er} = \lambda_{er}^0 + (\alpha\beta)\lambda Re_p Pr \tag{6-23}$$

式中，α 代表横向传质与流动方向传质速度之比；β 代表颗粒间距与粒径之比的影响。$(\alpha\beta)$ 的值可从图 6-12 读出。λ_{er}^0 的值可用式(6-24) 计算

$$\frac{\lambda_{er}^0}{\lambda_g} = \varepsilon_B\left(1 + \frac{h_{rv}d_p}{\lambda_g}\right) + \frac{1-\varepsilon_B}{\dfrac{1}{\dfrac{1}{\varphi} + \dfrac{h_{rs}d_p}{\lambda_g}} + \dfrac{2}{3}\left(\dfrac{\lambda_g}{\lambda_s}\right)} \tag{6-24}$$

式中右侧第一项代表床层空隙部分对传热的贡献，第二项代表颗粒部分的贡献，h_{rv} 及 h_{rs} 分别为空隙及颗粒的辐射给热系数，可按下式计算

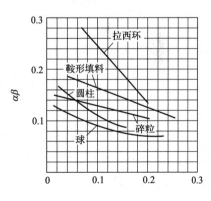

图 6-11　填充床的流动模型　　　　图 6-12　求有效径向导热系数 λ_{er} 时的 $(\alpha\beta)$ 值

$$h_{rv} = 0.227 \frac{1}{1 + \dfrac{\varepsilon_B}{2(1-\varepsilon_B)}\left(\dfrac{1-\sigma}{\sigma}\right)}\left(\frac{T_m}{100}\right)^3 \quad [W/(m^2 \cdot K)] \tag{6-25}$$

$$h_{rs} = 0.227\left(\frac{\sigma}{2-\sigma}\right)\left(\frac{T_m}{100}\right)^3 \quad [W/(m^2 \cdot K)] \tag{6-26}$$

式中，λ_s 及 λ_g 分别为颗粒与流体的导热系数；σ 为粒子表面的热辐射率；T_m 为床层

的平均温度；ϕ 代表颗粒接触点处流体薄膜的导热影响，可由图 6-13 及式（6-27）求得

$$\phi = \phi_2 + (\phi_1 - \phi_2)\frac{\varepsilon_B - 0.26}{0.216} \tag{6-27}$$

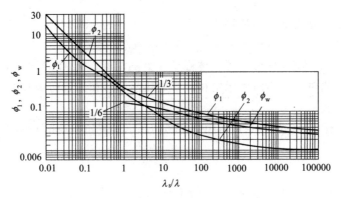

图 6-13　求 λ_{er}^0 所用的 ϕ 值

对于 d_p 很小、温度在常温以下以及含有液体的情况，h_{rv} 及 h_{rs} 两项均可忽略，式（6-24）因此简化为

$$\frac{\lambda_{er}^0}{\lambda_g} = \varepsilon_B + \frac{1 - \varepsilon_B}{\phi + \frac{2}{3}(\lambda_g/\lambda_s)} \tag{6-28}$$

但对粒径在 5mm 以上的大粒子及温度较高时，辐射传热就很重要。如在真空下，传热则完全由辐射主导。

这是用于计算静态贡献的另一个公式，可避免查图。

$$\frac{\lambda_{er}^0}{\lambda_g} = (1 - \sqrt{1-\varepsilon})\left(1 + \varepsilon\frac{h_{rs}d_p}{\lambda_g}\right) + \frac{2\sqrt{1-\varepsilon}}{1 + \left(\frac{h_{rs}d_p}{\lambda_g} - B\right)\frac{\lambda_g}{\lambda_s}}\theta \tag{6-29}$$

式（6-29）中

$$\theta = \frac{\left[1 + \left(\frac{h_{rs}d_p}{\lambda_g} - 1\right)\frac{\lambda_g}{\lambda_s}\right]}{\left[1 + \left(\frac{h_{rs}d_p}{\lambda_g} - B\right)\frac{\lambda_g}{\lambda_s}\right]}\ln\frac{1 + \frac{h_{rs}d_p}{\lambda_g}}{B\frac{\lambda_g}{\lambda_s}} - \frac{B-1}{1 + \left(\frac{h_{rs}d_p}{\lambda_g} - B\right)\frac{\lambda_g}{\lambda_s}} + \frac{B+1}{2B}\left(\frac{h_{rs}d_p}{\lambda_g} - B\right) \tag{6-30}$$

式中，$B = b\left[(1-\varepsilon)/\varepsilon\right]^{10/9}$。对球形颗粒，$b = 1.25$；对圆柱形颗粒和拉西环，$b = 2.5$。床层与器壁间的给热系数 a_w 可按下式计算

圆柱形颗粒　$\dfrac{a_w d_p}{\lambda_f} = 2.58(Re_p Pr_f)^{0.33} + 0.094 Re_p^{0.8} Pr_f^{0.4}, 40 \leqslant Re_p \leqslant 2000$ $\tag{6-31}$

球形颗粒　$\dfrac{a_w d_p}{\lambda_f} = 0.203(Re_p Pr_f)^{0.33} + 0.22 Re_p^{0.8} Pr_f^{0.4}, 40 \leqslant Re_p \leqslant 2000$ $\tag{6-32}$

需要指出的是 a_w 很不容易测准，因为在极靠近壁面处安置热电偶相当困难，而且会影响该处的床层空隙率，从而引起流速的变化。因此该处的床层温度分布常由外推得出——这是文献上不同关联式给出的 a_w 值差异较大的原因。

以下是另一个径向有效导热系数和壁给热系数计算公式

$$\lambda_{er} = \lambda_{er}^0 + \frac{0.0105}{3600\left[1 + 46\left(\dfrac{d_p}{d_t}\right)^2\right]} Re \tag{6-33}$$

$$a_w = a_w^0 + \frac{0.0481 d_t}{3600 d_p} Re \tag{6-34}$$

$$a_w^0 = \frac{10.21}{d_t^{4/3}} \lambda_{er}^0 \tag{6-35}$$

λ_{er}^0 的计算如前所述。需要注意的是，虽然文献中有多种关联式，但要注意其适用范围，并与其他关联式相互印证。对其他传递参数关联式的计算也是如此。

以上是考虑床层径向存在温度分布时传热参数的计算。如果将床层温度分布用平均温度 t_m 表示，即不考虑径向温度分布，则管内外的传热速率为

$$q = a_i A (t_m - t_w) \tag{6-36}$$

式中，a_i 为管内的传热系数；A 为传热面积。a_i 与 h_w 不同，是不考虑管内温度分布的总传热系数。a_i 可用下式计算：

对放热反应（床层被冷却）

$$\frac{\alpha_i d_t}{\lambda_g} = 3.50\left(\frac{d_p G}{\mu}\right)^{0.7} e^{-4.6 d_p / d_t} \tag{6-37}$$

使用范围：$40 \leqslant Re_p \leqslant 3500$；$d_t / d_p \geqslant 3.0$。

对吸热反应（床层被加热）

$$\frac{\alpha_i d_t}{\lambda_g} = 0.813\left(\frac{d_p G}{\mu}\right)^{0.9} e^{-6 d_p / d_t} \tag{6-38}$$

使用范围：$250 \leqslant Re_p \leqslant 3000$；$d_t / d_p \geqslant 3.7$。

De Wasch 和 Froment 提出以下关联式

$$\frac{\alpha_i d_p}{\lambda_g} = \frac{\alpha_i^0 d_p}{\lambda_g} + 0.033\left(\frac{c_p \mu}{\lambda_g}\right)\left(\frac{d_p G}{\mu}\right) \tag{6-39}$$

其中右侧第一项为静态贡献

$$\alpha_i^0 = \frac{10.21 \lambda_{er}^0}{d_t^{4/3}} \tag{6-40}$$

Froment 将床层的二维热传导方程简化成一维传热（仅考虑轴向温度变化）方程，推导出以下近似等式

$$\frac{1}{a_i} = \frac{1}{a_w} + \frac{d_t}{8 \lambda_{er}} \tag{6-41}$$

可以用来验证传热参数估算的一致性。

6.2.3.2　轴向传热

轴向的床层有效导热系数 λ_{ea} 可通过下式估算

$$\frac{\lambda_{ea}}{\lambda} = \frac{\lambda_e^0}{\lambda} + \delta Re_p Pr_f，\delta = 0.7 \sim 0.8 \tag{6-42}$$

对换热式固定床反应器，轴向导热对反应结果的影响远不如径向导热。

6.2.3.3　轴向和径向传质

流体流经填充床时不断发生着分散与汇合，在径向比轴向更为显著。随着流速的提高和

粒径的增大，径向和轴向的混合程度也增大。表征这种现象的参数是径向和轴向的有效扩散系数 D_{er} 和 D_{ea}，通常以无量纲数 $Pe_r = d_p u / D_{er}$ 及 $Pe_a = d_p u / D_{ea}$ 的形式出现，其中 u 是表观线速度。有效扩散系数同时包含了分子扩散和湍流扩散的影响。

对气-固体系，轴向有效扩散系数 D_{ea} 可以通过 Wen 和 Fan 提出的经验关联式估算

$$\frac{1}{Pe_a} = \frac{0.3}{Re_p Sc} + \frac{0.5}{1 + 3.8(Re_p Sc)^{-1}} \tag{6-43}$$

其中 Re 利用床层表观流速计算。

对气-固体系，可用关联式(6-44)计算径向有效扩散系数

$$\frac{1}{Pe_r} = \frac{0.4}{(Re_p Sc)^{0.8}} + \frac{0.09}{1 + (10 / Re_p Sc)} \tag{6-44}$$

液相用式(6-45)计算

$$Pe_r = \frac{17.5}{(Re_p)^{0.75}} + 11.4 \tag{6-45}$$

对气体，也可用关联式(6-46)计算

$$\frac{1}{Pe_r} = \frac{\varepsilon}{1.5 Re_p Sc} + \frac{1}{11\left[1 + 19.4\left(\dfrac{d_p}{d_t}\right)^2\right]} \tag{6-46}$$

根据理论分析以及实测的结果，Pe_r 的值在 $5 \sim 13$ 之间。在多数的反应装置内，流体处于充分的湍流状态，可不考虑 Re 的影响，取 $Pe_r = 11$。轴向的混合扩散系数则要比径向的小，一般可取 $Pe_a = 2$（气体）或 $Pe_a = 0.5 \sim 1$（液体）。

表 6-2 中总结了固定床反应器中各传递参数的典型取值范围。

表 6-2   固定床反应器中传递参数的典型取值范围

传递系数名称	数值范围
径向有效导热系数 λ_{er}	$4 \sim 40 \text{kJ}/(\text{h} \cdot \text{m}^2 \cdot \text{K})$
轴向有效导热系数 λ_{ea}/λ_g	$1 \sim 300$
径向有效导热系数 λ_{er}/λ_g	$1 \sim 12$
一维模型的传热系数 a_i	$60 \sim 300 \text{kJ}/(\text{h} \cdot \text{m} \cdot \text{K})$
二维模型的壁给热系数 h_w	$400 \sim 1000 \text{kJ}/(\text{h} \cdot \text{m} \cdot \text{K})$
径向佩克莱数 Pe_r	$6 \sim 20$，典型值为 11，$Re > 100$
轴向佩克莱数 Pe_a	$0.01 \sim 10$，典型值为 2，$Re > 10$

6.2.3.4   相间传质和传热

对流体与固体间的对流传质与传热，传递参数一般用 J 因子表示，其定义如下。

传质 J_D 因子：

$$J_D = \frac{k_g}{u} Sc^{2/3} \tag{6-47}$$

传热 J_H 因子：

$$J_{\mathrm{H}} = \frac{h}{\rho u c_p} Pr^{2/3} \tag{6-48}$$

其中

$$Sc = \frac{\mu}{\rho D_{\mathrm{im}}} \tag{6-49}$$

$$Pr = \frac{c_p \mu}{k} \tag{6-50}$$

式中，D_{im} 为组分 i 在混合气体中的扩散系数。

下述关联式（也适用于流化床反应器）在很宽的范围内适用：

$$\varepsilon J_{\mathrm{D}} = 0.0100 + \frac{0.863}{Re_{\mathrm{p}}^{0.58} - 0.483}, Re_{\mathrm{p}} > 1 \tag{6-51}$$

$$\varepsilon J_{\mathrm{H}} = 0.0108 + \frac{0.929}{Re_{\mathrm{p}}^{0.58} - 0.483}, Re_{\mathrm{p}} > 20 \tag{6-52}$$

$$J_{\mathrm{H}} / J_{\mathrm{D}} = 1.08 \approx 1 \tag{6-53}$$

根据 J 因子定义，很容易从上式确定气-固传质与传热系数。

6.3　固定床反应器模型

6.3.1　概述

固定床反应器设计需要借助数学模型。反应器中的热质传递总体上可分为轴向与径向传递和催化剂颗粒内部与外部传递。考虑所有这些传递过程的数学模型非常复杂，需要根据模型的应用要求进行不同程度的简化。主要简化包括：

（1）忽略气固相差异。此时，反应器模型为拟均相模型。模型计算时需要用到以单位反应器体积计算的表观反应速率。如果实验确定的动力学方程是颗粒表观动力学，就要乘以外部效率因子；如果是本征动力学，就要乘以总效率因子。如果给定的动力学方程式是颗粒表观动力学，而且外扩散的影响可以忽略，就可用拟均相模型。

（2）忽略径向梯度。这时反应器内只有轴向的浓度和温度分布，模型的空间变量只有一个，即一维模型。

（3）忽略轴向扩散。此时，反应器内的流动为平推流，模型方程中没有轴向方向上的二阶导数项，即平推流模型。

同时忽略气固相差异、径向梯度和轴向扩散的模型就是最简单的一维平推流拟均相模型。在此基础上，如果考虑径向梯度就是二维拟均相模型。在拟均相模型的基础上如考虑轴向扩散，就是一维或二维轴向扩散模型。此外还有一维、二维非均相模型等等。如果外扩散不可忽略，就必须采用非均相模型。在进行工业反应器设计计算时，一般不考虑内扩散，因为这受催化剂孔结构和分子传递性质的复杂影响，而是直接使用已包含内扩散影响的颗粒表观动力学方程。

反应器模型需要利用实验结果进行验证。对列管反应器，最有价值的是单管实验。在进行单管实验时，除获得反应器出口的结果外，床层中的温度和浓度分布也很有价值。但需要注意，在床层中间安装热电偶或采样管可能改变床层孔隙率和导热系数。

6.3.2 一维拟均相模型

一维拟均相模型是把固体颗粒与流体当作均相来处理，并且只有在流体流动的方向（轴向）上有温度和浓度的变化，而在与流向垂直的截面（径向）上温度和浓度相等。这样的一维模型计算比较简单，而且在许多情况下都是适用的。以下逐一进行说明。

6.3.2.1 等温反应器的计算

当反应热效应不大，管径较细，管外用传热良好的恒温流体进行控温时，反应管内各处可近似地视作等温——通常所谓的等温反应器就是指这种情况。由于它的计算特别简单，因此常用于对实际上不是等温的反应器做粗略的估算。对平推流式反应器，只要将物料衡算式积分就可以了。譬如对反应组分 A 有

$$F_{A0} dx_A = (-r_A) dW \tag{6-54}$$

如进口处 $x_A = 0$，则积分后得

$$\frac{W}{F_{A0}} = \int_0^{x_A} \frac{dx_A}{(-r_A)} \tag{6-55}$$

因此，只要知道动力学方程的形式，把它写成 x_A 的函数后，不论用解析法还是数值法，总可求得达到一定转化率所需的催化剂质量，而床层的体积就等于 W/ρ_B。当选定了管径以后，床层高度也就确定了。如求得的床层过高，可将几个反应器串联起来。

有时物料衡算式也写成如下的形式

$$-u \frac{dc_A}{dl} = \rho_B(-r_A) \tag{6-56}$$

于是床层的高度 L 为

$$L = \int_0^L dl = \frac{u}{\rho_B} \int_{c_A}^{c_{A0}} \frac{dc_A}{(-r_A)} \tag{6-57}$$

在这里 u 作为常数处理，这对反应分子数变化不大、或反应转化率不高的情况来说，不会造成太大的误差。

6.3.2.2 单层绝热床的计算

对于单层的绝热床，除物料衡算式(6-54) 或式(6-56) 外，还要列出热量衡算式

$$\sum_i F_i c_{pi} dT = F_0 \overline{c_p} dT = (-\Delta H_A) F_{A0} dx_A \tag{6-58}$$

如在床层的 1、2 两处的截面间积分可得

$$T_2 = T_1 + (-\Delta H_A)(\frac{F_{A0}}{F_0 \overline{c_p}})(x_{A2} - x_{A1}) \tag{6-59}$$

此即描述绝热操作时温度与转化率的关系式，称为绝热线方程。把它与前面的物料衡算式联立求解，即得床内沿轴向的温度和转化率的变化情况。

如以质量速度 G 及平均比热容 $\overline{c_p}$ 表示，则可写成

$$G \overline{c_p} dT = -u dc_A (-\Delta H_A) \tag{6-60}$$

积分后得

$$T_2 = T_1 + [(-\Delta H_A)/\overline{c_p}\rho](c_{A1} - c_{A2}) \tag{6-61}$$

式中，ρ 为流体的密度（$G = \rho u$）。此式与式(6-59) 等价。

将式(6-59) 或式(6-61) 与式(6-56) 联解，即可求得床层高度。

例 6-2　用中间间接冷却的两级绝热床进行二氧化硫的氧化反应

$$SO_2 + \frac{1}{2}O_2 \longrightarrow SO_3$$

所用催化剂为载于硅胶上的 V_2O_5，其反应动力学方程如下

$$r = (k_1 p_{SO_2} p_{O_2} - k_2 p_{SO_3} p_{O_2}^{\frac{1}{2}}) / p_{SO_3}^{\frac{1}{2}} [\text{mol}/(\text{s} \cdot \text{g 催化剂})] \tag{1}$$

$$\ln k_1 = 12.07 - \frac{129000}{RT} \tag{2}$$

$$\ln k_2 = 22.75 - \frac{224000}{RT} \tag{3}$$

式中，T 为温度，K；R 为气体常数，$J/(\text{mol} \cdot K)$；k_1 为正反应速率常数，$\text{mol}/(\text{s} \cdot \text{g 催化剂} \cdot \text{atm}^{3/2})$；$k_2$ 为逆反应速率常数，$\text{mol}/(\text{s} \cdot \text{g 催化剂} \cdot \text{atm})$。进料的分子组成为：$SO_2$ 8.0%，O_2 13.0%，N_2 79.0%。总压：1atm。第一级进气温度 370℃；第一级出气温度 560℃；第二级进气温度 370℃。SO_2 总转化率 99%。

在此温度范围内混合气的比热容可认为基本不变，并等于 1.045J/(g·K)，反应热与温度的关系如下

$$\Delta H = -102.9 + 8.34 \times 10^{-3} T (\text{kJ/mol}) \tag{4}$$

此外，床层堆积密度 $\rho_B = 0.6 \text{g/cm}^3$，反应器内径 1.825m，如进料的摩尔流量为 243kmol/h，求所需的床层高度。

解

首先列出模型方程

$$-u \frac{dc_A}{dz} = \rho_B (-r_A)$$

$$u \rho_g c_p \frac{dT}{dz} = \rho_B (-r_A)(-\Delta H_R)$$

写成规范形式

$$\frac{dc_A}{dz} = -\frac{1}{u} \rho_B (-r_A)$$

$$\frac{dT}{dz} = \frac{1}{G c_p} \rho_B (-r_A)(-\Delta H_R)$$

$$z = 0 : c_A = c_{A0} ; T = T_0$$

这是一阶常微分方程组的初值问题。现在只要将微分方程右侧写成温度 T、浓度 c_A 和位置 z 的函数，就可以直接进行数值积分。

记 A 为 SO_2，B 为 O_2，C 为 SO_3。首先计算进口摩尔浓度

$$c_{A0} = \frac{p y_{A0}}{RT_0}$$

$$c_{B0} = \frac{p y_{B0}}{RT_0}$$

$$c_{C0} = 0$$

其中 y_{A0}，y_{B0} 为入口摩尔分数。将反应速率方程中的分压用浓度来表示

$$p_A = c_A RT, p_B = c_B RT, p_C = c_C RT$$

设 u_0，ρ_{g0} 为进口处的气体线速度和密度，床层中气体线速度和转化率有以下关系

$$u = u_0 \frac{T}{T_0} \frac{n_T}{n_{T0}} = u_0 \frac{T}{T_0}(1 + \delta_A y_{A0} x_A)$$

$$x_A = 1 - \frac{u c_A}{u_0 c_{A0}}$$

因此

$$u = \frac{u_0(1 + \delta_A y_{A0})}{(\frac{c_A}{c_{A0}} \delta_A y_{A0} + \frac{T_0}{T})}$$

据此可计算 x_A。

现用 Matlab 求解。

气体平均分子量

$$\bar{m}_w = \sum y_i m_{wi} = 31.4 \text{g/mol}$$

入口气体浓度

$$c_{A0} = \frac{p y_{A0}}{RT_0} = 1.16 \text{mol/m}^3 ; c_{B0} = 2.46 \text{mol/m}^3$$

入口气体线速度

$$u_0 = \frac{V}{A} = \frac{n_{t0} RT_0 / p_0}{0.25 \pi d_t^2} = 1.36 \text{m/s}$$

给定 C_A 和 T，可以计算：

反应热（J/mol）

$$\Delta H_R = (-102.9 + 8.34 \times 10^{-3} \times T) \times 10^3$$

床层中间线速度（m/s）

$$u = \frac{u_0(1 + \delta_A y_{A0})}{\frac{c_A}{c_{A0}} \delta_A y_{A0} + \frac{T_0}{T}}$$

SO_2 转化率

$$x_A = 1 - \frac{u c_A}{u_0 c_{A0}}$$

质量流速[kg/(m^2·s)]

$$G = N_0 \bar{m}_w$$

床层中各组分浓度（mol/m^3）

$$c_B = \frac{u_0}{u} c_{B0} - \frac{1}{2}(\frac{u_0}{u} c_{A0} - c_A)$$

$$c_C = (\frac{u_0}{u} c_{A0} - c_A)$$

各组分分压（atm）

$$p_A = c_A RT;\ p_B = c_B RT;\ p_C = c_C RT$$

速率常数：

k1＝exp(12.07-129000/R./T)；k2＝exp(22.75-224000/R./T)；

rA＝-(k1.* pA.* pB-k2.* pC.* pB.^0.5)./pA.^0.5；

最后可计算：

dCAdz=-1./u* rho_b.* (-rA)；

dTdz=1/G/Cp* rho_b* (-rA).* (-DH_R)；

利用 ode45 函数积分，通过试差可得，第一段反应器长度为 2.14 时，反应器出口温度为833K，转化率为 64%。降低温度后可继续积分，获得第二段反应器的计算结果，见图6-14。

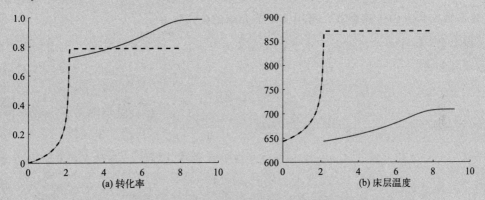

图6-14   SO$_2$ 氧化反应器计算结果图

图中虚线为不经过中间换热的两段反应器计算结果

经过段间换热后，气体温度降低，转化率得以继续升高至98%以上；如果中间不换热，转化率将不超过80%。此外第二段反应器中转化率上升很慢，这是由于温度和浓度都较低的缘故。

6.3.2.3 换热管式反应器计算

如反应热效应较强，反应器设计需要考虑床层温度分布。换热反应器的典型例子是列管固定床反应器，管外由热载体撤热。对一根单管，完整的拟均相一维平推流模型如下：

质量衡算

$$-u \frac{dc_A}{dz} = \rho_B (-r_A) \tag{6-62}$$

热量衡算

管内：

$$u \rho_g c_p \frac{dT}{dz} = \rho_B (-r_A)(-\Delta H_R) - \frac{4U}{d_t}(T - T_c) \tag{6-63}$$

管外：

$$u_c \rho_c c_{pc} \frac{dT}{dz} = \frac{4U}{d_t}(T - T_c) \tag{6-64}$$

压降方程：

$$-\frac{\mathrm{d}p}{\mathrm{d}z}=f'\left(\frac{\rho u_{\mathrm{m}}^2}{d_{\mathrm{s}}}\right)\left(\frac{1-\varepsilon_{\mathrm{B}}}{\varepsilon_{\mathrm{B}}^3}\right) \tag{6-65}$$

压降影响流体的密度，由此影响反应物的浓度和传递参数，但在数值计算中很容易处理。

U 是总传热系数，包含管内的换热系数、管壁的导热系数和管外的给热系数：

$$\frac{1}{U}=\frac{1}{a_{\mathrm{i}}}+\frac{d}{\lambda}\frac{A_{\mathrm{b}}}{A_{\mathrm{m}}}+\frac{1}{a_{\mathrm{u}}}\frac{A_{\mathrm{b}}}{A_{\mathrm{u}}} \tag{6-66}$$

总传热系数计算甚至需要包括管内管壁的污垢系数。管壁的导热系数根据其材料很容易获取，管外的给热系数从化学工程手册中也容易查到。

在进行反应器的初步设计计算时，常假定管壁温度恒定，此时能量衡算方程为：

$$u\rho_{\mathrm{g}}c_p\frac{\mathrm{d}T}{\mathrm{d}z}=\rho_{\mathrm{B}}(-r_{\mathrm{A}})(-\Delta H_{\mathrm{R}})-\frac{4a_{\mathrm{i}}}{d_{\mathrm{t}}}(T-T_{\mathrm{w}}) \tag{6-67}$$

总传热系数变为管内传热系数，可用 6.2 节介绍的公式计算。

例6-3　邻二甲苯 A 在空气中氧化生成苯酐 B，副反应是燃烧反应，生成二氧化碳 C，反应过程如图：

由于空气大大过量，因此可认为是拟一级反应。在常压（1atm）条件下的反应动力学为

$$r_1=k_1y_{\mathrm{A0}}y_0(1-x_{\mathrm{A}})$$

$$r_2=k_2y_{\mathrm{A0}}y_0\beta$$

$$r_3=k_3y_{\mathrm{A0}}y_0(1-x_{\mathrm{A}})$$

A 的消失速率，B 的生成速率，A 和 B 的燃烧反应速率（$\dfrac{\mathrm{kmol}}{\mathrm{kg_{cat}\cdot h}}$）分别为

$$r_{\mathrm{A}}=(k_1+k_3)y_{\mathrm{A0}}y_0(1-x_{\mathrm{A}})$$

$$r_{\mathrm{B}}=y_{\mathrm{A0}}y_0[k_1(1-x_{\mathrm{A}})-k_2\beta]$$

$$r_{\mathrm{C}}=y_{\mathrm{A0}}y_0[k_2\beta+k_3(1-x_{\mathrm{A}})]$$

式中，y_{A0} 和 y_0 为反应器入口邻二甲苯和氧气的摩尔分数。x_{A} 为反应器内邻二甲苯的转化率，β 为苯酐的收率，等于 $y_{\mathrm{A}}/y_{\mathrm{A0}}$。动力学常数为

$$\ln k_1=-\frac{27000}{1.98(t+T_0)}+19.837$$

$$\ln k_2=-\frac{31400}{1.98(t+T_0)}+20.86$$

$$\ln k_3=-\frac{28600}{1.98(t+T_0)}+18.97$$

其中 $t=T-T_0$，T_0 为反应器壁温度，等于反应器入口温度。

反应在一换热固定床反应器中进行：

质量流速 $G = 4684 kg/(m^2 \cdot h)$

床层催化剂填充密度 $\rho_b = 1300 kg/m^3$

混合气体平均比热容 $c_p = 0.25 cal/(kg \cdot \text{℃})$

混合气体平均黏度 $\mu = 31 \times 10^{-6} Pa \cdot s$

混合气体平均导热系数 $\lambda = 47.5 \times 10^{-3} W/(m \cdot K)$

混合气体平均分子量 $M_m = 29.48 g/mol$

生成苯酐反应热 $\Delta H_1 = -307 kcal/mol(A)$

苯酐燃烧反应热 $\Delta H_2 = -783 kcal/mol(A)$

邻二甲苯燃烧反应热 $\Delta H_3 = -1090 kcal/mol(A)$

反应器入口氧气摩尔分数 $N_0 = 0.208$

反应器入口邻二甲苯摩尔分数 $N_{A0} = 0.00924$

计算反应器壁温在 355℃、360℃ 和 365℃ 下的床层温度分布。假定气体入口温度与壁温相等。

解

$$Re_p = \frac{d_p G}{\mu} = 126$$

$$\alpha_i = \frac{\lambda_g}{d_t} 3.50 \left(\frac{d_p G}{\mu} \right)^{0.7} e^{-4.6 d_p/d_t} = 97.3 \ kcal(h \cdot m^2)$$

$$\frac{dy_i}{dz} = \rho_b r_i M_m / G, \ i = A, B, C$$

$$\frac{dT}{dz} = \frac{1}{G c_p} \left[\rho_b \sum_{i=1}^{3} r_i (-\Delta H_{R,i}) + \frac{4 a_i}{d_t} (T_0 - T) \right]$$

对上述摩尔与能量衡算方程积分，可得床层温度分布（图 6-15）。可见，随着壁温提高，床层热点变得更显著。

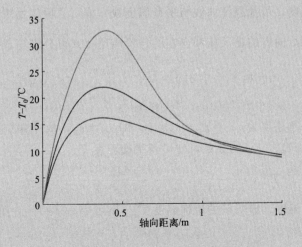

图 6-15　邻二甲苯氧化反应床层温度分布

6.3.2.4　多层绝热床计算

对于多层（或多台串联）绝热床反应器，每一层的计算方法原则上都与 6.3.2.2 中所介绍的一样，只不过从上层出来的物料在进入到下一层之前，由于换热或冷激，其温度或浓度将发生变化，可通过简单的物料衡算和热量衡算方程计算。譬如图 6-16 是层间直接冷激的情况，进料状态以 a 点表示，经过第一层，温度按式（6-59）沿直线 ab 上升到 b 点。这时遇到一定量的冷激气，不仅温度降低了，而且反应物的浓度也增加（相当于总的转化率降低）了，于是状态就变到了 c 点，这就是下一层的进料状态。所以每经过一层，就要这样变化一次。再看图 6-17，这是层间间接冷却的情况，由于没有新鲜气的加入，所以每次只有温度的降低，而没有浓度（转化率）的变动，因此图中的 bc 线等都是垂直的。

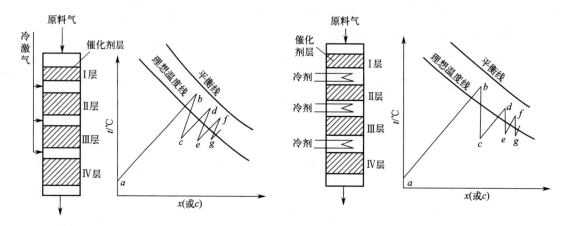

图 6-16　层间直接冷激式多段绝热床　　　图 6-17　层间间接冷却式多段绝热床

如果层间冷激不用原料气而用其他种类的气体，那么冷激后也没有转化率的改变，情况与图 6-17 所示的一致。

6.3.2.5　多层绝热床的最优化问题

对于可逆放热反应，要使反应速率尽可能地保持最大，必须随着转化率的增加沿最优速率曲线相应地降低温度，最优温度曲线与平衡温度线一样可从反应速率方程确定。譬如对于反应 $A+B \underset{k_2}{\overset{k_1}{\rightleftharpoons}} R+S$，向右的正反应和向左的逆反应速率式可分别写成

$$r_1 = k_1 f_1(c_A, c_B) = A_1 e^{-E_1/(RT)} f_1(c_A, c_B) \tag{6-68}$$

$$r_2 = k_2 f_2(c_R, c_S) = A_2 e^{-E_2/(RT)} f_2(c_R, c_S) \tag{6-69}$$

当达到反应平衡时，净速度为：$r = r_1 - r_2 = 0$，即 $r_1 = r_2$，故令式（6-68）与式（6-69）相等，并考虑到 $-\Delta H = E_2 - E_1$ 的关系，便可得平衡温度 T_{eq} 为

$$T_{eq} = \frac{-(-\Delta H)}{R \ln\{A_1 f_1(c_A, c_B)/[A_2 f_2(c_R, c_S)]\}} \tag{6-70}$$

而反应速率为最快的温度，即所谓的最优温度 T_{opt} 则可令 $\partial r/\partial T = 0$ 而求出，即

$$\left(\frac{\partial r}{\partial T}\right)_{c_A, c_B, c_R, c_S} = A_1 f_1 e^{-E_1/(RT)}\left(\frac{E_1}{RT^2}\right) - A_2 f_2 e^{-E_2/(RT)}\left(\frac{E_2}{RT^2}\right) = 0 \tag{6-71}$$

解得 T 即为 T_{opt}，故得

$$T_{\mathrm{opt}} = -(-\Delta H) / \left[R \ln \left(\frac{A_1 E_1 f_1}{A_2 E_2 f_2} \right) \right] \tag{6-72}$$

因此，对应于一定的组成，可分别由式（6-70）及式（6-72）求出相应的平衡温度和最优温度，图 6-16 及图 6-17 中的平衡线及理想温度线就是这样绘出的。此外，从式（6-70）及式（6-72）还可以得出 T_{eq} 与 T_{opt} 的关系如下

$$\frac{T_{\mathrm{eq}} - T_{\mathrm{opt}}}{T_{\mathrm{eq}} T_{\mathrm{opt}}} = \frac{R}{E_2 - E_1} \ln \frac{E_2}{E_1} \tag{6-73}$$

不论 $E_2 - E_1$ 为正或负，此式左边总是正值，故总是 $T_{\mathrm{opt}} < T_{\mathrm{eq}}$，而且随着温度的变化，它们的变化趋势也都是一致的。

　　由于要使床层温度尽可能接近最优温度分布，以便使催化剂的用量尽可能少，就必须有尽可能多的层数。但另一方面，层数愈多，装置结构等方面所花的费用也愈多，而且层数继续增加，效果也越来越小，所以一般很少超过四层。

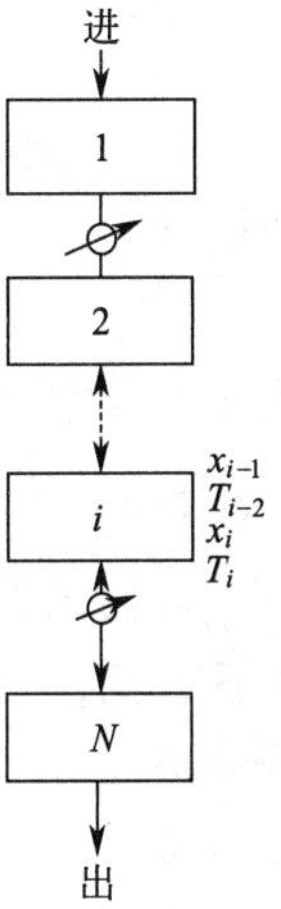

　　多层绝热床的最优化问题是在一定数目的床层内，对于一定的进料和最终转化率，选定各段的进出口温度和转化率以使总的催化剂用量最少。

　　图 6-18 代表一中间冷却的多段绝热床的情况。对于第 i 段而言，该段所需的催化剂用量 W_i 可根据式（6-55）写出

$$\frac{W_i}{F_{\mathrm{A0}}} = \int_{x_{i-1}}^{x_i} \frac{\mathrm{d}x}{(-r_i)} \tag{6-74}$$

　　式中，$(-r_i)$ 是 i 段床层中按绝热操作时原料中某一组分的转化速率，它是 x 与 T 的函数，故从床层进口到出口是一个变数，受物料衡算与热量衡算方程约束。令 $Z = W/F_{\mathrm{A0}}$，W 为全部催化剂的总质量。如最优化的目标函数是使 Z 为最小，则问题是要定出各段的 x 与 T。

图 6-18　多段绝热床示意

　　因此

$$Z = \sum_i Z_i = \sum_i \int_{x_{i-1}}^{x_i} \frac{\mathrm{d}x}{(-r_i)} \tag{6-75}$$

　　为求极值，将 Z 分别对各段的 x 及 T 微分，并令其等于零

$$\frac{\partial Z}{\partial x_i} = \frac{\partial}{\partial x_i} \int_{x_{i-1}}^{x_i} \frac{\mathrm{d}x}{(-r_i)} + \frac{\partial}{\partial x_i} \int_{x_i}^{x_{i+1}} \frac{\mathrm{d}x}{(-r_i)} = \left(\frac{1}{r_i} \right)_{x=x_i} - \left(\frac{1}{-r_{i+1}} \right)_{x=x_i} = 0 \quad i = 1, 2, \cdots, N-1 \tag{6-76}$$

$$\frac{\partial Z}{\partial T_i} = \frac{\partial}{\partial T_i} \int_{x_{i-1}}^{x_i} \frac{\mathrm{d}x}{(-r_i)} = \int_{x_{i-1}}^{x_i} \frac{\partial}{\partial T_i} \left(\frac{1}{-r_i} \right) \mathrm{d}x = 0 \quad i = 1, 2, \cdots, N \tag{6-77}$$

式（6-76）要求前一段出口的反应速率与后一段进口的反应速率相等，式（6-76）要求 $\int_{x_{i-1}}^{x_i} \frac{\partial}{\partial T_i} \left(\frac{1}{-r_i} \right) \mathrm{d}x = 0$。

　　根据中值定理，可将式（6-76）写出如下的形式

$$\int_{x_{i-1}}^{x_i} \frac{\partial}{\partial T_i} \left(\frac{1}{-r_i} \right) \mathrm{d}x = (x_i - x_{i-1}) \left[\frac{\partial}{\partial T_i} \left(\frac{1}{-r_i} \right) \right]_{x = x_{i-1} + \theta(x_i - x_{i-1})} \tag{6-78}$$

此式即表示在 x_{i-1} 与 x_i 之间，必有 $\frac{\partial}{\partial T_i} \left(\frac{1}{-r_i} \right) = 0$ 的一点存在，也就是说各段的入口操作

点位于理想操作线的低温一侧，而出口操作点则位于其高温一侧。当段数无限大时，这个差别趋于无限小，温度的变化也就与理想温度线相一致了。

当反应存在最高允许温度的限制时，则各段出口的温度应保证不超过此温度。

根据以上原则，可参考图 6-17，将设计的步骤归纳如下：

① 根据进口条件的 x、T，在图上定出 a 点。

② 根据绝热操作线方程式(6-59) 或式(6-61)，作直线 ab，b 点的位置应当在理想温度线之上，而且满足极值条件式(6-77)，即 $\int_{x_{i-1}}^{x_i} \frac{\partial}{\partial T_i}\left(\frac{1}{-r_i}\right) \mathrm{d}x = 0$。

③ 从 b 点作垂线到 c 点，要求 c 点处的反应速率与 b 点处的反应速率相同[满足极值条件式(6-76)]，这可通过计算或从反应速率线图上查出。据此，可以确定对段间冷却的要求。

④ 从 c 点再按②的步骤定出 d 点。

⑤ 如此按前述顺序继续进行下去，一直到出口转化率为止。要求同时满足转化率与段数的规定。如果不符，重新调整 a 点位置，直到符合为止。

需要指出的是以上的讨论都是以反应动力学方程式或反应速率数据为依据的。如果实际催化剂存在有效系数，那么应按校正后的实际反应速率进行计算。

6.3.2.6 自热式反应器计算

自热式反应器可有多种型式，如图 6-19 所示。图 6-19(a) 及 (b) 是单管逆流式，(c) 是单管并流式，(d) 及 (f) 分别为双套管及三套管逆流式，而 (e) 则为 U 形管式，气体的流动路径可从图中看出。采用不同自热方式的主要目的，都是为了使催化剂床层中的温度分布尽可能地接近理想分布线。既要使进床层的原料气预热到足够的温度，以便一进床层后，就在接近最优的反应温度下反应，又要随着物料的不断转化使床层温度沿最优温度线逐渐降低。而在床层尾部，又要保持温度不致过低，以便充分发挥催化剂的作用。要做到以上这一切，完全靠把反应放出的热量传递到原料气，没有其他的调节方式。但由于反应放出的热量不是与温度成线性关系的，而气体的加热或冷却是线性关系，因此不得不设计出复杂的流路

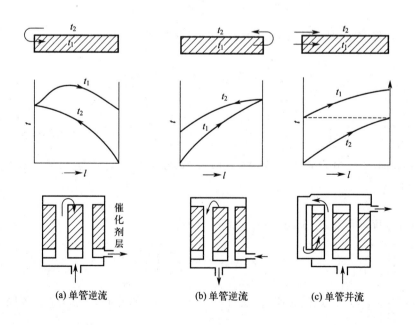

(a) 单管逆流　　　　　　(b) 单管逆流　　　　　　(c) 单管并流

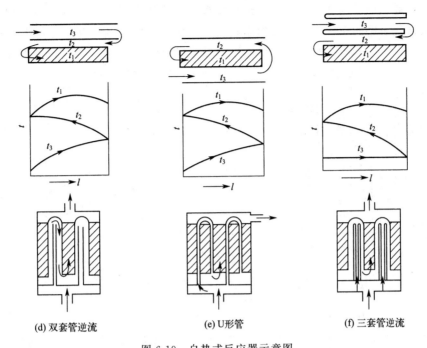

(d) 双套管逆流　　　　　　(e) U形管　　　　　　(f) 三套管逆流

图 6-19　自热式反应器示意图

(a)、(d)、(e)、(f) 有温度极值；(c) 温度分布较平坦；(a)、(d)、(e)、(f) 为常用形式

以求尽量能够靠近最优温度分布，甚至使床层进口一段绝热，让它不进行对外换热以提高该部位的温度等，但这会增加反应器结构的复杂性，也降低反应器中催化剂的装填空间。而且由于床层内外热量的相互牵制，装置的调节能力也受到严重限制。

　　这里以单管逆流式为例说明自热式反应器的计算。参考图 6-20，下标 1 代表催化剂层，下标 2 代表层外的换热管。假定只有一个反应，如合成氨，对其中一个反应物 A 如氮气进行物料衡算

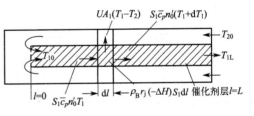

图 6-20　自热式反应器热平衡示意

$$\frac{dN_A}{dl} = \rho_B(-r_A) \tag{6-79}$$

　　式中，N_A 为 A 的摩尔流率；ρ_B 为催化剂填充密度。催化剂床层的热量衡算式为

$$\frac{dT_1}{dl} = -\frac{US_1}{Wc_{p2}}(T_1 - T_2) + \frac{(-\Delta H_R)S_2}{Wc_{p1}}\rho_B(-r_A) \tag{6-80}$$

　　式中，W 为物料的质量流率；C_{p1} 和 C_{p2} 为床层内和换热管内气体以单位重量计的恒压热容；U 为传热参数；S_1 为单位床层高度的换热面积；S_2 为催化床层的流通面积。

　　换热管的热量衡算式为

$$\frac{dT_2}{dl} = -\frac{US_1}{Wc_{p2}}(T_1 - T_2) \tag{6-81}$$

催化剂顶端的气体浓度为原料气浓度，如果再给定顶端的温度 $T_1 = T_2 = T_{10}$，就可对上述微分方程组求解。

实际反应器中的冷却管是多管式，但反应器模型方程与单管式一样。图 6-21 为逆流式自热式合成氨反应器的结果。换热管内原料气被加热，温度逐渐上升，在进入催化床层后，由于反应放热，温度升高，此后由于反应速率降低（更接近平衡），温度逐渐下降。

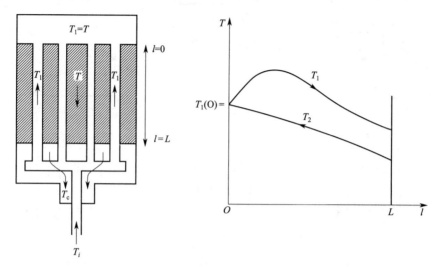

图 6-21　多管逆流式自热式反应器温度分布图

在以上计算中先规定了催化剂顶端的温度，再确定原料气入口温度，这样计算非常简便。而如果先给定原料气入口温度，确定床层温度分布就变成求解微分方程的边值问题，比较费事，还有可能出现难以收敛的情况。

作为例子，以上只考虑了一个反应，但可方便地拓展到多个反应。首先需要对全部独立组分列出物料衡算方程，其中的反应速率为该组分的净生成速率；对能量衡算方程，需要将该组分在所有反应中的转化速率乘以反应的反应热，再加和。这时的微分方程数不是三个，而是更多，是独立组分数加二。独立组分在反应动力学计量关系分析中已阐明，这里不加赘述。

6.3.3　二维拟均相模型

前面介绍的一维模型其基本假定是在床层的半径方向没有温度梯度和浓度梯度存在，事实上如果管径较大，反应热也较大的话，径向的温差会很显著，可能高达几十度。此时就不能采用一维模型。由于在生产中固定床反应器一般都是圆柱形的，而且是轴对称的，所以可用径向及轴向这二维来作坐标加以描述。

如果在床层中取一环状的微元体积，对反应组分 A 作物料衡算，则按图 6-22 可写出

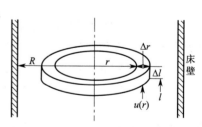

$$l\text{ 面进入量}\qquad r\text{ 面进入量}$$

$$2\pi r\,\mathrm{d}r\left(uc_A-D_{ea}\frac{\partial c_A}{\partial l}\right)+2\pi r\,\mathrm{d}l\left(-D_{er}\frac{\partial c_A}{\partial r}\right)-$$

$$l+\Delta l\text{ 面出去量}$$

$$\left\{2\pi r\,\mathrm{d}r\left(uc_A-D_{ea}\frac{\partial c_A}{\partial l}\right)+\frac{\partial}{\partial l}\left[2\pi r\,\mathrm{d}r\left(uc_A-D_{ea}\frac{\partial c_A}{\partial l}\right)\right]\mathrm{d}l\right\}-$$

图 6-22　固定床中环状微元体积示意

$$r+\Delta r \text{ 面出去量}$$

$$\left\{2\pi r\,\mathrm{d}l\left(-D_{\mathrm{er}}\frac{\partial c_{\mathrm{A}}}{\partial r}\right)+\frac{\partial}{\partial r}\left[2\pi r\,\mathrm{d}l\left(-D_{\mathrm{er}}\frac{\partial c_{\mathrm{A}}}{\partial r}\right)\right]\mathrm{d}r\right\}-2\pi r\,\mathrm{d}r\,\mathrm{d}l\rho_{\mathrm{B}}(-r_{\mathrm{A}})=0 \quad (6\text{-}82)$$

$$\text{环体内反应掉的量}$$

或写成微分的形式

$$\frac{1}{r}\frac{\partial}{\partial r}\left(rD_{\mathrm{er}}\frac{\partial c_{\mathrm{A}}}{\partial r}\right)+\frac{\partial}{\partial l}\left(D_{\mathrm{ea}}\frac{\partial c_{\mathrm{A}}}{\partial l}\right)-\frac{\partial}{\partial l}(uc_{\mathrm{A}})-\rho_{\mathrm{B}}(-r_{\mathrm{A}})=0 \quad (6\text{-}83)$$

可以写出热量衡算方程为

$$\frac{1}{r}\frac{\partial}{\partial r}\left(r\lambda_{\mathrm{er}}\frac{\partial T}{\partial r}\right)+\frac{\partial}{\partial l}\left(\lambda_{\mathrm{ea}}\frac{\partial T}{\partial l}\right)-\frac{\partial}{\partial l}(\overline{c_{p}}GT)+\rho_{\mathrm{B}}(-r_{\mathrm{A}})(-\Delta H_{\mathrm{A}})=0 \quad (6\text{-}84)$$

如果床层内有效扩散系数、有效热导率、流速及气体比热容等变化不大，均可当作常数，则上二式可简化成

$$D_{\mathrm{er}}\left(\frac{\partial^{2}c_{\mathrm{A}}}{\partial r^{2}}+\frac{1}{r}\frac{\partial c_{\mathrm{A}}}{\partial r}\right)+D_{\mathrm{ea}}\frac{\partial^{2}c_{\mathrm{A}}}{\partial l^{2}}-u\frac{\partial c_{\mathrm{A}}}{\partial l}-\rho_{\mathrm{B}}(-r_{\mathrm{A}})=0 \quad (6\text{-}85)$$

$$\lambda_{\mathrm{er}}\left(\frac{\partial^{2}T}{\partial r^{2}}+\frac{1}{r}\frac{\partial T}{\partial r}\right)+\lambda_{\mathrm{ea}}\frac{\partial^{2}T}{\partial l^{2}}-\overline{c_{p}}G\frac{\partial T}{\partial l}+\rho_{\mathrm{B}}(-r_{\mathrm{A}})(-\Delta H_{\mathrm{A}})=0 \quad (6\text{-}86)$$

如前所述，对于实际的固定床反应器来说，轴向的导热和扩散常常是可以忽略的，这样就得到了如下常见的方程组形式

$$u\frac{\partial c_{\mathrm{A}}}{\partial l}=D_{\mathrm{er}}\left(\frac{\partial^{2}c_{\mathrm{A}}}{\partial r^{2}}+\frac{1}{r}\frac{\partial c_{\mathrm{A}}}{\partial r}\right)-\rho_{\mathrm{B}}(-r_{\mathrm{A}}) \quad (6\text{-}87)$$

$$\overline{C_{p}}G\frac{\partial T}{\partial l}=\lambda_{\mathrm{er}}\left(\frac{\partial^{2}T}{\partial r^{2}}+\frac{1}{r}\frac{\partial T}{\partial r}\right)+\rho_{\mathrm{B}}(-r_{\mathrm{A}})(-\Delta H_{\mathrm{A}}) \quad (6\text{-}88)$$

由于转化率 $x_{\mathrm{A}}=u(c_{\mathrm{A}0}-c_{\mathrm{A}})/(uc_{\mathrm{A}})$，又 $uc_{\mathrm{A}0}=(G/M_{\mathrm{av}})z_{\mathrm{A}0}$，$z_{\mathrm{A}0}$ 是进料中组分 A 的摩尔分数，因此式(6-87)也可以写成用转化率表示的形式

$$\frac{\partial x_{\mathrm{A}}}{\partial l}=\frac{D_{\mathrm{er}}}{u}\left(\frac{\partial^{2}x_{\mathrm{A}}}{\partial r^{2}}+\frac{1}{r}\frac{\partial x_{\mathrm{A}}}{\partial r}\right)+\frac{\rho_{\mathrm{B}}(-r_{\mathrm{A}})M_{\mathrm{av}}}{Gz_{\mathrm{A}0}} \quad (6\text{-}89)$$

解方程组所用的边界条件是

$$l=0,0<r<R\,;c_{\mathrm{A}}=c_{\mathrm{A}0}\,;T=T_{0} \quad (6\text{-}90)$$

$$r=0,0<l<L\,;\frac{\partial c_{\mathrm{A}}}{\partial r}=\frac{\partial T}{\partial r}=0 \quad (6\text{-}91)$$

$$r=R,0<l<L\,;\frac{\partial c_{\mathrm{A}}}{\partial r}=\frac{\partial T}{\partial r}=0 \quad (6\text{-}92)$$

$$-\lambda_{\mathrm{er}}\left(\frac{\partial T}{\partial r}\right)=h_{\mathrm{w}}(T-T_{\mathrm{w}}) \quad (6\text{-}93)$$

有时还将式(6-87)及式(6-88)的坐标变换成无量纲的形式，譬如用 $\xi=r/R$，$\eta=l/L$ 及 $\tau=T/T_{0}$ 来代替，这样得出无量纲方程组，在理论研究时广为采用，但它们都不过是前述基础方程组的演绎而已。

需要指出的是上述基础方程组是对只有单一反应的情况而言的，如果不止一个反应，参加反应的组分也不只是 A，那么就需要对每一反应组分都按式(6-85)那样写出其物料衡算式，而在式(6-86)的热量衡算式中，也应当把反应项 $\rho_{\mathrm{B}}(-r_{\mathrm{A}})(-\Delta H_{\mathrm{A}})$ 改写成 $\rho_{\mathrm{B}}\sum\limits_{i}(-r_{i})(-\Delta H_{i})$，$i$ 表

示各个反应。

有很多数值计算方法可解上述偏微分方程组。对不考虑轴向扩散的模型，可将径向的一阶和二阶导数用差分表示，偏微分方程就变成常微分方程，就可以通过数值积分求解。这种方法容易使用，只要细心即可。如果要同时考虑径向扩散和轴向扩散，模型求解难度显著增加，但轴向扩散和径向扩散都需要考虑的情况比较少见。如果不考虑径向扩散，只考虑轴向扩散，就是一维轴向扩散模型，需要用求解常微分方程的边值问题的方法求解。现在已有专门的计算程序和软件可用于求解从简单到复杂的偏微分方程。对化工技术人员来说，求解偏微分方程现已不是难事，难的是反应器分析和建模的过程本身。

6.3.4 非均相模型

前述拟均相模型是假定流体与固体颗粒之间不存在温度梯度及浓度梯度，所以可以把它当作均相来处理。如果考虑到它们之间存在着梯度，甚至在颗粒内部也存在着内扩散时，情况就变得更复杂了。描述这类情况的模型为非均相模型。根据对径向梯度的考虑与否，模型也有一维与二维之分，譬如可以写出一维及二维的非均相模型如下。

6.3.4.1 一维非均相模型

流体
$$-u\,\frac{\partial c_A}{\partial l}=k_G a_v(c_A-c_A^S) \tag{6-94}$$

$$\overline{c_p}G(\frac{dT}{dl})=ha_v(-T_s^S-T)-a_iA_l(T-T_w) \tag{6-95}$$

颗粒
$$\rho_B(-r_A)=k_G a_v(c_A-c_A^S) \tag{6-96}$$

$$(-\Delta H)\rho_B(-r_A)=ha_v(T_s^S-T) \tag{6-97}$$

边界条件
$$l=0;c_A=c_{A0};T=T_0 \tag{6-98}$$

式中，下标 s 表示固相粒子；上标 S 表示粒子外表面；a_v 为比表面积。对等温情况，不考虑式(6-95)。

对简单反应，如果能得到式(6-96) 的解析解，就可采用外部效率因子，将模型变成一维拟均相模型。但式(6-96) 和式(6-97) 两式可通过迭代的方式求解，即先以气相浓度和温度计算反应速率，确定 c^S 和 T^S，然后再以此计算反应速率，并更新 c^S 和 T^S，反复几次即可。

根据一般常识，为了使催化剂能发挥其促进反应速率的作用，人们必然不希望所选择的流速等条件对粒子外的扩散起控制作用，也就是说外扩散应足够地快，总的速率应完全受催化剂的水平所限制，所以一般总是属于动力学（吸附、表面反应或脱附）控制或内扩散控制的情况。但是也有少数例外，如铂网上的氨氧化，高温下的炭燃烧以及用氨、天然气及空气混合物合成氰化氢等极快速的反应属外扩散控制。这时的反应速率等于外扩散速率，如对床层微元高度 dz 做反应物的物料平衡得

$$-F_i\,\frac{dy_i}{dz}=\rho_B(r_i)=k_G a(p_i-0)=k_G a p_i \tag{6-99}$$

这里催化剂表面上的分压对不可逆反应而言可当作零。

6.3.4.2 二维非均相模型

流体
$$u \frac{\partial c_A}{\partial l} = D_{er} \left(\frac{\partial^2 c_A}{\partial r^2} + \frac{1}{r} \frac{\partial c_A}{\partial r} \right) - k_G a_v (c_A - c_A^S) \qquad (6\text{-}100)$$

$$\overline{c_p} G \frac{\partial T}{\partial l} = \lambda_{er}^f \left(\frac{\partial^2 T}{\partial r^2} + \frac{1}{r} \frac{\partial T}{\partial r} \right) + h a_v (T_s^S - T) \qquad (6\text{-}101)$$

颗粒
$$k_G a_v (c_A - c_A^S) = \eta \rho_B (-r_A) \qquad (6\text{-}102)$$

$$h a_v (T_s^S - T) = \eta \rho_B (-r_A)(-\Delta H) \qquad (6\text{-}103)$$

边界条件

$$\left. \begin{array}{l} l=0; c_A = c_{A0}; T = T_0 \\ r=0, 0<l<L; \partial c_A/\partial r = 0; \partial T/\partial r = 0 \\ r=R, 0<l<L; \partial c_A/\partial r = 0 \\ a_w^f (T - T_w) = -\lambda_{er}^f \partial T/\partial r \end{array} \right\} \qquad (6\text{-}104)$$

　　式中，上标 f 及 S 分别指流体与颗粒；G 为质量流速；η 是催化剂内扩散效率因子，是以颗粒表面的 T_s^S 及 c_A^S 来表示的函数。对简单反应，可表示为普遍化西勒模数的函数。如对复杂反应，内扩散效率因子需要通过求解催化剂颗粒内的反应扩散模型方程确定，难度较大。通常先只考虑主反应进行近似计算，如果内扩散很严重，而且需要考虑选择性问题，就需要求解催化剂内部的反应扩散方程。

6.4　热稳定性和参数敏感性

　　第 4 章讨论过全混釜的热稳定性问题。对固定床反应器来讲，也有与此相类似的一些情况。

　　对平推流这种没有返混的理想流动情况，如果轴向（气体本身和反应器壁）的导热忽略不计，即使床内偶尔出现扰动，也不会波及其他部分，所以不可能出现不稳定的情况。但如存在有较强的轴向扩散和导热时，那么局部的扰动就会波及其他地方，出现不稳定的状态。对于自热式反应器，由于床层内外是同一股流体，因此一旦出现扰动，就会影响反应器的整体性能。

　　对上面提到的逆流换热式自热反应器模型，可以假定不同的床层顶端温度，再通过数值积分（常微分方程初值问题）计算出原料气体的进料温度，结果见图 6-23。对相同的进料温度（纵坐标），有三个对应的床层的顶端温度，即存在多态现象。图中只画出了两个定态，另一个定态在纵坐标轴的左侧，未画出。图中已显示的两个定态只有右面的是稳定的。实际上，对某一个入口温度，有可能是温度较高满足反应要求的状态（图中的稳定操作点），也有可能是另一个温度很低

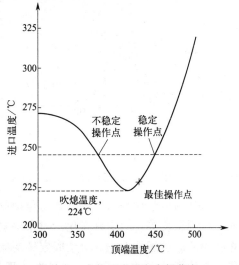

图 6-23　自热反应器定态操作点

（反应不发生）的状态（位于纵坐标轴的左侧）。当然，如果进口温度低于某一临界温度，只可能有一个不发生反应的低温状态；如果进口温度高于某一个临界温度，只可能有一个平衡转化率较低的高温状态。最优的操作点非常接近临界点，因此工业反应器需要进行很好的控制才能实现稳定操作。

将单管逆流自热反应器模型无量纲化，可得如下形式

$$\begin{cases} \dfrac{\mathrm{d}x_0}{\mathrm{d}\eta} = -\alpha[\rho_B(-r_A)] \\[2mm] \dfrac{\mathrm{d}x_1}{\mathrm{d}\eta} = -\gamma_1(x_1 - x_2) + \beta[\rho_B(-r_A)] \\[2mm] \dfrac{\mathrm{d}x_2}{\mathrm{d}\eta} = -\gamma_2(x_1 - x_2) \end{cases} \tag{6-105}$$

其中 x_0 为组分 A 的摩尔分率，x_1、x_2 为催化床层和换热管中的无量纲温度。忽略反应气体热容随组成和温度的变化，有

$$\gamma = \gamma_1 = \gamma_2 = \frac{S_1}{W} \frac{L}{\bar{c}_p} \tag{6-106}$$

固定其他参数，只改变原料气的质量流率，由此使 γ 取值 4，2，1.6。采用前面介绍的方法，给定床层顶端温度 T_{10}，计算原料气入口温度 T_{20}，就可得到图 6-24。如果气体质量流速较低，有稳定操作点 S，降低 γ（增加流速）后，稳定操作点变为 S'，再到临界点 S''，最后无法实现自热操作（即发生吹熄现象）。这里也能够说明，对一定的质量流率，有一个实现自热操作的最小换热面积。

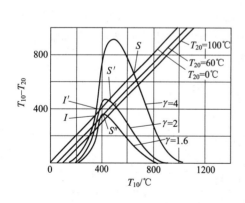

图 6-24　自热式反应器 $T_{10} - T_{20}$
及 T_{10} 与传热性能的关系

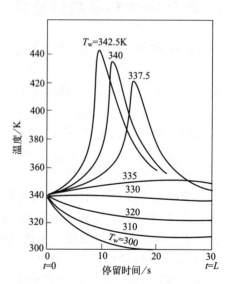

图 6-25　壁温影响的敏感性

参数的敏感性是指某些参数（包括设备参数如反应管管径和操作参数，如进料温度或浓度、冷剂温度等）的少许变化，对床层内的温度或浓度状态的影响程度。利用数学模型可计算各参数的敏感性大小。对于固定床反应器，往往只有某些参数才是敏感的，而且只有当这些参数达到一定的范围时，才显得特别敏感。譬如图 6-25 是某一个固定床反应器的计算例子。

当壁温从 300K 增加到 335K，床内温度分布都比较平坦，一旦升到 335K 以上，温度分布就发生急剧的变化而出现极值，称作"热点"。壁温再高，热点温度也就更高，并向床层入口方向移动。当然，如不用壁温而用管外冷料的温度来表示也是一样的。一般而言，进料温度和壁温（或冷剂温度）常是对床层的热状态最为敏感的参数，需要严格控制，勿使"热点"温度超过允许的限度。此外，加大流速，使停留时间缩短和传热加强，也可将"热点"推后或压低，但压降增加，转化率降低。此时即使生产能力可能在一定的范围内会有所增加，但经济上是否合算也是问题，所以实用上过高的空速是不采用的。为了抑制强放热反应的"热点"，改善温度分布，通常采用小的管径（最小的达到 25mm），有的甚至用惰性物料将催化剂稀释，这在前面已经讲过了。

总之，对于反应器，除了一般定常态设计外，它的操作稳定性和参数敏感性是需要重点关注的问题。一般应选择在定态的稳定点操作，而且对那些参数在这一点附近的敏感性如何也要做到心中有数。

6.5　滴流床反应器

6.5.1　概述

滴流床（trickle bed）实际上也是一种固定床，是有气体和液体同时流过填充的催化剂床。如图 6-26 所示即为重质油加氢的工业滴流床示意图。工业上应用滴流床规模最大的是炼油工业中的许多加氢过程，如重油或渣油的加氢脱硫和加氢裂解以制取航空煤油；润滑油的加氢精制以脱除含硫和含氮的有机物等。这些油品都因沸点很高，不能在气相状态下进行加氢，故采用滴流床的方式。工业上高压加氢脱硫的具体操作范围大致如下：液体的空时速度 LHSV（即单位容积反应器中每小时加入液体进料的体积）$1.4 \sim 8.0 h^{-1}$，温度 $365 \sim 420$℃，压力 $3.33 \sim 6.67$MPa（$34 \sim 68$kgf/cm²），H_2 循环率 $180 \sim 720$ 标准 m³/m³ 油，反应器直径 $1.2 \sim 2.1$m，也有大于 3m 的；多层绝热床，每层高度从 2.5m 到 6.4m 不等，上层较薄，下面各层逐渐加厚，一般用三层，也有多至五层的；层间用氢气冷激以控制反应温度，与一般气固相多层绝热床原理相似，氢气是大大过量的，其目的主要是为了控制温度，另一方面也是为了改善液体分布和延长催化剂的使用期限。

在化学工业中也有应用滴流床的，但规模比炼油工业中要小得多，譬如用乙炔与甲醛水溶液（8% ~ 12%）同向下流通过浸渍在硅胶载体上的乙炔铜催化剂以合成丁炔二醇就是一个例子。反应温度约 $90 \sim 110$℃，压力为 490.3kPa（5kgf/cm²），反应是放热反应（反应热 230kJ/mol），故也需在床层中各部位引入冷乙炔以控制温度。除此以外，还有烷基蒽醌还原成氢醌，含丁二烯的 C_4 烃选择加氢以去除其中的乙炔等。在化学工业中也曾有用气液同向上流的操作方式的，因为这时催化剂颗粒能得到充分的润湿，而这一点正是影响滴流床效率的重要因素，此外，这样还可以把可能生成的焦油从上部冲洗出去，而不淤塞在催化剂层中。但

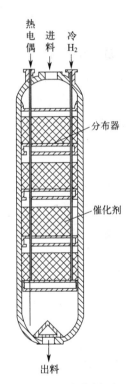

图 6-26　重质油加氢的工业滴流床

另一方面，为了减少催化剂颗粒中的扩散阻力，颗粒直径一般都不大（如<4mm），如气液同向上流，其流速就必然受到很大的限制，否则颗粒将被带走，同时气体以气泡形式通过床层，也使催化剂层易受扰动，故目前一般都采用同向下流的操作方式。

气、液、固三相同时接触的另一类反应器是所谓的浆态反应器（slurry reactor）及三相流化床。它们不是固定床，催化剂是微细粒子，悬浮在液相之中，反应器分别为釜式及塔式，如油脂的加氢等就是在釜式的浆态反应器中进行的。这种反应方式传热和控温也比较方便。此外，由于颗粒尺寸小，几乎没有内扩散阻力，催化剂有效扩散系数大。但也有一些缺点，如停留时间接近于全混式，需要用多个反应釜串联才能达到高转化率；催化剂的过滤也很麻烦，有时还会造成堵塞，此外，这类反应器液固比高，其中容易发生均相副反应。

6.5.2　滴流床的流动

滴流床中的流体力学状况与一般填料吸收塔有所不同，这是因为后者气、液流量都要大得多，而且常是逆流的，填料又是非多孔性的，构型特殊，故床层空隙率很大。但滴流床则恰恰相反，气、液常是并流的，流量亦小得多，颗粒是多孔性的催化剂，而且粒内还蕴藏着不少的液体，所以床层内有些流体是流动的，有些则几乎是不动的。在实验室及中试装置中，气、液流量小，液体在催化剂表面上呈薄膜或小溪状流动，气体则在床层空隙间以连续相通过。在一般工业装置中，气量或液量较大，流体可为波浪式或脉动式流动（脉冲流）；至于在某些化学工业中，液量甚大而气量颇小时，液体成了连续相，而气体则以气泡状通过（气泡流）。气体为连续相到液体为连续相的这种转变发生在液体质量流速 L 大于 $30kg/(m^2 \cdot s)$ 和气体质量流速 G 小于 $1kg/(cm^2 \cdot s)$ 的区域。滴流床中流体流动的这种复杂性使其设计和放大比气固反应器更困难。

在进行滴流床反应器计算时，首先要确定流形。这是计算流形转变的公式，如果液体流速低于从式(6-107)得到的计算值，就是涓流区，大于计算值就是脉冲区。

流形转变

$$\frac{L\lambda\psi\phi}{G} = \left(\frac{G}{\lambda}\right)^{-1.25} \tag{6-107}$$

$$\lambda = \sqrt{\frac{\rho_G}{\rho_a}}\sqrt{\frac{\rho_L}{\rho_W}} \tag{6-108}$$

$$\psi = \frac{\sigma_W}{\sigma_L}\left(\frac{\mu_L}{\mu_W}\right)^{1/3}\left(\frac{\rho_W}{\rho_L}\right)^{2/3} \tag{6-109}$$

$$\phi = \frac{1}{4.76 + 0.5\dfrac{\rho_G}{\rho_a}} \tag{6-110}$$

式中，λ 为 Charpentier 数；ψ 为 Charpentier 参数；ϕ 为动液体分数；下标 a 为空气，W 为水，G 为气体介质；L 为液体介质。

以下只考虑在滴流区的流动与传质。

滴流床的压降可用下式进行计算

$$\log_{10}\left(\frac{\Delta p_{LG}}{\Delta p_L + \Delta p_a}\right) = \frac{0.416}{(\log_{10}x)^2 + 0.666} \tag{6-111}$$

$$x = \sqrt{\frac{\Delta p_L}{\Delta p_G}} \qquad (6-112)$$

其中 Δp_G，Δp_L，Δp_{LG} 分别是气体、液体和气液两相流过单位床层高度的压降。单相流体的压降可用欧根方程计算。

$$\Delta p = \left[\frac{150\mu(1-\varepsilon)}{\rho\mu_0 d_p} + 1.75\right]\left(\frac{1-\varepsilon}{\varepsilon^3}\right)\frac{\rho\mu_0^3}{d_p} \qquad (6-113)$$

床层的持液量是非常重要的参数，分为静态持液量和动态持液量。静态持液量是由于催化剂和催化床层介孔和大孔中毛细力的作用而不能通过流动排出反应器外的持液量，又叫残持液量。在反应器设计计算是需要考虑的是动态持液量，可由式(6-114) 计算

$$\log_{10}\beta_e = -0.774 + 0.525(\log_{10}x) - 0.109(\log_{10}x)^2 \qquad (6-114)$$

其中 $0.05 < x < 30$，β_e 定义为在床层空隙中动流体所占的体积分数。

固体的润湿分率可用下式估算

$$W_e = 1.104(\overline{Re})^{1/3}\left(\frac{\frac{\Delta p}{\rho_L gZ} + 1}{Ga_L}\right)^{1/9} \qquad (6-115)$$

$$\overline{Re} = \frac{\rho U d_p}{\mu(1-\varepsilon)} \qquad (6-116)$$

$$Ga = \frac{d_p^3 \rho^2 g\varepsilon^3}{\mu^2(1-\varepsilon)^3} \qquad (6-117)$$

当液体往下流动时，有逐渐流向塔壁的倾向，在实验室及中试的小塔中，约经半米左右，壁流方趋于稳定，其量可占总液量的 $30\% \sim 60\%$。如塔径放大，塔径/催化剂粒径这一比值增大，那么壁流量的比例就相应地减少了。此外，它还与颗粒的形状有关，球形的比圆柱形的好，不规则形的更好。总之液体流向四壁的现象是要防止的，因为它不像填料塔中的吸收，那时器壁照样可起到与填料表面一样的作用，而滴流床的器壁不是催化剂，是完全不起作用的，所以在大工业装置中通常需要在层与层之间设置分布板将液体重新分配。

床层内液体和气体的轴向返混问题，一般都可以忽略。但如静态持液量相对较大，需要考虑动液体和静液体之间的传质对停留时间分布的影响。

6.5.3　滴流床中的传质

对于一般的加氢过程，氢气总是过量的，而且由于它在液相中的溶解度很小，所以可以认为在气、液相界面上它始终处于平衡状态，而气相中的传质阻力可以忽略。故传质阻力主要是在液相中及液-固的界面上。图 6-27 为三相传质示意图，如写出在定常态下单位传质表面上的扩散量，则

$$N = k_{GL}a^{gl}(c_i - c_L) = k_{LS}W_e a^s(c_L - c_S) \qquad (6-118)$$

式中，k_{GL}、k_{LS} 分别为气液和液固传质系数。对于中等液流量的滴流床，气液界面积和液固界面积相等的，可用总括传质系数 k_{GS} 表示传质速率：

$$N = k_{GS}a(c_i - c_S) \qquad (6-119)$$

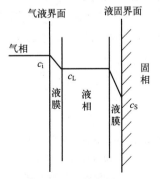

图 6-27　三相传质示意图

$$\frac{1}{k_{GS}} = \frac{1}{k_{GL}} + \frac{1}{k_{LS}W_e} \tag{6-120}$$

如不等，则需要用$\{k_{GL}a^{gl}\}$及$\{k_{LS}W_e a^s\}$来算，其中a^{gl}和a^s分别为气-液和液-固界面积（即催化剂表面积），W_e是润湿分数。$k_{GL}a^{gl}$计算经验公式如下

$$\frac{\{k_{GL}a^{gl}\}d_K^2}{D_{AL}} = 2.8\times10^{-4}\left[X_G^{1/4}Re_L^{1/5}We_L^{1/5}Sc_L^{1/2}\left(\frac{a^s d_K}{1-\varepsilon}\right)^{1/4}\right]^{3.4} \tag{6-121}$$

其中 Krischer-Kast 水力直径$d_k = d_p\sqrt[3]{\dfrac{16\varepsilon^3}{9\pi(1-\varepsilon)^2}}$，外比表面积$a^s = \dfrac{6}{d_p}(1-\varepsilon_B)$。

$k_{LS}W_e$的可由式(6-122)计算

$$k_{LS}W_e = 0.815\times Re_L^{0.822}Sc^{1/3}\frac{D_{im}}{d_p} \tag{6-122}$$

式中，$Sc = \dfrac{\mu_L}{\rho_L D}$；$D_{im}$为分子扩散系数。这个关联式包含了润湿分数对液-固传质系数的影响，方便使用。

6.5.4　滴流床的设计与放大

对一简单反应，假定关键组分经由气-液、液-固传质，之后在催化剂上进行反应；催化动力学为颗粒表观动力学（包含了内扩散的影响）。对一级反应，床层的表观反应速率常数可表示为

$$\frac{1}{k_v} = \frac{1}{k} + \frac{1}{k_{GL}a^{gl}} + \frac{1}{k_{LG}W_e a^s} \tag{6-123}$$

在等温和无冷凝与蒸发的情况下，可以直接计算出反应器的出口转化率。需要注意的是，此时的液相空时应以动态持液量的体积除以液相的体积流率计算。另外，如果固体不完全被液体润湿，气体组分又能直接在催化剂上发生反应，此时需要同时考虑"气-固传质＋反应"和"气-液-固传质＋反应"对反应速率的贡献。

需要注意的是，滴流床反应器中的流动、传质、传热情况在不同的反应器尺寸中有很大差别，根据文献计算的传递过程参数因实验范围和催化剂性质不一致，有很大程度的不确定性，因此在进行反应器放大时需要对模型计算结果进行验证。为了设计实验以较小的代价满足放大的目的，需要充分理解其中的反应工程原理，并结合正确的方法论。

习　题

科学家故事
中国"化学反应
工程"学科奠基人
——陈甘棠教授

1. 固定床内固体粒子的堆积密度为$1150kg/m^3$，颗粒密度为$1900kg/m^3$，已知气体通过固定床的表观流速为$0.26m/s$，则气体在固定床内的真实流速为多少？

2. 反应气体以质量速度为$25000kg/(m^2\cdot h)$通过一填充高度为$4m$的催化剂固定床，如床层的球形颗粒直径d_p为$3mm$，床层空隙率ε_B为0.45，气体密度ρ为$1.23\times10^{-2}kg/m^3$，黏度μ为$1.80\times10^5Pa\cdot s$，求气体通过床层的压降。如球形粒子的直径d_p为$5mm$，其余条件均保持不变，床层的压降为多少？

3. 一级可逆放热反应$A\Longleftrightarrow P$，在$210℃$下反应速率常数k_1和k_2分别为$0.2s^{-1}$和$0.5s^{-1}$，反应热

$\Delta H = -130965 \mathrm{J/mol}$，求在该温度下所能达到的最大转化率，若要使转化率等于 0.9，需采取何种措施？

4. 在一直径为 10cm 的反应管内，充填有平均粒径为 0.5cm 的催化剂，其高度为 1m，床层平均温度 400℃，气体以 2m/s 的空床流速通过，已知气体和催化剂的导热系数分别为 0.0546W/(m・K) 及 0.581W/(m・K)，床层空隙率为 0.42，固体热辐射黑度 = 1，求床层的有效导热系数，床层与管壁间的给热系数以及总括的给热系数，气体的 Pr 数取 0.7。

5. 在一加氢脱硫装置中置有长度、直径约为 3mm 的催化剂颗粒，反应在 3MPa 及 390℃ 下进行，含 H_2 的原料气以 0.160g/(cm² ・ s) 的质量速度通入，$\rho = 0.0166 \mathrm{g/cm^3}$，$c_p = 3.77 \mathrm{J/(g \cdot K)}$，$\lambda = 0.228 \mathrm{W/(m \cdot K)}$，其平均分子量为 30.3，$\mu = 3.80 \times 10^{-5} \mathrm{Pa \cdot s}$，床层空隙率 $\varepsilon = 0.40$，反应物的 $Sc = 3.0$，如反应的放热速率为 0.103W/cm³，求粒子与气流间的传质系数和给热系数以及粒子和气流间的温差。

6. 不可逆反应 $2A + B \longrightarrow R$ 在恒温下进行，如按均相反应进行，其动力学方程为

$$(-r_A) = 3800 p_A^2 p_B \quad [\mathrm{mol/(L \cdot h)}],$$

如在催化剂存在下反应，其动力学方程为

$$(-r_A) = p_A^2 p_B / (0.00563 + 22.1 p_A^2 + 0.0364 p_R) \quad [\mathrm{mol/(h \cdot g\ 催化剂)}]$$

式中压力单位为 MPa 或 kPa，如总压为 0.1MPa，进料中组分分压为 $p_A = 0.005 \mathrm{MPa}$，$p_B = 0.095 \mathrm{MPa}$，催化剂堆积密度为 0.6g/cm³，问在平推流式反应器中使 A 转化到 93% 时，这两种情况所需反应器容积之比。

7. 乙炔与氯化氢在氯化汞-活性炭催化剂上合成氯化乙烯

$$\begin{array}{ccc} \mathrm{C_2H_2} + \mathrm{HCl} & \longrightarrow & \mathrm{C_2H_3Cl} \\ \text{(A)} \quad \text{(B)} & & \text{(R)} \end{array}$$

测得在常压、175℃ 及进料摩尔比 $\mathrm{HCl} : \mathrm{C_2H_2} = 1.1 : 1$ 下的数据如下：

x_A	0	0.2	0.4	0.6	0.8	0.92	0.99
$(-r_A) \times 10^6 / [\mathrm{mol/(s \cdot g\ 催化剂)}]$	5.73	4.92	4.17	3.06	1.75	0.389	0.0835

今在固定床反应器中要求达到 99% 的转化率，而且生产能力为 1000kg/h，设床内等温，并为平推流式，催化剂堆积密度为 0.40g/cm³，求所需催化剂体积。如转化率为 90%，情况又如何？

8. 在氧化铝催化剂上进行乙腈的合成反应：

$$\begin{array}{cccc} \mathrm{C_2H_2} + \mathrm{NH_3} & \longrightarrow & \mathrm{CH_3CN} + \mathrm{H_2} + 92.2\mathrm{kJ} \\ \text{(A)} \quad \text{(B)} & & \text{(R)} \quad \text{(S)} \end{array}$$

设原料气的摩尔比为 $\mathrm{C_2H_2} : \mathrm{NH_3} : \mathrm{H_2} = 1 : 2.2 : 1$，采用三段绝热式反应器，段间间接冷却，使每段出口温度均为 550℃，而每段入口温度亦均相同，已知反应速率式可近似地表示为

$$(-r_A) = k(1 - x_A) \quad [\mathrm{kmol \cdot C_2H_2/(h \cdot kg\ 催化剂)}]$$

其中 $k = 3.08 \times 10^4 \exp(-7960/T)$。流体的平均比热容为 $c_p = 128 \mathrm{kJ/(kmol \cdot ℃)}$。如要求乙炔转化率达 92%，并且日产乙腈 20t，问需装填多大量的催化剂？

9. 某气固相催化反应 $A + B \longrightarrow R$，由于 B 极大地过量，故反应速率式与 p_B 无关而如下式

$$(-r_A) = k p_A / (1 + K_R p_R) \quad [\mathrm{mol/(h \cdot g\ 催化剂)}]$$

式中，$k = 3.8 \times 10^4 \exp(-6500/T)$，$K_R = 2.8 \exp(2000/T)$。$p_A$、$p_R$ 的单位为 atm，在总压 0.1MPa 下，用含 A 为 12%、B 为 88% 的原料气以每小时 40kmol 的流量通过多段绝热床进行反应，已知反应热 $\Delta H = -63.0 \mathrm{kJ/mol}$，反应流体的平均比热容为 30J/(mol・K)，如流动状况属平推流，试求：(1) 各层温度范围定为 300～350℃ 而 A 的转化率要求达到 90%，问反应器需要有几段？(2) 如各段转化率增加的数值相等，且反应层出口温度为 350℃，求第一段反应层所需的催化剂量。

10. 二氧化硫的氧化反应

$$\mathrm{SO_2} + \frac{1}{2}\mathrm{O_2} \Longrightarrow \mathrm{SO_3}$$

在四段的中间间接换热式的反应装置中进行，所用钒催化剂的反应速率线图如附图所示，所用气体组成为 $\mathrm{SO_2}$ 8%，$\mathrm{O_2}$ 12%，$\mathrm{N_2}$ 80%，反应热 $\Delta H = -96.4 \mathrm{kJ/mol}$，气体平均比热容 $\bar{c}_p = 33.1 \mathrm{J/(mol \cdot ℃)}$，如最终

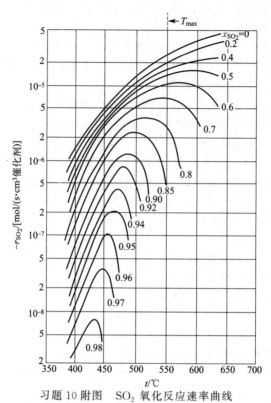

习题 10 附图　SO_2 氧化反应速率曲线

（钒催化剂，直径 5mm，高 5mm；入口气体组成：SO_2 为 8%，O_2 为 12%，N_2 为 80%）

转化率要求达到 $x_{SO_2} = 0.97$，而且各段的入口条件如下表：

段数	x_{SO_2}	$T/℃$	段数	x_{SO_2}	$T/℃$
1	0	460	3	0.85	460
2	0.60	460	4	0.95	450

求各段的 V_r/F_0 值。

11. 在 350℃ 附近的工业 V_2O_5-硅胶催化剂上进行萘的空气氧化以制取邻苯二甲酸酐的反应

$$C_{10}H_8 + 4\frac{1}{2}O_2 \longrightarrow C_8H_4O_3 + 2H_2O + 2CO_2$$

$$(A)$$

其动力学方程可近似地表示如下

$$(-r_A) = 305 \times 10^5 \, p_A^{0.38} \exp(-14100/T) \quad [\text{mol}/(\text{h·g 催化剂})]$$

反应热 $\Delta H = -14700\text{J/g}$，但考虑到有完全氧化的副反应存在，放热量还要更多，如进料含萘 0.1%、空气 99.9%（摩尔分数），而温度不超过 400℃，则可取 $\Delta H = -20100\text{J/g}$ 来进行计算。

今在内径 2.5cm 的列管反应器中，将预热到 340℃ 的原料气，按 $1870\text{kg}/(\text{h·m}^2)$ 的质量通量通入，管内壁由于管外强制传热而保持在 340℃，所用催化剂为直径 0.50cm、高 0.50cm 的圆柱体，堆积密度为 0.80g/cm^3，试按一维模型计算床层轴向的温度分布。

12. 试导出三、四段自热式反应管的操作设计基础式，并说明其解法。

参 考 文 献

[1]　Benenati R F，Brosilow C B. Void fraction distribution in beds of spheres. *AIChE Journal*，1962，8（3）：359-361.

[2] Erdim E，Akgiray Ö，Demiri. A revisit of pressure drop-flow rate correlations for packed beds of spheres. *Powder Technology*，2015，283：488-504.

[3] Dixon A G. Correlations for wall and particle shape effects on fixed bed bulk voidage. *Canadian Journal of Chemical Engineering*，1988，66（5）：705-708.

[4] Kunii D，Smith J M. Heat transfer characteristics of porous rocks. *AIChE Journal*，1960，6（1）：71-78.

[5] Wasch A，Froment G F. Heat transfer in packed beds. *Chemical Engineering Science*，1972，27（3）：567-576.

[6] Wen C Y，Fan L T. Models for flow systems and chemical reactors. New York：Marcel Dekker，1975.

[7] Butt J B. Reaction kinetics and reactor design. New York：Marcel Dekker，2001.

[8] Froment G F. Fixed bed catalytic reactors—current design status. *Industrial & Engineering Chemistry*，1967，59（2）：18-27.

[9] Kulkarni B D，Doraiswamy L K. Estimation of effective transport properties in packed bed reactors. *Catalysis Reviews Science and Engineering*，1980，22（3）：431-483.

[10] Gupta A S，Thodos G. Mass and heat transfer in the flow of fluids through fixed and fluidized beds of spherical particles. *AIChE Journal*，1962，8：608.

[11] Larachi F，et al. Effect of pressure on the trickle-pulsed transition in irrigated fixed bed catalytic reactors. *Canadian Journal of Chemical Engineering*，1993，71：319.

[12] Larkins R P，White R R，Jeffrey D W. Two-phase concurrent flow in packed beds. *AIChE Journal*，1961，7（2）：231-239.

[13] Wild G，Larachi F，Charpentier J C. Heat and mass transfer in gas-liquid-solid fixed bed reactors. Amsterdam：Elsevier，1992.

[14] Satterfield C N，Van Eek M W，Bliss G S. Liquid-solid mass transfer in packed beds with downward concurrent gas-liquid flow. *AIChE Journal*，1978，24（4）：709-717.

[15] Al-Dahhan M H，Dudukoviĉ M P. Catalyst wetting efficiency in trickle-bed reactors at high pressure. *Chemical Engineering Science*，1995，50（15）：2377-2389.

[16] Liu X L，Qin B，Zhang Q F，et al. Optimizing catalyst supports at single catalyst pellet and packed bed reactor levels：A comparison study. *AIChE Journal*，2021，67（8）：e17163.

[17] 袁渭康，陈敏恒. 工业反应过程的开发方法. 北京：化学工业出版社，2021.

第7章

流化床反应器

7.1 概述

所谓流态化就是固体颗粒像流体一样进行流动的现象。流体（气体或液体）被迫以一定的速度垂直穿过颗粒床层，当颗粒所受到的流体的曳力与其自身的浮重（扣除浮力后颗粒受到的重力）达到平衡时，床层颗粒能够彼此相对运动，颗粒床层表现出类似流体的特性，此时就发生了流态化现象。

流态化技术作为一种重要的流-固相间物理操作（干燥、包涂、分级等）或化学操作（如催化裂解、合成、氧化、氯化等），过程具有接触效率高、传热传质效果好、适应范围广、可连续化生产等诸多优点，被广泛应用于化工、炼油、冶金、能源、生化、环保等国民经济中许多重要领域和部门。流态化最重要的发展，要算第二次世界大战期间用石油进行流态化催化裂化以生产汽油的巨大成功，在 1942 年建成了一套日处理 13000 桶原油的装置。由于在裂化时表面迅速结炭的大量催化剂依靠流态化技术能连续地在反应器和再生器之间循环流动，才使这一工业化生产得以实现，并为流态化在工业中的广泛应用开创了局面。

流态化一般是依靠流体的流动来带动固体颗粒运动的。随着流体流速从零开始逐步提高，固体颗粒床层由固定床开始发生一系列的流型转变，如图 7-1 所示。

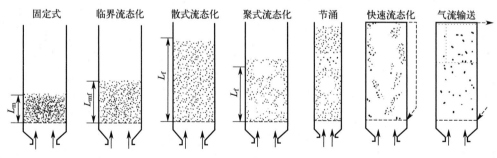

图 7-1　流态化的各种形式

当流体向上流过颗粒床层时，如流速较低，流体从粒间空隙穿过时颗粒不动、处于固定床状态。如流速渐增，则颗粒间空隙增加，床层体积逐渐增大，成为膨胀床。而当流速达到某一临界值，床层刚刚被流体悬浮时，床内颗粒就开始流化，这时的流体表观线速（空床线速）称为临界（或最小、初始）流化速度（u_{mf}）。

固定床

流化床

聚式流化床

节涌

气流输送床

相对于气-固系统，液-固系统中流体与颗粒的密度相差较小，故 u_{mf} 减小，流速进一步提高时，床层膨胀均匀且波动很小，颗粒在床内的分布也比较均匀，故称作散式流态化；对气-固系统而言，情况很不相同，一般在气速超过临界气速后，将会出现气泡。气速愈高，气泡对颗粒流动造成的扰动愈剧烈，使床层波动幅度和频率增大，这种形态的流化床称聚式流态化或鼓泡流态化。

在流化床中，床面以下的部分称为密相床，床面以上的部分因有一些被抛掷和夹带的颗粒，故称稀相床（或自由空域）。密相床中颗粒形如水沸，故又称沸腾床。如床径很小（如一般小试或中试中常见的那样）而床高与床径比较大时，气泡在上升过程中可能聚并增大甚至达到占据整个床层截面的地步，固体颗粒呈一节一节向上柱塞式流动，直到某一位置崩落为止，这种状态叫作节涌。在大床中，节涌现象通常不会发生。

随着气速的加大，流化床中的湍动程度加剧，床层进入湍动流化状态。当气速超过颗粒的带出速度（或称终端速度 u_t），颗粒就会被气流带走，气固流动成为气流输送。此时只有不断地补充新颗粒，才能使床层保持一定的料面高度。工业上的丙烯氨氧化及石油催化裂化装置中，操作线速就是大于带出速度的。对于某些快速反应，如石油催化裂化和某些燃烧反应等，采用一根垂直的气流输送管，在颗粒被输送的同时就完成反应，这种反应器称作提升管反应器。在高气速条件下操作的流化床也被称作快速流化床等。当床层从低气速流态化的鼓泡床、湍动床转变为高气速流态化的快速流化床时，气体从分散的气泡逐渐过渡到连续的气流；而颗粒则逐渐变为分散在气流中的絮状团聚体（称为分散相），此时的流速称为转相流化速度（u_{TF}）。

根据以上所述，可以看到从临界流态化开始一直到气流输送为止，反应器装置内从气相为非连续相一直转变到气相为连续相的整个区间都属于流态化的范围，所涉及领域是很宽广的，流动现象也是很复杂的。

流态化技术之所以得到广泛的应用，是因为它有以下一些突出的优点。

① 传热效能高，床内温度易于维持均匀。这对于热效应大、对温度敏感的过程是很重要的，因此流态化技术特别适合应用于氧化、裂化、裂解、焙烧以及干燥等过程。

② 固体颗粒可连续循环输送。这对于催化剂迅速失活而需及时再生的过程（如催化裂化）来说，是能够实现大规模连续生产的关键。此外，单纯作为颗粒的输送手段，流态化技术在各行业中也有广泛应用。

③ 由于颗粒细，可以消除内扩散阻力，充分发挥催化剂的效能。

但流化床也有一些缺点。

① 气体流动不均，不少气体以气泡状态经过床层，气-固两相接触不够有效，这对转化率要求很高的反应过程不利。

② 颗粒运动接近全混流，因此停留时间分布宽，这在以颗粒为加工对象时影响产品质量的均一性和转化率。另外粒子的全混也造成部分气体返混，影响反应速率、造成副反应的增加。

③ 颗粒的磨损和带出造成催化剂的损失，需要有旋风分离器等颗粒回收系统。

因此，是否选用流态化操作方式，确定怎样的操作条件，都应当是在考虑了上述这些优缺点并结合反应的动力学特性加以斟酌后才能正确决定的。

下面我们结合图 7-2 介绍一些不同构型的流化床装置。

图 7-2(a) 代表没有内部构件的"自由"床，床的高径比一般以不超过 1.5 为宜，以保证流化均匀。它适用于反应的热效应不大，只需外壁换热的情况。如催化剂活性比较稳定，则可连续使用直到其活性降低到不堪使用时，再停车更换。如催化剂活性比较容易衰减，也可以连续地或每隔一定时间排出一部分催化剂，并补充等量的催化剂。

图 7-2(b) 为乙炔法合成醋酸乙烯的一组反应器示例。催化剂为载于活性炭上的醋酸锌，活性较易衰减，因此采用气体并联、催化剂串联、间歇排放的操作方式。为了补偿后两台反应器中催化剂活性的降低，采取逐台升温的措施。这种固体串联、气体并联的方式常用在以固相加工为目标的过程中。

图 7-2(c) 是五段流化床焙烧石灰石的焙烧炉，是多层床反应器。在多层床中，各层的气相与固相在流量及组成方面都是互相牵制的，所以操作弹性较小，在操作弹性要求比较高的反应中一般难以应用。

图 7-2(d) 是内加垂直管束的流化床乙烯氧氯化反应器。管束的作用一方面在于移热，另一方面在床层高径比大的情况下，能维持较好的流化状态并控制气泡的大小以便于放大。这是因为圆形垂直表面对固体粒子的上下循环影响不大，但却有限制气泡相互聚并的功效。在有些反应器中，所加竖管的数量超出了传热的需要，目的是抑制气泡长大和保证流化质量。

图 7-2(e) 是兼有水平挡板和垂直管的流化床。萘氧化制苯酐就使用这种类型的反应器。其中垂直管是用于换热，水平挡板则用以减少层内的返混和颗粒的带出，使流化床可在高的高径比和高的气速下操作。挡板和垂直管都属于床层的内部构件，对它们的种类和性能，后面还要再做讨论。

图 7-2(f) 是多管式流化床。管的下端是锐孔，每一管相当于一个小流化床，它有很大的传热比表面积，有利于传热和控制温度，床层中返混程度也比较小。乙烯氧化制环氧乙烷曾采用这种类型的反应器，由于返混对本反应结果的影响太大，所以工业上生产环氧乙烷仍多用固定床反应器。

图 7-2(g) 是Ⅳ型催化裂化装置，由两个流化床构成。催化剂在反应器和再生器之间的循环流动是由于在两根 U 形管中分别送入了油气及空气，因其密度不同形成压差而实现的。

图 7-2(h) 是 Orthoflow 裂化装置，反应器直接连在再生器之上，中间还有一稀相提升管，其特色是结构紧凑。

图 7-2(i) 是提升管式催化裂化装置。高活性的分子筛催化剂被油气从提升管中以稀相状态输送到顶部，在很短时间内，完成油品裂化的任务，然后在再生器中烧去催化剂上的结炭后重新回到提升管底部进行循环。这种气流输送管在固体物料的输送和干燥方面也是常用的。

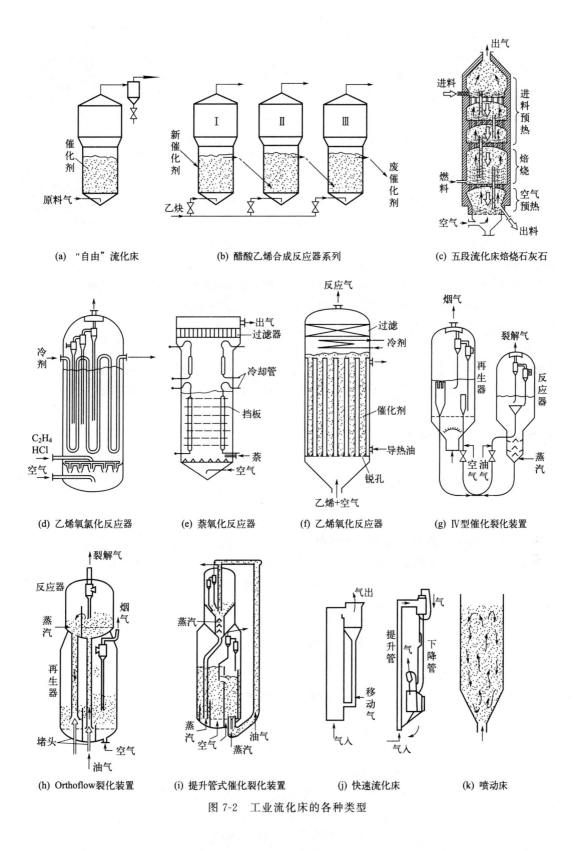

(a) "自由"流化床

(b) 醋酸乙烯合成反应器系列

(c) 五段流化床焙烧石灰石

(d) 乙烯氧氯化反应器

(e) 萘氧化反应器

(f) 乙烯氧化反应器

(g) Ⅳ型催化裂化装置

(h) Orthoflow裂化装置

(i) 提升管式催化裂化装置

(j) 快速流化床

(k) 喷动床

图 7-2 工业流化床的各种类型

对于反应很快、热效应很大的反应过程，如催化裂化、煤燃烧及烃类裂解等都用气流输送反应器[如图 7-2(j)]。由于气速很大，超过了转相流化速度 u_{TF}，反应器中热质传递很快，气固流动处于快速床或循环流化床状态。这种流动状态本质上属于气-固两相流系统中的一种特殊状态，在一些领域中具有广泛的应用。

单器流化床

图 7-2(k) 是气体从锥形底部喷入而带动粒子循环运动的喷动床，它适用于粒度大而均一、一般不易均匀流化的场合，如谷物干燥等。有些反应过程，固体颗粒粒度较大，而且尺寸的范围又很宽，为了使大小颗粒都能得到良好的流化，并促进颗粒的循环，也有用锥形床的，锥度很小，一般约为 3°～5°，但底部仍用一般的分布板。

双器流化床

对快速反应，除有用气流输送这种气相为连续相的装置外，一般流化床反应器都是一部分气体流动于固体粒子之间，而大部分气体则以气泡的形式通过床层。因此不管具体床型如何，造成流态化的基本动力是气泡，反应的结果完全取决于气体与颗粒间的接触状况，因此气泡的大小、速度、流量和它的物性是影响流化床反应器的一个重要方面。另一方面则为颗粒的密度、粒径分布、催化剂活性和床高等因素。床的结构（包括内部构件）则对这两者的状况和相互作用具有直接的影响。所以首先需要从这几个方面分析和阐明流化床中的传递过程，然后再探讨有化学反应时的规律性。因此，下面我们先介绍流化床中气、固两相的流动行为，然后介绍传热和传质，最后讨论数学模型和放大问题。

7.2 流化床中的气、固运动

7.2.1 流化床的流体力学

（1）临界流化速度（u_{mf}） 所谓临界（或最小、初始）流化速度是指粒子刚刚能够流化起来时的气体空床流速，通常通过测定床层压降变化的方法来确定。

图 7-3 是床层压降随着空床流速 u_0 的增加而改变的情况。在流速较低时为固定床状态，在双对数坐标上 Δp 与 u_0 约成正比，其计算公式即式(6-9)。当 Δp 增大到与静床压力（$W/$

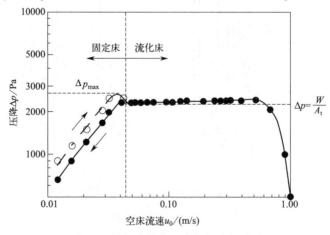

图 7-3 均匀砂粒的压降与气速的关系

A_t) 相等时，按理颗粒应开始流动起来，但由于床层中原来挤紧着的颗粒先要被松动开来，所以需要稍大一点的 Δp，等到颗粒已经松动，压降又恢复到 (W/A_t)。如流速进一步增加，则压降基本不变，曲线就平直了（在小床中由于床壁的阻力影响，曲线稍有上升）。故流化床的压降为

$$\Delta p = \frac{W}{A_t} = L_{mf}(1-\varepsilon_{mf})(\rho_p - \rho)g \tag{7-1}$$

对已经流化的床层，如将气速减小，则 Δp 将循着图中的实线返回，不再出现极值，而且固定床的压降也比原先的要小，这是因为颗粒逐渐静止下来时，大体保持着流化时的空隙率。从图中实线的拐弯点就可定出起始流化速度 u_{mf}。

起始流化速度也可用有关经验或半经验公式计算。由于在完全流化时，气固之间的曳力与颗粒床层的重力处于平衡状态，所以将固定床压降式(6-9)[含式(6-10)]与式(7-1)等同，可以导出下式

$$\frac{1.75}{\varphi_s \varepsilon_{mf}^3}\left(\frac{d_p u_{mf}\rho}{\mu}\right)^2 + \frac{150(1-\varepsilon_{mf})}{\varphi_s^2 \varepsilon_{mf}^3}\left(\frac{d_p u_{mf}\rho}{\mu}\right) = \frac{d_p^3 \rho(\rho_p - \rho)g}{\mu^2} \tag{7-2}$$

对于小颗粒，左侧第一项可忽略，故得

$$u_{mf} = \frac{(\varphi_s d_p)^2}{150}\times\frac{\rho_p - \rho}{\mu}g\left(\frac{\varepsilon_{mf}^3}{1-\varepsilon_{mf}}\right),(Re_p<20) \tag{7-3}$$

对于大颗粒，则左侧第二项可忽略，故得

$$u_{mf}^2 = \frac{\varphi_s d_p}{1.75}\times\frac{\rho_p - \rho}{\rho}g\varepsilon_{mf}^3,(Re_p>1000) \tag{7-4}$$

ε_{mf} 可从图 7-4 中读出。

如果 ε_{mf} 及 φ_s 都不知道，则可近似地取

$$\frac{1}{\varphi_s \varepsilon_{mf}^3}\approx 14 \text{ 及 } \frac{1-\varepsilon_{mf}}{\varphi_s^2 \varepsilon_{mf}^3}\approx 11 \tag{7-5}$$

因而可将前面三式分别写成

$$\frac{d_p u_{mf}\rho}{\mu} = \left[33.7^2 + 0.0408\frac{d_p^3 \rho(\rho_p - \rho)g}{\mu^2}\right]^{\frac{1}{2}} - 33.7 \tag{7-6}$$

$$u_{mf} = \frac{d_p^2(\rho_p - \rho)}{1650\mu}g,(Re_p<20) \tag{7-7}$$

$$u_{mf}^2 = \frac{d_p(\rho_p - \rho)}{24.5\rho}g,(Re_p>1000) \tag{7-8}$$

用以上各式计算时，应将所得 u_{mf} 值代入 $Re_p = d_p u_{mf}\rho/\mu$ 中，检验其是否符合规定的范围。

另一便于应用而又较准确的公式是

$$u_{mf} = 0.695\frac{d_p^{1.82}(\rho_p - \rho)^{0.94}}{\mu^{0.88}\rho^{0.06}}(cm/s) \tag{7-9}$$

式(7-9)适用于 $Re_p<10$。如 $Re_p>10$，则需再乘以图 7-5 中的校正系数。

在实际流化床中，往往不是单一尺寸的颗粒，故应取平均直径计算。虽然不够精确，但还比较简便实用。

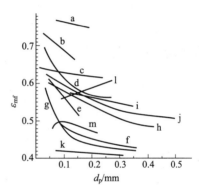

图 7-4　各种颗粒的临界空隙率

a—软砖；b—活性炭；c—碎拉西环；d—炭粉与玻璃粉；e—金刚砂；f—矿砂；g—卵圆形砂，$\varphi_s=0.86$；h—尖角砂，$\varphi_s=0.67$；i—费-托法合成催化剂，$\varphi_s=0.85$；j—烟煤；k—普通砂，$\varphi_s=0.86$；l—炭；m—金刚砂（l, m 为另一组数据）

（2）带出速度（u_t）　当气速增大到某一速度时，流体对颗粒的曳力与颗粒的重力相等，则颗粒就会被气流所带走。这一带出速度（或称终端速度）也等于颗粒的自由沉降速度。对于球形颗粒，有

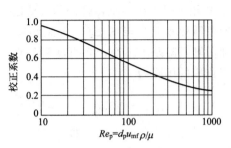

图 7-5　$Re_p > 10$ 时的校正系数

$$\frac{\pi}{6}d_p^3(\rho_p-\rho)=\frac{1}{2}C_D\frac{\rho}{g}\left(\frac{\pi d_p^2}{4}\right)u_t^2 \quad (7\text{-}10)$$

或写成

$$C_D(Re_p)^2=\frac{4}{3}Ar \quad (7\text{-}11)$$

式中，Ar 为阿基米德数

$$Ar=\frac{d_p^3\rho g(\rho_p-\rho)}{\mu^2} \quad (7\text{-}12)$$

C_D 称曳力系数。对球形颗粒

$$\left.\begin{array}{ll} C_D=24/Re_p & \text{如 } Re_p<0.4 \\ C_D=10/Re_p^{\frac{1}{2}} & \text{如 } 0.4<Re_p<500 \\ C_D=0.43 & \text{如 } 500<Re_p<200000 \end{array}\right\} \quad (7\text{-}13)$$

代入式(7-10)，得

$$u_t=\frac{d_p^2(\rho_p-\rho)g}{18\mu},(Re_p<0.4) \quad (7\text{-}14)$$

$$u_t=\left[\frac{4}{225}\frac{(\rho_p-\rho)^2g^2}{\rho\mu}\right]^{\frac{1}{3}}d_p,(0.4<Re_p<500) \quad (7\text{-}15)$$

$$u_t=\left[\frac{3.1d_p(\rho_p-\rho)g}{\rho}\right]^{\frac{1}{2}},(500<Re_p<200000) \quad (7\text{-}16)$$

计算所得的 u_t 需代入 $Re_p(=d_pu_t\rho/\mu)$ 中以检验其范围是否相符。

对于非球形颗粒，C_D 可如下计算

$$C_D=\frac{24}{0.843\lg\dfrac{\varphi_s}{0.065}Re_p},(Re_p<0.05) \quad (7\text{-}17)$$

$$C_D=5.31-1.88\varphi_s,(2\times10^3<Re_p<2\times10^5) \quad (7\text{-}18)$$

当 $0.05<Re_p<2\times10^3$，C_D 可由表 7-1 求出。

表 7-1　非球形颗粒的曳力系数

φ_s	Re_p					φ_s	Re_p				
	1	10	100	400	1000		1	10	100	400	1000
0.670	28	6	2.2	2.0	2.0	0.946	27.5	4.5	1.1	0.8	0.8
0.806	27	5	1.3	1.0	1.1	1.000	26.5	4.1	1.07	0.6	0.46
0.846	27	4.5	1.2	0.9	1.0						

根据前述公式，可以考察大、小颗粒流化气速范围。对细颗粒，当 $Re_p<0.4$

$$u_t/u_{mf}=\frac{\text{式}(7\text{-}14)}{\text{式}(7\text{-}7)}=91.6$$

对大颗粒，当 $Re_p > 1000$

$$u_t / u_{mf} = \frac{式(7\text{-}16)}{式(7\text{-}8)} = 8.72$$

可见 u_t / u_{mf} 的范围大致在 $10\sim90$ 之间，说明流化床中用细的颗粒流化气速范围大，是比较适宜的。

另一在广泛范围内($Re_p < 2 \times 10^5$)都颇准确而且也很方便的式子是

$$u_t = \frac{d_p^2(\rho_p - \rho)g}{18\mu + 0.61 d_p [d_p(\rho_p - \rho)g\rho]^{\frac{1}{2}}} \tag{7-19}$$

实用的操作气速 u_0 是根据具体情况来选定的。一般 u_0 / u_{mf}（称作流化数）在 $1.5\sim10$ 范围内，但也有高到几十的。另外也有按 $u_0 / u_t = 0.1\sim3.0$ 来选取的。通常所用的气速在 $0.15\sim1.0\,\text{m/s}$。对于热效应不大、反应速率慢、催化剂粒度细、筛分宽、床内无内部构件和要求催化剂带出量少的情况，宜选用较低气速。反之，宜用较高气速。

（3）床层的膨胀　设空床气速小于 u_{mf} 时的固定床高度为 L_0，床层空隙率为 ε_0，则在气速增加时，床层将发生膨胀现象。在临界流化速度 u_{mf} 时，床高成为 L_{mf}，床层空隙率为 ε_{mf}。对于粗颗粒床，ε_0 与 ε_{mf} 没有多少差别，即床层在流化以前，膨胀很少，但对于细颗粒床，则相差较大，有关粗颗粒床和细颗粒床的区分下面会讲到。当流速增大超过 u_{mf} 而为实用的流化速度时，床高和空隙率将分别进一步增大为 L_f 及 ε_f，这里 ε_f 是包括粒间的空隙和气泡在内的。

定义床层的膨胀比 R 为

$$R = \frac{L_f}{L_{mf}} = \frac{1 - \varepsilon_{mf}}{1 - \varepsilon_f} = \frac{\rho_{mf}}{\rho_f} \tag{7-20}$$

ρ_{mf} 及 ρ_f 分别为临界流态化和实际操作条件下的床层平均密度。R 值一般在 $1.15\sim2$ 之间。有时也有用 L_f / L_0 来作为膨胀比的，它们之间有所差别，但可以互相换算。

流化床层的实际高度（或膨胀比）及床层空隙率都是设计的重要数据，但由于具体测定和数据关联上的困难，还没有十分可靠的算法，只能举出一些作为参考。

① $\varepsilon = Ar^{-0.21}(18Re_p + 0.36Re_p^2)^{0.21}$ $\tag{7-21}$

② 由图 7-6 可求得 L_f / L_{mf}，而由式(7-20)，可进一步算出空隙率。

③ 有斜片挡板或挡网的床

$$R = \frac{0.517}{1 - 0.76\left(\dfrac{u_0}{100}\right)^{0.192}} \tag{7-22}$$

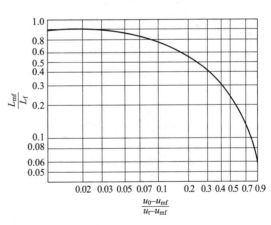

图 7-6　床层膨胀的关联曲线

④ 有垂直管束的床

$$R = \frac{0.517}{1 - 0.67\left(\dfrac{u_0}{100}\right)^{0.114}} \tag{7-23}$$

（4）根据对颗粒的分类来计算床层膨胀比的方法　如图 7-7 将颗粒按不同的密度和直

径，分为 A、B、C、D 四类，其中 C 类是难以流化的易黏结颗粒，D 类是大而重的颗粒，也不适合一般流化。A 是细颗粒（如催化裂化的颗粒），常在出现气泡之前，床层就有显著的膨胀，而一旦停气，则缓缓地脱气塌落。B 类属于较粗一点的颗粒，在气速达到或略微超过临界流化速度时就出现气泡，而一旦气流停止，床层便迅速塌落。

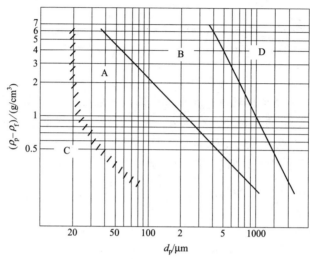

图 7-7　根据流化特性的粒子分类

对于 A 类颗粒，先按下式计算其最大气泡直径

$$d_{\mathrm{Rmax}} = \frac{2u_{\mathrm{t}}^2}{g} \tag{7-24}$$

如此值小于床径的一半（否则将发生节涌），则可按下式算出膨胀比

$$R = \frac{L_{\mathrm{f}}}{L_{\mathrm{mf}}} = 1 + \frac{u - u_{\mathrm{mf}}}{u_{\mathrm{t}}} \tag{7-25}$$

对于 B 类颗粒，可由图 7-8 求出 X，由图 7-9 求出 Y，然后再按下式求出 R

$$R = 1 + XY \tag{7-26}$$

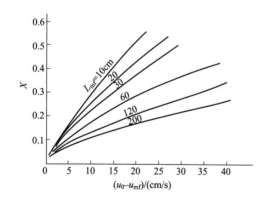

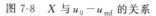

图 7-8　X 与 $u_0 - u_{\mathrm{mf}}$ 的关系

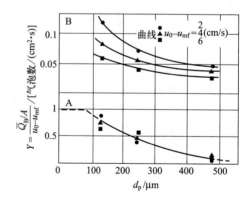

图 7-9　参数 Y 与粒径 d_{p} 的关系

结合细颗粒床的特性，在这里有必要提出一点补充。当空床气速超过最小流化速度后，多余部分的气体是以气泡的形式通过的，这一假定只对一般粗粒床的情况是符合的。但对于细粒床，则膨胀非常显著，而且气速要远大于临界流化气速后才出现气泡，这一气速称作最小鼓

泡速度，以 u_{mb} 表示。例如对于 $d_p = 55\mu m$，$\rho_p = 0.95 g/cm^3$ 的催化裂化用的催化剂，u_{mb}/u_{mf} 约为 2.8。颗粒愈细或颗粒与流体间的密度差愈小，这一比值就愈大。在最小流化速度到最小鼓泡速度之间的这一区域，床层相当于散式流态化的状态，不过极不稳定，只要引入小的气泡，就会使之塌落。它对床层原来的经历、分布板的特性以及内部构件等都有很强的依赖性，因此比较难测准，一般设计中也很少采用。

例 7-1 一批固体颗粒，其粒度分布为：

最大粒径 $d_p/\mu m$	50	75	100	125	150	175
样品的累计质量/g	0	60	150	270	330	360

今在 20℃和一个大气压下用空气进行流化，求最小空床气速和防止带出的最大允许气速。已知在该条件下，$\rho_p = 1300 kg/m^3$，$\varphi_s = 1$，$\rho = 0.001204 g/cm^3$，$\mu = 1.78 \times 10^{-5} Pa \cdot s$，$\varepsilon_{mf} = 0.4$。

解 根据粒度分析，算出各级分布的情况如下：

粒径范围/μm	$d_{pi}/\mu m$	质量分数 x_i	(x_i/d_{pi})
50~75	62.5	(60−0)/360=0.167	0.167/62.5=0.002672
75~100	87.5	(150−60)/360=0.250	0.250/87.5=0.002857
100~125	112.5	(270−150)/360=0.333	0.333/112.5=0.00296
125~150	137.5	(330−270)/360=0.167	0.167/137.5=0.001215
150~175	162.5	(360−330)/360=0.0833	0.0833/162.5=0.000513
			$\sum = 0.010217$

故平均直径为 $d_p = 1/\sum_i (x_i/d_{pi}) = 1/0.010217 = 98(\mu m) = 9.8 \times 10^{-5}(m)$

估计 $Re_p < 20$，按式(7-3)计算 u_{mf}

$$u_{mf} = \frac{(1 \times 9.8 \times 10^{-5})^2}{150} \times \frac{(1.3 - 0.001204) \times 10^3}{1.78 \times 10^{-5}} \times 9.8 \times \left(\frac{0.4^3}{1 - 0.4}\right) = 4.88 \times 10^{-3}(m/s)$$

校验 Re_p

$$Re_p = \frac{d_p u_{mf} \rho}{\mu} = \frac{(9.8 \times 10^{-5}) \times (4.88 \times 10^{-3}) \times 1.204}{1.78 \times 10^{-5}} = 0.032 < 20$$

故用上式适合。

如全床空隙率均匀，处于压力最低处的床顶层颗粒将首先被带出。取最小颗粒 $d_p = 50\mu m$，设 $Re_p < 0.4$，由式(7-14)得

$$u_t = \frac{(5.0 \times 10^{-5})^2 \times (1.3 - 0.001204) \times 10^3 \times 9.8}{18 \times (1.78 \times 10^{-5})} = 9.93 \times 10^{-2}(m/s)$$

校验

$$Re_p = \frac{d_p u_t \rho}{\mu} = \frac{(5.0 \times 10^{-5}) \times (9.93 \times 10^{-2}) \times (0.001204 \times 10^3)}{1.78 \times 10^{-5}} = 0.336 < 0.4$$

因此上式符合，故得

最大允许操作气速 $= 9.93 \times 10^{-2} m/s$，最小流化气速 $= 4.88 \times 10^{-3} m/s$

例 7-2 同例 7-1，但操作气速为 $u_0 = 10u_{mf}$，求床层的膨胀比。

解 方法一：按式(7-21) 计算

$$u_0 = 10 \times 4.88 \times 10^{-3} = 4.88 \times 10^{-2} (m/s)$$

$$Re_p = \frac{d_p u_0 \rho}{\mu} = (9.8 \times 10^{-5}) \times (4.88 \times 10^{-2}) \times \frac{1.204}{1.78 \times 10^{-5}} = 0.324$$

$$Ar = \frac{d_p^3 \rho g (\rho_p - \rho)}{\mu^2} = \frac{(9.8 \times 10^{-5})^3 \times 1.204 \times 9.8 \times (1300 - 1.204)}{(1.78 \times 10^{-5})^2} = 45.5$$

由 $\varepsilon_f = Ar^{-0.21}(18Re_p + 0.36Re_p^2)^{0.21} = 45.5^{-0.21} \times (18 \times 0.324 + 0.36 \times 0.324^2)^{0.21}$
$= 0.650$

故膨胀比 $R = \dfrac{L_f}{L_{mf}} = \dfrac{1 - \varepsilon_{mf}}{1 - \varepsilon_f} = \dfrac{1 - 0.4}{1 - 0.650} = 1.714$

方法二：依图 7-7 来分类，因 $\rho_p - \rho \approx 1.3 g/cm^3$，$d_p = 98 \mu m$，知颗粒属于 A 类，由式(7-24)

$$d_{Rmax} = \frac{2u_t^2}{g} = \frac{2 \times (9.93 \times 10^{-2})^2}{9.8} = 2.013 \times 10^{-3}(m)，在一般情况下，此值远远小于$$

床径的 1/2，不会出现节涌。由式(7-25) 得

$$R = 1 + \frac{u_0 - u_{mf}}{u_t} = 1 + \frac{4.88 - 0.488}{9.93} \approx 1.443$$

可见两种方法所得的结果有一点差距，但考虑到实验与关联式条件存在的误差，这也是可以理解的。

石油流化催化裂化装置的再生器和流化床甲醇制低碳烯烃（MTO）过程的反应器，其密相床层的空床气速达到 $1.0 \sim 1.2 m/s$，处于典型 A 类颗粒湍流流化区的上限，稀相扩径后的空床气速也达到 $0.4 \sim 0.6 m/s$。高的空床气速把相当数量的催化剂夹带到稀相空间，计算密相床层膨胀高度时还应考虑到这部分催化剂在总藏量中占据的比例。

例 7-3 某石油流化催化裂化催化剂再生器，其催化剂性质为：颗粒平均直径 $d_p = 60 \mu m$，临界流化速度下床层密度 $\rho_{mf} = 810 kg/m^3$，颗粒密度 $\rho_p = 1700 kg/m^3$。再生器内的操作条件为：密相空床气速 $u_0 = 1.16 m/s$，总藏量 $m = 27t$，密相床层截面积 $A_t = 13 m^2$，再生烟气黏度 $\mu = 4 \times 10^{-5} Pa \cdot s$，临界流化速度 $u_{mf} = 0.001 m/s$。试计算密相流化床高 L_f 和密相床层平均密度 ρ_f。

解 考虑到夹带到稀相空间的催化剂量，采用曹汉昌给出的密相藏量占总藏量的比值关联式计算 α

$$\alpha = 1 - 0.25u_0^{0.5} - 0.15u_0^{0.33} = 1 - 0.25 \times 1.16^{0.5} - 0.15 \times 1.16^{0.33}$$
$$= 0.57$$

则

$$L_{mf} = \frac{\alpha m}{A_t \rho_{mf}} = \frac{0.57 \times 27 \times 1000}{13 \times 810} = 1.46(m)$$

由曹汉昌修政的秦霁光气泡增长关联式计算密相床层高度 L_f

$$L_f = \frac{u_0^{0.685} u_{mf}^{0.315} (\mu \times 10^3)^{0.6326} L_f^{0.5}}{9.05 \rho_p^{0.54} d_p^{1.1}} + L_{mf}$$

计算得 $L_f = 4.52\text{m}$

由式(7-20)

$$R = \frac{L_f}{L_{mf}} = \frac{1 - \varepsilon_{mf}}{1 - \varepsilon_f} = \frac{\rho_{mf}}{\rho_f}$$

可计算出密相床层密度 $\rho_f = 261.6\text{kg/m}^3$。

7.2.2　气泡及其行为

(1) 气泡结构　如前所述，在一般情况下，除一部分的气体以临界流化速度流经颗粒之间的空隙外，多余的气体基本上都以气泡状态通过床层。通常把气泡与气泡以外的密相床部分分别称作（气）泡相与乳（浊）相（或称分散相）。气泡在上升途中，因聚并和膨胀而增大，同时不断与乳相间进行质量交换，即将反应组分传递到乳相中去，使其在催化剂上进行反应，又将反应生成的产物传到气泡中来而流出床层。所以气泡不仅是造成床层运动的动力，也是反应物和产物的携带载体，是提高流化床反应器处理能力的重要因素，它的行为自然就是影响反应结果的一个决定性因素。为此，需要深入一步了解气泡特性和行为，为流化现象的分析和建立数学模型提供基础。

据研究，不受干扰的单个气泡的顶部是呈球形的，尾部略微内凹（图7-10），由于尾部区域的压力比气泡压力稍低，粒子被吸入进来，形成局部涡流，这一区域称为尾涡。在气泡上升的途中，不断有一部分粒子离开这一区域，另一部分颗粒又补充进来，这样就把床层下部的粒子夹带上去而促进了全床颗粒的循环与混合。图7-10中还绘出了气泡周围粒子和气体的流线。研究表明，在气泡尺寸较小，气泡上升速度低于乳相中的气体速度时，乳相中的气流可穿过气泡向上流动。但当气泡尺寸大到其上升速度超过乳相气速时，部分气体穿过气泡形成环流，在气泡外形成一层不与乳相气流混融的区域，这一层就称作气泡云。云层及尾涡都在气泡之外，且都伴随着气泡上升，其中所含颗粒浓度也与乳相中几乎相同。

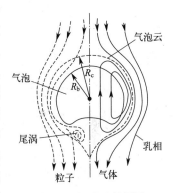

图 7-10　气泡及其周围的流线情况

(2) 气泡的速度和大小　根据实测，流化床中单个气泡的上升速度 u_{br} 为

$$u_{br} = (0.57 \sim 0.85)(g d_b)^{\frac{1}{2}} \tag{7-27}$$

一般取平均值计算如下

$$u_{br} = 0.711(g d_b)^{\frac{1}{2}} \tag{7-28}$$

在实际床层中，气泡是以气泡群的形式上升，气泡群的上升速度 u_b 一般用下式计算

$$u_b = u_0 - u_{mf} + 0.711(g d_b)^{\frac{1}{2}} \tag{7-29}$$

床径 d_t 对气泡上升速度的影响可以用下式计算

$$u_b = \varphi(g d_b)^{\frac{1}{2}} \text{(cm/s)} \tag{7-30}$$

其中

$$\varphi = \begin{cases} 0.64 & d_t < 10\mathrm{cm} \\ 1.6 d_t^{0.4} & 10\mathrm{cm} < d_t < 100\mathrm{cm} \\ 1.6 & d_t > 100\mathrm{cm} \end{cases}$$

气泡上升时不断增大，它的直径与其距分布板的高度距离 l 大致成正比，可用下式表示

$$d_b = al + d_{b0} \tag{7-31}$$

式中，d_{b0} 是离开分布板时的原始气泡直径。

不同的研究者所提供的 a 与 d_{b0} 的表示式是不同的，举例如下

$$a = 1.4 d_p \rho_p u_0 / u_{mf} \tag{7-32}$$

d_{b0} 视分布板的型式而异：

对多孔板

$$d_{b0} = 0.327 [A_t (u_0 - u_{mf}) / n_0]^{0.4} \tag{7-33}$$

对密孔板

$$d_{b0} = 0.00376 (u_0 - u_{mf})^2 \tag{7-34}$$

式中，A_t 为床层截面积；n_0 为多孔板上的孔数。

此外，气泡直径与距分布板高度 l 的变化关系也可以用其他公式计算。例如

①
$$d_b = 0.835 \times [1 + 0.272(u - u_{mf})]^{\frac{1}{3}} (1 + 0.0684 l)^{1.21}$$

②
$$d_b = 1.28 \frac{u - u_{mf}}{g^{0.3}} \left[1 + \frac{1.5 g^{\frac{1}{7}}}{(u - u_{mf})^{\frac{2}{7}}} \left(\frac{A_t}{n_0} \right)^{\frac{4}{7}} \right]^{0.7}$$

式中，n_0 为分布板孔数；A_t 为床层截面积。

气泡的长大并不是无限的，如床径不够大，当气泡直径长大到与床径接近时，床层界面几乎被气泡占据形成气节，床层出现节涌状态。但当床径足够大时，当气泡长大到一定程度后就将失去其稳定性而破裂，因而达到一个最大的稳定气泡尺寸，床层不会出现节涌。一般认为，当 $u_{br} = u_t$ 时，颗粒就将被气泡带上，并可能从其底部进入气泡，而使气泡破裂。故当 $u_{br} < u_t$ 时为稳定气泡，$u_{br} > u_t$ 时为不稳定气泡，最大稳定气泡应在 $u_{br} = u_t$ 之时。于是得出最大稳定气泡直径 $d_{b,max}$ 为

$$d_{b,max} = \left(\frac{u_t}{0.711} \right)^2 \frac{1}{g} \tag{7-35}$$

但实验表明，气泡的破裂常是由于粒子从气泡顶部侵入所致，故本式的可靠性有待商榷。

另一计算最大气泡直径的式子为

$$d_{b,max} = 0.652 [A_t (u_0 - u_{mf})]^{\frac{2}{5}} \tag{7-36}$$

同时对任意床高 l 处的气泡直径的关系式为

$$d_b = d_{b,max} - (d_{b,max} - d_{b0}) e^{-0.30 l / d_t} \tag{7-37}$$

式中，d_{b0} 即按式(7-33)或式(7-34)算出，在这两式中 d_b 及 $d_{b,max}$ 都与床面大小有关。

本关联式的适用范围为：$0.5\mathrm{cm/s} < u_{mf} < 20\mathrm{cm/s}$，$60\mu m < d_p < 450\mu m$，$u_0 - u_{mf} < 48\mathrm{cm/s}$，$d_t < 130\mathrm{cm}$。

在实验室和中间试验装置内，床层高径比颇大，气泡的聚并常能达到使床内发生节涌的程度。判断节涌与否的一个准则方程式是

$$\frac{u_0 - u_{mf}}{0.35 (g d_t)^{\frac{1}{2}}} > 0.2 \tag{7-38}$$

即当气速达到使此式左侧之值超过 0.2 时,除粒度很小(如 $<50\mu m$)的情况外,床内便将出现节涌。节涌床中气体返混较小,但是床层压降波动很大。对于床径较大的工业规模的流化床,节涌现象一般不会出现,只有在插有密集的垂直管的局部床区可能出现。

(3) 气泡云与尾涡   在 $u_{br} > u_t (= u_{mf}/\varepsilon_{mf}$,即乳相中的真实气速)时,气泡内外由于气体环流而形成的气泡云变得明显起来,其相对厚度可按下式计算

$$\left(\frac{R_c}{R_b}\right)^2 = \frac{u_{br}+u_f}{u_{br}-u_f} \qquad \text{(二维床)} \tag{7-39}$$

$$\left(\frac{R_c}{R_b}\right)^3 = \frac{u_{br}+2u_f}{u_{br}-u_f} \qquad \text{(三维床)} \tag{7-40}$$

R_c 及 R_b 分别为气泡云及气泡的半径。这里所谓的三维床就是一般的圆柱形床,而二维床则为截面狭长的扁形床,气泡能充满两壁,因壁面可专门由透明材料制成,所以便于观察气泡的动态。不过由于壁效应严重影响气泡的行为,故在气泡形状、聚并和上升的速度上都与实际的三维床情况不同,其结果容易产生误导作用。因此尽管它便于观察和易于测定,但如何能与实际的三维床情况关联起来,是一个需要研究的问题。

在气泡中,气体的穿流量 q 可用下式表示

$$q = 4u_{mf}R_b = 4u_f\varepsilon_{mf}R_b \qquad \text{(二维床)} \tag{7-41}$$

$$q = 3u_{mf}\pi R_b^2 = 3u_f\varepsilon_{mf}\pi R_b^2 \qquad \text{(三维床)} \tag{7-42}$$

可见在同样大小的截面上,三维床中气泡内的气体穿流量为乳相中的三倍。

根据用 X 射线对三维床中气泡所拍摄的照片,可求出气泡尾涡的体积,表示在图 7-11 中。图中用尾涡的体积分率 f_w 来表示

$$f_w = \frac{V_w}{V_w+V_b} \tag{7-43}$$

当然,也可用体积比 $\alpha_w = V_w/V_b$ 表示。它们的关系是

$$f_w = \frac{\alpha_w}{1+\alpha_w} \tag{7-44}$$

由图可见,对于像玻璃球这类圆球形和比较光滑的颗粒,f_w 较大。如 $d_p > 150\mu m$,则 f_w 约为 0.28。粒径减小,尾涡所占的体积分率增加,甚至可达 0.4 左右。对于不光滑、不规则形状的颗粒,如砂粒,f_w 约在 0.2。对粗糙度介于两者之间的颗粒,f_w 在 $0.2 \sim 0.3$ 之间,或 α_w 在 $0.25 \sim 0.43$ 之间。

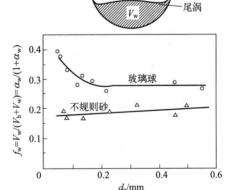

图 7-11   尾涡体积与粒径的关系

关于气泡云与气泡的体积比 $\alpha_c (= V_c/V_b)$,可根据式(7-40)算出。因此,如将包围在气泡处的气泡云及尾涡总称为气泡晕,则整个气泡晕与气泡的体积比 α 为

$$\alpha = (V_c+V_w)/V_b = \alpha_c + \alpha_w \tag{7-45}$$

至于全部气泡所占床层的体积分率 δ_b,可根据超出临界流化所需的部分均形成气泡,而总的气流量又等于气泡及乳相中气流量之和的这一假定而得出

$$u_0 = u_b \delta_b + u_{mf}(1 - \delta_b - \alpha \delta_b) \tag{7-46}$$

故可知

$$\delta_b = \frac{L_f - L_{mf}}{L_f} = \frac{u_0 - u_{mf}}{u_b - u_{mf}(1+\alpha)} \approx \frac{u_0 - u_{mf}}{u_b} \tag{7-47}$$

（4）气泡中的颗粒含量　在气泡中，颗粒的含量是很小的，如定义

$$r_b = \frac{\text{全部气泡中颗粒的体积}}{\text{全部气泡的总体积}} \tag{7-48}$$

则 r_b 的值为 0.001～0.01，通常忽略不计。

在气泡晕中存在大量颗粒，其所含颗粒与气泡体积之比 r_c 为

$$r_c = (1 - \varepsilon_{mf}) \frac{V_c + V_w}{V_b} \tag{7-49}$$

因一般考虑气泡晕中的情况相当于临界流化状态，故将式（7-40）及式（7-28）的关系引入，最后可导得

$$r_c = (1 - \varepsilon_{mf}) \left[\frac{3 u_{mf}/\varepsilon_{mf}}{0.711(g d_b)^{\frac{1}{2}} - u_{mf}/\varepsilon_{mf}} + \frac{V_w}{V_b} \right] \tag{7-50}$$

其余的颗粒则全部在乳相之中，故乳相中颗粒体积与气泡体积之比 r_e 可由下式求出

$$r_e + r_b + r_c = \frac{1 - \varepsilon_f}{\delta_b} = \frac{(1 - \varepsilon_{mf})(1 - \delta_b)}{\delta_b} \tag{7-51}$$

例 7-4　有光滑的球形催化剂颗粒，其平均直径为 $98 \mu m$，$\rho_p = 1.3 \text{g/cm}^3$，$\varepsilon_{mf} = 0.6$，在一直径为 1m 的等温三维自由流化床中流化，已知 $u_{mf} = 0.2 \text{cm/s}$，$u_0 = 5.0 \text{cm/s}$，所用的分布板为多孔板，上有直径为 0.2cm 均匀分布的孔 750 个，试估算在离床高 0.2m 及 1.0m 处的气泡大小和气泡云的厚度。如改用 $u_0 = 2.0 \text{cm/s}$，则会有什么变化？

解　由式（7-33）可知

$$d_{b0} = 0.327 \times \left[\frac{\pi}{4} \times 100^2 \times (5.0 - 0.2)/750 \right]^{0.4} = 1.567 (\text{cm})$$

由式（7-31）及式（7-32）可以计算出在床高 0.2m 处的气泡直径为

$$d_b = 1.4 \times 0.0098 \times 1.3 \times \frac{5.0}{0.2} \times 20 + 1.567 = 10.48 (\text{cm})$$

由式（7-28），得

$$u_{br} = 0.711 \times (980 \times 10.48)^{\frac{1}{2}} = 72.1 (\text{cm/s})$$

再由式（7-40）可以导出云层厚度的计算式为

$$\text{云层厚度} = \frac{d_c - d_b}{2} = \frac{d_b}{2} \left[\left(\frac{u_{br} + 2 u_{mf}/\varepsilon_{mf}}{u_{br} - u_{mf}/\varepsilon_{mf}} \right)^{\frac{1}{3}} - 1 \right]$$

$$= \frac{10.48}{2} \times \left[\left(\frac{72.1 + 2 \times 0.2/0.6}{72.1 - 0.2/0.6} \right)^{\frac{1}{3}} - 1 \right] = 0.0242 (\text{cm})$$

在床高 1m 处，气泡直径为

$$d_b = 1.4 \times 0.0098 \times 1.3 \times \frac{5.0}{0.2} \times 100 + 1.567 = 46.16 (\text{cm})$$

即由于聚并的结果，气泡增大得很多，这时

$$u_{br} = 0.711 \times (980 \times 46.16)^{\frac{1}{2}} = 151.2 \, (cm/s)$$

于是可得云层厚度 $= \dfrac{46.16}{2} \times \left[\left(\dfrac{151.2 + 2 \times 0.2/0.6}{151.2 - 0.2/0.6} \right)^{\frac{1}{3}} - 1 \right] \approx 0.0509 \, (cm)$

如改用 $u_0 = 2.0 \, cm/s$，则按同法可求出 $d_{b0} = 1.058 \, cm$，在 $0.2m$ 高度处，$d_b = 4.63 \, cm$，$u_{br} = 47.9 \, cm/s$，云层厚度为 $0.0161 \, cm$。即随着操作气速的减小，气泡直径亦相应减小，上升速度变慢，而云层的厚度则较薄。

7.2.3 乳相的动态

流化床中的乳相是指气泡外面的那部分床层，那里有固体颗粒，也有在颗粒间渗流的气体。在许多过程中颗粒是催化剂，在另一些过程中颗粒本身就是加工的对象。因此乳相正是实际进行反应的区域，其动态如何，显然和反应器行为有重大关系，下面就来逐一加以阐述。

（1）床层中颗粒的流动　由于上升气泡的尾涡中夹带着颗粒，它们在途中又不断与周围的颗粒进行交换，所以在气泡流动剧烈的区域，大量颗粒被夹带上升，而在其余的区域颗粒下降，形成如图 7-12 所示的颗粒循环流动状态。这种循环相当剧烈，导致即使在直径几米的大床中，颗粒在几分钟内就混匀了，所以自由床中颗粒可认为是全混的。

图 7-12 中的颗粒运动图只是一种示意。在浅床层中，粒子在床层中心下降，在外围上升，而且相当对称稳定，与一般深床层中颗粒在中心处上升、在靠壁处下流的情况是不同的。

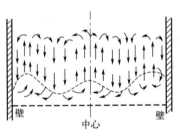

图 7-12　颗粒运动示意
（虚线表示流速分布）

在自由床内，颗粒的循环流动不受约束。在有垂直管的床中，颗粒的循环仍然良好，但在有水平挡板或挡网的床层内，颗粒的自由运动就受到了阻碍，它的行程也就根据具体结构和操作条件的不一而变得十分复杂化了，关于这方面的研究目前还不透彻。

（2）粒度及粒度分布的影响　固体颗粒的粒度大小对床层流化性能有重大影响。细颗粒有如液体一般的良好流动性能，但粗颗粒则不然。此外，单一尺寸的颗粒流动性也不够好，需要有适当的粒度分布，流动性能才能改善。这是因为如有适当比例的细颗粒，将特别易于流化，能够向床层各处和大颗粒空隙间流动，并将其动能传递给大颗粒，从而促使整个床层流化更趋均匀，因此一定量的细颗粒在流化床反应器中是必不可少的。

以催化裂化装置的情况为例，催化剂属于细颗粒，其粒度分布大致是：$20 \sim 40 \mu m$ 占 $5\% \sim 15\%$，$40 \sim 80 \mu m$ 占 $50\% \sim 70\%$，大于 $80 \mu m$ 占 $20\% \sim 40\%$。其中 $44 \mu m$ 的级分被称作关键级分；又如乙烯氧氯化法制二氯乙烷的催化剂，要求小于 $30 \mu m$ 的占 $8\% \sim 15\%$，小于 $45 \mu m$ 的占 $35\% \sim 45\%$，小于 $80 \mu m$ 的占 $85\% \sim 94\%$。丙烯氨氧化法制丙烯腈的情况类似。全部采用过细的颗粒（小于 $50 \mu m$）则易于团聚而产生沟流，而过大的颗粒易使床层波动剧烈，气-固两相接触不佳，输送管道易于堵塞和增加设备的磨损。所以只有粒度分布较宽并含相当比例细颗粒的床层（如含 $10\% \sim 20\% 40 \mu m$ 以下的颗粒）才流化良好、操作稳定、便于放大。因为这样的床层膨胀较大，其中的细颗粒容易侵入气泡之内，而使气泡分散得都比较细小，气-固接触和相间交换也较好。可见如何选择粒度及其适当的分布是一个重要的问题。

在连续运转的流化床中，颗粒由于自然磨损将达到一个定常态的粒度分布，称为平衡粒度分布，它与投料颗粒的分布是不同的。为了弥补因细粒子被带走而影响平衡粒度分布中的细颗粒含量，有时在床内特设一些装置（如蒸汽喷枪）以促使颗粒磨细，或者用其他方法来维持床层内的适当粒度分布。总之，不论在过程开发之初还是日常操作当中，对粒度问题应予以注意。有
些装置中流化状况不好，反应效果欠佳，与颗粒太粗和筛分太窄往往是有关系的。

（3）乳相中的气体流动　乳相中气体流动比较复杂。在流速较小时，乳相中的气体以相当于临界流化状态的速度往上流动，但有一部分以超过临界气速的速度而向下回流的颗粒上的吸附和粒子间的裹挟，使部分气体从上往下传递。因此乳相中存在着上流及回流两类区域，它的位置是随机变动的，但在定常态下，整个床截面上平均的上流和回流气量应当是恒定的。当操作气速增大时，回流部分的量相应增大。在 u_0/u_{mf} 大于 $6\sim11$ 时（具体数值视气泡晕的情况而异），乳相中的回流气量超过了其中的上流气量，因此净流动是向下的。在工业上，这种流化数（u_0/u_{mf}）大于 6 的情况是不少的。

根据上述可知：流化床内可能存在着四类区域，即气泡区、泡晕区、上流区及回流区，如图 7-13 所示。操作条件不同，各区范围的大小不同，甚至某些区可以忽略。例如流速小时，回流区可以忽略；气速很大时，则上流区可以忽略。

用特制的探头对乳相的流动情况进行测定，发现床内有两种环流（图 7-14），在床层上部有一比较大而稳定的环流，而在近分布板处有一较小的不稳定环流。前者使乳相从中央上升，靠器壁返回，而大气泡也正是与上升流一样的走法。至于近分布板处的环流，则是不稳定的，在三维空间中变动，在近壁处是无规律的。这种乳相的环流反映了乳相中气体的上下流动的规律性。

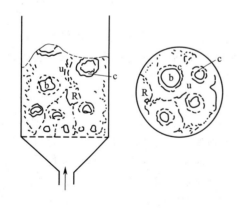

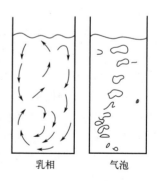

图 7-13　流化床内的四区示意
b—气泡区；c—泡晕区；u—上流区；R—回流区

图 7-14　流化床中气泡与乳相的运动

尽管在实用的流化床中，大部分气体是以气泡的形式通过床层。乳相中的气量相对较小，有时可忽略，但是它的返混对于化学反应方面的影响并不都是可以忽略的，应当具体情况具体分析。对这方面的深入探讨目前还不够充分。

7.2.4 分布板与内部构件

(1) 分布板　分布板设计对于流化床的操作有很大影响。碳化硅或多孔金属制成的密孔板能使气体分散得很均匀，但压降较大、价格高、易堵、强度小，故除实验室外，工业上很少应用。目前工业上使用的分布板形式大致如图 7-15 所示，其中图 7-15(a) 和 (b) 是单层的筛板设计。凹型筛板的目的是抵消气体易从床中心处偏流的倾向，强度较高，能承受热膨胀，故常在大直径床中使用。筛板结构可能出现漏料和在板上出现死区，但当颗粒流动性能好，筛孔气速足够高，压降适当，尤其是其结构简单，还是适用的。与此相近的是由保持适当间隙的多层筛板所组成的分布板结构 [图 7-15(c)]，下层板孔尺寸大、数量少，起控制压降的作用，愈往上的各层，孔数愈多而尺寸愈小，便于气体均布。这种结构效果很好，但加工费时，各层的间隙要有精心考虑，以防漏料。图 7-15(d) 是有夹层填料的分布板，填料还能起到使原料气充分混合的作用。图 7-15(e) 是由管栅组成的分布器，如近代乙烯氧氯化法及丙烯氨氧化法等大装置中都采用。依靠严格制作的管上限流小孔来控制压降，以保证整个大床截面上的进气均匀。同时因空气与原料气可分路进入，一旦混合就已进入到了流化床中，因此避免了爆炸的可能性。图 7-15(f) 是一种泡帽板上的泡帽形式，上有水平或有向下斜的气孔，泡帽顶部要有一定锥度，防止物料堆积。图 7-15(g) 是一种侧缝锥帽，气体在侧缝中吹出，其目的在于防止板面上有堆料死区。这种锥帽在安装时要力求各帽缝隙一致，以防偏流。由于泡帽和锥帽重量较大，在大直径装置上应用需要考虑。总之，气体分布的方式可以很多，以分布均匀、防止积料、结构简单和材料节省为宜。

直孔筛板

凹形筛板

直孔泡帽分布板

单个直孔泡帽

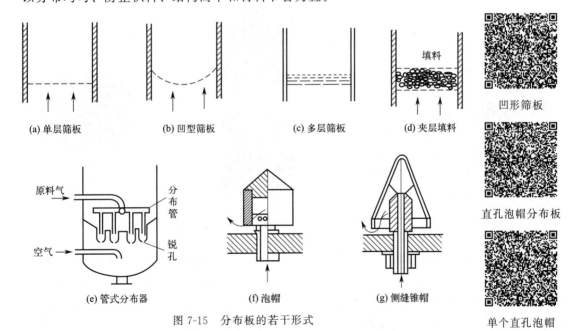

图 7-15　分布板的若干形式

气体从分布板上的气孔中流出来时，由于气速很高，形成一股喷射流，它的影响范围大致在 450mm 的高度以内。再往上由于气泡的聚并，原始气泡分布状况的影响就不大了。所以对于反应速度快而传质速度慢的情况，分布板设计的影响较大，反之较小。

分布板压降的选择对保证流化均匀性是重要的，一般选取分布板压降 Δp_d 为床层压降 Δp_b 的 $10\%\sim20\%$，过高的压降未必是必要的，但不应小于 3.43kPa。通常分布板开孔率取约 1‰ 以下就是为了保证一定的分布板压降。如果为了节省动力消耗而把 $\Delta p_d/\Delta p_b$ 取得过小，那么分布板就可能对气流的波动或压力不均起不到所需的制衡作用，导致反应器设计可能失败。

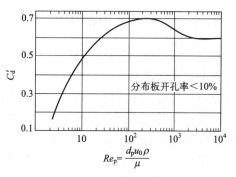

图 7-16　小孔阻力系数

设计筛孔分布板，可从图 7-16 先求出小孔阻力系数 C'_d，再按下式求出小孔气速 u_{0r}

$$u_{0r} = C'_d \left(\frac{2\Delta p_d}{\rho} \right)^{\frac{1}{2}} \tag{7-52}$$

然后根据空床气速 u_0 定出分布板单位截面上的开孔数 n_0

$$n_0 = u_0 \Big/ \left(\frac{\pi}{4} d_{0r}^2 u_{0r} \right) \tag{7-53}$$

而 u_0/u_{0r} 即分布板的开孔率。

至于锥帽分布板等的压降计算请参考有关文献。

（2）内部构件　流化床中设置内部构件的主要目的是限制气泡长大，改善气-固接触，其类型有垂直管、水平管、多孔板、水平挡网和斜片百叶窗挡板（图 7-17）等。后者根据斜片的排列和方向，又有内旋、外旋和多旋之分。

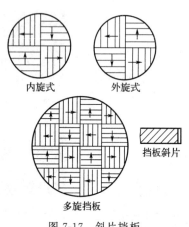

内旋式　　外旋式

挡板斜片

多旋挡板

图 7-17　斜片挡板

内旋挡板

外旋挡板

多旋挡板

水平管由于其下侧有薄的气垫而上侧有死区，故传热较垂直管差。在浅床层及低压降分布板情况下，水平管放入床底可以改善气体分布。除此之外，一般很少采用。垂直管比较方便、有效，它不仅是传热构件，还能控制气泡的聚并和维持流化状态的稳定，同时对减少床层颗粒的带出有益。从反应器装置放大时，可保持床层的当量直径不变，使放大后反应器效果与小试装置相似，因此被广泛采用。在实际应用时应保持相邻两垂直面之间的间距大于粒径的 30 倍以免发生沟流。

在设有各种横向挡板的床层中，在挡板与床壁之间留有空隙以便颗粒循环，但颗粒和气流的运动终究受到一定限制，床内返混减小、温差增大、颗粒分级加剧，使颗粒流动介于全混式和多级串联式之间。挡板的形状、尺寸、间距等因素的任何改变，都会使床内的流况改变，从而使得颗粒浓度分布、温度分布和停留时间分布发生改变，因此改变了反应结果，所以人们可以设想出种种挡板的形式或其他构件来改善气-固接触的状况，但原则是要易于实现迅速放大、制造容易和使用方便。金涌等开发的塔形和脊形垂直构件综合了横向挡板和垂直管的优点，研究表明在其他条件相同时优于垂直管，对化学反应更有利，其结构如图 7-18 所示。塔形内构件已在萘氧化制苯酐的流化床反应器中应用，取得了很大的成功。应用塔形内构件后，床层流化质量明显改善、苯酐收率和催化剂选择性均有明显提高。脊形内构件在原理上类似塔形内构件，具有破碎气泡和更新气泡（重新组合气泡）的能力。但脊形内构件特别适用于内置许多垂直换热管的床型。它在丙烯氨氧化制丙烯腈流化床和合成聚乙烯醇单体的流化床反应器中的应用已取得了显著效果。相比而言，垂直管束由于不能有效地破碎气泡，尽管可以抑制气泡于管束之间，但仍不能有效地影响流型转变和压力波动幅度。

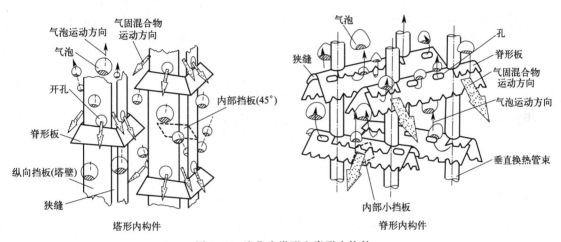

图 7-18 流化床塔形和脊形内构件

7.2.5 颗粒的带出、捕集和循环

（1）颗粒带出 当气泡在密相床层中上升到达床层表面而爆破时，将大量固体颗粒抛掷进稀相空间。如果床内粒径不一，那么夹带上去的颗粒也大小不一。气泡尾涡愈大，速度愈高，夹带量也愈多。

由于在床层径向截面上气速是不均匀的，而且还有波动，因此各处夹带上去的颗粒量也不相同，随着气流的上升，颗粒将按粗细的顺序陆续地沉析下来。随着距离愈来愈高，粒子的含量也就愈来愈小。图 7-19 表示颗粒浓度随高度位置而变化的情况。当达到某一高度后，能够被重力分离下来的颗粒都已沉析下来，只有带出速度小于操作气速的那些颗粒才会一直被带上去。故在此以上的区域颗粒的含量就恒定了，从床层表面到这一高度的距离便称作（沉降）分离高度（简称 TDH 或 H），第一级旋风分离器的入口应安置在这一位置。

在有些装置中，顶部用一个扩大段，使气速降低，以便让更多的颗粒沉析下来，减轻旋风分离器的负荷。尽管扩大段体积很大，并使总的高度增加，但在操作气速不是很高的情况下，这样做还是适宜的。

要确定分离高度，目前，特别是对大装置，还缺少可靠的资料。图 7-20 是专门用于催化裂化装置的分离高度 H 经验曲线图，图 7-21 则为另一种经验关联曲线图，这些图可供参考。能否用到其他场合，尚未可知。

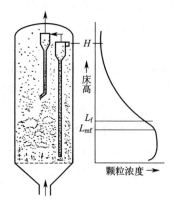

图 7-19 分离高度示意

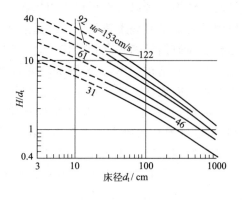

图 7-20 催化裂化装置的分离高度 H 的经验曲线图

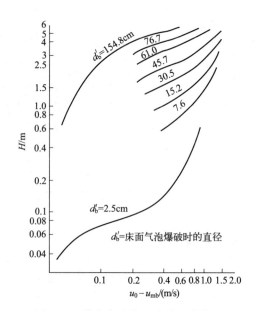

图 7-21 分离高度的经验关联曲线图

另一分离高度 H 的计算式如下

$$H = 1.2 \times 10^3 L_0 Re_p^{1.55} Ar^{-1.1} \, (\text{m}) \tag{7-54}$$

式中，L_0 为静床高。

其范围为

$$15 < Re_p = d_p u \rho / \mu < 300$$

$$1.95 \times 10^4 < Ar = \frac{d_p^3 \rho_g (\rho_p - \rho)}{\mu^2} < 6.5 \times 10^5$$

如有横向挡板，则

$$H = 730 L_0 Re_p^{1.45} Ar^{-1.1} \tag{7-55}$$

与上式相比，可以看出横向挡板对减少颗粒夹带量和降低分离高度是有好处的。如在密相床层表面之上设置离心式的旋流挡板，防止气泡爆破将颗粒垂直抛上，并且利用气流本身的离心力，使大颗粒迅速分离下来，那么 H 可大大降低。

在分离高度以上位置的颗粒携带量即气流输送时的饱和携带量。以 F_s(g/s) 表示携出速率，则 $F_s/(A_t u_0)$（g 固体粒子/cm^3 气体）即为携带颗粒浓度，以 e_s 表示。图 7-22 即为均一尺寸颗粒的饱和携带量的关联图。由图可以推得 u_0 的增大将使 e_s 迅速增大，因此提高操作气速，将会导致旋风分离器的负荷大为增加。

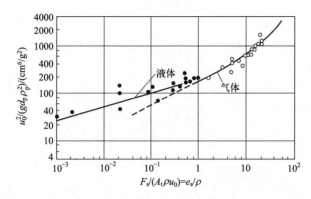

图 7-22　两相垂直或水平并流时均一尺寸颗粒的饱和携带量曲线

另一方面，气流连续通过床层，使床层内那些带出速度小于操作气速的粒子不断被带出，这种现象称为扬析。扬析速度可用下式表示

$$-\frac{1}{A_t}\frac{\mathrm{d}w}{\mathrm{d}t} = K_e \frac{w}{W} \tag{7-56}$$

式中，w 为粒径为 d_p 的颗粒的质量；W 为床层颗粒的总质量；K_e 称为扬析常数，它与气体流速的关系为

$$K_e \propto u_0^n \tag{7-57}$$

n 值约在 4～7 之间。当可被带走的颗粒占 4%～25% 时，K_e 值与颗粒浓度无关，在此范围以上，K_e 有所降低。实验得到的 K_e 值如图 7-23 所示，或用下式表示

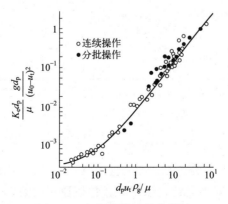

图 7-23　扬析常数关联曲线图

$$\left(\frac{K_e d_p}{\mu}\right)\frac{g d_p}{(u_0-u_t)^2}=0.0015\left(\frac{d_p u_t \rho_g}{\mu}\right)^{0.6}+0.01\left(\frac{d_p u_t \rho_g}{\mu}\right)^{1.2} \tag{7-58}$$

根据式(7-56)及式(7-58)便可求出不同粒径颗粒的扬析速度了。

例 7-5 有一批混合颗粒，其中平均粒径 $40\mu m$ 的占 40%，$60\mu m$ 的占 40%，$80\mu m$ 的占 20%，今在一直径为 $1m$ 的自由床中流化，已知 $\rho_p=2.0g/cm^3$，$\rho=1.2\times10^{-3}g/cm^3$，$\mu=2\times10^{-4}g/(cm\cdot s)$，试求当 $u_0=40cm/s$ 及 $60cm/s$ 时的饱和携带量。

解 先求这三种尺寸颗粒的带出速度。由式(7-15)，对于 $40\mu m$ 的颗粒有

$$u_t=\left[\frac{4}{225}\times\frac{(2.0-1.2\times10^{-3})^2\times980^2}{1.2\times10^{-3}\times(2\times10^{-4})}\right]^{\frac{1}{3}}(40\times10^{-4})=26.1(cm/s)$$

故 $Re_p=d_p u_t \rho/\mu=(40\times10^{-4})\times26.1\times(1.2\times10^{-3})/(2\times10^{-4})=0.626>0.4$

故用式(7-15)合适。

同样可以求得 $\qquad d_p=60\mu m$ 时，$u_t=39.5cm/s$

$\qquad\qquad\qquad\qquad d_p=80\mu m$ 时，$u_t=52.6cm/s$

当 $u_0=40cm/s$ 时，$40\mu m$ 及 $60\mu m$ 的颗粒可以被带出，但 $80\mu m$ 的不能被带出。

对于 $40\mu m$ 的颗粒 $\quad u_0^2/(g d_p \rho_p^2)=40^2/[980\times(40\times10^{-4})\times2.0^2]=102$

由图 7-22 可以查得

$$F_s/(A_t \rho u_0)=0.34$$

或 $F_s/(A_t u_0)=0.34\times1.20\times10^{-3}=0.408\times10^{-3}$（g 颗粒/$cm^3$ 流化气体），类似地可以求得对于 $60\mu m$ 的颗粒

$$u_0^2/(g d_p \rho_p^2)=68,F_s/(A_t \rho u_0)=0.14,F_s/(A_t u_0)=0.168\times10^{-3}$$

故总的携带量

$$F_s=\frac{\pi}{4}\times100^2\times40\times(0.408\times10^{-3}\times0.40+0.168\times10^{-3}\times0.40)=72.4g/s$$

如将 u_0 加大为 $60cm/s$，则因已超过了 $80\mu m$ 颗粒的带出速度，故所有颗粒都可被带出，按照同样的步骤，可以算得

d_p	$u_0^2/(g d_p \rho_p^2)$	$F_s/(A_t \rho u_0)$	$F_s/(A_t u_0)$
$40\mu m$	229	1.8	2.16×10^{-3}
$60\mu m$	144	0.6	0.72×10^{-3}
$80\mu m$	115	0.38	0.456×10^{-3}

于是得 $F_s=\frac{\pi}{4}\times100^2\times60\times(2.16\times0.40+0.72\times0.40+0.456\times0.20)\times10^{-3}=586(g/s)$

可见饱和携带量猛增为 $u_0=40cm/s$ 时的 8.1 倍。

(2) 颗粒捕集　流化床中被气流夹带上去的颗粒，从经济或环境保护观点看，都是应当予以捕集下来的。旋风分离器是流化床回收颗粒最通用的设备（图 7-24）。根据对颗粒回收率的要求，可采用一级、二级甚至三级串联的旋风分离器。尽管第一级回收率可高达 99% 以上，但高气速操作的大装置中颗粒的跑损量还是可观的。旋风分离器可捕集到 $10\mu m$

大小的颗粒（一般用沉降法则在 $200\mu m$ 以上），特殊设计的可捕集到 $3\mu m$ 的颗粒且有 $80\%\sim85\%$ 的效率。小直径旋风分离器效率高，因此大负荷装置中往往采用多组小直径旋风分离器并联使用，而不用一个大的旋风分离器。旋风分离器入口一般为长方形，气体携带颗粒从切线方向进入，贴壁回旋而下时将颗粒甩到壁上，而气体则从中心回旋而上，气固得以分离。一般入口线速度取 $15\sim25m/s$，线速度再高，分离效率增加不多，而压降却增加很多。出口线速度则约取 $8\sim13m/s$。对第二级及第三级，因颗粒含量已大为减少，细颗粒比例增加，为维持较高的效率（如 90% 左右），则入口线速度需要更高，因此要获得高的回收率，就必须用高的压降作为代价。

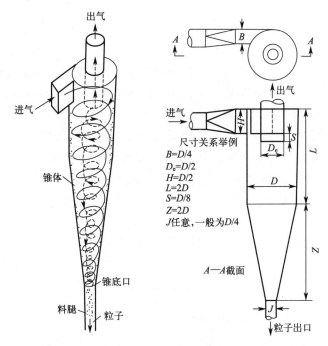

图 7-24 旋风分离器及其尺寸关系

随着旋风分离器技术的不断发展，催化裂化装置以往常用的 Ducon 和 Buell 等老式旋风分离器逐渐被 GE、Emtrol 型以及国内自主研发的 BY、PV 型等高效旋风分离器所取代。表 7-2 列出了催化裂化装置常用的旋风分离器结构参数。

表 7-2　工业旋风分离器的结构参数

结构参数	Ducon	Buell	GE	Emtrol	PV	BY 一级	BY 二级
H/D	0.48	0.64				0.22	0.21
B/D	0.26	0.28				0.51	0.47
入口截面比	～6		4.5～7.5	4～6	3.7～6	4.8	5.55
D_e/D	～0.54	0.4～0.55	0.44,0.31,0.25	0.44,0.34	0.25～0.5	0.41	0.33
$(S+H)/H$		0.35	～0.8		1～1.1	0.4	0.4
L/D		1.33	～1.33		～1.45	1.43	1.43
Z/D		1.33	～2.05		～2.12	2.2	2.2

注：表中，H 为入口管高度；B 为入口管宽度；D 为筒体直径；入口截面比$=\pi D^2/(4Hb)$；D_e 为排气管下口直径；$(S+H)$ 为排气管插入深度；L 为圆柱高度；Z 为圆锥高度。

通过对旋风分离器筒体直径、入口截面比、排气管下口直径和入口气速的优化组合，可以提高分离效率和降低压降。对于一般旋风分离器不能捕集下来的细粉尘，或者某些完全不允许带出去的催化剂，可采用素烧陶瓷管或者包有多层玻璃布的多孔管将气体过滤。当过滤管上积粉过厚时，则用压缩气进行反吹，或者用多组过滤管进行切换以维持连续运转，不过这种方式的缺点是压降太大。此外，对于不需回收的颗粒，也可采用湿法除尘。总之，在流态化技术中，颗粒的捕集是一个重要的现实问题。

7.3　流化床中的传热和传质

7.3.1　床层与外壁间的传热

流化床的优点之一是传热效率高、床层温度均匀。在一般情况下，自由流化床中是等温的。颗粒与流体之间的温差，除特殊情况外，可以忽略不计，所以重要的是床层与外壁间的传热以及床层与浸没于床中的换热器表面间的传热。

流化床与外壁的传热系数 h_w 比空管及固定床中都高（图 7-25），一般在 $400\sim1600J/$(m^2·h·K)左右。在临界流化速度以上，h_w 随气速的增加而增大到一个极大值，然后下降，像一个倒 U 形。对不同的体系，曲线的形状都是相似的。

传热系数 h_w 的定义式为

$$q = h_w A_w \Delta T \tag{7-59}$$

式中，A_w 为传热面；ΔT 为整个床高温度的积分平均值。

即

$$\Delta T = \frac{\int_0^{L_f} (T - T_w) \mathrm{d}l}{L_f} \tag{7-60}$$

文献上关于 h_w 的关联式不少，举二例如下。

(1) $\dfrac{h_w d_p}{\lambda} = 0.16 \left(\dfrac{c_p \mu}{\lambda}\right)^{0.4} \left(\dfrac{d_p \rho u_0}{\mu}\right)^{0.76} \left(\dfrac{c_{ps}\rho_p}{c_p \rho}\right)^{0.4} \left(\dfrac{u_0^2}{g d_p}\right)^{-0.2} \left(\dfrac{u_0 - u_{mf}}{u_0} \times \dfrac{L_{mf}}{L_f}\right)^{0.36}$ (7-61)

此式适用许多物料，有 95% 的数据其误差在 ±50% 以内。

(2) 用图 7-26 进行计算。图中

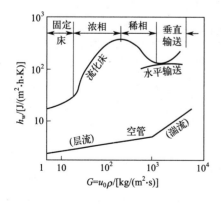

图 7-25　器壁传热系数示例

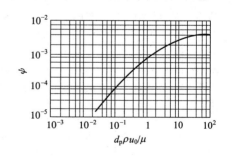

图 7-26　器壁传热系数关联曲线图

$$\psi=\frac{(h_{\mathrm{w}}d_{\mathrm{p}}/\lambda)/[(1-\varepsilon_{\mathrm{f}})c_{p\mathrm{s}}\rho_{\mathrm{p}}/(c_{p}\rho)]}{1+7.5\exp[-0.44(L_{\mathrm{h}}/d_{\mathrm{t}})(c_{p}/c_{p\mathrm{s}})]} \tag{7-62}$$

式中，L_{h} 为加热面高度；d_{t} 为管径。

设计时可取上两式分别计算，然后取其中较小的 h_{w} 值。

7.3.2　床层与浸没于床内的换热面之间的传热

（1）垂直管

$$\frac{h_{\mathrm{w}}d_{\mathrm{p}}}{\lambda}=0.01844C_{\mathrm{R}}(1-\varepsilon_{\mathrm{f}})\left(\frac{c_{p}\rho}{\lambda}\right)^{0.43}\left(\frac{d_{\mathrm{p}}\rho u_{0}}{\mu}\right)^{0.23}\left(\frac{c_{p\mathrm{s}}}{c_{p}}\right)^{0.8}\left(\frac{\rho_{\mathrm{p}}}{\rho}\right)^{0.66} \tag{7-63}$$

注意式中 $(c_{p}\rho/\lambda)$ 是有量纲的，单位为 $\mathrm{s/m^2}$，C_{R} 是管子距床中心位置的校正系数，可由图 7-27 查得。本式的应用范围为 $d_{\mathrm{p}}\rho u_{0}/\mu=10^{-2}\sim10^{2}$，对 323 个实验数据，其平均偏差为 $\pm20\%$。

从式(7-63)和图 7-27 可以看出 h_{w} 与管径、管长、颗粒形状及粒度分布等因素无关，而床层径向位置上以距中心轴的 1/3 半径处的传热系数最高。

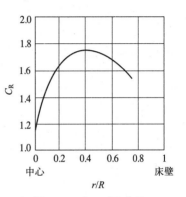

图 7-27　C_{R}-r/R 关系

（2）水平管

如 $d_{\mathrm{p}}\rho u_{0}/\mu<2000$

$$\frac{h_{\mathrm{w}}d_{\mathrm{t0}}}{\lambda}=0.66\left(\frac{c_{p}\mu}{\lambda}\right)^{0.3}\left[\left(\frac{d_{\mathrm{t0}}\rho u_{0}}{\mu}\right)\left(\frac{\rho_{\mathrm{p}}}{\rho}\right)\left(\frac{1-\varepsilon_{\mathrm{f}}}{\varepsilon_{\mathrm{f}}}\right)\right]^{0.44} \tag{7-64}$$

如 $d_{\mathrm{p}}\rho u_{0}/\mu>2500$

$$\frac{h_{\mathrm{w}}d_{\mathrm{t0}}}{\lambda}=420\left(\frac{c_{p}\mu}{\lambda}\right)^{0.3}\left[\left(\frac{d_{\mathrm{t0}}\rho u_{0}}{\mu}\right)\left(\frac{\rho_{\mathrm{p}}}{\rho}\right)\left(\frac{\mu^{2}}{d_{\mathrm{p}}^{3}\rho_{\mathrm{p}}g}\right)\right]^{0.3} \tag{7-65}$$

以上 d_{t0} 是水平管的外径。

由于上下排列着的水平管对颗粒与中间管子的接触起了一定的阻碍作用，因此水平管的传热系数比垂直管的低 5%～15%。流化床一般用竖管而少用水平管或斜管，除传热方面的原因外，主要还在于它们要影响颗粒的流动和气-固的接触。此外，管束排得过密或有横向挡板的存在，都会使颗粒运动受阻而降低传热系数；而分布板的结构如何也直接关系到气泡的大小和数量，因此对传热的影响也是显著的。

根据流化床与换热表面间传热的许多研究结果，可以得出各种参数与传热系数 h_{w} 间的定性规律。颗粒的热导率及床高对 h_{w} 影响很小；颗粒的比热容增大，h_{w} 增大；粒径增大，h_{w} 降低。颗粒越细，这种影响越大。圆球形的及表面光滑的颗粒 h_{w} 最大，因为它比较容易流动。流体的热导率对 h_{w} 影响很大，h_{w} 与 λ^{n} 成正比，$n=\frac{1}{2}\sim\frac{2}{3}$。床层直径的影响比较难判定，床内管子的管径细时 h_{w} 大，因为它上面的颗粒群更易于更替下来。管子的位置对 h_{w} 的影响不大，主要应根据工艺上的考虑而定，但如管束排列过密，则 h_{w} 降低。对水平管束来说，错列的影响更大些，横向挡板使可能达到的 h_{w} 的最大值降低而相应的气速却需要提高。分布板的开孔情况影响气泡的数量和尺寸，在气速小于最佳值时，增加孔数和孔

径将使与外壁面的 h_w 值降低。

> **例 7-6**　在一内径为 0.5m 的流化床内，器壁为冷却面，$L_h=1m$，在床层中心以及中心与器壁的中间均有垂直冷却管，求各传热面的传热系数。已知数据如下：
>
> 平均粒径 $d_p=0.1mm$，$\rho_p=1300kg/m^3$，$c_{ps}=1.088J/(g\cdot K)$，气体空床流速 $u_0=0.40m/s$，流化床平均空隙率 $\varepsilon_f=0.7$。
>
> 气体物性值：$c_p=1.003J/(g\cdot K)$，$\lambda=0.0349W/(m\cdot K)$，$\mu=2\times10^{-5}Pa\cdot s$，$\rho=0.5kg/m^3$。
>
> **解**　$\dfrac{d_p u_0 \rho}{\mu}=\dfrac{(1\times10^{-4})\times0.40\times0.5}{2\times10^{-5}}=1.0$
>
> 由图 7-26，查得 $\psi=8\times10^{-4}$
>
> 故 $\dfrac{h_w d_p}{\lambda}=(8\times10^{-4})\times\dfrac{\{1+7.5\exp[-0.44\times(1/0.5)\times(1.003/1.088)]\}}{[(1-0.7)\times1.088\times1300/(1.003\times0.5)]^{-1}}=2.93$
>
> 故 $h_w=2.93\times0.0349/(1\times10^{-4})=1023[W/(m^2\cdot K)]$
>
> 再求床中心处垂直管壁上的传热系数，这时 $C_R=1$，由式（7-63）
>
> $\dfrac{h_w d_p}{\lambda}=0.01844\times1\times(1-0.7)\times\left(\dfrac{1.003\times0.5}{0.0349}\right)^{0.43}\times1^{0.23}\times\left(\dfrac{1.088}{1.003}\right)^{0.8}\times\left(\dfrac{1300}{0.5}\right)^{0.66}=3.33$
>
> 故 $h_w=3.33\times0.0349/(1\times10^{-4})=1162[W/(m^2\cdot K)]$
>
> 对于床中心与器壁中间的垂直管，因由图 7-27 查得 $C_R=1.72$，故
>
> $h_w=1.72\times1162=1999[W/(m^2\cdot K)]$

7.3.3　颗粒与流体间的传质

流化床不论是作为反应器还是传质设备，颗粒与流体间的传质系数 K_G 是一个重要的参数。根据传质速度的大小，可以判断过程的速度控制步骤。文献中对于这类传质系数有过许多报道，今举一推荐的关联式如下：

$$5<\frac{d_p u_0 \rho}{\mu}<500 \qquad \frac{K_G}{u_0}\varepsilon\left(\frac{\mu}{\rho D}\right)^{\frac{2}{3}}=(0.81\pm0.05)\left(\frac{d_p u_0 \rho}{\mu}\right)^{-0.5} \tag{7-66}$$

$$50<\frac{d_p u_0 \rho}{\mu}<2000 \qquad \frac{K_G}{u_0}\varepsilon\left(\frac{\mu}{\rho D}\right)^{\frac{2}{3}}=(0.6\pm0.1)\left(\frac{d_p u_0 \rho}{\mu}\right)^{-0.43} \tag{7-67}$$

式（7-66）是以液体流化床 $\left(100<\dfrac{\mu}{\rho D}<1000, 0.43<\varepsilon<0.63\right)$ 的数据为主建立的，而式（7-67）则是以 $0.6<\dfrac{\mu}{\rho D}<2000$ 及 $0.43<\varepsilon<0.75$ 范围内的气体流化床和液体流化床的数据为依据而发展的。

7.3.4　气泡与乳相间的传质

在流化床反应器中，气泡相与乳相之间的气体交换作用非常重要，因为反应实际上是在乳

相中的催化剂表面上进行的。相间传质速度与表面反应速度与床型和操作参数是直接相关的。

图 7-28 为相间交换示意图。从气泡经气泡晕到乳相的传递是一个串联过程。气泡在经历 dl （时间 dt）的距离内的交换速率（以组分 A 表示）为

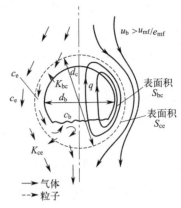

$$-\frac{1}{V_b}\frac{dn_{Ab}}{dt}=-u_b\frac{dc_{Ab}}{dl}=(K_{bc})_b(c_{Ab}-c_{Ac})$$
$$=(K_{ce})_b(c_{Ac}-c_{Ae})=(K_{be})_b(c_{Ab}-c_{Ae})$$

$$(7\text{-}68)$$

式中，$(K_{be})_b$ 是总括交换系数；$(K_{bc})_b$ 及 $(K_{ce})_b$ 则分别为气泡与气泡晕及气泡晕与乳相间的交换系数。它们的含义是在单位时间内以单位气泡体积为基准所交换的气体体积。三者间的关系如下

图 7-28 相间交换示意图

$$\frac{1}{(K_{be})_b}\approx\frac{1}{(K_{bc})_b}+\frac{1}{(K_{ce})_b}\qquad(7\text{-}69)$$

对于一个气泡而言，单位时间内与外界交换的气体体积 Q 等于穿过气泡的穿流量 q 及相间扩散量之和，即

$$Q=q+\pi d_b^2 K_{bc}\qquad(7\text{-}70)$$

q 值由式(7-42)表示，而传质系数 K_{bc} 可由下式估算

$$K_{bc}=0.975D^{\frac{1}{2}}(g/d_b)^{\frac{1}{4}}\ (\text{cm/s})\qquad(7\text{-}71)$$

式中，D 为气体的扩散系数。将式(7-42)及式(7-71)代入式(7-70)得

$$(K_{bc})_b=\frac{Q}{(\pi d_b^3/6)}=4.5\left(\frac{u_{mf}}{d_b}\right)+\left(5.85\frac{D^{\frac{1}{2}}g^{\frac{1}{4}}}{d_b^{\frac{5}{4}}}\right)\qquad(7\text{-}72)$$

此外，$(K_{ce})_b$ 可由下式估算

$$(K_{ce})_b=\frac{k_{ce}S_{bc}(d_c/d_b)^2}{V_b}\approx6.78\left(\frac{D_e\varepsilon_{mf}u_b}{d_b^3}\right)^{\frac{1}{2}}\qquad(7\text{-}73)$$

式中，S_{bc} 为气泡与气泡晕的相界面积；D_e 为气体在乳相中的扩散系数。在目前还缺乏实测数据的情况下，可取 $D_e=\varepsilon_{mf}D\sim D$ 之间的值。

文献上有许多根据不同的物理模型和不同的数据处理方法得出的相间交换系数及其关联式。目前在这方面还没有统一的处理，因此在引用时需加注意。

例 7-7 在一装有垂直管束的流化床反应器中，代表气泡直径控制为 10cm，已知 $u_{mf}=0.20\text{cm/s}$，$D_e=0.39\text{cm}^2/\text{s}$，求：（1）操作气速 $u_0=5\text{cm/s}$ 时的相间交换系数。（2）如 d_b 控制为 20cm，则情况如何？（3）如 d_b 仍为 10cm，但 $u_0=50\text{cm/s}$，则情况又如何？

解（1）由式(7-28)及式(7-29)分别得

$$u_{br}=0.711\times(980\times10)^{\frac{1}{2}}=70.4(\text{cm/s})$$
$$u_b=5-0.20+70.4=75.2(\text{cm/s})$$

故由式(7-72)

$$(K_{bc})_b = 4.5 \times \frac{0.2}{10} + \left(5.85 \times \frac{0.39^{\frac{1}{2}} \times 980^{\frac{1}{4}}}{10^{5/4}}\right) = 1.24(s^{-1})$$

由式(7-73)

$$(K_{ce})_b = 6.78 \times \left(\frac{0.39 \times 0.6 \times 75.2}{10^3}\right)^{\frac{1}{2}} = 0.899(s^{-1})$$

总括交换系数

$$(K_{be})_b = 1/\left[\frac{1}{(K_{bc})_b} + \frac{1}{(K_{ce})_b}\right] = 1/\left(\frac{1}{1.24} + \frac{1}{0.899}\right) = 0.521(s^{-1})$$

（2）$d_b = 20cm$ 时，用同法可以算出

$u_{br} = 99.6cm$，$u_b = 104.4cm/s$，$(K_{bc})_b = 0.529s^{-1}$，$(K_{ce})_b = 0.374s^{-1}$，$(K_{be})_b = 0.219s^{-1}$，即不足于（1）中的一半数值。

（3）$d_b = 10cm$，$u_0 = 50cm/s$ 时可同样算得

$u_b = 120.2cm/s$，$(K_{bc})_b = 1.24s^{-1}$，$(K_{ce})_b = 1.14s^{-1}$，$(K_{be})_b = 0.595s^{-1}$，即气速虽然增加了 10 倍，但相间交换系数的增大不多。

7.4　鼓泡流化床的数学模型

在前面各节中，我们介绍了鼓泡流化床中各种基本物理现象及其规律，包括气泡的行为、乳相的动态、分布板与内部构件的影响、床层与器壁的传热以及相间的质量传递等，它们都是流化床设计的重要基础。作为化学反应器还需要确定反应的转化率和选择性。因此需要进一步探讨流化床反应器的数学模型问题。

7.4.1　模型的类别

随着鼓泡流化床反应器在工业上得到越来越多的应用，对其中的物理现象亦有了更多的研究及认识，相关数学模型研究有了很大进展，按鼓泡流化床中气相和乳相归类，如表 7-3 所示。流化床内流动为全混流的拟均相全混流模型因未考虑流化床中气泡的快速上升与传质，而导致模型计算所得的转化率比实际的还高，已被摒弃。

表 7-3 中各模型的主要区别在于下列几个方面。

① 选用的相　有的选气、乳两相；有的选气泡、气泡晕及乳相；有的把乳相分成上流的及下流的两相；有的则把同向上流的气固相作为一相，而把同向下流的气固相作为另一相等。

② 气泡　有的两相模型根本不考虑气泡的具体情况；有的全床只用一个代表的气泡直径而不考虑气泡在床层中的聚并和长大；另一些则考虑到气泡的长大。气泡直径随床高的变化有的采用线性的关系，有的则用非线性的表示等。

③ 相的流况　通常气泡相都采用平推流式，但乳相有的采用全混式，有的采用部分返混式，有的则采用平推流式，而借相间交换系数来表达相互间的影响。

表 7-3　流化床反应器的数学模型类别

相别		气泡情况	流况	例
两相	气相-乳相	不考虑具体气泡的情况	气相-平推流式 乳相-部分返混式	两相模型
			气相-平推流式 乳相-平推流式、全混式或部分返混式	统一两相模型
	上流相(气+固)-回流相(气+固)	不考虑具体气泡的情况	均为平推流式	逆流两相模型
	气泡相-乳相	单一的代表气泡直径	均为平推流式	气泡两相模型及二区模型
			气泡相-平推流式 乳相-全混式	
		变径气泡	均为平推流式	气泡集团模型 修正气泡集团模型
		变径气泡	均为平推流式	气泡聚并模型
			气泡相-平推流式 乳相-全混式	
三相	气泡相-上流相(气+固)-回流相(气+固)	不考虑具体气泡的情况	均为平推流式	三相模型
	气泡相-气泡晕相-乳相	单一的代表气泡直径	气泡相-平推流式 乳相中气流情况的影响不计	鼓泡床模型
			均为平推流式	逆流返混模型
		变径气泡	均为平推流式	三相聚并模型
四相	气泡相-气泡晕相-上流相-回流相	单一的代表气泡直径	均为平推流式	四区模型

　　虽然还不能确定哪种模型最好，但根据已有的实验测得床内的微观运动规律和气泡的结构特性来看，大致可以这样认为：流化床内存在着气泡、气泡晕、上流乳相和回流乳相等四个区（相）。根据物料体系和操作条件的不同，有的区可以相对地忽略不计，即对不同的体系，有其最适合的模型。一般而言，用两相模型描述就能比较简单地获得近似结果。模型预测的精确性不仅与模型本身的真实性有关，还与模型中的一些参数能否准确地确定有关，因此要提高数学模型的精确性需深入研究床层内的微观运动规律，掌握不同流况下的床层动态，得到最合理的物理模型，并测准有关的参数值。如能在中试或大装置上对数学模型进行检验和修正，可提高模型的预测准确度，真正满足理论和工业应用的要求。

　　下面就若干简单实用的模型加以说明。

7.4.2　两相模型

　　（1）不考虑具体气泡的两相模型　将流化床简单地设想成如图 7-29 所示的由 b（气泡相）、e（乳相）两相组成，在相间有气相交换。这类模型不考虑气泡的具体情况，得到两相物料衡算式如下。

e 相（扩散模型）

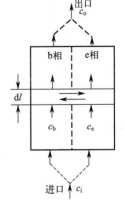

图 7-29　两相模型示意图

$$\left(\frac{E_z}{L_f u_e}\right)\frac{(dc_e)^2}{d\xi^2} - \frac{dc_e}{d\xi} + r\frac{L_f}{u_e} - N(c_e - c_b) = 0 \qquad (7-74)$$

b 相（平推流式）

$$\frac{\mathrm{d}c_b}{\mathrm{d}\xi} - N\left(\frac{f}{1-f}\right)(c_e - c_b) = 0 \tag{7-75}$$

式中，E_z 为 e 相的混合扩散系数；u_e 为 e 相中气体的空床流速；f 为经过 e 相部分的气体所占的体积分数；$\xi = l/L_f$，为一无量纲参数；r 为反应速率；N 为床层中相间交换的气量与 e 相气量之比。

边界条件

$$\left.\begin{aligned} &\xi = 0, \mathrm{d}c_e/\mathrm{d}\xi = \left(\frac{L_f u_e}{E_z}\right)(c_e - c_f) \\ &c_b = c_f（进口浓度） \\ &\xi = 1, \mathrm{d}c_e/\mathrm{d}\xi = 0 \end{aligned}\right\} \tag{7-76}$$

式(7-74) 中的 r 是以 e 相体积为基础的反应物的生成速率，它是 c_e 的函数。将式(7-74)～式(7-76)用数值法联解可求得不同床高处的 c_b 及 c_e，而床层出口处的气体浓度 c_o 为

$$c_o = f(c_e)_{\xi=1} + (1-f)(c_b)_{\xi=1} \tag{7-77}$$

于是反应的转化率便为

$$x = 1 - \frac{c_o}{c_f} \tag{7-78}$$

本法在计算上比较复杂，而且 N 及 E_z 的值需要事先另作专门的测定。

(2) 气泡两相模型（Davidson-Harrison 模型） 本模型的基本假设有：

① 以 u_0 的气速进入床层的气体中，一部分在乳相中以临界流化速度 u_{mf} 通过，而其余部分（$u_0 - u_{mf}$）则全部以气泡的形式通过；

② 床层从流化前的高度 L_{mf} 增高到流化时的 L_f，完全是由气泡的体积增大所致；

③ 气泡相为向上的平推式流动，其中无催化剂颗粒，故无化学反应发生，气泡大小均一；

④ 反应完全在乳相中进行，乳相流况可假设为全混流或平推流；

⑤ 气泡与乳相间的交换量 Q（体积/时间）为穿流量 q 与扩散量之和；

$$Q = q + k_g S \tag{7-79}$$

式中，k_g 为气泡与乳相间的传质系数；S 为气泡的表面积。

设单位床层体积中的气泡个数为 N_b，每个气泡的体积为 V_b，其上升速度为 u_b，则由假设 a 可知

$$N_b V_b u_b = u_0 - u_{mf} \tag{7-80}$$

由假设 b，则有

$$L_f(1 - N_b V_b) = L_{mf} \tag{7-81}$$

从上二式中消去 $N_b V_b$，并应用式(7-29) 的关系，则气泡直径为

$$d_b = \frac{1}{g}\left(\frac{L_{mf}}{L_f - L_{mf}} \times \frac{u_0 - u_{mf}}{0.711}\right)^2 \tag{7-82}$$

下面对反应为一级的两种情况加以分析。

① 乳相全混 对床层高度为 l 处的单个气泡作物料衡算时

$$(q + k_g S)(c_e - c_b) = V_b \frac{\mathrm{d}c_b}{\mathrm{d}t} = u_b V_b \frac{\mathrm{d}c_b}{\mathrm{d}l} \tag{7-83}$$

利用边界条件：$l=0$，$c_b=c_i$，则上式积分的结果为

$$c_b=c_e+(c_i-c_e)e^{-Ql/(u_b V_b)} \tag{7-84}$$

如按单位床层截面对乳相作物料衡算，则因

　　a. 反应组分从气泡传到乳相的量为 $N_b Q \int_0^{L_f} c_b \mathrm{d}l$；

　　b. 从乳相到气泡相的量为 $N_b Q L_f c_e$；

　　c. 从乳相底部进入的量为 $u_{mf} c_i$；

　　d. 从乳相顶部出去的量为 $u_{mf} c_e$；

　　e. 在乳相中的反应量为 $k_c L_f c_e (1-N_b V_b)$，这里的 k_c 是以床层乳相的体积作基准来定义的。于是可写出其物料衡算的关系式为

$$a+c=b+d+e$$

化简后得

$$N_b V_b u_b (c_i-c_e)(1-e^{-\frac{QL_f}{u_b V_b}})+u_{mf}(c_i-c_e)=k_c L_f c_e (1-N_b V_b) \tag{7-85}$$

床层出口的总衡算式为

$$u_0 c_o=(u_0-u_{mf})(c_b)_0+u_{mf}(c_e)_0 \tag{7-86}$$

故可根据式(7-83)～式(7-85)和式(7-80)及式(7-81)最后求得反应的未转化率为

$$\frac{c_o}{c_i}=Ze^{-X}+\frac{(1-Ze^{-X})^2}{k'+(1-Ze^{-X})} \tag{7-87}$$

$$\left.\begin{array}{l} Z=1-\dfrac{u_{mf}}{u_0} \\[3mm] k'(\text{无量纲})=\dfrac{k_c L_{mf}}{u_0}=\dfrac{k_r pW}{F} \\[3mm] X=\dfrac{QL_f}{u_0 V_b}=\dfrac{6.34 L_{mf}}{d_b (gd_b)^{\frac{1}{2}}}\left[u_{mf}+1.3D^{\frac{1}{2}}(g/d_b)^{\frac{1}{4}}\right] \end{array}\right\} \tag{7-88}$$

　　式中，p 为总压力；W 为催化剂质量；F 为物料的摩尔流量；k_r 是以 $r=\dfrac{1}{W}\dfrac{\mathrm{d}n}{\mathrm{d}t}=k_r p$ 方程为定义的反应速率常数。

　　② 乳相为平推流　对床内任一处高度为 $\mathrm{d}l$ 的一段床层作物料衡算，有

$$u_{mf}\frac{\mathrm{d}c_e}{\mathrm{d}l}+(u_0-u_{mf})\frac{\mathrm{d}c_b}{\mathrm{d}l}+k_c c_e(1-N_b V_b)=0 \tag{7-89}$$

如对气泡相作物料衡算，则仍为式(7-83)。从此二式中消去 c_e，并应用式(7-88)的记号，则有

$$L_f^2(1-Z)\frac{\mathrm{d}^2 c_b}{\mathrm{d}l^2}+L_f(X+k')\frac{\mathrm{d}c_b}{\mathrm{d}l}+k'Xc_b=0 \tag{7-90}$$

其解为

$$c_b=A_1 e^{-m_1 l}+A_2 e^{-m_2 l} \tag{7-91}$$

式中，m_1、m_2 为

$$m_{1,2}=\frac{(X+k')\pm\sqrt{(X+k')^2-4(1-Z)k'X}}{2L_f(1-Z)} \tag{7-92}$$

A_1、A_2 为积分常数，可由下列边界条件求出

$$l=0, c_b=c_i, \frac{dc_b}{dl}=0 \tag{7-93}$$

故最后得到的结果为

$$\frac{c_o}{c_i}=\frac{1}{m_1-m_2}\left[m_1 e^{-m_2 L_f}\left(1-\frac{m_2 L_f}{X}\frac{u_{mf}}{u_0}\right)-m_2 e^{-m_1 L_f}\left(1-\frac{m_1 L_f}{X}\frac{u_{mf}}{u_0}\right)\right] \tag{7-94}$$

对臭氧分解反应，将式(7-87)及式(7-94)做比较，并用 c_o/c_i 对 k' 作图时，发现两者所得的曲线相近，对于较快（k' 大）的反应，它们之间的差距就更小了，并与实验点一致。这主要是因为物料在乳相中已基本完全反应。

本法实际上只用了一个参数 d_b，计算相当简便。但用式(7-82)算得的 d_b 是否对其他反应也都能同样吻合，尚有待积累更多的资料来证明。另外，这些方程式对参数的选择和数值十分敏感，数值上稍有出入，结果就会有很大的差异。

③ 两区模型　与上述气泡两相模型在概念上相似而具体算法上不同的是两区模型，它假定在气速较高的情况下可把床层当作由气泡区与下流区构成；而在气速较低的情况则当作由气泡区及上流区构成，两区均为平推流，区间有质量交换。本法也只用一个 d_b 作为参数，算法也还是相当简便的。譬如对于气速较低的情况，可写出在定常状态的一级反应，以单位床截面为基准的物料衡算式。

气泡区 $$v_b \frac{dc_b}{dl}+(K_{b0})_b \delta_b (c_b-c_u)=0 \tag{7-95}$$

上流区 $$v_u \frac{dc_u}{dl}-(K_{b0})_b \delta_u (c_b-c_u)+\delta_0 k_v c_u=0 \tag{7-96}$$

式中，k_v 是以上流区体积为基准的反应速率常数，它与以 mol/(g·h·atm) 为单位的 k 的关系是

$$k_v=\rho_p(1-\varepsilon_{mf})RTk \tag{7-97}$$

δ_b 及 δ_u 分别为气泡区及上流区所占床层的体积分数

$$\delta_b=(L_f-L_{mf})/L_f, \delta_u=1-\delta_b \tag{7-98}$$

v_b 及 v_u 分别为单位塔截面中气泡及上流区的气体流量，可按下式计算

$$v_u=u_{mf}\delta_u \tag{7-99}$$

$$v_b=u_0-v_u \tag{7-100}$$

$(K_{b0})_b$ 则可当作 $(K_{bc})_b$ 那样来计算。

设

$$\left.\begin{array}{l}c_1=c_b/c_i\\c_2=c_u/c_i\\Z=L/L_f\end{array}\right\} \tag{7-101}$$

则式(7-95)及式(7-96)可写成

$$\frac{dc_1}{dZ}=A_1 c_1+A_2 c_2 \tag{7-102}$$

$$\frac{dc_2}{dZ}=A_3 c_1+A_4 c_2 \tag{7-103}$$

式中：

$$\left.\begin{aligned}A_1&=-(K_{bu})_b\delta_b L_f/v_b\\A_2&=-A_1\\A_3&=(K_{bu})_b\delta_b L_f/v_u\\A_4&=[-(K_{bu})_b\delta_b-k_v\delta_u]L_f/v_u\end{aligned}\right\}\tag{7-104}$$

联解式(7-102) 及式(7-103)，可得

$$c_1=M_1e^{\lambda_1 Z}+M_2e^{\lambda_2 Z}\tag{7-105}$$

$$c_2=\alpha_1M_1e^{\lambda_1 Z}+\alpha_2M_2e^{\lambda_2 Z}\tag{7-106}$$

式中，λ_1、λ_2 为下式的根

$$\lambda^2+P_1\lambda+P_2=0\tag{7-107}$$

而

$$P_1=-A_1-A_4,P_2=A_1A_4-A_2A_3\tag{7-108}$$

又

$$\alpha_1=(\lambda_1-A_1)/A_2,\alpha_2=(\lambda_2-A_1)/A_2\tag{7-109}$$

利用边界条件

$$\left.\begin{aligned}Z=0;c_1=1\\u_0=v_bc_1+v_uc_2\end{aligned}\right\}\tag{7-110}$$

可得出

$$M_1=(u_0-v_b-v_u\alpha_2)/[(\alpha_1-\alpha_2)v_u]\tag{7-111}$$

$$M_2=1-M_1$$

于是转化率为

$$x=1-\frac{1}{u_0}[v_b(c_1)_{z=1}+v_u(c_2)_{z=1}]\tag{7-112}$$

7.4.3 Kunii-Levenspiel 鼓泡床模型

图 7-30 就是本模型的示意图，它相当于 $6<u_0/u_{mf}<11$ 时，乳相中气体全部下流的情况。本模型假定床顶出气组成完全可用气泡中的组成代表。而不必计及乳相中的情况，因此只需计算气泡中的气体组成便可算出反应的转化率。

对定态一级不可逆反应，可以写出气泡的物料衡算式。

$$\frac{-dc_b}{dt}=-u_b\frac{dc_b}{dl}=(K_r)_bc_b=r_bk_rc_b+(K_{bc})_b(c_b-c_c)\tag{7-113}$$

$$(K_{bc})_b(c_b-c_c)\approx r_ck_rc_c+(K_{ce})_b(c_c-c_e)\tag{7-114}$$

$$(K_{ce})_b(c_c-c_e)\approx r_ek_rc_e\tag{7-115}$$

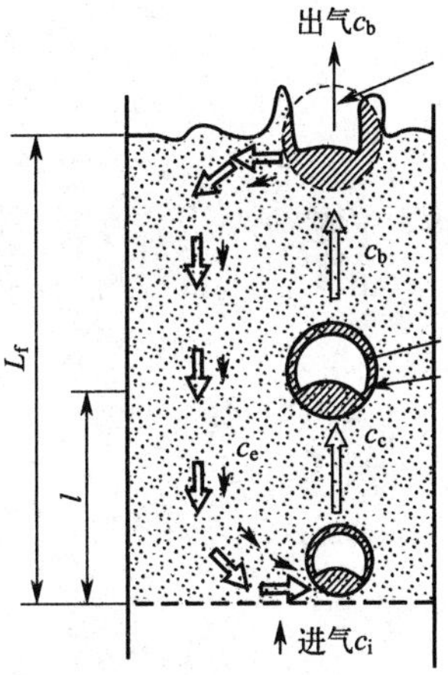

图 7-30　鼓泡床模型示意图

($6<u_0/u_{mf}<11$)

式中，k_r 是以固体颗粒的体积为基准的反应速率常数；$(K_r)_b$ 则为以气泡体积为基准的总括反应速率常数。

将式(7-113) 在边界条件 $l=0$，$c_b=c_i$ 下积分，得

$$c_b=c_i\exp[-K_f(l/L_f)]\tag{7-116}$$

式中，K_f 是由式(7-113)～式(7-115)中消去 c_c 及 c_e 而得出的一个无量纲数

$$K_f = \frac{L_f(K_r)_b}{u_b} = \frac{L_f k_r}{u_b} \times \left[r_b + \cfrac{1}{\cfrac{k_r}{(K_{bc})_b} + \cfrac{1}{r_c + \cfrac{1}{\cfrac{k_r}{(K_{ce})_b} + \cfrac{1}{r_e}}}} \right] \tag{7-117}$$

如写成转化率的关系，则为

$$1 - x = \frac{(c_b)_{l=L_f}}{c_i} = e^{-K_f} \tag{7-118}$$

本模型也只用一个代表气泡直径为主要参数。选择一个适当的 d_b 值，常可使本模型算得的结果与实验的结果吻合。既有理论基础，又十分简明，为本模型特殊的优点。但事先如何确定 d_b 却没有可靠的方案，只能做些估计。因此与其说 d_b 具有物理的真实性，不如说它是一个供拟合用的可调参数。

此外，本模型对流化数不大（如小于 6）或气泡直径大（如大于 11cm）的情况，误差比较大。

例 7-8　臭氧分解为一级反应，今在一床层为 20cm 的流化床中进行，已知静床高 $L_0 = 35cm$，$u_{mf} = 2.1cm/s$，$u_0 = 13.2cm/s$，$\varepsilon_0 = 0.45$，$\varepsilon_{mf} = 0.5$，$D = 0.204cm^2/s$。

设气泡中不含催化剂颗粒，$\alpha_w = 0.47$，试计算在不同的反应速率常数值下的转化率，并与附图中的实验点相比较。

解　取 $d_b = 3.7cm$、4.2cm 及 5.0cm 分别计算。

当 $d_b = 3.7cm$ 时，由式(7-72) 得

$$(K_{bc})_b = 4.5 \times \frac{2.1}{3.7} + 5.85 \frac{0.204^{\frac{1}{2}} \times 980^{\frac{1}{4}}}{3.7^{\frac{5}{4}}} = 5.43(s^{-1})$$

由式(7-28) 得 $u_{br} = 0.711 \times (980 \times 3.7)^{\frac{1}{2}} = 42.8(cm/s)$

由式(7-29) 得 $u_b = 13.2 - 2.1 + 42.8 = 53.9(cm/s)$

由式(7-73) 得 $(K_{ce})_b = 6.78 \times \left(\frac{0.5 \times 0.204 \times 53.9}{3.7^3} \right)^{\frac{1}{2}} = 2.23(s^{-1})$

由式(7-47) 得 $\delta = \frac{13.2 - 2.1}{53.9} = 0.206$

由式(7-49) 得 $r_c = (1 - 0.5) \times \left[\frac{3 \times 2.1/0.5}{0.711 \times (3.7 \times 980)^{\frac{1}{2}} - 2.1/0.5} + 0.47 \right] = 0.40$

由式(7-51) 得 $r_e = (1 - \varepsilon_{mf}) \frac{1 - \delta}{\delta} - (r_b + r_c) = (1 - 0.5) \times \frac{1 - 0.206}{0.206} - 0.4 = 1.53$

在图中应用了无量纲反应速率常数的表示 $K_m = (1 - \varepsilon_0) L_0 k_r / u_0$

故

$$k_r = \frac{13.2}{(1 - 0.45) \times 34} K_m = 0.706 K_m$$

又利用式(7-47) 的关系，可知

$$\frac{L_f k_r}{u_b} = \frac{L_{mf}}{(1-\delta)u_b} \times \frac{u_0}{(1-\varepsilon_{mf})L_{mf}} K_m = \frac{u_0 K_m}{u_b(1-\delta)(1-\varepsilon_{mf})} = \frac{1}{(1-\varepsilon_{mf})}\left(\frac{u_0}{u_{br}}\right)K_m$$

故代入式(7-117)，得

$$K_f = \cfrac{\cfrac{1}{1-0.50}\left(\cfrac{13.2}{42.8}\right)K_m}{\cfrac{0.706K_m}{5.44} + \cfrac{1}{0.40 + \cfrac{1}{\cfrac{0.706K_m}{2.23} + \cfrac{1}{1.53}}}}$$

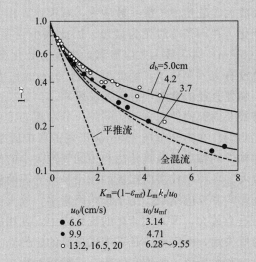

例 7-7 附图　计算曲线与实验点的比较

而由式(7-118)

$$1 - x = e^{-K_f}$$

这样就可对不同的 K_m 值算出 $1-x$，其结果绘于附图中。

按同样程序，可以计算出 $d_b = 4.2\mathrm{cm}$ 及 $5.0\mathrm{cm}$ 时的曲线，一并绘于附图中，可以看到用本法时，如选用适当的 d_b，是可以与实验结果相吻合的。

7.4.4　鼓泡流化床反应器的开发与放大

鼓泡流化床的开发与放大，国内外都有成功的经验，总体来看涉及催化剂性能、操作条件、床层结构方面的问题。下面就试做一些讨论。

首先，供鼓泡流化床用的催化剂必须具有良好的活性、选择性和稳定性。活性太低固然不好，活性太高以致热量难以携出也是不希望的，有人主张以静止床层体积为基准的反应速率常数值 $k = 0.3 \sim 1.2\mathrm{s}^{-1}$ 为宜。对选择性和稳定性的要求本来是不言而喻的，但由于流化床中的返混大和停留时间分布宽的原因，易使副反应增多而选择性降低，甚至由于某些产物的生成或积累，促使催化剂失活加快，因此催化剂在流化床中所经受的考验比固定床中严峻得多。此外强度问题亦很重要，催化剂必须充分耐磨，才有工业化的前景。事实上，工业上使用的催化剂对稳定性和强度的要求更高，而对活性往往并不要求太高。

催化剂的粒度和粒度分布对维持良好的流化质量十分重要，这在前面已着重指出过。细粒床（平均 $d_p=50\sim100\mu m$）比粗粒床（平均 d_p 约 $200\mu m$ 或其以上）具有显著优越的流化性能而特别适用于工业放大，因为放大后往往气速增大，床高增加，粗颗粒的流化不稳定性将大为加剧，甚至出现短路，严重影响反应效果。有人建议适宜的粒度分布大致是：$50\sim70\mu m$ 的占约 50%，小于 $44\mu m$ 的占 $25\%\sim35\%$，大于 $88\mu m$ 的占 $5\%\sim20\%$。

在放大时，操作条件往往需要有所改变，譬如由于气-固接触效率的下降而需要适当加高床层来增加接触时间。但高径比大了，易导致节涌，一般大床的高径比在 3 以下。也有为了促进流化、强化传热和混合作用而加大空床气速，但与此同时，接触时间也发生了变化。有时，放大后要适当增高温度，才能达到与小装置相同的某些指标，这是与返混及接触效率的降低有关的。由于床径放大，乳相中扩散系数增大，结果使乳相中纵向及径向的浓度梯度减小，直至消失。这种变化，在床径小时尤为显著，因此从小装置（直径 25 或 50mm）放大到中型装置（直径约 500mm）时，放大效应显著，表现为转化率及收率的下降，而从中型装置再进一步放大，就没有太大变化了。因此可以把 500mm 作为放大用的临界直径，冷模试验应当在等于或大于临界直径的装置中进行才较可靠。

在床层结构上有分布板及内部构件两方面的问题。分布板的重要性前已阐述，它应能使气体均匀分散和床层流化均匀。在离分布板 250mm 以内的影响区中也往往是转化最快的区域。用垂直管束作为内部构件的特点是兼具传热和控制气泡大小的作用，它不影响床内的自由混合，便于迅速实现放大。各种型式横向挡板的作用是对气固的流动施加限制，改变床内的浓度和温度分布，从而影响其反应结果。由于影响因素多，放大比较困难。经验表明从小床到大床，挡板的间隔可适当放大，因为气速高的流化床中，乳相中的情况影响不大，反应的结果主要由气泡的行为所决定，而气泡总是平推式上流的。另外，放大以后床层的运动加剧，使挡板间距加大的影响有所抵消，特别在大床中，挡板间距在一定范围内的变化本来就不像在小床中那样会带来明显的影响。

对于低转化率的反应（如单程转化率在 20% 以下），流动的影响颇小。但对高转化率的反应，如烃类的高温氧化，原料往往接近全部转化。而另一原料（空气）大大过量，浓度变化亦较小，反应的目的产物往往也就是中间产物，这时返混就不利了。除非副反应的速率与主反应的相比要小得多，才不致有严重影响。

对表面反应快而相间传递慢、主反应比副反应速率快得多的情况就需要强化传质，而对于传质速率快而表面反应速率慢、单程转化率不高而副反应影响又大的情况，则宜采用低线速操作，强化的途径应从动力学因素入手，如改进催化剂的活性、增加接触时间和提高反应温度等。总之对于具体反应，必须具体分析，弄清控制步骤，才能做到措施得宜，效果显著。

7.5 快速流态化的发展和模型化

在流态化技术发展前期，鼓泡流化床技术得到了充分的发展。但是随着 FCC 催化裂化在工业应用中的广泛发展，鼓泡流态化的气泡行为带来反应器效率降低和装置不易放大的难题，郭慕孙院士早期就创新性提出了聚式流态化的无气泡气固接触的概念，快速流态化及其应用技术是其核心之一。

自 20 世纪 70 年代初开始，我国学者（李佑楚、金涌等）对多种不同特性的颗粒物料进行了系统的快速流态化流动的实验研究，发现了快速流态化一般具有三种轴向空隙率分布，典型的为上稀下浓两相共存的拐点居中的 S 型分布，拐点超过设备顶点的全浓分布和拐点低于分布板的全稀分布。研究发现，这种特殊的 S 型分布除受气固物性影响外，还与床层结构（如直径、进口结构、出口结构等）有关。Li（李佑楚）和 Kwauk（郭慕孙）提出一个基于轴向固体分级与扩散的动力学平衡模型，给予数学描述，定量地描述了一种新的流态化状态的存在。随后，快速流态化的研究成为国际前沿领域的热门课题。

在流态化发展史上，快速流态化的床层结构可算是最为复杂的了，它不仅存在如经典流态化那样的轴向不均匀性和床层局部"微观"结构的不均匀性，而且存在如气力输送那样的径向不均匀性；这种不均匀床层结构，不只是像经典流态化那样仅由气体速度决定，而且还与固体循环量有关。欲将由轴向不均匀结构和径向不均匀结构综合而成快速流态化床层的精确模型化，其困难是不言而喻的。尽管如此，自 20 世纪 80 年代后期起，由于计算机和计算技术的长足发展与广泛应用，许多工程模拟计算成为可能，快速流态化的模型化方法也取得了巨大进步，正经历着逐步从经验走向理论的历史性发展。

总体而言，快速流态化的模型方法不少，称谓也各不相同，但从方法原理来分，可分为两大类，即理论模型（或半经验半理论模型）和经验模型。至于经验模型，根据其构思原理和分析方法的不同，可分为非均匀流体-颗粒团两相流模型和拟均匀连续分布两相流模型。非均匀流体-颗粒团两相流模型主要依据快速流态化中颗粒成团运动的不均匀特征，研究流体与颗粒团的相互作用及其运动规律。根据非均匀尺度的大小不同，又可分为流体-颗粒团扩散轴向两区两相流模型、二维流体-颗粒团扩散两区两相流模型和多尺度流体-颗粒团两相流模型。拟均相连续分布两相流模型假定流体与颗粒共同形成参数和状态均匀分布的流动状态，而快速流化床的不均匀结构通过质量和动量相联系的分区子模型组合而成的流动结构物理模型来描述，从而建立起连续分布轴向两区两相流模型和各种连续分布环-核径向两区两相流模型。

本章只对部分经验模型作一介绍，以提供一种快速流态化反应器设计思路。

7.5.1　轴向流体-颗粒团两区两相流模型（Li-Kwauk 模型）

快速流态化流动操作的数学模拟中重要的问题是，应明确所要模拟的快速流化床的类型及其相关的影响因素，对于循环流化床，除物系特性、气体速度、固体循环速率外，还应包括系统的存料量、提升管和循环料料腿的几何尺寸（或 A_F/A_D），同时选择与此相应的模型参数等。

绝大多数情况下循环流化床的流体力学特点是：

① 快速流态化空隙率轴向分布曲线拐点位置由初始存料量所决定；

② 快速流态化空隙率轴向分布两端的渐近极限空隙率 ε_a、ε^* 由提升管侧的操作气速和固体循环量决定；

③ 当操作气速确定时，固体循环量将由固体颗粒的滑移速度 (u_g-u_p) 所制约，而滑移速度与物系特性有关。

根据快速流态化颗粒具有成团运动的特性和快速流态化空隙率轴向"S"形典型分布特征，建立一个一维非均匀流体颗粒团两相流模型，如图 7-31 所示。

快速流态化中的颗粒团分散在以细颗粒和流体构成的稀薄连续相中，颗粒团数量多的构

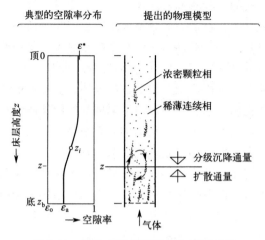

图 7-31 流体-颗粒团扩散轴向两区模型

成下部的浓相区，而颗粒团数量少的则构成上部的稀相区。颗粒团因扩散而从下部浓相区向上运动；当其到达上部床层密度较低的区域因受到的浮力减小而下沉，又返回至下部浓相区；当向上扩散通量与向下沉降通量相等时，即达到一种动态平衡。扩散通量由颗粒团浓度梯度 $d[\rho_p(1-\varepsilon_a)f]/dz$ 决定，它与由平均空隙度与颗粒团的浓度差决定的分级推动力有关，可用如下数学表达式表示

$$\xi \frac{d}{dz}\left[\rho_p f(1-\varepsilon_a)\right] = \omega\left[\Delta\rho(1-\varepsilon_a) - \Delta\rho(1-\varepsilon)\right]f(1-\varepsilon_a) \tag{7-119}$$

又

$$(1-\varepsilon) = f(1-\varepsilon_a) + (1-f)(1-\varepsilon^*) \tag{7-120}$$

式(7-119) 和式(7-120) 联立得到

$$-\frac{d\varepsilon}{(\varepsilon^*-\varepsilon_a)(\varepsilon-\varepsilon_a)} = \frac{\omega\Delta\rho}{\xi\rho_p}dz \tag{7-121}$$

对于空隙率轴向分布曲线中的拐点，其坐标为 z_i，相应空隙率为 ε_i，ε_i 通过 $\frac{d^2\varepsilon}{dz^2}=0$ 求得。

$$\varepsilon_i = \frac{(\varepsilon_a+\varepsilon^*)}{2} \tag{7-122}$$

以 z_i 为原点，对式(7-121) 进行积分，即

$$-\int_{\frac{(\varepsilon_a+\varepsilon^*)}{2}}^{\varepsilon} \frac{d\varepsilon}{(\varepsilon^*-\varepsilon_a)(\varepsilon-\varepsilon_a)} = \frac{\omega\Delta\rho}{\xi\rho_p}\int_0^{z+z_i} d(z-z_i) \tag{7-123}$$

得到

$$\frac{\varepsilon-\varepsilon_a}{\varepsilon^*-\varepsilon} = \exp\left(1-\frac{z-z_i}{Z_0}\right) \tag{7-124}$$

其中

$$Z_0 = \frac{\xi\rho_p}{\omega\Delta\rho}\left(\frac{1}{\varepsilon^*-\varepsilon_a}\right) \tag{7-125}$$

如令 $\bar{\varepsilon}$ 为对整个快速流化床 Z 的积分平均空隙率

$$\bar{\varepsilon} = \frac{1}{Z}\int_0^Z \varepsilon dz \tag{7-126}$$

式(7-124) 代入并积分，得到

$$\frac{\bar{\varepsilon}-\varepsilon_a}{\varepsilon^*-\varepsilon_a}=\frac{1}{Z/Z_0}\ln\left[\frac{1+\exp(z_i/Z_0)}{1+\exp(z_i-Z)/Z_0}\right] \tag{7-127}$$

循环流化床轴向空隙率分布还与系统的存料量有关。循环流化床的提升管和循环管的几何尺寸及两侧的压降保持平衡，忽略提升管进、出口两端的阻力及其内的存料量，则有

$$\rho_p(1-\varepsilon_0)H_D\approx\rho_p(1-\bar{\varepsilon})Z \tag{7-128}$$

其相应的存料量为

$$\rho_p I\approx A_D\rho_p(1-\varepsilon_0)H_D+A_F\rho_p(1-\bar{\varepsilon})Z \tag{7-129}$$

式(7-128) 和式(7-129) 联立，得到

$$\bar{\varepsilon}=1-\frac{I/A_F}{(1+A_D/A_F)Z} \tag{7-130}$$

将式(7-127) 与式(7-130) 联立求解，即可得到循环流化床的床层存料量与 z_i 的关系，结合式(7-124)，则可确定在给定存料量下的床层空隙率轴向分布。模型参数 ε_a 和 ε^* 可根据大量实验结果获得的经验关联式进行估计。

$$\varepsilon_a=0.7564\left(\frac{18Re_{pa}+2.7Re_{pa}^{1.687}}{Ar}\right)^{0.0741} \tag{7-131}$$

其中

$$Re_{pa}=\frac{d_p\rho_p}{\mu_p}=\left[u_0-u_p\left(\frac{\varepsilon_a}{1-\varepsilon_a}\right)\right] \tag{7-132}$$

$$Ar=\frac{d_p^3\rho(\rho_p-\rho)g}{\mu^2} \tag{7-133}$$

及

$$\varepsilon^*=0.924\left(\frac{18Re_p^*+2.7Re_p^{*1.687}}{Ar}\right)^{0.0286} \tag{7-134}$$

其中

$$Re_p^*=\frac{d_p\rho_p}{\mu_p}\left[u_0-u_p\left(\frac{\varepsilon^*}{1-\varepsilon^*}\right)\right] \tag{7-135}$$

7.5.2　一维拟均匀连续分布两区两相流模型

根据快速流态化的气固混合特性，固体颗粒气体有一定的轴向混合，而且随气速的增加而减小。相比来说，气体轴向混合远远大于径向混合，因此忽略径向混合，模型预测误差是有限的。

快速流态化的一维拟均相连续分布两相流模型如图 7-32 所示，其基本方程包括：

连续性方程

$$\frac{d}{dz}(\varepsilon\rho_g u_g)=0 \tag{7-136}$$

$$\frac{d}{dz}\left[(1-\varepsilon)\rho_p u_p\right]=0 \tag{7-137}$$

动量守恒方程

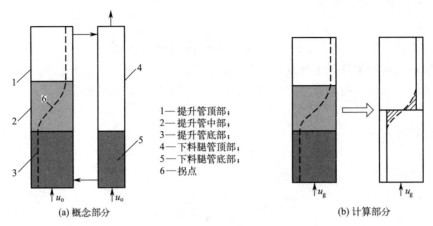

1—提升管顶部；
2—提升管中部；
3—提升管底部；
4—下料腿管顶部；
5—下料腿管底部；
6—拐点

(a) 概念部分　　　　(b) 计算部分

图 7-32　一维拟均相连续分布两相流动模型

$$\frac{\mathrm{d}}{\mathrm{d}z}(\varepsilon\rho_g u_g^2)+\frac{\mathrm{d}P_g}{\mathrm{d}z}+F_d+\varepsilon\rho_g g=0 \tag{7-138}$$

$$\frac{\mathrm{d}}{\mathrm{d}z}\left[(1-\varepsilon)\rho_p u_p^2\right]-F_d+(1-\varepsilon)(\rho_p-\rho_g)g=0 \tag{7-139}$$

式中，ε 为空隙率；ρ 为黏度；u 为速度；g 为重力加速度；P 为压力；下标 g、p 分别代表气体和固体颗粒。曳力 F_d 和曳力系数 C_d 表示如下

$$F_d=\frac{3}{4}(1-\varepsilon)\rho_g C_d/d_p\left[\varepsilon(u_g-u_p)\right]^2 \tag{7-140}$$

当 $Re<1000$

$$C_d=C_{dp}f(\varepsilon)=\left(\frac{24}{Re}+\frac{3.6}{Re^{0.313}}\right)f(\varepsilon) \tag{7-141}$$

其中 C_{dp} 为单颗粒曳力系数。

$$f(\varepsilon)=\begin{cases}0.0633\varepsilon^{-35.01} & \varepsilon\geqslant0.96,\text{上部稀相} \tag{7-142}\\ 3.16(\varepsilon-0.94)\varepsilon^{-35.01}+1.16(0.96-\varepsilon)\varepsilon^{-13.49} & 0.94<\varepsilon<0.96 \tag{7-143}\\ 0.0232\varepsilon^{-13.49} & \varepsilon\leqslant0.94,\text{下部浓相} \tag{7-144}\end{cases}$$

根据图 7-31，由式(7-136)，有

$$\varepsilon_{Fb}u_{gFb}=\varepsilon_{Ft}u_{gFt} \tag{7-145}$$

$$\varepsilon_{Db}u_{gDb}=\varepsilon_{Dt}u_{gDt} \tag{7-146}$$

$$G_g=\varepsilon_{Fb}u_{gFb}A_F \tag{7-147}$$

式中，下标 b、t 分别代表底部密相和顶部稀相；F、D 代表提升管和下料腿；A 为截面积。由式(7-137)，有

$$(1-\varepsilon_{Fb})u_{pFb}=(1-\varepsilon_{Ft})u_{pFt} \tag{7-148}$$

$$(1-\varepsilon_{Db})u_{pDb}=(1-\varepsilon_{Dt})u_{pDt} \tag{7-149}$$

对于充分发展的快速流态化，由式(7-138) 和式(7-139)，有

$$-\frac{\mathrm{d}P_g}{\mathrm{d}z}+(1-\varepsilon)(\rho_p-\rho_g)g=0 \tag{7-150}$$

系统两侧压力平衡

$$(1-\varepsilon_{Ft})H_{Ft}+(1-\varepsilon_{Fb})H_{Fb}=(1-\varepsilon_{Dt})H_{Dt}+(1-\varepsilon_{Db})H_{Db} \tag{7-151}$$

系统两侧物料守恒

$$(1-\varepsilon_{Fb})u_{pFb}A_F=-(1-\varepsilon_{Db})u_{pDb}A_D \tag{7-152}$$

系统存料量

$$I=\rho_p\{[(1-\varepsilon_{Ft})H_{rt}+(1-\varepsilon_{Fb})H_{rb}]A_F+[(1-\varepsilon_{Dt})H_{Dt}+(1-\varepsilon_{Db})H_{Db}]A_D\}$$

$$\tag{7-153}$$

给定 A_F、A_D、I 和 G_g，联立求解式(7-141)～式(7-153)。该模型有模型参数的计算方法，它既可用于试验模拟，也可用于流化过程反应器的设计。操作参数影响的分析表明，当固定存料量时，增加气体速度，快速流态化床层中上部稀相区的空隙率与下部浓相区空隙率的差值缩小；当固定气体速度，在实验的存料量范围内，快速流态化床层上、下两端渐近极限空隙保持恒定，而空隙率分布曲线中的拐点位置（或浓相区的高度）随存料量而变，存料量增加，快速流化床下部浓相区高度相应增加。在这里，我们特别注意到初始存料量对循环流化床流动结构的重要影响，对于一定的气速条件下，随着存料量的增加，快速流态化床层浓相区高度增加直至整个床层转变为空隙率均一的全浓的操作状态；相反，减小床层初始存料量，快速流态化浓相区高度随之降低，直至整个床层转变为全稀的气力输送状态。

除了上述两种模型外，根据快速流态化镜像不均匀的特征，将快速提升管的流动状况构造成一个有中心稀薄的核和颗粒浓密的外环组成的床层结构，基于该环-核结构的物理模型，分析气固流动的行为和特征。此外，还有与径向环-核模型不同的轴向多室串联流动模型和一维分布多室返混串联燃煤模型等等。

不同于经验模型，理论模型是将牛顿流体力学方程延伸至流体颗粒两相流系统，建立两相流流体力学方程组，其模型参数有的可由分子力学和统计力学导出或通过湍流理论模拟确定，但因两相流的复杂性，目前两相流体力学理论尚不完备，因而有的参数还依赖于实验。经验模型则是根据快速流态化的实验观察，建立可描述其主要或基本特征的物理模型，并将其进行数学化描述而成，其模型参数由实验确定。

理论模型或半经验半理论模型即为常用的拟流体两相流模型，将流化床中的流化固体颗粒比拟为气体分子，其宏观力学行为是颗粒群行为的统计结果，而且与气体相互渗透、相互作用而成为连续介质，从而构成流体颗粒的双流体两相流模型。根据观察视角的不同，流体-颗粒两相流模型又分为拟流体双流体两相流模型和流体颗粒轨道两相流模型，前者着眼于流体颗粒整体运动的时空状态，后者着眼于单个颗粒的运动历程。

拟流体双流体两相流模型，按模型参数确定方法，又可分为由分子力学和统计力学确定的拟流体动力学模型和由湍流理论模拟确定的拟流体湍流两相流模型。经过多年的发展，拟流体动力学模型已有突破性进展，不仅在模拟流化床气泡、节涌等流动现象方面取得了成功，而且在模拟快速流态化的径向和轴向不均匀结构方面也取得了满意结果。拟流体湍流两相流模型可以模拟快速流态化的径向不均匀结构和固体浓度极稀的气固两相流，而对高固体浓度的气固两相流，目前尚未取得符合实际的结果。

流体-颗粒轨道两相流模型是欧拉和朗格朗日两种分析方法相结合的模型。该模型认为，流化床中离散的颗粒受流体的曳力作用按牛顿力学第二定律运动，运动的颗粒之间可能发生碰撞并改变运动方向，形成各自的运动轨

科学家故事
石油领域的
战略科学家
——侯祥麟院士

迹。流化床的宏观状态则是无数个颗粒运动轨迹的叠加结果。该类模型需跟踪数量巨大的颗粒的运动，计算工作量大。

习　题

1. 某合成反应的催化剂，其粒度分布如下：

$d_p \times 10^3/cm$	40	31.5	25.0	16.0	10.0	5.0
质量分数/%	4.60	27.05	27.95	30.07	6.49	3.84

已知颗粒形状系数 $\varphi_s = 0.85$，$\varepsilon_{mf} = 0.55$，$\rho_p = 1.30 g/cm^3$，在 120℃ 及 1atm 下，气体的密度 $\rho = 1.453 \times 10^{-3} g/cm^3$，$\mu = 1.368 \times 10^{-5} Pa \cdot s$，求临界流化速度和带出速度。

2. 同题 1，（1）压力为 10atm，忽略压力对 μ 的影响，求因压力的变化引起临界流化速度的变化。（2）压力仍为 1atm，但温度为 420℃，这时 $\mu = 3.2 \times 10^{-5} Pa \cdot s$，结果又如何？（3）如压力为 10atm，温度为 420℃，则临界流化速度又为多少？

3. 试计算一直径为 6cm 的气泡在流化床中的上升速度以及气泡外的云层厚度。已知 $u_{mf} = 4cm/s$，$\varepsilon_{mf} = 0.5$。

4. 在一直径为 20cm 的流化床中，已知 $\rho_p = 2.2 g/cm^3$，$\rho = 1 \times 10^{-3} g/cm^3$，求 $d_p = 0.1mm$ 及 0.2mm 时床内最大稳定气泡直径。

5. 在一直径为 2m，静床高为 2m 的流化床中，以空床线速 0.3m/s 的空气进行流化，已知数据如下：$d_p = 60 \mu m$，$\varphi_s = 1$，$\rho_p = 1.3 g/cm^3$，$\rho = 1.2 \times 10^{-3} g/cm^3$，$\mu = 1.9 \times 10^{-5} Pa \cdot s$，求床层高度及所需的分离高度。

6. 兹需设计一直径为 3m 的流化床用的多孔分布板，已知数据如下：$\rho_p = 2.0 g/cm^3$，$\varepsilon_{mf} = 0.50$，$L_{mf} = 3.2m$，$\rho = 2 \times 10^{-3} g/cm^3$，$\mu = 1.960 \times 10^{-5} Pa \cdot s$，$u_0 = 70cm/s$，进气总压力 2bar，试确定开孔率、孔径与单位面积上孔数的关系。

7. 计算下列情况下均匀粒子的饱和携带量：

（1）$d_p = 2 \times 10^{-3} cm$；（2）$d_p = 20 \times 10^{-3} cm$。

已知 $\rho_p = 2.5 g/cm^3$，$\rho = 5.5 \times 10^{-3} g/cm^3$，$u_0 = 46cm/s$，休止角 40°，试估算所需管径。

8. 在一直径为 1.6m 的流化床中置有一开有 1350 孔的多孔分布板，气体以 $u_0 = 24cm/s$ 的空床气速通过，此外，已知 $d_p = 0.15mm$，$u_{mf} = 1.2cm/s$，$\varepsilon_{mf} = 0.45$，$D_e = 0.95cm^2/s$，$L_f = 2.5m$，求在床高 $l = 40cm$ 及 100cm 处气泡与乳相间的交换系数。

9. 在一内径为 20cm 的流化床管中进行臭氧的催化分解，已知数据如下：$L_0 = 34cm$，$\varepsilon_m = 0.45$，$\varepsilon_{mf} = 0.5$，$K_r = 2s^{-1}$，$u_0 = 13.2cm/s$，$u_{mf} = 2.1cm/s$，$\alpha = 0.47$，$D = 0.204cm^2/s$，设气泡内没有催化剂粒子，代表气泡直径为 3.7cm，求反应的转化率。

10. 在一自由流化床中进行 A $\longrightarrow$ R+S 的反应，由于是裂解反应，故一般可作一级反应处理，在等温的床层中，$k_r = 5.0 \times 10^{-4} mol/(h \cdot atm \cdot g 催化剂)$，如总压为 1atm，临界床高 3m，$\varepsilon_{mf} = 0.5$，$u_{mf} = 12.5cm/s$，$u_0 = 25cm/s$，$\rho_p = 1.90 g/cm^3$，$\rho_R = 0.760 g/cm^3$，流化床高 $L_f = 3.4m$，催化剂总量 16.8t，气体进料量 $1.0 \times 10^5 mol/h$。

此外，气体物性如下：$\rho = 1.4 \times 10^{-3} g/cm^3$，$\mu = 1.4 \times 10^{-5} Pa \cdot s$，$D_e = 0.1200 cm^2/s$，求反应的转化率。

11. 在流化床中进行乙烯加氢，估计在下述条件下反应气体的总转化率。

$u_0/(cm/s)$	10	20	30
d_b/cm	3.5	5.3	7.1

已知 $d_p = 122\mu m$，$u_{mf} = 0.73cm/s$，$L_{mf} = 50cm$，$\varepsilon_{mf} = 0.5$，$\varepsilon_m = 0.45$，$D_e = 0.91cm^2/s$，$\alpha = 0.41$，$k_r = \dfrac{5}{1-\varepsilon_m}(1/s)$。

参 考 文 献

［1］　Geldart D. FluidizationTechnology. Vol 1. HemispherePub：237-244.

［2］　Kato K，Wen C Y. Bubble Assemblage Model for Fluidized Bed Catalytic Reactors. *Chem Eng Sci*，1969，24：1351.

［3］　Mori S，Wen C Y. AlChE 67th Annual Meeting，1974，1.

［4］　Davidson J F，Harrison D. Fluidized Particles. Cambridge Univ Press，1963.

［5］　Zenz F A，Othmer D F. Fluidization and Fluid particle Systems. Reinhold，1960.

［6］　Beek W J. Fluidization. Academic Press，1971：444.

［7］　陈甘棠. 化学反应技术开发的理论和应用石油化工，1977，6：650.

［8］　Mori S，Wen C Y. Fluidization Technology. Vol 1. Hemisphere Pub，1976：179.

［9］　陈甘棠，王樟茂. 流态化的技术和应用. 杭州：浙江大学出版社，1996.

［10］　郭慕孙，李洪钟. 流态化手册. 北京：化学工业出版社，2008.

［11］　曹汉昌，郝希仁，张韩. 催化裂化工艺计算与技术分析. 北京：石油工业出版社，2000.

［12］　金涌，祝京旭，汪展文，等. 流态化工程原理. 北京：清华大学出版社，2001.

第8章

多相流反应过程及其反应器

多相流反应过程主要指气固相反应、气液相反应、液液相反应、气液固三相反应等。多相反应器的概念广泛，其型式与相态、操作条件、强化目的等密切相关，包括第6章、第7章提及的固定床、流化床反应器，用于强化受混合/传递速率限制的复杂极快反应过程的超重力反应器、撞击射流反应器、喷射式反应器等。

所谓气液相反应是气相中的组分进入液相中或者在气液界面上才能进行的反应，反应组分可能分别在气相和液相；也可能都在气相，但需要进入含有催化剂的液相中才能进行反应。化学吸收就是气液相反应过程的一种，常用于去除气相中某一组分，如合成氨生产中除去二氧化碳、硫化氢等，以及从尾气中回收有用组分或除去有害组分等。由于这些吸收过程中伴有化学反应，故不同于物理吸收。另一类更重要的气液相反应则是以制备化学品为目的，如用氢气、氧气、氯气等气体进行的加氢、氧化、氯化（卤化）等有机合成反应过程，这是石油化学工业、无机化学工业以及生物化学工业等领域常见的化学品生产过程。同时，由于络合均相催化剂的应用、微生物化学工程的发展、环境保护的废气处理等，使得气液相反应过程越来越显示出其重要性。常见的气液相反应器包括鼓泡塔、气升式环流反应器、气液机械搅拌釜、填料塔、板式塔、喷雾塔等。气液相反应器选型应结合进行气液反应的目的、反应特征以及速率控制步骤等来综合考虑，并根据气液相界面积及液含率的要求来选择。具体见本章8.4.2节。

工业生产上还有一类液液相反应，如有机物的磺化与硝化等。由于磺化剂与硝化剂都是无机酸，它们与有机物不能互溶，因此也存在两相。它们与气液相反应有一些相同的特点，即反应组分需通过相界面扩散到另一相中去才能进行反应。当然，它们也有不同于气液相反应的特点，比如，两相之间的浓度分配是以溶解度为极限的。对这一类反应过程的分析研究可以借助于气液相反应过程的一些普遍原则。另外，采用固体催化剂的气液固三相反应过程也是气相组分必须溶解进入液相中，才能在固体催化剂作用下发生反应，与气液相吸收过程有一些相似的特点。同时存在气、液和固三种相态的反应过程，称之为气液固反应，如有固体催化剂参与的石油馏分加氢精制过程，有固体生成的氯乙酸氨解合成甘氨酸结晶的过程等。气液固三相反应器的主要型式有滴流床反应器、气升式环流反应器、三相流化床、机械搅拌浆态反应器等。此外，多相流反应体系还包括液固两相反应、液液固三相反应、气液液三相反应等。在本章里，将着重分析气液相反应过程和反应器，可以为研究其他多相流反应过程和反应器提供参考。

8.1 多相物系的传质过程

多相体系中各流体相的瞬态传质过程可以用以下的对流扩散方程描述

$$\frac{\partial c}{\partial t}+u\cdot\nabla c=D\,\nabla^2 c \tag{8-1}$$

气液和液液相界面处满足传质通量相等和溶解平衡

$$D_1\frac{\partial c_1}{\partial n_1}=D_2\frac{\partial c_2}{\partial n_2} \tag{8-2}$$

$$c_2=mc_1 \tag{8-3}$$

式中，c 为反应组分（溶质）浓度；D 为分子扩散系数；n 为法向坐标；m 为相间分配系数；下标 1、2 代表不同的物相。

8.2 气液相间物质传递理论

研究气液相反应，首先要了解的是气液相间的传质问题。为此，有必要对相间传质理论作简单回顾。这些理论主要有双膜理论、溶质渗透理论和表面更新理论。

（1）双膜理论　双膜传质理论，亦称为双阻力理论或阻力叠加理论，如图 8-1 所示。双膜理论是把复杂的相际传质过程模拟成串联的两层薄膜中的稳态分子扩散。相际传质的总阻力，被简化为双膜阻力的叠加。这样，不但在概念上比较简单易懂，而且在理论上也便于对相际传质过程进行数学处理。应用双膜理论，不难导出膜传质系数与分子扩散系数之间的关系，并可得出以不同的传质推动力定义的传质膜系数之间的关系。

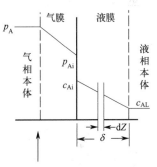

图 8-1 双膜理论示意图

液膜对组分 A 的物理吸收速率（单位时间、单位相界面上吸收的物质的量）为 N_A，则

$$N_A=-D_{LA}\left(\frac{dc_A}{dZ}\right)_{Z=0}=\frac{D_{LA}}{\delta_L}(c_{Ai}-c_{AL}) \tag{8-4}$$

又根据液膜传质系数的定义，$N_A=k_{LA}(c_{Ai}-c_{AL})$

故

$$k_{LA}=\frac{D_{LA}}{\delta_L} \tag{8-5}$$

同样，也可以写出以气膜中 A 的分压表示的速率式

$$N_A=\frac{D_{GA}}{\delta_G}(p_A-p_{Ai})=k_{GA}(p_A-p_{Ai}) \tag{8-6}$$

则有

$$k_{GA}=\frac{D_{GA}}{\delta_G} \tag{8-7}$$

可见双膜理论中传质系数是与扩散系数成正比的。如果对式(8-4)、式(8-6)，用亨利定律 $p=Hc$ 表示气液相分压和浓度的平衡关系，则可用总传质系数表示传质速率

$$N_A = K_{GA}(p_A - H_A c_{AL}) = K_{LA}\left(\frac{p_A}{H_A} - c_{AL}\right) \tag{8-8}$$

式中，K_{GA}、K_{LA} 分别为以气相和液相的量表示的总传质系数，它们与膜传质系数的关系为

$$\frac{1}{K_{GA}} = \frac{1}{k_{GA}} + \frac{H_A}{k_{LA}}$$

$$\frac{1}{K_{LA}} = \frac{1}{H_A k_{GA}} + \frac{1}{k_{LA}} \tag{8-9}$$

在一些书中亨利系数是以 $c = Hp$ 定义的，与上述的相反，需注意区别。

（2）溶质渗透理论　双膜理论是把吸收过程当作定态处理的，而 Higbie 的溶质渗透理论认为，在相际传质中，流体中的旋涡由流体的主体运动到相际界面，在界面上停留一段短暂而恒定的时间，然后被新的旋涡置换而又回到流体主体中去。当旋涡在界面上停留时，溶质依靠非稳态的分子扩散而渗透到旋涡中去，从而发生相际传质作用。

按照 Higbie 的渗透理论，所有的旋涡在界面上具有相同的停留时间（或称作年龄）t_e，故在接触时间自 $0 \rightarrow t_e$ 内通过液膜的平均传质速率 $\overline{N_A}$ 为

$$\overline{N_A} = 2(c_{Ai} - c_{AL})\sqrt{\frac{D_{LA}}{\pi t_e}} \tag{8-10}$$

与传质速率一般式

$$N_A = k_{LA}(c_{Ai} - c_{AL})$$

相比，有

$$k_{LA} = 2\sqrt{\frac{D_{LA}}{\pi t_e}} \tag{8-11}$$

溶质渗透理论的结果是 $k_{LA} \propto \sqrt{D_{LA}}$，而双膜理论的结果是 $k_{LA} \propto D_{LA}$，这是两者不同之处。

（3）表面更新理论　另一种由丹克沃茨（Danckwerts）提出的表面更新理论，引入了相际接触表面更新的概念。假定旋涡的年龄分布函数为指数分布，并规定分布函数的特征参数为在界面上旋涡微元的更新频率 s 为常数，则可求得通过液膜的平均传质速率 N_A 为

$$N_A = (c_{Ai} - c_{AL})\sqrt{s D_{LA}} \tag{8-12}$$

因此

$$k_{LA} = \sqrt{s D_{LA}} \tag{8-13}$$

可见从表面更新理论得到的结果也是 $k_{LA} \propto \sqrt{D_{LA}}$。

虽然非定态理论在机理上更接近实际，在拟合数据和计算流体力学（computational fluid dynamics，CFD）中也时常见到应用，但双膜理论早已为大家所熟悉，而且概念简明、数学处理方便。因此，在实际应用中双膜理论更为常见，本章后续的气液相反应动力学分析将主要基于双膜理论。

8.3　气液相反应过程

对气液相反应

$$A(气相) + bB(液相) \longrightarrow 产物$$

要实现这样的反应，需经历以下步骤：

① 反应物气相组分 A 从气相主体传递到气液相界面，在界面上假定达到气液相平衡；

② 反应物气相组分 A 从气液相界面扩散入液相，并且在液相内进行反应；

③ 液相内的反应产物向浓度梯度下降的方向扩散，气相产物则向界面扩散；

④ 气相产物向气相主体扩散。

由于溶解的气相组分在液相中发生化学反应，其浓度因反应而降低，使跨液膜的气相反应物浓度差增大，从而加速相间传递速率，因此，实际气液相反应速率是包括这些相间传递过程在内的综合反应速率。这种速率关系称为宏观反应动力学，用以与描述化学反应真实速率的一般化学反应动力学相区别。当传递能力远大于化学反应的能力时，实际的反应速率就完全取决于后者，这就叫做反应动力学控制。反之，如果化学反应的速率很快，而某一步的传递速率能力很弱，例如经过气膜或液膜的传递阻力很大时，过程速率就完全取决于该步的传递速率，称为这一步的传递控制。如果两者的速率具有相同的数量级，则两者都对过程速率具有显著的影响。

对上述 A+bB $\longrightarrow$ 产物，反应过程根据不同的传质速率和化学反应速率，可有各种不同情况，如图 8-2 所示的八种情况。

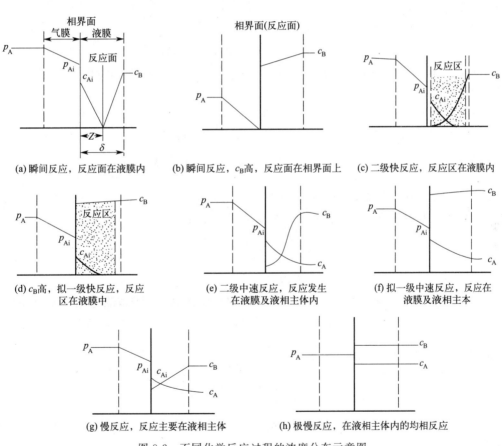

图 8-2　不同化学反应过程的浓度分布示意图

情况（a）：与传质速率相比较，反应是瞬间完成的。因为在液体微元中，只能含有 A 或 B，两者不能并存，故反应只能发生在含 A 的液相和含 B 的液相间的一个界面上。所以，A 和 B 扩散至此界面的速率就决定了过程的总速率。p_A 和 c_B 的变化将导致反应面位置的移动。

情况（b）：瞬间反应，但 c_B 的浓度高，此时，反应面就在气液相分界面上，总反应速率取决于气膜内 A 的扩散速率。

情况（c）：快速的二级反应，相当于情况（a）的反应面扩展成为一个反应区，在反应区内 A、B 并存。但由于尚属快反应，反应区仍在液膜内，并不进入液相主体。

情况（d）：快速反应，但 c_B 的浓度高，故可视为拟一级反应，即液膜内 c_B 的变化可以忽略。

情况（e）和（f）：中等速率反应，故在液膜和液相主体中都发生反应。

情况（g）：和传质速率相比较，反应缓慢，反应主要发生在液相主体内。但 A 传递入主体时的液膜阻力仍然起一定影响。

情况（h）：反应极其缓慢，传质阻力可以忽略不计，在液相中组分 A 和 B 是均匀的，反应速率完全取决于化学反应动力学。

下面主要围绕这八种情况讨论其宏观反应动力学。

8.3.1　基础方程

对典型的气液相反应

$$A（气相）+bB（液相）\longrightarrow 产品$$

首先是 A 在气膜中扩散，其传质速率与 $k_G a$ 有关，然后透过气液相界面向液相扩散，同时进行反应。

当在液相内进行较快的反应时，c_A 下降快，浓度梯度大，相当于液膜厚度减薄；若反应比较慢，c_A 变化小，浓度梯度小。同样，c_B 的变化也可类似地表示。浓度下降的快慢可从界面处的浓度曲线的斜率大小得知，所以，界面处的浓度变化率 $\dfrac{dc_A}{dZ}\Big|_{Z=0}$ 大，表明有了化学反应后，过程速率比物理吸收快。这样，在定态下，以单位表面积为基准的反应速率 $(-r_A')$ 就等于吸收速率，故仍然可以采用费克第一定律。

$$N_A=(-r_A')=-D_{LA}\frac{dc_A}{dZ}\Big|_{Z=0} \tag{8-14}$$

但是，D_{LA} 已经不是单纯的分子扩散系数了。

可见，只要求得界面上的浓度梯度，就可求得反应速率。根据双膜理论，如图 8-1 中所示，在液膜内任一处取单位截面积的微层，就吸收组分 A 作物料衡算，则有

单位面积扩散进入微层的量　　　　　　$-D_{LA}\dfrac{dc_A}{dZ}$

扩散出微层的量　　　　　　$-D_{LA}\dfrac{d}{dZ}\Big(c_A+\dfrac{dc_A}{dZ}dZ\Big)$

若在液相内有反应物 B，则单位时间内在微层中反应的量为 $(-r_A)dZ$，此处 $(-r_A)$ 是以体积为基准的反应速率，整理得

$$D_{LA}\frac{d^2c_A}{dZ^2}=(-r_A)=kc_Ac_B$$

或

$$D_{LA}\frac{d^2c_A}{dZ^2}-kc_Ac_B=0$$

这里假定了反应对 A、B 均为一级。

同样对 B 作物料衡算可得

$$D_{LB} \frac{d^2 c_B}{dZ^2} - (-r_B) = 0$$

故也可得一对微分方程组

$$\begin{cases} D_{LA} \dfrac{d^2 c_A}{dZ^2} - k c_A c_B = 0 \\ D_{LB} \dfrac{d^2 c_B}{dZ^2} - b k c_A c_B = 0 \end{cases} \tag{8-15}$$

上述八种情况（图 8-2），在不同的边界条件下求解，即得反应相内的浓度分布。故基础方程式即在各种边界条件下，其扩散速率应等于反应速率。解此关系求得 c_{Ai} 即可求出各种情况下的结果。

（1）瞬间反应的情况　对瞬间不可逆反应，不存在 A、B 并存的区域，故可写

$$\begin{cases} 0 < Z < \text{反应面}, D_{LA} \dfrac{d^2 c_A}{dZ^2} = 0 \\ \text{反应面} < Z < \delta, D_{LB} \dfrac{d^2 c_B}{dZ^2} = 0 \end{cases} \tag{8-16}$$

如图 8-2(a) 所示，边界条件为

$$Z = 0, c_A = c_{Ai}$$
$$Z = \delta, c_B = c_{BL}$$
$$Z = Z_R, c_A = c_B = 0, D_{LA} \frac{dc_A}{dZ} + \frac{1}{b} D_{LB} \frac{dc_B}{dZ} = 0$$

可解得浓度分布为

$$c_A = c_{Ai} \left\{ 1 - \left[1 + \left(\frac{D_{LB}}{D_{LA}} \right) \left(\frac{c_{BL}}{b c_{Ai}} \right) \right] \frac{Z}{\delta} \right\} \tag{8-17}$$

以单位相界面为基准而定义的反应速率为

$$N_A = (-r'_A) = -\frac{1}{S} \frac{dn_A}{dt} = D_{LA} \frac{dc_A}{dZ} \bigg|_{Z=0}$$

$$= \frac{D_{LA}}{\delta} c_{Ai} \left[1 + \left(\frac{D_{LB}}{D_{LA}} \right) \left(\frac{c_{BL}}{b c_{Ai}} \right) \right] \tag{8-18}$$

或写成

$$(-r'_A) = \beta_\infty k_{LA} c_{Ai} \tag{8-19}$$

式中

$$\beta_\infty = 1 + \frac{1}{b} \left(\frac{D_{LB}}{D_{LA}} \right) \left(\frac{c_{BL}}{c_{Ai}} \right) \tag{8-20}$$

$$k_{LA} = \frac{D_{LA}}{\delta}$$

β_∞ 称作瞬间反应的增强系数，如果因气膜阻力较大而需加以考虑时，可消去 c_{Ai}，相平衡关系用分压表示，则式(8-19) 可写成

$$(-r'_A) = -\frac{1}{S} \frac{dn_A}{dt} = \frac{\left(\dfrac{D_{LB}}{D_{LA}} \right) \left(\dfrac{c_{BL}}{b} \right) + \dfrac{p_A}{H_A}}{\dfrac{1}{H_A k_{GA}} + \dfrac{1}{k_{LA}}} \tag{8-21}$$

对情况（a），若忽略气相阻力，取 $k_{GA}=\infty$，$p_A=p_{Ai}$，式（8-21）简化为

$$(-r'_A)=\beta_\infty k_{LA}c_{Ai}$$

与物理吸收时最大速率 $(-r_A)=N_A=k_{LA}c_{Ai}$ 相比较，可见伴有化学反应时速率大 β_∞ 倍，故称 β_∞ 为瞬间反应的增强系数。

对情况（b），当 c_{BL} 愈大时，β_∞ 也愈大，反应面愈趋近于相界面，反应速率亦愈快。当 c_{BL} 足够大时，反应面与相界面重合，成为纯粹的气膜扩散控制，此时

$$(-r'_A)=N_A=k_{GA}p_A \tag{8-22}$$

（2）极慢反应的情况 对图 8-2(h) 的情况，过程为动力学控制，以单位液相体积计的反应速率为

$$(-r_A)=-\frac{1}{V_L}\left(\frac{dn_A}{dt}\right)=kc_{AL}c_{BL} \tag{8-23}$$

（3）中间速率反应的情况 相当于图 8-2 中情况（c）、（d）、（e）、（f）、（g），此时，式（8-15）可根据不同的边界条件求得不同的解。

① 不可逆二级中速反应 式（8-12）的边界条件为

$$\begin{cases} Z=0,c_A=c_{Ai} \\ Z=0,\dfrac{dc_B}{dZ}=0 \\ Z=\delta,c_B=c_{BL} \\ Z=\delta,-D_{LA}\dfrac{dc_A}{dZ}\bigg|_{Z=\delta}=kc_Ac_B\left(\dfrac{1-\varepsilon}{a\delta}-1\right) \end{cases} \tag{8-24}$$

最后一个边界条件的意义是，进入液相主体的扩散量必等于在液相主体中反应的量。式中 a 是比相界面积，即单位气液混合物体积中的相间表面积，故单位体积内进入液相主体的扩散量为 $-D_{LA}a\dfrac{dc_A}{dZ}\bigg|_{Z=\delta}$；而在液相主体中反应的量 $(-r_A)=kc_Ac_B[(1-\varepsilon)-a\delta]$，其中 $(1-\varepsilon)$ 相当于液相主体体积，$a\delta$ 相当于液膜体积。

在式（8-24）的边界条件下，二阶微分方程(8-15)没有显式解，只有数值解。

② 不可逆拟一级中速反应 如上述情况，若反应中 B 的浓度很高，$c_{BL}\gg c_{Ai}$，在液相中的 c_B 可视为定值，反应表现为一级，式（8-15）的非线性微分方程就变为线性，可得显式解（推导从略）

$$\frac{c_A}{c_{Ai}}=\cosh(aZ)-\frac{\left(\dfrac{1-\varepsilon}{a\delta}-1\right)a\delta+\tanh(a\delta)}{\left(\dfrac{1-\varepsilon}{a\delta}-1\right)a\delta\tanh(a\delta)+1}\sinh(aZ) \tag{8-25}$$

其中

$$a=\sqrt{\frac{kc_{BL}}{D_{LA}}} \tag{8-26}$$

③ 不可逆二级快反应 此时，式（8-15）的边界条件为

$$\begin{cases} Z=0,c_A=c_{Ai} \\ Z=0,\dfrac{dc_B}{dZ}=0 \\ Z=\delta,c_A=0 \\ Z=\delta,c_B=c_{BL} \end{cases} \tag{8-27}$$

求得的近似解的 β 为

$$\beta = \frac{\gamma \sqrt{\dfrac{\beta_\infty - \beta}{\beta_\infty - 1}}}{\tanh\left(\gamma \sqrt{\dfrac{\beta_\infty - \beta}{\beta_\infty - 1}}\right)} \tag{8-28}$$

其中

$$\gamma = a\delta = \delta\sqrt{\frac{kc_{BL}}{D_{LA}}} = \frac{1}{k_{LA}}\sqrt{kc_{BL}D_{LA}} \tag{8-29}$$

于是
$$(-r_A') = N_A = \beta k_{LA}c_{Ai} \tag{8-30}$$

式(8-28)是隐函数，求解较复杂，可直接用
已制成的图 8-3。由图 8-3 可见：

a. 当 $\gamma > 10\beta_\infty$ 时，即 $\sqrt{kc_{BL}D_{LA}} > 10k_{LA}$
$\left(1 + \dfrac{D_{LB}c_{BL}}{bD_{LA}c_{Ai}}\right)$，则 $\beta = \beta_\infty$，这相当于反应速
率常数 k 值比较大，反应液的浓度远低于气体
的溶解度，或传质系数 k_{LA} 非常小的情况。可
按瞬间快反应计算。

b. 当 $\gamma > 3$ 和 $\gamma < 0.5\beta_\infty$ 时，β 值都落在图
中对角线附近，这相当于拟一级反应的情况。
或者说，反应速率已足够慢，或传质系数足够
大，以至于 c_B 在膜内外维持不变，均为 c_{BL}，
这大致相当于情况（f）。

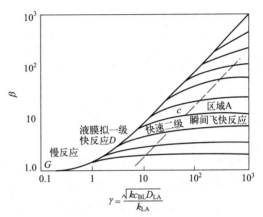

图 8-3　式（8-28）的标绘

c. 在一定 β_∞ 值时，增加 γ，则 β 也增加，最后 β 值趋近于 β_∞。

④ 一级或拟一级不可逆快速反应　此时，可将式(8-15)简化为

$$D_{LA}\frac{d^2 c_A}{dZ^2} - kc_A = 0$$

边界条件为

$$\begin{cases} Z = 0, & c_A = c_{Ai} \\ Z = \delta, & c_A = 0 \end{cases}$$

解得

$$c_A = c_{Ai}\frac{\sinh\left[\sqrt{\dfrac{k}{D_{LA}}}\left(\dfrac{D_{LA}}{k_{LA}} - Z\right)\right]}{\sinh\left[\sqrt{\dfrac{k}{D_{LA}}}\left(\dfrac{D_{LA}}{k_{LA}}\right)\right]} \tag{8-31}$$

于是

$$(-r_A') = N_A = -D_{LA}\frac{dc_A}{dZ}\bigg|_{Z=0}$$

$$= k_{LA}c_{Ai}\left(\frac{\gamma}{\tanh\gamma}\right) = \beta k_{LA}c_{Ai} \tag{8-32}$$

其中
$$\beta = \frac{\gamma}{\tanh\gamma} \qquad (8\text{-}33)$$

此式可标绘如图 8-4。由图可见

$$\left.\begin{array}{l} \gamma \to 0, \beta \to 1 \\ \gamma \geqslant 3, \beta = \gamma \end{array}\right\} \qquad (8\text{-}34)$$

对于快速反应，即情况（c）、（d），要同时考虑传质及反应速率。

情况（c）：

容积反应速率 $\quad (-r_A) = -\dfrac{1}{V_L} \times \dfrac{\mathrm{d}n_A}{\mathrm{d}t} = kc_{AL}c_{BL}$

容积传质速率

$$(-r_A) = N_A a = k_{GA} a (p_A - p_{Ai}) = \beta k_{LA} a c_{Ai} \quad (8\text{-}35)$$

消去未知数 c_{Ai}，最后导得

$$(-r_A) = \frac{p_A}{\dfrac{H_A}{\beta k_{LA} a} + \dfrac{1}{k_{GA} a}} \qquad (8\text{-}36)$$

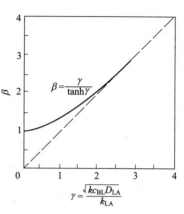

图 8-4　β-γ 关系图

式中 β 值见式(8-28)。

情况（d）：

同式(8-35)，只不过其中 β 值为式(8-33)。

⑤ 慢速反应但仍需考虑传质的情况　此即情况（g），可根据传质与反应速率相组合而导得

$$\left.\begin{array}{l} (-r_A) = -\dfrac{1}{V_L}\dfrac{\mathrm{d}n_A}{\mathrm{d}t} = \dfrac{p_A}{\dfrac{1}{k_{GA} a} + \dfrac{H_A}{k_{LA} a} + \dfrac{H_A}{kc_{BL}}} \\[4mm] \text{或} \qquad (-r_A') = -\dfrac{1}{S}\dfrac{\mathrm{d}n_A}{\mathrm{d}t} = \dfrac{p_A}{\dfrac{1}{k_{GA}} + \dfrac{H_A}{k_{LA}} + \dfrac{H_A a}{kc_{BL}}} \end{array}\right\} \qquad (8\text{-}37)$$

8.3.2　气液非均相系统中重要参数

（1）膜内转化系数 γ　由式(8-29)可得

$$\gamma^2 = (a\delta)^2 = \delta^2 \frac{kc_{BL}}{D_{LA}} = \frac{\delta kc_{BL}}{\dfrac{D_{LA}}{\delta}} = \frac{\delta kc_{BL}}{k_{LA}}$$

$$= \frac{\delta kc_{BL} a c_{Ai}}{k_{LA} a c_{Ai}} = \frac{kc_{BL} c_{Ai} a \delta}{k_{LA} a c_{Ai}}$$

$$= \frac{\text{液膜内可能最大反应量}}{\text{通过界面可能最大传质量}}$$

$$= \text{膜内转化系数} \qquad (8\text{-}38)$$

可见 γ 的大小反映了在膜内进行的那部分反应可能占的比例。可利用此系数判断反应快慢的程度。有的书中常用 Ha 代表，$Ha = \sqrt{D_{LA} kc_{BL}/k_{LA}^2}$，有的书中以 M 表示，均反映

了本征速率与传质速率的相对快慢，读者请勿混淆。

① $\gamma = a\delta > 2$，$\gamma^2 > 4$，也就是膜内最大反应量大于 4 倍膜内最大传质量时，可认为反应在液膜内进行瞬间反应及快速反应（反应的快慢系相对于传质速率而言，不是以 k_{LA} 或 k 的大小来定义的），此时

$$(-r_A) = \beta k_{LA} a c_{Ai}$$

从图 8-4 可见，$\gamma > 2$ 时，β 的最大值为 $\beta \approx \gamma$，因此

$$(-r_A) = k_{LA} a c_{Ai} \gamma = \sqrt{k c_{BL} D_{LA}} \, a c_{Ai} \tag{8-39}$$

由此可见，这时的反应速率 $(-r_A)$ 与 k_{LA} 无关，而与 a 成正比，故对快反应，宜采用填料塔、喷洒塔等。同样，对瞬间快反应，在一定条件下，β_∞ 为一定值，亦与反应速率常数 k 的大小无关。

② $\gamma < 0.02$，反应全部在液相主体中进行，为慢反应的情况。由于慢反应时 k 值很小，$c_{Ai} = c_{AL}$，也就是浓度在膜内降低极小，故反应速率为

$$(-r_A) = k c_{Ai} c_{BL} (1-\varepsilon)$$

所以，一旦操作条件已经确定，则反应速率取决于单位体积反应器内反应相所占有的体积 $(1-\varepsilon)$，为此，必须提高反应相体积，即提高液存量，故最宜选用鼓泡塔。

③ $0.02 < \gamma < 2$，中等速率反应的情况。

若 $\dfrac{1-\varepsilon}{a\delta} \gg 1$，即 $(1-\varepsilon) \gg a\delta$，表明主体内反应量大于膜内反应量。此时，$\beta$ 不但与 γ 有关，还与 $\dfrac{1-\varepsilon}{a\delta}$ 有关。

对中速反应，有关资料较少，故一般总是改变条件，使其变为快反应或慢反应，或者使 $(1-\varepsilon)$ 大，a 也尽量大，如选用带搅拌器的反应釜。

例 8-1　求快反应时的气液反应速率。

乙醇胺（monoethanolamine，MEA）吸收 CO_2 是目前工业中较为可行的捕集技术，具有成本低、产品气纯度高、规模适当等优点。该过程是典型的气液相反应 A（气）＋B（液）$\longrightarrow$ R（液），化学反应速率式为

$$(-r_A) = k c_A c_B \quad [\text{mol}/(\text{L} \cdot \text{s})]$$

在反应温度 30℃下，$k = 4533.64 \text{L}/(\text{mol} \cdot \text{s})$。今在一反应器内将含 A 为 20％的气体，在总压 130kPa 下通入。已知 $a = 30\text{dm}^2/\text{dm}^3$，$D_{LA} = 2.11 \times 10^{-7} \text{cm}^2/\text{s}$，$H_A = 3392.09 \text{L} \cdot \text{kPa/mol}$，$k_{LA} = 8.30 \times 10^{-4} \text{dm/s}$。若气相传质阻力可以忽略，求在 $c_B = 0.5\text{mol/L}$ 时以单位容积床层计的反应速率。

解　因为液相中 B 的浓度大，故可按拟一级反应处理，由式（8-29）可知

$$\gamma = \frac{\sqrt{k c_{BL} D_{LA}}}{k_{LA}} = \frac{\sqrt{4533.64 \times 0.5 \times (2.11 \times 10^{-7})}}{8.30 \times 10^{-4}} = 26.35$$

故 $\gamma^2 > 4$，反应属于快反应。

令 $c_{Ai} = p_A / H_A = 130 \times 0.20 / 3392.09 = 7.66 \times 10^{-3}$ (mol/L)

因此，反应速率为

$$(-r_A) = k_{LA} a c_{Ai} \gamma = 8.30 \times 10^{-4} \times 30 \times 7.66 \times 10^{-3} \times 26.35 = 5.02 \times 10^{-3} [\text{mol}/(\text{L} \cdot \text{s})]$$

（2）增强系数 β　根据定义

$$\beta = \frac{表观反应速率}{可能最大的物理传质速率} = \frac{Ra}{k_{LA}a(c_{Ai}-c_{AL})}$$

$$= \frac{-D_{LA}a\dfrac{dc_A}{dZ}\bigg|_{Z=0}}{k_{LA}ac_{Ai}} \tag{8-40}$$

有的书中增强系数以 E 来表示（定义为化学吸收速率与物理吸收速率之比），其意义雷同，请勿混淆。

对不同反应，β 的大小亦不同，归纳起来如下。

瞬间飞快反应

$$\beta_\infty = 1 + \frac{1}{b}\left(\frac{D_{LB}}{D_{LA}}\right)\left(\frac{c_{BL}}{c_{Ai}}\right) \tag{8-41}$$

不可逆一级快反应

$$\beta = \frac{\gamma}{\tanh\gamma} \tag{8-42}$$

不可逆二级快反应

$$\beta = \frac{\gamma\sqrt{(\beta_\infty-\beta)/(\beta_\infty-1)}}{\tanh\left[\gamma\sqrt{(\beta_\infty-\beta)/(\beta_\infty-1)}\right]} \tag{8-43}$$

此外，对零级反应，也可导得

$$\beta = 1 + \frac{kD_{LA}}{2k_{LA}^2(c_{Ai}-c'_{AL})} \tag{8-44}$$

而对可逆一级反应，有

$$\beta = \frac{1+k(D_{LB}/D_{LA})}{1+k(D_{LB}/D_{LA})\left(\dfrac{\tanh\gamma}{\gamma}\right)} \tag{8-45}$$

具体推导从略。

（3）反应相内部利用率 η　和气固相反应一样，对气液相反应，也存在一个内部利用率问题。其定义如下

$$\eta = \frac{N_Aa}{kc_{Ai}c_{BL}(1-\varepsilon)} = \frac{吸收速率}{单位体积反应器中可能具有的最大反应速率} \tag{8-46}$$

对一级反应，可将 $N_A = -D_{AL}\dfrac{dc_A}{dZ}\bigg|_{Z=0}$ 代入而解得

$$\eta = \frac{a\sqrt{kD_{AL}}}{(1-\varepsilon)k}\left[\frac{\left(\dfrac{1-\varepsilon}{a\delta}-1\right)a\delta+\tanh(a\delta)}{\left(\dfrac{1-\varepsilon}{a\delta}-1\right)a\delta\tanh(a\delta)+1}\right] \tag{8-47}$$

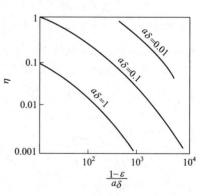

图 8-5　反应相内部利用率

对二级反应，只有数值解，如图 8-5 所示。

由图可见：

① γ 大，即反应快、传质慢，内部利用率降低，因为此时反应主要在液膜内进行，$c_{AL}=0$，故反应相利用率差；

② $\dfrac{1-\varepsilon}{a\delta}$ 越大时，η 越小，但若此时 γ 小，则 $\left(\dfrac{1-\varepsilon}{a\delta}\right)$ 的增大导致的 η 的减小显得缓慢。

据此，对快反应，为了提高内部利用率，应使 $\left(\dfrac{1-\varepsilon}{a\delta}\right)$ 小，具体办法就是提高单位反应器体积内两相接触表面积 a，如采用填料塔、喷洒塔。对慢反应，k 比较小，传质快，也就是 γ 较小，故内部利用率 η 较高。此时，要增加反应速率，必须提高单位反应器体积内反应相占有的体积，如采用鼓泡塔。

8.3.3　反应速率的实验测定

为了测定气液相反应在液相内的真实反应速率，在实验时要排除气相和液相中的扩散阻力，使反应在动力学控制范围内进行。

如果改变搅拌桨转速对反应速率没有影响，一般可以认为属缓慢反应。中速或快速反应的反应速率受搅拌桨转速或气体流量的影响，但转速或气量超过某一临界值后，反应速率不再增加。这可以认为是排除了传质的影响，在此条件下，可以测得真实的反应速率。

常用的反应速率测定装置为半间歇操作或连续操作的，在半间歇釜式反应器内要求反应温度一定、气体流量一定、液相体积保持不变，分析不同反应时间下的气相进、出口的组成或从釜内液相取样分析。

从气相进、出口组成计算反应速率，一般宜用惰性气体流量为计算基准，按釜内液相体积计算的反应速率为

$$(-r_{AL}) = -\frac{1}{V_L} \times \frac{dn_A}{dt} = \frac{V_I p}{RTV_L}\left[\left(\frac{p_A}{p_I}\right)_i - \left(\frac{p_A}{p_I}\right)_o\right] \tag{8-48}$$

式中，下标 I、i 及 o 分别表示惰性介质、进入及排出。用式(8-48)可以计算不同反应时间后的瞬时反应速率。而从釜内取样分析液相浓度对时间作标绘，就可用作图法求得不同浓度时的反应速率。

在连续釜式反应器内一般认为液相为全混流，即釜内液相浓度等于出料液浓度。改变液相流量，就是改变平均停留时间 $\bar{t}$。

$$对反应\ A + bB \longrightarrow P$$

从液相进出口浓度 c_{B0} 及 c_B 也可以计算釜内平均反应速率

$$(-r_{BL}) = -\frac{1}{V_L} \times \frac{dn_B}{dt} = \frac{c_{B0}x_B}{\tau} = \frac{V_L(c_{B0}-c_B)}{V_L} \tag{8-49}$$

式中，V_L 为液相体积流量。

测定气液相反应速率的目的是区别反应的控制因素，亦即查明属于图 8-2 中所示的八种情况中的哪一种，并且确定化学反应的速率方程式和选择适宜的反应器型式，通过测定各种参数对反应速率的影响，即可区别这八种情况。

① 对极易溶解的气体，H 值很小，即在分压 p 一定时，溶液内有比较大的溶解度。这种情况一般属气膜控制。

对溶解度较小的气体，H 值很大，即在分压 p 一定时，溶液内溶解度较小，这种情况

一般属液膜控制。

化学反应可对吸收过程有很大的帮助，但对气体仅能微溶的情况，仍然属液膜控制。

② 增加气相本身的扰动程度，如果能加快吸收或化学反应速率，往往属气膜控制；如果对反应速率没有影响，可以不计气膜阻力。

③ 液相体积保持一定，改变气液相界面大小或固定气液相界面大小，改变液相体积，测定单位时间内液相反应物 B 的转化量，也可以作为判定反应控制因素的方法。

如果在液相内 B 的反应速率和液相体积无关，但和反应界面大小 S 成正比，说明反应是快速的，甚至是瞬时的。这种是传质控制，完全排除了动力学因素，相当于 $\gamma^2 > 4$。

如果液相体积大小 V_L 和反应界面大小 S 对反应速率都有一定影响，说明传质和动力学都不能排除，相当于 $0.0004 < \gamma^2 < 4$。

如果反应速率和反应界面大小无关，但和液相体积成正比，说明反应是缓慢的，完全属动力学控制，属于情况（h）。相当于 $\gamma^2 < 0.0004$。

以上判别反应快慢程度的 γ 值，除了气相反应物在液相中的扩散系数 D_{LA} 外，主要的参数值为无反应时的液膜传质系数 $k_{LA}a$ 和反应速率常数 k。

测定 $k_{LA}a$ 可用一个半间歇搅拌釜，根据

$$\frac{1}{V} \times \frac{dn_A}{dt} = k_{LA}a(c_{Ai} - c_{AL})$$

由于

$$V = \frac{V_L}{1-\varepsilon}, \quad c_A = \frac{n_A}{V_L}$$

将上式换写成液相浓度变化的关系，即

$$(1-\varepsilon)\frac{dc_A}{dt} = k_{AL}a(c_{Ai} - c_{AL})$$

设时间为 0 和 t 时，液相内 A 的浓度分别为 c_{A0} 和 c_{AL}，将上式积分，可得

$$k_{LA}a = \frac{(1-\varepsilon)}{t}\ln\frac{c_{Ai} - c_{A0}}{c_{Ai} - c_{AL}} \tag{8-50}$$

如果已知 a、ε，就可以求出 k_{LA} 值。

除搅拌釜外，还可以用湿壁塔、圆盘吸收器或射流等方法测定液膜传质系数 k_{LA} 值，并探讨气、液流体流动情况对伴有化学反应的传质过程的影响。这些装置的优点是具有固定的气液传质（或反应）界面，适合测定传质控制的化学吸收问题。

以下介绍一个缓慢或中速反应的实例。采用比较简单的方法，即在认为已排除扩散阻力后，用实验测定的数据归纳出真实反应速率。

例 8-2　气液相反应动力学方程的建立。

空气在 120℃ 和常压下将甲基苯甲酸甲酯（A）液相氧化成对苯二甲酸一甲酯，所用催化剂为环烷酸钴。空气流量在 120～900L/h 范围内，保证在 600L/h 以上排除扩散阻力对反应速率的影响。因此，可以采用 600L/h 的气量下测定反应动力学数据。用半连续操作法测定不同时间原料酯的浓度变化，便可作出 c_A-t 及 x_A-t 图。附图即为在 $T = 180℃$ 下，催化剂浓度为 6.5×10^{-4} g·mol/L 时的实验结果 x_A-t 曲线。

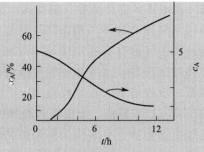

气液相反应动力学 x_A-t 曲线

解　设反应对 A 为 n 级，则

$$(-r_A) = -\frac{\mathrm{d}c_A}{\mathrm{d}t} = k' c_A^n$$

初始条件：$t = 0$，$c_A = c_{A0}$

积分可得

$$\left(\frac{1}{c_A^{n-1}}\right) - \left(\frac{1}{c_{A0}^{n-1}}\right) = (n-1)k't$$

假定一个 n 值，将各 t 时的 c_A 值代入。若求得各个 k' 值恒定，说明所假定的 n 值正确。试算结果 $n = 2.5$（计算值平均偏差 $\pm 5\%$）。从而可以确定

$$k' = 0.0122 \quad \left[\mathrm{h}^{-1}\left(\frac{\mathrm{mol}}{\mathrm{L}}\right)^{-1.5}\right]$$

此 k' 值实际上包括氧浓度的影响。

再在同一温度和气量下，即保证相同流况和传质条件下，在空气中添加氧或氮以改变氧分压 p_{O_2}。将 k' 对 $\lg p_{O_2}$ 作图，得到一直线，定出其斜率，结果

$$k' = k p_{O_2}^{0.5}$$

故

$$(-r_A) = k p_{O_2}^{0.5} c_A^{2.5}$$

并求得

$$k = 0.0362 \left[\mathrm{h}^{-1}\left(\frac{\mathrm{mol}}{\mathrm{L}}\right)^{-1.5}(\mathrm{kg/cm^2})^{-0.5}\right]$$

再在 120～180℃ 范围内改变温度，求出各个温度下的 k 值。由阿伦尼乌斯公式，即将 $\ln k$-$\frac{1}{T}$ 标绘求取斜率及截距得

$$k = 1.585 \times 10^6 \exp(-16.6/RT)$$

故动力学方程为

$$(-r_A) = 1.585 \times 10^6 \exp(-16.5/RT) p_{O_2}^{0.5} c_A^{2.5} \quad [\mathrm{mol/(L \cdot h)}]$$

8.4　气液相反应器

8.4.1　气液相反应器的型式和特点

工业气液相反应器的结构型式和操作多种多样，具有不同性能，但概括起来主要有填料

塔、板式塔、喷洒塔、湿壁塔、鼓泡塔和搅拌釜等几种型式，图 8-6 为几种常见的气液相反应器型式。由于气液相反应器包含气体和液体两相流体，故按气液相分散与接触方式可分为：①气体鼓泡分散为气泡在液相中流动的鼓泡型反应器，如鼓泡塔、板式塔、浆态床和搅拌釜反应器；②液体喷洒分散为液滴在气相中流动的喷洒型反应器，如喷洒塔、喷射塔和文丘里反应器；③液体以液膜运动与气相进行接触的液膜型反应器，如填料塔、湿壁塔和降膜反应器。

填料吸收塔

　　气液相反应器的结构型式和操作方法主要取决于不同的化学工艺条件和物理过程的要求，这里所指的物理过程，主要包括传热过程、相间传质过程及混合过程等。比如对于快反应和慢反应，由于反应过程的控制步骤不同，就要求不同的反应器型式，比如化学吸收设备是按照吸收操作要求的一种气液相反应器，其型式多为填料塔或板式塔；对于以制取产品为目的的气液相反应过程，大多为慢反应过程，故广泛采用鼓泡塔与搅拌釜这两种反应器。同样，对于温度

鼓泡塔

控制的要求、反应热和返混的影响等，不同过程有不同的要求，因此反应器结构和操作方法也各不相同。

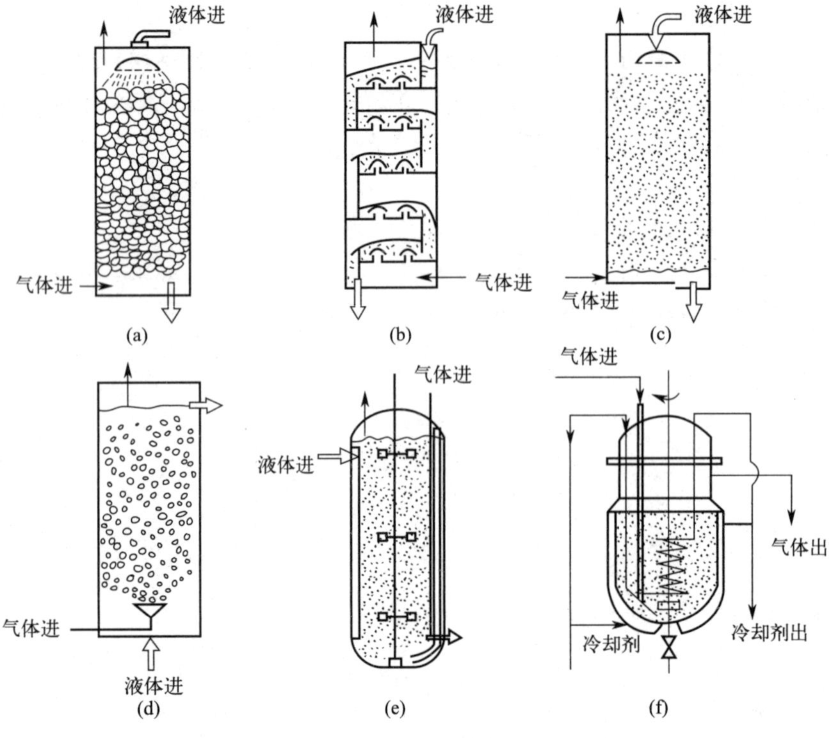

图 8-6　几种常见的气液相反应器型式示意图

8.4.2　气液相反应器型式的选择

　　一个适宜的反应器具有生产能力大、产品收率高和操作稳定等优点。在均相反应器中讨论过的一些概念和原则（如间歇与连续、平推流和全混流的比较等），同样可适用于多相反应过程。但由于在气液相反应中存在两个相，因而传递特性发生了变化，这些将在下面结合具体反应器型式加以讨论。目前工业上常用的典型气液相反应器的性能数据，如表 8-1 所示。

表 8-1　常用的典型气液相反应器的性能数据

型式		$\dfrac{\text{相界面积}}{\text{液相容积}}\Big/\left(\dfrac{m^2}{m^3}\right)$	$\dfrac{\text{相界面积}}{\text{反应器容积}}\Big/\left(\dfrac{m^2}{m^3}\right)$	液相所占的体积分率 $1-\varepsilon$	$Sh=\dfrac{k_L d}{D}$	液相体积 $\dfrac{1-\varepsilon}{a\delta}$ 膜体积
低液存量	喷洒塔	1200	60	0.05	10～25	2～10
	板式塔	1000	150	0.15	200～400	40～100
	填料塔	1200	100	0.08	10～100	40～100
	湿壁塔	—	50	0.15	10	10～50
高液存量	鼓泡塔	20	20	0.85	400～1000	4000～10000
	鼓泡搅拌釜	200	200	0.80	100～500	150～500

对于具有低存液量（高气液比）的喷洒塔、填料塔、板式塔和湿壁塔，其特点是单位液相体积的相界面积大；反之对于具有高存液量（低气液比）的鼓泡塔和鼓泡搅拌釜，其单位液相体积的相界面积小。对于气相为连续相而液相为分散相（液滴或液膜）的反应器（喷洒塔、填料塔、湿壁塔），其液相传质系数较小、气相传质系数较大；对于液相为连续相而气相为分散相（气相鼓泡型）的反应器（板式塔、鼓泡塔、鼓泡搅拌釜），其液相传质系数较大、气相传质系数较小。

首先从动力学角度来分析反应器的选型。以化学吸收净化气体为目的的气液相反应过程，大多属于快反应，过程的阻力主要在气相方面，因此，要选用气相为连续相、湍动程度较高、相界面大的型式。比如喷洒塔特别适用于气液比很大的情况，气相的压降小，但接触时间受液滴大小和气流速度的严格限制。填料塔中接触时间可以增大，气液比也可在较大范围内变动，故在化学吸收中得到广泛应用。又如气相中浓度很高，反应又快速，过程属液膜控制，其反应器多为板式塔，它既有较大的相界面积，流体又是连续相、湍动较大，有利于液相传质。

对石油化工工业中的液相氧化、氯化反应等，液气比较大，反应也不是瞬间完成的，多数为液膜控制。这些反应往往伴有较大的热效应，过程的温度控制要求较严格。因此，需采用液相为连续相，以具有流体容量较大的鼓泡塔或鼓泡搅拌釜为宜。对于反应极慢、传质足够快的动力学控制过程，增加相界面或加强搅拌就没有什么意义了。鼓泡塔结构简单，常用于高压系统或腐蚀性很强的气液相反应。通常在鼓泡塔内液相作为全混流，塔径愈大返混也愈大。气相一般作为平推流。对要求返混较小的过程，可采用多塔串联以改善停留时间分布。

受篇幅的限制，本章仅介绍鼓泡塔和鼓泡搅拌釜反应器。

8.5　鼓泡塔反应器

图 8-7 为一典型的鼓泡塔反应器。在充有一定量液相的设备内，气体通过反应器下部设置的气体分布器以气泡形式在液相中上升，气泡与液体之间形成气液相间的传质界面。因此，鼓泡塔中最基本的因素是气泡运动，它的行为决定了反应器的传递性能和反应结果。与均相反应过程不同，在这种非均相反应过程中，必然伴有反应物质的传递过程。

在鼓泡塔内，除了化学反应本身的规律性以外，需要研

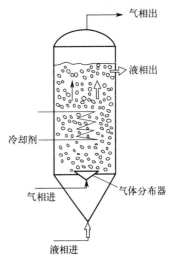

图 8-7　典型鼓泡塔反应器结构示意图

究的基本现象是气泡运动及其对液体流动的影响，包括气泡的生长、气泡的聚并和破裂、气泡的大小、气泡的上升速度、气含率、相界面大小、液体湍动、环流、返混、传质和传热等，这些决定了反应器的传递性能和反应结果，是鼓泡塔反应器设计和应用的关键。

8.5.1　鼓泡塔的流体力学

　　鼓泡塔内的流体力学状况，一般是以空塔气速 u_{0G} 的大小作为划分依据。对低黏度液体，$u_{0G} <$ 0.05～0.06m/s 称为安静区。此时气泡大小比较均匀，并作有规则的浮升，鼓泡区液体扰动并不显著。一般 $u_{0G} > 0.075$m/s 称为湍动区。此时气泡运动不规则，鼓泡塔内液体湍动剧烈。因此，在不同操作区，其流体力学的规律是不一样的，图 8-8 为流态分布图。

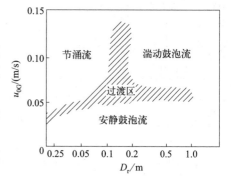

图 8-8　鼓泡塔内的流态分布图

　　（1）气泡直径　气体流量很小时在单孔口形成气泡，长大到它的浮力与所受表面张力相平衡时，就离开孔口上升，如果气泡较小且呈球形，所处平衡态时方程为

$$V_b = \frac{\pi}{6} d_b^3 = \pi d_0 \sigma / [(\rho_L - \rho_G)g] \tag{8-51}$$

或

$$d_b = 1.82 \{d_0 \sigma / [(\rho_L - \rho_G)g]\}^{\frac{1}{3}} \tag{8-52}$$

可见此时气泡直径 d_b 主要和小孔直径 d_0 有关。增加流量与气泡频率成正比。气泡很小时（$d_b < 0.1$cm），其性能像一个坚实的圆球。气泡较大时会发生变形，并且螺旋式地摆动上升。大型的气泡形状如同笠帽，上圆下扁。只在极慢的气速下，气泡才是一个个单独行动的，而在气速稍大时，就会出现不同气泡之间的相互影响，式(8-52) 就不确切了。由于实际操作条件下的气泡直径是不均一的，因此一般采用当量比表面平均直径 d_{vs} 表示（又称气泡的 Sauter 平均直径）。所谓当量比表面平均直径即以该当量圆球的面积与体积的比值和全部气泡算在一起时的这个比值相同。若 $n = \sum n_i$，即

$$\frac{n \pi d_{vs}^2}{n \frac{\pi}{6} d_{vs}^3} = \frac{\sum n_i \pi d_i^2}{\sum n_i \frac{\pi}{6} d_i^3}$$

故

$$d_{vs} = \frac{\sum n_i d_i^3}{\sum n_i d_i^2} \tag{8-53}$$

　　式中，n_i 是直径为 d_i 的气泡数。d_{vs} 与气含率 ε_G（气相所占气液混合物中的体积分率）和气液相的比相界面积 a（单位体积气液混合体中的相界面积）的关系为

$$\frac{\varepsilon_G}{a} = \frac{n \frac{\pi}{6} d_{vs}^3}{n \pi d_{vs}^2}$$

故

$$d_{vs} = \frac{6\varepsilon_G}{a} \tag{8-54}$$

　　实验证明，对空气-水系统当 $200 < Re_0 < 2100$ 时，小孔直径 d_0 (m) 和小孔气速 u_0 (m/s) 对气泡直径的经验关系式为

$$d_{vs} = 0.29 \times 10^{-1} d_0^{\frac{1}{2}} Re_0^{\frac{1}{3}} \text{ (m)} \tag{8-55}$$

在 $Re_0 = d_0 u_0 \rho_G / \mu_G > 2100$，气泡直径增大，并且有颇广的直径分布。

当 $Re_0 > 10000$ 时 $\qquad d_{vs} = 0.71 \times 10^{-2} Re_0^{-0.05} \text{ (m)} \tag{8-56}$

可见在高气速时，气速对气泡直径影响很小。

以上公式还说明气泡直径受液体黏度的影响较小，但受表面张力的影响较大。一般在电解质溶液中的气泡直径比较小，因而有较大的比相界面积。

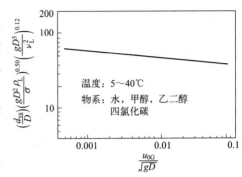

图 8-9 平均气泡直径的关联

秋田等提出用鼓泡塔塔径与平均气泡直径作关联，如图 8-9 所示，公式为

$$\frac{d_{vs}}{D} = 26 Bo^{-0.50} Ga^{-0.12} \left(\frac{u_{0G}}{\sqrt{gD}} \right)^{0.12} \tag{8-57}$$

式中，$Bo = (gD^2 \rho_L / \sigma)$ 称为朋特（Bond）数；$Ga = (gD^3 / \nu_L^2)$ 称为伽利略（Galileo）数；$\nu_L = \mu_L / \rho_L$；D 为鼓泡塔内径。式(8-57) 一般在 D 小于 0.6m 时可作近似估算。

如果已知在水中鼓泡时的气泡直径，换算成其他液体时可用下式修正

$$\frac{d_{vs}}{(d_{vs})_{H_2O}} = \left(\frac{\rho_{L,H_2O}}{\rho_L} \right)^{0.26} \left(\frac{\sigma}{\sigma_{H_2O}} \right)^{0.50} \left(\frac{\nu_L}{\nu_{L,H_2O}} \right)^{0.24} \tag{8-58}$$

工业鼓泡床内采用的小孔气速可达 50m/s 以上。这是因为气液表面张力的限制，具有最大的稳定气泡直径。因此在工业鼓泡床中采用较大的小孔气速是允许的。

（2）气泡上升速度　在单个气泡时，按力的平衡导出其自由浮升速度 u_t 为

$$u_t = \left[\frac{4}{3} \frac{g (\rho_L - \rho_G) d_b}{C_D \rho_L} \right]^{\frac{1}{2}} = \left(\frac{4}{3} \frac{g d_b}{C_D} \right)^{\frac{1}{2}} \tag{8-59}$$

式中，d_b 为球形气泡直径；C_D 为曳力系数，它是气泡雷诺数的函数。一般实验测定结果为 $C_D = 0.68 \sim 0.773$。对 d_b 在 $(0.32 \sim 0.64) \times 10^{-2} \text{ (m)}$ 时，实测 $u_t = (24.4 \sim 27.4) \times 10^{-2} \text{ (m/s)}$。

当 $0.7 \times 10^{-3} \text{m} < r_e < 3 \times 10^3 \text{m}$（$r_e$ 为与气泡体积相同的球体半径）时，气泡不再是球形，尾涡后的旋涡使浮升阻力增加，气泡上升速度在此半径范围内变化不大。

$$u_t = 1.35 \times 10^{-2} \left(\frac{\sigma}{r_e \rho_L} \right)^{\frac{1}{2}} \text{ (m/s)} \tag{8-60}$$

当 $r_e > 0.3 \times 10^{-2} \text{m}$ 时，气泡呈圆帽形，随着气泡大小增加，气泡浮升速度增加为

$$u_t = 1.02 (g r_e)^{\frac{1}{2}} \tag{8-61}$$

如果用圆帽形气泡的曲率半径 r_e 计算，则

$$u_t = 0.67 (g r_e)^{\frac{1}{2}} \tag{8-62}$$

工业上鼓泡塔内的气泡浮升速度一般可用下式计算

$$u_t = \left(\frac{\sigma}{r_e \rho_L} + g r_e \right)^{\frac{1}{2}} \tag{8-63}$$

式中，σ 为液体的表面张力，N/m；ρ_L 为液体密度，kg/L。

当有多个气泡一起上升时，气泡群的平均上升速度 u_b 和单个气泡的上升速度相差不大。在流动着的液体中，气泡与液体间的相对速度称滑动速度 u_s，$u_s = u_b - u_L$。液体流动与气泡上升方向相同时，u_L 为正值，反之为负值，u_s 可从气相与液相的空塔速度和气含率求得

$$u_s = \frac{u_{0G}}{\varepsilon_G} - \frac{u_{0L}}{1-\varepsilon_G} \tag{8-64}$$

在安静区操作，分布器的设计对气泡影响明显，气泡直径通常在 $(0.2 \sim 0.65) \times 10^{-2}$ m 范围内，而且比较均匀。Re_0 约在 $200 \sim 4000$ 之间，在湍动区操作时，孔径与 d_b 无关，因此，分布器对气泡大小的影响不大，但气泡在塔横截面均匀分布的设计仍然重要。

（3）气含率 ε_G　液体不连续流动时，气含率称静态气含率 ε_{0G}，液体连续流动时，气含率称动态气含率 ε_G，它们之间的关系为

$$\varepsilon_G = \varepsilon_{0G} \left[1 - \frac{u_{0L}}{u_{0G}} \left(1 - \frac{\varepsilon_G}{1-\varepsilon_G} \right) \right] \tag{8-65}$$

ε_{0G} 可从测量静液层高 H_0 和通气时液层高度 H 算出

$$\varepsilon_{0G} = \frac{H - H_0}{H} \tag{8-66}$$

ε_{0G} 可作为空塔气速和实际气速的联系

$$u_b = \frac{u_{0G}}{\varepsilon_{0G}} \tag{8-67}$$

单位高度床层的平均停留时间 τ_G 为

$$\tau_G = \frac{1}{u_b} = \frac{\varepsilon_{0G}}{u_{0G}} \tag{8-68}$$

气泡在整个鼓泡液层中的平均停留时间为

$$\tau_G = \frac{\alpha H}{u_b} = \frac{\alpha H}{u_t + u_L} \tag{8-69}$$

液体空床流速和实际流速间的关系为

$$u_{0L} = u_L (1 - \varepsilon_G) \tag{8-70}$$

式中，α 为壁效应或浮升受阻碍的一种校正，其值如表 8-2 所示。

表 8-2　α 值

塔型	塔径<7.6cm	塔径>30cm
空塔	2.5	0.7
有隔板的塔	—	0.85
有筛板的塔	—	1.0

结合以上三式可得

$$\varepsilon_G = \frac{\alpha u_{0G}}{u_t + \frac{u_{0L}}{1-\varepsilon_G}} \tag{8-71}$$

从 α 值可见，塔径增大，ε_G 减小；横向内部构件促使 ε_G 增大，筛板尤为显著，可增大 $40\% \sim 50\%$。

在湍动区，ε_{0G} 和 u_{0G} 可从图 8-10 和图 8-11 查得。

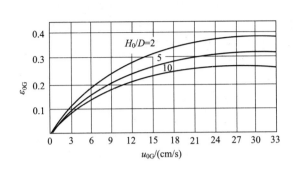

图 8-10 鼓泡塔反应器的 ε_{0G} 和 u_{0G} 的关联图

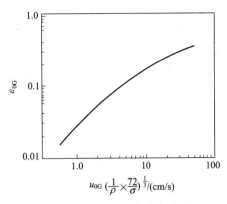

图 8-11 气液系统静态气含率
ε_{0G}-$u_{0G}\left(\dfrac{1}{\rho}\times\dfrac{72}{\sigma}\right)^{\frac{1}{3}}$ 的关联图

Hughmark 测定了鼓泡塔直径为 $25\sim105\mathrm{cm}$ 和如下性质范围内液体中气含率的经验公式

$$\rho_L=(0.78\sim1.70)\times10^3\,\mathrm{kg/m^3}$$

$$\mu_L=(0.9\sim152)\times10^{-3}\,\mathrm{Pa\cdot s}$$

$$\sigma=(25\sim76)\times10^{-3}\,\mathrm{N/m}$$

图 8-11 即为在上述液体性质范围内的 ε_{0G}-$u_{0G}\left(\dfrac{1}{\rho}\times\dfrac{72}{\sigma}\right)^{\frac{1}{3}}$ 的关联图。对空气-水系统

$$\varepsilon_G=\frac{u_{0G}}{30+2u_{0G}} \tag{8-72}$$

对其他物料

$$\varepsilon_G=\frac{u_{0G}}{30+2u_{0G}}\left(\frac{1}{\rho_L}\times\frac{72}{\sigma}\right)^{\frac{1}{3}} \tag{8-73}$$

实验证明，如果液体流量很小，向上或向下流速小于 $200\mathrm{m/h}$，$\varepsilon_{0G}\approx\varepsilon_G$。

另外一种广泛适用的关联式为

$$\frac{\varepsilon_G}{(1-\varepsilon_G)^4}=0.20Bo^{\frac{1}{8}}Ga^{\frac{1}{12}}\left(\frac{u_{0G}}{\sqrt{gD}}\right) \tag{8-74}$$

对电解质溶液，将常数 0.20 改为 0.25。

（4）比相界面积 对气液反应器，如果过程为传质控制，一般采用 k_Ga 或 k_La 进行计算，k_G 或 k_L 可用以计算单位相界面积的物质传递速率，而 k_Ga 或 k_La 可用以计算单位气液混合物体积内的物质传递速率。因此，比相界面积 a 是一个重要的传递参数。

对一般快速或中速反应，通常采用具有搅拌桨的或没有搅拌的气体鼓泡塔反应器，用以控制比相界面积。工业鼓泡塔反应器内的气液相界面较难测定，各方法测定的结果差别较大。

实际测定结果可用下式关联

$$a=0.38\left(\frac{u_{0t}}{u_t}\right)^{\frac{7}{9}}\left[\frac{u_{0G}\rho_L}{\left(\frac{N}{A}\right)d_0\mu}\right]^{\frac{1}{8}}\left(\frac{\rho_Lg}{d_0\sigma}\right)^{\frac{1}{3}} \tag{8-75}$$

实际测定 d_{vs} 在 $2.2 \sim 3.5 \mathrm{mm}$ 之间，a 值小于 $8 \mathrm{cm}^2/\mathrm{cm}^3$。

对不同来源的实验结果，可归纳得到误差范围在 $\pm 15\%$ 以内的简化实用公式

$$a = 26.0(H_0/D)^{-0.3} K^{0.003} \varepsilon_G \tag{8-76}$$

式中，H_0 为静液层高；D 为塔径；ε_G 为气含率；K 为液体模数。

$$K = \frac{\rho_L \sigma^3}{g \mu^4} \tag{8-77}$$

这一简化公式适用于 $u_{0G} \leqslant 60 \mathrm{cm/s}$

$$2.2 \leqslant \frac{H_0}{D} \leqslant 24$$

$$5.7 \times 10^5 < K < 10^{11}$$

（5）鼓泡塔床层高度和返混　鼓泡塔床层高度 H 和直径 D 的比值，一般为

$$3 < \frac{H}{D} < 12 \tag{8-78}$$

当 $\dfrac{H}{D}$ 值过小时，分布器结构及气泡进入时的状态对过程影响较大，气泡离开床层时夹带的液体量也较多，故 $\dfrac{H}{D}$ 不能太小 $\left(\dfrac{H}{D} > 3\right)$。若 $\dfrac{H}{D}$ 比值过大，由于气泡的汇合作用，在小直径塔中有可能形成节涌状态，故一般要求 $3 < \dfrac{H}{D} < 12$。

鼓泡塔内的返混，气相部分和液相部分情况各异。

① 气相的返混　对气液并流向上的鼓泡塔，当处于安静区操作时，气泡相属平推流，轴向混合可以不计。

对气液逆流操作的鼓泡塔，由于液体向下流速较大，必然夹带较小的气泡向下运动，因此存在一定的返混。

采用机械搅拌装置时，气相有可能为全混流。

② 液相的返混　在空床气速 u_{0G} 很小时，液相就存在返混。塔径越大，返混也越剧烈。通常在工业装置的操作条件下，鼓泡塔内的液相基本上都处于全混状态。

8.5.2　鼓泡塔的传热和传质

鼓泡塔内的上升气泡能产生显著的湍动，提高传热和传质速率。因此，对一些高压过程。可以用气体鼓泡代替机械搅拌，从而避免机械搅拌反应器中的轴封问题。

（1）鼓泡塔内的传热　通常采用三种热交换方式：

① 采用夹套、蛇管或列管式冷却器，如并流式乙醛氧化生产醋酸的装置；

② 采用液体循环外冷却器，如外循环式乙醛氧化生产醋酸的装置；

③ 利用溶剂、反应物或产物的汽化带走热量，如乙基苯烃化塔靠蒸发过量的苯以带走反应热。

不论采用哪种传热方式，鼓泡塔反应器内的传热过程有以下特点。

① 由于气泡引起床层内液体的循环运动，促使床层内气液温度比较均一。热交换装置的几何形状及是否设置挡板均不影响传热。塔径大于 $0.1\mathrm{m}$ 的塔对传热也没有影响。

② 由于气泡引起流体的循环运动以及它能局部搅动传热表面使液膜具有湍流特征，因

此，壁膜给热系数显著增加。一般说来，鼓泡塔内的传热速率和一般液相机械搅拌设备的相近。

③ 在相同的空塔气速 u_{0G} 时，以下三种不同的鼓泡状况导致不同的给热系数。若鼓泡仅在邻近器壁处进行，给热系数较大；若鼓泡在全部截面均匀进行，给热系数次之；当鼓泡仅在容器中部进行时，给热系数较小。逐渐增加空塔气速 u_{0G}，当 $u_{0G}<0.05\mathrm{m/s}$ 时，即安静区范围，给热系数随气速的增加而迅速增大；在 $0.06\mathrm{m/s}<u_{0G}<0.1\mathrm{m/s}$ 时，操作处于湍动区，给热系数随 u_{0G} 的增加而缓慢增加。在 $10^{-4}\mathrm{m/s}<u_{0G}<0.1\mathrm{m/s}$ 范围内，比不鼓泡时的传热系数增加达 10 倍。

对于水-空气体系，鼓泡塔和热交换装置间的给热系数，如图 8-12 所示。或用公式

$$h=6800u_{0G}^{0.22} \tag{8-79}$$

式中，h 的单位为 $\mathrm{W/(m^2 \cdot K)}$；u_{0G} 的单位为 $\mathrm{m/s}$。

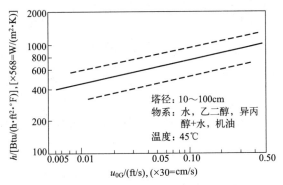

图 8-12　不同气液鼓泡塔中的给热系数

对其他液体可引入 Pr 数进行修正

$$h_L=6800u_{0G}^{0.22}\left(\frac{Pr_{H_2O}}{Pr_L}\right)^{0.5} \tag{8-80}$$

式中，Pr_{H_2O} 为在 $26.7℃$ 时水的 Pr 值。

也可用传热因子 J_H 的关联式进行计算

$$J_H=\left(\frac{h}{c_p u_{0G}\rho_L}\right)\left(\frac{c_p\mu_L}{\lambda_L}\right)^{0.6}$$
$$=0.125\left(\frac{u_{0G}^3\rho_L}{\mu_L g}\right)^{-0.25}(1-\varepsilon_G)^m \tag{8-81}$$

亦可写为

$$h=0.125\frac{u_{0G}^{0.25}g^{0.25}\rho_L^{0.75}c_p^{0.4}\lambda_L^{0.6}}{\mu_L^{0.35}}(1-\varepsilon_G)^m$$

式中，m 为小于 1 的常数。公式适用范围为 $u_{0G}=0.000485\sim0.058\mathrm{m/s}$，即适用于安静鼓泡区，因此气含率较小，故可取 $(1-\varepsilon_G)^m\approx1$。对空气-水、空气-乙醇体系，其精确度在 5% 以内。

和上述相类似的实用公式还有

$$h=0.25\left(\frac{\rho_L^2 g c_p}{\mu_L}\right)^{\frac{1}{3}}\lambda_L^{\frac{2}{3}}\varepsilon_G^{0.2}$$

对完全湍动区（$u_{0G} > 0.1$）或泡沫较多的情况，可采用公式

$$h = 0.25 \left(\frac{\rho_L^2 g c_p}{\mu_L} \right)^{\frac{1}{3}} \lambda^{\frac{2}{3}} \tag{8-82}$$

说明 h 不受 u_{0G} 的影响，仅受液相物性数据的影响，并趋近一最大值。

（2）鼓泡塔内的传质　鼓泡塔内的传质过程，一般属液膜控制。此时，单位床层体积内的传质速率为

$$N_A a = k_L a (c_{Ai} - c_A)$$

若式中 $c_{Ai} = p_{Ai}/H_A$，且不计气膜阻力，$p_{Ai} = p_A$。

不同情况下的传质系数，用无量纲特征数关联如下。

① 在安静区，对单个小气泡 $d_b < 0.2 \times 10^{-2}$ m

$$Sh = \left(\frac{k_L d_b}{D_L} \right) = 2.0 + 0.463 Re_p^{0.484} Sc_L^{0.339} \left(\frac{d_b g^{\frac{1}{3}}}{D_L^{\frac{2}{3}}} \right)^{0.072} \tag{8-83}$$

式中

$$Re_p = \frac{d_b u_{0G} \rho_L}{\mu_L}$$

$$Sc_L = \frac{\mu_L}{\rho_L D_L}$$

对于一般气泡，其大小为 $0.2\text{cm} < d_b < 0.5\text{cm}$，气泡在上升过程中变形摇动，传质较快，则

$$Sh = 2.0 + 0.061 \left[Re_p^{0.484} Sc_L^{0.339} \left(\frac{d_b g^{\frac{1}{3}}}{D_L^{\frac{2}{3}}} \right)^{0.072} \right]^{1.61} \tag{8-84}$$

但在实际鼓泡塔内，由于气泡成群上升，相互影响，使传质系数降低，故式(8-78)中的系数 0.061 应改作 0.0187。

② 在湍动区操作时，若为单孔布气，$k_L a$ 可归纳成式(8-85)

$$\frac{k_L a D^2}{D_L} = 0.6 \left(\frac{v_L}{D_L} \right)^{0.5} \left(\frac{g D^2 \rho}{\sigma} \right)^{0.62} \left(\frac{g D^3}{v_L^2} \right)^{0.31} \varepsilon_G^{1.4} \tag{8-85}$$

式中，$k_L \propto D_L^{\frac{1}{2}}$，与溶质渗透理论或表面更新理论所推得的结果一致。若已知系统的 $k_L a$ 及 D_L，可求得另一系统的 $k_L a$ 值。例如，已知在 25℃ 时 O_2-H_2O 系统的分子扩散系数 $D_{L1} = 2.49 \times 10^{-5}$ cm²/s，若取 $k_L a$ 以下标 1 表示为 $(k_L a)_1$，则另一系统的 $(k_L a)_2$ 可从下式求得

$$(k_L a)_2 = (k_L a)_1 \left(\frac{D_{L2}}{D_{L1}} \right)^{\frac{1}{2}} \tag{8-86}$$

8.5.3　其他鼓泡反应器

鼓泡塔反应器中最基本的因素是气泡运动，当气体流速较小（<0.05m/s）时，气体分布器的结构就决定了气体的分散状况、气泡大小、相界面积及传递性能和反应结果；当气体流速较大（>0.1m/s）时，气体分布器的影响就无关紧要，气泡大小及其分布状况主要取决于气体流速，气速越快，气泡的凝聚与破裂越剧烈。此外，塔内液体随气泡群的浮升而夹

带向上流动，近壁处液体则回流向下，在塔内构成局部的液体循环（图 8-13），呈现显著的液体返混。为了改善鼓泡塔内气液两相流动，鼓泡塔内可安装水平多孔隔板以提高气体分散程度和减少液体返混；也可在塔内安装同心导流筒或垂直隔板，气体在导流筒内上升或从导流筒外的环隙上升，从而在导流筒内外产生密度差使液体形成有序的整体环流，因此称为气升式环流反应器（内环流和外环流），图 8-14 显示了不同型式的气升式环流反应器。这类反应器具有结构简单、能耗低、剪切力小、混合好等优点，在石油化工、生物化工、环境化工等领域得到广泛应用。

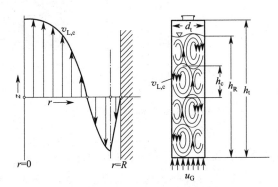

图 8-13　鼓泡塔内的液体环流示意图

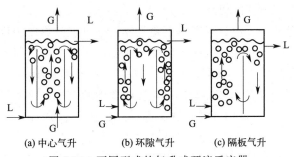

(a) 中心气升　　　　(b) 环隙气升　　　　(c) 隔板气升

图 8-14　不同型式的气升式环流反应器

此外，为了追求较高的固体催化效率，固体催化剂颗粒亦向小颗粒方向发展，同时带来如何实现固体催化剂的低成本循环利用等问题。本小节重点介绍气升式环流反应器和浆态床反应器。

8.5.3.1　气升式环流反应器

气升式环流反应器是在鼓泡塔反应器的基础上发展而来的一类新型高效气-液、气-液-液或气-液-固多相反应器。气升式环流反应器综合了鼓泡塔和搅拌釜的性能，通过气体搅拌，实现了浆液的定向流动和混合，具有结构简单、流体力学性能好、无机械转动部件、剪切力场均匀和低能耗等突出优点，在生物化工、湿法冶金、石油化工和环境化工等领域中有广泛的应用。

根据其结构不同，气升式环流反应器可分为气升式内环流反应器和气升式外环流反应器，如图 8-15 所示。气升式内环流反应器是在鼓泡塔中放置一隔板或圆管来提供不同的流道，根据气体入口位置的不同可分为中心气升式和环隙气升式两种。气升式外环流反应器由两独立的管道组成，两管道首尾相连，管道形状既可以是圆形，也可以是方形等其他形状。

气升式环流反应器包括四部分：上升管、降液管、气液分离区和底部连接段。由于上升管和降液管内气含率不同，在两管间产生静压差，推动浆液在反应器内循环流动。气体从上

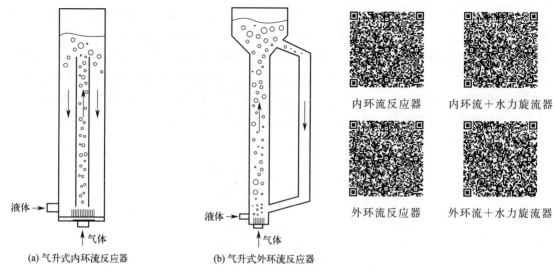

(a) 气升式内环流反应器　　　　(b) 气升式外环流反应器

内环流反应器　　内环流+水力旋流器

外环流反应器　　外环流+水力旋流器

图 8-15　气升式环流反应器的分类

升管底部或中下部鼓入，气液并流向上，上升管具有较高的气含率，气液相间传质主要在此区域发生。液体离开上升管后进入气液分离区，实现部分或完全的气液分离，不含气体或含少量气体的液体进入降液管向下流动，通过反应器底部的连接段进入上升管，完成一个循环，其工作原理如图 8-15 的动画所示。

气-液、气-液-固等多相反应过程基本上是气体先通过气液界面进行溶解，然后在液相中再进行化学或生物反应的。对于反应速率较快的化学反应，多数情况下气体通过气液界面的扩散速率或溶解速率是最慢的，通常是总化学反应过程的控制步骤，故气泡比表面积（a）和传质系数（k_L）是反应器的重要参数。a 与反应器中的平均气含率（α_g）和气泡的平均直径（d_b）有关，k_L 则与反应器内的流动状态即循环液速（u_L）有关。对气升式环流反应器流体力学特性及传质特性的研究是反应器设计和放大的基础。

工业生产用的大型高长径比气升式环流反应器的主要缺点是降液管气含率很低，降低了反应器的整体传质效率，可采用多级环流反应器解决此类问题。根据多级环流反应器的流动特点将其分为以下三种流动状态：非正常流动状态、过渡流动状态和正常流动状态，如图 8-16 所示，在其正常流动状态下降液管中也充满气体，提高了多级反应器的溶氧速率。

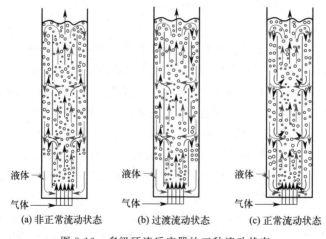

(a) 非正常流动状态　　(b) 过渡流动状态　　(c) 正常流动状态

图 8-16　多级环流反应器的三种流动状态

8.5.3.2 浆态床反应器

在一些有固体催化剂参与化学反应的气-液-固三相鼓泡反应器中，微米级小颗粒固体催化剂（约 $20\sim200\,\mu m$）被充分流化，以颗粒状或粉末状悬浮在液相中，这样的反应器称为浆态床反应器，如图 8-17 所示。鼓泡塔和环流反应器均可以作为浆态床反应器进行气-液-固三相反应。

浆态床反应器因其结构简单、可使用小颗粒催化剂且催化剂颗粒分散均匀、传递性能良好、操作方便等优点已成功应用于费托合成（费托合成浆态床反应器见图 8-18）、重油加氢、天然气制合成油以及天然气合成甲醇等工业生产中，尤其是可使用微米级的小颗粒催化剂，与采用毫米级甚至是厘米级大颗粒催化剂的固定床反应器相比，其固体催化效率有大幅提升。

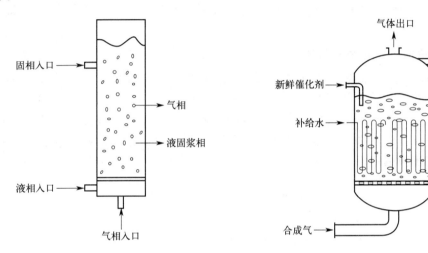

图 8-17 浆态床反应器　　　　　图 8-18 浆态床反应器在费托合成中的应用

8.6 鼓泡搅拌釜

釜式反应器由于釜内温度和浓度均一，且等于出口流的温度和浓度，给反应器的设计和放大带来极大方便，因而在工业生产上得到广泛的应用。鼓泡搅拌釜内装置的桨叶，其型式、数量、尺寸大小、转速可以各异。因此，比鼓泡塔具有更宽广的适应能力。搅拌可以强化传热与传质、促进气体分散良好，从而增大相界面和传质系数，并能使具有固体催化剂粒子的体系保持均匀悬浮。所以它不但适用于热效应较大和需要较高的气含率及贮液率的慢反应，也适用于返混有利于提高选择性的反应，并要求催化剂粒子处于均匀悬浮的气液反应等。

8.6.1 鼓泡搅拌釜的结构特性、混合过程与搅拌功率

搅拌釜的结构设计要求保证充分的搅拌，利用流体的流动和混合作用，使反应或传热、传质过程得到强化。通常，釜内的搅拌混合作用，不一定是专门针对均相物料的，它大致具有以下几种效果：

① 拌合 用于互溶液体间的混合，以消除反应器内的温度和浓度梯度；

② 悬浮 使固体分散在流体中，如搅动浆态物料，搅拌盐块以促进盐类的溶解等；

③ 分散 将一种气体或液体分散在另一种流体中，如废水处理时的吹气，在萃取或乳化过程中液滴的形成等；

④ 传热 加剧混合物料或冷、热表面间的热交换等。

上述作用，有时在釜式反应器中是同时存在的，例如催化水合反应，必须使固体保持悬浮、气体被分散，同时还应及时移去反应热。对黏性或悬浮物料，如本体聚合或悬浮聚合，由于搅拌作用，将使釜内操作情况发生各种变化，特别对大反应釜更是如此。如目前工业上反应釜的容积最大的已超过 $1000\,\mathrm{m}^3$，因此，在放大过程中，更应引起足够的重视。本节拟着重讨论搅拌釜结构与混合方面的基本概念和应用，并对搅拌的功率计算作简单介绍。

8.6.1.1 搅拌釜的结构和桨叶特性

搅拌釜的结构通常包括装盛液体的容器，用电动机传动的旋转轴，以及安装在中心轴上的桨叶。另外还有减速器、夹套、挡板等辅助部件，如图 8-19 所示。搅拌系统主件是桨叶，它随中心轴旋转而把机械能传给液体，推动液体运动。搅拌釜的性能及搅拌轴的功率消耗，不仅取决于桨叶的形状、大小和转速，也取决于液体的物性及釜的形状和大小。此外，它还和是否装置挡板等因素有关。

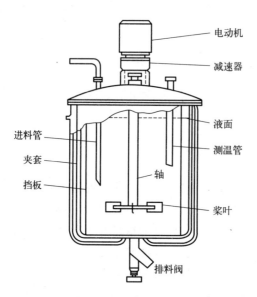

搅拌釜

图 8-19 典型搅拌釜示意图

桨叶的形状、大小各异，以适应不同的工艺条件要求。常用的搅拌桨叶为螺旋桨式、涡轮式、平桨式或具有高切应力的桨叶。图 8-20 所示的锚式和螺带式是典型的低转速搅拌器；高转速搅拌器的形状多为螺旋桨式和涡轮式；平桨式和三叶后掠式的转速稍慢一些。表 8-3 给出不同工艺要求下几种桨叶的适用情况。

螺旋桨搅拌器多用于低黏度流体，因为它具有较大的轴向循环作用，如图 8-21 所示。当液层较高（$H>4d$）或液体黏度较高（$\mu>10\,\mathrm{Pa\cdot s}$）时，需用双桨。低黏度流体采用单个螺旋桨可以保证上下翻动并冲刷釜底。桨叶端的圆周速度一般取 3～12m/s。

表 8-3　几种桨叶在不同工艺要求下的适用情况

过程	桨叶形状	特征参数	要求	D/d	H/D	补充说明
混合过程	螺旋桨式 涡轮式 平桨式	容积/mL 0～3.785×10⁵ 0～2.08×10⁵ 0～7.57×10⁵	容积循环	3～6	没有限制	单桨或多桨
固体悬浮过程	螺旋桨式 涡轮式 平桨式	固体含量/% 0～50 0～100 65～90	固体循环 固体速度	2～3.5	0.5～1	和颗粒粒度有关
分散过程 (不互溶系统)	螺旋桨式 涡轮式 平桨式	物料流量/(mL/s) 0～1.90 0～63 0～0.19	控制液滴再循环	3～3.5	1.0 多级装置 为 0.5	桨叶处于液相 进料的中心线上
溶液反应 (互溶系统)	螺旋桨式 涡轮式 平桨式	容积/L 0～39.7×10³ 0～75.7×10³ 0～189×10³	功率强度容积循环	2.5～3.5	1～3	单桨或多桨
溶解过程	螺旋桨式 涡轮式 平桨式	容积/L 0～3.97×10³ 0～37.85×10³ 0～37.85×10³	切应力，容积循环	1.6～3.2	0.5～2	桨叶处于液相 进料的中心线上
气液过程	螺旋桨式 涡轮式 平桨式	气体流量/(L/s) 0～236 0～2360 0～47.2	控制切应力循环， 高流动速度	2.5～4.0	1～4	用多桨时,最下桨叶距底 部的距离等于桨叶直径; 用自吸式时,桨叶全部在 液面下
高黏性 流体流动	螺旋桨式 涡轮式 平桨式	黏度范围/(Pa·s) 0～80 0～1000 800～1000	容积循环,低流动速度	1.5～2.5	0.5～2	单桨或多桨
传热过程	螺旋桨式 涡轮式 平桨式	容积/L 0～37.85×10³ 0～75.7×10³ 0～19×10³	容积循环,高流速 流过传热面	和其他装 置有关		单桨或多桨,用盘管 时注意桨叶位置
结晶或沉 淀过程	螺旋桨式 涡轮式 平桨式	容积/L 0～37.85×10³ 0～75.7×10³ 0～75.7×10³	循环 低速度 控制切应力	2～3.2	1～2	单桨处于液相 进料的中心线上

　　涡轮式桨叶使液体产生径向运动，如图 8-22 所示。其输液速度引起的剪切作用能使液体获得良好的混合，甚至达到微观混合的程度。因此，涡轮式搅拌器非常适用于全混流反应器，其典型的几何尺寸比值如图 8-23 所示。转速视釜径而异，釜径增大，则转速可减小。

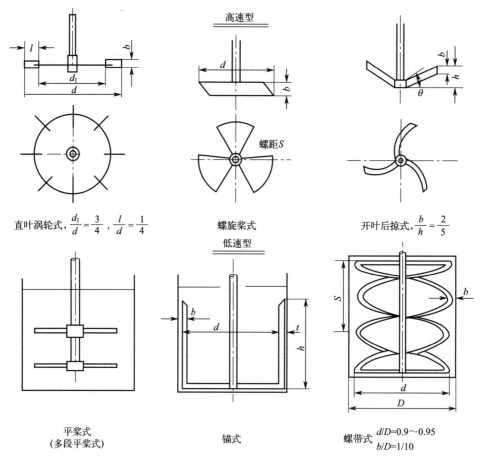

直叶涡轮式，$\dfrac{d_1}{d}=\dfrac{3}{4}$，$\dfrac{l}{d}=\dfrac{1}{4}$　　　螺旋桨式　　　开叶后掠式，$\dfrac{b}{h}=\dfrac{2}{5}$

平桨式
（多段平桨式）　　　　锚式　　　　螺带式 $d/D=0.9\sim0.95$
　　　　　　　　　　　　　　　　　　　　　$b/D=1/10$

图 8-20　常用的桨叶形状

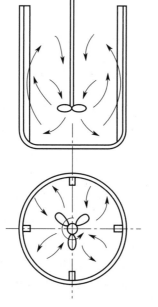

图 8-21　螺旋桨叶转动时的液体循环
（有挡板时阻抑了旋涡液面）

常用的
桨叶形状

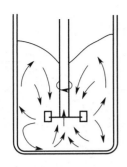

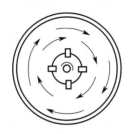

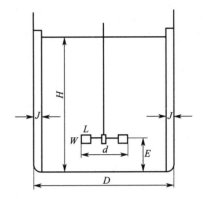

图 8-22　涡轮桨叶转动时的液体循环

（无挡板时生成旋涡液面）

图 8-23　涡轮搅拌器的典型几何尺寸比值

$d/D=1/3.3$；$H/D=1$；$E/d=1W/d=1/5$；

$L/d=1/4$；$J/D=\dfrac{1}{12}\sim\dfrac{1}{10}$

8.6.1.2　搅拌釜内的混合过程

搅拌的目的是使物料均匀地混合。一般认为，以桨叶大小及转速计算的搅拌雷诺数 Re_d 愈大，搅拌器混合作用的效果愈好。但是，由于 Re_d 增加，将导致功率消耗的增加，因而，应该针对具体情况寻求经济上的最优状态。这就需要对釜内的流体流动情况进行分析研究。

在搅拌釜式反应器的放大过程中，简单的方法是要求所设计的工业生产装置和实验室小型装置保持几何相似，即相应的几何尺寸比值一定。另外，也希望工业装置内表示物料流动状况的 Re_d 和实验室装置内 Re_d 相等，即保持流体力学相似。完整的流体力学相似尚需要有同样的 Fr_d 等参数。但通常放大过程无法保持全部有关的无因次准数相等。因此，合理的放大要使最重要的几个准数尽量不变。

桨叶的 Re_d 和 Fr_d 分别为

$$Re_d=\frac{nd^2}{v}=\frac{nd^2\rho}{\mu}\tag{8-87}$$

$$Fr_d=\frac{n^2d}{g}\tag{8-88}$$

式中，n 为桨叶转速，s^{-1}；d 为桨叶直径，m；ρ 为液体密度，kg/m^3；μ 为黏度，$Pa\cdot s$。

搅拌桨的作用和离心泵的叶轮相似，其差别仅在于没有泵壳及出、入口。图 8-24 表示涡轮桨叶转动时离开桨叶外缘的流体速度。按离心泵原理，从叶轮外缘流出的径向体积流量 Q_v 和转速及叶轮直径的三次方成正比，即

涡轮桨叶转动时的液体循环

$$Q_v \propto nd^3$$

这种情况可参考离心泵的无量纲容积系数，对搅拌桨叶采用循环因数 N_v

$$N_v = \frac{Q_v}{nd^3} \tag{8-89}$$

循环因数取决于桨叶直径、叶片数目、桨叶曲率或螺距，以及桨叶对流体旋转速度的比值。有挡板时的几种桨叶的 N_v 值如下。

对螺旋桨叶：$N_v = 0.5$

对六叶涡轮桨叶，叶片宽度和直径之比为 $1/5$ 时，当 $Re_d > 10^4$

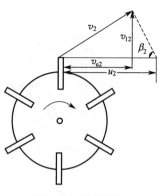

图 8-24 涡轮桨叶
叶端速度向量图

$$N_v = 0.93 \frac{D}{d}$$

式中，D 为釜直径。

与搅拌桨的功率数 N_p 相类似，N_v 亦可用 Re_d 做标绘。增大 N_v 值意味着增加流体循环量，亦即减少混合所需时间。N_p 和 N_v 与 Re_d 标绘的图8-25，说明 N_p 和 N_v 的比值可用来估计搅拌器的有效程度。

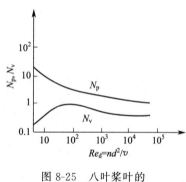

图 8-25 八叶桨叶的
N_p、N_v 与 Re_d 的关系

作为连续釜式反应器有两种混合概念应予以区别。第一种是不同停留时间物料间的混合，也就是返混。全混釜就是返混达到最大的一种反应器。作为全混流的经验标准，对一般黏性流体，要求从叶轮外缘流出的径向流量 Q_v 为进料流量 Q_p 的 5～10 倍。对一级快速反应，有人提出应使 $\frac{Q_v}{Q_p} > 5k\tau$。因此，如果反应快速，或在反应器内的平均停留时间 τ 比较短，则要求达到全混流所需的 $\frac{Q_v}{Q_p}$ 比值较大。

另一种混合概念是指两种互溶液体互相隔离尺度的减小。如将染色的水和清水混合，达到消除颜色差别所需的时间，或消除光干涉纹影所需的时间，称作混合时间，以 t_{mix} 表示。

在湍流条件下，间歇搅拌釜内的混合时间，可用下式估算

$$t_{mix} = \frac{V}{Q_v}$$

式中，V 为反应器内的液体体积。对于连续流动的搅拌釜，由于流体流动必能促进混合，故如按间歇釜的混合时间计算，当然是安全的。因此，可将全混釜的平均停留时间 τ 和混合时间相联系

$$\tau = \frac{V}{Q_F} = \frac{Q_v t_{mix}}{Q_F}$$

所以

$$\frac{Q_v}{Q_F} = \frac{\tau}{t_{mix}} > 5 \sim 10 \qquad (8-90)$$

这一关系对一般非快速反应的溶液相动力学研究具有一定指导作用。它要求在进行均相反应动力学测定以前，必须保证物料均匀混合，即迅速预混合的时间需小于平均停留时间 τ 的 $10\% \sim 20\%$。对溶液相的快速反应，甚至要求在 10^{-3} s 内完成预混合，才能测定反应动力学参数。在有挡板时，达到完全混合所需的时间远比没有挡板时更短。

8.6.1.3 搅拌功率的计算

计算搅拌器功率时，常用一个无量纲的功率数关联

$$N_p = \frac{P}{\rho n^3 d^5} \qquad (8-91)$$

式中，N_p 为功率数，它是 Re_d 的函数。图 8-26 及图 8-27 分别为六叶涡轮桨叶和三叶螺旋桨叶用于牛顿型流体的功率数关联图。

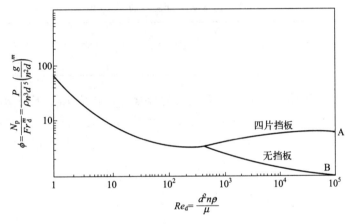

图 8-26 六叶涡轮桨叶的功率数关联图

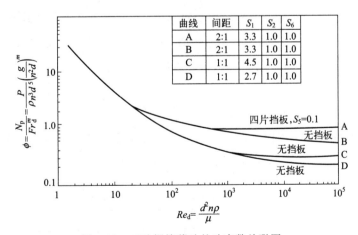

图 8-27 三叶螺旋桨叶的功率数关联图

相应的特征数关联式为

$$\frac{P}{\rho n^3 d^5} = f\left(\frac{nd^2\rho}{\mu}, \frac{n^2 d}{g}, S_1, S_2 \cdots\right)$$

或

$$N_p = f(Re_d, Fr_d, S_1, S_2 \cdots) \tag{8-92}$$

以上功率数可按指数函数作关联或采用 $\dfrac{N_p}{Fr_d^m} = \phi(Re_d)$ 标绘作图。各个 S 值均为无量纲几何参数，见图 8-27，$S_1 = \dfrac{D}{d} = 3.3$，$S_2 = \dfrac{F}{d} = 1$，$S_3 = \dfrac{L}{d} = \dfrac{1}{4}$，$S_6 = \dfrac{H}{D} = 1$；四片挡板，$S_5 = \dfrac{J}{D} = \dfrac{1}{10}$。

在 $Re_d > 300$ 时，如果无挡板，则 Fr_d 的影响显著，指数 m 值做如下改变

$$m = \frac{b - \lg Re_d}{a} \tag{8-93}$$

两图中的 a、b 值见表 8-4。

表 8-4　式 (8-93) 两图中的 a、b 值

图序	线	a	b	图序	线	a	b
8-26	B	1.0	40.0	8-27	C	0	18.0
8-26	B	1.7	18.0	8-27	D	2.3	18.0

对几何参数一定，不论有挡板还是无挡板的搅拌釜，在低 Re_d 下的功率数标绘在同一根曲线上，其在对数坐标纸上的斜率为 -1。在这种层流流动情况下，液体的密度不会造成影响，指数函数式成为

$$N_p Re_d = \frac{P}{n^2 d^3 \mu} = K_L = \psi_L(S_1, S_2 \cdots S_n)$$

所以

$$P = K_L n^2 d^3 \mu \tag{8-94}$$

以上计算公式适用于 $Re_d < 10$ 时。

对几何参数一定且有挡板的搅拌釜，如果 $Re_d > 10000$，功率数的指数函数式便和 Re_d 无关，因而黏度不再是一个影响因素。改变 Fr_d 亦无作用。在这种完全湍流的情况下

$$N_p = K_T = \varphi_T(S_1, S_2 \cdots S_n)$$

所以

$$P = K_T n^3 d^5 \rho \tag{8-95}$$

对几种搅拌桨叶，当采用四片挡板，挡板宽度等于釜直径 $\dfrac{1}{10}$ 时的 K_L 及 K_T 值见表 8-5。对非牛顿型流体的搅拌功率计算可参见本书第 11 章。

表 8-5　有挡板搅拌釜的 K_L 及 K_T 值

桨叶型式	K_L	K_T	桨叶型式	K_L	K_T
螺旋桨式,平直叶,三叶	41.0	0.32	风扇涡轮式,六叶	70.0	1.65
螺距式,三叶	43.5	1.00	平桨式,二叶	36.5	1.70
涡轮式,六平叶	71.0	6.30	圆盘涡轮式,六弯叶	97.5	1.08
六叶后掠弯叶	70.0	4.80	有导向器,无挡板	172.5	1.12

例 8-3　催化裂化（FCC）催化剂是石油炼制和石油加工的核心，成胶过程是催化剂生产的关键步骤，直接影响催化剂产品质量。成胶釜通常是搅拌反应器，需要满足高岭土、分子筛、水铝石等均匀混合的要求。工业成胶釜直径 1.2m，液深为 2.0m，内装有四块挡板（$J/D=0.10$），在高岭土打浆阶段，反应液密度为 $1200kg/m^3$，黏度为 $30\times10^{-3}Pa\cdot s$，采用一个三翼螺旋桨以 300r/min 的转速进行搅拌，螺旋桨直径为 $d=0.4m$，求：（1）所需的搅拌功率为多少？（2）若改用同样直径的六叶涡轮桨，转速不变，搅拌功率为多少？（3）若釜内没有装设挡板，搅拌功率发生怎样的变化？

解　（1）先计算搅拌雷诺数

$$Re_d=\frac{\rho nd^2}{\mu}=\frac{1200\times\dfrac{300}{60}\times0.4^2}{30\times10^{-3}}=32000$$

因为 $Re_d>10000$，故可用式(8-95)

$$P=K_T n^3 d^5\rho$$

查表 8-5，$K_T=0.32$

所以　　　　　　　$P=0.32\times1200\times(300/60)^3\times0.4^5\approx0.492(kW)$

（2）如改用六叶涡轮桨，由于 n、d 不变，Re_d 亦不变，故仍用式(8-95)，查表 8-5，$K_T=6.30$

$$P=6.30\times1200\times5^3\times0.4^5=9.677(kW)$$

可见它比螺旋桨的搅拌强度增加约 $\dfrac{9.677}{0.492}=19.7$ 倍。

（3）不用挡板时，Fr_d 的影响显著，幂数 m 值可计算为

$$m=\frac{b-\lg Re_d}{a}$$

查表 8-4，$b=40$，$a=1$

$$m=\frac{40-\lg 32000}{1}=35.5$$

$$Fr_d=\frac{n^2d}{g}=\frac{5^2\times0.4}{9.807}=1.02$$

$$Fr_d^m=1.02^{35.5}=2.02$$

查图 8-26，$Re_d=32000$，$\phi=1.3$

$$P=2.02\times1.3\times1200\times5^3\times0.4^5=4.033(kW)$$

可见挡板对搅拌的影响是很大的。

8.6.2　鼓泡搅拌釜的桨型

在鼓泡搅拌釜中通常采用的桨叶是直叶涡轮式，用标准的六叶或四叶。在涡轮桨圆盘的下方，设有进气管，这种型式的搅拌桨能产生高度湍流并击碎气泡。另一种常用的桨叶是平桨，它适用于黏性液体或高浓度浆料。但是，在气体流量大时不宜采用。图 8-28 介绍了典

型涡轮搅拌器的结构比例。

一般液层高度与釜径的比值 $\dfrac{H_0}{D} = 1.0 \sim 1.2$。

桨叶离釜底取 $\dfrac{D}{6} \sim \dfrac{D}{3}$。当 $\dfrac{H_0}{D} > 1.8$ 时最好用双桨或多层桨。涡轮式桨叶直径 d 和釜直径 D 的最佳比值视不同情况而异。一般对传质要求 $\dfrac{d}{D} = 0.25 \sim 0.4$，传热为 0.33，黏度增高则此比值增加，有固体颗粒悬浮时 $\dfrac{d}{D} = 0.3 \sim 0.5$。若过程同时要求满足传质、传热及固体颗粒悬浮，则取 $\dfrac{d}{D} = 0.33$。

桨叶端的圆周速度一般取 $5 \sim 7\mathrm{m/s}$，对颗粒沉降速度快且为稀薄浆料时，要求较快的转速。

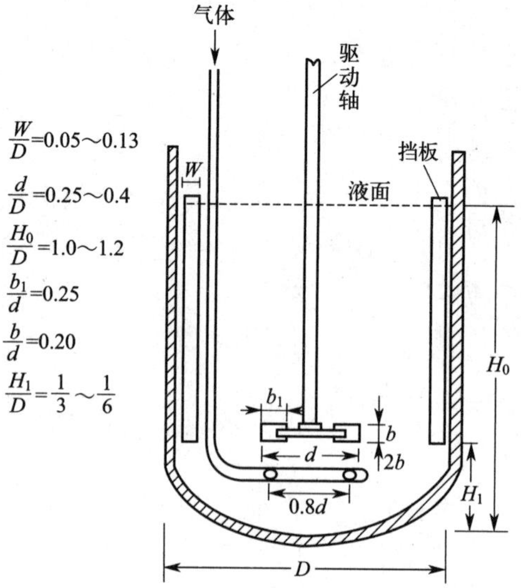

$\dfrac{W}{D} = 0.05 \sim 0.13$

$\dfrac{d}{D} = 0.25 \sim 0.4$

$\dfrac{H_0}{D} = 1.0 \sim 1.2$

$\dfrac{b_1}{d} = 0.25$

$\dfrac{b}{d} = 0.20$

$\dfrac{H_1}{D} = \dfrac{1}{3} \sim \dfrac{1}{6}$

图 8-28　涡轮搅拌器的几何特性示意图

挡板一般为四片，其宽度为 $\dfrac{D}{12} \sim \dfrac{D}{10}$，均匀设置在釜壁上。

若气体要求有较长的停留时间，则应采用具有多桨叶的高釜，如图 8-29 所示。在垂直塔内的桨间装横向隔板以减少返混，可接近于平推流。

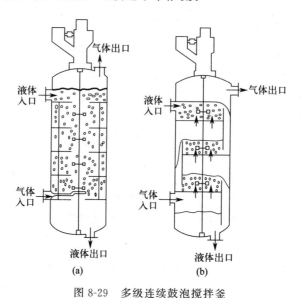

图 8-29　多级连续鼓泡搅拌釜

8.6.3　鼓泡搅拌釜内的流体力学

对采用涡轮桨的搅拌釜，桨叶中圆盘的作用是防止气体沿轴短路上升。气泡从分布器的孔口喷出，就能立即被转动的桨叶刮碎并卷入叶片后面的涡流中，被涡流粉碎的气泡又同时沿半径方向迅速甩出，到达器壁后又折而向上、下两处循环并旋转，若遇到挡板，则再一次

发生扰动。但由于气泡本身的浮力，它的行径并不
与液流完全一致。在桨叶排出流附近区域，是传质
最强的区域，局部的气含率也最大，搅拌釜内的传
质，主要靠此区域。其余空间传质效果大减。对于
慢反应需要较长的反应时间，反应在釜内其他区域
继续进行。

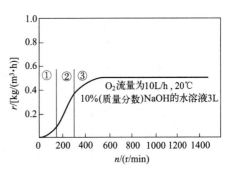

图 8-30　搅拌桨转速对
丁硫醇氧化速率的影响

（1）搅拌桨的转速　实验研究表明，在某一区
域范围内，搅拌桨转速对反应速率有明显的影响，
如图 8-30 所示可能有两个临界转速：下临界转速与
上临界转速。所谓下临界转速，是指搅拌桨的转速
必须达到此值，气体才能分散均匀。在此转速以上，
釜内气液都趋于完全混合，传质系数主要受搅拌速度所支配，气速大小已无直接影响。因
此，下临界转速实质上是鼓泡作用和搅拌作用对总反应速率相对影响程度的一种界限，对快
速反应或瞬时反应比较显著。用六叶平桨涡轮桨叶测得的临界转速下的经验公式

$$n_{0d} = (\sigma g / \rho_L)^{0.25} [1.22 + 1.25(D/d)] \tag{8-96}$$

表 8-6 即为 25℃ 时以水为介质 $[(\sigma g / \rho_L)^{0.25} = 16.55\text{cm/s}]$ 的临界转速。不同液体的
$(\sigma g / \rho_L)^{0.25}$ 值相差不多，故表 8-6 提供的数据可供估算其他物料的临界转速时参考。

表 8-6　以水为介质时的临界转速

$\dfrac{d}{D}$	n_{0d} /(cm/s)	桨尖速度 /(cm/s)	$n_0(D=1\text{m}$ 时) /s^{-1}	$\dfrac{d}{D}$	n_{0d} /(cm/s)	桨尖速度 /(cm/s)	$n_0(D=1\text{m}$ 时) /s^{-1}
0.2	123.6	389	6.13	0.4	72.6	228	1.81
0.3	89.1	280	2.97	0.5	61.5	193	1.23

在下临界转速以上，搅拌作用远远超过鼓泡作用，如图 8-30 所示。在区域②范围内，
传质系数随转速的增加而增加。因此，气液传质系数和气体流量几乎没有直接的关联式。

从区域②进入区域③的转速称为上临界转速。此时，增加转速并不增加反应速率，表明
此时过程已为反应动力学控制。

一般说来，对无限快速的瞬时反应，仅有区域①、②，而对比较缓慢的反应主要在区域
③，对中间速度的反应，可能表现出三种阶段性变化。一般设计要求选用的转速应大于下临
界转速，在测定真实反应动力学数据时，必须保证在上临界转速以上。

（2）通气量或空塔气速　如果在下临界转速以上，可以认为气速的影响不大。但气速取
决于工艺上的要求，有时为了减少气态产物在液相中的溶解度并把它及时驱出而必须用超过
反应需要的气速；有时为了把气相中的反应组分尽可能地一次转化完全而只能采用小的气
速。但无论怎样，气速大小对搅拌功率、相界面、气含率、停留时间和传质等都有影响。如
果气速过大，气体就不能很好地分散，桨叶被大量气体所包围，气体短路而上，而液层表面
却出现腾涌，这种现象类似于液泛。这时的空塔气速称为泛点气速。对一定转速相应地有一
个临界通气量，此时再增大气速，传质及反应速率不再增加。转速增快，泛点气速也相应提
高。因此，对一定装置在一定转速下有一个最适宜的通气量。六叶涡轮桨的泛点通气量可用
无量纲通气特征数 Nv 作关联如下

$$Nv_{max} = v_{G,max} / nd^3 = 0.19 Fr^{0.75} \tag{8-97}$$

式(8-97)适用范围为

$$0.1 < Fr = \frac{n^2 d}{g} < 2.0$$

当工艺要求的气量超过了提高转速所能承受的气量时，可考虑用双桨双进气的方式，即在两层桨的下面各有一进气口，比双桨单进气时所能达到的气量大得多。

（3）气泡大小、气含率及比相界面积　表达鼓泡搅拌釜内吸收传质速率比较简单的方法是采用 $K_G a$ 值。若过程为液膜控制，可取 $K_G a = k_L a$。对伴有化学反应的传质过程可采用增强系数予以关联。在计算时必须了解比相界面积 a 的大小。此外，计算反应器容积和功率消耗时，必须掌握气含率的数据。因此，对不同液体在不同操作条件、不同桨叶型式、不同转速和不同气体流量下的气含率、气泡大小和比相界面积，可用以下计算公式。

① 六叶平桨涡轮

$$d_{vs} = 4.15 \left[\frac{\sigma^{0.6}}{(P_G/V)^{0.4} \rho_c^{0.2} \varepsilon_G^{0.5}} \right] + 0.09 \tag{8-98}$$

$$\varepsilon_G = \left(\frac{u_{0G} \varepsilon_G}{u_b} \right)^{\frac{1}{2}} + 0.0216 \frac{(P_G/V)^{0.4} \rho_L^{0.2}}{\sigma^{0.6}} \left(\frac{u_{0G}}{u_b} \right)^{\frac{1}{2}} \tag{8-99}$$

$$a = 1.44 \left[\frac{(P_G/V)^{0.4} \rho_c^{0.2}}{\sigma^{0.6}} \right] \left(\frac{u_{0G}}{u_b} \right)^{\frac{1}{2}} \tag{8-100}$$

式中，d_{vs} 为气泡的当量比表面平均直径，cm；σ 为表面张力，g/s^2；P_G/V 为单位体积的搅拌功率，$g/(mm \cdot s^3)$（它的计算在后面讲到）；ρ_c 为连续相密度，g/mm^3；V 为液相体积，mm^3；u_{0G} 为空塔气速，mm/s；ε_G 为气含率，无量纲或 cm^3/cm^3；u_b 为气泡自由上升速度，cm/s。

以上三式的适用范围是

$$\left(\frac{d^2 n \rho_c}{\mu} \right)^{0.7} \left(\frac{nd}{u_{0G}} \right)^{0.3} < 20000$$

若上式左侧 > 20000，则液层上面的气体将被卷入液相中而使比相界面积增大为 a_0

$$\lg \frac{2.3 a_0}{a} = 1.95 \times 10^{-5} \left(\frac{d^2 n \rho_c}{\mu} \right)^{0.7} \left(\frac{nd}{u_{0G}} \right)^{0.3} \tag{8-101}$$

② 六叶圆盘涡轮

$$\frac{\varepsilon_G}{1 - \varepsilon_G} = 3.96 \left(\frac{Fr^{\frac{1}{2}}}{Re_d} \right)^{0.87} (10 Re_G)^{2 \times 10^7} (Fr/We)^{2.4} B +$$

$$\frac{1}{N_p} \left[0.25 \ln Re_d - 1.4 \left(\frac{Re_d}{We} \right)^{0.044} \right] \tag{8-102}$$

式中，$We = \rho_c n^2 d^3 / \sigma$；$Re_G = v_G \rho_c^2 / (\pi d \mu_G)$；$v_G$ 为通气流量；B 是一个常数。

当　　　　　　　　　　　$Fr \leqslant 0.6, B = \left(\frac{Fr}{0.6} \right)^{0.667}$

$Fr \geqslant 0.6$，$B = 1$。

上式适用范围为

$$5.7 \times 10^2 \leqslant Re_d = \rho_c n d^2 / \mu \leqslant 1.7 \times 10^3$$

$$1.8 \times 10^{-2} \leqslant Fr = n^2 d / g \leqslant 3.2$$

$$1.8\times10^3\leqslant Re_d^2/We\leqslant6.9\times10^6$$

（4）功率计算　当气体通入搅拌釜时，桨叶处流体的密度减小，故桨叶所消耗的功率也减小。如在气体通入之前就必须启动搅拌桨，则应根据不充气时所需的功率来考虑。如图 8-31 所示，图中不同曲线代表不同桨叶或不同 $\frac{d}{D}$ 值。

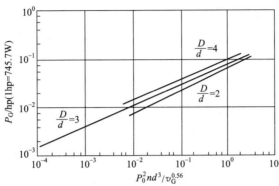

图 8-31　六叶平桨涡轮式气液搅拌的功率损耗

P_0—功率，hp

对六叶平桨涡轮桨叶 $\left(\frac{d}{D}=\frac{1}{3}\right)$ 鼓泡时消耗功率 P_G，可用以下经验公式表示

$$P_G=0.08\left(\frac{P^2nd^3}{v_G^{0.56}}\right)^{0.45} \tag{8-103}$$

式中，P、P_G 为不通气、通气时功率，hp（1hp＝0.746kW）；n 为转速，r/min；d 为搅拌桨叶直径，ft（1ft＝0.3048m）；v_G 为通气流量，ft^3/min（$1ft^3$/min＝0.02832m^3/min）（若文献确实有用，应变换为 SI 单位制。）。

对多桨叶只适用于底桨，其他桨叶每桨用不充气时的功率乘以 0.7～0.9。

一般简化处理方法可用图 8-32，即以（P_G/P）和通气特征数 Nv 作描绘［$Nv＝v_G/(nd^3)$］。从图可见随着通气量增加，功率迅速减少。在大气量时，所需功率约为不通气时的一半。

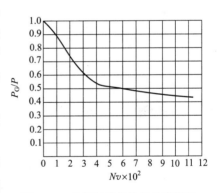

图 8-32　充气时搅拌桨的功率损耗

例 8-4　在一内径 1.5m 且安装有 4 块挡板的圆柱形搅拌反应器中，将氯气鼓泡通入氰尿酸三钠盐水溶液生产有机高效消毒剂三氯异氰尿酸。反应器内初始液位高度与釜直径之比为 1.2，釜内安装一直径 0.5m 的 6 平叶涡轮搅拌桨。氰尿酸三钠盐水溶液密度为 1200kg/m^3，黏度为 0.0012Pa·s。氯气流量为 30m^3/h，密度 2.95kg/m^3。忽略气液相间传质及反应，试计算：（1）为了增加氯气与氰尿酸三钠盐水溶液的接触面积，要求氯气分散成直径为 2～3mm 的气泡，估计所需要的搅拌转速；（2）液体内的比相界面积。（气液两相表面张力约为 0.07N/m，气泡的浮升速度假定为 0.2m/s。）

解　（1）确定搅拌转速

已知条件为：$d=0.50\text{m}$，$\rho=1200\text{kg/m}^3$，$\mu=1.2\times10^{-3}\text{Pa}\cdot\text{s}$，$v_G=30\text{m}^3/\text{h}$。

先假定搅拌转速为 $n=300\text{rpm}=5\text{r/s}$

则雷诺数　$Re_d=\dfrac{nd^2\rho}{\mu}=\dfrac{5\times0.5^2\times1200}{1.2\times10^{-3}}=1.25\times10^6$

因为 $Re_d>10000$，故反应釜内流体处于完全湍流状态。从表 8-5 可查得 $K_T=6.3$。

因而在不通气时所需功率 P 为

$$P=K_T n^3 d^5\rho=6.3\times5^3\times0.5^5\times1200$$
$$=2.953\times10^4\ (\text{W})$$

通气特征数 $Nv=\dfrac{v_G}{nd^3}=\dfrac{30}{3600\times5\times0.5^3}=0.0133$

从图 8-32 查得 $P_G/P\approx0.85$，故

$$P_G=0.85\times2.953\times10^4=2.51\times10^4\ (\text{W})$$

液层深度 $H_0=1.2\times1.5=1.8\text{m}$，故液体体积

$$V=\frac{\pi D^2 H_0}{4}=\pi\times1.5^2\times1.8/4=3.18\ (\text{m}^3)$$

因此，单位体积的搅拌功率

$$\frac{P_G}{V}=\frac{2.51\times10^4}{3.18}=7.89\times10^3\ (\text{W/m}^3)$$

搅拌器横截面为 $\dfrac{\pi D^2}{4}=1.767\text{m}^2$，故空塔气速

$$u_{0G}=\frac{30}{3600\times1.767}=0.00472\ (\text{m/s})$$

代入气含率 ε_G 计算公式（8-99）

$$\varepsilon_G=\left(\frac{u_{0G}\varepsilon_G}{u_b}\right)^{\frac{1}{2}}+0.000216\frac{(P_G/V)^{0.4}\rho_c^{0.2}}{\sigma^{0.6}}\left(\frac{u_{0G}}{u_b}\right)^{\frac{1}{2}}$$

$$=\left(\frac{0.00472}{0.2}\varepsilon_G\right)^{\frac{1}{2}}+0.000216\frac{(7.89\times10^3)^{0.4}\times1200^{0.2}}{0.07^{0.6}}\left(\frac{0.00472}{0.2}\right)^{\frac{1}{2}}$$

求解这个二次方程式，可得气含率 $\varepsilon_G=0.063$

代入气泡当量比表面直径 d_{vs} 计算公式（8-98）

$$d_{vs}=4.15\left[\frac{\sigma^{0.6}}{(P_G/V)^{0.4}\rho_c^{0.2}}\varepsilon_G^{0.5}\right]+0.0009$$

$$=4.15\left[\frac{0.07^{0.6}}{(7.89\times10^3)^{0.4}\times1200^{0.2}}\times0.063^{0.5}\right]+0.0009$$

$$=2.31\times10^{-3}\ (\text{m})=2.31\ (\text{mm})$$

由于气泡直径（2.31mm）介于 2～3mm 范围内，因此搅拌转速 300r/min 可以满足要求。

（2）比相界面积 a

$$a = \frac{6\,\varepsilon_{\mathrm{G}}}{d_{\mathrm{vs}}} = \frac{6 \times 0.063}{2.31 \times 10^{-3}} = 163.6(\mathrm{m}^{-1})$$

例 8-5 某一台生物发酵用气液搅拌反应器内,安装上下两层桨叶。上层桨为翼型轴向流桨,用来实现物料轴向循环,其功率准数 $N_{\mathrm{p1}} = 1.0$,通气工况下相对功率需求 RPD1＝0.9。下层桨为径向流涡轮桨,用来均匀分散气体,其功率转数 $N_{\mathrm{p2}} = 5.0$,通气工况下 RPD2＝0.7。反应器为圆柱形,物料体积 $V = 20\mathrm{m}^3$,液位高度 H 是直径 T 的 2 倍。物料密度 $\rho = 1000\mathrm{kg/m}^3$,物料黏度 $\mu = 0.001\mathrm{Pa \cdot s}$。假设通气工况下反应器内物料的单位体积功率为 $P/V = 0.6\mathrm{kW/m}^3$,翼型桨直径 $D_1 = 0.4T$,两层桨叶输入功率相等,试求搅拌转速 N 和下层桨叶的直径 D_2。(备注:RPD＝通气功耗/未通气功耗)

解 反应器体积与直径和液位高度满足

$$V = \frac{\pi}{4}T^2 H = \frac{\pi}{4}T^2 \times 2T = 20\mathrm{m}^3$$

可以得到

$$T = 2.335\mathrm{m}; H = 4.670\mathrm{m}$$

已知上层桨直径 $D_1 = 0.4T$,即

$$D_1 = 0.4T = 0.934\mathrm{m}$$

由单位体积功率可以计算气液搅拌反应器上下两层桨的总功率

$$P = 0.6\mathrm{kW/m}^3 \times 20\mathrm{m}^3 = 12000\mathrm{W}$$

根据通气工况下两层桨叶输入功率相等的条件,可知上层桨的功率为 6000W

$$P_1 = 6000\mathrm{W} = \mathrm{RPD1} \times N_{\mathrm{p1}} \rho N^3 D_1^5$$

可以获得搅拌转速

$$N = \left(\frac{P_1}{\mathrm{RPD1} \times N_{\mathrm{p1}} \rho D_1^5}\right)^{1/3} = \left[\frac{6000\mathrm{W}}{0.9 \times 1.0 \times 1000\mathrm{kg/m}^3 \times (0.934\mathrm{m})^5}\right]^{1/3} = 2.11\mathrm{r/s}$$

同理,下层桨的功率也为 6000W,即

$$P_2 = 6000\mathrm{W} = \mathrm{RPD2} \times N_{\mathrm{p2}} \rho N^3 D_2^5$$

因此下层桨叶的直径为

$$D_2 = \left(\frac{P_2}{\mathrm{RPD2} \times N_{\mathrm{p2}} \rho N^3}\right)^{1/5} = \left[\frac{6000\mathrm{W}}{0.7 \times 5.0 \times 1000\mathrm{kg/m}^3 \times (2.111/\mathrm{s})^3}\right]^{1/5} = 0.712\mathrm{m}$$

思考: 请调整两层桨叶功率消耗的比例,或改变桨叶型式,进一步设计该反应器。

8.6.4 鼓泡搅拌釜的传热和传质

关于搅拌釜内的液体和釜壁或盘管间的传热问题,已有大量的研究。在湍流情况下,一般用以下特征数关联

$$Nu = \frac{hD}{\lambda} = CRe^{\frac{2}{3}} Pr^{\frac{1}{3}} \left(\frac{\mu_{\mathrm{w}}}{\mu}\right)^{-0.14} \tag{8-104}$$

上式适用于 $Re > 200$,式中常数 C 取决于搅拌器型式和是否采用挡板。对各种混合系统的

计算公式可集中表示在图 8-33 上。上部曲线表示径向流或切向流搅拌器在采用挡板或圆柱形排列的盘管时的结果，一般 C 值在 $0.7\sim 0.9$ 之间，适用于流体和釜壁或流体和盘管间的传热。右上中间一段曲线，$C=0.5$，适用于轴向流动的搅拌器（如多层螺旋桨叶，间距 $P/d=1$），下部曲线表示不用挡板时的螺旋桨叶、直叶涡轮、平桨等搅拌器，$C=0.35\sim 0.40$，左下曲线为锚式桨叶，μ_{w}/μ 的指数为 -0.18。在 $Re=1$ 时，螺带桨叶的 Nu 数为锚式桨叶的 2 倍。

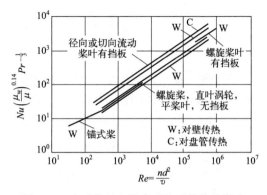

图 8-33　流动状况和混合系统对传热的影响

实验测定 h 和 P/V 的关系，在湍流流动和几何尺寸相似的条件下，对同样的物料组成，可有

$$h\propto (P/V)^{\frac{2}{9}}D^{-\frac{1}{9}} \tag{8-105}$$

式(8-105) 表明 h 受 P/V、D 的影响不大。

对反应器来说，由于热效应与几何尺寸 D 成三次方关系，而釜壁传热与几何尺寸 D 成二次方关系。当 P/V 一定时，h 随 D 的变化很小，因此，比较大的搅拌反应器必须增装盘管。

对于鼓泡搅拌釜，在同时通气和搅拌时，反应釜内的传热公式可参考内壁给热系数 h 和搅拌功率的关联式(8-105)，即

$$h\propto P^{\frac{2}{9}}$$

设 P_{G}、P 分别为通气和不通气时所输入的搅拌功率，而 P_{K} 为气泡从釜底浮升至液面的膨胀功（等于在绝热情况下将气体从液面压缩至底部所需功率）。若 h_{G}、h 分别代表通气和不通气时的内壁给热系数。可得以下近似关系式

$$h_{\mathrm{G}}=h\left(\frac{P_{\mathrm{G}}+P_{\mathrm{K}}}{P}\right)^{0.25} \tag{8-106}$$

通常传热问题可与不通气时一样处理。

鼓泡搅拌釜内的气膜传质阻力一般可以忽略不计。对液膜传质系数 k_{L} 则可用下式计算

小气泡，$d_{\mathrm{b}}<4\mathrm{mm}$ 　　$$\frac{k_{\mathrm{L}}d_{\mathrm{b}}}{D_{\mathrm{LA}}}=2+\left(\frac{d_{\mathrm{b}}u_{\mathrm{b}}\rho_{\mathrm{L}}}{\mu_{\mathrm{L}}}\right)^{\frac{1}{2}}\left(\frac{\mu_{\mathrm{L}}}{\rho_{\mathrm{L}}D_{\mathrm{LA}}}\right)^{\frac{1}{3}} \tag{8-107}$$

大气泡，$d_{\mathrm{b}}>4\mathrm{mm}$ 　　$$\frac{k_{\mathrm{L}}d_{\mathrm{b}}}{D_{\mathrm{LA}}}=683d_{\mathrm{b}}^{1.376}\left(\frac{4d_{\mathrm{b}}u_{\mathrm{b}}}{\pi D_{\mathrm{LA}}}\right)^{\frac{1}{2}} \tag{8-108}$$

其中 u_{b} 为气泡浮升速度

$$u_{\mathrm{b}}=\left(\frac{2\sigma}{\rho_{\mathrm{L}}d_{\mathrm{b}}}+\frac{gd_{\mathrm{b}}}{2}\right)^{0.5} \tag{8-109}$$

8.6.5　鼓泡搅拌釜的放大

① 根据工艺要求及传递特性确定反应器型式、结构参数（包括 $\dfrac{H}{D}$、$\dfrac{d}{D}$、$\dfrac{H_0}{D}$，挡板型

式、数量和位置、传热面积、桨叶数目和布气装置等)、操作参数 (T、p、u_{0G}、n 等) 和操作方式 (半连续或连续、一釜或多釜)。对复杂反应,首先要弄清各项参数对主、副反应的影响程度,以改善选择性,提高收率。

② 釜的液高 H_0 与釜径 D 之比可选取 1.0~1.2。如该比值超过 1.8,则应采用多桨。$d/D = 0.2 \sim 0.5$,通常取 1/3。离底高度与桨径相等,上下桨之间距离应大于桨径,挡板按不同流体黏度而装设,最多四块,布气装置应尽量避免气体短路。

③ 搅拌桨转速应大于下临界转速,而通气流量应低于泛点气量。釜径增大,转速可以减小。但放大时一般增加 $\dfrac{H}{D}$ 值,仍要求同样的气液比,空塔气速可能超过泛点气速,则应设法提高泛点值,例如加大转速、采用多桨和多进气等方式。

④ 本节介绍的计算公式的通用性较差,这是由于鼓泡搅拌釜的反应工艺、物性参数、操作状况、结构特征都比较复杂,特别是少量杂质或表面活性物质的存在,常使结果产生很大的差异。因此,这些公式仅能作为估算之用,在实际使用时应按中间工厂实测结果作关联,对这些公式作检验。

⑤ 鼓泡搅拌釜的放大可以按 (P_G/V) 一定、桨尖速度一定或 $k_L a$ 值一定,这三个准则放大。但是,这三个准则不可能同时满足,必须分清主次,有所取舍。一般用 (P_G/V) 一定比较安全,对液膜控制若采用 $k_L a$ 值一定也是合理的。

⑥ 若液相内需采用均相催化剂时,反应速率和催化剂浓度密切相关。催化剂用量的选择,在动力学控制时应该使真实反应速率等于最慢的扩散组分的传质速率。对快反应,则应选择催化剂浓度使气相扩散组分在液相内的浓度接近于零。在设计时只要测定气相组分中最慢的传质速率,便可以此选定适合于这个速率的催化剂浓度。

⑦ 对比较复杂的反应动力学,要得到一般的解析解通常不易做到,最好用数值法求解。如果液体并非完全混合,则要用适宜的轴向扩散模型,用以计算传质梯度和反应速率。随着化工传递与反应理论的发展,以及计算方法和计算机的进步,鼓泡搅拌釜等多相反应器的可靠放大,将更多地依赖数学模型与数值模拟技术。

8.7　气液相反应器的数学模型和设计

气液相反应器内气液两相的流动过程和传递过程都比较复杂,目前对气液相反应器的数学模型和设计、诊断和放大技术还在不断发展,本章主要介绍常用的基于理想流动模型和计算流体力学模型。

理想流动模型是根据气液相流体在反应器内的流动状况,将其假设为平推流或全混流而建立物料衡算方程。对于高径比较大的塔式反应器,因气体鼓泡上升 (鼓泡塔、板式塔和气升式环流反应器等) 或连续流动 (填料塔、湿壁塔、降膜反应器、喷洒塔和文丘里反应器等),气相返混程度较小,气体流动往往可认为是平推流。只有在高径比较小的釜式反应器 (喷射反应器、鼓泡搅拌釜反应器),气相返混大,气体流动可认为是全混流。而对于液含量较大的气液相反应器 (鼓泡塔、喷射反应器、鼓泡搅拌釜反应器),液相返混较大,液相流动往往可认为是全混流;如果反应器直径较小,液相返混不大,液相可视为平推流。对于液含量较小的、液体喷洒分散成液滴在气相中流动的喷洒型反应器 (喷洒塔、文丘里反应器) 或液体以液膜运动与气相进行接触的液膜型反应器 (填料塔、湿壁塔、降膜反应器),则气液两相流动均可假设为平推流。表 8-7 列举了不同操作情况下气相和液相的流动模型。以下介绍几种典型的理想流动模型和气液相反应器设计。

表 8-7　不同操作情况下气相和液相的流动模型

操作方法	气相　　液相
连续	a 平推流—A 平推流 b 全混流—B 全混流
半连续	a 平推流—B 完全混合 b 全混流
间歇	b 完全混合—B 完全混合

8.7.1　气相为平推流、液相为全混流

多数鼓泡塔反应器和高径比较大的鼓泡搅拌反应釜属于此类。以气相反应物 A 和液相反应物 B 的反应体系（$a\text{A}+b\text{B} \longrightarrow$ 产物）为例，A 必须扩散到液相中与 B 反应，液相主体中反应物浓度恒定，气相中反应物 A 浓度随高度变化。

（1）连续操作　液体流动为全混流，可对反应器作液相中反应物 B 的物料衡算

$$V_{\text{L}}(-r_{\text{B}})=V_{\text{L}}\frac{b}{a}(-r_{\text{A}})=Q_{\text{L}}(c_{\text{B0}}-c_{\text{BL}}) \tag{8-110}$$

对液相中反应物 A 作物料衡算

$$Q_{\text{L}}(c_{\text{A0}}-c_{\text{AL}})=-K_{\text{G}}aV_{\text{T}}p\left(y_{\text{A}}-\frac{H_{\text{A}}c_{\text{A}}}{p}\right)+(-r_{\text{A}})V_{\text{L}} \tag{8-111}$$

液相进料中如不含反应物 A，即其浓度 $c_{\text{A0}}=0$。如果化学反应过程为快速反应，液相中反应物 A 浓度 $c_{\text{AL}}=0$，此时式（8-111）可改写为

$$K_{\text{G}}a_{\text{p}}V_{\text{T}}p\left(y_{\text{A}}-\frac{H_{\text{A}}c_{\text{A}}}{p}\right)=(-r_{\text{A}})V_{\text{L}}$$

气相在轴向为平推流，取微元对气相中反应物 A 进行物料衡算

$$F_{\text{G}}y_{\text{A}}-[F_{\text{G}}y_{\text{A}}-\text{d}(F_{\text{G}}y_{\text{A}})]=N_{\text{A}}\text{d}Z$$

$$\text{d}(F_{\text{G}}y_{\text{A}})=K_{\text{G}}a_{\text{p}}p\left(y_{\text{A}}-\frac{H_{\text{A}}c_{\text{A}}}{p}\right)\text{d}Z \tag{8-112}$$

若以空塔气速 $u_{0\text{G}}$ 表示，则

$$-\text{d}\left(y_{\text{A}}\frac{pu_{0\text{G}}}{RT}\right)=K_{\text{G}}a_{\text{p}}p\left(y_{\text{A}}-\frac{H_{\text{A}}c_{\text{A}}}{p}\right)\text{d}Z \tag{8-113}$$

式中，V_{L} 为反应器内液体体积；V_{T} 为气液总体积；Q_{L} 为液体体积流量；F_{G} 为气体摩尔流速；$u_{0\text{G}}$ 为空塔气速；K_{G} 为气相总传质系数；H_{A} 为亨利常数；a_{p} 为单位体积的气液相界面积。

如果气体体积变化不大，则上式可取平均值计算

$$-\overline{u_{0\text{G}}}\text{d}\left(y_{\text{A}}\frac{p}{RT}\right)=K_{\text{G}}a_{\text{p}}p\left(y_{\text{A}}-\frac{H_{\text{A}}c_{\text{A}}}{p}\right)\text{d}Z$$

对于给定的生产任务，可通过式（8-110）和式（8-111）计算获得反应器体积，对式（8-112）积分可获得反应器高度。

（2）半连续操作　工业上往往采用半连续鼓泡塔或鼓泡搅拌釜生产小批量的产品，即反

应器内液体批次投料、液体无进料和出料，气体连续通入，因此，液相中反应物 B 和反应物 A 浓度随时间而变化，可分别按物料衡算式(8-114) 和式(8-115) 计算

$$(-r_B) = -\frac{dc_B}{dt} = \frac{b}{a}(-r_A) \tag{8-114}$$

液相内反应物 A

$$K_G a_p V_T p\left(y_A - \frac{H_A c_A}{p}\right) - (-r_A)V_L = V_L \frac{dc_A}{dt} \tag{8-115}$$

液相反应物 B 的浓度从 c_{BL0} 下降到所需要的浓度时，反应时间通过式(8-114) 求得。

气相反应物 A 在轴向方向的变化可同样根据物料衡算式(8-115) 计算，可积分获得反应器高度。

8.7.2　气相和液相均为全混流

如果反应器内气液两相均有很大返混，可视为全混流。鼓泡搅拌釜就属于此类，在剧烈搅拌下气液两相均存在很大程度的返混。如果是连续操作，液相中反应物 B 和反应物 A 可同样采用衡算方程式(8-110) 和式(8-111) 进行计算。气相也为全混流，对气相中反应物 A 作物料衡算

$$F_{G0}y_{A0} - F_G y_A = K_G a_p V_T p\left(y_A - \frac{H_A c_A}{p}\right) \tag{8-116}$$

如果是半连续操作，可分别采用衡算方程式(8-114) ～式(8-116) 描述液相中反应物 B 和反应物 A 及气相中反应物 A 的浓度变化。

如果是间歇操作，可分别采用式(8-114) 和式(8-115) 计算液相中反应物 B 和反应物 A 的浓度随反应时间的变化。而气相中反应物 A 浓度随时间的变化为

$$-\frac{d}{dt}\left(\frac{y_A p V_T \varepsilon_G}{RT}\right) = K_G a_p V_T p\left(y_A - \frac{H_A c_A}{p}\right) \tag{8-117}$$

8.7.3　气相和液相均为平推流

对于液含量较小的、液体喷洒分散为液滴在气相中流动的喷洒型反应器（喷洒塔、文丘里反应器）或液体以液膜运动与气相进行接触的液膜型反应器（填料塔、湿壁塔、降膜反应器），气液两相返混很小，均可视为平推流。在反应器内对轴向微元高度 dZ 作物料衡算。

液相　　　　　　　　　　$$-u_L dc_B = (-r_B)dZ \tag{8-118}$$

$$-u_L dc_{AL} = \left[-K_G a_p p\left(y_A - \frac{H_A c_A}{p}\right) + (-r_A)\right]dZ \tag{8-119}$$

气相　　　　　　　$$-d(F_G y_A) = K_G a_p p\left(y_A - \frac{H_A c_A}{p}\right)dZ \tag{8-120}$$

对通过化学吸收净化气体的过程，目标是气相的出口浓度达到要求，过程的阻力主要在气相方面，因此要依据气相物料衡算方程计算其浓度变化，从而计算能完成净化目的的反应器高度，比如填料塔的设计，气相的衡算方程为

$$\frac{K_G a_p p dZ}{F_G'} = \frac{dY_A}{(Y_A - Y_A^*)}$$

积分得

$$Z = \frac{F'_G}{K_G a_p p} \int_{Y_{A2}}^{Y_{A1}} \frac{dY_A}{(Y_A - Y_A^*)}$$

$$Z = \frac{F'_G}{(K_G a_p)_m p} \frac{Y_{A1} - Y_{A2}}{(Y_A - Y_A^*)_{LM}}$$

式中，F'_G 为惰性气体的摩尔流速；Y_{A1} 和 Y_{A2} 分别为被吸收气体的进口和出口处的分子分数；Y_A^* 为其平均分子数；下标 m 和 LM 分别表示平均值和对数平均值。

如果气液相反应过程以合成液相产品为目的，液气比较大，反应不是瞬间完成，多数为液膜控制，因此要依据液相物料衡算方程计算其浓度变化，并计算获得反应器高度。

例 8-6 填料吸收塔高度计算

在一逆流操作的填料塔中用吸收的方法把某一尾气中的有害组分从 0.1% 的含量降低到 0.02%，试比较以下几种情况［用 kmol/(h·m³·atm) 为计算单位］，并逐一计算：

（1）用纯水吸收。已知用这种填料时 $k_{GA}a = 32\,\mathrm{kmol/(h \cdot m^3 \cdot atm)}$，$k_{LA}a = 0.1\,\mathrm{h^{-1}}$，$H_A = 125 \times 10^{-3}\,\mathrm{atm \cdot m^3/kmol}$。

气、液分子流量分别为 $L \approx L_I = 7 \times 10^2\,\mathrm{kmol/(h \cdot m^2)}$，$G \approx G_I = 1 \times 10^2\,\mathrm{kg \cdot mol/(h \cdot m^2)}$。

此外，总压 $p = 1\,\mathrm{atm}$，液体的总物质的量浓度 $c_T = 56\,\mathrm{kmol/m^3}$。

解 填料塔出、入口的浓度如附图 1 所示。

若对塔顶和塔内任一截面作物料衡算，可得

例 8-6 附图 1

$$G \frac{p_A - p_{A1}}{p} = L \frac{c_A - c_{A1}}{c_T}$$

或

$$p_A - 0.0002 = (7 \times 10^2 / 1 \times 10^2) \times (1/56)(c_A - 0)$$

即

$$8p_A - 1.6 \times 10^{-3} = c_A$$

对全塔作物料衡算，可知液体出口处的浓度为

$$c_{A2} = 8 \times 0.0010 - 1.6 \times 10^{-3} = 6.4 \times 10^{-3}\,(\mathrm{kmol/m^3})$$

选择几个 p_A 值，按上式先算出 c_A 值。用亨利定律求得和 c_A 相平衡的 p_A^*，再算出总推动力 $\Delta p = p_A - p_A^*$ 如下：

p_A	$c_A \times 10^3$	$p_A^* = H_A c_A$	$\Delta p_A = p_A - p_A^*$
0.0002	0	0	0.0002
0.0006	3.2	0.0004	0.0002
0.0010	6.4	0.0008	0.0002

总体积传质系数用下式计算

$$\frac{1}{K_{GA}a} = \frac{1}{k_{GA}a} + \frac{H_A}{k_{LA}a}$$

$$= \frac{1}{32} + 125 \times 10^{-3}/0.1 = 1.283$$

所以
$$K_{GA}a = 0.780[\text{kmol}/(\text{h} \cdot \text{m}^3 \cdot \text{atm})]$$

从公式

$$\frac{G_g}{M_g}\mathrm{d}y_A = G\mathrm{d}y_A = G\frac{\mathrm{d}p_A}{p}$$

$$= K_{GA}a(y_A - y_A^*)p\mathrm{d}Z$$

$$= K_{GA}a(p_A - p_A^*)\mathrm{d}Z$$

所以
$$Z = \frac{G}{pK_{GA}a}\int\frac{\mathrm{d}p_A}{p_A - p_A^*}$$

$$= \frac{1\times10^2}{1\times0.78}\int_{0.0002}^{0.0010}\frac{\mathrm{d}p_A}{0.0002} = 513(\text{m})$$

显然，用纯水吸收是行不通的。

（2）用高浓度反应组分 $c_B = 0.8\text{kmol}/\text{m}^3$ 的水溶液吸收，反应极快，设 $k_{LA} = k_{LB} = k_L$。液体的总物质的量浓度 $c_T = 56\text{kmol}/\text{m}^3$。

参考附图2。设 A 和 B 反应的化学计量系数 $b = 1$。按气相中 A 的变化和液相中 B 的变化作物料衡算

$$G\frac{p_A - p_{Ai}}{p} = L\frac{c_{B1} - c_B}{c_T}$$

所以
$$p_A - p_{Ai} = \frac{(7\times10^2)\times1}{(1\times10^2)\times56}(0.80 - c_B)$$

或
$$8p_A = 0.8016 - c_B$$

对全塔作物料衡算，液体出塔处 B 的浓度为

$$c_{B2} = 0.8016 - 8\times0.0010 = 0.7936(\text{kmol}/\text{m}^3)$$

在塔顶
$$k_{GA}ap_A = 32\times0.0002 = 6.4\times10^{-3}[\text{kmol}/(\text{h} \cdot \text{m}^3)]$$

$$k_{LB}ac_B = 0.1\times0.8 = 0.08[\text{kmol}/(\text{h} \cdot \text{m}^3)]$$

在塔底
$$k_{GA}ap_A = 32\times10^{-3}$$

$$k_{LB}ac_B = 79.32\times10^{-3}$$

说明不论在塔顶还是塔底，气相传质速率比液相中慢，故为气膜控制，取 $p_A^* = 0$

$$(-r_A) = k_{GA}a\mathrm{d}p_A$$

$$Z = \frac{G}{pk_{GA}a}\int_{0.0002}^{0.0010}\frac{\mathrm{d}p_A}{p_A}$$

$$= \frac{1\times10^2}{1\times32}\int_{0.0002}^{0.0010}\frac{\mathrm{d}p_A}{p_A} = 5.0(\text{m})$$

可见由于有了很快的化学反应，传质阻力已转移到气相，塔高降到 5m，c_B 值过高。

（3）情况同（2），但用低浓度的溶液，$c_B = 0.03\text{kmol}/\text{m}^3$，并设 $k_{LA} = k_{LB} = k_L$。

物料衡算仍如附图2所示，但 $c_{B1} = 0.03\text{kmol}/\text{m}^3$

可得
$$8p_A = 0.0336 - c_B$$

故 B 在塔底的浓度为
$$c_{B2} = 0.0336 - 8 \times 0.0010 = 0.0256(kmol/m^3)$$

参考（2）的计算方法

在塔顶
$$k_{GA}ap_A = 6.4 \times 10^{-3}[kmol/(h \cdot m^3)]$$
$$k_{LB}ac_B = 3.2 \times 10^{-3}[kmol/(h \cdot m^3)]$$

在塔底
$$k_{GA}ap_A = 32 \times 10^{-3}[kmol/(h \cdot m^3)]$$
$$k_{LB}ac_B = 2.56 \times 10^{-3}[kmol/(h \cdot m^3)]$$

可见在塔顶和塔底，$k_{GA}p_A > k_{LB}c_B$，故可以认为在液膜内进行快速反应。设 $D_{LB} = D_{LA}$，$b=1$，从式(8-21) 可得

$$(-r'_A) = \frac{H_A c_B + p_A}{\dfrac{1}{k_{GA}} + \dfrac{H_A}{k_L}} \quad [kmol/(h \cdot m^2)]$$

选择几个 p_A 值，并按下表计算：

p_A	$c_B \times 10^3$	$H_A c_B$	$p_A + H_A c_B$
0.0002	32.0	0.0040	0.0042
0.0006	28.8	0.0036	0.0042
0.0010	25.6	0.0032	0.0042

故床层高度

$$Z = \frac{G}{p}\int_{p_{A1}}^{p_{A2}} \frac{dp_A}{(-r'_A)a}$$

$$= \frac{G}{p}\int_{p_{A1}}^{p_{A2}} \frac{1/k_{GA}a + H_A/k_L a}{H_A c_B + p_A} dp_A$$

$$= 1 \times 10^2 \int_{0.0002}^{0.0010} \frac{1.283 dp_A}{0.0042} = 24.4(m)$$

以上说明化学反应对吸收过程影响很大。通过计算可以确定合适的溶液浓度和相应的填料层高度。例如，若用中等浓度的溶液 $c_B = 0.128kmol/m^3$，有可能在塔上半部为气膜控制，在塔下半部为液膜控制，需要分段做计算。

例 8-7 在一内径为 6.61cm 的鼓泡塔内，以环烷酸钴为催化剂，在 120℃用空气（A）进行邻二甲苯（B）的连续氧化。原料邻二甲苯以 5.22×10^{-3} m³/h 的流量从塔顶送入，其浓度为 $c_{B0} = 6.44kmol/m^3$。空气被压缩到 4.227 绝对大气压，以 1.925m³/h（25℃）的流量从塔底通入。分布板上共有 81 个直径为 1×10^{-3} m 的小孔。如果要求邻二甲苯的转化率为 23.3%，尾气中（90℃）含氧量不超过 3%，试计算塔内各项参数并定出所需液层高度。根据实验结果，在该转化率范围内可作拟一级反应处理，即反应速率和邻二甲苯的浓度成线性关系

$$(-r_B) = k_2 c_A c_B = k_1 c_B$$

测定的 $k_1 = 0.1829 h^{-1}$，$\varepsilon_G = 0.20$，$\rho_L = 925 kg/m^3$，$\mu_L = 0.443 \times 10^{-3} Pa \cdot s$，$\sigma = 24.3 \times 10^{-3} N/m$，$D_L = 1.46 \times 10^{-8} m^2/s$，$\mu_G = 0.0202 \times 10^{-3} Pa \cdot s$，$\rho_G = 4.52 kg/m^3$，平均操作压力为 $4.132 \times 10^5 Pa$，试计算塔内的传递参数，反应控制步骤及所需床高。

解 （1）空塔气速 u_{0G}，忽略尾气中的少量 CO_2 和 H_2O，得尾气量

$$v_{尾} = 1.925 \times 0.79 + \frac{0.03}{1-0.03} \times 1.925 \times 0.79 = 1.567 (m^3/h)$$

$$塔内平均流量 = (1.925 + 1.567)/2 = 1.746 (m^3/h)$$

在操作工况下的平均空塔气速，由于塔截面积为 $3.429 \times 10^{-3} m^2$

$$u_{0G} = \frac{1.746}{3.429 \times 10^{-3} \times 3600} \times \frac{1}{4.0} \times \left(\frac{273 + \frac{90+25}{2}}{298} \right) = 0.0391 (m/s)$$

说明在安静区操作。

（2）空塔液速 u_{0L}　设离塔的氧化液体积与进料液相同，则

$$u_{0L} = 5.22 \times 10^{-3} / (3.429 \times 10^{-3}) = 1.52 (m/h)$$

（3）气泡平均直径 d_b 及浮升速度 u_t　分布板小孔气速及小孔流出 Re_0 数

$$u_0 = \frac{1.925/3600}{4.227 \times 81 \times \frac{\pi}{4} \times 0.1^2 \times 10^{-4}} = 1.98 (m/s)$$

$$Re_0 = \frac{d_0 u_0 \rho_G}{\mu_G} = \frac{1 \times 10^{-3} \times 1.98 \times 4.52}{0.0202 \times 10^{-3}} = 453$$

由于 $200 < Re_0 < 2100$，式（8-55）可以应用，求得平均气泡直径 d_{vs}（m），d_0 亦以 m 计。

$$d_{vs} = 0.29 \times 10^{-1} d_0^{\frac{1}{2}} Re_0^{\frac{1}{3}} = 0.29 \times 10^{-1} (1 \times 10^{-3})^{\frac{1}{2}} \times 453^{\frac{1}{3}} = 7.04 \times 10^{-3} \ (m)$$

计算气泡浮升速度 u_t 可用式（8-59），取曳力系数 C_D 为 0.773，取 $d_b = d_{vs}$，则

$$u_t = \left(\frac{4}{3} \times \frac{g d_b}{C_D} \right)^{\frac{1}{2}} = \left(\frac{4}{3} \times \frac{9.81 \times 7.03 \times 10^{-3}}{0.773} \right)^{\frac{1}{2}} = 0.345 (m/s)$$

（4）比相界面积 a　用式（8-54）计算

$$a = \frac{6\varepsilon_G}{d_{vs}} = \frac{6 \times 0.20}{7.04 \times 10^{-3}} = 1.705 \times 10^2 (m^2/m^3 \ 充气液)$$

（5）液相传质系数　气泡及液体间的相对滑动速度 u_s 用式（8-64）计算

$$u_s = \frac{u_{0G}}{\varepsilon_G} - \frac{u_{0L}}{1-\varepsilon_G}$$

$$= \frac{0.0391}{0.20} - \frac{4.22 \times 10^{-6}}{0.80} = 0.195 (m/s)$$

在安静区气液间的液膜传质系数可用修正了的式（8-83）计算

$$Sh = 2.0 + 0.0187 \left[Re_p^{0.484} Sc_L^{0.339} \left(\frac{d_b g^{\frac{1}{3}}}{D_L^{\frac{2}{3}}} \right)^{0.072} \right]^{1.61}$$

即 $$\frac{k_{\mathrm{L}}d_{\mathrm{b}}}{D_{\mathrm{L}}}=2+0.0187\left\{\left[\frac{7.04\times10^{-3}\times0.195\times925}{0.443\times10^{-3}}\right]^{0.484}\times\right.$$

$$\left.\left[\frac{0.443\times10^{-3}}{925\times(1.46\times10^{-8})}\right]^{0.339}\times\left[\frac{7.04\times10^{-3}\times9.81^{\frac{1}{3}}}{(1.46\times10^{-8})^{\frac{2}{3}}}\right]^{0.072}\right\}^{1.61}=156$$

故液膜传质系数

$$k_{\mathrm{L}}=156\times(1.46\times10^{-8})/7.04\times10^{-3}=3.24\times10^{-4}(\mathrm{m/s})=1.165(\mathrm{m/h})$$

因此，在安静区的体积传质系数

$$k_{\mathrm{L}}a=3.24\times10^{-4}\times1.705\times10^{2}=0.0552(\mathrm{s}^{-1})=199(\mathrm{h}^{-1})$$

（6）计算塔内应有液层高度　先对拟一级反应的控制步骤作出判断，用式（8-29）计算

$$\gamma=\frac{\sqrt{k_{\mathrm{c}}D_{\mathrm{L}}}}{k_{\mathrm{L}}}=\frac{\sqrt{0.1829\times(1.46\times10^{-8}\times3600)}}{1.165}=0.00266$$

由于 $\gamma<0.02$，k_{L} 值很小，故为慢反应，属动力学控制。当转化率为 23.3% 时的反应速率为

$$(-r_{\mathrm{B}})=k_{\mathrm{L}}c_{\mathrm{B}}=0.1829\times6.44\times(1-0.233)=0.905[\mathrm{kmol/(m^{3}\cdot h)}]$$

设塔内液相为全混流，所需液体体积

$$V_{\mathrm{L}}=v_{\mathrm{L}}c_{\mathrm{B0}}x_{\mathrm{B}}/(-r_{\mathrm{B}})$$
$$=5.22\times10^{-3}\times6.44\times0.233/0.905$$
$$=8.66\times10^{-3}\ (\mathrm{m^{3}})$$

静液层高 $$H_{0}=8.66\times10^{-3}/(3.429\times10^{-3})=2.52(\mathrm{m})$$

充气液层高 $$H=\frac{H_{0}}{1-\varepsilon_{\mathrm{G}}}=\frac{2.52}{1-0.2}=3.15(\mathrm{m})$$

实际反应器的充气液层高度为 3.07m。

例 8-8　对每小时生产二氯乙烷 183kmol 的乙烯液相氧氯化反应的半连续操作的鼓泡床反应器作经验设计计算。总反应式为

$$\underset{(\mathrm{A})}{\mathrm{C_2H_4(气)}}+\underset{(\mathrm{B})}{2\mathrm{HCl(气)}}+\underset{(\mathrm{E})}{\frac{1}{2}\mathrm{O_2(气)}}\xrightarrow{\mathrm{CuCl_2}}\underset{(\mathrm{R})}{\mathrm{C_2H_4Cl(气)}}+\underset{(\mathrm{S})}{\mathrm{H_2O(气)}}$$

其动力学方程式为

$$(-r_{\mathrm{A}})=k[\mathrm{CuCl_2}][\mathrm{CuCl_2+CuCl}]^{1.35}$$
$$k=2.69\times10^{-4}\exp(-5700/T)$$

式中，[　] 代表浓度，$\mathrm{kmol/m^{3}}$。

工艺确定的操作条件为：$p=21.4\mathrm{atm}$，$T=444\mathrm{K}$（171℃），$[\mathrm{CuCl_2}]=4.5$，$[\mathrm{CuCl}]=0.3$，乙烯单程转化率要求 99.9% 以上。为保持气相按平推流流动，要求在安静区操作，确定空床气速 $u_{\mathrm{0G}}=4.58\times10^{-2}\mathrm{m/s}$。若已知 $k_{\mathrm{LA}}a=415\mathrm{h}^{-1}$，$H_{\mathrm{A}}=3.20\times10^{2}\mathrm{m^{3}\cdot atm/(kg\cdot mol)}$；$k_{\mathrm{LE}}a=356\mathrm{h}^{-1}$，$H_{\mathrm{E}}=8.34\times10^{2}\mathrm{m^{3}\cdot atm/(kg\cdot mol)}$。进料分子比 $\mathrm{C_2H_4:HCl:O_2}=1:2:0.7$。

解　物料衡算（kmol/h）

	进料	出料
C_2H_4	183	—
HCl	366	—
O_2	128	36.5
C_2H_4Cl	—	183
H_2O	—	183
总计	$F_0 = 677$	402.5

工况下进气的体积流量为

$$v_0 = 677 \times 22.4 \times 444/(273 \times 21.4) = 1152 \, (m^3/h)$$

出气的体积流量为

$$v = v_0(1 + \delta_A y_{A0} x_A)$$

$$= 1152 \left[1 + \left(-1.5 \times \frac{183}{677} \times 0.999 \right) \right] = 685.5 \, (m^3/h)$$

以 v_0 计算塔径

$$D = \left[\frac{v_0}{(\pi/4) u_{0G}} \right]^{\frac{1}{2}}$$

$$= [1152/(0.785 \times 4.58 \times 10^{-2} \times 3600)]^{\frac{1}{2}} = 2.98 \, (m)$$

平均空床气速为

$$\overline{u_{0G}} = [(1152 + 685.2)/2]/[(\pi/4) \times 2.98^2 \times 3600]$$

$$= 3.65 \times 10^{-2} \, (m/s)$$

由式(8-71)计算气含率，取 $u_t = 24.4 \times 10^{-2} \, m/s$，从表 8-2 取 α 值为 0.7，并因 $u_L = 0$

$$\varepsilon_{0G} = \frac{\alpha u_{0G}}{u_t + u_L/(1 - \varepsilon_{0G})} = \frac{0.7 \times 3.65 \times 10^{-2}}{24.4 \times 10^{-2}} = 0.105$$

由于产物都是气态，作为催化剂的液相中反应速度恒定，设气膜阻力和反应物在液相中的溶解量可以不计，从乙烯的传质过程求取所需反应器内液体体积，已知条件为 $y_{A0} = \dfrac{183}{667} = 0.27$，$F_0 y_{A0} = 183$，$p_{A0} = p y_{A0} = 21.4 \times 0.27 = 5.78$ (atm)，$\delta_A = -1.5$，$x_{A0} = 0$，$x_A = 0.999$，故

$$V_c = \frac{(1 - \varepsilon_{0G}) H_A (F_0 y_{A0})}{k_{AL} a p_{A0}} \left[\delta_A y_{A0}(x_{A0} - x_A) - (1 + \delta_A y_{A0}) \ln \frac{1 - x_A}{1 - x_{A0}} \right]$$

$$= \frac{(1 - 0.105)(3.2 \times 10^2) \times 183}{415 \times 5.78} [(-1.5 \times 0.27) \times (0 - 0.999) - (1 - 1.5 \times 0.27) \times \ln(1 - 0.999)]$$

$$= 98.4 \, (m^3)$$

同样地可以从氧（E）的传质过程计算 V_c。已知条件为：氧转化率 $x_{E0} = 0$，$x_E = (128 - 36.5)/128 = 0.715$，$y_{E0} = \dfrac{128}{667} = 0.189$，$p_{E0} = p y_{E0} = 21.4 \times 0.189 = 4.04$ (atm)，$\delta_E = -3$，故连续相体积

$$V_c = \frac{(1-\varepsilon_{0G})H_E(F_0 y_{E0})}{k_{EL}ap_{E0}}[(-3\times0.189)\times(0-0.715)-(1-3\times0.189)\times\ln(1-0.715)]$$
$$= 62.6(m^3)$$

对比乙烯和氧的计算结果，说明整个传质速度取决于乙烯，故应取 98.4m³ 作为设计依据。此外尚需校核催化剂含量是否满足生产能力要求。从已知速率方程式可得

$$(-r_A) = 2.69\times10^4 \exp(-5700/444)\times4.5\times(4.5+0.3)^{1.35} = 2.60[kmol/(m^3 \cdot h)]$$

按以上计算的 V_c 值，生产能力为

$$V_c(-r_A) = 98.4\times2.60 = 256(kmol/h)$$

大于 183，可见是足够的。

静液层高
$$H_0 = \frac{98.4}{\frac{\pi}{4}\times2.98^2} = 14.1(m)$$

实际液层高 $H = H_0/(1-\varepsilon_{0G}) = 14.1/(1-0.105) = 15.2(m)$，再加上分离高度、顶盖高度等即可定出全塔总高和总容积。

例 8-9 计算连续鼓泡搅拌釜内的液体容积

今在连续鼓泡搅拌釜内进行苯的氯化反应生产一氯化苯。反应式如下：

$$\underset{[A]}{Cl_2} + \underset{[B]}{C_6H_6} \longrightarrow \underset{[R]}{C_6H_5Cl} + HCl$$

为了生成的副产物不致过多，确定苯的转化率为 45%。设年产 83500t 一氯化苯，每年以工作 8000h 计，一氯化苯的收率为 0.953kg/kg C_6H_6。在反应条件下测得单位液体体积的气液界面积 $a' = 2175m^{-1}$，$\rho_{LA} = 1.2\times10^3 kg/m^3$，$\rho_{LB} = 0.81\times10^3 kg/m^3$，$D_{LA} = 7.57\times10^{-9} m^2/s$，$c_{Ai} = 1.034 kmol/m^3$，$k_{LA} = 3.73\times10^{-4} m/s$。液相内的反应速率方程为 $(-r_A) = (-r_B) = kc_A c_B$。实验测定 $k = 2.083\times10^{-4} m^3/(kmol \cdot s)$。求釜内液体容积为多少？

解 按生产任务要求（一氯化苯的分子量为 112.55g/mol）：

$$苯消耗量 = \frac{63500\times1000}{8000\times112.55}\times\frac{1}{0.953}\times\frac{1}{3600} = 0.0206(kmol/s)$$

$$苯进料量 = \frac{0.0206}{0.45} = 0.0458(kmol/s)$$

$$= \frac{0.0458\times78.11}{0.81\times10^3} = 4.417\times10^{-3}(m^3/s)$$

$$= v_B$$

（1）确定反应的控制步骤 式（8-26）是二级不可逆反应控制步骤的判别式。由于进料为纯苯，故浓度 $c_{B0} = \frac{0.81\times10^3}{78.11} = 10.37 kmol/m^3$，将已知的 k、D_{LA}、k_{LA} 值代入

$$\gamma = \frac{\sqrt{kc_{B0}D_{LA}}}{k_{LA}} = \frac{\sqrt{2.083\times10^{-4}\times10.37\times7.57\times10^{-9}}}{3.73\times10^{-4}} = 0.011$$

$\gamma < 0.02$，故为慢反应，反应在液相主体内进行。

（2）对氯及苯作物料衡算 从气相传入液相中的氯量包括反应掉和随液带出的量。设釜内液相中 A 的浓度为 c_A，对单位体积液体作物料衡算，可得以下公式。

$$k_{LA}a'(c_{Ai}-c_A)V_C=kc_Ac_BV_C+vc_A(\text{kmol Cl}_2/\text{s}) \qquad ①$$

式中，v 为出料液体流量，其值为进苯体积流量 v_B 和在反应器中进入液体氯的量 v_A 之和（氯的分子量为 70.91g/mol）。

$$v=v_A+v_B=k_{LA}a'V_C(c_{Ai}-c_A)\times\frac{70.91}{\rho_{LA}}+v_B(\text{m}^3/\text{s}) \qquad ②$$

对苯作物料衡算，可得

$$-r_BV_C=0.02055=kc_Ac_BV_C(\text{kmol C}_6\text{H}_6/\text{s}) \qquad ③$$

从离釜液体中苯的浓度计算，可得

$$c_B=\frac{0.0458\times(1-0.45)}{v}=\frac{0.0252}{v}(\text{kmol/m}^3) \qquad ④$$

以上四个计算关系式中的未知数为 c_A、c_B、v、V_C。可以用试算法求解。但计算关系式需作调整、简化

从式②
$$(v-v_B)\frac{\rho_{LA}}{70.91}=k_{LA}a'V_C(c_{Ai}-c_A)$$

从式①
$$(v-v_B)\frac{\rho_{LA}}{70.91}=kc_Ac_BV_C+vc_A$$

从式③ $(v-4.41\times10^{-3})\dfrac{1.2\times10^3}{70.91}=0.02055+vc_A$，即 $v=\dfrac{0.0951}{16.923-c_A}$

故假定一个 c_A 值即可求得 v 值，并从式④求得 c_B 值。最后从式③求得 V_C。再将 v、c_B、V_C 代入式②检验所设 c_A 值是否正确。计算结果如下

$$c_A=1.033\text{kmol/m}^3 \text{ 或 } 1.0326\text{kmol/m}^3$$
$$c_B=4.21\text{kmol/m}^3$$
$$v=5.98\times10^{-3}\text{m}^3/\text{s}$$
$$V_C=22.67\text{m}^3$$

在计算时以 c_A 为第一个假定值，可以避免计算过程有效数字的误差。因为慢反应的特点是 $(c_{Ai}-c_A)$ 值很小，采用其他初始假定值复算时较难符合。

习　题

1. 对极易溶于水的气体，如 NH_3、SO_3 等，假设在 10℃时其亨利常数 $H=0.01\text{atm}\cdot\text{L/mol}$，而对于微溶于水的气体，如 CO、O_2、H_2、CH_4、N_2 等，其亨利常数为 $H=1000\text{atm}\cdot\text{L/mol}$。如这些气体直接用水吸收，并假定不发生任何化学反应，且气相和液相传质系数 k_G 和 k_L 分别约为 10^{-1}m/s 和 10^{-5}m/s。求：(1) 气膜和液膜的相对阻力为多少？(2) 哪种阻力控制吸收过程？(3) 计算吸收速率时应该采用什么速率方程式？(4) 哪种气体的化学反应可以加速吸收过程速率？(5) 难溶气体的溶解度如何影响它在水中的吸收速率？

2. 以 25℃的水用逆流接触方式从空气中脱除 CO_2，有关 CO_2 在空气和水中的传质数据如下：$k_{GA}a=80\text{mol/(h}\cdot\text{L}\cdot\text{atm)}$，$k_{LA}a=25\text{h}^{-1}$，$H=30\text{kg}\cdot\text{L/(cm}^2\cdot\text{mol)}$，试求：(1) 对这一吸收操作，气膜和液膜的相对阻力为多少？(2) 在设计吸收塔时，拟用速率方程式的最简化型式是怎样的？

3. 填料塔中采用 NaOH 吸收 CO_2，反应方程式如下：

$$CO_2(A) + 2OH^-(B) \longrightarrow H_2O + CO_3^{2-}$$
$$-r_A = kc_Ac_B$$

已知 $p_A = 10^5 Pa$，$c_B = 500 mol/m^3$，$k_{GA}a = 10^{-4} mol/(m^2 \cdot s \cdot Pa)$，$k_{LA} = 10^{-4} m/s$，$a = 100 m^{-1}$，$k = 10 m^3/(mol \cdot s)$，$H_A = 2.5 \times 10^4 Pa \cdot m^3/mol$，$D_A = 1.8 \times 10^{-9} m^2/s$，$D_B = 3.06 \times 10^{-9} m^2/s$，$\varepsilon = 0.9$。试求气体吸收速率以及液膜传质阻力。

4. 含有 0.1% H_2S 的尾气在 20kgf/cm^2，20℃时用含有 0.25mol/L 甲醇胺的溶液进行吸收，H_2S 和甲醇胺间的反应为

$$H_2S + RNH_2 \longrightarrow HS^- + RNH_3^+$$

由于这是一个酸碱中和反应，可以当作不可逆瞬间的反应。已有数据：
$k_{LA}a = 0.030$，$k_{GA}a = 6 \times 10^{-5} mol/(cm^3 \cdot s \cdot atm)$，$D_{LA} = 1.5 \times 10^{-5} cm^2/s$，$D_{LB} = 10^{-5} cm^2/s$，$H_A = 0.115 atm \cdot L/mol$（对 H_2S-H_2O）。试求：（1）确定适用于操作条件下的吸收反应过程速率方程式的形式；（2）如果尾气中 H_2S 含量为 0.25%，采用浓度为 0.1mol/L 甲醇胺溶液进行吸收，给出该条件下的吸收反应过程速率方程式。

5. 在填料塔内用纯水吸收氨，若单位塔体积的吸收速率可用下式表示

$$(-r_A) = (-r_A')a = -\frac{1}{V} \times \frac{dn_A}{dt} = K_{GA}ap_A$$

式中，$K_{GA}a$ 为总传质系数。试求：

（1）假定在水中加入一种酸帮助吸收，设反应为瞬时反应，说明 $K_{GA}a$ 随酸浓度应如何变化。将 $K_{GA}a$ 对酸浓度进行描绘，并据此估算物理吸收的各个传质系数。

（2）已有在 25℃的数据如下：

$K_{GA}a/[mol/(h \cdot L \cdot atm)]$	300	310	335	350	370	380
酸的浓度	0.4	1.0	1.5	2.0	2.8	4.2

从这些数据算出对空气中的氨进行物理吸收，气膜阻力在总传质阻力内所占百分率。

6. 今有一气液反应器如附图所示，上部为气相、下部为液相，分隔处为气液分界面。设气相及液相均处于全混流，气液相间进行的快速反应式如下

$$A(气相) + B(液相) \longrightarrow 产物$$

实验条件为 15.5℃，1atm；气液分界面为 100cm^2，得到实验结果为：
$p_{A0} = 0.5 atm$，$v_{G0} = 30 cm^3/min$，$v_G = 15.79 cm^3/min$，$c_{B0} = 0.20 mol/L$，$v_{L0} = 5 cm^3/min$。计算：液相出口中 B 的浓度 c_B，吸收速率 $(-r_A')$ 和反应速率 $(-r_A)$。

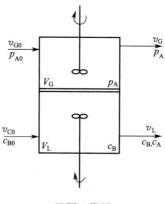

习题 6 附图

7. 以溶有反应物 B 的水溶液吸收气体中的 A，反应式如下

$$A(气相) + B(液相) \longrightarrow P$$

已知 A 和 B 在水中的扩散系数相等，并且 A 的亨利系数

$$H_A = 2.5 \text{atm} \cdot \text{L/mol}$$

若采用上题的气液反应器且气液相界面为 100cm^2。调节进入的气、液相流量，实验测定反应器中的操作条件及计算所得吸收速率如下：

实验次数	p_A/atm	c_B/(mol/cm³)	$(-r'_A)$/[mol/(s·cm³)]	实验次数	p_A/atm	c_B/(mol/cm³)	$(-r'_A)$/[mol/(s·cm³)]
1	0.05	10×10^{-6}	15×10^{-6}	3	0.10	4×10^{-6}	22×10^{-6}
2	0.02	2×10^{-6}	5×10^{-6}	4	0.01	4×10^{-6}	4×10^{-6}

从以上吸收和化学反应的实验结果，对反应动力学和实验控制步骤可以得到哪些看法？

8. 气体中含有杂质 A 1%，要求和含有反应物 B（$c_B = 3.2\text{mol/m}^3$）的液体通过逆流接触使气体中 A 的浓度下降至 2ppm（2×10^{-6}，摩尔分数）。反应是快速的 A＋B $\longrightarrow$ P

已有数据为：$k_{GA}a = 32000\text{mol/(h·m}^3\cdot\text{atm})$，$k_{LA}a = k_{LB}a = 0.5\text{L/h}$，$G = 1 \times 10^5 \text{mol/(h·m}^2)$，$L = 7 \times 10^5 \text{mol/(h·m}^2)$，$H_A = 1.125 \times 10^{-3} \text{atm·m}^3/\text{mol}$，进料总摩尔浓度 $c = 56000\text{mol/m}^3$。试求：(1) 所需塔高；(2) 对液相浓度 c_B 还可以有哪些改进？(3) 液体进料中 B 的浓度为多少时塔高为最小？这时的塔高为多少？

9. 在带标准挡板的圆柱形气液搅拌反应器内，连续通入的混合气体（惰性气体＋气体 A）被搅拌桨分散，然后气体 A 溶解于液相并快速与液相反应。气体 A 溶解和反应的速率为 $J = 0.25\text{mol/s}$，效率为 $\eta = 95\%$。混合气体从反应器底部进入，入口处气液两相绝对压力 $P_0 = 0.2\text{MPa}$，气体 A 的初始摩尔比 $y_0 = 0.1\text{mol/mol}$。亨利系数 $He = 10^{-8}$（mol A/mol 液体）/Pa。液相摩尔体积 $M = 52000\text{mol/m}^3$，液相密度 $\rho = 1000\text{kg/m}^3$。反应器体积为 $V = 2\text{m}^3$，直径 T 和液位高度 H 相等。操作温度 $T = 300\text{K}$。试设计该气液反应器。

10. 在一直径为 1.2m、液位高度为 1.2m 的搅拌釜内进行甲苯-水混合物的液液分散。已知釜内甲苯体积分数 ε_d 为 0.1。分散相甲苯的密度 ρ_d 为 866kg/m^3，甲苯的黏度 μ_d 为 $2.5 \times 10^{-3}\text{Pa·s}$；连续相水的密度 ρ_c 为 998.2kg/m^3，水的黏度 μ_c 为 $1.0 \times 10^{-3}\text{Pa·s}$。相间界面张力为 $\sigma = 0.036\text{N/m}$。液滴大小可用下式关联

$$d_p = 0.5 \left(\frac{\sigma}{\rho_c}\right)^{0.6} \left(\frac{P}{\rho_m V}\right)^{-0.4}$$

式中，ρ_m 为混合液的密度，$\rho_m = \rho_d \varepsilon_d + \rho_c (1-\varepsilon_d)$；$P$ 为搅拌釜内功耗，W；V 为搅拌釜内混合液的体积，m^3。液液混合物黏度 $\mu_m = \mu_d^{\varepsilon_d} \mu_c^{(1-\varepsilon_d)}$。试判断在搅拌转速为 200r/min 的条件下，直径 d 为 0.48m 的六叶涡轮桨、3 叶螺旋桨以及 6 叶后掠弯叶桨中哪些桨型可以满足甲苯液滴分散直径小于 1mm。

11. 在一浆态反应器内，已知颗粒直径为 $100\mu\text{m}$，密度为 2.0g/cm^3。如果液体密度 $\rho_L = 1.0\text{g/mL}$，黏度为 1.0cP（$1\text{cP} = 10^{-3}\text{Pa·s}$）。若按斯托克斯定律，进行自由沉降，求取液固间的传质系数 k_c（已知 $D_L = 10^{-5}\text{cm}^2/\text{s}$）。

12. 在内径 D 为 1.83m 搅拌釜内安装一标准六叶直叶涡轮桨。涡轮桨直径 $d = D/3$，装在离釜底 $C = D/3$ 处。釜内装深度为 1.83m，浓度为 50% 的碱液，温度为 65.6℃，黏度为 0.012Pa·s，$\rho = 1498\text{kg/m}^3$，涡轮转速 90r/min。求无挡板和全挡板下混合所需功率。

参 考 文 献

［1］Levenspiel O. Chemical Reaction Engineering. 3 版（影印版）. 北京：化学工业出版社，2002.

［2］Sherwood T K, et al. Mass Transfer. New York：McGraw-Hill，1975.

［3］Danckwerts P V. Gas-Liquid Reactions. New York：McGraw-Hill，1970.

［4］八田四郎次. 反応生伴ラ吸収. 东京：日刊工业新闻社，1957.

［5］Carberry J J. Chemical and Catalytic Reaction Engineering. New York：McGraw-Hill，1976.

［6］　Shah Y T. Gas-Liquid Solid Reactor Design. New York：McGraw-Hill，1979.

［7］　陈甘棠，王樟茂．多相流反应工程．杭州：浙江大学出版社，1996.

［8］　谭天恩，金一中，骆有寿．传质反应过程．杭州：浙江大学出版社，1990.

［9］　Yang C，Mao Z-S. Numerical Simulation of Multiphase Reactors with Continuous Liquid Phase. London：Academic Press（Elsevier），2014.

［10］　杨超，毛在砂．多相反应器的设计、放大和过程强化．北京：化学工业出版社，2020.

第9章

新型反应器

9.1 概述

前面几章，介绍的是化学反应工程的基础理论及常规、经典反应器的设计。然而，随着对资源、能源、环境、健康等问题的日益关注，过程工业可持续发展面临新挑战。特别是物质转化过程中涉及大量的受混合/传质速率限制的复杂快速反应过程，由于工业规模反应器内的混合/传质效果发生改变，对反应选择性和目标产品的收率产生显著的负面放大效应，导致高物耗、高能耗、高污染等"三高"问题。基于上述问题，如何利用所学的基础反应工程理论，创新反应器以满足当前的需求，是一个重要的课题。另外，发展新型反应器不仅可以丰富反应工程学科基础理论和技术内涵，更是推动过程工业提质增效、节能降碳和可持续发展的重要途径。我国在新型反应器的开发和应用方面取得了良好的进展，部分化工过程强化反应器装备与技术已走在了世界的前列，以微反应器、超重力反应器、膜反应器等为代表的过程强化反应器，为我国化工产业的升级转型做出了重要贡献。

9.2 微反应器

微化工技术是 20 世纪 90 年代初顺应可持续发展与高技术发展的需要而兴起的多学科交叉的科技前沿技术。它是集微机电系统设计思想和化学化工基本原理于一体，并移植集成电路和微传感器制造技术的高新技术，涉及化学、材料、物理、化工、机械、电子、控制学等工程技术和学科。微化工技术是以微结构元件为核心，在微米或毫米受限空间内进行化工反应和分离过程的技术。它通过减小体系的分散尺度来强化物质混合与传递，提高过程可控性和效率，以"数量放大"为基本准则，进行微设备的集成和放大，将实验室成果快速运用于工业过程，实现规模化生产。典型的微化工设备的体积为毫升量级，由微结构元件可组成微反应器、微混合器、微换热器、微分离器、微检测器等。通常，微反应器又被称作微通道反应器。

英国帝国化学工业集团（Imperial Chemical Industries，ICI）的 Ramshaw 博士于 20 世纪 70 年代晚期最早提出微型化工设备概念，他把三维结构尺寸在亚毫米级的微型反应设备称为微反应器。德国在 1986 年申请了世界上最早的关于微反应器的专利。1995 年，在德国举办的一个专题研讨会上，专门讨论了微反应器在化学反应和生物反应研究方面的重要价值。1997 年，第一届国际微反应技术会议（IMRET 1）在德国举办。2001 年，第一本微反应器专著 *Microreactors：New Technology for Modern Chemistry* 出版。在国内，中国科学院大连化学物理研究所和清华大学化工系是最早关注并开展微反应器技术的研究单位。

9.2.1 微反应器的基本原理

在微反应器中，由于较低的雷诺数，流型以层流为主，反应物之间的混合主要依靠分子扩散，混合时间 t 与特征扩散距离 l 的平方成正比，与扩散系数 D 成反比［式(9-1)］。该方程清楚地描述了特征尺寸与混合时间之间的关系，尺寸越小，混合时间越短，反应物在极短的时间内（ms 至 μs 级）可实现均匀混合。

$$t \propto \frac{l^2}{D} \tag{9-1}$$

根据换热速率方程式(9-2)，反应器换热速率 q 与整体换热系数 U、换热面积 A 和对数平均温差 ΔT_{LM} 成正比。要提高换热速率，可通过增加换热面积、增大换热系数和增加冷热介质的温差来实现。较好的做法是增加反应器的比表面积，同时选择换热系数较大的材料来制造反应器，这将从根本上解决换热效率和速率问题，使得短时间内操作放热反应成为可能。通常情况下，反应器的比表面积随体积的增加而明显降低。相比于传统的反应釜设备，微反应器由于其较小的通道尺寸而展现出大几个数量级的比表面积（表 9-1）。当反应器特征尺寸从米减小到微米时，表现出非常明显的尺度效应，即反应器体积明显减小，黏性力/惯性力、界面张力/惯性力比值大幅增加，这使得反应器内发生传递所需的浓度和温度梯度显著增加，流场的控制力由大设备内的重力和惯性力控制转变为黏性力和界面张力控制，有效抑制了由于湍流而出现的随机脉动等无序行为，为反应器的高效、可控提供了理论基础。

$$q = UA\Delta T_{LM} \tag{9-2}$$

表 9-1 反应器特征尺寸与作用力变化

反应器特征尺寸	μm	mm	m
长度	10^{-6}	10^{-3}	1
面积	10^{-12}	10^{-6}	1
体积	10^{-18}	10^{-9}	1
比表面积	10^{6}	10^{3}	1
黏性力/惯性力	10^{12}	10^{6}	1
界面张力/惯性力	10^{18}	10^{9}	1

9.2.2 微反应器的特点及分类

微反应器的小尺寸、大比表面积、流动有序等特征赋予其独特的性能。主要有以下特点：

① 提升本质安全性。与间歇式反应釜不同，微反应器采用连续流动反应技术，反应器内停留的化学原料质量很少（g 级），即使失控，危害程度也非常有限。而且，微反应器换热效率高，即使反应突然释放大量反应热，也可被迅速导出，从而保证反应温度的稳定，降

低发生安全事故的概率。因此，微反应器可轻松应对苛刻的工艺要求，实现安全高效生产。

② 实现快速混合，提供均一的反应浓度，避免由于浓度不均产生的副反应。很多化学反应要求反应物料必须在分子水平达到严格配比。比如，在缩聚反应中，要得到较大分子量的聚合物，反应物料 1∶1 的精确配比至关重要。微反应器的反应通道通常只有数十微米，可实现物料按精确比例均匀混合，避免浓度不均，从而减少副反应。

③ 放大效应小。精细化工生产多使用釜式反应器。由于大生产设备与小试设备传热传质效率不同，一般需要经历小试、中试和放大生产的工艺开发过程。微反应器工艺开发过程中，工艺放大不是通过增大微通道的特征尺寸，而是通过增加微通道的数量来实现，即所谓的 "数量放大"。因此，小试最佳反应条件不需做任何改变就可直接用于生产，不存在常规反应器的放大难题，仅需考虑进料流体在多个微通道进口的均匀分配问题。

此外，微反应器技术由于装备尺寸和相关系统大幅减小，在实际工业运行中还具有快速开停车、小试研究成果快速转化为生产力、过程响应快，以及可实现柔性生产和分布移动式生产等优点。

不同微反应器最本质的区别在于如何让流体形成很薄的流体层或小尺寸颗粒，按照其混合方式的不同，可将微反应器分为如下几种：①在 T 形结构中实现两股支流接触；②两股高能流体相互碰撞；③让一股流体形成多股支流注入另一股主流体中；④让两股流体都形成多股支流再相互注入；⑤提高流速降低垂直于流动方向的扩散长度；⑥两股流体形成薄层后再经多次分叉和重新组合与一股薄层流体的周期性注入（图 9-1）。在实际应用中，根据体系的需求，通常结合多种方式进行设计。

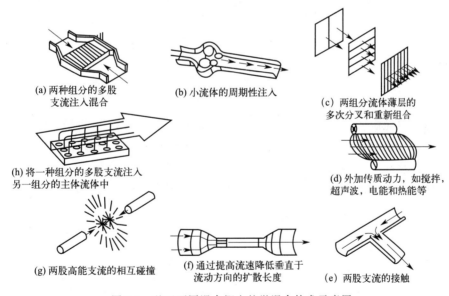

图 9-1　基于不同混合概念的微混合技术示意图

微型设备按结构可分为：单通道设备、多通道设备，其中单通道设备又包括 T 形、Y 形、十字形、水力学聚焦型、同轴型以及几何结构破碎型等；按分散介质可分为：微通道型、毛细管型、微筛孔型、微筛孔阵列型、微滤膜分散型、微槽分散型等。代表性微反应器有微通道阵列反应器、降膜微反应器、分裂-聚结型微反应器、微填充床反应器和毛细管微反应器等（图 9-2）。

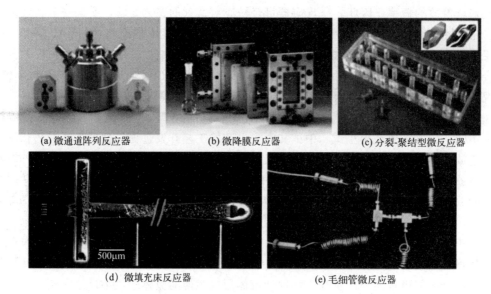

(a) 微通道阵列反应器　　(b) 微降膜反应器　　(c) 分裂-聚结型微反应器

(d) 微填充床反应器　　　　(e) 毛细管微反应器

图 9-2　代表性微反应器

9.2.3　微反应器的应用

反应过程强化是微化工技术的一个重要应用方向，特别是对于快速强放热反应，采用微化工技术可以实现安全和高效的反应过程。例如，以环己酮肟的贝克曼重排反应合成己内酰胺为代表的均相或液-液非均相反应过程强化，以氢蒽醌的氧化反应生产过氧化氢为代表的气-液非均相反应过程强化，以及环己酮氨肟化反应为代表的液-液-固非均相反应过程强化等。目前，微反应器已成功应用于许多有机合成和催化反应，如硝化、氢化、氧化、溴化、氯化、氟化、环合和重氮化等反应，相关研究大大促进了微反应器技术在染料、农药、医药、电子化学品等领域的广泛应用。

纳微材料的可控制备是微反应器的另一个重要应用方向。自从 20 世纪 90 年代以来，微反应器在纳微材料合成中的研究获得了学术界和产业界的极大关注。通过对材料合成反应体系混合、传递强化提升体系过饱和度是微反应器强化纳米材料制备的核心基础。经过二十余年的发展，微反应器已被广泛应用于金属、无机盐、量子点、分子筛、聚合物微球、含特殊结构微颗粒等纳微材料的制备。

此外，微反应器还可用于某些有毒害物质的现场生产，强放热反应的本征动力学研究，以及组合化学（催化剂、材料、药物等）的高通量筛选等。

微反应器的放大是其工业化应用的关键。在此领域，我国走在了世界前列，成功开发出高通量微结构元件，大幅降低反应器内微结构元件的集成数量，创制出万吨级处理能力的微反应设备。例如，清华大学提出的膜分散微反应器、中国科学院大连化学物理研究所提出的微通道阵列反应器、南京工业大学提出的微流场反应器等（图 9-3）。我国微反应技术在产业化方面也取得了突破性进展。在精细化学品领域，微分散反应器（或混合器）被应用于食品级磷酸生产的萃取净化、氧化脱色等工艺过程，设备体积大约为进口塔式设备的 1/200，有效替代了高能耗、高污染的黄磷法技术，食品级磷酸产能超过 110 万吨/年；微通道阵列反应器被应用于三次采油表面活性剂石油磺酸盐的生产，将磺化反应由传统的间歇釜式工艺升级为连续反应工艺，减少了三氧化硫用量，反应器体积大约为釜式反应器的 1/100。

(a) 膜分散微反应器　　　　(b) 微通道阵列反应器　　　　(c) 微流场反应器

图 9-3　我国微反应器创新实例

至今，微反应器历经三十余年的发展，已经从实验室走向了产业化。虽然微反应器的表现形式多样，但其科学基础始终植根于微尺度流动、传递和反应的特性与规律。作为一种新型的反应器形式，微反应技术以强化传递速率为核心，其产品的高端化、装备的模块化、过程的智能化是主要发展方向，是实现化学品的先进制造和"碳达峰、碳中和"目标的重要技术手段之一。

9.3　超重力反应器

源于美国太空宇航试验的超重力技术是典型过程强化技术之一。其诞生可追溯至 20 世纪 60 年代，空间技术的迅速发展为人类开发利用空间环境提供了条件。在地球上，自然界的很多规律都受到地球重力场的作用和限制。微重力环境和超重力环境作为两种极端的物理条件为物理学、生物学、流体力学、化学、化学工程学、材料科学、生命科学等学科的研究开辟了新的天地，同时也孕育了新学科和新技术的诞生，使人们可以突破地球重力场的限制。所谓超重力是指大于地球重力加速度（$g \approx 9.8\mathrm{m/s^2}$）的环境下物质所受到的力（包括引力或排斥力）。研究超重力环境下物理和化学变化过程的科学称为超重力科学。在地球上，通常利用旋转填充床（rotating packed bed，RPB）转子旋转产生的离心加速度来模拟超重力环境（图 9-4）。旋转填充床反应器亦称为超重力反应器。

旋转轴

旋转填充床
反应器

图 9-4　旋转填充床结构示意图

1979 年 ICI 公司的 Ramshaw 博士等提出了超重力技术，主要用于分离过程强化。1983 年 ICI 公司报道了超重力机用于乙醇与异丙醇分离、苯与环己烷精馏分离试验。1984 年 ICI

将 HiGee 的全部专利与开发销售权转让给 Glitsch 公司。Glitsch 公司成立了 HiGee 技术开发研究中心，对多个体系进行了研究。由于超重力技术可能带来的巨大经济效益和其在特殊场合的应用潜力，公司或者科研机构当时都很少对这一技术进行实质性的报道。在国内，1984 年清华大学汪家鼎在第二届高校化学工程会议上曾经做过关于超重力技术及其应用前景的报告。1989 年浙江大学陈文炳等发表过常规填料超重力机内的传质实验结果。天津大学朱慧铭于 1991 年、南京化工学院（现南京工业大学）沈浩于 1992 年也都发表了超重力分离过程的论文。1988 年，北京化工学院（现北京化工大学）郑冲等与美国 Case Western Reserve University 合作，在国内建立了一套实验装置，开始进行超重力技术的基础研究以及用于油田注水脱氧等应用技术研究。1994 年，基于分子混合（早期又称微观混合）反应理论基础研究，陈建峰原创性提出了超重力强化分子混合与反应过程的新思想，开拓了超重力反应强化新方向。近年来，中北大学、浙江工业大学、台湾大学等也为超重力技术的基础和应用做出了贡献。

9.3.1 超重力反应器的基本原理

理论分析表明，在微重力条件下 g 趋近于 0，两相接触过程的动力因素，即浮力因子 $\Delta(\rho g)$ 趋近于 0，两相不会因为密度差而产生相间流动，此时分子间力（如表面张力）将会起主要作用。液体团聚至表面积最小的状态而不得伸展，由于失去两相充分接触的前提条件，相间传递作用越来越弱，分离无法进行。反之，g 越大，$\Delta(\rho g)$ 越大，流体相对速度也越大，巨大的剪切力不但克服了表面张力，且使得相间接触面积增大，促进了相间传递过程的极大加强。超重力技术正是通过高速旋转产生离心力来增大 g，进而增大 $\Delta(\rho g)$ 达到强化相间传递过程的效果。

超重力环境下，不同大小分子间的分子扩散和相间传质过程均比常规重力场下的要快得多，气-液、液-液、液-固两相在超重力环境下（$10g \sim 10000g$）的多孔介质或孔道中产生流动接触，巨大的剪切力将液体撕裂成极小或极薄的膜、丝和滴，产生巨大的和快速更新的相界面，使相间传质速率比在传统塔器中的提高 $1 \sim 3$ 个数量级。同时，在超重力条件下，液泛速度提高，气体的线速度也大幅度加快，这使单位设备体积的生产效率得到 $1 \sim 2$ 个数量级的提高。

陈建峰建立了含宏观、介观和微观的跨尺度分子混合反应工程理论模型，并获得了分子混合特征时间 τ_M 的估算式，为反应器的设计提供了新依据：

$$\tau_M = k\left(\frac{\nu}{\varepsilon}\right)^{0.5} \tag{9-3}$$

式中，k 为常数；ν 为运动黏度；ε 为能量耗散速率。

基于跨尺度分子混合反应工程理论模型，揭示了微观分子混合与传质机制的相似性，理论预测并实验证实了旋转填充床百倍数量级强化分子混合的特征现象，基此提出了将旋转填充床作为新型反应器强化调控受分子混合制约的反应过程的新思想，突破了超重力技术用于分离领域的局限性，建立了可指导工业应用的旋转填充床反应器理论模型和设计新方法，开拓了超重力反应强化新方向。

9.3.2 超重力反应器的特点及分类

通常来讲，超重力反应器具有如下特点：

① 极大强化了传递过程。传质单元高度仅 0.01~0.03m，可大大减小设备体积和重量，减小设备投资；

② 分子混合与反应速率得到极大的强化；

③ 停留时间短（100ms~1s），持液量小；

④ 适用于海上采油平台和舰船等场所；

⑤ 具有自清洗作用，填料不易被颗粒杂质沉积堵塞；

⑥ 易于操作，易于停开车，稳定时间短；

⑦ 维护与检修方便。可垂直或水平方向安装。

基于以上特点，除了适用于常规传质与混合受限过程外，超重力技术特别适用于以下特殊场合：

① 硝基化合物等危险化学品的生产（持液量小，提升了本征安全性）；

② 鱼油、天然化合物等热敏性物料的处理（停留时间短，受热时间短）；

③ 强酸、含氯含氟等高腐蚀性物料的处理（设备体积小，节约昂贵材料成本）；

④ 选择性吸收分离（利用传递效率高和停留时间短的优势）；

⑤ 高质量纳米材料的生产和高选择性反应（利用快速均匀的分子混合特性）；

⑥ 聚合物等高粘体系脱挥（利用传递效率高的优势）。

超重力装备常见的转子结构有整体旋转式转子 [图 9-5(a)]、双动盘式转子 [图 9-5(b)]、动静结合式转子 [图 9-5(c)、(d)、(e)]、雾化式转子 [图 9-5(f)]等。为了应用的方便，在单个超重力装备内也可以有多层转子的设计，即一根轴上安装多个转子。

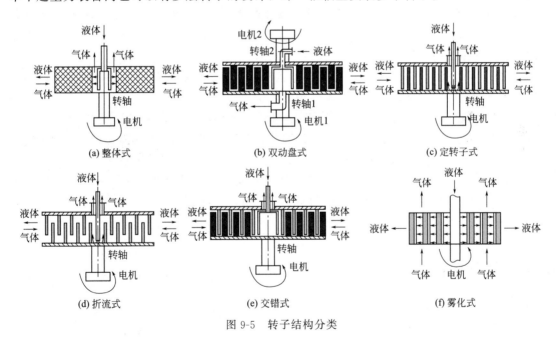

图 9-5 转子结构分类

9.3.3 超重力反应器的应用

按化学反应本征时间（τ_R）与分子混合均匀特征时间（τ_M）的相对大小，工业反应可简单分为两大类型：当 $\tau_M < \tau_R$ 时，为第 I 类反应（慢反应）；当 $\tau_M > \tau_R$，为第 II 类反应

（快反应），如图 9-6 所示。

工业过程中涉及的众多复杂反应过程，如缩合、磺化、聚合、氧化、卤化、中和、烷基化等，均为第Ⅱ类反应。该类反应过程具有如下共同特征：受分子混合限制的液相反应，或/和传递限制的多相复杂反应体系。在常规反应器中，当反应器放大时，分子混合变差，导致选择性和收率下降，产生放大效应。我国科学家提出了通过超重力强化混合/传递过程使之与反应相匹配的方法，发明了超重力反应过程强化新工艺及其平台新技术，成功应用于多个工业过程中。

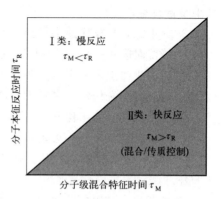

图 9-6　工业过程两类反应

① 发明了聚氨酯关键原料二苯基甲烷二异氰酸酯（MDI）缩合反应超重力强化新工艺，使副产物减少30％，反应进程加快 100％，产品质量明显提高。

② 发明了超重力强化磺化反应新技术，可显著缩小反应器体积、简化工艺流程，实现磺化反应过程高效节能，大幅度提高反应转化率和选择性，产品活性物含量可达到 40％以上，比现有釜式磺化工艺提高 30％以上，总反应时间缩短至原来的 40％以下，经济效益显著。

③ 发明了超重力强化反应脱硫、脱碳等新技术，成功用于各工业尾气和过程气的净化过程，较塔式工艺相比，设备体积减少至 1/10～1/5，压降可降低至 50％，实现了显著的节能减排效果。

④ 发明了超重力反应结晶制备无机纳米颗粒新技术，基于混合-反应结晶模型和超重力反应器放大方法，成功实现了纳米碳酸钙的工业化制备，建成了年产万吨级纳米碳酸钙超重力法制备工业生产线。

⑤ 提出了超重力法反溶剂沉淀及耦合技术制备有机纳微颗粒的新方法，成功实现了系列难溶性原料药的纳微化，有效提高了药物的生物利用度。

⑥ 发明了超重力反应结晶/萃取相转移法和原位相转移法制备纳米分散体/纳米复合材料的新工艺，成功创制合成了高碱值石油磺酸钙、系列纳米氧化物等高固含量、高透明纳米分散体，并形成了高透明纳米复合高分子节能膜新材料的工业制备关键技术。

截止到目前，超重力反应强化新工艺已经发展成为一项平台性技术，并在新材料、化工、海洋工程、环保等流程工业领域成功实现了应用，取得了显著的节能、减排、高品质化和增产效果。

9.4　膜反应器

膜是一种具有选择性分离功能的新材料。膜技术是以膜材料为核心的高效分离技术，具有节约能耗和环境友好的特点，已广泛应用于水资源、化工、能源、生态环境、传统产业改造等领域中。

膜反应器的概念始于 20 世纪 60 年代，是将具有分离功能的膜应用于反应工程，即把膜技术与反应过程耦合构成膜反应器，该反应器同时兼有反应与分离功能，可将间歇反应过程变为连续反应过程。早期，膜反应器主要应用于受反应平衡限制的反应体系，利用膜的选择渗透性，连续分离部分或者全部的产物来打破化学平衡，从而提高反应的转化率或收率。除此之外，膜反应器还可以应用于高温气相反应和生物反应过程中，如加氢和脱氢反应中采用的钯及钯合金膜反应器、生物反应中采用的有机膜反应器、催化氧化反应中采用的钙钛矿型致密透氧膜反应器等。21世纪之后，随着膜材料制备技术的发展，膜的多功能化及服役环境的拓宽，膜反应器技术逐渐应用到中低温气相反应以及液相催化反应等过程中。如含有超细催化剂的液相催化反应中，利用陶瓷膜的选择渗透性，实现催化剂的原位分离，使过程连续化，是连续陶瓷膜反应器在化工主流程中的首次应用；在生物质发酵制燃料醇反应中，渗透汽化膜反应器实现了渗透汽化与发酵过程的耦合；分子筛反应器应用于水煤气变换反应、膜分散反应器应用于液相催化反应、无机膜反应器应用于气体净化过程等也均拓宽了膜反应器的应用领域。

膜分离过程与反应过程结合形成的膜反应器为物质的高效分离与转化过程带来了新的机遇，也有少部分膜反应器已投入工业规模应用。

9.4.1　膜反应器的基本原理

（1）**基本原理及结构**　在膜反应器中膜材料是决定膜反应器性能、造价及工业化应用的最关键因素。膜材料是指表面有一定物理或化学特性的薄的屏障物，它使相邻两个流体相之间构成了不连续区间并影响流体中各组分的

膜反应器

透过速率。借助于膜材料的功能，在膜两侧给予某种驱动力（压力梯度、浓度梯度、电位梯度、温度梯度等）时，原料侧某组分因选择性渗透而逐渐减少，渗透侧中此组分富集，以实现料液中不同组分的分离、纯化和浓缩。

膜材料一般可以分为无机膜和有机膜。有机膜主要应用于温和反应条件下的生物反应过程；除了有机膜的分离性能外，无机膜还具备优良的化学稳定性、机械稳定性及长寿命等特点，可应用于有机膜无法涉及的领域。因此本节内容主要介绍无机陶瓷膜和无机陶瓷膜反应器。

陶瓷膜主要由三层结构组成：支撑层（又称载体层）、过渡层（又称中间层）、膜层（又称分离层），如图9-7所示。支撑层起支撑作用，孔隙大、厚度大，为膜层提供必要的机械强度，主要由不同规格的氧化铝、氧化锆、氧化钛和氧化硅等无机陶瓷材料组成；过渡层孔径比支撑层的孔径小，其作用是防止膜层制备过程中颗粒向多孔支撑层的渗透；膜层主要经表面涂膜、高温烧制而成，具有分离功能。整个膜的孔径分布由支撑层到膜层逐渐减小，形成不对称的结构分布。

图9-7　工业的膜片、膜元件及膜组件

陶瓷膜反应器根据膜材料的功能、反应原料的相态、催化剂的性质等不同，具有不同的反应器结构。主要由反应器主体和膜组件组成，膜组件通常由多组膜元件并连而成，膜元件又包括膜、原料通道和渗透通道。

（2）膜材料的设计和制备　膜材料设计的基本思路是根据应用体系建立膜的宏观性能与膜的微观结构之间的定量关系，在该关系模型的指导下，以分离功能最大化为目标，根据应用过程的实际情况来设计最优的膜微结构，进一步定量定向制备出膜，然后进行过程操作参数的优化。

如何制备出具有特定微结构的膜材料是面向应用过程的膜设计的重要内容之一。膜微结构主要是指膜分离层的厚度、孔结构（孔径、孔径分布和孔隙率等）和表面性质（粗糙度、亲疏水性和荷电性等），不同微结构的陶瓷膜分离性能相差很大。膜厚度对膜的质量影响很大，膜层涂覆太薄时，膜的完整性会降低，太厚又可能在热处理过程中导致开裂现象。厚度的定量控制主要以毛细过滤理论为基础，在不忽视支撑层渗透性能的前提下，结合典型的薄膜形成理论方程式，建立起膜厚与膜制备过程控制参数间的定量关系模型，从而实现具有合适膜厚的膜材料的制备。孔径分布是决定膜的渗透率和渗透选择性的关键因素。实际应用过程中，膜的优化选型是要在保证截留率的基础上使得所选孔径的膜的通量最高。影响孔径及其分布的主要因素是用于制膜的粒子的粒径大小及分布，热处理工艺条件对其也有一定程度上的影响。膜的表面性质主要通过物理改性（涂覆、物理沉积、掺杂、抛光等）和化学改性（电镀、接枝、气相沉积等）来调控，从而达到所需最优的粗糙度、亲疏水性以及电荷性质和电性强弱等。此外，膜还需要具有一定的几何构型（平板、管式、多通道等）和稳定性（化学稳定性、热稳定性和机械稳定性）。其中，多通道膜组件具有安装方便、易于维护、机械强度高等优点，已经成为工业应用的主流。

（3）膜反应器的设计和优化　膜反应器的设计与普通反应器一样，首先要根据反应器结构和流动方式等建立物理模型。通常利用计算流体力学的方法研究膜反应器内的水力特性，重点探索膜反应器结构和操作条件对膜反应器流场的影响，从而建立其放大设计的数学模型；通过模型对反应器内局部或者整体的衡算，包括物料衡算、热量衡算、动量衡算以及反应动力学等，定量预测膜反应器内传递与反应的相互作用下的反应性能变化，揭示各影响因素及各因素的影响程度，最终可用于反应器的分析、设计、优化以及工程放大。

9.4.2　膜反应器的特点

膜反应器同时具备了反应和分离的功能，主要有以下特点：

① 反应和分离组合成单一的单元过程，降低分离等过程的费用；

② 对于可逆反应，突破热力学平衡限制，通过膜扩散过程移走产物，使转化率有望达到 100%；

③ 对于气液传质受限的反应过程，膜的分散作用可强化气液传质以提升宏观反应速率，有望降低反应压力，降低成本。

9.4.3　膜反应器的应用

膜反应器的应用及发展主要集中在石油化工和精细化工领域，如加氢、脱氢、氧化、羟基化、光催化等反应过程中。在国内，南京工业大学等在陶瓷膜的设计、开发、放大及运行稳定性等方面取得了一系列的研究成果，并率先实现了陶瓷膜的规模化应用。

加氢、脱氢反应是化学工业和石油炼制工业中最重要的反应过程之一，常见的加氢反应有一氧化碳加氢制甲醇、苯加氢制环己烷、苯酚加氢制环己酮等。利用膜反应器进行加氢反应，既可以合成有机化工中间体或产品，又可以同时除去原料或产品中含有的少量有害而不易分离的杂质。环己烷、乙苯、丙烷等脱氢反应属于可逆反应，受热力学条件的限制，转化率较低，在膜反应器中移走生成的反应产物 H_2，可突破热力学的限制，提高反应的转化率。如 Pd 膜和 Pd-Ag（Ni、Cu、Rh）等合金膜具有透氢量大和选择性高的特性，常用在加氢、脱氢反应中。传统环己烷脱氢反应在 200℃时的平衡转化率为 18.7%，而使用 Pd 膜反应器，其转化率可达 99.5%。此外，在均相催化加氢反应和液相催化加氢反应中，常用贵金属纳微颗粒或过渡金属络合物作为催化剂，这些催化剂价格昂贵，反应结束后与产物不易分离，导致产物纯度不够高，利用膜反应器对催化剂进行分离回收则可以保证产品的质量和降低生产成本。

尽管膜材料及其反应器技术已取得很大的进展，但仍存在很多科学问题和技术问题需要长期深入研究，很多工程化问题也有待突破。以工程化应用需求为导向，提升膜的分离通量、降低膜反应器的成本，积极推进膜反应器在化工、石油、生物、环境治理等方向的规模化应用具有重要意义。

9.5 化学气相沉积反应器

化学气相沉积（chemical vapor deposition，CVD）是一种材料表面改性技术，其相关研究始于十九世纪末期，至今已有百余年历史。现代 CVD 技术发展的开始阶段在 20 世纪 50 年代，主要着重于刀具涂层的应用。以碳化钨作为基材的硬质合金刀具经过化学气相沉积 Al_2O_3、TiC 及 TiN 复合涂层处理后，切削性能可以得到明显提高，使用寿命也成倍地增加，取得了非常显著的经济效益。20 世纪六七十年代以来，由于半导体和集成电路技术发展和生产的需要，CVD 技术不仅成为半导体级超纯硅原料——超纯多晶硅生产的唯一方法，也是硅单晶外延、砷化镓等Ⅲ-Ⅴ族半导体和Ⅱ-Ⅵ族半导体单晶外延的基本生产方法。化学气相沉积已经广泛应用于提纯物质、研制新晶体、淀积各种单晶、多晶或玻璃态无机薄膜材料中，这些材料可以是氧化物、硫化物、氮化物、碳化物，也可以是Ⅲ-Ⅴ、Ⅱ-Ⅳ、Ⅳ-Ⅵ族中的二元或多元的元素间化合物。化学气相沉积反应器为芯片的加工等做出了重要贡献。

9.5.1 化学气相沉积反应器的基本原理

（1）化学气相沉积的原理　化学气相沉积是把含有构成薄膜元素的气态反应剂或液态反应剂的蒸气及反应所需其他气体引入反应室，在衬底表面发生化学反应，并把固体产物沉积到表面生成薄膜的过程。图 9-8 是 CVD 反应器原理示意图。

它包括 4 个主要阶段：①反应气体向材料表面扩散；②反应气体吸附于材料的表面；③在材料表面发生化学反应；④气态副产物脱离材料表面。在 CVD 中运用适宜的反应方式，选择相应的温度、气体组成、浓度、压力等参数就能得到具有特定性质的薄膜。但是薄

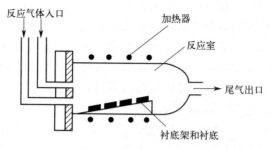

图 9-8　CVD 反应器原理示意图

膜的组成、结构与性能还会受到 CVD 内的输送性质（包括热量、质量及动量输送）、气流的性质（包括运动速度、压力分布、气体加热等）、基板种类、表面状态、温度分布状态等因素的影响。

（2）化学气相沉积反应器结构形式　化学气相沉积技术有多种分类方法。按激发方式可分为热化学气相沉积（TCVD）、等离子体化学气相沉积（PCVD）、激光（激发）化学气相沉积等。按反应室压力可分为常压化学气相沉积、低压化学气相沉积等。按反应温度可分为高温化学气相沉积、中温化学气相沉积、低温化学气相沉积。一般来说，CVD 反应器通常包括以下几个部分：①反应气体和载气的供给和计量装置；②必要的加热和冷却系统；③反应产物气体的排出装置。图 9-9 给出了几种常见的外延生长 CVD 反应器类型，按外形不同可分为水平式、竖直式及筒体式。

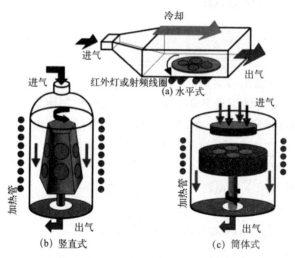

图 9-9　主要的几种 CVD 反应器结构示意图

9.5.2　化学气相沉积反应器的应用

（1）在集成电路制造中的应用　介质间隙填充是互补金属氧化物半导体（complementary metal oxide semiconductor，CMOS）集成电路制造中一类重要的介质薄膜工艺，主要用于 CMOS 晶体管之间以及多层互连金属层之间的电气隔离。根据介质间隙填充的用途和质量要求不同，目前常用的 CVD 技术有高密度等离子体 CVD（high-density plasma chemical vapor deposition，HDPCVD）、亚常压 CVD（sub atmospheric chemical vapor deposi-

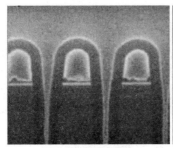
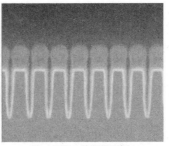

(a) 小于10nm的间隙　　　　　(b) 小于7nm的倒梯形间

图 9-10　FCVD 技术用于极端尺寸的微小间隙或者具有复杂轮廓形貌的间隙填充工艺

tion，SACVD）和流动 CVD（flowable chemical vapor deposition，FCVD）等。如图 9-10 所示，FCVD 技术可用于极端尺寸（深宽比高达 30∶1）的微小间隙或者具有复杂轮廓形貌的间隙填充工艺，介质材料可完全填充间隙，不产生空洞或缝隙。

（2）在多晶硅生产中的应用　多晶硅是一种重要的半导体材料，其广泛应用于微电子工业及光伏产业。传统方式生产多晶硅是在钟罩式反应器中用氢气还原三氯氢硅烷，但这种方法耗能高，污染严重。近年来，利用流化床化学气相沉积（FB-CVD）法制备多晶硅开始受到广泛关注，如图 9-11 所示。这种方法是采用小晶粒的多晶硅晶种作为流化颗粒，通入反应器的硅烷气体通过被加热的细硅颗粒流态

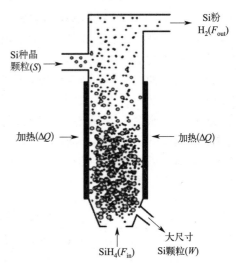

图 9-11　流化床化学气相沉积法制备多晶硅

化床层时分解，在细颗粒表面上进行化学气相沉积，使颗粒长大到一定尺寸后形成产品。

9.6　其他新型反应器

（1）等离子体反应器　19 世纪 20 年代，法拉第等开始对气体放电进行研究。直到 1928 年，朗缪尔最先提出"等离子体（plasma）"这一术语，标志着等离子体科学的正式问世。等离子体又叫做电浆，是由部分电子被剥夺后的原子及原子团被电离后产生的正负离子组成的离子化气体状物质，其运动主要受电磁力支配，并表现出显著的集体行为。它广泛存在于宇宙中，常被视为除气、液、固外物质存在的第四态。根据电子温度（T_e）和离子温度（T_i）的不同，等离子体的分类如表 9-2 所示。

表 9-2　等离子体分类

分类	高温等离子体	低温等离子体	
		热等离子体	冷等离子体
温度	$T_e \approx T_i \approx 10^6 \sim 10^8 K$	$T_e \approx T_i \approx 3 \times 10^3 \sim 3 \times 10^4 K$	$T_e > 10^4 K, T_i \approx 300 K$
举例	太阳日冕	电弧焊	极光、霓虹灯

等离子体作为一种高能、高活性物质，逐步应用于气相、液相及固相的化学反应过程。将气相放电等离子体引入具有流动性的液相介质，有利于放电过程产生的活性物质进行相间传递。低温等离子体应用广泛，如催化剂制备、挥发性有机化合物（VOCs）脱除、催化重整、CO_2 转化制备高附加值燃料和化学品、材料表面处理、高级氧化反应、有机合成、工业废气处理、氢等离子体裂解煤制乙炔等。经国内外科研工作者的大量研究，创制了不同形式的气液冷等离子体反应器。基于液体流动方式可分为间歇式和连续式；基于电极形状可分为针-板、线-板以及板-板式；基于反应器结构可分为气液分层、鼓泡和雾化式。

（2）超声反应器　超声反应器的核心为超声波。超声波是一种波长极短的机械波，一般是指频率范围在 20kHz～10MHz 的声波，在空气中波长一般短于 2cm。它必须依靠介质进行传播，无法存在于真空（如太空）中。它在水中传播距离比空气中远，但因其波长短，在空气中则极易损耗，容易散射，不如可听声和次声波传得远，不过波长短更易于获得各向异性的声能。20 世纪 20 年代，美国普林斯顿大学某化学实验室首先发现超声波有加速化学反应的作用。直到 20 世纪 80 年代，超声促进化学反应的技术才得到研究者的广泛关注，逐渐形成一门新兴学科——超声化学（化工）。

超声反应器的原理为超声效应，即当超声波在介质中传播时，由于超声波与介质的相互作用，使介质发生变化，从而产生一系列力学的、电磁学的超声效应。其在化学化工领域的应用动力主要来源于超声空化，即超声波作用于液体时，使液体局部出现拉应力而形成负压，压强的降低使原来溶于液体的气体过饱和，而从液体逸出成为小气泡。因空化作用形成的小气泡而不断长大或突然破灭，破灭时周围液体突然冲入气泡而产生高压，同时产生激波。伴随着强烈激波，冲击波和微射流的高梯度剪切可在水溶液中产生羟基自由基，相应产生的物理化学效应主要有机械效应（声冲流，冲击波，微射流等）、热效应（局部高温高压，整体升温）、光效应（声致发光）和活化效应（水溶液中产生羟基自由基）。四种效应并非孤立，而是相互作用、相互促进。正是这些物化效应，使超声波在传质、传热和化学反应等方面有些特殊的贡献。目前超声反应器主要应用于食品、涂料、制药、纺织、冶金等工业领域。

（3）微波反应器　1967 年，Williams 提出了采用微波加热的方式，可加快某些化学反应，从此，微波辐射技术扩展到了化学合成领域。1986 年，Gedye 等采用微波加热的方式，在微波炉内进行水解、酯化反应，开启了微波合成化学的探索。微波反应器的核心为微波，微波是指频率在 300MHz～300GHz 之间的电磁波。微波的基本性质通常呈现为穿透、反射、吸收三个特性。对于玻璃、塑料和瓷器，微波几乎是穿越而不被吸收。对于水和食物等就会吸收微波而使自身发热，而对金属类材料，则会反射微波。

微波反应器的原理为微波加热，微波加热就是将微波作为一种能源来加以利用，当微波与物质分子相互作用，产生分子极化、取向、摩擦、碰撞、吸收微波能而产生热效应。微波加热使物体吸收微波后自身发热，加热从物体内部、外部同时开始，能做到里外同时加热。不同的物质吸收微波的能力不同，其加热的效果也各不相同，这主要取决于物质的介质损耗。温度的变化将有效的调变化学反应的动力学，影响化学反应速率。目前微波反应器主要应用于化工、制药、材料合成等领域。

习　题

1. 根据微反应器的结构特点，思考哪些反应比较适合采用微反应器？微反应器工业化应用过程中，可能会面临哪些问题？

2. 将超重力反应器假设为平推流反应器，推导出超重力反应器的设计方程。

3. 请分析化学气相沉积反应器的优势及不足的地方。

4. 请查阅文献，分析我国化工过程强化反应器发展的历史轨迹，总结其快速发展甚至工业技术超越国外的主要原因。

参 考 文 献

［1］　孙宏伟，陈建峰 . 我国化工过程强化技术理论与应用研究进展［J］. 化工进展，2011（01）：1-15.

［2］　骆广生，吕阳成，王凯 . 微化工技术［M］. 北京：化学工业出版社，2020.

［3］　EHRFELD W，HESSEL V，LOWE H. Microreactors-new technology for modern chemistry［M］. Weinheim：Wiley-VCH Verlag GmbH，2001.

［4］　陈建峰，初广文，邹海魁 . 超重力反应工程［M］. 北京：化学工业出版社，2020.

［5］　SHORT H. New mass transfer find is a matter of gravity［J］. *Chem. Eng.*，1983，23-29.

［6］　CHEN J F，WANG Y H，GUO F，et al. Synthesis of nanoparticles with novel technology：high-gravity reactive precipitation［J］. *Ind. Eng. Chem. Res.*，2000，39：948-954.

［7］　XU Y C，LUO Y，CHEN J F，et al. Liquid jet impaction on the single-layer stainless steel wire mesh in a rotating packed bed reactor［J］. *AIChE J.*，2019；65：e16597.

［8］　陈建峰 . 分子化学工程［C］. 中国工程院化工、冶金与材料工程学部学术年会报告，宁波，2014.

［9］　徐南平 . 面向应用过程的陶瓷膜材料设计、制备与应用［M］. 北京：科学出版社，2005.

［10］　邢卫红，汪勇，陈日志，等 . 膜与膜反应器：现状、挑战与机遇［J］. 中国科学：化学，2014，44（9）：1469-1480.

［11］　刘荣正，刘马林，邵友林，等 . 流化床-化学气相沉积技术的应用及研究进展［J］. 化工进展，2016，35（5）：10.

［12］　彭金辉，刘秉国，张利波，等 . 高温微波冶金反应器的研究现状及发展趋势［J］. 中国有色金属学报，2011，21（10）：2607-2615.

第 10 章

生化反应工程基础

10.1 概述

生物制造过程是以工业生物技术为核心技术手段，利用生物技术构建的高效细胞株和适配的生化反应工程技术，最终实现原料、过程及产品绿色化的新模式。生物制造作为生物技术的重要组成部分，是生物基产品实现产业化的基础平台，也是合成生物学等基础科学创新在具体过程中的应用。生物技术不断从医药、农业和食品领域向工业领域，如化工、材料及能源领域转移，汽油、柴油、塑料、橡胶、纤维以及许多大宗的传统石油化工产品，正在不断地被来自可再生原料的工业生物制造产品所替代，高温高压高污染的化学工业过程，正不断向条件温和、清洁环保的生物加工过程转移。现代生物制造产业，包括材料、酶和相关化学品的开发，正在加速形成与扩展，一个大规模的生物产业发展的时代即将到来。

我国生物制造产业虽然起步较晚，近年来发展迅速，以低成本、大规模等优势取得了部分大宗产品在产量、规模上的市场优势，在创制生物经济新路线和推动传统化工产业技术升级等应用研究方面已有一定基础，在部分关键产业领域生物炼制技术成熟度方面已走到前列。在生物发酵产业领域，我国正在加速由发酵工业大国向发酵工业强国转变，产业发展平稳，2017—2022 年间生物发酵复合增长率已达到 7.5%。2021 年，生物发酵产业经济运行基本稳定向好，主要行业产品产量约 3168 万吨，同比增长约 0.8%；总产值约 2593 亿元，同比增长约 3.8%。新型发酵产品品种和衍生新品持续增多。生物基材料单体与聚合物产业领域，已形成以可再生资源为原料的生物材料单体制备、生物基树脂合成与改性、生物基材料应用为主的生物基材料产业链。已建成年产能约 2 万吨生物基 1,3-丙二醇、生物基丁二酸的生产线。聚乳酸（PLA）年产能 1 万吨，位居世界第二。聚羟基脂肪酸酯（PHA）年总产能超过 2 万吨，产品类型和产量国际领先。生物能源方面，自 2017 年《关于扩大生物燃料乙醇生产和推广使用车用乙醇汽油的实施方案》（简称"实施方案"）公布以来，我国燃料乙醇发展规模迅速扩大。作为世界上第三大生物乙醇生产国和应用国，仅次于美国和巴西，至 2020 年已建成产能 500 万吨，在建产能合计超过 300 万吨。

生物制造（Bio-manufacturing）是由生物学、化学及化学工程学的基本原理应用于生物体（包括微生物、动物细胞和植物细胞）的加工以为人类产品服务的学科。生物制造的技术价值核心在于高效优质的生物催化剂（工业酶和菌种），以及围绕酶和菌种的一系列生产装备、技术与体系。而生化反应工程则是生物制造中的一个分支学科，其之所以愈来愈受到重视是与当代对能源消耗及环境污染日益重视有关。因为生物制造技术的突出优点正是反应效率最高，能源需量最少；环境污染最少，故又称"绿色"生产技术；同时也是未来实现"双碳"目标的重要工业加工过程。由于其使用的物料、方法和产品的质量有其特殊的规律，因此需加以专门的探讨。

利用生物催化剂来生产生物技术产品的过程统称为生物制造，它可概括为两大类：酶催化反应及微生物发酵反应。前者如丙烯腈和水在丙烯腈水合酶作用下转化成丙烯酰胺、氢化可的松在氢化可的松脱氢酶的作用下脱氢生成氢化泼尼松等。酶一般是一种有催化作用的蛋白质，专一性极强，它常需要有辅因子的共同作用。辅因子是非蛋白化合物，与其他非活性蛋白结合形成有催化活性的复合物，常把这种复合物简称作酶。辅因子有三类。

① 金属离子　它们是最简单的辅因子。有时，酶和金属离子结合得非常紧密，金属离子已成为酶的一部分（金属蛋白质）；有时，酶与金属离子的可逆结合比较弱，这类金属离子常称为激活剂。

② 辅酶　很多酶是蛋白质部分和与它相结合的辅基所组成，这两部分经常是解离着的，这种酶称为全酶，其蛋白质部分称为酶蛋白，辅基部分称为辅酶。大多数辅酶属于维生素。

③ 辅底物　它们包括 NAD、NADP、辅酶 Q、谷胱甘肽、ATP、辅酶 A 和四氢叶酸等。这类物质是作为第二底物起作用的，它们以化学计量关系与真正的底物进行反应，反应后辅底物发生变化，不能靠这个酶反应本身把它还原成原来的状态。如

$$乙醇 + NAD^+ \xrightarrow{醇脱氢酶} 乙醛 + NADH + H^+$$

在此情况下，必须偶联着另一个辅底物参与的酶反应，才能恢复到原来状态，重新参加反应。如

$$\begin{array}{ccc} 乙醇 & \longrightarrow NAD^+ & \longrightarrow 乳酸 \\ \xleftrightarrow{醇脱氢酶} & & \xleftrightarrow{乳酸脱氢酶} \\ 乙醛 & \longleftarrow NADH+H^+ & \longrightarrow 丙酮酸 \end{array}$$

10.2　酶催化反应

10.2.1　酶的特性

酶既能参与生物体内各种代谢反应，也能参与生物体外的各种生化反应。它既具有一般的化学催化剂所具有的特性，也具有蛋白质的特性。酶在参与反应时如同化学催化剂一样，参与反应但不会改变反应的自由能，亦即不会改变反应的平衡，只能降低反应的活化能，加快反应达到平衡的速度，使反应速率加快。反应终了时，酶本身并不消耗，且恢复到原来的状态，其数量与性能都不改变，前提是不能改变酶的蛋白质性质。

以单底物 S 生成产物 P 的酶催化反应为例，E 表示游离酶，其反应历程为

$$E + S \Longleftrightarrow [ES] \longrightarrow P + E$$

第一步是酶和底物以非共价键结合而形成所谓的酶-底物中间络合物 [ES]，此过程需要底物 S 分子具有足够的能量使其跃迁到高能垒的络合物 [ES]；第二步便是该 [ES] 络合物释放能量，生成产物 P 并重新释放出酶。

酶催化可以降低从底物到过渡态络合物所需的活化能，但并不能改变反应中总能量的变化。酶催化与化学催化反应能量的比较见图 10-1。由图可知，酶催化反应的活化能远低于

化学催化反应。所以，酶催化效率远高于化学催化。

酶的催化效率可用酶的活性，即酶催化反应速率表示。通常用规定条件下每微摩尔酶量每分钟催化底物转化的微物质的量表示酶的活性。并把在规定条件下每分钟催化一微摩尔底物转化为产物所需的酶量定义为一个酶单位。

与化学催化相比较，酶催化具有下述特点：

① 酶的催化效率高，通常比非酶催化高 $10^7 \sim 10^{13}$ 倍，甚至像脲酶水解尿素反应可高达 10^{14} 倍。

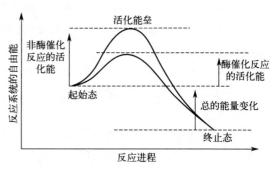

图 10-1　酶催化和化学催化反应能量变化示意图

② 酶催化反应具有高度的专一性，它包括酶对反应的专一性和酶对底物的专一性。这种专一性是由酶蛋白分子，特别是其活性部位的结构特征所决定的。酶对反应的专一性是指一种酶只能催化某种化合物在热力学上可能进行的多种反应中的一种反应。酶对底物的专一性则包括对底物结构的专一性及立体的专一性。前者指一种酶只能作用于一种底物或一类底物；后者指一种酶只能催化几何异构体中的一种底物。当底物具有旋光异构体时，酶只能对其中一种光学异构体起作用。此外，有些酶还具有基团专一性，即只对特定的基团起催化作用，如醇脱氢酶仅作用于醇，而且是伯醇。所以一种酶只能催化一种底物进行某一特定反应。

由于酶的高度专一性，所以酶催化反应的选择性非常高，副产物极少，致使产物易于分离，使许多用化学催化难以进行的反应得以实现。

③ 酶催化反应的反应条件温和，无需高温和高压，且酶是蛋白质，也不允许高温，通常都在常温常压下进行。

④ 酶催化反应有其适宜的温度、pH、溶剂的介电常数和离子强度等。一旦条件不合适，则酶易变性，甚至失活。这是由酶是蛋白质所决定的。它极易受物理因素和化学因素（如热、压力、紫外线、酸、碱和重金属）的影响而变性。酶的这种变性可使酶活性下降甚至失活，这种失活多数是不可逆的。

影响酶催化反应速率的因素很多，它们分别是酶浓度、底物浓度、产物浓度、温度、酸碱度、离子强度和抑制剂等。

10.2.2　单底物酶催化反应动力学——米氏方程 (Michaelis-Menten)

对于典型的单底物酶催化反应，例如

$$S \xrightarrow{\text{E}} P$$

其反应机理可表示为

$$E + S \underset{\overleftarrow{k_1}}{\overset{\overrightarrow{k_1}}{\rightleftharpoons}} [ES] \xrightarrow{k_2} E + P$$

第一步为可逆反应，正反应与逆反应的速率常数分别为 $\overrightarrow{k_1}$ 和 $\overleftarrow{k_1}$；第二步一般为不可逆反应，速率常数为 k_2。实验显示在一定条件下，反应速率随底物浓度的增加而增加，且当底物浓度增加到一定值后，反应速率趋于恒定，如图 10-2 所示。

由 Michaelis-Menten 的快速平衡法或 Briggs-Haldane 的拟定态法假设，推导得到的米氏方程定量描述了底物浓度与反应速率的关系，即

$$r = -\frac{dc_S}{dt} = \frac{dc_P}{dt} = \frac{r_{max}c_S}{K_m + c_S} \qquad (10\text{-}1)$$

式中，c_S 为底物 S 的浓度；$r_{max} = k_2 c_{E0}$ 是最大反应速率，其中 c_{E0} 为起始时酶的浓度；$K_m = (\overleftarrow{k_1} + k_2)/\overrightarrow{k_1}$，称为米氏常数。

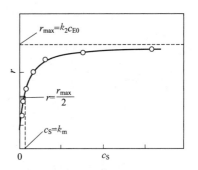

图 10-2　底物浓度与酶催化反应速率的关系

米氏方程为双曲函数，如图 10-2 所示。起始酶浓度一定时，不同底物浓度呈现的反应级数不同。当 $c_S \ll K_m$ 时，底物浓度很低，反应呈现一级；$c_S \gg K_m$ 时，底物浓度高，反应呈现零级，即 r 与 c_S 大小无关，趋于定值 r_{max}；底物浓度为中间值时，随着 c_S 增大反应从一级向零级过渡，为变级数过程。

r_{max} 和 K_m 是米氏方程中两个重要的动力学参数。r_{max} 表示了酶几乎全部都与底物结合成中间络合物，这时的反应速率达到最大值。K_m 的大小表明了酶和底物间亲和力的大小。K_m 愈小表明酶和底物间的亲和力愈大，中间络合物 [ES] 愈不易解离；K_m 愈大则情况相反。K_m 值的大小与酶催化反应物系的特性及其反应条件有关，所以它是表示酶催化反应性质的特性常数。K_m 等于反应速率为 $r_{max}/2$ 时的 c_S 值。

动力学参数 K_m 和 r_{max} 可按照微分法或积分法求取。因为米氏方程为双曲函数，故应先线性化后，再用作图法或线性最小二乘法求取。常用的微分法有三种：

① Lineweaver-Burk 法，即以 $1/r$ 对 $1/c_S$ 作图得一直线，斜率为 K_m/r_{max}，纵轴的截距为 $1/r_{max}$，横轴截距的负值为 $1/K_m$。此法简称 L-B 法或双倒数图解法。

② Hanes-Wootf 法，即以 c_S/r 对 c_S 作图得一直线，斜率为 $1/r_{max}$，横轴截距的负值为 K_m。

③ Eadio-Hofstee 法，即以 r 对 r/c_S 作图得一直线，斜率的负值为 K_m，纵轴截距为 r_{max}。

酶催化反应动力学实验可在间歇釜、全混釜或活塞流反应器中进行，故可从这些实验得到的原始数据按照上述方法进行拟合即可。

例 10-1　测定脲酶酶促反应的 r_{max} 及米氏常数。测得脲酶水解尿素的初速率与尿素浓度的关系如下：

底物浓度 $c_S/(\text{mol/L})$	0.2	0.02	0.01	0.005	0.0025
反应速率 $-r/[\text{mol/(L·s)}]$	1.1	0.55	0.375	0.2	0.1

试求该脲酶水解尿素反应的 K_m 和 r_{max}。

解　将米氏方程线性化，经重排得

$$\frac{1}{-r} = \frac{c_S + K_m}{r_{max}c_S} = \frac{1}{r_{max}} + \frac{K_m}{r_{max}}\left(\frac{1}{c_S}\right)$$

由此式可知，$1/-r$ 与 c_S 为线性关系，故可根据题给出数据计算 $1/-r$ 与 c_S 的关系式，列于表中。利用线性最小二乘法，将下表的数据代入前式，回归得

$$1/r_{max}=0.5822；K_m/r_{max}=0.0232；相关系数 r=0.9983$$

所以 $r_{max}=1.7176\text{mol}/(\text{L}\cdot\text{s})$；$K_m=3.98\times10^{-2}\text{mol/L}$

$-r$ 与 c_S 的关系

$(1/c_S)/(\text{mol/L})$	5	50	100	200	400
$(1/-r)/(\text{s}\cdot\text{L/mol})$	0.91	1.82	2.67	5	10

10.2.3 多底物酶催化反应动力学

（1）多底物酶催化反应的机制分类　前面讨论的都是单底物的酶催化反应，而实际的酶催化反应往往是很复杂的。对于一般的酶催化反应可以用以下通式表示

$$A+B+C+\cdots\cdots \Longleftrightarrow P+Q+R+\cdots\cdots$$

此时，动力学方程中包括 A、B、C、……以及 P、Q、R、……等的浓度，因而非常复杂，动力学参数也很多。常见的催化多底物转化的酶有氧化酶、转移酶、连接酶等。这里只讨论双底物酶催化反应的动力学。双底物酶促反应可以分为序列反应和乒乓反应。

（2）序列反应（sequential reactions）　在序列反应中，底物的结合和产物的释放有一定的顺序，产物不能在底物完全结合之前释放。底物 A 和 B 均结合到酶 E 上，然后反应产生 P 和 Q

$$E+A+B\longrightarrow AEB\longrightarrow QEP\longrightarrow E+P+Q$$

此类反应称为序列反应，又可分为两种类型：

① 随机序列反应　两个底物随机与酶结合，产物 P 和 Q 随机被释放出来。许多激酶类的酶催化反应机理就属于此类。可用下式表示

限速步骤是反应 AEB$\longrightarrow$QEP，不论 A 或 B 首先同 E 结合还是 Q 或 P 首先释放都没有关系。其反应机理可以表示为

在这个模型中，我们假设底物 A 或 B 与酶快速结合达到平衡。在第二阶段反应，假设 A 对 EB 和 B 对 AE 达到结合平衡，或者 AEB 三元复合物浓度处于稳态。

产物形成的速度方程、二元酶-底物复合物 AE 和 EB 的平衡解离常数（K_S^A 和 K_S^B）、形成三元酶-底物复合物 AEB 的平衡解离常数（K_S）或稳态米氏常数（K_m，K^{AB} 和 K^{BA}）和酶的物料平衡分别是：

$$r=k_{cat}c_{[AEB]}\quad K_S^A=\frac{c_{[E]}c_{[A]}}{c_{[AE]}}\quad K_S^B=\frac{c_{[E]}c_{[B]}}{c_{[EB]}}$$

$$K^{BA}=\frac{c_{[EB]}c_{[A]}}{c_{[AEB]}}\quad K^{AB}=\frac{c_{[AE]}c_{[B]}}{c_{[AEB]}}$$

$$c_{[E_T]}=c_{[E]}+c_{[AE]}+c_{[EB]}+c_{[AEB]}$$

这些常数存在关系

$$\frac{K_S^A}{K_S^B}=\frac{K^{BA}}{K^{AB}}$$

用总酶浓度 $c_{[E_T]}$ 对速度方程进行标准化，并对上式进行重排，得到随机序列机制的速度方程

$$\frac{r}{r_{max}}=\frac{c_{[A]}c_{[B]}}{K_S^A K^{AB}+K^{AB}c_{[A]}+K^{BA}c_{[B]}+c_{[A]}c_{[B]}}$$

式中，$r_{max}=k_{cat}c_{[E_T]}$。

肌酸激酶是肌酸磷酸化的反应是随机反应的机制的典型例子。可认为该酶有两个同底物（或产物）的结合位点：一个是腺苷酸位点，与 ATP 或 ADP 结合；另一个是肌酸位点，与 Cr 或 CrP 结合。在此反应机制中，ATP 和 ADP 在特异的位点上相互竞争，而 Cr 和 CrP 相互竞争 Cr 和 CrP 的结合位点。

② 有序序列反应　两个底物 A 和 B 与酶 E 结合形成复合物是有顺序的，在缺少 A 时，B 不能与酶结合。只有当底物 A 与酶结合形成 [AE] 复合物，然后该复合物 [AE] 再与 B 形成具有催化活性的 [AEB]，形成的三元复合物 [AEB] 转变为 [QEP]，随后有序的释放产物 P 和 Q。具体步骤如下

$$\text{E}\xrightarrow{\text{A}}\text{AE}\xrightarrow{\text{B}}\text{AEB}\Longleftrightarrow\text{QEP}\xrightarrow{\text{P}}\text{QE}\xrightarrow{\text{Q}}\text{E}$$

从上式可以看出，A 和 Q 相互竞争地与自由酶结合，但是底物 A 和 B（或产物 P 和 Q）互不竞争。

其反应机理可以表示为

$$\text{E}+\text{A}\underset{}{\overset{K_S^A}{\rightleftharpoons}}\text{AE}+\text{B}\underset{}{\overset{K^{AB}}{\rightleftharpoons}}\text{AEB}\xrightarrow{k_{cat}}\text{E}+\text{P}+\text{Q}$$

产物形成的速度方程、二元酶-底物复合物 AE 和 EB 的平衡解离常数（K_s^A）、形成三元酶-底物复合物 AEB（K^{AB}）的平衡解离常数（K_s）或稳态米氏常数（K_m）和酶的物料平衡分别是

$$r=k_{cat}c_{[AEB]}$$

$$K_S^A=\frac{c_{[E]}c_{[A]}}{c_{[AE]}}=K^{AB}\frac{c_{[AE]}c_{[B]}}{c_{[AEB]}}$$

$$c_{[E_T]}=c_{[E]}+c_{[AE]}+c_{[AEB]}$$

用总酶浓度 $c_{[E_T]}$ 对速度方程进行标准化，并对上式进行重排，得到随机序列机制的速度方程

$$\frac{r}{r_{max}}=\frac{c_{[A]}c_{[B]}}{K_S^A K^{AB}+K^{AB}c_{[A]}+c_{[A]}c_{[B]}}$$

式中，$r_{max}=k_{cat}c_{[E_T]}$。

（3）乒乓机制　对于这个机制，酶必须首先与 A 结合，然后释放产物 P 并形成酶产物 E'。然后底物 B 与 E'结合，形成 E'B 复合物，复合物分解成游离酶 E 和第二个产物 Q。具体步骤如下

$$A \qquad\qquad P \quad B \qquad\qquad Q$$
$$\downarrow \qquad\qquad \uparrow \quad \downarrow \qquad\qquad \uparrow$$
$$E \longrightarrow AE \Longleftrightarrow PE' \Longleftrightarrow E' \longrightarrow E'B \longrightarrow QE \longrightarrow E$$

乒乓机制最大的特点是不形成三元复合物。乒乓机制的稳态简图

$$\qquad\qquad K_m^A \qquad\qquad\qquad\qquad K_m^B$$
$$E+A \underset{k_{-1}}{\overset{k_1}{\rightleftharpoons}} EA \overset{k_2}{\longrightarrow} E'+B \underset{k_{-3}}{\overset{k_3}{\rightleftharpoons}} E'B \overset{k_4}{\longrightarrow} E$$

这个机制的速度方程、稳态米氏常数和酶物料平衡分别是

$$r = k_4 [E'B]$$

$$K_S^A = \frac{k_{-1}}{k_1} = \frac{c_{[E]} c_{[A]}}{c_{[AE]}} \quad K_m^B = \frac{k_{-3}+k_4}{k_3} = \frac{c_{[E']} c_{[A]}}{c_{[E'B]}}$$

假设 E′ 浓度成稳定状态，则又能得到 E 与 E′ 之间的关系

$$c_{[E]} = \frac{k_{-1} K_m^A c_{[E']} c_{[B]}}{k_2 K_m^A c_{[A]}}$$

用总酶浓度 $c_{[E_T]}$ 对速度方程进行标准化，代换和重排以后，得到乒乓机制的速度方程

$$\frac{r}{r_{max}} = \frac{c_{[A]} c_{[B]}}{(k_4/k_2) K_m^A c_{[B]} + K_m^B c_{[A]} + c_{[A]} c_{[B]}(1+k_4/k_2)}$$

式中，$r_{max} = k_{cat} c_{[E_T]}$ 和 $k_{cat} = k_4$。对于该反应的限速步骤是 E′B 转变成 EQ 的情况（即 $k_2 > k_4$）。

10.2.4　有抑制作用时的酶催化反应动力学

酶催化反应中，某些物质的存在会使得反应速率下降，这些物质称为抑制剂，其效应称为抑制作用。

抑制作用可分为两类，即可逆性抑制与不可逆性抑制。当酶与抑制物之间靠共价键相结合时称为不可逆性抑制。不可逆性抑制将使活性酶浓度减少，若抑制物浓度超过酶浓度时，则酶完全失活；当酶与抑制物之间靠非共价键相结合时称为可逆性抑制。此时酶与抑制物的结合存在解离平衡的关系。这种抑制可用透析等物理方法将抑制物除去，使酶恢复活性。根据产生的抑制机理不同，可逆性抑制又可分为三种类型，即竞争性抑制、非竞争性抑制和反竞争性抑制。

（1）竞争性抑制　当抑制物与底物的结构类似时，它们将竞争酶的同一可结合部位——活性位，阻碍了底物与酶相结合，导致酶催化反应速率降低。这种抑制作用称为竞争性抑制。若以 I 为竞争性抑制剂，其机理为

$$E+S \underset{\overleftarrow{k_1}}{\overset{\overrightarrow{k_1}}{\rightleftharpoons}} [ES] \overset{k_2}{\longrightarrow} E+P$$

$$E+I \underset{\overleftarrow{k_3}}{\overset{\overrightarrow{k_3}}{\rightleftharpoons}} [EI]$$

根据定态近似及 $c_{E0} = c_{[E]} + c_{[ES]} + c_{[EI]}$，推导得到竞争性抑制的动力学方程

$$r = \frac{r_{max} c_S}{K_m(1+c_1/K_1)+c_S} = \frac{r_{max} c_S}{K_{mI}+c_S} \qquad\qquad (10\text{-}2)$$

式中，$K_m=(\overleftarrow{k}_1+k_2)/\overrightarrow{k}_1$ 为米氏常数；$K_1=\overleftarrow{k}_3/\overrightarrow{k}_3$ 为 [EI] 的解离常数；$r_{max}=k_2c_{E0}$ 为最大反应速率；$K_{mI}=K_m(1+c_1/K_1)$ 为有竞争性抑制时的米氏常数。

显然，K_1 愈小表明抑制剂与酶的亲和力愈大，抑制剂对反应的抑制作用愈强。此时，可采取增加底物浓度的措施来提高反应速率。

按照 Lineweaver-Burk 法将式（10-2）线性化，整理实验数据，以 $1/r$ 对 $1/c_S$ 作图得一直线，见图 10-3。直线斜率为 K_{mI}/r_{max}，纵轴截距为 $1/r_{max}$，横轴截距的负值为 $1/K_{mI}$，由此可求出模型参数 r_{max} 和 K_{mI}。

当产物的结构与底物类似时，产物即与酶形成络合物，阻碍了酶与底物的结合，因而也降低了酶的催化反应速率。

（2）非竞争性抑制　有些抑制物往往与酶的非活性部位相结合，形成抑制物——酶的络合物后会进一步再与底物结合；或是酶与底物结合成底物——酶络合物后，其中有部分再与抑制物结合。虽然底物、抑制物和酶的结合无竞争性，但两者与酶结合所形成的中间络合物不能直接生成产物，导致了酶催化反应速率的降低。这种抑制称为非竞争性抑制。若以 I 为非竞争性抑制剂，其机理为：

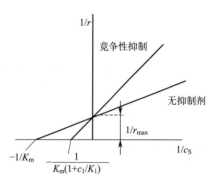

图 10-3　竞争性抑制时的 L-B 图

$$
\begin{array}{ccc}
E + S \underset{\overleftarrow{k}_1}{\overset{\overrightarrow{k}_1}{\rightleftharpoons}} [ES] \overset{k_2}{\longrightarrow} E+P \\
+ \qquad\qquad + \\
I \qquad\qquad I \\
\overrightarrow{k}_3 \big\Vert \overleftarrow{k}_3 \qquad \overrightarrow{k}_4 \big\Vert \overleftarrow{k}_4 \\
[EI]+S \underset{\overleftarrow{k}_5}{\overset{\overrightarrow{k}_5}{\rightleftharpoons}} [SEI]
\end{array}
$$

根据定态近似及 $c_{E0}=c_{[E]}+c_{[ES]}+c_{[EI]}+c_{[SEI]}$，可导出非竞争性抑制的动力学方程

$$r=\frac{r_{max}c_S}{(1+c_I/K_I)(K_m+c_S)}=\frac{r_{I,max}c_S}{K_m+c_S} \tag{10-3}$$

其中 $K_m=(\overleftarrow{k}_1+k_2)/\overrightarrow{k}_1$；$r_{max}=k_2c_{E0}$；$r_{I,max}=\dfrac{r_{max}}{(1+c_1/K_1)}$ 为非竞争性抑制时的最大速率。

显然，由于非竞争性抑制物的存在，使反应速率降低了，其最大反应速率 r_{max} 仅是无抑制时的 $1/(1+c_1/K_1)$。此时，即使增加底物浓度也不能减弱非竞争性抑制物对反应速率的影响。这也是非竞争性抑制与竞争性抑制的不同之处。按照 Lineweaver-Burk 法，将式（10-3）线性化得

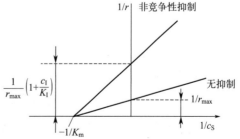

图 10-4　非竞争性抑制的 L-B 图

$$\frac{1}{r}=\frac{(1+c_I/K_I)}{r_{max}}+\frac{(1+c_I/K_I)K_m}{r_{max}}\times\frac{1}{c_S} \tag{10-4}$$

整理实验数据，以 $1/r$ 对 $1/c_S$ 作图得一直线，如图 10-4 所示。由直线的斜率及纵、横坐标

上的截距并结合无竞争性抑制时的实验数据可以求得模型参数 $K_{\rm I}$、$r_{\rm max}$ 和 $K_{\rm m}$。

（3）反竞争性抑制　有些抑制剂不能直接与游离酶相结合，而只能与底物-酶络合物相结合形成底物-酶-抑制剂中间络合物，且该络合物不能生成产物，从而使酶催化反应速率下降，这种抑制称为反竞争性抑制。其机理为

$$E+S \underset{\overleftarrow{k_1}}{\overset{\overrightarrow{k_1}}{\rightleftharpoons}} [ES] \overset{k_2}{\longrightarrow} E+S$$

$$[ES]+I \underset{\overleftarrow{k_3}}{\overset{\overrightarrow{k_3}}{\rightleftharpoons}} [SEI]$$

总酶浓度

$$c_{\rm E0}=c_{\rm E}+c_{[\rm ES]}+c_{[\rm SEI]}$$

根据定态近似导出反竞争性抑制的动力学方程

$$r=\frac{r_{\rm max}c_{\rm S}}{K_{\rm m}+(1+c_{\rm I}/K_{\rm I})c_{\rm S}}=\frac{r_{\rm I,max}c_{\rm S}}{K'_{\rm mI}+c_{\rm S}} \tag{10-5}$$

式中，$r_{\rm I,max}=r_{\rm max}/(1+c_{\rm I}/K_{\rm I})$；$K'_{\rm mI}=K_{\rm m}/(1+c_{\rm I}/K_{\rm I})$。

按照 L-B 法，将式（10-5）线性化为

$$\frac{1}{r}=\frac{K_{\rm m}}{r_{\rm max}}\times\frac{1}{c_{\rm S}}+\frac{1}{r_{\rm max}}\left(1+\frac{c_{\rm I}}{K_{\rm I}}\right) \tag{10-6}$$

整理实验数据，以 $1/r$ 对 $1/c_{\rm S}$ 作图得一直线，如图 10-5 所示。由图中数据并结合无竞争性抑制时的实验数据便可得到动力学参数 $K_{\rm m}$、$r_{\rm max}$ 和 $K_{\rm I}$。

（4）底物抑制　有些酶催化反应速率与底物浓度关系不是双曲函数，而是抛物线关系。如图 10-6 所示。

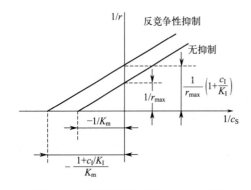

图 10-5　反竞争性抑制的 $1/r$-$1/c_{\rm S}$ 图

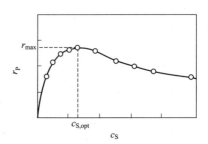

图 10-6　底物抑制时的 r-$c_{\rm S}$ 关系

在反应开始时，随底物浓度的增高反应速率增大；达到最大值后，则随底物浓度的增高反而下降。这种因高浓度底物造成的反应速率下降称为底物抑制作用。其原因是多个底物分子与酶的活性中心相结合，所形成的络合物又不能分解为产物所致。假设 [ES] 又与一个底物分子结合，其机理为

$$E + S \underset{\overleftarrow{k_1}}{\overset{\overrightarrow{k_1}}{\rightleftharpoons}} [ES] \overset{k_2}{\longrightarrow} P + E$$
$$+$$
$$S$$
$$\overrightarrow{k_3}\Big\updownarrow\overleftarrow{k_3}$$
$$[SES]$$

按前述方法导出底物抑制时的动力学方程

$$r = \frac{r_{\max} c_S}{K_m + c_S(1 + c_S/K_S)} \tag{10-7}$$

式中，$K_S = \overleftarrow{k}_3/\overrightarrow{k}_3$ 为底物抑制时的解离常数。

将式（10-7）对 c_S 求导，并令 $dr/dc_S = 0$ 得

$$c_{S,opt} = \sqrt{K_m K_S} \tag{10-8}$$

这是最佳底物浓度。在此浓度下，反应速率达最大。

10. 2. 5　多酶级联反应

（1）多酶级联反应定义　在单个反应容器中至少存在两个酶催化反应步骤的组合体系称为多酶级联体系。多酶级联系统又根据底物和产物的种类数量分为：线性级联（linear cascade with n linear steps）、正交级联（orthogonal cascade）、循环级联（cyclic cascade）、平行反应（parallel reaction）、收敛反应（convergent reaction）、发散反应（divergent reaction）。反应类型如图 10-7 所示。

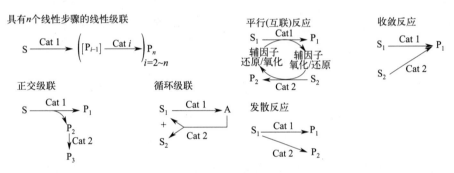

图 10-7　多酶级联反应类型

（2）具体反应实例

① 线性级联　例如醇脱氢酶与烯烃还原酶双酶体系（图 10-8），以 2-环己烯-1-醇为底物合成环己酮。第一步醇脱氢酶在辅因子 NAD^+ 催化下氧化 2-环己烯-1-醇到 2-环己烯-1-酮，之后在烯烃还原酶催化下得到环己酮，利用 NADH 作为还原力，两步反应恰到好处地构成辅因子 NAD^+ 的循环再生。

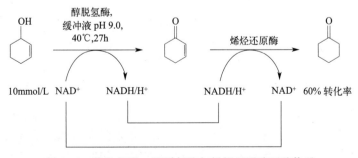

图 10-8　线性级联，醇脱氢酶与烯烃还原酶双酶体系

② 正交级联　例如醛缩酶与 L-甘油-3-磷酸脱氢酶双酶级联系统（图 10-9），以 D-果糖-

1,6-二磷酯盐制备 D-甘油醛-3-磷酸酯和左旋甘油-3-磷酸酯。

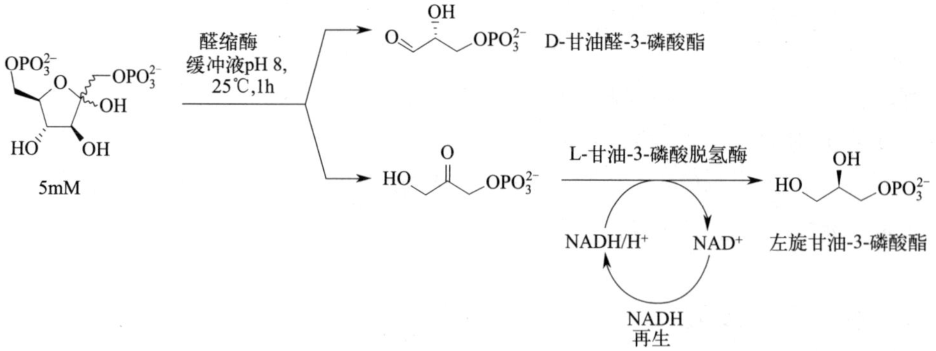

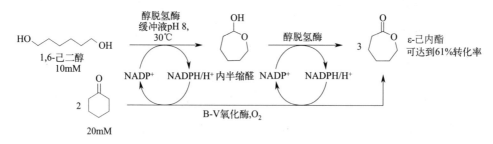

图 10-9　正交级联，醛缩酶与 L-甘油-3-磷酸脱氢酶双酶级联

③ 收敛反应　例如醇脱氢酶和 B-V 氧化酶双酶体系（图 10-10），以 1,6-己二醇和环己酮为原料合成 ε-己内酯。B-V 氧化酶体系也起到了再生辅因子的作用。该反应也可以看作平行反应类型。

图 10-10　收敛反应，醇脱氢酶和 B-V 氧化酶双酶体系

④ 发散反应　例如苯甲酰甲酸酯脱羧酶或者苯甲醛裂解酶在醛缩合反应中催化相同的底物得到不同光学活性的 α-羟基酮（图 10-11）。

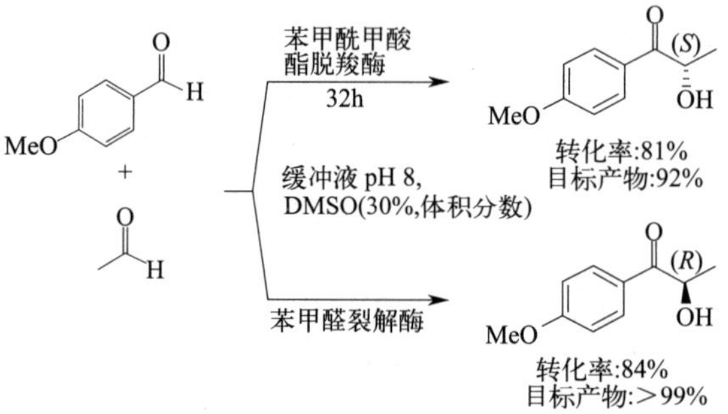

图 10-11　发散反应，苯甲醛裂解酶催化相同的底物得到不同光学活性的 α-羟基酮

（3）多酶级联反应的意义　多酶级联反应具有规避纯化反应中间体的优势，这不仅节省了资源、试剂和时间，而且如果在反应中原位形成不稳定的中间体也很有用，因为它们在下一步会被直接消耗。因此，与经典的单步反应系统相比，级联方法可以导致更高的产量，同时通过节省操作步骤和资源来提高合成效率。

10.3　微生物反应过程动力学

　　微生物反应是利用微生物中特定的酶系进行的复杂生化反应过程，即发酵过程。主要的工业微生物有细菌、酵母菌、放线菌和霉菌等。根据发酵中所采用的微生物细胞特性的不同，又可分为厌氧发酵和通气发酵两种。前者诸如乙醇发酵、丙酮丁醇发酵和乳酸发酵；后者如抗生素发酵和氨基酸发酵等。发酵产品类型繁多，可归纳为下述几种，即微生物细胞本身、微生物代谢产物、微生物酶、生物转化产品、重组蛋白以及微生物水处理剂等。

　　在微生物反应过程中，每一个微生物细胞犹如一个微小的生化反应器，原料基质分子即细胞营养物质，透过细胞壁和细胞膜进入细胞内。在复杂酶系作用下，一方面将基质转化为细胞自身的组成物质，供细胞生长与繁殖，另一方面部分细胞组成物质又不断地分解成代谢产物，随后又透过细胞膜和细胞壁将产物排出。对于基因工程菌，则除细胞自身生长与繁殖外，还有基因重组菌中目的蛋白的合成过程。所以，微生物反应过程包括了质量传递、微生物细胞生长与代谢等过程。对于通气发酵，还存在气相氧逐步传递到细胞内参与细胞内的有氧代谢过程。因此，微生物反应体系是一个多相和多组分体系。此外，由于微生物细胞生长与代谢是一个复杂群体的生命活动过程，且在其生命的循环中存在着菌体的退化与变异问题，从而使得定量描述微生物反应过程的速率及其影响因素十分复杂。

10.3.1　细胞生长动力学

　　细胞的生长受到水分、湿度、温度、营养物、酸碱度和氧气等各种环境条件的影响。在给定的条件下，细胞生长是遵循一定规律的。细胞的生长过程，可根据均衡生长模型用细胞浓度的变化加以描述。

　　细胞的生长速率 r_X 定义为：在单位体积培养液中，单位时间内生成的细胞（亦称菌体）量，即

$$r_X = \frac{1}{V} \times \frac{dm_X}{dt} \tag{10-9}$$

　　式中，V 为培养液体积；m_X 为细胞质量。对于恒容过程，细胞的生长速率可定义为

$$r_X = \frac{dc_X}{dt} \tag{10-10}$$

　　式中，c_X 为细胞浓度，常用单位体积培养液中所含细胞干重表示。

　　均衡生长类似于一级自催化反应，以细胞干重增加为基准的生长速率与细胞浓度成正比，其比例系数为 μ，即

$$\mu = r_X / c_X \tag{10-11}$$

μ 表示了单位菌体浓度的细胞生长速率，它是描述细胞生长速率的一个重要参数，称为比生长速率。

　　在细胞间歇培养中的比生长速率为

$$\mu = \frac{1}{c_X} \times \frac{dc_X}{dt} \tag{10-12}$$

　　当细胞处于指数生长期时，μ 一般为常数，所以

$$\mu = \frac{1}{t} \ln \frac{c_X}{c_{X0}} \tag{10-13}$$

式中，c_{X0} 为起始菌体浓度。比生长速率 μ 的大小表示了菌体增长的能力，它受到菌株和各种物理化学环境因素的影响。

针对确定的菌株，在温度和 pH 等恒定时，细胞比生长速率与限制性底物浓度的关系如图 10-12 所示，可用 Monod 方程表示，即

$$\mu = \frac{\mu_{max} c_S}{K_S + c_S} \tag{10-14}$$

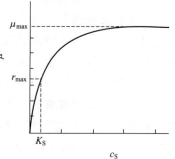

图 10-12　细胞比生长速率与限制性底物浓度的关系

式中，c_S 为限制性基质的浓度，g/L；μ_{max} 为最大比生长速率，h^{-1}；K_S 为饱和系数，g/L，亦称 Monod 常数，其值等于最大比生长速率一半时限制性基质的浓度。虽然它不像米氏常数那样有明确的物理意义，但也是表征某种生长限制性基质与细胞生长速率间依赖关系的一个常数。

Monod 方程是从经验得到的，且是典型的均衡生长模型。它基于下述假设建立，即 ① 细胞的生长为均衡型生长，因此可用细胞浓度变化来描述细胞生长；② 培养基中仅有一种底物是细胞生长限制性基质，其余组分均为过量，它们的变化不影响细胞生长；③ 将细胞生长视为简单反应，且对基质的细胞收率 $Y_{X/S}$ 为常数。$Y_{X/S}$ 为每消耗单位质量基质所生成的细胞质量。

当 $c_S \ll K_S$ 时，$\mu \approx \dfrac{\mu_{max}}{K_S} c_S$，呈现一级动力学关系；当 $c_S \gg K_S$，$\mu \approx \mu_{max}$，呈现零级动力学关系。

将式（10-14）代入式（10-11）得到细胞生长速率

$$r_X = \frac{\mu_{max} c_S}{K_S + c_S} c_X \tag{10-15}$$

Monod 方程广泛地用于许多微生物细胞生长过程。但是，由于细胞生长过程的复杂性，例如基质或产物抑制及发酵液呈现非牛顿型等情况下，使得式（10-15）与实验结果有偏差。因此又有一些修正的 Monod 方程，使用时可参阅有关文献。

10.3.2　基质消耗动力学

基质消耗速率是指在单位体积培养基单位时间内消耗基质的质量。基质包括培养基中碳源、氮源和氧等。现仅介绍单一限制性基质消耗动力学。

在间歇培养中基质消耗速率为

$$r_S = -\frac{dc_S}{dt} \tag{10-16}$$

基质的比消耗速率 q_S 和产物的比生成速率 q_P 是描述基质消耗速率的两个重要参数。q_S 表示单位细胞浓度的基质消耗速率，即

$$q_S = \frac{r_S}{c_X} = -\frac{1}{c_X} \times \frac{dc_S}{dt} \tag{10-17}$$

q_P 表示单位细胞浓度产物的生成速率，即

$$q_P = \frac{r_P}{c_X} = \frac{1}{c_X} \times \frac{dc_P}{dt} \tag{10-18}$$

式中，r_P 为产物 P 的生成速率。

在间歇发酵中，基质的消耗主要用于三个方面，即细胞生长和繁殖、维持细胞生命活动以及合成产物。所以基质的消耗速率为

$$r_S = \frac{r_X}{Y_{X/S}^*} + m c_X + \frac{r_P}{Y_{P/S}^*} \tag{10-19}$$

式中，$Y_{X/S}^*$ 为在不维持代谢时基质的细胞收率，亦称最大细胞收率；m 为菌体维持系数，表示单位时间内单位质量菌体为维持其正常生理活动所消耗的基质量；$Y_{P/S}^*$ 为对基质的最大产物收率，即每消耗单位质量基质所生成的产物质量。变换式(10-19) 得

$$-\frac{dc_S}{dt} = \frac{1}{Y_{X/S}^*} \mu c_X + m c_X + \frac{1}{Y_{P/S}^*} q_P c_X \tag{10-20}$$

用基质的比消耗速率表示时，则上式转化为

$$q_S = \frac{1}{Y_{X/S}^*} \mu + m + \frac{1}{Y_{P/S}^*} q_P \tag{10-21}$$

由此可知，基质消耗的比速率包括用于菌体生长、维持菌体正常活动的基质消耗速率以及产物合成三部分。

10.3.3　产物生成动力学

Gaden 根据产物形成与细胞生长间的不同关系，将发酵分为三种类型，即Ⅰ型、Ⅱ型和Ⅲ型。

Ⅰ型称为细胞生长与产物合成偶联型。其特点是细胞生长与产物合成直接相关联，它们之间是同步的，如图 10-13(a) 所示。该类型的产物生成动力学方程为

$$r_P = Y_{P/X} r_X = Y_{P/X} \mu c_X \tag{10-22}$$

$$q_P = Y_{P/X} \mu \tag{10-23}$$

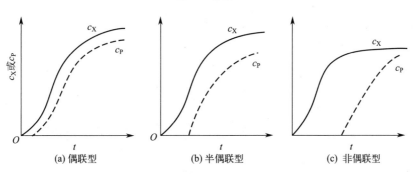

图 10-13　间歇反应器中产物生成和细胞生长的关系

属该类型的主要是葡萄糖代谢的初级中间产物发酵，如乙醇发酵和乳酸发酵等。

Ⅱ型称为细胞生长与产物合成半偶联型。其特点是产物的生成与细胞的生长部分偶联，如图 10-13(b) 所示。在细胞生长的前期基本上无产物生成，一旦有产物生成后，产物的生

成速率既与细胞生长有关，又与细菌浓度有关。该类型产物生成的动力学方程为

$$r_P = \alpha r_X + \beta c_X \tag{10-24}$$

$$q_P = \alpha\mu + \beta \tag{10-25}$$

式中，α 和 β 为常数。属该类型的有谷氨酸发酵和柠檬酸发酵等。

Ⅲ型称为细胞生长与产物合成非偶联型。其特点是产物的生成与细胞生长无直接关系，即当细胞处于生长阶段时无产物积累，当细胞停止生长后才有大量产物生成，如图 10-13(c)所示。该类型的产物生成动力学方程为

$$r_P = \beta c_X \tag{10-26}$$

$$q_P = \beta \tag{10-27}$$

属该类型的是多数次生代谢产物的发酵，如各种抗生素的发酵等。

10. 3. 4　氧的消耗速率

在需氧微生物反应中，需通气提供氧作为细胞呼吸的最终电子受体，从而生成水并释放出反应的能量。

氧的消耗速率亦称摄氧率（OUR），它表示单位体积培养液中，细胞在单位时间内消耗（或摄取）的氧量，即

$$r_{O_2} = -\frac{dc_{O_2}}{dt} = \frac{r_X}{Y_{X/O_2}} \tag{10-28}$$

式中，Y_{X/O_2} 为对氧的菌体收率。

描述氧消耗速率的一个重要参数是比耗氧速率 q_{O_2}，亦称呼吸强度。它表示单位菌体浓度的氧消耗速率，即

$$q_{O_2} = \frac{r_{O_2}}{c_X} = \frac{\mu}{Y_{X/O_2}} \tag{10-29}$$

对于一般微生物反应，总的需氧量与以燃烧反应为基准的物料平衡有关，即

氧消耗量＝基质燃烧需氧量－细胞燃烧需氧量－代谢产物燃烧需氧量

以生成 1g 细胞所消耗的氧量来表示，则

$$Y_{O_2/X} = \frac{1}{Y_{X/O_2}} = \frac{A}{Y_{X/S}} - B - Y_{P/X}C \tag{10-30}$$

式中 A、B 和 C 分别为 1g 基质、细胞和代谢产物完全燃烧生成 CO_2 和 H_2O 时的需氧量。将式(10-30)代入式(10-29)得到比耗氧速率为

$$q_{O_2} = \left(\frac{A}{Y_{X/S}} - B - Y_{P/X}C\right)\mu \tag{10-31}$$

例 10-2　在全混流反应器中，以葡萄糖为限制性基质，在一定条件下培养曲霉 sp。实验测得不同基质浓度下曲霉 sp 比生长速率如表所示。

c_S-μ 关系

c_S/(mg/L)	500	250	125	62.5	31.2	15.6	7.80
$\mu \times 10^{-2}$/h^{-1}	9.54	7.72	5.58	3.59	2.09	1.14	0.60

若该条件下曲霉 sp 的生长符合 Monod 方程，试求该条件下的 μ_{max} 和 K_S。

解　将式(10-14)线性化，并重排得

$$\frac{1}{\mu}=\frac{1}{\mu_{max}}+\frac{K_S}{\mu_{max}}\times\frac{1}{c_S} \tag{a}$$

可见，$1/\mu$ 与 $1/c_S$ 为线性关系，由已知 c_S-μ 数据，计算 $1/c_S$ 与 $1/\mu$ 值见表。

$1/c_S$-$1/\mu$ 关系

$(1/c_S)/(L/g)$	2	4	8	16	32.1	64.1	128
$(1/\mu)/h$	10.5	13.0	17.9	27.9	47.8	87.7	167

再按式(a)进行线性最小二乘法回归得

$$\mu_{max}=0.125h^{-1}；K_S=0.155g/L$$

10.4　固定化生物催化剂

10.4.1　概述

虽然酶催化具有许多化学催化难以比拟的优点。但酶的水溶性使得回收困难。故工业上的应用却不多。所以，20 世纪 60 年代开发了固定化酶技术。

固定化酶是将酶固定在载体或限制在一定局部空间范围内，经固定化的酶虽然可以克服游离酶的缺点，但尚需进行提取与纯化，才能得到酶，且固定化酶只适用于简单的酶反应。实际上，绝大多数生物催化反应都需要多酶体系催化或需有辅酶的参与才能实现。所以于 20 世纪 70 年代又出现了固定化细胞的技术。

固定化酶和固定化细胞统称为固定化生物催化剂。

固定化细胞是指将细胞固定在载体上或限制在一定局部空间范围内。按细胞的生理状态，固定化细胞可分为固定化死细胞、固定化休止细胞和固定化增殖细胞。死细胞和休止细胞中的酶仍保持着原有的酶活性，与固定化多酶相比，这两种固定化更有利于提高酶的稳定性。固定化增殖细胞中，细胞仍具有生长和代谢功能，且若环境因素合适，能使其处于细胞生长的平衡期。这样既可改善细胞的微环境，提高酶活稳定性能，又可提高反应器中细胞浓度，提高反应速率及反应器生产能力。此外，还可简化产物的分离和纯化工艺，使生化反应能在固定床或流化床反应器中操作，从而实现生产的连续化和自动化，对革新现有发酵工艺具有重要意义。

10.4.2　酶和细胞的固定化

酶和细胞的固定化方法很多，通常有吸附法、包埋法、共价结合法和交联法。

(1) 吸附法　有表面吸附法和细胞聚集法两种。表面吸附法是利用酶与载体吸附剂之间的非特异性物理吸附或生物物质间的特异吸附作用，将酶固定在吸附剂上。造成非特异性物理吸附的因素有范德华力、氢键、疏水作用、静电作用等。常用的吸附剂有活性炭、膨润土、硅藻土、多孔玻璃、氢化锂、离子交换树脂和高分子材料等。

表面吸附法的最大优点是制备方法简便，一般对细胞或酶无毒害作用。但是，由于多孔

吸附剂的吸附容量有限，使得载体中的酶或细胞浓度低。

细胞聚集法是利用某些细胞具有形成聚集体或絮凝物颗粒的倾向，或利用多聚电解质诱导形成微生物细胞聚集体，从而达到细胞固定化的目的。

还有些细胞能分泌高分子化合物，例如黏多糖等，也有助于微生物吸附在吸附剂表面上。

（2）包埋法　是细胞或酶固定化最常用的方法，它是将酶或细胞固定在高分子化合物的三维网状结构中。现有三种包埋法，即凝胶包埋法、微胶囊包埋法和纤维包埋法。

①　凝胶包埋法　常用的凝胶有两类，即天然高分子凝胶与合成高分子凝胶。天然高分子凝胶有海藻酸钙、K-卡拉胶、琼脂糖胶、明胶和壳聚糖等。其优点是元素、固定化生物催化剂的制备条件缓和、酶活损失小、固定化细胞内微环境适合于细胞的生理条件等。最大缺点是凝胶粒子的机械强度差。一般用得最多的是海藻酸钙和 K-卡拉胶。这两种极易制成小球状颗粒，适用于气升式反应器，流化床反应器和喷射环流反应器等。为了克服海藻酸钙强度差的缺点，常将凝胶置于戊二醛式聚乙烯亚胺等溶液中，使其交联。K-卡拉胶的强度较好，被用于固定化细胞生产 L-天冬氨酸、L-丙氨酸、L-苹果酸和丙烯酰胺等，这些均已工业化。

常用的合成高分子凝胶有聚丙烯酰胺、光固化树脂和聚乙烯醇等。其最大优点是机械强度好。但丙烯酰胺单体有剧毒，聚合过程中细胞或酶易受损害。用聚丙烯酰胺包埋大肠杆菌生产 L-天冬氨酸已得到工业应用。近年来，这种方法已用于生产 L-苹果酸、L-赖氨酸、L-丙氨酸和甾体激素等。

包埋法包埋的菌体或酶的容量大，适应性强，可以包埋不同种类和不同生理状态细胞，且方法简便，固定化生物催化剂稳定性好。但是其内扩散阻力大，尤其应用于大分子底物时应慎重选择。此外，菌体或酶可能有泄漏现象，应调整制备条件予以改善。

②　微胶囊包埋法　是将酶固定在半透性高分子膜的微胶囊中，一般微胶囊的直径仅几个到几百个微米。典型的制备方法有界面缩聚、液体干燥和相分离技术等。例如界面缩聚是将一种含有酶的亲水性单体乳化分散在水中，而将另一种疏水性单体溶于与水不互溶的有机溶剂中，使两者在油水两相界面上发生缩聚反应，形成高分子薄膜，并在形成的胶囊中裹夹了酶。该法能提供很大的比表面积。另外，也可将半透膜直接做成膜反应器，这时分子量较小的底物和产物可以透过膜的微孔，而酶或其他较大的分子不能透过。

③　纤维包埋法　先将含酶溶液在醋酸纤维素等高聚物的有机溶剂中乳化，然后喷丝成纤维，再将其织成布或做成各种形状，以适应各种反应器结构要求。因纤维很细，所以其比表面积大，包埋酶的容量大。

（3）共价结合法　利用酶蛋白中的氨基、羟基或酪氨酸和组氨酸中的芳香环与载体上的某些有机基团形成共价键，使酶固定在载体上。该法优点是酶与载体结合较牢固，酶不易脱落。但是，该法制备方法复杂，条件苛刻，且易引起酶的失活。

（4）交联法　用双官能团或多官能团试剂与酶分子中的氨基或羟基发生反应，使酶分子相互关联，形成不溶于水的聚集体，或使细胞间彼此交联形成网状结构。常用的交联剂有戊二醛、甲基二异氰酸酯和双重氮联苯胺等。该法多与包埋法或吸附法结合使用，前者可防止包埋的酶或细胞泄漏；后者可防止吸附的酶脱落。

总之，酶或细胞固定化方法繁多，但迄今为止尚无一种通用的和理想的方法可供使用，需通过试验确定。一般认为符合工业生产要求的固定化生物催化剂应满足：①选用的载体应对细胞或酶无毒性，有合适的孔径、孔隙率、比表面积和几何形状，既要使细胞不泄漏或少泄漏，还要具有良好的通透性，使底物和产物扩散阻力小，载体原料应便宜易得；②固定化方法简单，制备条件温和，尽量减少酶活损失，且应易于成型，使其外型能满足生化反应器要求；③单位体积细胞或酶含量高，以增大反应器生产能力；④固定化细胞的机械强度高，酶活稳定性好。

10.4.3　固定化对生物催化剂动力学特性的影响

固定化生物催化剂的性质主要取决于所用生物催化剂及载体的性质。生物催化剂与载体之间的相互作用使固定化生物催化剂具备了化学、生物化学、机械及动力学方面的性质，因此，需要考虑其催化特性多方面的变化，这些变化有的是催化剂本身性质的变化，有的则是由于载体的存在而出现的表观性质的变化。

（1）空间效应　酶和载体，或产生不同的微环境，可以产生基于单一酶的生物催化剂库，该酶表现出非常不同的对映选择性、对映特异性、区域选择性，甚至改变动力学控制合成中的产率。在某些情况下，固定化可能会大大改变酶周围的物理、化学性质，产生一个更加疏水或亲水的环境，可以产生一些不同的化合物远离或接近酶的分区。这实际上是一个稳定酶的策略，以对抗一些失活剂，如氧气、过氧化氢、溶解气体或有机溶剂。如果固定化的酶被聚合物进一步修饰，其稳定效果也会大大增强。

（2）分配效应　分配效应是由于固定化酶的亲水性、疏水性及静电作用等原因，使得底物或产物在固定化酶颗粒内部的微环境与溶液主体中的浓度不同，影响了酶催化反应速率。这种现象称为分配效应。常用分配系数 K 表示分配效应。

在某些情况下，固定化可能会产生不同化合物的分区。如果在固定化后实现了底物或产物的分配，这可能会影响酶活性，具体取决于酶动力学的不同可能性。在某些情况下，效果可能是积极的。

如果使用的底物浓度低于使酶饱和所需的浓度，并且酶的微环境允许底物分配给酶，则将观察到活性的明显增加。实际情况将是表观 K_m 减少，而 K_{cat} 将保持不变。如果使用高浓度的底物并且分配效应降低了底物的浓度，这可以产生对活性积极的影响，前提是底物能够抑制酶。同时，K_{cat} 将保持不变，但会观察到 K_m 和 K_i 的增加。如果产品被排除在酶环境之外并且能够抑制酶，则可以检测到类似的积极作用。这些效果将类似于在任何双相系统中发现的效果。

在所有这些情况下，反应的完整动力学研究将阐明固定后观察到的活性增加的实际原因。与其他情况一样，固定化后酶活性的这种操作性增加与酶结构的产生无关，该酶结构具有由其固定到支持物上诱导的更好特性。

（3）扩散限制效应　扩散限制通常被认为是降低酶活性的问题。如果载体颗粒内的底物扩散比其催化改性慢，则催化剂颗粒核心中的酶将不会接受与颗粒表面附近的酶相同的底物浓度。然而，在某些情况下，这些扩散问题可能会得到解决。

酶环境中底物浓度的减少，只有在底物可能对酶产生强抑制作用并且我们使用足够高的底物浓度以对酶活性产生这种负面影响时，才能产生改进的活性，并且它已在许多工业过程中发生。这样，酶环境中底物浓度的降低远未导致酶活性降低，实际上可能会增加酶活性。

如果生物催化剂的活性足够高，固定在多孔载体上的酶可能会形成内部 pH 梯度。这通常被认为是一个缺点，因为颗粒内部的 pH 值与本体的不同。这些不同的 pH 值已用于提高酶的操作稳定性。以类似的方式，如果外部 pH 值不对应于酶活性的最佳 pH 值，则存在 pH 梯度的情况可能会导致活性增强，例如如果生物催化剂颗粒内部的 pH 值比本体中的更接近最佳 pH 值。当使用标准测量方案时，这可能发生在实验室中，如果必须在远离酶的最佳条件的条件下工作（有时是由于底物溶解度或稳定性或过程热力学），也可能在工业中发生。

10.5 生化反应器

生化反应器是细胞进行代谢或酶催化的场所，所以生化反应器的设计与工艺过程调控是确保高效生物制造的关键。本节将简要介绍一下生化反应器的概况和生化反应过程中一些关键参数的设计与计算，最后将重点介绍一下以生化反应为核心的细胞代谢调控机制研究，以细胞（微观反应器）和宏观生物反应器流场相互感知的细胞动力学模型的建立与数值模拟研究情况。

10.5.1 概述

生化反应器基本上类同于化学反应器，但由于绝大多数的生化反应过程是纯种培养过程，所以生化反应器一般对抗污染的要求较高；另外生化反应过程以酶或活细胞作为催化剂，底物的成分和性质一般比较复杂，产物类型多端，且常与细胞代谢过程等息息相关，所以生化反应器有其自身特点，一般生化反应器应满足：①能在不同规模要求上为细胞增殖、酶的催化反应和产物形成提供良好的环境条件，即易消毒，能防止杂菌污染，不损伤酶、细胞或固定化生物催化剂的固有特性，易于改变操作条件，使之能在最适条件下进行各种生化反应；②能在尽量减少单位体积所需功率输入的情况下，提供较好的混合条件，并能增大传热和传质速率；③操作弹性大，能适应生化反应的不同阶段或不同类型产品生产的需要。

对于生化反应过程，间歇操作具有可减少污染的特点，所以使用最为广泛；半间歇操作又称流加方式，对于存在有底物抑制或产物抑制的生化过程，或需要控制比生长速率的发酵过程，常采用这种方式。连续操作主要用于固定化生物催化剂的生化反应过程。由于其是长期连续操作过程，故易染菌，且易造成菌体的突变，因此使其应用范围受到了限制。

连续操作的生化反应器，又依反应器内流体流动、物料混合和返混程度的不同，分为全混流反应器、活塞流反应器和非理想流动反应器。

最古老和最经典的生化反应器是微生物发酵用的发酵罐如图 10-14、图 10-15 所示。随

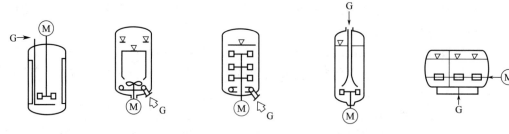

(a) 经典搅拌釜   (b) Waldhof 型通气搅拌釜   (c) 多层桨搅拌釜   (d) 气体自吸搅拌釜   (e) 横型搅拌釜

图 10-14 机械桨搅拌型生化反应器

着生化工程的发展，现已有多种型式的生化反应器。例如，适用于游离酶或固定化生物催化剂参与反应的酶反应器、培养动物细胞用的反应器、培养植物细胞用的反应器以及用于处理污水的生化装置等，下面做简要介绍。

（1）机械搅拌型　是目前工业生产中使用最广泛的一种生化反应器，见图 10-14（a）及图 10-15。最大特点是操作弹性大，对各种物系及工艺的适应性强，但其效率偏低，功率消耗较大，放大困难。

为克服上述不足，各种新型高效搅拌型反应器应运而生，如 Waldhof 型通气搅拌釜、多层桨搅拌釜、气体自吸式搅拌釜和横型搅拌釜等，分别见图 10-14（b）、（c）、（d）和（e）。相对而言，多层桨搅拌釜能耗高，传质系数低，而气体自吸式搅拌釜能耗低，氧传递效率高，已在工业上得到应用。性能最好的属横型搅拌釜，但其结构较为复杂。

（2）气体提升型　气体提升型生化反应器是利用气体喷射的功率，以及气-液混合物与液体的密度差来实现气液循环流动。这样可强

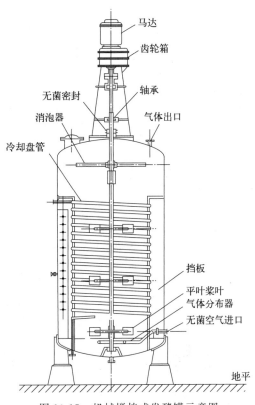

图 10-15　机械搅拌式发酵罐示意图

化传质、传热和混合。其型式多样，常见的型式见图 10-16。内循环式的结构比较紧凑，导流筒可以作成多段，用以加强局部及总体循环；导流筒内还可以安装筛板，使气体分布得以改善，并可抑制液体循环速度，外循环式可在降液管内安装换热器以加强传热，且更有利于塔顶及塔底物料的混合与循环。

该类生化反应器的特点是传质和传热效果好、易于放大、结构简单、剪切应力分布均匀和不易染菌。

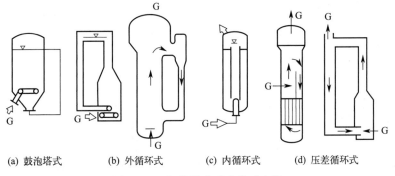

(a) 鼓泡塔式　　(b) 外循环式　　(c) 内循环式　　(d) 压差循环式

图 10-16　气体提升型生化反应器

（3）液体喷射环流型　液体喷射环流型生化反应器有多种型式，见图 10-17。它们是利用泵的喷射作用使液体循环，并使液体与气体间进行动量传递达到充分混合。该类反应器有正喷式和倒喷式两类。

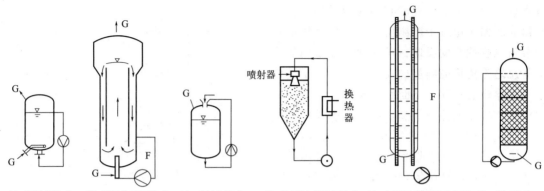

(a) 循环鼓泡式　(b) 喷射自吸环流式　(c) 喷射自吸式　(d) 外循环喷射自吸式　(e) 多段板式循环反应器　(f) 喷洒塔式

图 10-17　液体喷射环流型生化反应器

其特点是气液间接触面积大、混合均匀、传质、传热效果好和易于放大。

（4）固定床生化反应器　固定床生化反应器见图 10-18。主要用于固定化生物催化剂反应系统。根据物料流向的不同，可分为上流式和下流式两类。

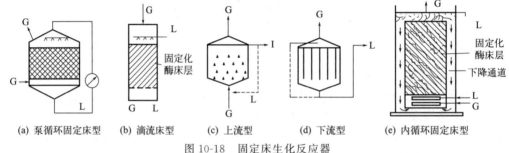

(a) 泵循环固定床型　(b) 滴流床型　(c) 上流型　(d) 下流型　(e) 内循环固定床型

图 10-18　固定床生化反应器

其特点是可连续操作、返混小、底物利用率高和固定化生物催化剂不易磨损。

（5）流化床生化反应器　多用于底物为固体颗粒，或有固定化生物催化剂参与的反应系统。该类反应器由于混合程度高，所以传质和传热效果好，但不适合有产物抑制的反应系统。为改善其返混程度，现又出现了磁场流化床反应器，即在固定化生物催化剂中加入磁性物质，使流化床在磁场下操作，见图 10-19。

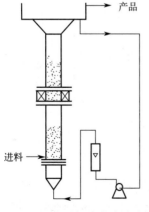

图 10-19　两段磁场流化床反应器

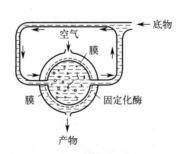

图 10-20　载有酶的膜反应器

（6）膜反应器　是将酶或微生物细胞固定在多孔膜上，当底物通过膜时，即可进行酶催化反应。由于小分子产物可透过膜与底物分离，从而可防止产物对酶的抑制作用。这种反应与分离过程耦合的反应器，简化了工艺过程。膜反应器见图 10-20。

总之生化反应器类型很多，应用时应根据具体的生化反应特点和工艺要求选取。

10.5.2　生化反应器的计算

生化反应器设计计算的基本方程式，即物料衡算式、热量衡算式和动量衡算式完全类似于化学反应器，只是生化反应动力学具体方程不同于化学反应，且比一般化学反应动力学方程更加复杂，更加非线性化，所以分析与计算更为复杂。现仅介绍最简单的情况，用以说明生化反应器的基本设计计算方法。

（1）间歇反应器　在间歇反应器中，若由酶催化反应控制，当无抑制物存在，又是使用单底物，则底物的消耗速率可采用米氏方程式（10-1）表示。

将式（10-1）代入间歇反应器的设计方程。由于酶反应是液相恒容过程，所以

$$t=-\int_{c_{S0}}^{c_S}\frac{\mathrm{d}c_S}{r_S}=-\int_{c_{S0}}^{c_S}\frac{\mathrm{d}c_S}{k_2c_{E0}c_S/(K_m+c_S)}=\frac{1}{r_{max}}\left[K_m\ln(c_{S0}/c_S)+(c_{S0}-c_S)\right] \quad (10\text{-}32)$$

由式（10-32）可计算达到一定底物浓度时所需的反应时间。实际反应器体积可按式计算。

若存在抑制物时，可根据情况将有关动力学方程代入间歇反应器设计方程，再进行计算即可。

若在间歇反应器中进行以微生物为催化剂的多酶体系生化反应，则过程涉及菌体生长、代谢与产物生成等，情况相当复杂。现仅介绍以生产单细胞蛋白为目的产物的情况。假设菌体生长符合 Monod 方程；基质的消耗完全用于菌体生长，其他消耗可忽略不计。因此，菌体的生长速率为

$$r_X=\frac{\mathrm{d}c_X}{\mathrm{d}t}=\frac{\mu_{max}c_S}{K_S+c_S}c_X \quad (10\text{-}33)$$

由于基质消耗速率与菌体生长速率间的关系为

$$-\frac{\mathrm{d}c_S}{\mathrm{d}t}=Y_{S/X}\frac{\mathrm{d}c_X}{\mathrm{d}t} \quad (10\text{-}34)$$

式中，$Y_{S/X}$ 为对基质的细胞收率。假设在发酵进行过程中 $Y_{S/X}$ 不变，且当 $t=0$ 时，$c_X=c_{X0}$，$c_S=c_{S0}$，则

$$c_S=c_{S0}-Y_{S/X}(c_X-c_{X0}) \quad (10\text{-}35)$$

将式（10-35）代入式（10-33）得

$$\frac{\mathrm{d}c_X}{\mathrm{d}t}=\frac{\mu_{max}c_X[c_{S0}-Y_{S/X}(c_X-c_{X0})]}{K_S+c_{S0}-Y_{S/X}(c_X-c_{X0})} \quad (10\text{-}36)$$

采用分离变量法积分上述方程得到

$$(c_{S0}+Y_{S/X}c_{X0})\mu_{max}t=(K_S+c_{S0}+Y_{S/X}c_{X0})\ln\frac{c_X}{c_{X0}}-K_S\ln\frac{c_{S0}-Y_{S/X}(c_X-c_{X0})}{c_{S0}} \quad (10\text{-}37)$$

式（10-37）直接表达了菌体浓度与发酵时间的关系。底物浓度与反应时间的关系可联立式（10-37）和式（10-35）得到。

例 10-3 在间歇反应器中，于 15℃ 等温条件下采用葡萄糖淀粉酶进行麦芽糖水解反应，K_m 为 1.22×10^{-2} mol/L，麦芽糖初始浓度为 2.58×10^{-3} mol/L，反应 10min 测得麦芽糖转化率为 30%，试计算麦芽糖转化率达 90% 时所需的反应时间。

解 转化率为 30% 时，麦芽糖的浓度为

$$c_{S1} = c_{S0}(1 - X_{S1}) = 2.58 \times 10^{-3} \times (1 - 0.3) = 1.81 \times 10^{-3} (\text{mol/L})$$

变换式(10-32)，并将已知数据代入，得到该酶反应的细胞最大生长速率

$$r_{max} = k_2 c_{E0} = \frac{1}{t}\left[K_m \ln(c_{S0}/c_{S1}) + (c_{S0} - c_{S1})\right]$$

$$= \frac{1}{10}\left[1.22 \times 10^{-2} \ln\frac{2.58 \times 10^{-3}}{1.81 \times 10^{-3}} + (2.58 \times 10^{-3} - 1.81 \times 10^{-3})\right]$$

$$= 5.09 \times 10^{-4} [\text{mol/(L · min)}]$$

转化率为 90% 时的麦芽糖浓度

$$c_{S2} = c_{S0}(1 - X_{S2}) = 2.58 \times 10^{-3} \times (1 - 0.90) = 0.258 \times 10^{-3} (\text{mol/L})$$

代入式(10-32)，得到转化率为 90% 时的反应时间，即

$$t = \frac{1}{5.09 \times 10^{-4}}\left[1.22 \times 10^{-2} \ln\left(\frac{2.58 \times 10^{-3}}{0.258 \times 10^{-3}}\right) + (2.58 \times 10^{-3} - 0.258 \times 10^{-3})\right]$$

$$= 59.8 (\text{min})$$

（2）全混流反应器

① 酶催化反应　在全混流反应器中，若由酶催化反应控制，且其动力学方程符合米氏方程，则将其直接代入间歇釜式中得到空时为

$$\tau = \frac{V_t}{Q_0} = \frac{(c_{S0} - c_S)(K_m + c_S)}{r_{max} c_S} = \frac{(c_{S0} - c_S)(K_m + c_S)}{k_2 c_{E0} c_S} \tag{10-38}$$

将 $c_S = c_{S0}(1 - X_S)$ 代入并化简，得

$$\tau = \frac{1}{k_2 c_{E0}}\left(c_{S0} X_S + \frac{K_m X_S}{1 - X_S}\right) \tag{10-39}$$

对于有抑制物存在时，则将相应的动力学方程代入间歇釜式即可。

② 微生物反应　在全混流反应器中，假设进料中不含菌体，则达到定态操作时，在反应器中菌体的生长速率等于菌体流出速率，即

$$Q_0 c_X = r_X V_r = \mu c_X V_r \tag{10-40}$$

进料流量与培养液体积之比称为稀释率，即 $D = Q_0/V_r$。将其代入式(10-40) 得

$$\mu = D \tag{10-41}$$

D 表示了反应器内物料被"稀释"的程度，量纲为 [时间]$^{-1}$。

由式(10-41)可知，在全混流反应器中进行细胞培养时，当达到定态操作后，细胞的比生长速率与反应器的稀释率相等。这是全混流反应器中进行细胞培养时的重要特性。可以利用该特性，用控制培养基的不同进料速率，来改变定态操作下的细胞比生长速率。因此，全混流反应器用于细胞培养时也称恒化器。利用恒化器，可较方便地研究细胞生长特性。

在全混流反应器中，限制性基质浓度和菌体浓度与稀释率有关。对于菌体生长符合 Monod 方程的情况，由于

$$D = \mu = \frac{\mu_{\max} c_S}{K_S + c_S} \tag{10-42}$$

所以，反应器中基质浓度与稀释率的关系为

$$c_S = \frac{K_S D}{\mu_{\max} - D} \tag{10-43}$$

假设限制性基质仅用于细胞生长，则在定态操作时，

$$Q_0 (c_{S0} - c_S) = r_S V_r \tag{10-44}$$

而

$$r_S = \frac{r_X}{Y_{X/S}} = \frac{\mu c_X}{Y_{X/S}} \tag{10-45}$$

将式(10-40) 代入并结合式(10-41) 得到反应器中细胞浓度

$$c_X = Y_{X/S} (c_{S0} - c_S) \tag{10-46}$$

将式(10-43) 代入，得细胞浓度与稀释率的关系，即

$$c_X = Y_{X/S} \left(c_{S0} - \frac{K_S D}{\mu_{\max} - D} \right) \tag{10-47}$$

由式(10-42) 可知，随着 D 的增大，反应器中 c_S 亦增大，当 D 大到使得 $c_S = c_{S0}$ 时，此时的稀释率为临界稀释率，即

$$D_c = \mu_c = \frac{\mu_{\max} c_{S0}}{K_S + c_{S0}} \tag{10-48}$$

反应器的稀释率必须小于临界稀释率。一旦 $D > D_c$ 后，反应器中细胞浓度会不断降低，最后细胞从反应器中被"洗出"，这显然是不允许的。

细胞的产率 P_X 亦为细胞的生长速率，即

$$P_X = r_X = \mu c_X = D c_X = D Y_{X/S} \left(c_{S0} - \frac{K_S D}{\mu_{\max} - D} \right) \tag{10-49}$$

图 10-21 为 $c_{S0} = 10\text{g/L}$，$\mu_{\max} = 1\text{h}^{-1}$，$Y_{X/S} = 0.5$，$K_S = 0.2\text{g/L}$ 时，全混流反应器中细胞浓度、限制性基质浓度、细胞产率与稀释率的关系。图中细胞产率曲线有一最大值。令 $\mathrm{d}P_X / \mathrm{d}D = 0$，可得最佳稀释率 D_{opt}

$$D_{\mathrm{opt}} = \mu_{\max} \left[1 - \sqrt{K_S / (K_S + c_{S0})} \right] \tag{10-50}$$

此时，反应器中细胞浓度为

$$c_X = Y_{X/S} \left[c_{S0} + K_S - \sqrt{K_S (K_S + c_{S0})} \right] \tag{10-51}$$

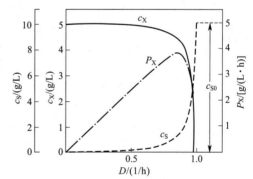

图 10-21 CSTR 中细胞浓度、限制性基质浓度、细胞产率与稀释率的关系

细胞的最大产率 $P_{X,\max}$ 为

$$P_{X,\max} = Y_{X/S} \mu_{\max} c_{S0} \left(\sqrt{1 + \frac{K_S}{c_{S0}}} - \sqrt{\frac{K_S}{c_{S0}}} \right)^2 \tag{10-52}$$

当 $c_{S0} \gg K_S$ 时，则

$$D_{\mathrm{opt}} \approx \mu_{\max} \tag{10-53}$$

$$P_{X,\max} \approx Y_{X/S} \mu_{\max} c_{S0} \tag{10-54}$$

在全混流反应器中，产物生成速率与稀释率关系应根据产物生成的类型，结合动力学方程对反应器作物料衡算得到。

若产物的形成类型属生长产物耦联型，对产物 P 进行物料衡算得

$$Q_0 c_P - Q_0 c_{P0} = r_P V_r \tag{10-55}$$

因为

$$r_P = q_P c_X = Y_{P/X} \mu c_X \tag{10-56}$$

代入式(10-55)，且一般进料中不含产物，整理式(10-55) 得产物浓度

$$c_P = \frac{q_P c_X}{D} \tag{10-57}$$

例 10-4 在操作体积为 10L 的全混流反应器中，于 30℃培养大肠杆菌。其动力学方程符合 Monod 方程，其中 $\mu_{\max} = 1.0 \mathrm{h}^{-1}$，$K_S = 0.2 \mathrm{g/L}$。葡萄糖的进料浓度为 10g/L，进料流量为 4L/h，$Y_{X/S} = 0.50$。试计算：(1) 在反应器中的细胞浓度及其生长速率。(2) 为使反应器中细胞产率最大，计算最佳进料速率和细胞的最大产率。

解 (1) 全混流反应器的稀释率

$$D = Q_0/V_r = 4/10 = 0.4(\mathrm{h}^{-1})$$

所以，细胞比生长速率

$$\mu = D = 0.4(\mathrm{h}^{-1})$$

由式(10-43)可得反应器底物浓度为

$$c_S = \frac{K_S D}{\mu_{\max} - D} = \frac{0.2 \times 0.4}{1.0 - 0.4} = 0.133(\mathrm{g/L})$$

反应器内细胞浓度

$$c_X = Y_{X/S}(c_{S0} - c_S) = 0.5 \times (10 - 0.133) = 4.93(\mathrm{g/L})$$

$$P_X = r_X = \mu c_X = D c_X = 0.4 \times 4.93 = 1.97[\mathrm{g/(L \cdot h)}]$$

(2) $D_{\mathrm{opt}} = \mu_{\max}\left(1 - \sqrt{\dfrac{K_S}{K_S + c_{S0}}}\right) = 1.0 \times \left(1 - \sqrt{\dfrac{0.2}{0.2 + 10}}\right) = 0.86(\mathrm{h}^{-1})$

最佳进料速率 $Q_0 = D_{\mathrm{opt}} V_r = 0.86 \times 10 = 8.6(\mathrm{L/h})$

反应器中细胞浓度

$$c_X = Y_{X/S}\left[c_{S0} + K_S - \sqrt{K_S(K_S + c_{S0})}\right] = 0.5 \times \left[10 + 0.2 - \sqrt{0.2 \times (0.2 + 10)}\right] = 4.39(\mathrm{g/L})$$

细胞的最大产率

$$P_{X,\max} = D_{\mathrm{opt}} c_X = 0.86 \times 4.39 = 3.78[\mathrm{g/(L \cdot h)}]$$

(3) 串联全混流反应器　采用串联的全混流反应器进行细胞培养时，操作方式一般有三种，即①直接由第一釜加料；②除第一釜加料外，以后各釜均有连续补料；③直接由第一釜进料，但最后釜的出料中有部分循环返回第一釜。

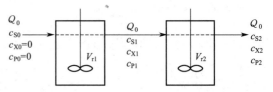

图 10-22　二级串联全混流反应器

对第一种操作方式，以两个等体积全混流反应器串联为例，见图 10-22。其中的流体流动符合多釜串联模型，并假设各反应器的操作条件相同，收率相同；第一级进料中不含菌体。对第一级的菌体和基质分别进行物料衡算得

$$c_{X1} = Y_{X/S}(c_{S0} - c_{S1}) \tag{10-58}$$

$$c_{S1} = \frac{K_S D}{\mu_{max} - D} \tag{10-59}$$

则第一级反应器中细胞的生长速率

$$r_{X1} = \mu_1 c_{X1} = D Y_{X/S}\left(c_{S0} - \frac{K_S D}{\mu_{max} - D}\right) \tag{10-60}$$

对第二级反应器的菌体进行物料衡算得

$$Q_0 c_{X1} + \mu_2 c_{X2} V_r = Q_0 c_{X2} \tag{10-61}$$

经整理得

$$\mu_2 = D\left(1 - \frac{c_{X1}}{c_{X2}}\right) \tag{10-62}$$

对限制性基质进行衡算

$$Q_0 c_{S1} = Q_0 c_{S2} + r_{S2} V_r \tag{10-63}$$

将式(10-44)代入，经整理得

$$\mu_2 = D Y_{X/S}\frac{c_{S1} - c_{S2}}{c_{X2}} \tag{10-64}$$

结合式(10-62)得

$$c_{X2} = Y_{X/S}(c_{S0} - c_{S2}) \tag{10-65}$$

根据 Monod 方程

$$\mu_2 = \frac{\mu_{max} c_{S2}}{K_S + c_{S2}} \tag{10-66}$$

结合式(10-64)，并将式(10-59)和式(10-65)代入，经简化得

$$(\mu_{max} - D)c_{S2}^2 - \left(\mu_{max} c_{S0} - \frac{K_S D^2}{\mu_{max} - D} + K_S D\right)c_{S2} + \frac{K_S^2 D^2}{\mu_{max} - D} = 0 \tag{10-67}$$

解此二次方程得到不同稀释率下第二级反应器出口基质浓度 c_{S2}。显然，c_{S2} 必定小于 c_{S1}。

再由式(10-65)和式(10-67)分别得到 c_{X2} 和 μ_2 后，便可得到第二级反应器中细胞生长速率

$$r_{X2} = \mu_2 c_{X2} \tag{10-68}$$

图 10-23 表示了在两个串联的全混流反应器中，进行细胞培养时各个反应器中的细胞浓度、基质浓度、细胞产率与稀释率关系。

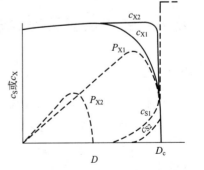

图 10-23　二级串联中细胞浓度、基质浓度、细胞产率与稀释率关系

由图可知，在两个等体积串联 CSTR 中，各反应器的临界稀释率相同；当 $D < D_C$ 时，$c_{X2} > c_{X1}$，且即使稀释率接近 D_C，c_{S2} 也比 c_{S1} 低不少，说明两个 CSTR 串联时基质利用得较完全。此外，在第二个 CSTR 中的细胞生长速率远较在第一个中低。

以此类推，当 N 个等体积全混流反应器串联时，在定态操作情况下，第 P 个釜中的细

胞浓度、比生长速率和限制性基质浓度分别为

$$c_{X,P} = \frac{Dc_{X,P-1}}{D - \mu_P} \qquad (10\text{-}69)$$

$$\mu_P = D\left(1 - \frac{c_{X,P-1}}{c_{X,P}}\right) \qquad (10\text{-}70)$$

$$c_{S,P} = c_{S,P-1} - \frac{\mu_P c_{X,P}}{DY_{X/S}} \qquad (10\text{-}71)$$

（4）固定床反应器　假设固定床反应器中均匀充填有固定化酶，流体在固定床内的流动状况接近平推流，因此可采用平推流模型。对于符合米氏方程的酶动力学，在等温、排除外扩散情况下，其宏观动力学方程为

$$R_A^* = \eta \frac{r'_{max} c_S}{K'_m + c_S} \qquad (10\text{-}72)$$

式中，K'_m 和 r'_{max} 分别为固定化酶的本征动力学米氏常数和最大反应速率，它们可通过排除内、外扩散情况下，研究固定化酶本征动力学得到。

由于是恒容过程，限制性底物在固定床内轴向浓度分布可借助间歇釜式，得

$$-u_0 \frac{dc_S}{dZ} = \frac{\eta r'_{max} c_S}{K'_m + c_S} \qquad (10\text{-}73)$$

初始条件 $\qquad\qquad Z = 0，c_S = c_{S0}$

解上述方程便可得到固定床反应器中底物浓度随轴向长度的分布。若计算固定床反应器空时，则可借助绝热床式得

$$\tau = \frac{V_r}{Q_0} = -\int_{c_{S0}}^{c_S} \frac{dc_S}{\eta \dfrac{r'_{max} c_S}{K'_m + c_S}} \qquad (10\text{-}74)$$

只有当固定化酶的内扩散有效因子 η 为常数时，式(10-74) 才有解析解，即

$$\tau = \frac{1}{\eta r'_{max}}[K'_m \ln(c_{S0}/c_S) + (c_{S0} - c_S)] \qquad (10\text{-}75)$$

当 $c_S \ll K'_m$ 时，可近似按一级不可逆反应处理。

10.6　生化反应工程的现状与发展

10.6.1　概述

二十世纪以来随着生命科学与生物技术的迅速发展，生化反应工程的内涵发生了重大变化。作为化学反应工程与生物技术结合的产物，它以生物反应器为中心，主要研究发酵动力学、酶动力学、生物反应器中的传递过程、生物反应器的放大规律以及生物反应器的检测和控制等。

首先表现在应用领域高度拓展，经历了传统食品发酵到抗生素工业的建立，以及基因工程等现代生物技术产业的发展，涉及食品、医药、化工、农业、环境等众多行业。目前我国微生物发酵行业现有 5000 多家企业，相关产业年产值逾 2 万亿元，并以每年 7%～8% 的速度增长。此外，随着工业生物技术的兴起和发展，借助于生物技术和发酵工程将可再生的生

物质转变为现代社会所需要的能源、精细化学品、化工原料等产品，其应用前景势头强劲。因此，发酵工程及其技术在人类生活和经济活动中具有极重要的作用，可为人类社会的可持续发展奠定坚实的基础。其二，表现在对发酵过程研究的重大影响。随着包括基因组、转录谱、蛋白和代谢谱等的细胞内生命科学分子机制的深入研究，发酵工程研究也由细胞外的反应器可操作因素研究进入到细胞内的生理特性分子机制研究，但如何把这些研究与发酵过程全局优化与放大研究联系起来，还没有形成有效的方法。

长期以来，发酵过程优化时基本采用以化学工程的宏观动力学为基础的经典工程学和以化学计量学和热力学研究为基础的传统生物化工方法。发酵过程放大时，基本上采用化学工程研究中的量纲分析法，即相似论和量纲分析。这些方法结果可靠性差，难以重复，实际上主要还是靠人工经验的长期摸索。造成上述问题的重要原因就是由于发酵过程是一个生命过程的高度复杂系统，宏观动力学研究的环境操作参数与某些生理参数的检测与数据处理，不能真正代表细胞体内的复杂代谢反应过程的本体特性。为此，国内以华东理工大学张嗣良教授为代表的研究人员在早期研究时提出了生物过程多尺度研究的理论与方法，对于以活细胞为主体的细胞大规模培养的生物反应过程，可以粗分为基因水平的分子尺度、代谢调节的细胞尺度以及工艺控制的反应器尺度。在基因、细胞或反应器任一尺度上的扰动都会最终在宏观代谢层面有所体现。因此，从大量表征细胞代谢特性参数中实时高效分析出过程调控敏感参数并实现其优化与调控是实现过程动态优化与控制的基础。但由于当时生物学认识和仪器装备条件的限制，大多停留在宏观代谢流分析，缺乏微观代谢流和其他细胞内生命科学分子机制的深入研究。因此，有必要在进一步深入开展生物学和工程学相结合的研究基础上，形成新的理论与方法。

为解决高度分支细化的生命科学发现不能解决发酵过程全局优化的问题，以打通过程现象（发酵表型）与菌体生理特性变化分子机制的联系通道为目标，在前人提出的生物过程多尺度关联与调控的理论方法基础上，需要进一步深入开展基础研究、共性关键技术研究和产品技术研究，形成解决问题的方法，实现以细胞生理特性与过程信息处理为核心的发酵过程优化与放大。

10.6.2 微观与宏观相结合的细胞代谢调控机制研究

迄今为止，菌种常规诱变或基因工程改造在确定菌株生产性能时大多停留在培养表型特征或基因结构水平上，缺乏在实时代谢流水平上的微观分析。在发酵过程研究时，虽然近年来也强调代谢流分析，但大多是如氧气消耗速率（OUR）、二氧化碳生成速率（CER）、比生长速率（μ）、呼吸商（RQ）等宏观代谢流，因此在发酵过程多尺度分析时大多还是停留在机理不明的经验总结，急需在宏观与微观分析上建立关系，这对菌种改造或过程优化具有极其重要的意义。近年来国际上基于 ^{13}C 等同位素标记化合物的代谢流分析与应用为微观代谢机理解析提供了基础，但大多数还是处于恒化培养的中心代谢研究阶段。

通过微型传感反应器与发酵罐同步培养与测试，结合发酵尾气质谱仪测量应用，可以满足分批发酵时变系统的动态 ^{13}C 微观代谢流测定（图 10-24），并与发酵过程在线 OUR、CER、RQ 等宏观代谢流分析相结合，实现过程高效优化与控制。例如，在维生素 B_{12} 发酵时，在不同时间与不同供氧状态下采用 ^{13}C 同位素示踪的微观代谢通量分析（图 10-25），实现了维生素 B_{12} 生产菌不同培养阶段的微观代谢特性研究。该研究阐明了甜菜碱（前体）的

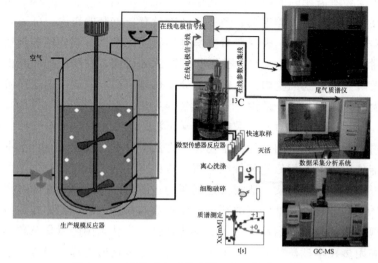

图 10-24　发酵时变系统的^{13}C 微观代谢流测量

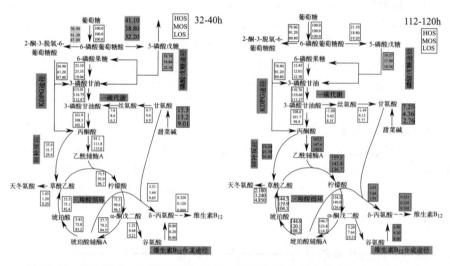

图 10-25　维生素 B$_{12}$ 发酵时不同时间与不同供氧状态的代谢途径支路^{13}C 丰度

HOS：高供氧；MOS：中供氧；LOS：低供氧

代谢流向、氧调控机制、羧化途径固定 CO$_2$ 的回补作用等分子机理；同时结合宏观代谢参数 OUR、RQ 等相关分析，打通发酵过程变化与菌体生理特性变化分子机制的联系通道。

10.6.3　生化反应器宏观生理参数与流场特性相结合过程放大技术

发酵过程放大时，通常采用化学工程研究中的量纲分析法，即相似论和量纲分析，将影响过程的众多变量通过相似变换或量纲分析归纳成为数较少的无量纲数群，通过设计模型试验，求得这些数群的关系。具体来说有量纲分析法、经验法则法、时间常数法以及综合机理的数学模拟法等，近年来研究人员也引入了一些如计算化学工程及化工过程的数学模型法放大等技术。但由于这些方法不能在满足几何相似或物理量相似的同时满足细胞培养环境条件相似，只要有某个敏感参数没有被发现，容易导致过程放大的失败。因此，长期以来发酵过程还是采用逐级放大的方法，时间周期长，效率低，风险大。

对于生物反应器内的工业微生物发酵体系，微生物与外在环境构成了一个相对封闭的生态系统，因此就过程放大而言，首先要研究微生物细胞与反应器环境之间的关系。发酵过程是在生物反应器的特定环境下的生命过程，必须从生命科学的各种组学研究作为基础研究的出发点，如典型的基因组、转录组、蛋白组以及代谢组。近年来，围绕反应器内细胞培养环境的研究，掀起了环境组学研究热潮。一般来说，反应器环境对细胞功能的影响主要通过以下几个途径：外界条件（如温度、pH）对细胞酶活力或生化反应速率影响；由于生物反应器混合传递所引起的基质（如氧、各种碳源）供应不足或过量，由此产生的胞内代谢的变化；细胞信号传导系统对外界环境条件的响应，引起细胞转录表达以及代谢网络等的变化；环境条件对基因突变筛选的选择性压力。工业规模生物反应器内常常由于混合与传质限制，形成不均匀流场环境如存在温度、基质浓度、剪切和溶解氧浓度等的流场分布，这种流场通过前述的环境与细胞之间的不同途径对细胞生理产生影响。由于生命体系与环境之间的高度复杂性，需要采用多尺度参数相关分析方法寻找过程放大敏感参数，形成基于流场特性与细胞生理特性研究相结合的发酵过程放大技术（图 10-26），才能克服传统凭经验逐级放大方法的严重缺陷，提升效率并实现精准放大。

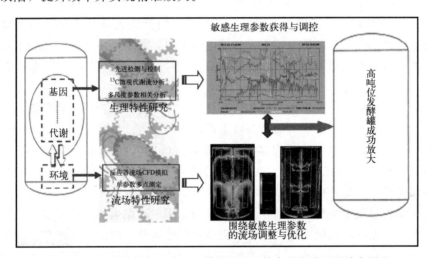

图 10-26　流场特性与细胞生理特性研究相结合的发酵过程放大原理

例如，国内华东理工大学张嗣良等科研人员在红霉素发酵放大时，采用计算流体力学（CFD）模拟发酵液流变特性。通过在工业规模生物反应器内不同高度位置处安装多根电极，测定热模发酵过程中发酵罐溶氧（DO）随时间和空间的分布与变化，解决了国际上未见报道的 $372m^3$ 高吨位、高耗氧发酵罐的流场特性研究问题，实现了从 50L 到 $120m^3$ 及 $372m^3$ 的过程优化与放大。在鸟苷发酵过程，通过宏观代谢参数氧气消耗速率（OUR）、糖消耗速率以及氨水消耗速率的变化推断微观代谢发生迁移，继而通过代谢物、酶活和代谢流水平多参数相关分析，解析并验证了代谢流迁移机制，进而通过过程 OUR 调控实现了代谢流回迁，实现鸟苷的产量从 16 g/L 提高到 32 g/L。另一个典型案例是在头孢菌素 C 的工业发酵过程中，通过多参数相关分析发现在原工艺和搅拌系统设置下，发酵过程的呼吸商 RQ 维持在 0.9～1.0，而小试过程 RQ 基本维持在理论值 0.7 左右。发酵过程数据表明大规模发酵过程豆油利用受限，结合计算流体力学模型结果发现，原搅拌系统缺乏轴流桨叶，补加的豆油密度小导致混合不均匀。通过替换两层轴流桨最终在 $160m^3$ 工业规模发酵罐实现豆油有效利用，过程 RQ 维持在 0.7，头孢菌素 C 产量提高 10%，同时能耗降低 25%。

10.7 生化反应工程的发展展望

10.7.1 动物细胞大规模培养反应器与过程调控

（1）动物细胞反应器的类型 21 世纪以来，生物制药产业进入高速发展时代，现已成为全球最具活力和竞争力的高新技术产业之一，是全球医药产业中重要的组成部分。随着科技水平的不断提高，人民健康意识的增强，以及强大的政治和资金支持，我国生物制药产业发展迅速，市场潜力巨大，市场需求推动了各种蛋白表达宿主和生物加工技术的发展。目前，治疗性蛋白广泛应用于疾病的诊断和治疗等方面，形成了巨大的市场。据美国相关机构统计，自 2013 年以来，重组蛋白市场销售额每年增长 7.2%～18.3%，基于目前的市场价值，预计到 2022 年的估值为 1370 亿美元至 2000 亿美元。利用细菌、哺乳动物细胞、酵母、昆虫细胞、转基因植物和转基因动物细胞培养实现了基于重组蛋白的生物制药表达。哺乳动物细胞与其他类型的表达系统相比有几个关键优势，①能够进行准确的翻译后修饰（PTM），产生与人类相似的多糖重组糖蛋白，所产生的产物更具有亲和性和生物活性，产品质量稳定；②产物分泌在细胞外、很少分泌内源蛋白，便于下游分离纯化。因此，哺乳动物细胞成为重组蛋白首选的表达平台，目前 60%～70% 的生物药物基于哺乳动物细胞培养过程。

动物细胞生物反应器是模拟动物的体内环境并在体外进行生物培养的系统，它是一个集机械、流体、控制、生物等多学科的高新技术产品。20 世纪 70 年代以来，动物细胞培养生物反应器有很大发展，目前生物反应器容量从实验室研发（1～40L）到规模化生产（600L 以上）。如瑞士的比欧生物工程公司，在动物细胞培养方面已经为诺华制药设计制造了 $15m^3$ 的动物细胞培养系统，是目前该领域最大规模的动物细胞培养系统之一。长期以来，我国生产医药产业所需的动物细胞大规模培养装备，特别是用于高端生物药开发和生产的装备，基本上被欧美发达国家垄断，供应链和定价权完全由国外主导。因此，生产和制造用于大规模培养细胞的动物细胞生物反应器已成为迫切需要。国内中国科学院、华东理工大学、哈药集团、上海国强公司、兰州百灵生物技术有限公司等也开展了对动物细胞生物反应器的研究工作，如兰州百灵已成功研发了 3～100L 动物细胞反应器，且细胞培养效果较优。目前动物细胞生物反应器类型有搅拌式、鼓泡式、气升式、中空纤维以及一些新型生物反应器如固定床、流化床等（表 10-1）。

表 10-1　常见动物细胞反应器类型及其培养特点

反应器种类	特点	剪应力	混合性能	OTR 性能	培养性能	培养规模	优点	缺点
机械式（stirred tank reactor）	与微生物罐相似	高	优秀	优	好	很大	能与微生物培养互换	细胞易受剪切
改良机械式（improved stirred tank reactor）	有无泡系统	低	很好	好	很好	大	广泛应用	高密度时混合和供氧不足
气升式（airlift）	空气循环混合	低	好	很好	很好	大	成本低、抗污染	高密度时产生死区

续表

反应器种类	特点	剪应力	混合性能	OTR 性能	培养性能	培养规模	优点	缺点
膜式(membrane)	细胞通过膜聚集在一定区域	很低	一般	好	很好	中等	易灌注培养、下游方便	高密度时产生死区
固定化(fixed)	细胞通过笼聚集在一定区域	很低	一般	中等	很好	中等	无剪切、可大混合与通气	高密度时产生死区
旋转式（rotating）	水平旋转时细胞经历一定微重力	很低	好	很好	优秀	小	细胞可进行三维培养	无法工业化

根据混合方式不同分为搅拌式和非搅拌式生物反应器，由于哺乳动物细胞没有细胞壁，前者最大的缺点在于搅拌过程剪切力容易造成细胞的机械损伤。为了减轻和避免细胞损伤，研究人员相继对包括搅拌桨、供气方式、加装辅件等进行改进，优化细胞适宜生长的环境。目前广泛使用的搅拌器类型有螺旋桨叶、Rushton 桨叶和 Elephant Ear 桨叶。螺旋桨和 Rushton 桨叶分别以产生轴向流和周向流为主，尤其是 Rushton 桨叶产生较大的剪切力和较差的混合效果，使用时需要加装挡板或加装多层 Rushton 桨叶提升轴向混合效果。Elephant Ear 桨叶属于混合流桨叶，有利于气液和物料的充分溶解和混合且流场剪切力较小。气升式生物反应器是在鼓泡式生物反应器基础上发展起来的，无搅拌装置，以气体上升为动力，由导流装置引导形成气液混合的总体有序循环。其优点在于结构简单、操作方便，产生的湍流相对比较温和，剪切力对细胞损伤很小，容易实现动物细胞高密度培养。中空纤维生物反应器因具有低剪切、高传质、营养成分选择性渗入等优点而广泛应用于动物细胞大规模培养。由于动物细胞反应过程异常复杂，近年来不少学者开发了满足不同细胞生产要求的多种新型生物反应器，如膜生物反应器、填充床生物反应器、脉动式生物反应器、脉动层流式生物反应器。例如，纤维载体的固定床反应器是第一个完全一体化、一次性使用的高细胞密度生物反应器。由于纤维载体比表面积非常高，相对于传统的连续搅拌式反应器，在达到相同数量的细胞基础上，可以使细胞培养体积降低 20 倍以上。此外，一次性生物反应器、微流体培养系统和高通量细胞培养系统以其独特的优势在以细胞培养为基础的生物医药研发生产中逐渐得到推广与应用。

（2）动物细胞培养过程中的建模与优化　近年来，随着对疫苗和治疗性蛋白类药物等多种生物制品需求量增加以及产品质量要求的提高，细胞大规模培养技术也不断发展。为了增加产量、降低成本，生产更安全有效的药物，大规模细胞培养过程的开发至关重要，而动物细胞的工艺优化和规模放大具有挑战性。提高细胞培养工艺表达量，扩大细胞培养生产规模，保证表达抗体质量稳定成为目前大规模细胞培养过程中待解决的问题，迫切需要进一步研究和开发细胞培养工艺。在过去几十年里，研究人员主要通过优良细胞株的构建、培养基设计与无血清培养基的开发，以及基于过程分析技术（PAT）培养工艺的优化与放大，建立合适的大规模培养体系，实现细胞的高密度培养和产物的高效表达。

一方面，基因工程技术使人们不再受自然变异和选择的限制，通过对目的基因进行改造大幅度提高细胞株的性能。将其结合代谢工程，在代谢网络中对酶基因引入、敲除或调控创造新的细胞类型。细胞代谢网络非常复杂，从细胞到产品往往包括几十步反应，因此，目前一些比较常用的代谢工程改造策略就是通过表达产物合成途径中的关键酶，解除产物合成抑制或敲除副产物生成途径。通过这种代谢工程与合成生物学相结合的方法，人们可以获得大量的工程细胞株来生产和提高生物制品活性（如单克隆抗体）。例如，Daniel Wang 课题组构建了CMP-唾液酸转运蛋白（CMP-SAT）表达载体，将其导入CHO细胞中过表达并观察干扰素-γ（IFN-γ）的唾液酸化水平，发现与未经过表达的CHO细胞相比，在转录水平和蛋白水平上的CMP-SAT总表达水平分别提高了2~20倍和1.8~2.8倍，并且IFN-γ的唾液酸化水平提高了4%~16%，这种策略可最大限度地提高糖蛋白唾液酸化水平。营养物质不仅影响细胞的生长速度，而且营养物质水平降低到一定浓度可能会从化学计量上限制培养过程中所能获得的最大细胞密度。因此，了解细胞对营养的需求可以对培养基进行定量设计，避免或减少营养的消耗和积累。例如，Daniel Wang课题组按照动物细胞生长的化学计量营养需求建立化学计量学模型来制定培养基设计策略用于CHO细胞补料分批培养，研究结果表明基于化学计量平衡的补充培养基显著增加了活细胞密度和抗体产量，并减少了有毒副产物的形成。血清在动物细胞培养中可以提供多种营养成分，但容易存在批次之间的差异而缺乏重复性，降低了生物过程的稳定性和实验结果的重复性。同时，血清成分复杂存在血清源性污染，影响过程分析与下游纯化工艺。因此，研究人员逐步致力于开发血清替代品，如从大豆、小麦、酵母以及动物组织中提取蛋白水解物来支持细胞生长和生产。

另一方面，为了满足质量需求的同时获得高产量的细胞产品，优化培养操作参数是至关重要的。细胞培养过程物理参数（例如温度、转速）、化学参数（例如pH、渗透压、溶氧和二氧化碳以及代谢物水平）和生物参数（例如细胞浓度、活力、细胞周期、线粒体活性、氧化还原水平）都能显著影响产品的产量和质量。近年来，随着在线传感器的开发与应用，研究人员实现了动物细胞培养过程以细胞代谢性能参数为核心的工艺监控，更好地理解关键工艺参数对关键质量属性的影响。随着工业4.0的发展，生物制药行业已开始部署基于模型的研究方法，以辅助生产者对工艺开发的各个阶段进行理解和决策。细胞代谢机理建模技术平台的研究目标是以动物细胞过程培养技术为基础，根据有关过程的先验知识和实验数据，搭建细胞代谢过程模型，指导建立反应器生产规模的高效生产工艺策略。通过收集细胞培养过程数据包括培养过程参数（胞外代谢物，pH和渗透压等），细胞功能（线粒体功能，细胞周期等）以及多种组学数据（转录组、蛋白组、代谢流和代谢物组）。根据收集的过程多尺度数据，搭建小型代谢网络模型或涉及基因-蛋白-代谢关系的全基因组代谢网络模型，指导细胞株代谢机理研究，培养基优化和细胞的代谢工程改造。将基于先验代谢网络知识的白箱模型与基于数据驱动的黑箱模型结合搭建混合模型，用于细胞培养过程关键参数的预测，以指导生产过程优化和反馈控制以及数字孪生技术的实施。将预测模型与先进的在线检测设备（拉曼光谱、近红外光谱和电容等）结合，最终搭建集数据采集、过程建模和生产控制为一体的动物细胞培养智能制造生产平台。

10.7.2 生化反应工程研究中的挑战与展望——智能生物制造

（1）基于先进在线传感技术的细胞代谢智能感知 微生物或动物细胞具有复杂的代谢调控机制，代谢产物的积累量与菌体量和代谢底物间不是简单的线性关系，很难通过简单增加菌体量或底物量达到高产的目标，需要通过调节培养过程中细胞的代谢状态，使其达到最优代谢途径从而将底物更多、更快地转化为产物。因此，如何从分子尺度、细胞尺度以及反应器尺度快速获取表征细胞实时生理代谢状态参数，深层次解析大规模波动环境下细胞代谢调控规律至关重要。当前，在大规模工业生产中，宏观发酵环境参数如pH、温度、溶解氧浓度等的监测方法已成熟，但仍然缺乏对发酵过程中关键代谢性能指标参数表征、过程实时在线参数分析、细胞代谢调控过程机理及其相互关联关系的深入研究，不能有效刻画发酵过程在线检测参数与细胞代谢性能的相关联系、代谢调控机制对细胞外部流场环境响应的关联等，无法保证发酵过程高效运行是长期以来发酵工业生产界面临的挑战和难题。因此，针对发酵过程实时代谢信息缺失，亟需整合硬件先进传感器和合成传感技术，创建代谢全方位在线检测大数据体系，为开发大数据驱动的过程优化策略提供数据基础。

生物制造过程中发酵液成分的微小变化会改变细胞的新陈代谢和产出，严重会导致整个反应器原料废弃，因而通过监控发酵罐内关键参数包括发酵液成分浓度可以帮助实现发酵罐全方位控制，从而优化细胞生存条件，使其产出最大化。目前常用的色谱仪和生物传感器采用离线手段，测试时间长，或者动态范围窄，无法满足生物过程实时监控的要求。技术上虽然光谱和酶生物传感有潜能解决此问题，但发酵液成分复杂，颜色深，物质分布不均匀，荧光和光吸收强，细胞生理代谢快速，代谢物种类多、寿命短、浓度低，这都是过程测试需要解决的技术难题。近年来，无损的光谱技术，包括红外吸收，荧光和拉曼散射光谱等开发与应用日益升温。针对工业化生产的生物产品开发和应用基于拉曼、荧光、红外吸收、酶生物传感和固态电极的先进传感检测技术，包括在线检测设备及胞内代谢物的遗传编码荧光探针，实现生物制造过程中营养物和胞内外代谢物的实时在线准确检测，将为智能生物制造奠定数据基础。

（2）基于数据科学的生物过程智能分析　生物制造过程数据层次多、范围广，模型构建涉及模块多、作用机制复杂。因此，要解决的第二个关键科学问题是生物过程大数据建设需要什么样的大数据系统？如何基于微生物组学和宏观检测过程数据，开发新系统方法构建基础生物过程大数据库。此外，如何对异源异质宏观监测生物过程数据进行数据清洗、特征提取与降维，是实现数据可靠性、一致性处理，以及高维数据信息在低维空间简洁表征的关键技术问题。

生物制造过程中会产生海量的数据，这迫切需要大力推进生物过程数据科学技术的研究。针对多种类传感器采集到的多源异质宏观检测过程数据质量难以保证，往往存在缺失、错误、冗余、冲突、不一致等问题，研究基于统计分析与机器学习的噪声数据检测、粗大误差数据剔除、缺失值修复等数据清洗与转换问题，一方面消除噪声数据影响，另一方面将多源异质数据转换成统一的目标数据格式，提升数据可靠性与一致性。针对多源异质多尺度生物过程数据种类繁多、结构复杂、高维冗余等问题，研究从原始数据中提取可靠、有效的数据信息，消除无关、冗余特征的特征提取与降维技术，实现高维过程数据信息在低维空间的简洁表征。针对开发微生物组学和宏观检测数据的生物过程大数据汇交系统，使用的微生物菌株现有的（已知的）信息进行整理、整合和标准化注释，建立知识层面的数据库并以网站的形式进行呈现与发布。另一方面，以微生物代谢为核心的复杂生化反应过程产生了从基因、细胞到生物反应器操作的过程数据，需进一步形成涵盖生命科学到过程工程的模型才能实现对过程的预测、优化与调控。目前主要有机理模型和数据驱动模型两种主要形式，前者包含已知的生物学本征特性，后者主要基于数据科学与人工智能算法。生物过程的机理模型涵盖了基因尺度代谢网络模型、动力学模型以及反应器流场模型等，近年来针对细胞代谢模型与流场模型的整合研究日趋升温，实现了对工业规模生物过程进行预测与评估。例如，国内华东理工大学与荷兰代尔夫特理工大学以及荷兰帝斯曼公司在产黄青霉发酵过程的模型化和理性放大方面进行了长期合作，建立了基于结构化动力学模型与流体力学模型相结合的过程优化与放大策略，实现 60 吨青霉素发酵过程细胞生产性能全生命周期预测与评估。

　　然而，机理模型也存在一定的缺陷，需要针对特定研究对象进行大量的生物学实验，模型通用性相对不强。针对数据驱动模型，发酵过程中常见的数据驱动建模方法有多元统计、人工神经网络和高斯过程等。近年来，基于机器深度学习和计算机辅助的智能生物制造理念的提出，为实现高效、绿色的工业生物制造提供了新的方法和工具。目前国内外针对数据驱动建模方法研究主要集中在算法本身的优化，但历史数据量少或数据背景噪声大等问题都会使得建立的模型预测效果不佳。同时，数据驱动模型通常未考虑生物学因素，难以保证过程优化和调控的精确性和有效性。鉴于机理建模和数据驱动建模具有各自的优缺点，大数据-机理混合建模将机理建模与数据驱动建模的优点进行有效结合，充分利用过程的内在机理知识，并且利用数据驱动模型来弥补机理知识的缺失。

　　（3）生化反应过程的智能制造　　微生物发酵过程是一个涉及基因、细胞以及反应器层面的复杂多尺度体系，如何在解析生物过程代谢机制的基础上，构建跨尺度关联模型实现过程高效预测与评估，形成高效的过程优化与控制策略是整个生物发酵行业面临的难题。在基因、细胞或反应器任一尺度上的扰动都会最终在宏观代谢层面有所体现。因此，从大量表征细胞代谢特性参数中实时高效分析出过程调控敏感参数并实现其优化与调控是实现智能制造的基础。

　　虽然生物过程多尺度相关分析方法符合大数据分析的特征与观念，强调了复杂系统的相关性和时效性，可以很好地解决过程优化与放大问题。然而，上述相关性基本上靠人工和专家经验来判断，实际发酵过程难以高效从微观到宏观跨尺度海量数据中分析细胞调控机理和精准挖掘过程调控敏感代谢参数。大数据时代的生物过程研究，单凭人工与专家经验很难发现深层次或隐含的问题，需要进一步引入人工智能提升生物过程处理问题的效率。

　　当前，生物制造技术和产业是世界各国竞争焦点。基于工业大数据背景下实现以生化反应为核心的生产过程智能化，能够全链连接实验室到工厂生产各个环节，以数据指导研发、试验、生产各个环节，随着科技高速发展，各类硬件的升级，计算机算力、算法能力飞速提升，使海量数据的整合分析并指导生产成为可能。对产业研发、生产全链过程底层数据的理解、整理，形成专家模型，是人类智慧与信息数据的整合。生产过程的智能化，有助于打破现有工业生产瓶颈，进一步在加工环节实现更高效率的生产，提升产业整体工业化水平（图 10-27）。这迫切需要围绕生物制造对高端、绿色、智能的需求，以关键核心装备—智能化生物反应器为方

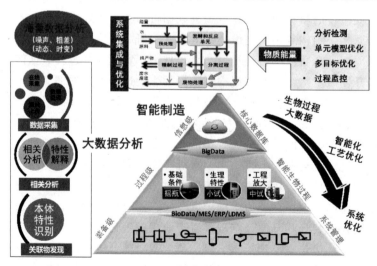

图 10-27　智能生物制造示意图

向，重点突破细胞宏/微观代谢活性检测、活细胞检测和原位显微、发酵液流变特性表征等技术，实现生物过程先进在线传感检测设备的开发和应用，从而获取和集成生物过程大数据；突破数据分析整合、专家规则构建、机器深度学习、机理知识融合等技术，实现大数据-知识混合驱动的生物过程智能化软件开发，为智能生物制造提供全方位的软硬件支撑。

习 题

1. 有一酶催化反应，其底物浓度与初始反应速率的关系如下表所示

$c_S \times 10^4/(\text{mol/L})$	41.0	9.50	5.20	1.03	0.490	0.106	0.051
$r_S \times 10^6/[\text{mol/(L·min)}]$	177	173	125	106	80	67	43

假设该酶反应动力学方程符合米氏方程，试求模型参数 r_{max} 和 K_m。

2. Monod 以其四组实验数据为基础提出了著名的 Monod 方程。现将其中一组实验转摘如下：在一个间歇反应器中，以乳糖为基质进行细菌培养，定时测定基质浓度 c_S 和菌体浓度 c_X。见下表

序号	时间间隔 $\Delta t/\text{h}$	底物浓度 $c_S/(\text{g/L})$	菌体浓度 $c_X/(\text{g/L})$	序号	时间间隔 $\Delta t/\text{h}$	底物浓度 $c_S/(\text{g/L})$	菌体浓度 $c_X/(\text{g/L})$
1	0.52	158	15.8～22.8	5	0.36	25	48.5～59.6
2	0.38	124	22.8～29.2	6	0.37	19	59.6～66.5
3	0.32	114	29.2～37.8	7	0.38	2	66.5～67.8
4	0.37	94	37.8～48.5				

试用 Monod 方程拟合上述实验数据，计算模型参数 μ_m 和 K_S。

3. 在某种水解酶的作用下葡萄糖-6-磷酸可以分解为葡萄糖和磷酸。在一定的酶浓度下，测得米氏方程的常数：K_m 为 $6.7 \times 10^{-4}\,\text{mol/L}$，$r_{max} = 3.0 \times 10^{-7}\,\text{mol/(L·min)}$。对该反应，半乳糖-6-磷酸是一种竞争性抑制剂。当底物初始浓度为 $2.0 \times 10^{-5}\,\text{mol/L}$，竞争性抑制剂浓度为 $1.0 \times 10^{-5}\,\text{mol/L}$ 时，测得反应速率为 $1.5 \times 10^{-9}\,\text{mol/(L·min)}$。试求有抑制剂存在下的 K_m 和 K_I。

4. 在体积为 5L 的间歇反应器中进行游离酶催化反应，其底物的初始浓度为 $2.77 \times 10^{-4}\,\text{mol/L}$。假设该酶反应动力学符合米氏方程，且 K_m 为 $1.13 \times 10^{-3}\,\text{mol/L}$，$r_{max} = 2.58 \times 10^{-5}\,\text{mol/(L·min)}$，试计算：

(1) 底物转化率达 90% 所需反应时间；(2) 若反应体积改为 10L，其他条件不变，达到 90% 转化率的反应时间；(3) 若初始底物浓度为 $2.77 \times 10^{-3}\,\text{mol/L}$，达到 90% 转化率的反应时间。

5. 在一个间歇反应器中进行游离酶催化反应，其底物初始浓度为 $3.0 \times 10^{-5}\,\text{mol/L}$，假设该酶反应动力学符合米氏方程，$K_m$ 为 $1.0 \times 10^{-3}\,\text{mol/L}$。经过 2min，底物转化了 5%，试求经过 10min、30min 和 120min 时，底物转化率分别为多少？

6. 在一个固定床反应器中进行固定化酶催化反应，物料在其中流动为活塞流，该反应的表观动力学符合米氏方程，其表观米氏常数 K_m 为 $1.25 \times 10^{-4}\,\text{mol/L}$，最大表观速率 r_{max} 为 $2.06 \times 10^{-5}\,\text{mol/(L·min)}$。已知底物的初始浓度为 $5.67 \times 10^{-4}\,\text{mol/L}$，试计算反应器出口转化率为 95% 时的空时。

7. 假设某细胞生长服从 Monod 动力学，已知 μ_m 为 $0.5\,\text{h}^{-1}$，K_s 为 2 g/L。若在一 CSTR 中进行连续培养，其中加料流量 F 为 100 L/h，加料中底物浓度为 C_{s0} 为 50g/L，菌体对于底物的收率系数为 $Y_{X/S}$ 为 0.5。试求当细胞生产率最大时，应选 CSTR 的体积为多大？反应器出料口菌体浓度和底物浓度分别为多少？如果在上述反应器出口处接入一个 PFR，使其出口处的底物浓度为 1 g/L，则这个 PFR 的体积应该为多少？

8. 在一个体积为 50L 的全混流反应器中进行细胞培养，该细胞生长符合 Monod 方程，其中 $\mu_{max} = 1.5\,\text{h}^{-1}$；$K_S = 1\text{g/L}$；$c_{S0} = 30\text{g/L}$；$Y_{X/S} = 0.08$；$c_{X0} = 0.5\text{g/L}$。在定态操作条件下，试确定：(1) 底物浓度 c_S 与稀释率 D 的关系；(2) 细胞浓度 c_X 与稀释率 D 关系；(3) 当进料体积流量 Q_0 为 37.5L/h 时，求反应器出口中的 c_S 和 c_X。

参 考 文 献

[1] Bailey J E，Ollis D F. Biochemical Engineering Fundamentals. 2nd ed. New York：McGraw-Hill，1986.

[2] Nielsen J，Villadsen J. Bioreaction Engineering Principles. New York：Plenum Press，1994.

[3] Atkinson B，Mavituna F. Biochemical Engineering and Biotechnology Handbook. 2nd ed. New York：Stockton Press，1991.

[4] Blanch H W，Clark D S. Biochemical Engineering. New York：Marcel Dekker. 1996.

[5] 山根恒夫. 生化反应工程. 周斌，译. 西安：西北大学出版社，1992.

[6] 俞俊棠，唐孝宣. 生物工艺学. 上海：华东化工学院出版社，1992.

[7] 戚以政，汪叔雄. 生化反应动力学与反应器. 北京：化学工业出版社，1996.

[8] 郭勇. 酶工程. 北京：中国轻工业出版社，1994.

[9] 李绍芬. 反应工程. 3 版. 北京：化学工业出版社，2013.

[10] 朱炳辰. 化学反应工程. 4 版. 北京：化学工业出版社，2007.

[11] Schügerl，Karl，DA John Wase. Bioreaction Engineering，Fundamentals，Thermodynamics，Formal Kinetics，Idealized Reactor Types and Operation Modes. Vol. 1. John Wiley & Son Limited，1985.

[12] Villadsen，John，Nielsen J，et al. Bioreaction engineering principles. Springer Science & Business Media，2011.

[13] 俞俊棠，叶勤. 生化反应工程的概况及开展有关研究的建议. 化学工程，1984.

[14] 谭天伟. 绿色生物制造产业发展趋势. 生物产业技术，2015，6：13-15.

[15] 卢涛，石维忱. 我国生物发酵产业现状分析与发展策略. 生物产业技术，2019，2：5-8.

[16] 马延和. 生物炼制细胞工厂：生物制造的技术核心. 生物工程学报，2010，26（10）：1321-1326.

[17] Wang G，Haringa C，Tang W，et al. Coupled metabolic-hydrodynamic modeling enabling rational scale-up of industrial bioprocesses. *Biotechnology and Bioengineering*，2020，117（3）：844-867.

[18] Wang G，Haringa C，Noorman H，et al. Developing a computational framework to advance bioprocess scale-up. *Trends in Biotechnology*，2020，38（8）：846-856.

[19] Hutmacher D W，Singh H. Computational fluid dynamics for improved bioreactor design and 3D culture. *Trends in Biotechnology*，2008，26（4）：166-172.

[20] Clomburg J M，Crumbley A M，Gonzalez R. Industrial biomanufacturing：the future of chemical production. *Science*，2017，355（6320）.

[21] Wang Y，Chu J，Zhuang Y，et al. Industrial bioprocess control and optimization in the context of systems biotechnology. *Biotechnology advances*，2009，27（6）：989-995.

[22] Oyetunde T，Bao F S，Chen J W，et al. Leveraging knowledge engineering and machine learning for microbial biomanufacturing. *Biotechnology advances*，2018，36（4）：1308-1315.

聚合反应工程基础

第 1 章至第 9 章中首先明确了化学反应工程学的范畴与任务，在此基础上展开并系统介绍了完成相关任务的反应工程理论与方法。第 10 章则介绍了生化反应工程基础，本章将主要介绍聚合反应工程基础，这两章内容既包含了特殊体系中反应工程基础理论的普遍规律，但又体现了它们所独有的特性。

聚合反应工程是化学反应工程的一个重要分支，是研究聚合物制造中的化学反应工程问题。具体而言，它是以工业聚合过程为主要对象，以聚合动力学和传递过程（包括流动、传热和传质）理论为基础，研究聚合反应器的设计、操作和优化诸问题。有别于小分子化学反应过程，聚合物的合成具有如下一些特点：①聚合反应机理与聚合方法多样，动力学关系复杂；②聚合物是链状大分子，涉及平均分子量、分子量分布及共聚单元的组成分布与序列分布等问题，调控难度大；③多数聚合体系黏度很高，有的甚至是多相体系且反应大都是放热过程，反应与传递规律复杂；④聚合物品种与牌号众多，化工基础数据匮乏，工程设计难度大。这些特点使得以聚合反应器设计与放大为核心的聚合反应工程发展较为缓慢，是至今尚不成熟的主要原因之一。因此，只有从反应动力学和聚合物系中的传递现象这两方面着手，运用化学反应工程的理论与方法把它们结合起来。进一步，从明确一般的定性规律发展到建立定量的数学模型，从一般的经验性技艺发展到对聚合反应器及操作过程进行数学模拟、工艺设计和自动控制。由此逐步建立起完善的聚合反应工程理论。

本章将通过"聚合反应基础、典型聚合反应机理与动力学、聚合反应器设计放大与调控，以及聚合反应过程设计与调控"这一思路，向读者讲述聚合反应工程基础，在加深对化学反应工程基础理论认识的同时，也让读者对聚合反应过程有初步的认识。

11.1 聚合反应基础

11.1.1 聚合物的分子结构、分子量和分子量分布

最重要的高分子多数是线型结构的，即分子头尾相连，形成一条长链。又由于各高分子链长短不一，所以采用平均分子量来代表，或者用代表一个高分子平均有 n 个重复结构单元数的平均聚合度来代表。但实际上，聚合得到的高分子有时会有一些支链存在，有些甚至在各高分子链之间生成了联结的网络，称作交联，这样高分子就将逐渐失去它的塑性，即由

热塑性变成"不熔不溶"的热固性。因此，高分子的结构，它的平均分子量及分子量分布是影响聚合物性能的重要因素。对共聚反应，得到的聚合物还有共聚单元的组成分布与序列分布，本章暂不讨论。

根据实验测定方法的不同，有如下几种的分子量定义：

用端基滴定法、冰点下降法、沸点上升法或渗透压法测得的是数量平均分子量 $\overline{M_n}$，简称数均分子量 $\overline{M_n}$

$$\overline{M_n} = \sum_{j=1}^{\infty} M_j N_j \bigg/ \sum_{j=1}^{\infty} N_j \tag{11-1}$$

式中，N_j 为由 j 个单体所组成的分子数；M_j 为它的分子量；$\sum N_j$ 为全部的分子数，故 $\overline{M_n}$ 为数均分子量。也可用每个分子中的平均重复结构单元个数即数均聚合度 $\overline{P_n}$ 来代表其大小，可写成

$$\overline{P_n} = \sum_{j=1}^{\infty} j[P_j] \bigg/ \sum_{j=1}^{\infty} [P_j] \tag{11-2}$$

式中，$[P_j]$ 是聚合度为 j 的分子的浓度。

显然

$$\overline{M_n} = M_j \overline{P_n} \tag{11-3}$$

用光散射法测得的是重量平均分子量，简称重均分子量 $\overline{M_w}$

$$\overline{M_w} = \sum_{j=1}^{\infty} M_j^2 N_j \bigg/ \sum_{j=1}^{\infty} M_j N_j \tag{11-4}$$

同样，重均聚合度可表示为

$$\overline{P_w} = \sum_{j=1}^{\infty} j^2 [P_j] \bigg/ \sum_{j=1}^{\infty} [P_j] \tag{11-5}$$

如定义 m 次矩为

$$\mu_m = \sum_{j=1}^{\infty} j^m [P_j] \tag{11-6}$$

则 0 次矩为 $\mu_0 = \sum_{j=1}^{\infty} [P_j]$，即聚合物分子的总浓度，1 次矩为 $\mu_1 = \sum_{j=1}^{\infty} j[P_j]$，2 次矩为 $\mu_2 = \sum_{j=1}^{\infty} j^2 [P_j]$ 等，因此数均聚合度及重均聚合度有时也写成

$$\overline{P_n} = \mu_1 / \mu_0, \quad \overline{P_w} = \mu_2 / \mu_1 \tag{11-7}$$

用沉降平衡法测得的是 Z 均分子量 $\overline{M_Z}$

$$\overline{M_Z} = \sum_{j=1}^{\infty} M_j^3 N_j \bigg/ \sum_{j=1}^{\infty} M_j^2 N_j \tag{11-8}$$

或 Z 均聚合度为

$$\overline{P_Z} = \mu_3 / \mu_2 \tag{11-9}$$

用黏度法测得的为黏均分子量 $\overline{M_\upsilon}$

$$\overline{M_\upsilon} = \left(\sum_{j=1}^{\infty} M_j^{\alpha+1} N_j \bigg/ \sum_{j=1}^{\infty} M_j N_j \right)^{1/\alpha} \tag{11-10}$$

或黏均聚合度 $\overline{P_\upsilon}$

$$\overline{P_\upsilon} = (\mu_{\alpha+1} / \mu_1)^{1/\alpha} \tag{11-11}$$

式中，α 是黏度式中的系数，如 $\alpha = 1$，则 $\overline{M_\upsilon} = \overline{M_w}$。

至于分子量的分布，亦可按数量或质量作基准而定义如下

数量基准的分布函数

$$F(j) = [P_j] \Big/ \sum_{j=1}^{\infty} [P_j] \qquad (11\text{-}12)$$

质量基准的分布函数

$$W(j) = j[P_j] \Big/ \sum_{j=1}^{\infty} j[P_j] \qquad (11\text{-}13)$$

一般而言，$\overline{P_Z} > \overline{P_w} > \overline{P_n}$。如反应无链转移发生且只发生歧化终止，则 $\overline{P_Z} : \overline{P_w} : \overline{P_n} = 3 : 2 : 1$。如所有分子大小相等，则 $\overline{P_Z} = \overline{P_w} = \overline{P_n}$，否则 $\overline{P_w}$ 与 $\overline{P_n}$ 必有差别，因此通常用 $\overline{P_w}/\overline{P_n}$ 这一比值的大小来衡量分子量分布的情况，并称为"分散指数"，此值愈大，分子量的分布愈宽。

对于不同的聚合方法所得聚合物的分散指数大致如下：

聚合方法	自由基聚合	离子型聚合	齐格勒-纳塔聚合
$\overline{P_w}/\overline{P_n}$	1.5～2 以上	1.03～1.5	2～40

以上这些定义都是指聚合到一定程度后将所有分子加以计算的积分值。实际上在任一反应瞬间，都生成许多大小不等的分子，它们也有一个分布，因此还要定义瞬时的聚合度及瞬时的分布函数与上述的一些积分值相区别，现在用小写的符号来表示它们。

瞬时数均聚合度

$$\overline{p_n} = \frac{\displaystyle\sum_{j=1}^{\infty} j r_{P_j}}{\displaystyle\sum_{j=1}^{\infty} r_{P_j}} = \frac{-r_M}{r_{P_0}} \qquad (11\text{-}14)$$

式中，r_{P_0} 表示死聚体的生成速率；$-r_M$ 表示单体的消耗速率。

瞬时重均聚合度

$$\overline{p_w} = \frac{\displaystyle\sum_{j=1}^{\infty} j^2 r_{P_j}}{\displaystyle\sum_{j=1}^{\infty} j r_{P_j}} = \frac{\displaystyle\sum_{j=1}^{\infty} j^2 r_{P_j}}{-r_M} \qquad (11\text{-}15)$$

瞬时 Z 均聚合度

$$\overline{p_Z} = \frac{\displaystyle\sum_{j=1}^{\infty} j^3 r_{P_j}}{\displaystyle\sum_{j=1}^{\infty} j^2 r_{P_j}} \qquad (11\text{-}16)$$

瞬时数均聚合度分布函数

$$f(j) = \frac{r_{P_j}}{\displaystyle\sum_{j=1}^{\infty} r_{P_j}} = \frac{r_{P_j}}{r_{P_0}} = \frac{\overline{p_n} r_{P_j}}{-r_M} \qquad (11\text{-}17)$$

它与 $F(j)$ 的关系为

$$F(j) = \frac{1}{[p]} \int_0^{[p]} f(j) \mathrm{d}[p] = \frac{1}{x} \int_0^x f(j) \mathrm{d}x \qquad (11\text{-}18)$$

同样有瞬时重均聚合度分布函数

$$w(j) = \frac{jr_{p_j}}{\sum\limits_{j=1}^{\infty} jr_{p_j}} = \frac{jr_{p_j}}{-r_M} = \frac{jf(j)}{\bar{p}_n} \tag{11-19}$$

而 $w(j)$ 与 $W(j)$ 亦同样是微分与积分的关系。

在分子量分布函数方面，尽管有许多从理论上推导的方程式，但最可靠的还是实测。近年来由于凝胶色谱（GPC）的发展，高聚物分子量分布的测定变得快速易行了，而这方面实验数据的积累也就为深入探索聚合过程的基本规律奠定了重要的基础。

11.1.2 聚合反应

根据反应机理的不同，高分子的合成主要可分下述两大类型：

（1）逐步缩合反应　主要是缩合聚合，还包括聚加成、氧化耦合聚合等，其特点是聚合物靠单体两端的活泼基团间相互反应连接而成的。如从己二胺及己二酸生成聚酰胺"尼龙66"是靠缩去水分子而成的。另外，聚酯"涤纶"的早期生产工艺是乙二醇与对苯二甲酸二甲酯缩去甲醇而生成的等。

$$n\,H_2N(CH_2)_6NH_2 + n\,HOOC(CH_2)_4COOH \longrightarrow H\text{-}[HN(CH_2)_6NHCO(CH_2)_4CO]_n\text{-}OH + (2n-1)H_2O$$

尼龙66

$$n\,HO(CH_2)_2OH + n\,H_3COOC\text{-}\bigcirc\text{-}COOCH_3 \longrightarrow H\text{-}[O(CH_2)_2OOC\text{-}\bigcirc\text{-}COO]_n\text{-}CH_3 + (2n-1)CH_3OH$$

涤纶

缩聚反应一般用酸或碱作催化剂。反应物与生成物之间有平衡关系存在，只有不断地从反应物系中将小分子除去，才能使聚合物的分子量继续增大。

缩聚反应在工业上有着广泛的应用，特别在合成纤维方面占有主要的地位。

（2）连锁聚合反应　与逐步相对应，形式上主要表现为加成聚合。这类聚合反应通常是通过单体中的不饱和链而实现的。根据引发聚合反应的活性种，又可分为自由基（或称游离基）聚合及离子型聚合两大类。

① 自由基聚合　以苯乙烯在引发剂过氧化苯甲酰（BPO）作用下的聚合为例，其过程如下。

引发剂分解

$$C_6H_5C\text{-}O\text{-}O\text{-}C\text{-}C_6H_5 \xrightarrow{\text{热}} 2C_6H_5\cdot + 2CO_2$$

（BPO）

链的引发

链的增长

链的终止

耦合

$$C_6H_5-CHCH_2-\cdot\ +\ C_6H_5-CHCH_2-\cdot\ \longrightarrow\ C_6H_5-CHCH_2-C_6H_5$$

歧化

$$C_6H_5-CHCH_2-\cdot\ +\ C_6H_5-CHCH_2-\cdot\ \longrightarrow\ C_6H_5-CHCH_2-CHCH_3\ +\ C_6H_5-CHCH_2-C=CH_2$$

链的转移

向单体转移

$$C_6H_5-CHCH_2-\cdot\ +\ CH=CH_2\ \longrightarrow\ C_6H_5-CH-CH_2-H\ +\ \cdot C=CH_2$$

如果以符号表示，上述机理可写成

引发剂分解　　　　　　$I \longrightarrow 2R\cdot$

引发　　　　　　　　　$R\cdot + M \longrightarrow P_1\cdot$

增长　　　　　　　　　$P_j\cdot + M \longrightarrow P_{j+1}\cdot$

耦合终止　　　　　　　$P_m\cdot + P_n\cdot \longrightarrow P_{m+n}$

歧化终止　　　　　　　$P_m\cdot + P_n\cdot \longrightarrow P_m + P_n$

向单体转移　　　　　　$P_j\cdot + M \longrightarrow P_j + P_1\cdot$

在反应过程中链是通过自由基而增长的。这类反应有不同的引发方法，譬如用引发剂、光、热或辐照等。而链的转移更是多种多样，除向单体进行链转移的这种可能外，还有向溶剂分子或者向聚合物进行的链转移。由于反应的机理不同，动力学的结果也就不同，这在后面将专门讨论。

自由基聚合过程是目前高聚物生产中应用范围最广和产量最大的一类。

② 离子型聚合　它是通过离子型活性种来实现链增长的，根据离子性质的不同，又分阳离子聚合和阴离子聚合两类。

阳离子聚合　通常用 $SnCl_4$、$ZnCl_4$、$TiCl_4$ 或 BF_3 等所谓的路易斯（Lewis）酸为引发剂，在微量水或醚类存在下产生阳离子活性种而引发反应，如

$$SnCl_4 \cdot 2H_2O \longrightarrow H^+ + SnCl_4 \cdot H_2O \cdot OH^-$$

引发　　　$SnCl_4 \cdot 2H_2O + CH_2=CHX \longrightarrow HCH_2-\overset{\overset{H}{|}}{\underset{\underset{X}{|}}{C}}{}^{\pm} SnCl_4 \cdot H_2O \cdot OH^-$

增长　　　$HCH_2-\overset{\overset{H}{|}}{\underset{\underset{X}{|}}{C}}{}^{\pm} SnCl_4 \cdot H_2O \cdot OH^- + CH_2=CHX \longrightarrow CH_3-\overset{\overset{H}{|}}{\underset{\underset{X}{|}}{C}}-CH_2-\overset{\overset{H}{|}}{\underset{\underset{X}{|}}{C}}{}^{\pm} SnCl_4 \cdot H_2O \cdot OH^-$

终止

$$CH_3-\overset{\displaystyle |}{\underset{\displaystyle X}{CH}}\sim\sim CH_2-\overset{\displaystyle H}{\underset{\displaystyle X}{C^+}}\cdot SnCl_4\cdot H_2O\cdot OH^-\begin{cases}\sim\sim CH=\overset{\displaystyle |}{\underset{\displaystyle X}{CH}}+SnCl_4\cdot 2H_2O\\[2mm]\sim\sim CH_2-\overset{\displaystyle |}{\underset{\displaystyle X}{CH}}-OH+SnCl_4\cdot H_2O\end{cases}$$

转移

$$\sim\sim CH_2-\overset{\displaystyle H}{\underset{\displaystyle X}{C^+}}+2H_2O\longrightarrow \sim\sim CH_2-\overset{\displaystyle |}{\underset{\displaystyle X}{CH}}-OH+H_3O^+$$

阴离子聚合　以碱金属（Na、K、Li 等）、有机金属化合物（如 LiR、RMgX 等）、给电子体或亲核试剂为引发剂。其中，以季铵碱生成的阴离子活性种使链增长为例

$$R_4NOH\longrightarrow R_4N^+OH^-\xrightarrow{CH_2=CHX}HOCH_2\overset{\displaystyle H}{\underset{\displaystyle X}{\overset{\displaystyle |}{C^-}}}[N^+R_4]\longrightarrow HO\!\left(CH_2-\overset{\displaystyle |}{\underset{\displaystyle X}{CH}}\right)_{\!n}\!CH_2-\overset{\displaystyle H}{\underset{\displaystyle X}{\overset{\displaystyle |}{C^-}}}[N^+R_4]$$

近年来迅速发展的低压聚乙烯、聚丙烯和顺（式）丁（二烯）、异戊（二烯）橡胶等是应用齐格勒（Ziegler）-纳塔（Natta）型催化剂〔如 $Al(C_2H_5)_3$-$TiCl_4$、$Al(C_2H_5)_3$-$TiCl_3$ 等等〕，通过配位络合聚合而生成的，生成的聚合物具有立体同构的特性，故又称定向聚合。虽然反应的详细机理迄今还没有彻底阐明，但一般认为可作为阴离子聚合的一类，反应原则上是发生在催化剂固体表面。不妨用示意的形式表示如下

$$AlR_3+TiCl_4\longrightarrow RTiCl_3+R_2AlCl$$

引发

$$Ti-R+CH_2=\overset{\displaystyle |}{\underset{\displaystyle X}{CH}}\longrightarrow Ti^+\cdots\cdots CH_2-\overset{\displaystyle |}{\underset{\displaystyle X}{\overline{C}H}}-R$$

增长

$$Ti^+\cdots\cdots CH_2-\overset{\displaystyle |}{\underset{\displaystyle X}{\overline{C}H}}-R+CH_2=\overset{\displaystyle |}{\underset{\displaystyle X}{CH}}\longrightarrow Ti^+\cdots\cdots CH_2-\overset{\displaystyle |}{\underset{\displaystyle X}{\overline{C}H}}-CH_2\underset{\displaystyle X}{CHR}$$

终止

$$Ti^+\cdots\cdots CH_2-\overset{\displaystyle |}{\underset{\displaystyle X}{\overline{C}H}}\sim\sim R\longrightarrow Ti-H+CH_2=\overset{\displaystyle |}{\underset{\displaystyle X}{C}}\sim\sim R$$

除缩聚和大多数加聚反应分别属于逐步聚合和连锁聚合反应机理外，同一环状单体进行开环聚合时，使用不同催化剂则会分属逐步聚合和连锁聚合机理。这里不作详细阐述。

此外，为了改善产品的性能，常采用两个或者多个单体进行共聚合的方法。譬如丁苯橡胶就是丁二烯与苯乙烯的共聚体。加入苯乙烯后可以提高橡胶的强度；丁腈橡胶是丁二烯与丙烯腈的共聚体，加入丙烯腈的结果是使橡胶具有良好的耐油性能。由于单体种类多，配方和聚合方法等又有充分的变动余地，因此共聚的方案几乎是无限的，从这一点就可以窥见高分子材料这一领域是何等的宽广了。

11.1.3 连锁聚合的主要方法

连锁聚合反应的主要特点之一是放热较大（表 11-1）且对热十分敏感。通常，温度升高，聚合物的分子量降低，分子量分布变宽。尤其对于某些速率极快的离子型聚合，这一矛盾更加突出，因此如何有效地携走热量和控制温度是选定聚合方法和设计及操作中的一项关键问题。

表 11-1 若干单体的聚合热　　　　　　单位：kJ/mol

单体	聚合热	单体	聚合热
乙烯	106.2~109	丙烯腈	72.5
丙烯	86	醋酸乙烯	89.2
异丁烯	51.5	甲基丙烯酸甲酯	54.5~57
丁二烯(1,4加成)	78.4	甲醛	56.5
异戊二烯	74.6	氧化乙烯	94.7
苯乙烯	67~73.4	氯丁二烯	67.8
氯乙烯	96.4	丙烯酸	62.8~77.5
偏二氯乙烯	60.4		

工业上的连锁聚合方法主要有：本体聚合、溶液聚合、乳液聚合和悬浮聚合，它们的特点列在表 11-2 中。人们可以根据反应本身的特性、对产品质量的要求和设备的特性来选择适当的聚合方法。

表 11-2 四种常用连锁聚合方法的比较

聚合方法		本体聚合	溶液聚合	乳液聚合	悬浮聚合
引发剂种类		油溶性	油溶性	水溶性	油溶性
温度调节		难	稍易，溶剂为载热体	易，水为载热体	易，水为载热体
分子量调节		难，分布宽，分子量大	易，分布窄，分子量小	易，分子量很大，分布窄	难（同本体法），分布宽，分子量大
反应速度		快，初期需低温，使反应缓慢进行	慢，因有溶剂	很快，选用乳化剂使速度加快	快，靠水温及搅拌调节
装置情况		温度高，要强搅拌	要有溶剂回收、单体分离及造粒干燥设备	要有水洗，过滤	干燥设备
聚合物性质		高纯度，可直接成型，混有单体，可塑性大	要精制，溶剂连在聚合物端部，有色，聚合度低	需除乳化剂，分离未反应单体易，热与电稳定性差	直接得粒状物，水洗，易干燥，可制发泡物，比本体法含单体少
实例	聚合物溶于单体	聚甲基丙烯酸甲酯、聚苯乙烯、聚乙烯基醚、聚丙烯酸酯	中压聚乙烯、聚醋酸乙烯、顺丁橡胶、聚丙烯酸、乙丙橡胶	丁苯橡胶、丁腈橡胶、聚氯乙烯、丙烯腈-丁二烯-苯乙烯共聚体	聚苯乙烯、聚醋酸乙烯、聚甲基丙烯酸甲酯、聚丙烯酸酯
	聚合物不溶于单体	高压聚乙烯、聚氯乙烯	低压聚乙烯、丁基橡胶、聚异丁烯		聚氯乙烯、聚丙烯腈

本体聚合的最大优点是产品纯、后处理设备少，这在实际应用中是很重要的因素。但本体聚合不易传热，尤其转化率增高后黏度增大，搅拌和传热就更困难了。因此通常分作两段聚合，在预聚合时流体黏度还比较小，故采用搅拌釜；而当黏度增大到一定程度以后就引入

专门设计的后聚合反应器（塔式或螺旋挤压式等）完成反应。但因前后温度变化较大，使分子量分布变宽。

溶液聚合是通过将单体与引发剂溶于适当的溶剂中来进行的。溶液聚合体系黏度较低，混合和传热相对容易。由于单体浓度较低，聚合速率也因此较慢。此外，溶剂在某些离子型聚合过程中并不完全是惰性的，它的极性能影响聚合速率，有时还有链转移的作用，对聚合物的粘壁（挂胶）也有影响。此外，由于使用了大量溶剂，因此还要考虑单体及溶剂的回收以及聚合物的干燥和后处理的问题。工业上溶液聚合多用于聚合物溶液直接使用的场合，如合成纤维纺丝液，以及不能采用自由基聚合机理的合成橡胶等。

乳液聚合是使单体溶入乳化剂所形成的胶束中而进行的。反应速率快，同时产物分子量大，传热也不成问题，只是乳化剂不易从产品中洗净而影响产品质量，一般只用于对制品纯度要求不高的情况。

悬浮聚合的本质与本体聚合相同，只是把单体分散成悬浮于水中的液滴。因此传热问题可以得到较好的解决，但也因此导致设备生产能力相应降低，并且因为要用分散剂稳定液滴，增加了后处理步骤。此外，悬浮聚合过程中，聚合物颗粒的形成要经历单体液滴逐渐增粘、相互聚并又被搅拌剪切所分散的过程，较难实现连续聚合操作。

显然，本体法和溶液法基本属于均相聚合。乳液聚合与悬浮聚合为非均相聚合，且因它们以水为介质，故不适于离子型聚合。

除了上述四种最通用的方法外，还有用流化床进行气固相催化聚合制备聚烯烃的方法。原料烯烃以气态循环的方式通过负载型齐格勒-纳塔催化剂的流化床中，在连续进入的催化剂粒子上生成聚合物并长大，连续排出。

至于操作方式是选用分批式还是连续式，则不仅要看生产能力的大小，而且更重要的是根据动力学的特性来考虑，因为这将涉及分子量、分子量分布以及序列组成分布的问题，在以后将加以说明。

11.2　均相聚合过程

11.2.1　自由基聚合的反应动力学基础

在连锁聚合中，属自由基聚合的机理和动力学研究最为成熟。从官能团间的缩聚到自由基加成聚合是有机化学和高分子化学一大发展。工业上自由基聚合物约占聚合物总量的 $60\%\sim70\%$，重要品种有高压聚乙烯、聚苯乙烯、聚氯乙烯、聚丙烯酸酯类、聚丙烯腈、丁苯橡胶等。首先从较为简单的均相自由基聚合体系向读者介绍。自由基聚合反应动力学的研究目的是要解决三大问题，即：

①　反应速率，即单体消耗的速率；

②　产品的平均分子量或平均聚合度；

③　产品的分子量分布。

当然，这些也都与反应机理直接相关。与一般小分子反应体系相比，聚合反应体系多了②、③两点。如果链的引发、转移或者终止的机理不同，其结果也就各不相同。现将若干种基元反应及其反应速率式用符号表示如下：

机　　理	反应速率式
引发	
光引发　　　　　　$M \xrightarrow{\quad} P_1 \cdot$	$r_i = f(I)$　　　　　　(11-20)
引发剂引发　　　$I \xrightarrow{k_d} 2R \cdot$	$r_d = 2fk_d[I]$　　　　(11-21)
$R \cdot + M \xrightarrow{k_j} P_1 \cdot$	$r_j = k_j[R \cdot][M]$　　(11-22)
双分子热引发　$M + M \xrightarrow{k_i} P_1 \cdot + P_1 \cdot$	$r_i = 2k_i[M]^2$　　　(11-23)
增长　　　　　　$P_j \cdot + M \xrightarrow{k_p} P_{j+1} \cdot$	$r_p = k_p[M][P \cdot]$　　(11-24)
转移	
向单体转移　　$P_j \cdot + M \xrightarrow{k_{fm}} P_j + P_1 \cdot$	$r_{fm} = k_{fm}[M][P \cdot]$　(11-25)
向溶剂转移　　$P_j \cdot + S \xrightarrow{k_{fs}} P_j + S \cdot$	$r_{fs} = k_{fs}[S][P \cdot]$　(11-26)
终止	
单基终止　　　　$P_j \cdot \xrightarrow{k_{t1}} P_j$	$r_{t1} = k_{t1}[P \cdot]$　　(11-27)
双基终止	
歧化　　　　　　$P_j \cdot + P_i \cdot \xrightarrow{k_{td}} P_j + P_i$	$r_{td} = k_{td}[P \cdot]^2$　(11-28)
耦合　　　　　　$P_j \cdot + P_i \cdot \xrightarrow{k_{tc}} P_{j+i}$	$r_{tc} = k_{tc}[P \cdot]^2$　(11-29)

注意式(11-20) 中 "(I)" 表示光的强度,而式(11-21) 中的 "$[I]$" 则表示引发剂的浓度,f 表示引发效率。

在多数情况下,都可用定常态的假设,即反应过程中引发的速率与终止的速率相等,活性链的浓度不变。据研究,一般在反应开始后的极短时间内,过程就进入了定常态,因此是符合实际的。有了这一假设,动力学的分析也得到了很大的简化。以引发剂引发和歧化、终止的情况为例,即有

$$k_i[R \cdot][M] = k_{td}[P \cdot]^2 \tag{11-30}$$

$$k_i[R \cdot][M] = 2fk_d[I] \tag{11-31}$$

故活性链的总浓度为

$$[P \cdot] = (2fk_d[I]/k_{td})^{\frac{1}{2}} \tag{11-32}$$

聚合速率即为单体的总消耗速率$-d[M]/dt$。忽略引发反应所消耗的一个单体单元,故

$$r = -d[M]/dt \approx r_p = k_p[M][P \cdot] \tag{11-33}$$

将上式代入,即得

$$-d[M]/dt = k_p(2fk_d/k_{td})^{\frac{1}{2}}[I]^{\frac{1}{2}}[M] \tag{11-34}$$

可见对这种情况,反应速率是与引发剂浓度的 1/2 次方和单体浓度的一次方成正比的。

数均聚合度即增长速率与终止速率之比,如只有向单体链转移及歧化这两种终止方式存在,则瞬时的数均聚合度 $\overline{p_n}$ 为

$$\overline{p_n} = \frac{r_p}{r_{td} + r_{fm}} = \frac{k_p[P \cdot][M]}{k_{td}[P \cdot]^2 + k_{fm}[P \cdot][M]} \tag{11-35}$$

将式(11-32)关系代入后,可写成

$$\frac{1}{\overline{p_n}} = (2fk_dk_{td})^{\frac{1}{2}}[I]^{\frac{1}{2}}/k_p[M] + k_{fm}/k_p \tag{11-36}$$

由此可见,平均聚合度是与引发剂浓度的 $\frac{1}{2}$ 次方成反比的。即引发剂用量多了,反应速

率虽然可以加快，但平均分子量降低。此外转化率高了，[M] 就小，这时得到聚合物的平均分子量也小了。这些规律对指导生产具有重要作用，在一定转化率下得到的平均聚合度是瞬时聚合度的积分平均值，故可以写出

$$\frac{1}{\overline{P}_n} = \frac{1}{[M_0]-[M]} \int_{[M]}^{[M_0]} \frac{1}{\overline{p}_n} d[M] \tag{11-37}$$

在某些系统中，可能还有向溶剂、引发剂、杂质甚至死聚物发生链转移的可能，它们都应被考虑在内。例如除歧化终止外，同时有向单体及溶剂的链转移时，数均聚合度式应为

$$\frac{1}{\overline{p}_n} = \frac{k_{fm}[M][P\cdot] + k_{fs}[S][P\cdot] + k_{td}[P\cdot]^2}{k_p[M][P\cdot]}$$

$$= \frac{k_{fm}}{k_p} + \frac{k_{fs}[S]}{k_p[M]} + \frac{k_{td}r_p}{k_p^2[M]^2}$$

$$= C_M + C_S \frac{[S]}{[M]} + \frac{k_{td}r_p}{k_p^2[M]^2} \tag{11-38}$$

式中，$C_M = k_{fm}/k_p$，$C_S = k_{fs}/k_p$，分别称为向单体及溶液的链转移常数，亦代表转移和增长的速率之比，此值愈大，分子量就愈小。生产上就是用 C_S 值很大的物质（硫醇）作为分子量的调节器，在聚合到一定程度时适量加入，以控制产品的分子量。

根据上述，只要知道了反应机理和各基元反应的速率常数，便可算出分批操作时的转化率、平均分子量。关于动力学的研究方法，主要包括实验与数学建模的方法，感兴趣的读者可查阅其他专著。表 11-3～表 11-6 中列出了部分速率常数。

表 11-3 若干引发剂的分解速率常数 k_d

引发剂	溶 剂	温 度	k_d/s^{-1}
过氧化苯甲酰(BPO)	苯	60℃	1.95×10^{-6}
	苯	T/K	$6.0 \times 10^{14} \exp[-30700/(RT)]$
偶氮二异丁腈(ABIN)	各种溶剂	60℃	11.5×10^{-6}
过氧化十二苯酰(LPO)	苯	60℃	9.17×10^{-4}
过氧化氢异丙苯(CHP)	苯-苯乙烯	T/K	$2.7 \times 10^{12} \exp[-30400/(RT)]$

表 11-4 若干引发剂的引发效率 f

单 体	引 发 剂	条 件	f
苯乙烯	BPO	本体 60℃	0.52
	BPO	苯中 60℃	1.00
	ABIN	本体 60℃	0.70
	ABIN	苯中 60℃	0.435
丙烯腈	ABIN	95％乙醇中 55℃	1.00
醋酸乙烯	ABIN	本体 55℃	0.83
	ABIN	54％乙醇中 55℃	0.64
氯乙烯	ABIN	67％丙酮中 55℃	0.77
	ABIN	52％丙酮中 55℃	0.70

表 11-5 若干增长速率与终止速率常数

单 体	$k_p/[L/(mol \cdot s)]$		E_p /(kJ/mol)	A_p $\times 10^{-7}$	$k_t \times 10^{-7}/[L/(mol \cdot s)]$		E_t /(kJ/mol)	$A_t \times 10^{-7}$
	30℃	60℃			30℃	60℃		
醋酸乙烯	1240	3700	30.5	24	3.1	7.4	21.8	210
苯乙烯	55	176	30.5	2.2	2.5	3.6	10.05	1.3

续表

单　体	k_p/[L/(mol·s)]		E_p /(kJ/mol)	A_p ×10⁻⁷	$k_t \times 10^{-7}$/[L/(mol·s)]		E_t /(kJ/mol)	$A_t \times 10^{-7}$
	30℃	60℃			30℃	60℃		
甲基丙烯酸甲酯	143	367	26.3	0.51	0.61	0.93	11.72	0.7
氯乙烯	—	12300	—	—	—	2300	—	—
丁二烯	—	100	38.9	12	—	—	—	—
异戊二烯	—	50	38.9	12	—	—	—	—

表 11-6　若干链转移常数（60℃）

项　目	溶剂或引发剂	苯乙烯	甲基丙烯酸甲酯	醋酸乙烯	丙烯腈
	溶剂				
	苯	0.18	0.40	29.6	24.6
	甲苯	1.25	1.70	208.9	58.3
$C_S \times 10^5$	乙苯	6.7	7.66	551.5	357.3
	丙酮	<5	1.95	117.0	11.3
	四氯化碳	920	9.25	—	8.5
	正十二碳硫醇	15×10³	—	—	—
$C_M \times 10^5$		6.0	1.0	19.0	2.6
	引发剂				
C_I	ABIN	0	0	—	—
	BPO	0.048~0.055	—	—	—
	CHP	0.063	—	—	—

应当说明，虽然 k_t 较 k_p 大 3~5 个数量级，但由于 [M·] 极低（如 $10^{-8} \sim 10^{-7}$ mol/L），远小于 [M]（约 10mol/L），所以增长速率[如 $10^{-4} \sim 10^{-3}$ mol/(L·s)]比终止速率[如 $10^{-8} \sim 10^{-7}$ mol/(L·s)]仍要大 3~4 个数量级，因此能够生成聚合度为 $10^3 \sim 10^4$ 的高聚物。

还应指出，物料中的杂质有时也会发生链转移作用而使聚合度降低，有的甚至直接使自由基失活，起了阻聚作用。杂质往往是难以控制的因素，因此聚合反应对单体纯度的要求较高，甚至到 99.99% 以上。必要时再通过加入调节剂来调节分子量或者添加阻聚剂（如对苯醌等）来终止反应。此外，增加引发剂用量虽能提高反应速率，但它会使聚合度降低，还可能使聚合物发生歧化甚至交联，形成凝胶。在装置放大时，如果引发剂用量多了而搅拌能力未能达到使其迅速均匀分散，就会导致局部引发剂浓度偏高，也会造成同样的后果，因此引发剂不宜添加过多。为了实现更高效的聚合，应考虑研发新型的高效引发剂。

例 11-1　某一无链转移的自由基聚合反应，属于单分子终止的类型，已知 $k_p = 3.50 \times 10^4$ L/(mol·min)，$k_t = 1.80 \times 10^2$ L/(mol·min)，如单体起始浓度 $[M]_0 = 1.1$ mol/L，若拟稳态假设成立，且反应在恒容下进行。试计算等温分批式操作时，转化率为 50% 时所得产品的重均聚合度分布。

解　由题知，瞬时动力学链长 $v = \dfrac{r_p}{r_t} = \dfrac{k_p[M]}{k_t}$ 　　　　　(1)

反应体系恒容，有 $[M] = [M]_0(1-x)$，故式(1) 可改写为

$$v = \frac{r_p}{r_t} = \frac{k_p[M]_0}{k_t}(1-x) = v_0(1-x) \tag{2}$$

其中 v_0 为起始反应瞬间动力学链长，$v_0 = \dfrac{k_p[M]_0}{k_t}$ 　　　　　(3)

又因为体系无链转移反应，所以瞬时数均聚合度 $\overline{p_n} = \dfrac{r_M}{r_p} = \dfrac{k_p[M][P\cdot]}{k_t[P\cdot]} = v$ (4)

由 $$w(j) = \frac{j \times f(j)}{\overline{p_n}} = \frac{j}{v^2}\exp\left(-\frac{j}{v}\right) ❶ \tag{5}$$

可得 $$w(j) = \frac{j \times f(j)}{\overline{p_n}} = \frac{j}{v_0^2(1-x)^2}\exp\left[-\frac{j}{v_0(1-x)}\right] \tag{6}$$

又因为 $$W(j) = \frac{1}{x}\int_0^x w(j)\,\mathrm{d}x = \frac{1}{x}\int_0^x \frac{j \times f(j)}{\overline{p_n}}\,\mathrm{d}x \tag{7}$$

得到 $$W(j) = \frac{1}{v_0^2 x}\int_0^x \frac{j}{(1-x)^2}\exp\left[-\frac{j}{v_0(1-x)}\right]\mathrm{d}x \tag{8}$$

令 $\beta = \dfrac{1}{1-x}$，做积分变换可得

可得 $$W(j) = \frac{1}{v_0 x}\left\{\exp\left(-\frac{j}{v_0}\right) - \exp\left[-\frac{j}{v_0(1-x)}\right]\right\} \tag{9}$$

代入数据，得 $v_0 = \dfrac{k_p[M]_0}{k_t} = \dfrac{3.50\times10^4 \times 1.1}{1.80\times10^2} = 214$

质量基聚合度分布函数 $$W(j) = \frac{1}{107}\left[\exp\left(-\frac{j}{214}\right) - \exp\left(-\frac{j}{107}\right)\right] \tag{10}$$

由式(10) 作图可得质量基聚合度分布曲线，如下附图所示。

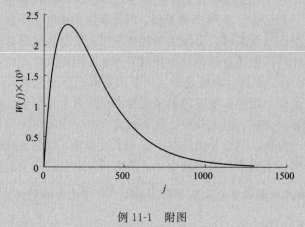

例 11-1 附图

11.2.2 理想流动的连续操作分析

对理想流动的操作，其分析和计算方法与第 4 章中所述一致，只不过由于反应动力学不同会有一些区别，因此可以直接引用第 4 章中的相关结果来计算转化率与时间的关系。例如对等温下的分批聚合及平推流的连续聚合，可用表 11-3 中的结果来直接计算。

---

❶ 详细推导详见参考文献[5]。

（1）双分子热引发及双基（歧化和耦合）终止

分批式或平推流式

$$x = 1 - [M]/[M]_0 = 1 - 1/[1 + k_p(k_i/k_t)^{\frac{1}{2}}[M]_0 t] \tag{11-39}$$

式中，$k_t = k_{td} + k_{tc}$。对分批式，t 代表釜内反应时间；对平推流式，t 即物料停留时间。连续全混式

$$[M_0] - [M] = rt = k_p(k_i/k_t)^{\frac{1}{2}}[M]^2 t$$

故

$$x = 1 - [M]/[M]_0 = 1 + \frac{1 - [1 + 4k_p(k_i/k_t)^{\frac{1}{2}}[M]_0 t]^{\frac{1}{2}}}{2k_p(k_i/k_t)^{\frac{1}{2}}[M_0]t} \tag{11-40}$$

（2）光引发，双基终止时

分批式或平推流式

$$x = 1 - \exp\left[-k_p\left(\frac{f[I]}{k_t}\right)^{\frac{1}{2}}t\right] \tag{11-41}$$

连续全混式

$$x = 1 - \frac{1}{1 + k_p(f[I]/k_t)^{\frac{1}{2}}t} \tag{11-42}$$

（3）引发剂引发，双基终止时

分批式或平推流式

$$x = 1 - \exp[-k_p(2fk_d[I]/k_t)^{\frac{1}{2}}t] \tag{11-43}$$

连续全混式

$$x = 1 - \frac{1}{1 + k_p(2fk_d[I]/k_t)^{\frac{1}{2}}t} \tag{11-44}$$

导出上两式时假定了引发剂浓度是常数。但由于引发剂分解后留在聚合物链的一端，故严格地讲，$[I]$ 也是在变的。作为一级反应，应有

$$-d[I]/dt = 2fk_d[I] = k_1[I] \tag{11-45}$$

式中，$k_1 = 2fk_d$。

利用 $t = 0$，$[I] = [I]_0$ 的关系，上式积分后得

$$[I] = [I]_0 e^{-k_1 t}$$

因

$$r = -d[M]/dt = k_p(2fk_d[I]/k_t)^{\frac{1}{2}}[M] = k_p\{(k_1/k_t)[I]_0 e^{-k_1 t}\}^{\frac{1}{2}}[M] \tag{11-46}$$

积分得

$$-\ln\frac{[M]}{[M]_0} = \frac{2}{k_1}k_p(k_1[I]_0/k_t)^{\frac{1}{2}}(1 - e^{k_1 t})^{\frac{1}{2}} \tag{11-47}$$

由此可得

分批式或平推流式

$$x = 1 - \exp\left[-2k_p\left(\frac{[I]_0}{2fk_d k_t}\right)^{\frac{1}{2}}(1 - e^{-k_t/2})\right] \tag{11-48}$$

连续全混式：因 $\qquad [I] = [I]_0/(1 + 2fk_d t) \tag{11-49}$

故
$$x = 1 - \cfrac{1}{1 + k_p \left[\cfrac{2fk_d}{k_t}(1+2fk_d) \right]^{\frac{1}{2}} [I_0]^{\frac{1}{2}} t} \tag{11-50}$$

如将 $(1-e^{-k_1 t})^{1/2}$ 展开，则式(11-47)可写成

$$-\ln \frac{[M]}{[M]_0} = k_p \left(\frac{k_1}{k_t} \right)^{\frac{1}{2}} [I]_0^{\frac{1}{2}} t \left[1 - \frac{k_1 t}{2 \times 2!} + \frac{(k_1 t)^2}{2^2 \times 3!} \cdots \right] \tag{11-51}$$

因 k_1 很小（如 $60℃$ 下 BPO 的 $k_d = 2.0 \times 10^{-6} s^{-1}$），故右侧括号内的第 2 项以下与第 1 项相比可以忽略，故式(11-48)与式(11-43)相同，可见一般把引发剂浓度当作常数来处理是合理的。从另外一个角度，当引发一个分子，就要接上去成百上千个分子来想象，这样的假设也是可以理解的，只有在引发速率很快而聚合度又较小的时候才必须用式(11-48)及式(11-50)。

类此，可导出其他引发和终止机理所构成的自由基聚合在分批式（或平推流连续式）及连续全混式操作时的转化率公式。对于多釜串联操作，则可逐釜计算。

关于聚合物的平均分子量，一般而言，都是随着转化率的增大而减小的，只是减小程度不同。至于分子量的分布，对平推流式与全混式则有很大不同，其原因是两者停留时间和浓度的经历不同，但影响孰大，需视反应的机理而定。对于一般情况来说，活性链的平均寿命远小于连续釜中的平均停留时间（如有终止反应的连锁聚合）时，停留时间差别对分子量的影响很小，而浓度的影响却是决定性的。因此在这种情况下，连续全混釜所得产品的分子量分布较窄。反之，如活性链的寿命长（如活性阴离子聚合、活性自由基聚合），那么停留时间分布的影响占上风，其结果就会是连续全混釜的分子量分布比分批式的更宽了。

以上所讨论的情况都有一个基本前提，即各基元反应速率常数是一个恒定值，不因分子链的增长而改变。然而这种假定并不是一直成立，如有些体系在转化率增高到一定程度后，会出现反应速率加快的"自动加速"现象，直到转化率很高时才大大减慢下来。这种现象在本体及悬浮聚合中是常见的。其原因是随着转化率的增大，体系的黏度增大，大分子运动受阻，使双基终止变得困难（故 k_t 变小）；而另一方面，小分子的单体仍能出入自如（故 k_p 不变）；这样 k_p/k_t 值增大，因此反应速率就增大了，到了很高的转化率时，黏度大得使单体分子的运动也受到了严重的阻碍，此时反应速率开始迅速下降。

此外，在计算转化率或分子量分布时，在转化率较高时的计算结果与实际偏差较大，然而工业上的实际转化率往往较高，因此需要设法进行修正。譬如，可以将 k_t 表示成体系黏度的函数来处理。对苯乙烯在甲苯中以 AIBN 为引发的分批釜聚合，已得出体系黏度 μ 与温度 $T(K)$、溶液浓度 $S(mol/L)$、聚合物质量分数 P_F 和聚合物数均链长 $\overline{P_n}$（单体链节数，即数均聚合度）的关系为

$$\lg\mu = 17.66 - 0.311\lg(1+S) - 7.72\lg(T) - 10.23\lg(1-P_F) - 11.82[\lg(1-P_F)]^2 -$$
$$11.22[\lg(1-P_F)]^3 + 0.839\lg(\overline{P_n}) \tag{11-52}$$

可以看到，P_F 是最重要的因素。

此外，引发效率及终止速率常数与黏度的关系如下

$$\lg(f/f_0) = -0.133\lg(1+\mu) \tag{11-53}$$

$$\lg(k_t/k_{t0}) = -0.133\lg(1+\mu) - 0.0777[\lg(1+\mu)]^2 \tag{11-54}$$

下标"0"是指初始值。根据这样的关系式算得的转化率和分子量分布与不经过黏度校正时算得的相比与实验更加吻合，这从图 11-1 和图 11-2 上可以清楚地看出。由此可见，各种理论的分子量分布模型之所以与实际值存在偏差，就是因为缺乏合适的校正。目前，随着对聚合反应过程理解的不断深入，更为精确的校准模型也被相继报道。

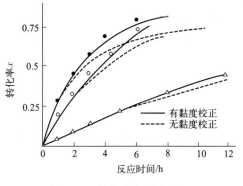

图 11-1　转化率与反应时间

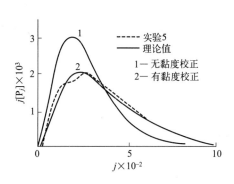

图 11-2　分子量分布

关于非等温时的情况，也可以采用第 4 章中的一些结果来计算。对于非理想流动的问题，原则上一样可以引用第 5 章的结果，其中扩散模型及多釜串联模型是比较有用的，主要问题是需要有实测的基本参数（如混合扩散系数等）。此外高黏度物系的混合态问题也很重要，但这方面的研究还很不够。

例 11-2　甲基丙烯酸甲酯用 ABIN 引发，在 60℃下进行本体聚合，已知 $k_d = 1.16 \times 10^{-5} \text{s}^{-1}$，$f = 0.52$，$k_p = 367 \text{L/(mol} \cdot \text{s)}$，$k_t = 0.93 \times 10^7 \text{L/(mol} \cdot \text{s)}$（双基终止），如引发剂浓度为 $3 \times 10^{-3} \text{mol/L}$，求：(1) 用分批法预聚合到转化率 10% 所需的时间；(2) 如将预聚合液放在模具中，在 60℃下转化到 95% 所需的时间；(3) 在连续式全混釜中以 30L/min 的流速达到 10% 转化率所需的釜容积。

解　(1) 分批式

$$t = \left(\frac{1}{k_p}\right)\left(\frac{k_t}{2fk_d[\text{I}]}\right)^{\frac{1}{2}} \ln\left(\frac{1}{1-x}\right)$$

$$t = \frac{1}{367}\left[\frac{0.93 \times 10^7}{2 \times 0.52 \times (1.16 \times 10^{-5}) \times (3 \times 10^{-3})}\right]^{\frac{1}{2}} \ln\left(\frac{1}{1-0.1}\right)$$

$$= 43700 \times 0.105 = 4590\text{s} = 1.274\text{h}$$

(2) 分批式釜内聚合时间为

$$t = 43700 \ln\left(\frac{1}{1-0.95}\right) - 4590 = 126300\text{s} = 35\text{h}$$

(3) 连续式

$$t = \frac{1}{k_p}\left(\frac{k_t}{2fk_d[\text{I}]}\right)^{\frac{1}{2}}\left(\frac{1}{1-x} - 1\right) = 4850\text{s} = 1.345\text{h}$$

$$釜容积 = \frac{30}{60} \times 4850 = 2430\text{L} = 2.43\text{m}^3$$

11.2.3 自由基共聚合

通过额外引入一个或几个单体进行共聚以改变聚合物的性能，增加品种，拓宽应用范围，这种方法具有重大的理论和实际意义。了解其聚合过程的内在规律性并根据它来进行工程化设计是反应工程的一项任务。本节首先讨论共聚反应的动力学。

设有 M_1 及 M_2 两种单体进行共聚，增长反应可有如下四种情况

$$M_1 \cdot + M_1 \xrightarrow{k_{11}} M_1 \cdot \qquad \text{速率常数：} k_{11}[M_1 \cdot][M_1]$$

$$M_1 \cdot + M_2 \xrightarrow{k_{12}} M_2 \cdot \qquad\qquad k_{12}[M_1 \cdot][M_2]$$

$$M_2 \cdot + M_1 \xrightarrow{k_{21}} M_1 \cdot \qquad\qquad k_{21}[M_2 \cdot][M_1]$$

$$M_2 \cdot + M_2 \xrightarrow{k_{22}} M_2 \cdot \qquad\qquad k_{22}[M_2 \cdot][M_2]$$

其中 $M_1 \cdot$ 及 $M_2 \cdot$ 分别表示末端为 M_1 及 M_2 的活性分子。

单体 M_1 及 M_2 的消耗速率为

$$-d[M_1]/dt = k_{11}[M_1 \cdot][M_1] + k_{21}[M_2 \cdot][M_1]$$

$$-d[M_2]/dt = k_{12}[M_1 \cdot][M_2] + k_{22}[M_2 \cdot][M_2]$$

两式相除，得

$$\frac{-d[M_1]}{-d[M_2]} = \frac{k_{11}[M_1 \cdot][M_1] + k_{21}[M_2 \cdot][M_1]}{k_{12}[M_1 \cdot][M_2] + k_{22}[M_2 \cdot][M_2]} \tag{11-55}$$

在定常态时，$[M_1 \cdot]$ 及 $[M_2 \cdot]$ 保持恒定，故

$$k_{12}[M_1 \cdot][M_2] = k_{21}[M_2 \cdot][M_1] \tag{11-56}$$

因此式（11-55）可写成

$$\frac{-d[M_1]}{-d[M_2]} = \frac{(k_{11}/k_{12})[M_1]/[M_2] + 1}{1 + (k_{22}/k_{21})[M_2]/[M_1]}$$

或写成

$$\frac{[m_1]}{[m_2]} = \frac{-d[M_1]}{-d[M_2]} = \frac{[M_1]}{[M_2]} \frac{\gamma_1[M_1] + [M_2]}{\gamma_2[M_2] + [M_1]} \tag{11-57}$$

式中，$\gamma_1 = k_{11}/k_{12}$，$\gamma_2 = k_{22}/k_{21}$，它们代表两种单体反应活性之比，称为竞聚率，由实验求得。如 γ_1 即表示末端为 M_1 的活性链与同种单体相结合的速率和它与异种单体相结合的速率的一种比例，而 γ_2 则为末端为 M_2 的活性链增长时的这种比例。由式（11-56）可以从一定的单体浓度比求出瞬时进入聚合物中的单体比 $[m_1]/[m_2]$（即瞬时的单体消耗比 $-d[M_1]/-d[M_2]$，也是该瞬时生成的聚合物中两种单体组成之比）。对于聚合转化程度很小的情况以及稳定操作的连续式全混釜，可用上式来进行计算，但对转化率较高的一般分批式操作，则需要加以积分。其结果为

$$\ln \frac{[M_1]}{[M_1]_0} = \frac{1 - \gamma_1 \gamma_2}{(1 - \gamma_2)(1 - \gamma_1)} \ln \frac{(\gamma_1 - 1)\dfrac{[M_2]}{[M_1]} - \gamma_2 + 1}{(\gamma_1 - 1)\dfrac{[M_2]_0}{[M_1]_0} - \gamma_2 + 1} \tag{11-58}$$

式中，$[M_1]_0$ 及 $[M_2]_0$ 分别为 1、2 两种单体的起始浓度。上式也可写成如下的形式

$$\gamma_2 = \frac{\ln\dfrac{[M_2]_0}{[M_2]} - \dfrac{1}{p}\ln\dfrac{(1-p[M_1]/[M_2])}{(1-p[M_1]_0/[M_2]_0)}}{\ln\dfrac{[M_1]_0}{[M_1]} + \ln\dfrac{(1-p[M_1]/[M_2])}{(1-p[M_1]_0/[M_2]_0)}} \tag{11-59}$$

式中的 $p = (1-\gamma_1)/(1-\gamma_2)$。

如果用几种不同的起始组成实验，测得与 $[M_1]$ 相应的 $[M_2]$，这样便可利用上述方程通过参数拟合的方法定出 γ_1 及 γ_2。表 11-7 中举出了一些竞聚率值，可供参考。

表 11-7　自由基共聚的竞聚率值

M_1	M_2	γ_1	γ_2	$\gamma_1\gamma_2$	$T/℃$
苯乙烯	丁二烯	0.78 ± 0.01	1.39 ± 0.03	1.08	60
苯乙烯	甲基丙烯酸甲酯	0.520 ± 0.026	0.460 ± 0.026	0.24	60
醋酸乙烯	氯乙烯	0.23 ± 0.02	1.68 ± 0.08	0.38	60
丙烯腈	丁二烯	0.00 ± 0.04	0.35 ± 0.08	<0.016	50
偏二氯乙烯	氯乙烯	1.8 ± 0.5	0.2 ± 0.2		45
丁二烯	对氯苯乙烯	1.07	0.42	0.5	50
四氟乙烯	三氟氯乙烯	1.0	1.0		60

设 f_1 为某一时刻单体中 M_1 的分子分率，F_1 为该瞬间生成的共聚体中 M_1 单元的分子分率，则

$$f_1 = \frac{[M_1]}{[M_1]+[M_2]} \tag{11-60}$$

$$F_1 = \frac{d[M_1]}{d[M_1]+d[M_2]} \tag{11-61}$$

于是式(11-56) 可以改写成为下式

$$F_1 = \frac{(\gamma_1-1)f_1^2+f_1}{(\gamma_1+\gamma_2-2)f_1^2-2f_1(1-\gamma_2)+\gamma_2}$$

或写成

$$F_1 = \frac{\gamma_1 f_1^2+f_1 f_2}{\gamma_1 f_1^2-2f_1 f_2+\gamma_2 f_2^2} \tag{11-62}$$

图 11-3 即为 F_1 与 f_1 的关系图。其形状与气液平衡曲线相似。曲线 a 为 $\gamma_1>1$ 和 $\gamma_2<1$ 的情况，即表示 M_2 结合到 $M_1\cdot$ 或 $M_2\cdot$ 上去的能力都比 M_1 弱，因此共聚物中 M_1 的分子

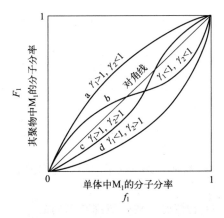

图 11-3　单体组成与共聚物组成的关系

分率比单体中更高一些，而曲线 d 的情况与之相反。曲线 b 及 c 都有与对角线相交的所谓"共沸点"。在这一点上单体与共聚体的组成是一样的，等于

$$F_1 = f_1 = (1-\gamma_2)/(2-\gamma_1-\gamma_2) \tag{11-63}$$

对于多数的自由基共聚体系，属于 $\gamma_1<1$，$\gamma_2<1$ 或 $\gamma_1>1$，$\gamma_2<1$（也有相反 $\gamma_1<1$ 而 $\gamma_2>1$ 的），即图中的 a、c、d 类型，而在离子型共聚中，几乎都是 $\gamma_1>1$，$\gamma_2<1$（也有 $\gamma_1<1$，$\gamma_2>1$ 的），即 a 及 d 的类型，像 b 那样 $\gamma_1>1$，$\gamma_2>1$ 的情况则是极其罕见的。此外 $\gamma_1\gamma_2$ 这一乘积几乎都小于 1，而当 $\gamma_1\gamma_2=1$ 时称为理想共聚，这时 M_1 与 M_2 两种单体完全无规律地进入共聚体中，不像一般总有一定的交互性。不过对于离子型共聚，$\gamma_1\gamma_2$ 乘积近于 1 的情况是常见的。

以上的处理方法对于竞聚率差别不太大，单体组成之比不趋于极端的场合，在转化率不高时常是可用的，譬如在转化率 10% 左右，单体组成和共聚体组成几乎没有多少变化。但除去"共沸"体系，对一般情况而言，在较高的转化率时，组成的改变却是不可忽视的。

现对微时间内单体总浓度 $[M]=[M_1]+[M_2]$ 中的 M_1 组分作物料衡算，则有

$$f_1[M]-(f_1+df_1)([M]+d[M])=-F_1d[M] \tag{11-64}$$

略去二阶微分项，并改写得

$$d[M]/[M]=df_1/(F_1-f_1)$$

利用初始条件 $f_{10}=[M_1]_0/[M]_0$，$[M_0]=[M_1]_0+[M_2]_0$，将上式积分，得

$$\ln\frac{[M]}{[M]_0}=\int_{f_1}^{f_{10}}\frac{df_1}{F_1-f_1} \tag{11-65}$$

如定义共聚的转化率 x_c 为

$$x_c=1-[M]/[M_0]=1-([M_1]+[M_2])/([M_1]_0+[M_2]_0) \tag{11-66}$$

则前式亦可写成

$$\ln(1-x_c)=\int_{f_1}^{f_{10}}df/(F_1-f_1) \tag{11-67}$$

因此，只要知道 f_1 与 F_1 的关系，不论任何共聚体系，都可用此式通过图解或数值积分，求得从 f_{10} 变到 f_1 时的共聚转化率 x_c。如以 $\overline{F}_1$ 表示直到此时所生成的共聚物中 M_1 的平均组成，则由物料衡算可求得 $\overline{F}_1$ 值

$$f_{10}[M]_0-f_1(1-x_c)[M]_0=\overline{F}_1 x_c[M]_0$$

故 $M_3\cdot$
$$\overline{F}_1=\frac{f_{10}-f_1(1-x_c)}{x_c} \tag{11-68}$$

在等温定容分批操作时，则将式(11-61)代入式(11-66)中积分后可得出

$$x_c=1-\left(\frac{f_1}{f_{10}}\right)^\alpha\left(\frac{1-f_1}{1-f_{10}}\right)^\beta\left(\frac{f_{10}-\delta}{f_1-\delta}\right)^\gamma \tag{11-69}$$

式中，$\alpha=\gamma_2/(1-\gamma_2)$；$\beta=\gamma_1/(1-\gamma_1)$；$\gamma=(1-\gamma_1\gamma_2)/[(1-\gamma_1)(1-\gamma_2)]$；$\delta=(1-\gamma_2)/(2-\gamma_1-\gamma_2)$。

上式适用于 $\gamma_1\neq1$，$\gamma_2\neq1$ 的情况，故一般都是可用的。

在分批操作时，因共聚物组成在不断地变化，因此要达到一定的共聚物组成，就需规定

好起始的单体浓度比和转化程度；或者采取分次投料的方式，即在聚合进程中，陆续补加活性较强的单体以保持较恒定的单体组成，这样共聚物组成也就较为一定了。

对于多元共聚，也可类似地推导。譬如含 M_1、M_2、M_3 三种单体的三元共聚，则可有 9 个增长反应

$$
\begin{array}{ll}
\text{反应} & \text{反应速率} \\
\end{array}
$$

$$
\left.
\begin{array}{ll}
M_1 \cdot + M_1 \xrightarrow{k_{11}} M_1 \cdot & k_{11}[M_1 \cdot][M_1] \\
M_1 \cdot + M_2 \xrightarrow{k_{12}} M_2 \cdot & k_{12}[M_1 \cdot][M_2] \\
M_1 \cdot + M_3 \xrightarrow{k_{13}} M_3 \cdot & k_{13}[M_1 \cdot][M_3] \\
M_2 \cdot + M_1 \xrightarrow{k_{21}} M_1 \cdot & k_{21}[M_2 \cdot][M_1] \\
M_2 \cdot + M_2 \xrightarrow{k_{22}} M_2 \cdot & k_{22}[M_2 \cdot][M_2] \\
M_2 \cdot + M_3 \xrightarrow{k_{23}} M_3 \cdot & k_{23}[M_2 \cdot][M_3] \\
M_3 \cdot + M_1 \xrightarrow{k_{31}} M_1 \cdot & k_{31}[M_3 \cdot][M_1] \\
M_3 \cdot + M_2 \xrightarrow{k_{32}} M_2 \cdot & k_{32}[M_3 \cdot][M_2] \\
M_3 \cdot + M_3 \xrightarrow{k_{33}} M_3 \cdot & k_{33}[M_3 \cdot][M_3]
\end{array}
\right\} \quad (11\text{-}70)
$$

各单体的消耗速率为

$$
\left.
\begin{array}{l}
-d[M_1]/dt = k_{11}[M_1 \cdot][M_1] + k_{21}[M_2 \cdot][M_1] + k_{31}[M_3 \cdot][M_1] \\
-d[M_2]/dt = k_{12}[M_1 \cdot][M_2] + k_{22}[M_2 \cdot][M_2] + k_{32}[M_3 \cdot][M_2] \\
-d[M_3]/dt = k_{13}[M_1 \cdot][M_3] + k_{23}[M_2 \cdot][M_3] + k_{33}[M_3 \cdot][M_3]
\end{array}
\right\} \quad (11\text{-}71)
$$

如对 $[M_1 \cdot]$、$[M_2 \cdot]$ 及 $[M_3 \cdot]$ 的定常态假定成立，则

$$
\left.
\begin{array}{l}
k_{12}[M_1 \cdot][M_2] + k_{13}[M_1 \cdot][M_3] = k_{21}[M_2 \cdot][M_1] + k_{31}[M_3 \cdot][M_1] \\
k_{21}[M_2 \cdot][M_1] + k_{23}[M_2 \cdot][M_3] = k_{12}[M_1 \cdot][M_2] + k_{32}[M_3 \cdot][M_2] \\
k_{31}[M_3 \cdot][M_1] + k_{32}[M_3 \cdot][M_2] = k_{13}[M_1 \cdot][M_3] + k_{23}[M_2 \cdot][M_3]
\end{array}
\right\} \quad (11\text{-}72)
$$

解式(11-70) 及式(11-71)，即可求得三元共聚物的瞬时组成关系如下

$$
d[M_1] : d[M_2] : d[M_3] = [m_1] : [m_2] : [m_3]
$$

$$
\begin{aligned}
= & \ [M_1]\left(\frac{[M_1]}{\gamma_{31}\gamma_{21}} + \frac{[M_2]}{\gamma_{21}\gamma_{32}} + \frac{[M_3]}{\gamma_{31}\gamma_{23}}\right)\left([M_1] + \frac{[M_2]}{\gamma_{12}} + \frac{[M_3]}{\gamma_{13}}\right) : \\
& \ [M_2]\left(\frac{[M_1]}{\gamma_{12}\gamma_{31}} + \frac{[M_2]}{\gamma_{12}\gamma_{32}} + \frac{[M_3]}{\gamma_{32}\gamma_{13}}\right)\left([M_2] + \frac{[M_1]}{\gamma_{21}} + \frac{[M_3]}{\gamma_{23}}\right) : \\
& \ [M_3]\left(\frac{[M_1]}{\gamma_{13}\gamma_{21}} + \frac{[M_2]}{\gamma_{23}\gamma_{12}} + \frac{[M_3]}{\gamma_{13}\gamma_{23}}\right)\left([M_3] + \frac{[M_1]}{\gamma_{31}} + \frac{[M_2]}{\gamma_{32}}\right)
\end{aligned}
$$

$$
(11\text{-}73)
$$

式中，$\gamma_{12} = k_{11}/k_{12}$；$\gamma_{13} = k_{11}/k_{13}$；$\gamma_{21} = k_{22}/k_{21}$；$\gamma_{23} = k_{22}/k_{23}$；$\gamma_{31} = k_{33}/k_{31}$；$\gamma_{32} = k_{33}/k_{32}$。所以只要有了二元系统的竞聚率值，就可以计算多元系统的瞬时组成了。

关于共聚速率和共聚度的分析，可以下述的典型机理为例。

$$
\begin{array}{lll}
 & \text{反应} & \text{反应速率} \\
\end{array}
$$

引发
$$
\left.
\begin{array}{ll}
\mathrm{I} \xrightarrow{k_d} 2\mathrm{R} \cdot & r_i = 2k_d[\mathrm{I}] \\[4pt]
\mathrm{R} \cdot + \mathrm{M}_1 \xrightarrow{k_{11}} \mathrm{M}_1 \cdot & r_{i1} \\[4pt]
\mathrm{R} \cdot + \mathrm{M}_2 \xrightarrow{k_{12}} \mathrm{M}_2 \cdot & r_{i2}
\end{array}
\right\} \tag{11-73a}
$$

生长
$$
\left.
\begin{array}{ll}
\mathrm{M}_1 \cdot + \mathrm{M}_1 \xrightarrow{k_{11}} \mathrm{M}_1 \cdot & k_{11}[\mathrm{M}_1 \cdot][\mathrm{M}_1] \\[4pt]
\mathrm{M}_1 \cdot + \mathrm{M}_2 \xrightarrow{k_{12}} \mathrm{M}_2 \cdot & k_{12}[\mathrm{M}_1 \cdot][\mathrm{M}_2] \\[4pt]
\mathrm{M}_2 \cdot + \mathrm{M}_1 \xrightarrow{k_{21}} \mathrm{M}_1 \cdot & k_{21}[\mathrm{M}_2 \cdot][\mathrm{M}_1] \\[4pt]
\mathrm{M}_2 \cdot + \mathrm{M}_2 \xrightarrow{k_{22}} \mathrm{M}_2 \cdot & k_{22}[\mathrm{M}_2 \cdot][\mathrm{M}_2]
\end{array}
\right\} \tag{11-73b}
$$

终止
$$
\left.
\begin{array}{ll}
\mathrm{M}_1 \cdot + \mathrm{M}_1 \cdot \xrightarrow{k_{t11}} \sigma\mathrm{P} & k_{t11}[\mathrm{M}_1 \cdot]^2 \\[4pt]
\mathrm{M}_1 \cdot + \mathrm{M}_2 \cdot \xrightarrow{k_{t12}} \sigma\mathrm{P} & k_{t12}[\mathrm{M}_1 \cdot][\mathrm{M}_2 \cdot] \\[4pt]
\mathrm{M}_2 \cdot + \mathrm{M}_2 \cdot \xrightarrow{k_{t22}} \sigma\mathrm{P} & k_{t22}[\mathrm{M}_2 \cdot]^2
\end{array}
\right\} \tag{11-73c}
$$

式中，P 为无活性聚合物，耦合终止时 $\sigma = 1$，歧化终止时 $\sigma = 2$。假定定常态，则两种自由基浓度恒定，且引发速率与终止速率相等，故

$$
k_{12}[\mathrm{M}_1 \cdot][\mathrm{M}_2] = k_{21}[\mathrm{M}_2 \cdot][\mathrm{M}_1] \tag{11-74}
$$

$$
r_i = r_{i1} + r_{i2} = r_t = k_{t11}[\mathrm{M}_1 \cdot]^2 + k_{t12}[\mathrm{M}_1 \cdot][\mathrm{M}_2 \cdot] + k_{t22}[\mathrm{M}_2 \cdot]^2 \tag{11-75}
$$

于是可以解得自由基浓度为

$$
[\mathrm{M}_1 \cdot] = r_i^{\frac{1}{2}} \frac{[\mathrm{M}_1]}{k_{12}} (\delta_1^2 \gamma_1^2 [\mathrm{M}_1]^2 + 2\phi \gamma_2 \gamma_1 \delta_1 \delta_2 [\mathrm{M}_1][\mathrm{M}_2] + \delta_2^2 \gamma_2^2 [\mathrm{M}_2]^2)^{-\frac{1}{2}} \tag{11-76a}
$$

$$
[\mathrm{M}_2 \cdot] = r_i^{\frac{1}{2}} \frac{[\mathrm{M}_2]}{k_{21}} (\delta_1^2 \gamma_1^2 [\mathrm{M}_1]^2 + 2\phi \gamma_1 \gamma_2 \delta_1 \delta_2 [\mathrm{M}_1][\mathrm{M}_2] + \delta_2^2 \gamma_2^2 [\mathrm{M}_2]^2)^{-\frac{1}{2}} \tag{11-76b}
$$

式中
$$
\left.
\begin{array}{l}
\delta_1 = (2k_{t11}/k_{11}^2)^{\frac{1}{2}} \\[6pt]
\delta_2 = (2k_{t22}/k_{22}^2)^{\frac{1}{2}} \\[6pt]
\phi = k_{t12}/[2(k_{t11}k_{t22})^{\frac{1}{2}}]
\end{array}
\right\} \tag{11-77}
$$

ϕ 值的大小表示交互终止与同类自由基终止的速率比例。

又因总的共聚速率可用增长速率来代表（因 $r_p \gg r_i$、r_t、r_{t2}），故

$$
-\frac{d([\mathrm{M}_1]+[\mathrm{M}_2])}{dt} = r_p = k_{12} \frac{[\mathrm{M}_1 \cdot]}{[\mathrm{M}_1]} (r_1[\mathrm{M}_1]^2 + 2[\mathrm{M}_1][\mathrm{M}_2] + r_2[\mathrm{M}_2]^2) \tag{11-78}
$$

将 $[\mathrm{M}_1 \cdot]$ 的关系代入，即得

$$
-\frac{d([\mathrm{M}_1]+[\mathrm{M}_2])}{dt} = \frac{r_i^{\frac{1}{2}} (\gamma_1[\mathrm{M}_1]^2 + 2[\mathrm{M}_1][\mathrm{M}_2] + \gamma_2[\mathrm{M}_2]^2)}{(\delta_1^2 \gamma_1^2 [\mathrm{M}_1]^2 + 2\phi \gamma_1 \gamma_2 \delta_1 \delta_2 [\mathrm{M}_1][\mathrm{M}_2] + \delta_2^2 \gamma_2^2 [\mathrm{M}_2]^2)^{\frac{1}{2}}} \tag{11-79}
$$

对于其他反应机理，也可类似地导出反应速率式。

瞬时平均聚合度 $\overline{P_n}$ 等于总的单体消耗速率与无活性聚合物的生成速率之比，故

$$\overline{P_n} = -\frac{d([M_1]+[M_2])}{dt} \Big/ \frac{d[P]}{dt} \tag{11-80}$$

当不存在链转移时

$$\overline{P_n} = -\frac{d([M_1]+[M_2])}{dt} \Big/ (\sigma r_t) \tag{11-81}$$

因 $r_i = 2r_t$，故由式(11-72)及式(11-75)可得

$$\overline{P_n} = \frac{\gamma_1[M_1]^2 + 2[M_1][M_2] + \gamma_2[M_2]^2}{\left(\frac{1}{2}\sigma\right) r_i^{\frac{1}{2}} \left(\delta_1^2 \gamma_1^2[M_1]^2 + 2\phi\gamma_1\gamma_2\delta_1\delta_2[M_1][M_2] + \delta_2^2\gamma_2^2[M_2]^2\right)^{\frac{1}{2}}} \tag{11-82}$$

如有向单体的链转移存在，则

$$\overline{P_n} = \frac{-d([M_1]+[M_2])/dt}{\sigma r_t + r_{fm}} \tag{11-83}$$

因

$$M_1 \cdot + M_1 \xrightarrow{k_{M11}} P + M_1 \cdot$$

$$M_1 \cdot + M_2 \xrightarrow{k_{M12}} P + M_2 \cdot$$

$$M_2 \cdot + M_1 \xrightarrow{k_{M21}} P + M_1 \cdot$$

$$M_2 \cdot + M_2 \xrightarrow{k_{M22}} P + M_2 \cdot$$

故　$r_{fm} = k_{M11}[M_1 \cdot][M_1] + k_{M12}[M_1 \cdot][M_2] + k_{M21}[M_2 \cdot][M_1] + k_{M22}[M_2 \cdot][M_2]$

$$\tag{11-84}$$

将式(11-82)取倒数，并把式(11-78)和式(11-83)代入，消去 $[M_1 \cdot]$、$[M_2 \cdot]$，最后可得

$$\frac{1}{\overline{P_n}} = \frac{1}{\overline{P_{n0}}} + \frac{C_{M11}\gamma_1[M_1]^2 + (C_{M12}+C_{M21})[M_1][M_2] + C_{M22}\gamma_2[M_2]^2}{\gamma_1[M_1]^2 + 2[M_1][M_2] + \gamma_2[M_2]^2} \tag{11-85}$$

式中，$\overline{P_{n0}}$ 是没有链转移的瞬时平均聚合度，而

$$C_{M11} = k_{M11}/k_{11}, \ C_{M22} = k_{M22}/k_{22}$$

$$C_{M12} = k_{M12}/k_{12}, \ C_{M21} = k_{M21}/k_{21}$$

均为链转移常数。对于只有向溶剂链转移的情况，也可类似地加以推导，其结果是

$$\frac{1}{\overline{P_n}} = \frac{1}{\overline{P_{n0}}} + \frac{(C_{S1}\gamma_1[M_1] + C_{S2}[M_2])[S]}{\gamma_1[M_1]^2 + 2[M_1][M_2] + \gamma_2[M_2]^2} \tag{11-86}$$

式中，$C_{S1} = k_{S1}/k_{11}$；$C_{S2} = k_{S2}/k_{22}$；k_{S1} 及 k_{S2} 分别为 $M_1 \cdot$ 及 $M_2 \cdot$ 向溶剂 S 的链转移速度常数。

从以上分析可以看出，对于共聚合动力学的处理，就是以均聚的方法为基础的，但因参数较多，运算繁复，读者如有需要可参考文献。

例 11-3　(1) 有含氯乙烯（M_2）85%（质量分数）及醋酸乙烯（M_3）15%（质量分数）的配料在 60℃下共聚，当聚合到单体混合物中含氯乙烯 0.7（摩尔分数）时，试求总的转化率、此时的瞬时聚合物组成和累计的组成。

（2）如为丙烯腈（M_1）-氯乙烯-醋酸乙烯三元共聚，以 BPO 为引发剂，在 60℃ 时，$\gamma_{12}=3.28$，$\gamma_{21}=0.02$，$\gamma_{13}=4.05$，$\gamma_{31}=0.33$，$\gamma_{23}=0.23$，$\gamma_{32}=0.23$，求单体组成为 $M_1:M_2:M_3=0.512:0.366:0.122$ 时的共聚组成。

解 （1）根据配料的质量组成，可算得氯乙烯的摩尔分数为

$$f_{20}=\frac{85}{62.5}\bigg/\left(\frac{85}{62.5}+\frac{15}{86.1}\right)=0.886$$

今 $f_2=0.7$，由式(11-68)及表 11-8 得 $\gamma_2=1.68$，$\gamma_3=0.23$

$$\alpha=0.23/(1-0.23)=0.299$$
$$\beta=1.68/(1-1.68)=-2.47$$
$$\gamma=(1-0.68\times0.23)/[(1-1.68)(1-0.23)]=-1.611$$
$$\delta=(1-0.23)/(2-1.68-0.23)=8.56$$

总转化率

$$x_c=1-\left(\frac{0.7}{0.886}\right)^{0.299}\left(\frac{1-0.7}{1-0.886}\right)^{-2.47}\left(\frac{0.886-8.56}{0.7-8.56}\right)^{-1.611}=0.971$$

由式(11-67)，得

$$F_2=\frac{0.886-0.7\times(1-0.971)}{0.971}=0.891$$

由式(11-61) 得

$$F_2=\frac{(1.68-1)\times0.7^2+0.7}{(1.68+0.23-2)\times0.7^2+2(1-0.23)\times0.7+0.23}=0.817$$

可见随着转化率的增大，共聚体中氯乙烯的比例是不断降低的。

（2）由式(11-72)，按瞬时组成计算

$$d[M_1]:d[M_2]:d[M_3]=[m_1]:[m_2]:[m_3]$$

$$=0.512\left(\frac{0.512}{0.33\times0.02}+\frac{0.366}{0.02\times0.23}+\frac{0.122}{0.33\times0.23}\right)$$

$$\left(0.512+\frac{0.366}{3.28}+\frac{0.122}{4.05}\right):$$

$$0.366\left(\frac{0.512}{3.28\times0.33}+\frac{0.366}{3.28\times0.23}+\frac{0.122}{0.23\times4.05}\right)$$

$$\left(0.366+\frac{0.512}{0.02}+\frac{0.122}{0.23}\right):$$

$$0.122\left(\frac{0.512}{4.05\times0.02}+\frac{0.366}{0.23\times3.28}+\frac{0.122}{4.05\times0.23}\right)$$

$$\left(0.122+\frac{0.512}{0.33}+\frac{0.366}{0.23}\right)$$

$$=52.7:10.56:2.76=79.8\%:15.99\%:4.18\%$$

（实验值：$80.35\%:13.29\%:6.36\%$）

11.2.4 离子型溶液聚合

离子型聚合一般都是溶液聚合，溶剂分子的极性对反应机理有重要的影响，由于离子型聚合与自由基聚合在机理上不同，所以反应速率、平均分子量和分子量分布等的计算也不尽相同。因此，如按一般自由基聚合的方法来处理，往往许多现象得不到统一的解释。已经知道，根据溶剂化程度的大小，催化剂及反应物分子可以以离子对或自由离子的形态存在。所谓自由离子是指阴、阳两种离子可以自由独立运动，例如催化剂分子 C 可以分解成两自由离子 $A^\vee$ 及 $B^\wedge$，符号"$\vee$"及"$\wedge$"表示相反的两种离子。于是可写出反应过程的机理如下

分解
$$C \Longrightarrow A^\vee + B^\wedge$$

$$K = \frac{[A][B]}{[C]}$$

式中，K 为平衡常数。

然后生成的离子再按通常步骤反应下去，包括引发、增长、转移、终止等。

另一类是离子对的形态，首先原来的紧离子对（以符号⦂隔开表示）受溶剂的作用而活化成为松离子对（以符号⦂⦂隔开表示），然后单体分子 M 络合到中间去再生成新的离子对。如以符号表示，这类反应的机理可写成如下形式

引发
$$C \underset{k_d'}{\overset{k_d}{\rightleftharpoons}} A^\vee \vdots B^\wedge \underset{\text{松弛}}{\overset{(1)}{\rightleftharpoons}} A^\vee \vdots\vdots B^\wedge \underset{+M\text{络合}}{\overset{(2)}{\longrightarrow}} A^\vee \vdots M \vdots B^\wedge \underset{\text{结合}}{\overset{(3)}{\longrightarrow}} P_j^\vee B^\wedge$$
$$\text{紧离子对} \qquad\qquad \text{松离子对}$$

这里可有两类不同情况，当步骤（2）为控制步骤时，则 $r_i = k_i [A^\vee][M]$；当由步骤（1）或（3）控制时，则

$$r_i = k_i [A^\vee]$$

根据机理上的这种差异，最终动力学结果也不一样。读者如有兴趣可参考相关文献。离子型聚合速率的通式为

$$r = k[M]^m[C]^n \tag{11-87}$$

式中，$m = 0\sim3$，$n = 0\sim2$；对于大多数情况来讲，$m = 1$ 或 2，$n = 1$，这与离子型聚合体系的大量实测结果是吻合的。

下面再讨论平均聚合度的问题，以单体络合控制的情况为例，并假设同时存在向单体及溶剂进行的链转移，这时瞬时平均聚合度可写出为

$$\overline{p_n} = \frac{r_p}{r_{t1} + r_{fm} + r_{fs}} = \frac{k_p[M]}{k_{t1} + k_{fm}[M] + k_{fs}[S]} \tag{11-88}$$

故积分平均聚合度为

$$\frac{1}{\overline{P_n}} = \frac{1}{[M]_0 - [M]} \int_0^{[M_0]} \frac{1}{\overline{p_n}} d[M]$$

$$= \frac{k_{fm}}{k_p} + \frac{1}{[M]_0 - [M]} \left(\frac{k_{t1} + k_f[S]}{k_p} \right) \ln \frac{[M]_0}{[M]} \tag{11-89}$$

如用转化率 $x = 1 - \dfrac{[M]}{[M_0]}$ 的关系表示，则为

$$\frac{1}{\overline{P}_n}=\frac{k_{fm}}{k_p}+\left(\frac{k_{t1}+k_{fs}[S]}{k_p}\right)\frac{1}{[M]_0x}\ln\left(\frac{1}{1-x}\right) \tag{11-90}$$

对于各类离子型聚合，可以求出它们的累积平均聚合度表达式。其通式如下

$$\frac{1}{\overline{P}_n}=\alpha+\frac{\beta}{[M]_0x}\ln\left(\frac{1}{1-x}\right)+\gamma \tag{11-91}$$

式中，α、β 均为只包括各基元反应速率常数或溶剂浓度与催化剂浓度的常数项；γ 项多数情况下为零，某些情况下则为 x 的函数。

如果将各基元反应速率常数都用阿伦尼乌斯的关系代入，则最后可导出平均聚合度与温度的关系的通式为

$$\ln\overline{P}_n=a+b/T \tag{11-92}$$

式中，a、b 均为常数。本式说明了在离子型聚合中，温度对聚合度有严重的影响，升高温度将使聚合度大为降低。

根据理论指导，适当地选择体系的组分、用量，并合理地控制或调节温度，就可能使分子量的大小及其分布趋向所期望的目标。但由于体系黏度对基元反应速率的影响，实际生产中的反应器内的温度梯度和非理想流动等问题还不够明确，因此理论计算的结果难免与实际值之间存在一定的差距，揭示传递对反应过程的影响仍然有待进一步研究。

例 11-4 一离子型溶液聚合体系，已知其反应速率式如下

引发 $$C+M\longrightarrow P_j^V\,\vdots\,B^\wedge$$

$$r_i=k_i[C][M]，k_i=1.3\times10^{11}\exp\left(-\frac{10570}{T}\right)\ [L/(mol\cdot s)]$$

增长 $$P_j^V\,\vdots\,B^\wedge+M\longrightarrow P_j^V\,\vdots\,B^\wedge\frac{M}{\wedge}P_j^V\,\vdots\,M\,\vdots\,B^\wedge\longrightarrow P_{j+1}^V\,\vdots\,B^\wedge$$

$$r_p=k_p[P^V][M]，k_p=9.0\times10^9\exp\left(-\frac{6640}{T}\right)\ [L/(mol\cdot s)]$$

向单体转移 $$P_j^V\,\vdots\,B^\wedge+M\longrightarrow P_j+P_j^V\,\vdots\,B^\wedge$$

$$r_{fm}=k_{fm}[P^V][M]，k_{fm}=2.3\times10^9\exp\left(-\frac{9320}{T}\right)\ [L/(mol\cdot s)]$$

向溶剂转移 $$P_j^V\,\vdots\,B^\wedge+S\longrightarrow P_j+S^V\,\vdots\,B^\wedge$$

$$r_{fs}=k_{fs}[P^V][S]，k_{fs}=5.5\times10^{10}\exp\left(-\frac{10150}{T}\right)\ [L/(mol\cdot s)]$$

终止 $$P_j^V\,\vdots\,B\longrightarrow P_j$$

$$r_{t1}=k_{t1}[P^V]，k_{t1}=2.7\times10^8\exp\left(-\frac{7650}{T}\right)\ (s^{-1})$$

如 $[M]_0=2.50mol/L$，$[S]=6.60mol/L$，$[C]=1.40\times10^{-4}mol/L$，在 60℃等温的搅拌釜中进行分批聚合，试求：(1) 单体浓度及转化率随时间而变化的情况；(2) 平均聚合度随转化率而变化的情况，如要得到平均聚合度为 7.5×10^2 的产品，需聚合几分钟？这时的转化率是多少？

解　在 60℃时，算得

$$k_i = 2.15 \times 10^{-3} \text{L/(mol·s)}, \quad k_p = 20.1 \text{L/(mol·s)}$$

$$k_{fm} = 1.59 \times 10^{-3} \text{L/(mol·s)}, \quad k_{fs} = 3.56 \times 10^{-3} \text{L/(mol·s)}$$

$$k_{t1} = 2.76 \times 10^{-2} \text{s}^{-1}$$

（1）单体的消耗速率

$$-d[M]/dt = k_p[P^V][M] + k_{fm}[P^V][M] + k_i[C][M] \qquad ①$$

在定常态下，$d[P^V]/dt = k_i[C][M] - k_{t1}[P^V] = 0$

故 $[P^V] = k_i[C][M]/k_{t1}$

代入式（1），得

$$-\frac{d[M]}{dt} = (k_p + k_{fm})\frac{k_i}{k_{t1}}[C][M]^2 + k_i[C][M]$$

考虑到生成高分子时，式①右侧第 2、3 项与第 1 项相比可以忽略，故

$$-d[M]/dt = (k_p k_i / k_{t1})[C][M]^2 \qquad ②$$

利用初始条件 $t = 0$，$[M] = [M]_0$，上式积分的结果是

$$[M] = [M]_0 \Big/ \left(1 + \frac{k_i k_p}{k_{t1}}[M]_0[C]t\right) \qquad ③$$

而转化率式为

$$x = 1 - [M]/[M]_0 \qquad ④$$

将各值代入后可算得其结果，如附图（a）所示。

（2）本例的平均聚合度可直接用式（11-89）来求，即

$$\frac{1}{\overline{P}_n} = \frac{k_{fm}}{k_p} + \left(\frac{k_{t1} + k_{fs}[S]}{k_p}\right)\frac{1}{[M]_0 x}\ln\left(\frac{1}{1-x}\right) \qquad ⑤$$

将各值代入，得

$$\frac{1}{\overline{P}_n} = 7.90 \times 10^{-5} + (1.03 \times 10^{-3}/x)\ln[1/(1-x)]$$

据此算得不同转化率下的平均聚合度值如附图（b）所示，由此得出当 $\overline{P}_n = 7.6 \times 10^2$ 时，$x = 0.36$，而从附图（a）中可读出相应的反应时间为 18min。

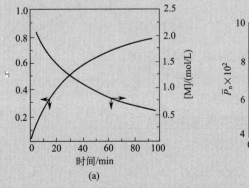
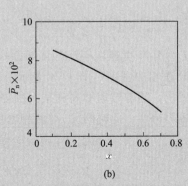

例 11-4　附图

11.3　非均相自由基聚合过程

11.3.1　悬浮聚合

　　一个典型的悬浮聚合过程就是聚氯乙烯的生产，由于反应放热量大，故将氯乙烯单体以细粒子的状态悬浮于水中，使反应放出的热能迅速传入水相再经器壁移出。尽管这样的传热方式效果尚佳，但如操作控制不当，也有可能使反应温度剧烈上升而造成损失。

　　由于悬浮聚合的反应完全是在油相的单体液滴内进行，因此反应动力学的规律与本体聚合相同，故可同样计算。但有时这样算得的转化率比实测的还要小一些，据研究，这主要是因为在搅拌情况下，除了正常大小的液滴（直径在0.1mm以上）以外，还存在一些粒径很小（如0.3μm左右）的乳化粒子，单体在乳化粒子中的聚合速率比较快，其原因在下一节中将要说明。液滴在转化率低时受搅拌桨的作用，频繁地发生破碎和聚并，但当转化率达到20%以上，特别是在30%～60%这一段范围内，物性变化很大，液滴逐渐成固体，黏性增大，相互间很容易黏结成块，妨碍稳定操作。因此悬浮聚合体系中必须加分散剂来保护液滴。分散剂通常是难溶于水的微粉或者水溶性的高分子化合物，如聚氯乙烯中常用的是聚乙烯醇或明胶。它们可以防止单体液滴的聚并。等到转化率已高，粒子变得坚实，聚并的现象就不会发生了。反应到最后，聚合物都将形成固体粒子。需要指出，上面提到的微细乳粒虽能加速反应，但由于它们最后都会较强地附着于聚合物粒子表面，难以通过洗涤除去从而影响产品的质量，因此在选择操作条件时应尽量防止其生成。

　　由于液滴的大小影响滴内的温度梯度，而液滴与水相的相对运动状况不仅影响液滴和水相间的传热，也影响液滴的破碎和聚并，因此搅拌条件对悬浮聚合具有十分重要的意义。通常粒径d_p与搅拌转速n的关系大致为$d_p \propto n^{-1.4} \sim n^{-1.2}$，而在一定的搅拌条件下，存在三种界限粒径，即再小就会聚并的最小粒径$d_{p,min}$，再大就会破碎的最大粒径$d_{p,max}$和再大就会出现两相分层的最大粒径$d'_{p,max}$，据研究

$$d_{p,min} \propto \frac{1}{\rho_d^{\frac{3}{8}} n^{\frac{3}{4}} d^{\frac{1}{2}}} \propto n^{-\frac{3}{4}} \qquad (11\text{-}93)$$

$$d_{p,max} \propto \left(\frac{\sigma}{\rho_c n^2 d^{\frac{4}{3}}} \right)^{\frac{3}{5}} \propto n^{-\frac{6}{5}} \qquad (11\text{-}94)$$

$$d'_{p,max} \propto \left(\frac{\rho_c}{\rho_d - \rho_c} \right)^3 n^6 d^4 \propto n^6 \qquad (11\text{-}95)$$

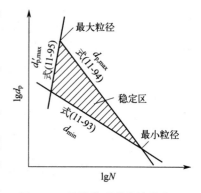

图11-4　悬浮体系的液滴稳定区

　　式中，d为桨叶直径；σ为界面张力；ρ_c及ρ_d分别为连续相和分散相的密度。图11-4表示了这三种粒径的关系。可以看出，随着转速增高到某一临界值（n_c）以上时，物料将不再分层。此时的n_c与两相密度和釜径D的关系如下

$$n_c \propto D^{-\frac{2}{3}} (\mu/\rho_c) [(\rho_c - \rho_d)/\rho_c]^{0.26} \qquad (11\text{-}96)$$

由于d与D是成比例的，故桨径增大，n_c迅速减小。随着转速的增大，$d_{p,max}$及$d_{p,min}$都

减小，而且逐渐趋于相近，即能稳定存在的粒子大小相近，图中的阴影部分为稳定操作区，实用的搅拌速度应处在这一区域内。

有关液-液两相的分散与搅拌的关系，目前的研究已经取得了一些进展，但仍不是很充分。大致说来，影响因素包括物料的物性、两相的体积比（ϕ）、搅拌釜的几何形状和搅拌条件等。在几何相似的搅拌釜中，平均液滴直径 d_p 与各项因素之间的关系可用无量纲特征数的关系式表示

$$\frac{d_p}{D} = f\left(Re, Fr, We, N_p, \frac{\mu_d}{\mu_c}, \phi\right) \tag{11-97}$$

$$Re = D^2 n\rho_c / \mu_c, \quad Fr = Dn\rho_c / (\Delta\rho g)$$

$$We = n^2 D^3 \rho_c / \sigma, \quad N_p = P/(D^2 n^3 \rho_c)$$

式中，P 为功率；下标 d 和 c 分别表示分散相和连续相。如对于甲基丙烯酸甲酯的悬浮聚合，有人得出生成固体聚合物颗粒的平均直径与搅拌条件的关系如下

$$\frac{d_p}{D} \propto Re^{0.5} Fr^{-0.1} We^{-0.9} \left(\frac{\mu_M}{\mu_w}\right)^{0.1} \tag{11-98}$$

式中，μ_M 和 μ_w 分别表示单体及水的黏度。由本式可见，影响粒径最重要的因素是包含表面张力因素在内的 We 数。此外，在搅拌转速一定的情况下，在聚合过程中，随着物料物性的变化，稳定的平均粒径是逐渐变大的。

11.3.2 乳液聚合

乳液聚合的显著特点是反应速率快、分子量大，这与它的机理是分不开的。乳化剂都是表面活性物质。乳化剂分子除少数附着于单体液滴上外，绝大部分都在水相中形成胶束（图 11-5）。从液滴溶入水中的单体是很少的，但它能扩散经过水相而进到胶束中去。因为乳化剂分子的一端也是烃类结构，很容易将单体分子纳入其中而形成如图中所示的溶有单体的胶束。通过水溶性引发剂所引发的初级自由基进入胶束引发聚合，同时，单体不断从水相中扩散进胶束，聚合物粒子也不断长大。而另一方面，单体液滴逐渐变小以至消失。在链增长过程中，只有另一自由基侵入到乳胶粒中时，才会发生双基终止。因此，乳液聚合在如此

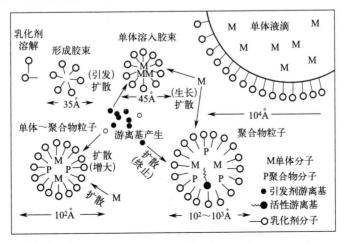

图 11-5　乳液聚合示意图（$1\text{Å} = 10^{-10}\text{m}$）

分散的体系中进行，终止机会又比较少，所以就导致了高的反应速率与极高的分子量。

如果单体是亲水性的，如醋酸乙烯、丙烯酸等，那么单体不仅可在乳化剂分子形成的胶束中进行聚合，还会有一些在水相中聚合，情况更复杂一些。但绝大多数单体是疏水性的，如苯乙烯、丁二烯、偏二氯乙烯及甲基丙烯酸甲酯等，它们在水中的溶解度很小，所以完全可以当作是反应全部在胶束中进行。经典的乳液聚合理论认为，乳液聚合的单体转化速率可用下式表示

$$r_p = k_p \left(\frac{[N]}{2}\right)[M] \tag{11-99}$$

式中，$[N]$ 为单位料液体积中乳胶粒子的个数，其被 2 除的意思为乳胶粒中有一半含有 1 个自由基，而另一半因发生了双基终止则没有了自由基（即 0-1 态模型；实际乳液聚合中，乳胶粒的体积并没有细小到只能容纳 1 个自由基，第 2 个自由基的进入必然会发生双基终止，因此乳胶粒中的平均自由基数有可能大于 $1/2$）；$[M]$ 为粒内单体浓度。平均聚合度为

$$\overline{P_n} = k_p[N][M]/\rho \tag{11-100}$$

式中，ρ 是自由基产生的速率。通常 ρ 约为 $10^{15} \sim 10^{16}$ 个$/(L \cdot s)$，$[N]$ 约为 $10^{16} \sim 10^{18}$ 个$/L$，在每 $10 \sim 10^3$ s 内进入一个自由基。在全部聚合物粒子中约有半数是有自由基的，故 $r_p \propto [N]/2$。聚合粒子数与自由基生成速率及乳化剂的表面积有如下关系

$$[N] = A(\rho/\mu)^{0.4}(a_S[S])^{0.6} \tag{11-101}$$

式中，A 为常数（$0.37 \sim 0.53$）；μ 为聚合粒的体积增加速度；a_S 为 1g 乳化剂的吸附面积；$[S]$ 为乳化剂浓度；$a_S[S]$ 即表示生成粒子的总面积。由此可见

$$[N] \propto \rho^{0.4}[S]^{0.6} \tag{11-102}$$

因 $\rho \propto [I]$，故结合式(11-99) 与式(11-100)，可知

$$r_p \propto [I]^{0.4}[S]^{0.6} \tag{11-103}$$

$$\overline{P_n} \propto [I]^{-0.8}[S]^{0.6} \tag{11-104}$$

这就是乳液聚合中各主要因素间的定量关系。

经典的乳液聚合理论将乳液聚合过程分成如图 11-6 所示的四个阶段。图中第 1 阶段表示诱导期，这时聚合粒子数渐增，所以反应速率逐渐加快，直至胶束消失，新的乳胶粒不再生成；第 2 阶段表示乳胶粒子数 N 及粒内单体浓度 $[M]$ 维持一定的阶段，故反应速率保持一定，相当于 0 级反应的情况，这一阶段直至单体液滴消失；阶段 3 表示单体浓度逐渐减少，所以反应速率也相应减小，与 1 级反应的情况相当。图中（4）表示在有些系统中出现自动加速现象的一点。

还有人考察过在苯乙烯乳液聚合的中途分别添加引发剂、乳化剂、单体或乳化反应液对反应速率与平均聚合度这两方面的影响。发现除添加引发剂对平均聚合度有降低作用外，其他均不起作用，这也说明在 0 级反应区域内，聚合物粒子外

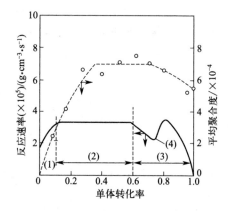

图 11-6 苯乙烯乳液聚合过程变化图：单体转化率与反应速率、平均聚合度的关系

（1）诱导区；（2）0 级反应区；

（3）1 级反应区；（4）自动加速点

面的乳化剂分子是不足的，新添加进去的乳化剂都吸附到原有的粒子上去了，而没有形成胶束和产生新的聚合中心。

由式(11-102)可见，乳胶粒的个数与搅拌强度无关，也就表明搅拌与聚合速度和聚合物的平均聚合度基本无关。但实际操作时，搅拌不应太强，因为过强的搅拌将破坏胶乳的稳定性，同时还可能将液面上的空气卷入液内，促进氧的扩散而引起阻聚作用。通常，在投料的初期搅拌可稍强一些，以确保细小单体液滴和胶束的形成，过后搅拌可相对慢一些，以防聚合体系因过强的搅拌而破乳。在采用多釜串联操作时，应在第一釜中保持能适当乳化的搅拌强度或者在前面加一个预混合釜。

11.4 缩聚反应过程

11.4.1 缩聚平衡

缩聚反应的一个重要特点是它的可逆性，譬如己二酸与己二胺缩聚成聚酰胺"尼龙66"时，释放出小分子的水，而水能使聚合物发生水解。这种可逆性的存在，使得及时除去小分子的水就成为制得高分子量聚合物的关键；另一方面这些缩聚过程常常是先缩聚成低聚体，然后再相互进一步缩合而成为高聚体的，因此在反应初期的短时间内，单体的转化率就已经相当高了，但聚合物的分子量却不大，随着时间的延长，分子量继续增长，但转化率的提高却是有限的。

下面以聚酰胺为例进行说明，假定初始时羧基官能团的数目为 N_0，而在反应到一定程度时还存留的羧基官能团数为 N，则可以定义一个反应率 p 如下

$$p=\frac{消耗的羧基官能团数}{初始的羧基官能团数}=\frac{N_0-N}{N_0}=1-\frac{1}{N_0/N}=1-\frac{1}{\overline{P_n}} \tag{11-105}$$

或者

$$\overline{P_n}=1/(1-p) \tag{11-106}$$

此即平均缩合度与反应率的关系。

当原料中的羧基与氨基官能团数相等时，则在平衡时，有

$$-NH_2+HOOC \underset{k_2}{\overset{k_1}{\rightleftharpoons}} -NHOC-+H_2O$$

$$(1-p) \quad (1-p) \qquad p \qquad n$$

n 为水的物质的量，反应的平衡常数 K 定义如下

$$K=\frac{k_1}{k_2}=\frac{pn}{(1-p)^2} \tag{11-107}$$

令 $\beta=K/n$，则可得出

$$p=\frac{1}{2\beta}(1+2\beta-\sqrt{1+4\beta})$$

故缩合度为

$$\overline{P_n}=\frac{1}{1-p}=\frac{2\beta}{\sqrt{1+4\beta}-1} \tag{11-108}$$

因一般 $\beta\gg1$，故上式近似为

$$\overline{P_n}\approx\sqrt{\beta}=\sqrt{K/n}$$

可见，缩聚物分子量是随系统平衡常数的增大和系统中水分子的减少而增大的。对于聚酰胺而言，260℃时，$K=305$，为了获得高分子量的产物，就必须不断搅动以排出低分子量的蒸气。在后期还要抽真空到 20mmHg 绝压来帮助水蒸气从黏性增高了的物料中逸出。至于聚酯反应，它的平衡常数更小，在 265℃时只有 4.0，所以脱除低分子物的要求也就更高了。在逐步升温的同时不断提高真空度，直到 $10^{-1}\sim10\,\text{mmHg}$ 的绝压，才得到 $\overline{P_n}$ 约 100 的产品。在许多缩聚体系中，常采用多段聚合的方法，即在前段和后段分别采用不同的反应器形式和保持不同的操作条件以适应缩聚平衡和物料黏性的变化，这样才能获得一定聚合度的产物。

11.4.2 缩聚动力学

严格地讲，缩聚反应的动力学是非常复杂的，但从工程的要求来看，可以按低分子化合物来处理。因为缩聚的速率基本上与分子链的长短无关而与官能团的浓度有关。对于聚酯的合成，一些工艺不需外加强酸作催化的体系，二元酸本身即起到催化剂的作用，这时酯化速率可以用羧基的消耗速率来表示，反应速率式可写成

$$-\mathrm{d}[COOH]/\mathrm{d}t=k[COOH][COOH][OH] \tag{11-109}$$

如羧基与羟基的浓度相等时，均以 c 表示，则上式便成

$$-\mathrm{d}c/\mathrm{d}t=kc^3 \tag{11-110}$$

根据初始条件 $t=0$，$c=c_0$，积分后的结果为

$$2kt=\frac{1}{c^2}-\frac{1}{c_0^2} \tag{11-111}$$

又因 $p=(c_0-c)/c_0$，故上式可写成

$$2c_0^2kt=1/(1-p)^2-1=\overline{P_n^2}-1 \tag{11-112}$$

故若以 $1/(1-p)^2$ 对 t 作图，便应为一直线。

另一种情况是需要外加强酸作为催化剂的体系，这时反应速率式可写成

$$-\mathrm{d}[COOH]/\mathrm{d}t=k'[COOH][OH]$$

或

$$-\mathrm{d}c/\mathrm{d}t=k'c^2 \tag{11-113}$$

同样，积分后可得到

$$c_0k't=1/(1-p)-1=\overline{P_n}-1 \tag{11-114}$$

故若以 $1/(1-p)$ 对 t 作图，将为一直线。

注意，在以上的讨论中，虽然忽略了初期逆反应的影响，但除了反应初期外，在其余较长的反应时间内都是适用的。

11.4.3 分子量及其分布

在 11.4.1 节中已有式(11-105) 表示了平均聚合度与反应率的关系，但没有分子量分布的关系。下面从统计的观点来进行分析，统计方法乃是从理论上分析高分子聚合过程的一种重要方法。

假定在时间 t 时，一个官能团被反应掉的概率为 p，那么它不被反应掉的概率就是 $1-p$。如果有等官能团数目的 A 与 B 两种分子进行缩聚，它要生成有 j 个 A 官能团的分子，就必

须要有 $j-1$ 次是连续被反应掉，而最后一次不被反应掉，因此可以写成

$$
\underbrace{\overbrace{\text{BABABA} \cdots\cdots \text{A}}^{(j-1)次反应掉}\ \overbrace{\text{B}\ \ \ \ \ \text{A}}^{未反应掉}}_{}
$$

$$
\underbrace{\underset{p}{\vdots}\ \underset{p}{\vdots}\ \underset{p}{\vdots}\ \ \underset{p}{\vdots}\ \ \ \ \ \underset{(1-p)}{\vdots}}_{p^{j-1}}
$$

即它的概率应当是 $p^{j-1}(1-p)$。设 A 官能团的最初数目为 N_0，生成的高分子数为 N（亦等于 A 未反应的官能团数），则 $N = N_0(1-p)$，而缩合度为 j 的高分子数 N_i 可由下式表示

$$N_i = N p^{j-1}(1-p) = N_0 p^{j-1}(1-p)^2 \tag{11-115}$$

而 j 聚体的质量分数为

$$W_j = j N_j / N_0 = j p^{j-1}(1-p)^2 \tag{11-116}$$

图 11-7 及图 11-8 即表示在不同反应程度下的数量及质量分布情况。由图可见，对数量分布而言，不论反应率如何增大，总以单体的分子数为最多，但对质量分布而言，则随着反应率的增高，低分子缩合物将愈来愈少。

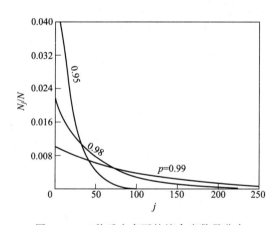

图 11-7　三种反应率下的缩合度数量分布

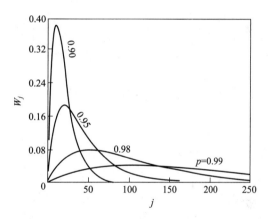

图 11-8　四种反应率下的缩合度质量分布

根据上述结果，可以写出数均缩合度 $\overline{P_n}$ 为

$$\overline{P_n} = \sum_{j=1}^{\infty} j N_j / N = \sum_{j=1}^{\infty} j p^{j-1}(1-p) = \frac{1-p}{(1-p)^2} = \frac{1}{1-p} \tag{11-117}$$

它与式(11-105) 是一样的，故反应率与反应概率是一致的。重均聚合度可以写为

$$
\begin{aligned}
\overline{P_w} &= \sum_{j=1}^{\infty} j W_j = \sum_{j=1}^{\infty} j^2 p^{j-1}(1-p)^2 \\
&= (1-p)^2 \sum_{j=1}^{\infty} j^2 p^{j-1} \\
&= (1-p)^2 (1+p)/(1-p)^3 \\
&= (1+p)/(1-p)
\end{aligned} \tag{11-118}
$$

而分散指数为

$$\overline{P_w}/\overline{P_n} = 1+p \tag{11-119}$$

当反应率很大时 $p \to 1$，$\overline{P_w}/\overline{P_n} = 2$，即相当于正态分布。

例 11-5　通过对缩聚产物"尼龙 66"的样品进行分级，得出了质量分布的实验数据，表示在附图中的各点上，试通过理论分布估算获得该产物的反应率。

解　根据式(11-116)，质量分布式为

$$W_j = j p^{j-1} (1-p)^2$$

分别将 $p = 0.9900$ 及 0.9925 两值代入公式进行计算，得出的结果以曲线表示在附图中，由计算结果与实验值比对可知，在实验误差的范围之内，可估计该缩聚反应率大于 99%。

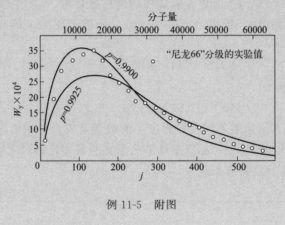

例 11-5　附图

11.5　聚合反应器的设计、放大和调控

不同的聚合体系在不同的操作条件下经历了不同时间的反应后，得到的结果各不相同。如何事先合理规划这一过程并保证其在工业规模实现是聚合反应工程的核心问题。目前，即使对于牛顿流体的小分子反应过程，要完美地达到理论与实际完全吻合的程度都还有距离，复杂的高分子体系更是如此。然而，理论和实践之间，特别是与工业规模实践之间的差距总是有的，只是程度上的不同。一个完善的理论也是经过实践，得到补充和修正而发展形成的。从得出概念到定性和定量地阐明各项因素对过程的影响，都是理论中不可缺少的部分。因此，尽管人们常常不能直接从理论上算出与实践完全吻合的结果，但它仍然对实践起重要的指导作用。下面对聚合过程的规划和设计放大问题做一些讨论。

聚合过程规划的主要目标是要获得具有一定聚合度和分子量分布的产品，当然也涉及反应速率问题。可供具体选择的方面包括：

① 聚合方法（本体聚合、溶液聚合、悬浮聚合、乳液聚合等）；

② 操作方法（连续式、分批式或半连续式）；

③ 流动状况（平推流式、全混式或部分返混式）；

④ 传热控温方法（间壁换热、直接换热以及它们的具体形式和热负荷分配）；

⑤ 反应时间。

在本章前面各节中，曾简要地介绍过各种聚合方法的特点，可以作为选择的依据。聚合方法虽然是一项工艺问题，但同样也是一项工程问题。因为聚合方法不同，它的工程问题也就截然不同。其次，前面也对一些聚合过程的动力学特性做了介绍和分析，得到了各项参数之间的依赖关系，主要是浓度和时间的依赖关系。虽然包含有一些简化的假定和使用范围的

限制，但仍然能起到半定量的指导作用；并且通过这些动力学分析，使我们对连续操作或分批操作的差别以及返混的影响等有了明确的概念。但总的来讲，前述章节对于流动、混合、传热等传递过程方面的内容介绍不多，而这些正是聚合反应器设计放大和调节控制时需要了解的。本节将在这些方面做一些补充。在化工流体力学中已介绍过的流动模型及圆管内流动的压降和速度分布等问题这里就不再赘述。

11. 5. 1　聚合设备

实现聚合反应的设备有许多类型，其中以釜式为主，塔式和管式较少。不论是釜式还是塔式，实质性的问题是物料的流动和混合情况，以及传热问题。此外，在塔式反应器中还分为无搅拌装置和有搅拌装置两类，以及一些特殊结构型式的聚合反应器，它们各有特点，下面简要地加以说明。

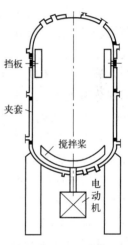

① 釜式　对低黏度的物系，常使用平桨、涡轮桨及螺旋桨，平桨用于搅拌速度低（桨端速度在 3m/s 以下）的情况；螺旋桨用于高转速（桨端线速度 5～15m/s）的情况；涡轮桨则介于其间。这种搅拌釜可用于均相，也可以用于非均相体系。通常，当液深与釜径之比大于 1.3 时，需使用二级或多级搅拌桨，级间距离约为桨径的 1.5～4 倍，具体视物料黏度而异，对黏度低的物料此值可取得大一些。需要指出的是，在悬浮聚合中搅拌速度对粒子的分散和反应都有影响，作用机制比较复杂。

对于低黏度的体系，除了使用与低分子物系相同的搅拌釜外，有时还有一些专门的设计，例如近代大型化的悬浮聚合制聚氯乙烯的釜，容积已达 $200m^3$，甚至更大。

釜内的搅拌、传热等都有许多专门的考虑。如图 11-9 即为大型聚合釜的示意图，为了避免搅拌轴太长，故改从下部插入。所用的三叶后掠式桨能进行良好的搅拌而减少由于桨叶间的涡流而造成的功率消耗，桨端线速度约 9m/s。采用中心通冷水的指型或 D 型挡

图 11-9　大型聚合釜
示意图

板，一方面是为了帮助液-液相之间的混合，另一方面也加强了热量的传出。此外，考虑到结构设计的需要，则尽量采用圆滑的外形。有些容量较小的聚合釜内壁还涂有搪瓷，可以减少粘壁现象的发生。

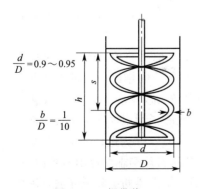

图 11-10　螺带桨

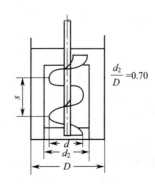

图 11-11　螺轴桨（低速型）

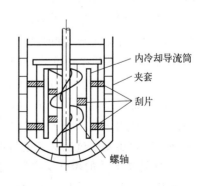

图 11-12　有刮壁式桨的搅拌釜

对于高黏度的体系，通常采用螺带或螺轴型反应器，见图 11-10 及图 11-11。前者可用到黏度为 20Pa·s 左右的情况。螺带反应器能把物料上下左右地搅动起来，从而得到良好的混合。此外，为了减少物料停留在器壁而使传热能力降低，还可采用带有刮片的刮壁式反应器（见图 11-12），其轴每转一圈，上下的刮片便将器壁上的聚合物刮掉一次，这样可以大大提高传热效率。

在连续操作时，可采用单釜或多釜串联的形式，具体视情况而定，如乳液聚合法生产丁苯橡胶，以及溶液聚合法生产顺丁（二烯）橡胶或聚醋酸乙烯等都是多釜串联的。选择一釜或多釜串联操作的原则，除前述章节中已提及的基本概念外，对高分子体系还要考虑分子量的控制与黏度改变等因素。譬如丁苯聚合中就根据反应的进程而分别在第一釜加入引发剂与活化剂，在相当于转化率为 15％、30％ 与 45％ 的各釜中加入适量的分子量调节剂，而在聚合达到转化率约为 60％ 时加入终止剂以结束反应。又如溶液聚合时，由于聚合度增大时物料黏度亦大大增高，故在采用多釜串联方式时，前后各釜包括搅拌器在内的结构形式和操作条件等都有很大的不同。有关聚合反应器设计与放大中的一些考虑，我们将在本章最后一节中专门讨论。

② 管式　一个典型的代表是高压法管式反应器制备聚乙烯，反应管是由直径为 5mm 的管子连接而成，长达 1000m，管内压力约 2400Pa，各节管外都有夹套，分别通以不同温度的水以调节各处温度，而催化剂则分多处加入。整个反应管内温度的变化范围在 100～300℃ 之间。此外，为了防止管壁上黏附聚合物，影响传热和产品质量，在操作时采取周期性变压脉冲的方法将它们除去。

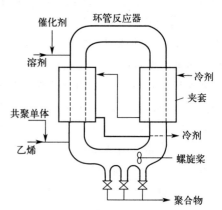

图 11-13　环管反应器示意图

与管式反应器相似的另一种反应器是环管反应器（loop reactor），它在聚烯烃生产中广泛应用。如图 11-13 所示即为乙烯共聚物的一种生产装置的示意图。乙烯与共聚单体从一处进入，溶剂（如异丁烷）及催化剂从另一处进入，依靠螺旋桨的作用使物料在环内循环，生成的聚合物粒子则在底部沉析出来并排出器外。为了控制反应温度，环外有夹套，内通冷剂以携走聚合热。如需要的反应管比较长，则可通过增加环管圈数并组成一个回路来实现。

③ 塔式　图 11-14 是苯乙烯本体连续聚合的装置示意图。物料初期黏度较小，故先在有搅拌的预聚釜中进行聚合，约转化到 33％～35％，然后引入塔内。此塔是只有换热管而没有搅拌装置的空塔，随着转化率的增大，黏度愈来愈大，为了维持约 0.15m/h 的流动速度，塔的下部温度要逐渐提高，到出口处为 200℃ 聚合完毕。

图 11-15 是尼龙连续聚合用的一种所谓的"VK 塔"（VK 为德文简单、连续二字的缩写）。塔内有一些简单的搅拌装置，以便促进缩聚时所生成的水分子的排出。在将近 30h 的聚合中，物料以 0.33m/h 的速度向下流动。与此同时，黏度逐渐增大，从入口处的几帕·秒到出口处的一两千帕·秒。由于水分的有效排出是关键，因此除了利用搅拌来实现表面更新外，同时还要通过抽真空来帮助水分进一步排出。

④ 特殊形式的聚合反应器　这类反应器大多是用于溶液聚合或者本体聚合的后续阶段，体系黏度较高、流动与传热都很困难。如果是缩聚反应，还必须把生成的小分子除去，因此研究者针对不同的需求设计出了形式各样的反应器，下面略举几种。

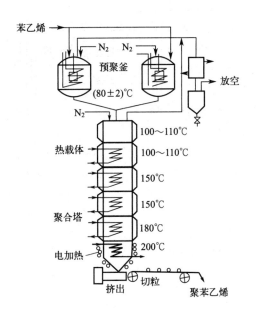

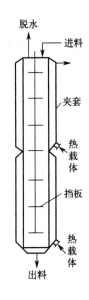

图 11-14 苯乙烯连续聚合塔   图 11-15 尼龙 6 的连续缩聚塔——"VK 塔"

图 11-16 是一种称作"Votator"的横型的刮壁式聚合反应器，物料在环隙内运动，外面是传热夹套，可通冷却水以去除反应热。图 11-17 是生产聚酯用的一种后聚合器，从塔式前聚合器来的高黏度物料在配置有前疏后密的多圆盘的两轴式表面更新型的后聚合反应器中完成最终的缩聚过程，器内物料的流速约为 0.5m/h。图 11-18 则为双螺杆挤压式聚合反应

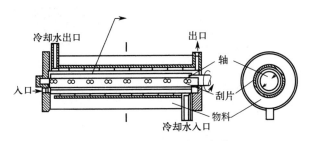

图 11-16 横型刮壁式聚合器

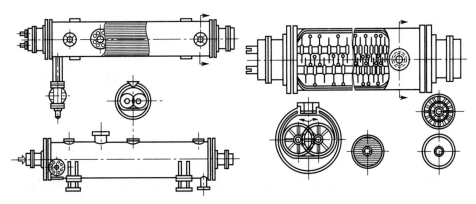

图 11-17 聚酯连续聚合的后聚合器

器，应用在生产聚乙烯醇及其它一些本体聚合中，螺型及螺距前后可以不同，物料薄膜的厚度则视螺杆间隙而定。图 11-19 则是烯烃气相聚合所用的流化床反应器。循环的丙烯气体从进气管进入，经过格子板分布进入许多根下小上大的锥形扩散管，从上部加入的催化剂 [3.5 份 $TiCl_3$、5 份 $Al(Et)_2Cl$、5 份丙烯配合]，在这里进行流化接触，催化剂粒子上就生成聚合物而逐渐长大，最后就能从格子板中落下

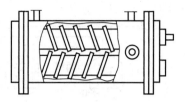

图 11-18 双螺杆挤压式聚合器

而在底部排出。各锥形管的外面是公共的冷却室，通入沸腾的丙烷以除去热量。此外还有专门的管子可将冷却剂直接喷入床内进行除热。除这种形式的流化床外，还有其他一些结构形式，在这里就不一一叙述了。

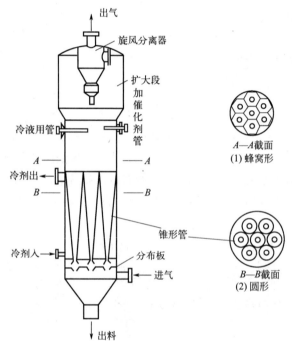

图 11-19 一种生产聚烯烃的流化床反应器

11.5.2 搅拌

在第 8 章中曾经对于搅拌桨的型式、功率消耗以及釜内的流动混合等有过介绍，但在高分子材料合成中，涉及高黏度的以及非牛顿型的流体，所以这里再略做一些补充。

如采用平桨式的搅拌器，面对高黏度物料时，桨径/釜径之比需大于 0.9，桨高/液深之比应大于 0.8，并且应增加设置挡板，有助于物料混合均匀。有些时候，可以把平桨和旋桨的作用结合起来，设计成如图 11-20 所示的型式，而且桨径大小不一，以改善混合性能，它的应用范围可到 $300\sim500Pa \cdot s$。

锚式搅拌器也可用于高黏度体系，但容易在釜的中心形成空洞，混合效果不好，所以一般不采用。螺轴型及螺带型是比较常用的型式，它们可促使物料上下四周流动以加强混合效果。此外，还有带刮片的螺轴型搅拌器等，这些均在前面章节中已经提到。关于螺带型搅拌

器用于高黏性液体时的功率计算，可用下式

$$\frac{P}{\rho n^3 d^5} = 74.3 \left(\frac{D-d}{d}\right)^{-0.5} \left(\frac{n_p d}{s}\right) \left(\frac{d^2 n\rho}{\mu}\right)^{-1} \tag{11-120}$$

式中，n 为桨的转速；s 为螺距；n_p 为搅拌桨叶数。

对于高黏度的宾汉流体（一种特殊的非牛顿流体），如含高浓度微细固体粒子的浆液，可用下式计算

$$N_p = \alpha N_0 + (\beta_N + kHe^h)(Re'')^{-1} + I \tag{11-121}$$

式中
$$\left.\begin{array}{l} N_0 = \tau_0/(d^2 n^2 \rho) \\[4pt] Re'' = d^2 n\rho/\mu_p \\[4pt] He^h = \tau_0 \rho d^2/\mu_p^2 = N_0 (Re'')^2 \end{array}\right\} \tag{11-122}$$

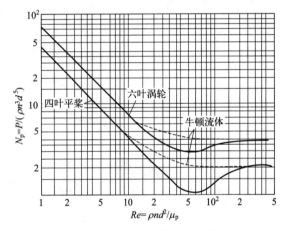

图 11-20 一种特殊
型式的搅拌桨
（SABRE 桨）

He 称为海斯特龙（Hedstrom）数，它的大小是流体非牛顿性的一种衡量；μ_p 为宾汉黏度。式(11-121)中的各系数值可见表 11-8。

表 11-8 式(11-121)中各系数值

项 目	α	β_N	I	k	h	项 目	α	β_N	I	k	h
螺带型	6.13	320	0.2	15	1/3	六翼涡轮	3.44	70	—	10	1/3
锚型	4.80	200	0.29	30	1/3	六翼涡轮有挡板	3.44	70	5.5	10	1/3

对于符合幂数法则的流体，其功率数与雷诺数的关系如图 11-21 所示。在层流区，它与牛顿流体的曲线相重合，而 Re 数增大时，则因离桨较远处的切变速率较小，表观黏度增大，使涡流受到遏制而推迟了湍流的形成，所以消耗的功率比牛顿流体更小，直到雷诺数达到充分湍流的程度，两者的区别几乎可以忽略，并且与雷诺数无关。

搅拌釜中的混合效果取决于桨型和转速，通常用混合时间 T_M 的大小来表示。加入微量示踪液体或不同温度的液体于搅

图 11-21 非牛顿流体的功率曲线

拌釜中，然后测定釜内达到相同浓度或温度所需要的时间。一般桨的转速愈快，混合时间便愈短；对一定的桨叶，两者的乘积是一个无量纲数，它代表釜内的混合特性，以 N_{TM} 表示

$$N_{TM} = T_M n \tag{11-123}$$

图 11-22 中表示了有圆盘及无圆盘的涡轮型搅拌桨在不同 Re 时的釜内流况，功率数 N_p 及混合特性数 N_{TM} 的关系。可以看出，实际操作时应选择 Re 较大的 d 区间为宜。在该区，这些特征数基本上接近于常数。此外，有无挡板对混合的效果影响很大。譬如在有挡板的情况下，N_{TM} 值约在 90 左右，而无挡板时，则达 140 以上。对用于高黏度液体的螺轴型及螺带型搅拌器，N_{TM} 值约在 25～45 左右，以螺带型的为最好。

仔细观察釜内物料的混合过程，主要是桨叶带动液体发生循环流动所造成的。图 11-23 就是这种环流的示意。搅拌桨相当于一个泵，把液体从一端抽入而从另一端吐出。吐出量 Q_d 的大小与桨型、桨径及转速有关，桨端吐出的这部分流量是釜内液体环流的主流，此外

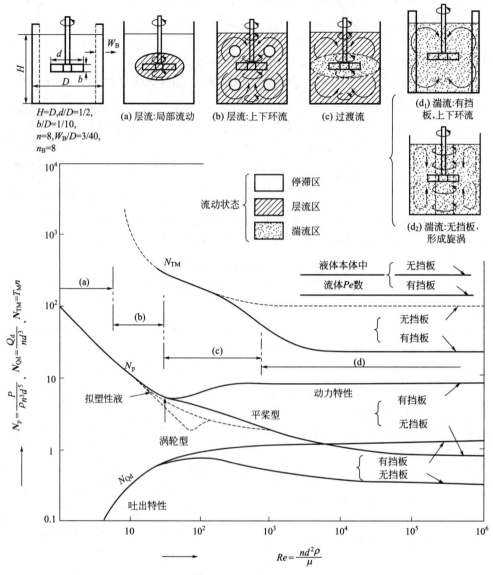

图 11-22 搅拌釜内的流况与 N_p、N_{Qd} 及 N_{TM} 与 Re 的关系

（有圆盘及无圆盘的满轮桨）

还有受它带动而不直接经过桨叶的一部分环流 Q_c。如以吐出量计的釜截面平均流速与桨尖速度之比作为一个表征循环特性的无量纲特征数，并称为吐出特征数，以 N_{Qd} 表示，则

$$N_{Qd} = \frac{Q_d/D^2}{nD} = \frac{Q_d}{nD^3} \tag{11-124}$$

N_{Qd} 也是 Re 的函数，在图 11-22 中也画出了 N_{Qd}-Re 的曲线。

通常对于螺旋桨

$$N_{Qd} \approx 0.5$$

对于六叶涡轮桨

$$N_{Qd} \approx 0.93D/d \quad (Re > 10^4)$$

如釜内物料体积为 V_i，则 Q/V_i 代表单位时间内液体通过桨叶的循环次数。对于低黏度液体的一般搅拌，Q/V_i 约为 3～5 次循环/min，强烈搅拌时达 5～10 次循环/min。

利用以上的一些关系，对一定尺寸的搅拌釜和具体的物料，就可以计算转速与搅拌功率，循环速度及混合时间。

至于非理想流动，虽可参照第 5 章来选用搅拌釜，但由于高分子体系在基本物性与动力学数据方面的不足，按非理想流动来进行比较严格地处理的实例目前还是罕见的。

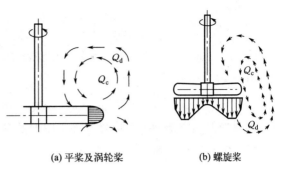

(a) 平桨及涡轮桨　　　　(b) 螺旋桨

图 11-23　搅拌釜内液体的环流

11.5.3　传热

（1）圆管内的传热　在层流时牛顿流体的给热 Nu、Re 及 Pr 数的关系式如下

$$Nu_a = \frac{hD}{\lambda} = 1.86 Re^{\frac{1}{3}} Pr^{\frac{1}{3}} (D/L)^{\frac{1}{3}} (\mu/\mu_w)^{0.14} \tag{11-125}$$

式中，下标 a 表示给热系数，是按管内两端的算术平均温差来计算的；$Re = Du\rho/\mu$；$Pr = c_p\mu/\lambda$；μ_w 为壁温下流体的黏度，该项是对圆管内黏度不均一所作的校正项。此式对于胀性流体亦能适用，但对假塑性流体则偏差较大。对这种流体，可采用如下的关联式

$$Nu_a = 1.75 \delta^{\frac{1}{3}} Gr^{\frac{1}{3}} (\eta/\eta_w)^{0.14} \tag{11-126}$$

式中 Graetz 数为

$$Gr = \frac{wc_p}{\lambda L} = \frac{\pi}{4} \left(\frac{D}{L}\right) \left(\frac{Du\rho}{\mu}\right) \left(\frac{c_p\mu}{\lambda}\right) = \frac{\pi}{4} \left(\frac{D}{L}\right) RePr$$

式中，w 为质量流量；δ 为校正因子，在 $Gr > 100$，$n' > 0.1$ 时

$$\delta = (3n' + 1)/4n' \tag{11-127}$$

又 $\eta = m' 8^{n'-1}$，式中该项亦是黏度校正项，如直接用 (m/m_w) 来代替 (η/η_w)，结果也很接近。上式在 $n' = 0.18 \sim 0.70$，$Gr = 100 \sim 2050$，$Re = 0.65 \sim 2100$ 的范围内，都与实验结果吻合。

在湍流情况下的传热，则可将牛顿流体的给热系数式直接应用于轻度非牛顿流体的情况，即可应用

$$Nu = 0.023 Re^{0.8} Pr^{0.33} (\mu/\mu_w)^{0.14} \tag{11-128}$$

对于非牛顿程度高的流体，则用

$$Nu = 0.023 \left(\frac{D^{n'} u_m^{2-n'} \rho}{\eta}\right)^{0.3} \left[\frac{c_p\eta}{\lambda} (u_m/D)^{n'-1}\right] (\eta/\eta_w)^{0.14} \tag{11-129}$$

式中，u_m 是指管内平均流速。

（2）搅拌釜内的传热　对于高黏度液体的搅拌传热，有如下公式

锚式　　　　　　　　　$$Nu_i = 1.5 Re^{\frac{1}{2}} Pr^{\frac{1}{3}} (\mu/\mu_w)^{0.14} \tag{11-130}$$

式中，$Nu_i = h_i D/\lambda$，是指向夹套壁上的给热；$Re = d^2 n\rho/\mu$。

螺带式

$1 < Re < 1000$

$$Nu_i = 4.2Re^{\frac{1}{3}} Pr^{\frac{1}{3}} (\mu/\mu_w)^{0.2} \tag{11-131}$$

$Re > 1000$

$$Nu_i = 0.42Re^{\frac{2}{3}} Pr^{\frac{1}{3}} (\mu/\mu_w)^{0.14} \tag{11-132}$$

如果在螺带上加有刮片，可以经常除去附壁的黏液层，则给热系数还可显著提高。

对刮壁式的搅拌槽

$$Nu_i = 1.2 \left(\frac{D^2 \rho c_p^n n_p^n}{\lambda} \right)^{\frac{1}{2}} \tag{11-133}$$

式中，n_p 为刮片数。有关卧式或立式刮壁式搅拌反应釜给热系数公式，文献上还有其他一些报道，有的结果比本式的要小一倍左右。可见这方面的研究还是很不够完善的，在具体应用时需加注意。

对于非牛顿液体，也有一些介绍。如用锚式搅拌器时，符合幂数法则的假塑性流体的釜壁给热系数可用牛顿流体的式子来表示，即与

$$Nu_i = 0.4Re^{\frac{2}{3}} Pr^{\frac{1}{3}} (\mu/\mu_w)^{0.14} \tag{11-134}$$

式相似而写成

$$\frac{h_i D}{\lambda} = 0.4 \left(\frac{d^2 n^{2-1/n} \rho}{\gamma_1} \right)^{\frac{2}{3}} \left(\frac{c_p \gamma_1}{\lambda} \right)^{\frac{1}{3}} \left(\frac{\mu_a}{\mu_{aw}} \right)^{0.14} \tag{11-135}$$

式中，$\gamma_1 = \mu_a^{1/n} \left[\dfrac{28\pi n}{D/(d-1)} \right]^{1/(n-1)}$；$\mu_a$ 为表观黏度。

对于涡轮桨，则有

$$\frac{h_i D}{\lambda} = 1.474 \left(\frac{d^2 n^{2-1/n} \rho}{\gamma_2} \right)^{0.70} \left(\frac{c_p \gamma_2}{\lambda} n^{1-1/n} \right)^{0.33} \left(\frac{\mu_{aw}}{\mu_a} \right)^{-0.24n} \tag{11-136}$$

注意上两式中有两种 n，在幂数上的 n 均是非牛顿流动的指数，其余的 n 是桨的转速。而 $\gamma_2 = \mu_a^{1/n} \left(\dfrac{n+3}{4} \right)^{1/n}$ 中的 n 均为非牛顿流动指数。

对于含有固体粒子的浆料，如其体积含量小于 1%，可以忽略不计；如含量更高，就会使给热系数显著降低。这里给出一个适用于有旋桨搅拌和有四块挡板的牛顿流体情况下的经验公式

$$\frac{hD}{\lambda} = 0.578(\overline{Re})^{0.6} (\overline{Pr})^{0.26} \left(\frac{D}{d} \right)^{0.33} \left(\frac{c_{ps}}{c_p} \right)^{0.13} \left(\frac{\rho_s}{\rho} \right)^{-0.16} \left[\frac{m_s/\rho_s}{1-(m_s/\rho_s)} \right]^{-0.04} \tag{11-137}$$

式中，下标 s 表示固体粒子；无下标的指液体；m_s 是单位体积中粒子的质量；$\overline{Re}$ 及 $\overline{Pr}$ 是指混合物的平均 Re 及 Pr 数，所谓平均值是指其中的 ρ 及 c_p 是以液体及固体粒子的浓度为基准，按加成法则算出的，而 $\overline{\lambda}$ 及 $\overline{\mu}$ 的这两个平均值则按下列公式计算

$$\overline{\lambda} = \lambda \frac{2\lambda + \lambda_s - 2(m_s/\rho_s)(\lambda-\lambda_s)}{2\lambda + \lambda_s + 2(m_s/\rho_s)(\lambda-\lambda_s)} \tag{11-138}$$

$$\overline{\mu} = \mu[1 + 2.5(m_s/\rho_s) + 7.54(m_s/\rho_s)^2] \tag{11-139}$$

对于其他型式的搅拌器由于其通式为

$$Nu = \alpha(Re)^a (Pr)^b (\mu/\mu_w)^2 \tag{11-140}$$

如要应用到浆状液体，只要在式子右侧乘上 $(c_{ps}/c_p)^{0.13}(\rho_s/\rho)^{-0.16}[(m_s/\rho_s)/(1-m_s/\rho_s)]^{-0.04}$ 即可。

对于非牛顿浆液，则因其表观黏度难以定出，所以一般通过中间试验来测定。

例 11-6 在一直径为 800mm，外有夹套（冷却面积 $A_i=0.231\text{m}^2$）、内有转速为 40r/min 和桨直径为 0.285m 的双螺管搅拌桨（螺管的螺距 $S=d$，内通冷剂，冷却面积 $A_c=0.1932\text{m}^2$）的聚合釜内进行聚合反应，为保持反应温度在 70℃，需除去反应热 12570kJ/h。聚合液的浓度曲线经测定如附图所示。平均切变速率为

$$\dot{\gamma}_{av}=30.0n$$

式中，n 为转速，s^{-1}；其他物性值为：

$$\lambda=0.582\text{W}/(\text{m}\cdot\text{K}),\ \rho=950\text{kg}/\text{m}^3,\ c_p=4.187\text{J}/(\text{g}\cdot\text{K}) \tag{①}$$

用这种桨时，向夹套及冷却管的给热系数有下列经验式可用（当 $1<Re<200$）。

$$Nu_j=2.2Re^{\frac{1}{3}}Pr^{\frac{1}{3}}(\mu_a/\mu_{aw})^{0.2} \tag{②}$$

$$Nu_c=6.2Re^{\frac{1}{3}}Pr^{\frac{1}{3}}(\mu_a/\mu_{aw})^{0.2} \tag{③}$$

试计算：(1) 夹套冷却时的壁温和给热系数；(2) 螺管冷却时的壁温和给热系数。并加以比较。

解　平均切变速率

$$\dot{\gamma}_{av}=30.0n=30.0\times(40/60)=20.0(\text{s}^{-1})$$

由附图找得 70℃时，$\tau=240\text{Pa}$，故表观黏度 μ_a 为

$$\mu_a=\tau/\dot{\gamma}_{av}=240/20.0=12.0(\text{Pa}\cdot\text{s})$$

$$Re=d^2n\rho/\mu_a=0.285^2\times(40/60)\times950/12.0=4.29$$

$$Pr=c_p\mu_a/\lambda=4.187\times12.0\times1000/0.582$$

$$=8.63\times10^4$$

由搅拌产生的热可由式(11-120)求得

$$P=340(\rho n^3d^5)(Re)^{-1}=340\times950\times(40/60)^3\times0.285^5/4.29$$

$$=41.8\text{J}/\text{s}$$

故总共需除去的热量为

$$12570+41.8\times3600/1000=12720(\text{kJ}/\text{h})$$

(1) 夹套传热

由式②可得

$$h_i=\frac{0.582}{0.300}\times2.2\times4.29^{\frac{1}{3}}\times(8.63\times10^4)^{\frac{1}{3}}(\mu_a/\mu_{aw})^{0.2}$$

$$=30.5(\mu_a/\mu_{aw})^{0.2}[\text{J}/(\text{m}^2\cdot\text{s}\cdot\text{K})] \tag{④}$$

由热量平衡

$$12720\times\left(\frac{1000}{3600}\right)=h_iA_i(t-t_w)=h_i\times0.231\times(70-t_w)$$

例 11-6　附图

或 $\qquad h_i = 15271/(70 - t_w)$ ⑤

用试凑法联解式④、式⑤，令 $t_w = 0℃$，则

$$h_i = 15271/(70-0) = 218[J/(m^2 \cdot s \cdot K)]$$

在附图上外推到 $t_w = 0$ 和 $\dot{\gamma} = 20.2s^{-1}$ 时得到 τ 值大约为 1240Pa，故

$$\mu_{aw} = 1240/20.0 = 62.0Pa \cdot s$$

$$(\mu_a/\mu_{aw})^{0.2} = (12.0/2.0)^{0.2} = 0.720$$

故由式④算得 $h_i = 305 \times 0.720 = 220[J/(m^2 \cdot s \cdot K)]$，与由式⑤算得的一致，故知 t_w 需为 0℃，才能靠夹套的冷却面传出这些热量。

（2）回转的螺管传热

由式③

$$h_c = \frac{0.582}{0.300} \times 6.2 \times 4.29^{\frac{1}{3}} \times (8.63 \times 10^4)^{\frac{1}{3}} (\mu_a/\mu_{aw})^{0.2}$$
$$= 860(\mu_a/\mu_{aw})^{0.2}$$ ⑥

热量平衡

$$12700 \times \frac{1000}{3600} = h_c A_c (t - t_w) = h_c \times 0.1932 \times (70 - t_w)$$

或 $\qquad h_c = 18260/(70 - t_w)$ ⑦

同样，用试凑法求解，在 46℃ 时，由式⑦得

$$h_c = 18260/(70-46) = 761[J/(m^2 \cdot s \cdot K)]$$

由附图内查到 46℃ 时 $\tau = 430Pa$，故 $\mu_{aw} = 430/20.0 = 21.5Pa \cdot s$，于是

$$(\mu_a/\mu_{aw})^{0.2} = (12.0/21.5)^{0.2} = 0.890$$

代入式⑥，得

$$h_c = 860 \times 0.890 = 765[J/(m^2 \cdot s \cdot K)]$$

与由式⑦算得的值基本相符。

由上述结果可以看出回转螺管的冷却效果是很好的，不仅给热系数大 3 倍，而且壁温也比夹套时的 0℃ 要高得多，用一般的冷却水就可以了。从本例还可以看出对于高黏度液体，$(\mu_a/\mu_{aw})^{0.2}$ 这一校正项的影响是很显著的。此外，如反应放出的热量更多时，往往依靠夹套传热是不够的。

11.6 聚合过程的设计和调控

11.6.1 聚合过程的设计

聚合过程设计目标是不断追求装置的连续化、大型化、柔性化以及智能化，同时要求所设计的聚合物产品表现为环境友好、性价比高。随着科技的进步，连续聚合装置的大型化水平不断提高，生产成本降低，规模效应凸显。以全球聚合物市场占比最大的聚乙烯、聚丙烯为例，其装置大型化设计水平已经位居同行前列，除了得益于材料、机械、电机、控制之

外，还与催化剂、聚合反应工程的发展密切相关。近年兴起的各种流体力学计算软件（CFD）以及各种流程模拟软件（例如，ASPEN）已成为装置大型化设计的有力手段。但是无论如何，提高单体转化率，独立调节聚合物分子量分布（molecular weight distribution，MWD）依然是聚合物生产过程设计的主要矛盾之一。以往的自由基本体聚合或溶液聚合，总是拘泥于转化率与产物 MWD 的强耦合关系，例如，苯乙烯的本体聚合过程，导致反应器的大型化设计存在很大挑战。

如果在装置大型化设计时能够成功简化过程变量之间的耦合，不仅能提高了装置大型化水平，而且其安全性、可靠性、运行效率都将大为改善。得益于乙烯、丙烯的多相催化配位聚合机理，其聚合物生产装置大型化设计已逐步成为现代聚合反应工程设计的经典案例。不仅如此，中国的石化科技与工程团队设计的气相法聚乙烯成套工艺和装置的单线产能已经达到 50 万吨/年，与世界石化设计水平同步。

如图 11-24 所示，气相法聚乙烯流化床工艺不仅大型化设计安全可靠，而且工艺流程简洁。该工艺采用新一代的高效 Z-N 催化剂或茂金属催化剂（微米级的干粉或浆液）连续喷入气固流化床内催化乙烯（共）聚合。乙烯在催化剂微粒的作用下变成固体聚乙烯 PE 并沉积在催化活性表面，催化剂颗粒微孔被 PE 挤碎而暴露更多的活性位，乙烯聚合使催化剂/聚合物颗粒在流化床内长大，这些床内生长的颗粒被含乙烯的气体流化，当流化床层料位超过设计高度时将触发出料机构出料，如此实现催化剂和单体连续进，聚合物产品连续出的聚合工艺。由于催化剂的聚合效率如此之高，残留在聚合物产品中的催化剂含量可以忽略不计。之后，聚合物粉体经历脱挥、挤出造粒等过程。虽然流化床的气固传热效率低，但是为了反应器运行的可靠性，仍避免在床内设计传热构件。此时，乙烯单程只有转化率 2%～3%，未反应的乙烯经反应器外的换热器降温后，通过循环气压缩机重新返回流化床，由于循环比达 50，最后的乙烯总转化率是很高的。

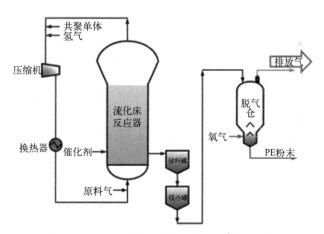

图 11-24　气相法聚乙烯流化床工艺流程示意

流化床聚合反应器设计需要考虑的一个重要参数是时空产率 *STY*，即单位床层体积和单位时间内，可生产的最大聚合物质量。由于催化剂的活性非常高（按 2 小时计，催化剂活性一般在 3000～30000kg/kgPE 之间），*STY* 基本受气固传热的限制。假定流化床内气固体系为拟均相，由床层热量衡算方程可以推导出如下 *STY* 的计算公式

$$\frac{STY}{T_0-T_f}=\frac{\rho_g C_{pg}}{H(\Delta H_r-Q')}\times u \tag{11-141}$$

式中，T_0 为聚合反应器出口温度；T_f 为反应器入口温度；H 为流化床床层高度；ΔH_r 为乙烯聚合热；Q' 表示聚合物出料、器壁散热；ρ_g 循环气体比重；C_{pg} 循环气体比热；u 为流化床的表观气速。

但是，上式并不能体现流化质量好坏对 STY 的影响作用。根据流化床的两相理论假设（图 11-25），大量流化气体（$u-u_{mf}$，约占 85%）是以气泡的形式穿过床层的，气泡在床内占有较大的体积分率。另一方面通过乳化相的气体（u_{mf}）约占 15%，聚合反应发生在颗粒稠密的相区，即乳化相。聚合热从生长的固体颗粒表面传出，一部分热量由 u_{mf} 带出反应器，其它热量从乳化相传入气泡相，由（$u-u_{mf}$）携带出反应器。一般认为，高温的乳化相对气泡传热是控制步骤。如果流化床中气固接触不好，气泡的带热能力就会受到损失从而影响流化床的传热能力。根据

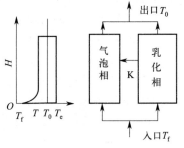

图 11-25　流化床两相模型与床内温度分布示意

图 11-25 所示的流化床两相模型传热机理，假设乳化相为全混流，气泡相为平推流，可以建立如下流化床聚合反应器的两相传热数学模型，据此预测流化床聚合反应器的 STY。

$$\frac{STY}{T_e-T_f}=\frac{\rho_g C_{pg}}{H(\Delta H_r-Q')}\left[u_{mf}+\eta(u-u_{mf})\right] \tag{11-142}$$

其中，

$$\eta=1-e^{-KH} \tag{11-143}$$

$$K=\frac{H_{be}}{u_b \rho_g C_{pg}} \tag{11-144}$$

$$T_e-T_{sticking}\geqslant 10℃ \tag{11-145}$$

式中，η 代表气泡相与乳化相的接触效率；H_{be} 为气泡相和乳化相之间的传热系数；u_b 为气泡在床内的上升速度；T_e 为乳化相的聚合温度；$T_{sticking}$ 为树脂颗粒的黏结温度。式（11-145）是保证流化颗粒不聚团进而不爆聚的重要约束条件。

结合式（11-141）和式（11-142），可以获得另一个有用的计算公式。

$$\frac{T_0-T_f}{T_e-T_f}=\frac{u_{mf}}{u}+\eta\times\frac{u-u_{mf}}{u} \tag{11-146}$$

以乙烯聚合流化床反应器生产某一高密度聚乙烯 HDPE 牌号过程为例，演示流化床中乳化相温度的变化趋势。已知聚合温度的设计值为 108℃，流化气体入口温度设计值为 65℃，反应器高度为 13.5m。假设气泡相的接触效率 $\eta=0.68$。操作气速 $u=0.73$m/s，最小流化速度 $u_{mf}=0.12$m/s。按式（11-141）和式（11-146），入口温度 T_f，乳相温度 T_e 的预测结果如图 11-26 所示。发现，当仅仅通过降低反应器的入口温度提高反应器时空收率 STY 时，虽然系统的热量平衡可以满足，但是流化床乳化相温度将升高，甚至达到树脂粉体的黏接温度（对大多数 HDPE 牌号，树脂黏结温度约 138℃），颗粒将发生失流化，产生爆聚反应。所以，设计流化床聚合反应器时不能超过其最大 STY。

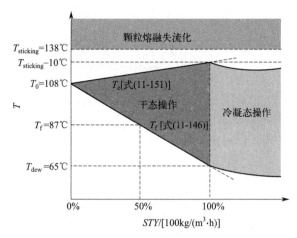

图 11-26 流化床聚合反应器时空产率、操作模式和操作温度的关系

近年来，为了突破流化床聚合反应器 STY 限制，人们提出了新的过程强化手段——冷凝态聚合模式，在操作和投资费用基本不变的前提下，反应器产率或最大 STY 显著增加。至于如何进入冷凝态操作，其关键是需要调节并提高流化气体的露点温度。十分有趣的是该过程强化的手段只适合于工业大规模装置，如果要在小试、中试规模的流化床模拟冷凝态操作强化的过程规律，则是不可能的。我们可以通过例 11-7 说明。

例 11-7 乙烯聚合反应热效应强，使传热成为反应器设计的重要环节。根据目标产品的生产要求和 Z-N 催化剂的特性，通过小试研究，确定了如下表的聚合原料气的组成。其中氢气用做链转移剂，己烯、丁烯作为共聚单体，惰性气体包括氮气和异戊烷，这里异戊烷用于调节原料气体的物性（包括露点温度等）。选用气固鼓泡流化床反应器，由于单程转化率不高，设计了反应器气体循环工艺，循环气体的组成即为聚合原料气组成。已知，反应压力为 2190kPaG，聚合温度为 90℃。聚乙烯平均粒径 $d_{p,a}=1.20$mm，聚乙烯粉体的颗粒密度 $\rho_s=900$kg/m³。乙烯聚合反应热为 3.7×10^6 J/kgPE，流化床干态操作时 STY（时空产率）为 100kg/(m³·h)，冷凝态操作时 STY（时空产率）为 120kg/(m³·h)。年操作小时数为 8000h，设计产能分别为 5000 吨/年及 10 万吨/年。试计算流化床聚合反应器的基本尺寸及反应器入口温度等参数，讨论床层高径比影响，优选设计方案。（为避免颗粒大量扬析，流化气速可定为 $6u_{mf}$，u_{mf} 可用 Wen-Yu 公式计算。）

附表 1 聚合原料气体（循环气）的组成

组分	氢气	氮气	乙烯	丁烯	异戊烷	己烯
含量/%（摩尔分数）	5.34	44.05	31.43	11.83	7.33	0.02

解 （1）流化床操作气速计算

根据聚合循环气体组成，计算其平均物性，结果见下表：

附表 2 循环气物性参数

密度 ρ_g/(kg/m³)	黏度 μ_g/(Pa·s)	热容 C_{pg}/[J/(kg·K)]	露点 T_{dew}/℃
26.6	0.0000161	1670	54.5

根据如下 Wen-Yu 公式计算，PE 颗粒起始流化速度 $u_{mf}=0.11m/s$，流化床气速 u 定为 0.66m/s。

$$u_{mf}=\frac{\mu_g}{d_{p,a}\rho_g}\left[\left(33.7^2+\frac{0.0408d_{p,a}^3\rho_g(\rho_s-\rho_g)g}{\mu_g^2}\right)^{0.5}-33.7\right]$$

（2）反应器放热速率 Q_r 计算

$$Q_r=\Delta H_r\cdot Y$$

式中，ΔH_r 为聚合焓；Y 为反应器小时产能。

（3）反应器体积 V 计算

$$V=\frac{Y}{STY}$$

（4）假设反应器直径 D，计算反应器高度 H

$$H=\frac{4V}{\pi D^2}$$

（5）循环气入口温度计算。根据附图 1，首先判断反应器操作状态并确定循环气入口温度计算的路径。

① 干态操作

$$Q_r=Q_s=V_g\rho C_{pg}(T_0-T_f)$$

$$V_g=u\times\frac{\pi D^2}{4}$$

$$T_f=T_0-\frac{Q_r}{V_g\rho C_{pg}}$$

式中，Q_s 为循环气显热移热速率；V_g 为干态循环气体积流量；T_f 为循环气入口温度。T_{dew} 为循环气露点温度，忽略热损失。

② 冷凝态操作

$$Q_r=Q_s+Q_l$$

这里，Q_l 为循环气潜热移热速率，借助 ASPEN 等软件，求解反应器入口温度。

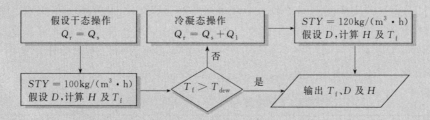

例 11-7 附图　流化床聚合反应器主要尺寸设计逻辑示意图

年产 5000 吨聚乙烯的流化床反应器假设干态操作，选用不同反应器直径，计算结果如下表。

附表 3　假设干态操作 [$STY=100kg/(m^3\cdot h)$] 的计算结果

反应器直径/m	1.0	1.2	1.4
反应器高度/m	8.0	5.5	4.1
高径比	8.0	4.6	2.9
循环气入口温度/℃	62.0	70.6	75.7

附表 4 假设冷凝态操作［$STY = 120kg/(m^3 \cdot h)$］的计算结果

反应器直径/m	0.8	0.9	1.1
反应器高度/m	10.4	8.2	5.5
高径比	13.0	9.1	5.0
循环气入口温度/℃	46.3	55.5	66.9

结果显示反应器直径越小，床层高度越高，循环气入口温度越低。在合理的高径比下（高径比为 3～7），假如干态操作时，循环气入口温度均能高于露点温度（附表 3），满足要求。如果拟采用冷凝态操作，反应器入口温度必须低于露点温度，此时反应器直径需进一步减小，导致高径比异常大（见附表 4），将导致流化床节涌等不稳定操作。因此，年产 5000 吨聚乙烯反应器只适合干法操作，且反应器直径为 1.2m 较合适（附表 3）。

设计年产 10 万吨聚乙烯流化床时，分别假设干态和冷凝态操作，并改变反应器直径，计算其他参数的结果如下。

附表 5 假设干态操作［$STY = 100kg/(m^3 \cdot h)$］的计算结果

反应器直径/m	2.5	3.0	3.5
反应器高度/m	25.5	17.7	13.0
高径比	10.2	5.9	3.7
循环气入口温度/℃	0.5	27.8	44.3

在选择的反应器直径计算范围内，循环气入口温度均低于露点，无法实现干态操作。冷凝态操作情况下，反应热通过循环气潜热和显热共同移除，可通过 Aspen 计算相应换热量条件下循环气入口条件（附表 6）。

附表 6 假设冷凝态操作［$STY = 120kg/(m^3 \cdot h)$］的计算结果

反应器直径/m	2.5	3.0	3.5
反应器高度/m	21.2	14.7	10.8
高径比	8.5	4.9	3.1
循环气入口温度/℃	33.6	44.8	50.8
冷凝液质量分率	0.19	0.10	0.04

年产 10 万吨聚乙烯流化床反应器进行冷凝态操作时，反应器直径为 3.0 m，循环气入口温度为 44.8℃，高径比为 4.9 时较合适。

进一步，为了实现聚合物分子量及其分布的裁剪和定制，出现了聚合反应器设计和催化剂设计并存的局面。如图 11-27 所示，针对聚合物产品的目标结构，人们可以通过多釜串联反应器（图 11-27 左上），也可以在单一反应器通过多活性位催化剂进行烯烃聚合制备（图 11-27 右上）。

采用常规的负载型催化剂进行烯烃聚合时，人们不仅可以设计多台反应器串联实现不同性能聚烯烃的生产和原位共混。例如，多台搅拌釜的串联，环管反应器与流化床反应器的串联［图 11-28(a)］等。也可以设计多区循环反应器［图 11-28(b)］，完成不同性能聚烯烃的生产和原位共混，例如，借用气固循环流化床的概念，分别在上行床和下行床营造两种不同

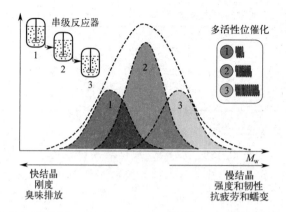

图 11-27　符合裁剪定制要求的具有宽 MWD 的聚烯烃，可以通过反应器的设计（左上），
或者通过催化剂活性位的设计制备实现（右上）

串级反应器有别于传统反应工程的串联反应器的概念，串级反应器中各个反应器的反应条件是不同的

的聚合环境，生长的聚烯烃颗粒在上行床和下行床之间循环，不仅可以裁剪定制聚合物的分子量及其分布，且可以使不同类型聚合物在同一颗粒内部生长，实现纳米尺度上的共混。该过程生产的聚丙烯具有宽 MWD 以及超高的熔体强度，可以替代常规的刚性包装材料。

　　此外，人们还在单台流化床反应器内设计气液固三相区与气固两相区稳定共存的流型，由于三相区和两相区具有不同的共聚单体/乙烯比，氢气/乙烯比，聚合温度等，在流态化的作用，生长的聚烯烃颗粒在三相区和两相区反复随机穿梭聚合，拓宽了产物结构分布，改进了产品牌号。此为中石化和浙江大学联合创立的气液法聚乙烯生产新工艺 [图 11-28(c)]。

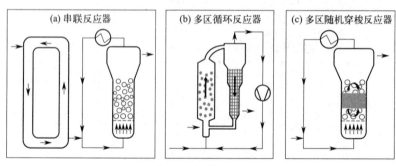

图 11-28　聚烯烃反应器内共混物生产工艺

　　自 20 世纪 80 年代单中心催化剂的发现，人们可以制备多种单中心组合的杂化催化剂，如果与更加简洁的工艺和产品控制技术进行有机结合，将使反应器粒内共混的聚合生产技术更加高效。实际上，传统的 Ziegler-Natta 催化剂（含 Phillips 催化剂）就是多活性中心催化剂，每类中心具有不同的动力学行为、不同的氢气响应能力，不同的立构选择性以及不同的共聚单体结合能力。但由于催化剂表面化学的复杂性，每种活性中心结构不明确、所生产的聚合物的定义也是相当含糊的，很难单独调节其中的一种活性中心而不影响其他活性中心的性能。

　　以双中心催化体系的设计为例，两种活性位可能的负载方式见图 11-29。两种单中心活性组分可以分别负载于各自的载体上 [图 11-29(a)]，也可以将两种单中心活性组分混合后负载 [图 11-29(b) 下]，还可以是两种单中心组分合成在同一个分子上，即双核络合物，再进行负载 [图 11-29(b) 上]。正是由于在多中心催化剂上不同中心点间距无限接近，每种活性中

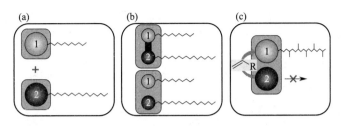

图 11-29　裁剪定制聚烯烃分子结构的路径

聚合物在不同的催化剂上生成（a）；在双核催化剂上进行烯烃聚合（b上）或通过双活性位催化剂
（b下）聚合，以及串级式催化剂（c）原位生产 1-烯烃共聚单体，通过第二个活性位作用与乙烯共聚

心生成的聚烯烃分子链可以在纳米尺度实现共混，这是通过熔融剪切所得不到的共混效果。

　　当然，还有可能形成串级式的催化作用模式（tandem catalysis）。如图 11-29（c）所示活性位 2 催化乙烯齐聚产生 α-烯烃共聚单体，活性位 1 催化乙烯与新生成的共聚单体原位共聚合。故通过该串级催化系统，仅依靠乙烯进料，就可以产生支链聚乙烯，省去了 α-烯烃的单独生产、运输和精制储存。

　　作为上述双中心催化剂体系的拓展应用，可以设计如图 11-30 所示的三活性中心复合催化体系，制备增强型的聚合物分子结构。例如，在上述串级式催化体系中，活性位 1 催化乙烯聚合制备有支链的超高分子量聚乙烯 UHMWPE。进一步，增设活性位 3 高选择性地进行乙烯聚合生产高度线形的且分子量较低的高刚性 HDPE，实现 HDPE 与 UH-

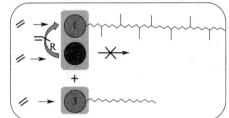

图 11-30　三活性中心复合催化体系举例

MWPE 的复合，UHMWPE 分子链作为系带分子，将 HDPE 片晶联系起来提高了聚乙烯材料力学性能。最新的进展显示，为了使更多的 UHMWPE 与 HDPE 相容，可进一步改性催化剂结构，调节 UHMWPE 的链增长速率和链结晶速率的相对大小，使初生态 UHMWPE 链解缠结，最后，在后加工的剪切力场作用下获得 PE 串晶结构，使普通聚乙烯的性能得到大幅提高，该技术的工业化正在顺利进行中，有兴趣的读者可以追溯有关文献。

11.6.2　聚合过程的调控

　　聚合过程需要调控的变量众多且关系复杂。人们可以按重要性和关联性的高低，将其分为核心变量（自变量）、操作变量以及中间变量。一般，核心变量就是目标牌号，最外层为操作变量，它们通过中间变量进行关联。图 11-31 展示了气相法聚乙烯生产过程的变量分类以及调控关系，其他的工艺也存在类似的调控关系结构。

　　很多情况下，聚合反应器的转化率或时空产率主要与传热速率有关，而产品结构则与温度、压力、床层料位、单体浓度、单体配比有关。与小分子反应体系的过程调控不同，聚合过程中，聚合物性能一般难以在线测量，例如，聚合物的 MW 和 MWD 间接地通过熔融指数和熔流比快捷测量，即使这样，熔融指数也难实现在线测量，不能直接建立其控制回路。于是人们对与性能密切相关的其他变量进行控制，以实现对聚合物性能的调控。近年来，针对聚合物性能指标（例如，熔融指数和密度），通过机理或半机理的数学模型，发展了一些软测量手段用于聚合物性能的调控取得了一些进展。

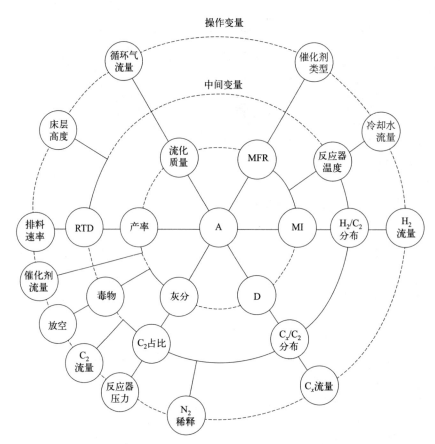

图 11-31　气相法聚乙烯生产过程的变量分类以及调控关系

为了满足市场需求，开发聚合物的柔性化生产工艺是目前的发展方向，也增加了对设计和调控的挑战性。连续聚合过程需要在不停车的条件下，实现一个牌号向另一个牌号的切换，且满足过渡料的数量或过渡时间最少。这是一个牌号切换过程的优化问题。一般是采用熔融指数或密度过调的方式减少过渡料的，但是实际情况还要复杂得多。牌号切换不仅涉及操作条件的变化，还涉及催化剂种类的切换，往往一种催化剂体系是另一种催化剂体系的毒物，此时，牌号切换将需要更长的过渡时间。目前，人们已经能够在铬系催化剂、茂金属催化剂、钛系催化剂之间实现自由切换，但切换过程是否还可以优化，是值得研究的。有兴趣的读者可以查阅相关文献。

最后，聚合过程调控需要密切关注反应器的爆聚和飞温。在装置开车、牌号切换等动态过程中，一旦发生爆聚或飞温，常规控制回路难以快速响应，不仅会导致反应器失控停车，而且会造成严重安全事故。其核心科学问题是反应器的热稳定性问题。我们以具有重要工业意义的釜式法乙烯高压聚合工艺为例，对爆聚和飞温进行定量评估分析，使聚合过程不断接近本征安全的设计与调控。

假设乙烯高压聚合采用全混釜反应器设计。我们知道乙烯自由基聚合，不仅自由基链增长反应需要高压条件、超临界乙烯溶解聚乙烯也需要高压力。由于聚合压力高达 200MPa 及以上，反应器壁厚导致壁面传热系数很小，可以认为聚合釜是绝热操作。因此，聚合反应撤热只能依靠乙烯的自热。

乙烯聚合过程的放热源有三条主要路经。一是在引发剂分解的自由基作用下，乙烯聚合的链增长反应。二是发生乙烯的热聚合生成聚乙烯。最后是发生乙烯的分解反应生成炭黑、氢气和甲烷等。显然，第一条是目标路径，如果一旦操作温度过高，可能会开启第二、第三条路径。其中第三条乙烯分解反应路径是如此之快，发热量是如此之大，已成为乙烯高压聚合工艺的重要安全隐患。这种情况极易发生在装置开车建立反应、或牌号切换、或反应器搅拌异常等工艺变化期间。即便如此，人们没有放弃对该工艺调控的研究和完善，因为乙烯高压聚合生产的聚合物产品至今仍具有很大的不可替代性。

图 11-32 展示了确定乙烯高压聚合操作点及其稳定性重要性。直线代表了乙烯自热操作线，T_0 为乙烯进料温度，乙烯的流量越小，直线斜率越小。另一方面，放热曲线 A 代表引发剂 I 作用的乙烯自由基聚合的放热速率，放热曲线 B 代表乙烯热聚合的放热速率，放热曲线 C 代表乙烯分解的放热速率。为了提高聚合反应的单程转化率，希望加大引发剂注入量提高聚合温度。但是可以发现乙烯高压聚合一旦出现飞温将是灾难性的，它会触发第二、第三反应的发生，一般乙烯高压聚合的报警连锁温度 300～330℃。

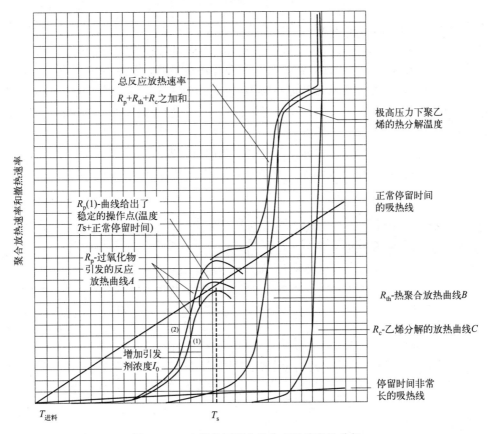

图 11-32　乙烯高压聚合操作点及稳定性分析

图 11-33 进一步展示乙烯自由基本体聚合放热（动力学）曲线受到过氧化物引发剂的种类和引发剂浓度的影响而出现高温时聚合速率下降的情况，这是因为过氧化物引发剂都有一个最佳使用温度，基本对应于曲线的最高点，超过该最佳温度，由于引发剂的笼蔽效应等原因，引发效率反而降低。另一方面，我们发现撤热直线与聚合放热曲线的相对位置存在 5 种情况。曲线 A 存在 1 个下交点；曲线 B 存在 1 个下交点和 1 个切线点，在该切点出现温度

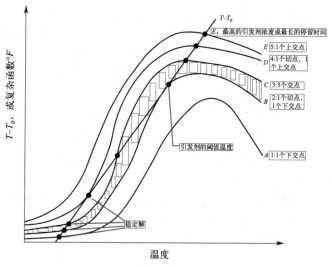

图 11-33　反应器稳定性分析图

负偏差将熄火，温度正偏差将自愈；曲线 C 存在 1 个下交点、1 个上交点和 1 个中交点；曲线 D 存在 1 个上交点和 1 个切点，在该切点出现温度负偏差将自愈，温度正波动时将飞温；曲线 E 存在 1 个上交点。所有的交点或切点都符合热量平衡，称其为定态点，但是不一定是热稳态点。其中，下交点虽然是稳定的操作点，但是反应转化率太低，经济性差。中交点是热不稳定点，不宜采用。上交点不仅是稳定操作点，且操作温度高，单程转化率大，只要不超过乙烯分解温度，都是有工业意义的。一般，反应器的操作温度是根据单体转化率以及聚合物牌号以及安全的要求而确定的。反过来，我们应该调节聚合反应放热曲线自动在规定的最优温度点上与撤热线相交或相切，且满足稳定性的要求，例 11-8 演示了单釜高压聚合时最优操作点的调节规律。

例 11-8　某高压聚乙烯生产商得到一批 LDPE 产品订单，准备在绝热高压釜进行生产。现有 A、B、C 三种过氧化物引发剂可供选择，其半衰期 $t_{1/2}$ 数据如下表所示。

附表 1　引发剂半衰期数据

引发剂种类	170℃时的 $t_{1/2}$/h	200℃时的 $t_{1/2}$/h
A	45.1647	2.6400
B	2.0852	0.1351
C	0.1795	0.0125

已知反应器平均停留时间 θ 为 30s，单体进料温度 T_0 为 155℃，引发剂进料浓度 I_0 为 1.0×10^{-4} mol/L。聚合反应热 Q 为 3.198×10^6 J/kg，混合物料热容 C_p 为 2768J/(kg·K)。乙烯高压聚合的动力学参数如下表：

附表 2　乙烯高压聚合的动力学参数

反应类型	指前因子/[L/(mol·s)]	活化能/(J/mol)
链增长反应	1.14×10^7	25680
链终止反应	3.00×10^9	12680

为了在较高转化率下实现稳定操作，请问采用上述哪一种引发剂最为合适？（暂不考虑引发剂效率随温度的变化）

解　（1）首先根据引发剂半衰期数据，推算其分解动力学参数。根据半衰期 $t_{1/2}$ 与分解速率常数 k_i 的关系 $t_{1/2}=\ln2/k_i$，以及阿伦尼乌斯方程，可以列出下列等式

$$\frac{\ln2}{k_i(170℃)}=A\times\exp\left[\frac{E_a}{8.314\times(170+273.15)}\right]$$

$$\frac{\ln2}{k_i(200℃)}=A\times\exp\left[\frac{E_a}{8.314\times(200+273.15)}\right]$$

求解上述二元方程可得三种引发剂的分解动力学参数：

附表3　三种引发剂的分解动力学参数

引发剂	指前因子/s^{-1}	活化能/(J/mol)
引发剂 A	1.20×10^{14}	165000
引发剂 B	5.13×10^{14}	159000
引发剂 C	1.91×10^{15}	155000

（2）根据高压绝热釜反应器的质量和热量衡算，推导操作温度 T 与单体进料温度 T_0、反应器平均停留时间 θ、引发剂进料浓度 I_0、各基元反应速率常数之间具有如下关系

$$\frac{\dfrac{C_p}{Q}(T-T_0)}{1-\dfrac{C_p}{Q}(T-T_0)}=\frac{k_p k_i^{\frac{1}{2}}\theta I_0^{\frac{1}{2}}}{k_t^{\frac{1}{2}}(1+k_i\theta)^{\frac{1}{2}}}$$

等式左侧和右侧均为温度 T 的函数，必定存在某些操作温度 T 使得等式两边相等，此时反应放热等于物料吸热，该温度即为反应器得定态操作温度。将上式右侧的复杂计算式称为 B，则

$$T-T_0=\frac{C_p}{Q}\left(\frac{B}{1+B}\right)$$

分别使用 A、B、C 三种不同引发剂，得到 $T-T_0$ 和 $\dfrac{C_p}{Q}\left(\dfrac{B}{1+B}\right)$ 随操作温度 T 的变化曲线：

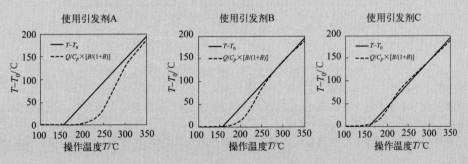

例 11-8 附图　使用不同引发剂出现不同的反应器定态操作点

（3）由上图可知，若使用引发剂 A，则两曲线仅存在唯一交点，该点虽为稳态操作点，但转化率极低；若使用引发剂 B，则曲线存在两个交点，除低温处交点外，另一个交点为曲线切点，但该切点处一旦出现温度负偏差将导致反应器熄火；若使用引发剂 C，则曲线存在 3 个交点，除前两个交点外，第三个交点能够在较高转化率下实现稳定操作，且抗波动强。综上所示，选用引发剂 C 最为合适。

例题中没有考虑引发剂效率随温度的变化，故 S 型曲线线尾部上扬趋势，与图 11-33 的曲线存在差异，但是不影响对建立反应器稳定操作的认识。该例题展示反应器稳定操作点的建立与引发剂的选用有很大关系。实际上，引发剂的初始浓度、单体进料温度以及反应器的生产负荷（或停留时间）都是建立稳定操作点的重要调控手段。

习　题

1. 分子量为 1.0×10^4 及 1.0×10^5 的两种聚合物以同样质量混合，其混合物的数均分子量 $\overline{M}_n$ 和重均分子量 $\overline{M}_w$ 各为多少？若两种聚合物以相同的摩尔数混合时，其结果又如何？

2. 某一自由基聚合反应，用引发剂进行引发，且考虑耦合终止而无链转移反应存在。如 $r_1 = 2.2 \times 10^{-7} \text{mol}/(\text{L} \cdot \text{min})$，$k_p = 5.3 \times 10^3 \text{L}/(\text{mol} \cdot \text{min})$，$k_t = 0.53 \times 10^7 \text{L}/(\text{mol} \cdot \text{min})$，单体起始浓度为 0.25mol/L，求转化率分别为 30% 及 80% 时的瞬时重均聚合度分布。

3. 聚氯乙烯的分子量分布为什么与引发剂的浓度无关而仅取决于聚合反应温度？假设向氯乙烯单体的链转移系数常数 C_M 与温度的关系如下：$C_M = 12.5 \times \exp(30.5/RT)$，试求 40℃、50℃、60℃时聚氯乙烯的平均聚合度是多少？

4. 一引发剂引发，发生耦合终止的自由基溶液反应，已知其反应速率式
$$-r_M = 2.3 \times 10^{13} \exp(-11500/T)$$
单体初浓度 $[M]_0 = 2.2 \text{mol/L}$，今在一釜内进行分批聚合，求：（1）在 65℃ 等温下反应到转化率为 80% 所需的时间；（2）如在达到 80% 的转化率以后，采用绝热操作，任其聚合到 95% 还需要多少时间，已知聚合热 $\Delta H = -1.0 \times 10^5 \text{J/mol}$，反应液的比热容和密度在聚合过程中可当作不变，分别为：$C_p = 3.8 \text{J}/(\text{g} \cdot \text{K})$，$\rho = 0.90 \times 10^3 \text{g/L}$。

5. 根据表 11-7 中的竞聚率值，计算在 60℃ 等温分批操作时：（1）原料为丁二烯 70%（质量分数，余同）和苯乙烯 30% 时，生成的聚合物瞬时组成与丁二烯转化率的关系；（2）同上，但原料为氯乙烯 85% 和醋酸乙烯 15% 的情况。

6. 苯乙烯（1）与丙烯腈（2）在二甲基甲酰胺中于 60℃ 分批共聚，已知竞聚率为：$\gamma_1 = 0.40$，$\gamma_2 = 0.05$，单体的起始浓度分别为 $[M_1]_0 = 1.8 \text{mol/L}$，$[M_2]_0 = 0.6 \text{mol/L}$，求达到共聚转化率 $x_0 = 0.50$ 时已生成的聚合物的组成。

7. 乙烯基苯基醚在四氯化碳中以含微量水分的四氯化锡进行催化聚合，其机理如下

引发：$(SnCl_4)_3(H_2O)_2 + 2M \xrightarrow{k_1} M^+ + (SnCl_4)_3(H_2O)(OH^-)(M)$

生长：$M_n^+ + M \xrightarrow{k_p} M_{n+1}^+$

终止：$M_n^+ + (SnCl_4)_3(H_2O)(OH^-)(M) \xrightarrow{k_1} M_nOH + (SnCl_4)_3(H_2O)(M)$

试导出其反应速率式（实验结果：$\tau = k[M]^2 [SnCl_4]^{3/2}$）。

8. 请推导双分子热引发、双基终止（包括歧化与耦合终止）、拟稳态假设成立时，无链转移的间歇操作和单釜连续操作时的转化率与时间关系式。

9. 请推导双分子热引发、双基终止（包括歧化与耦合终止）、拟稳态假设成立时，活性链浓度与转化率的关系式。

10. 在缩聚反应中，若要获得高分子量的缩聚产物，在理论上和操作方式上可以采取哪些措施？间歇操作和连续全混反应釜对缩聚反应产物的分子量分布有何影响？

11. 假设流化床气相聚合反应器由乳化相和气泡相组成，气泡相为平推流，乳化相为全混流，反应器时空产率 STY 由气固两相传热效率决定，试推导 STY 的表达式（式 11-142）。

12. 例 11-7 显示，流化床能否冷凝态操作与产能有关。假设高径比为 5，试计算单个反应器产能为多大时，反应器可进行冷凝态操作（有关工艺参数见例 11-7）。

13. 在例 11-8 的背景下，能否通过调整单体进料温度 T_0，使得引发剂 A 能够实现稳定操作？（其他参数不变）

14. 在例 11-8 的背景下，如果想使引发剂 B 的定态操作点抗波动能力更强，那么引发剂 B 的进料浓度 I_0 能够从初始的 1.0×10^{-4} mol/L 最多提高到多少？（其他参数不变）

15. 在例 11-8 背景下，引发剂 C 已经能够实现稳定操作，但仍存在进一步调整装置负荷的空间。在其他参数不变的情况下，请给出引发剂 C 稳定操作能够承受的反应器生产负荷（或平均停留时间）的范围。

参 考 文 献

[1]　陈甘棠. 聚合反应工程基础. 北京：中国石化出版社，1991.

[2]　史子谨. 聚合反应工程基础. 北京：化学工业出版社，1991.

[3]　[日] 高分子学会. 重合反应工程. 王绍亭，龙复，何进章，译. 北京：化学工业出版社，1982.

[4]　李伯耿，潘祖仁. 聚合反应工程进展. 合成橡胶工业，1993，16（1）：1-2.

[5]　单国荣，杜淼，朱利平. 聚合反应工程基础. 2 版. 北京：化学工业出版社，2021.

[6]　李伯耿，罗英武，王文俊，等. 聚合物产品工程：面向高性能高分子材料的化学工程新拓展. 中国科学：化学，2014，44（9）：1461-1468.

[7]　Zhu S, Hamielec A. Polymerization kinetic modeling and macromolecular reaction engineering. In：Matyjaszewski K, Möller M, editors. Polymer Science：A Comprehensive Reference, Vol. 4. Amsterdam：Elsevier BV, 2012：779-831.

[8]　谢乐，罗正鸿. 自由基聚合反应器中多尺度流场的模拟进展. 化工进展，2019，38（1），72-79.

[9]　陈甘棠. 化学反应工程. 4 版. 北京：化学工业出版社，2021.

[10]　阳永荣. 聚合反应工程与设备//洪定一. 塑料工业手册（聚烯烃）. 北京：化学工业出版社，1998：59-115.

[11]　阳永荣. 聚合反应技术//戴厚良主编. 聚烯烃：从基础到高性能化. 北京：化学工业出版社，2023.

[12]　阳永荣，王靖岱. 乙烯气相聚合工艺研究与技术进展. 化学反应工程与工艺，2021，37（1）：73-88.

[13]　Li W, Guan C, Xu J, et al. Broad polyethylene prepared in a disentangled state. *Industrial & Engineering Chemistry Research*，2014，53（3）：1088-1096.

[14]　王靖岱，陈纪忠，阳永荣. 连续聚合过程中产品牌号过渡的优化. 化工学报，2001，52（4）：295-300.

[15]　Albert J, Gerhard L. Runaway phenomena in the ethylene/vinylacetate copolymerization under high pressure. Chemical Engineering and Processing 37（1998），55-59.

[16]　Luigi Marini and Christos Georgakis, Low-Density Polyethylene Vessel Reactors, Part I：Steady State and Dynamic Modelling. *AIChE Journal* 1984，30（3）：401. Part Ⅱ：A Novel Controller. *AIChE Journal*，1984，30（3）：409.